SELECTED TABLES IN MATHEMATICAL STATISTICS

Volume III

This volume was prepared with the aid of

    C. Bingham, University of Minnesota
    H. A. David, Iowa State University
    F. A. Graybill, Colorado State University
    R. F. Gunst, Southern Methodist University
    K. Hinkelmann, Virginia Polytechnic Institute and State University
    D. C. Hoaglin, Harvard University
    J. H. Klotz, University of Wisconsin
    W. H. Kruskal, University of Chicago
    G. J. Lieberman, Stanford University
    R. E. Odeh, University of Victoria
    S. Pearson, Southern Methodist University
    J. N. Srivastava, Colorado State University
    N. S. Urquhart, New Mexico State University
    R. H. Wampler, National Bureau of Standards
    E. J. Wegman, University of North Carolina

SELECTED TABLES IN MATHEMATICAL STATISTICS

Volume III

Edited by the Institute of Mathematical Statistics

Coeditors
H. L. Harter
Aerospace Research Laboratories
and
D. B. Owen
Southern Methodist University

Managing Editor
J. M. Davenport
Texas Tech University

AMERICAN MATHEMATICAL SOCIETY
PROVIDENCE, RHODE ISLAND

AMS (MOS) subject classifications (1970)
Primary 62Q05;
Secondary 62E15, 62N05, 62L10, 62F05, 62J10, 62M05, 60J25,
60J60, 60G99, 62G10, 62F25.

International Standard Book Number 0-8218-1903-8
Library of Congress Card Number 74-6283

Copyright © 1975 by the American Mathematical Society
Printed in the United States of America
All rights reserved except those granted to the United States Government.
May not be reproduced in any form without permission of the publishers.

PREFACE

This volume of mathematical tables has been prepared under the aegis of the Institute of Mathematical Statistics. The Institute of Mathematical Statistics is a professional society for mathematically oriented statisticians. The purpose of the Institute is to encourage the development, dissemination, and application of mathematical statistics. The Committee on Mathematical Tables of the Institute of Mathematical Statistics is responsible for preparing and editing this series of tables. The Institute of Mathematical Statistics has entered into an agreement with the American Mathematical Society to jointly publish this series of volumes. At the time of this writing, submissions for future volumes are being solicited. No set number of volumes has been established for this series. As many volumes as are necessary to reach publication for meritorious material will be considered and every effort will be made to get them published.

Potential authors should consider the following rules when submitting material.

1. The manuscript must be prepared by the author in a form acceptable for photo-offset. This includes both the tables and introductory material. The author should assume that nothing will be set in type although the editors reserve the right to make editorial changes.

2. While there are no fixed upper and lower limits on the length of tables, authors should be aware that the purpose of this series is to provide an outlet for tables of high quality and utility which are too long to be accepted by a technical journal but too short for separate publication in book form.

3. The author must, wherever applicable, include in his introduction the following:

   (a) He should give the formula used in the calculation, and the computational procedure (or algorithm) used to generate his tables. Generally speaking, FORTRAN or ALGOL programs will not be included but the description of the algorithm used should be complete enough that such programs can be easily prepared.

   (b) A recommendation for interpolation in the tables should be given. The author should give the number of figures of accuracy which can be obtained with linear (and higher degree) interpolation.

   (c) Adequate references must be given.

   (d) The author should give the accuracy of the table and his method of rounding.

(e) In considering possible formats for his tables, the author should attempt to give as much information as possible in as little space as possible. Generally speaking, critical values of a distribution convey more information than the distribution itself, but each case must be judged on its own merits. The text portion of the tables (including column headings, titles, etc.) must be proportional to the size 5–1/4" by 8–1/4". Tables may be printed proportional to the size 8–1/4" by 5–1/4" (i.e., turned sideways on the page) when absolutely necessary; but this should be avoided and every attempt made to orient the tables in a vertical manner.

(f) The table should adequately cover the entire function. Asymptotic results should be given and tabulated if informative.

(g) An example or examples of the use of the tables should be included.

4. The author should submit as accurate a tabulation as he can. The table will be checked before publication, and any excess of errors will be considered grounds for rejection. The manuscript introduction will be subjected to refereeing and an inadequate introduction may also lead to rejection.

5. Authors having tables they wish to submit should send two copies to:

> Dr. Robert E. Odeh, Coeditor
> Department of Mathematics
> University of Victoria
> Victoria, B. C., Canada   V8W 2Y2

At the same time, a third copy should be sent to:

> Dr. D. B. Owen, Coeditor
> Department of Statistics
> Southern Methodist University
> Dallas, Texas 75275

Additional copies may be required, as needed for the editorial process. After the editorial process is complete, a camera-ready copy must be prepared for the publisher.

Authors should check several current issues of *The Institute of Mathematical Statistics Bulletin* and *The AMSTAT News* for any up-to-date announcements about submissions to this series.

The Bowman and Kastenbaum tables were checked by Dr. Robert E. Odeh at the University of Victoria. The editors and the Institute of Mathematical Statistics wish to express their great appreciation for this assistance. The remaining tables included in the present volume were checked at Wright-Patterson Air Force Base. Dr. H. L. Harter arranged for this checking which was done under the direction of Mr. James P. Hudson. The editors and the Institute wish to express their great appreciation for this invaluable assistance from Mr. Hudson and his group. So many other people have contributed to the instigation and preparation of this volume that it would be impossible to record their names here. To all of these people, who will remain anonymous, the editors and the Institute also wish to express their thanks.

TABLE OF CONTENTS

Preface.. v

**Tables of the two factor and three factor generalized
incomplete modified Bessel distributions**
    by Bernard Harris and Andrew P. Soms... 1

Sample size requirement: Single and double classification experiments
    by Kimiko O. Bowman and Marvin A. Kastenbaum............................ 111

**Passage time distributions for Gaussian Markov (Ornstein-Uhlenbeck)
statistical processes**
    by J. Keilson and H. F. Ross 233

Exact probability levels for the Kruskal-Wallis test
    by Ronald L. Iman, Dana Quade and Douglas A. Alexander...... 329

**Tables of confidence limits for linear functions
of the normal mean and variance**
    by C. E. Land 385

Contents of VOLUME I of this series:

Tables of the cumulative non-central chi-square distribution
    by G. E. Haynam, Z. Govindarajulu and F. C. Leone
        Table I (Power of the chi-square test)
        Table II (Non-centrality parameter)

Tables of the exact sampling distribution of the two-sample Kolmogorov-Smirnov criterion $D_{mn} (m \leq n)$
    by P. J. Kim and R. I. Jennrich
        Table I (Upper tail areas)
        Table II (Critical values)

Critical values and probability levels for the Wilcoxon Rank Sum Test and the Wilcoxon Signed Rank Test
    by Frank Wilcoxon, S. K. Katti and Roberta A. Wilcox
        Table I (Critical values and probability levels for the Wilcoxon Rank Sum Test)
        Table II (Probability levels for the Wilcoxon Signed Rank Test)

The null distribution of the first three product-moment statistics for exponential, half-gamma, and normal scores
    by P. A. W. Lewis and A. S. Goodman
        Tables 1–3 (Normal with lag 1, 2, 3)
        Tables 4–6 (Exponential with lag 1, 2, 3)
        Tables 7–9 (Half-gamma with lag 1, 2, 3)

Tables to facilitate the use of orthogonal polynomials for two types of error structures
    by Kirkland B. Stewart
        Table I (Independent error model)
        Table II (Cumulative error model)

Contents of VOLUME II of this series:

Probability integral of the doubly noncentral t-distribution with degrees of freedom n and non-centrality parameters δ and λ
    by William G. Bulgren

Doubly noncentral F distribution – Tables and applications
    by M. L. Tiku

Tables of expected sample size for curtailed fixed sample size tests of a Bernoulli parameter
    by Colin R. Blyth and David Hutchinson

Zonal polynomials of order 1 through 12
    by A. M. Parkhurst and A. T. James

Selected Tables in Mathematical Statistics
Volume III, 1975

TABLES OF THE TWO FACTOR AND THREE FACTOR GENERALIZED INCOMPLETE MODIFIED BESSEL DISTRIBUTIONS

Bernard Harris and Andrew P. Soms

Mathematics Research Center
University of Wisconsin

ABSTRACT

Tables of the two-factor and three-factor generalized incomplete modified Bessel distributions are given along with a description of some of their applications in statistical inference, including their use in determining the reliability of systems of independent parallel components.

1. INTRODUCTION

This report consists of tables of the two factor and three factor generalized incomplete modified Bessel distributions and a brief summary describing the probability mechanisms that give rise to these distributions and some of the possible applications of these tables to statistical problems. In particular, these tables have extensive application to the problem of assessing the reliability of a system of two or three independent parallel components, from data acquired from independent sequences of Bernoulli trials on the separate components. These questions and other closely related topics are discussed in the papers Harris [2] and Harris and Soms [3].

There are many other possible applications, such as many statistical problems arising in the biological and medical sciences in which the product of Poisson parameters or the product of binomial parameters is a natural parameter of interest.

For those applications in which the natural parameter of interest is the product of binomial parameters, the reader should note that the Poisson approximation to the

---

Received by the editors September 1972 and in revised form July 1973. AMS(MOS) Subject Classifications (1970): Primary 62Q05; Secondary 62E15, 62N05, 62L10.
This research was sponsored by the U.S. Army under contract No. DA-31-124-ARO-D-462.

binomial is employed. For reliability applications, the individual "p's" are the probabilities of failure of components, and since one desires to keep failure probabilities "small", the use of this approximation is quite natural for such applications.

In the summary that follows, Section 2 provides the necessary definitions and a brief description of the tables. Section 3 deals with interpolation and the statement of some asymptotic results for use when values beyond the end of the table are required. Applications and examples are described in the fourth section.

The authors thank Verlyn Erickson and Mrs. Julia Gray for performing the considerable programming involved and N. R. Bhalerao and J. M. Yohe for their advice and assistance.

2. DESCRIPTION OF THE TABLES

Let $X_1(t), X_2(t), \ldots, X_k(t)$ be k independent Poisson processes with intensities $\lambda_1, \lambda_2, \ldots, \lambda_k$ respectively. That is,

$$(1) \quad P\{X_1(t) = x_1, X_2(t) = x_2, \ldots, X_k(t) = x_k\} = e^{-t \sum_{i=1}^{k} \lambda_i} \prod_{i=1}^{k} (\lambda_i t)^{x_i} / x_i!$$

for $t \geq 0$ and $x_1, x_2, \ldots, x_k$ specified non-negative integers. Let $U_1(t) = X_1(t)$ and $U_i(t) = X_i(t) - X_1(t)$ for $i = 2, 3, \ldots, k$. Then from Harris [2],

$$(2) \quad P\{U_1(t) = u_1, U_2(t) = u_2, \ldots, U_k(t) = u_k\} = \frac{e^{-\lambda_1 t}(\lambda_1 t)^{u_1}}{u_1!} \prod_{i=2}^{k} \frac{e^{-\lambda_i t}(\lambda_i t)^{u_i + u_1}}{(u_i + u_1)!}$$

for $u_1 = 0, 1, 2, \ldots, u_i = -u_1, -u_1+1, -u_1+2, \ldots, i = 2, 3, \ldots, k$. Consequently, the conditional distribution of $U_1(t)$ given $U_2(t) = u_2(t), U_3(t) = u_3(t), \ldots, U_k(t) = u_k(t)$ is (see Harris [2]),

$$(3) \quad P_\theta\{U_1(t) = u_1 | U_2(t) = u_2, \ldots, U_k(t) = u_k\} =$$

$$= (\theta t^k)^{u_1} / h(u_2, u_3, \ldots, u_k; \theta, t) u_1! \prod_{i=2}^{k} (u_i + u_1)!,$$

where $\max(0, \max_{2 \leq i \leq k} (-u_i)) \leq u_1 < \infty$, $t \geq 0$, $\theta = \lambda_1 \lambda_2 \cdots \lambda_k$, and

$$(4) \quad h(u_2, u_3, \ldots, u_k; \theta, t) = \sum_r (\theta t^k)^r / r! \prod_{i=2}^{k} (u_i + r)!,$$

the sum running from $\max(0, \max_{2 \leq i \leq k} (-u_i))$ to ∞.

In particular, let $k = 2$ and $u_2 \geq 0$. Then denoting the modified Bessel function of order ν by $I_\nu(x)$, we have

$$h(u_2; \theta, t) = (\theta t^2)^{-u_2/2} I_{u_2}(2t\sqrt{\theta}). \tag{5}$$

Hence, we designate

$$\sum_{u_1=0}^{u} (\theta t^2)^{u_1}/u_1!(u_1+u_2)! = (\theta t^2)^{-u_2/2} I_{u_2}(u, 2t\sqrt{\theta}) \tag{6}$$

and thus

$$P\{U_1(t) \leq u | U_2(t) = u_2\} = I_{u_2}(u, 2t\sqrt{\theta})/I_{u_2}(2t\sqrt{\theta}) \tag{7}$$

and refer to this distribution as the "incomplete modified Bessel function". Hence, by analogy with (7), we will call

$$P\{U_1(t) \leq u | U_2(t) = u_2, \ldots, U_k(t) = u_k\} = G_{u_2, u_3, \ldots, u_k, \theta, t}(u) \tag{8}$$

for $u_i \geq 0$, $i = 2, 3, \ldots, k$, $k > 2$, the "generalized incomplete modified Bessel function".

We designate $G_{u_2, u_3, \ldots, u_k, \theta, 1}(u)$ by $G_{u_2, u_3, \ldots, u_k, \theta}(u)$, and from this point on we will assume $t = 1$. To use subsequent formulae for $t \neq 1$ it suffices to replace θ by θt^k. Now, if $\max_{2 \leq i \leq k}(-u_i) > 0$, let $v = \max_{2 \leq i \leq k}(-u_i)$. Then, if $u_2 = -v$,

$$P\{U_1 \leq u | U_2 = u_2, \ldots, U_k = u_k\} = G_{v, u_3+v, \ldots, u_k+v, \theta}(u-v). \tag{9}$$

In the tables that follow, for $k = 2$, $u_2 = 0, 1, 2, 3, 4, 5$, and for $k = 3$, $0 \leq u_3 \leq u_2 \leq 3$, the cumulative distribution function is tabulated for $\theta = 0.0 \, (.01) \, 0.5 \, (.1) \, 5.0 \, (.2) \, 15.0 \, (.5) \, 20.0 \, (1.0) \, 25.0 \, (5.0) \, 100$. For each such (u_2, θ) pair $((u_2, u_3, \theta)$ triple) $h(u_2; \theta)(h(u_2, u_3; \theta))$ as defined by (4) is also tabulated.

While these tables have been compiled as if $t = 1$ in (3) or (7), replacement of θ by θt^k permits the use of the tables for some pairs (θ, t) where $t \neq 1$. Similarly, from (9), the tables are adaptable for some negative values of u_2 or u_3.

3. INTERPOLATION AND ASYMPTOTICS

Through the range of the tables, naive linear interpolation should be satisfactory for most purposes. Note in particular that $G_{u_2, u_3, \ldots, u_k, \theta}(u)$ is a monotonic decreasing function of θ. In Harris and Soms [3], it has also been shown that as $\theta \to \infty$,

(10) $$G_{u_2, u_3, \ldots, u_k, \theta}(u) \to \Phi(\sqrt{k}\theta^{-1/k}(u - \theta^{1/k})),$$

where $\Phi(x) = \frac{1}{\sqrt{2\pi}} \int_{-\infty}^{x} e^{-\frac{t^2}{2}} dt$, that is, the standard normal distribution. For $k = 2$, substantial improvement over the approximation (10) is obtained by the following modification. Interpret the probability mass function (3) as a continuous probability density function on $[-\frac{1}{2}, \infty)$, by replacing the point probabilities given by (3) by the corresponding histogram (i.e. step function), which is defined by

(11) $$g^*_{u_2}(u, \theta) = P_\theta\{U_1 = u_1 | U_2 = u_2\}, \quad u_1 - \frac{1}{2} \leq u < u_1 + \frac{1}{2}.$$

Then, as $\theta \to \infty$

(12) $$\int_{-\frac{1}{2}}^{u} g^*_{u_2}(t, \theta) dt \to \Phi(\sqrt{2}\theta^{-1/2}(u - (\theta^{1/2} - \frac{(2u_2 + 1)}{4}))).$$

In Table 1, some numerical comparisons are given using (12). In Table 2, the exact means and standard derivations are compared with the approximations used in (12).

Similarly, for $k = 3$, one improves the normal approximation (10) by employing the following approximation for the mean μ:

(13) $$\mu \sim \theta^{1/3} - \left(\frac{u_2 + u_3 + 1}{3}\right).$$

Thus as $\theta \to \infty$,

(14) $$\int_{-1/2}^{u} g^*_{u_2, u_3}(t, \theta) dt \to \Phi(\sqrt{3}\theta^{-1/3}(u - (\theta^{1/3} - \frac{(u_2 + u_3 + 1)}{3}))).$$

4. APPLICATIONS AND EXAMPLES

This distribution arose in the construction of confidence intervals for systems of independent parallel components. Here we discuss the use of these tables for this and other purposes.

EXAMPLE 4.1. <u>The reliability of parallel systems</u>. Given a parallel system of two independent components, the probability of failure of the system is $p_1 p_2$ where p_i, $i = 1, 2$, are the failure probabilities of the two components. Then, assume an experiment is conducted in which n_1 Bernoulli trials are made on the first component and n_2 Bernoulli trials are made on the second component and x_1 and x_2 failures are observed respectively. Then we obtain an approximate upper $(1 - \alpha)$ confidence limit for $p_1 p_2$ by employing the Poisson approximation to the binomial, that is setting

TABLE 1

Comparison of Selected Percentiles u_p of the Histograms $g^*_{u_2}(u, \theta)$ with the Corresponding Percentiles z_p of the Normal Approximation (12) for $\theta = 100$, $u_2 = 0, 1, \ldots, 5$

p	$u_2 = 0$		$u_2 = 1$		$u_2 = 2$		$u_2 = 3$		$u_2 = 4$		$u_2 = 5$	
	u_p	z_p	u_p	z_p	u_p	z_p	u_p	z_p	u_p	z_p	u_p	z_p
.01	4.83	4.55	4.50	4.05	3.90	3.55	3.58	3.05	3.14	2.55	2.78	2.05
.05	6.16	6.07	5.70	5.57	5.24	5.07	4.80	4.57	4.50	4.07	4.04	3.57
.10	6.89	6.88	6.47	6.38	5.95	5.88	5.51	5.38	5.13	4.85	4.77	4.38
.20	7.82	7.87	7.34	7.37	6.87	6.87	6.48	6.37	6.04	5.85	5.68	5.37
.30	8.52	8.58	8.01	8.08	7.57	7.58	7.12	7.08	6.72	6.58	6.34	6.08
.40	9.09	9.18	8.62	8.68	8.15	8.18	7.72	7.68	7.31	7.18	6.92	6.68
.50	9.67	9.75	9.18	9.25	8.72	8.75	8.28	8.25	7.87	7.75	7.48	7.25
.60	10.24	10.32	9.76	9.82	9.29	9.32	8.86	8.82	8.43	8.32	8.06	7.82
.70	10.88	10.92	10.37	10.42	9.93	9.92	9.46	9.42	9.07	8.92	8.67	8.42
.80	11.61	11.63	11.14	11.12	10.66	10.62	10.23	10.12	9.82	9.62	9.40	9.12
.90	12.68	12.62	12.21	12.12	11.73	11.62	11.29	11.12	10.89	10.62	10.44	10.12
.95	13.55	13.43	13.13	12.93	12.61	12.43	12.21	11.93	11.77	11.43	11.35	10.93
.99	15.34	14.95	14.87	14.45	14.37	13.95	13.97	13.45	13.46	12.95	13.13	12.45

TABLE 2

Comparison of the Means $\mu(U, u_2)$ and Standard Derivations $\sigma(U, u_2)$ of the "Incomplete Modified Bessel Function" with the Asymptotic Approximations $\mu_A(u_2)$ and $\sigma_A(u_2)$, used in (12), for $\theta = 100$

	$\mu(U, u_2)$	$\mu_A(u_2)$	$\sigma(U, u_2)$	$\sigma_A(u_2)$
$u_2 = 0$	9.75	9.75	2.236	2.236
1	9.26	9.25	2.235	2.236
2	8.80	8.75	2.230	2.236
3	8.36	8.25	2.223	2.236
4	7.96	7.75	2.212	2.236
5	7.57	7.25	2.199	2.236

$(n_1 p_1)(n_2 p_2) = \lambda_1 \lambda_2 = \theta$. The distribution tabulated here depends only on θ and thus can be utilized here, namely, the $1 - \alpha$ upper confidence limit for θ, $\bar{\theta}$ is given by

(15) $$\bar{\theta} = \sup\{\theta: \sum_{u_1 \leq x_1} P\{U_1 = u_1 | U_2 = x_2 - x_1\} \geq \alpha\}.$$

Then, the corresponding approximate upper confidence limit $\bar{p}$ for $p_1 p_2$ is given by $\bar{\theta}/n_1 n_2$. This is illustrated by the following numerical example.

Let $n_1 = n_2 = 100$, $\alpha = .10$, $x_1 = 1$, $x_2 = 4$. Then $u_2 = x_2 - x_1 = 3$.

Solving (15) is equivalent to finding θ such that $I_{u_2}(u, 2\sqrt{\theta})/I_{u_2}(2\sqrt{\theta}) = G_{u_2, \theta}(u) = \alpha$. In the specific case at hand, we have $u_2 = 3$, $u = 1$, $\alpha = .10$, hence we require θ such that $G_{3, \theta}(1) = .10$. In the tabulation of the cumulative distribution function, we turn to the section for $u_2 = 3$ and examine the entries for each θ, indexed by 1 in the left margin.

Since they will be monotone decreasing, we will eventually reach a tabulated θ such that $G_{3, \theta}(1) \leq .10$; this occurs when $\theta = 24$ and $G_{3, 24}(1) = .09544$. Since $G_{3, 23}(1) = .10610$, by interpolation we obtain $\bar{\theta} = 23.6$ and hence $\bar{p} = .00236$.

The confidence intervals obtained by this procedure are known to be quite conservative. Exact $1 - \alpha$ confidence intervals can be obtained by using randomized confidence intervals and such confidence intervals for θ using the randomized form of (15) will in fact be uniformly most accurate unbiased confidence intervals (Lehmann [6], pp. 176-180).

For the above data, we choose a random number z on $[0, 1]$, then we find that

θ for which

(16) $$Q_z(\theta) = ((1-z)\frac{I_3(0, 2\sqrt{\theta})}{I_3(2\sqrt{\theta})} + z\frac{I_3(1, 2\sqrt{\theta})}{I_3(2\sqrt{\theta})}) = .10 \ .$$

If, for example, z should be $.5$, then $Q_{.5}(18.5) = .10131$ and $Q_{.5}(19.0) = .09565$ and linear interpolation gives $\bar{\theta} = 18.4$.

EXAMPLE 4.2. Precisely the same statistical problem as given in Example 4.1 arises in a variety of biological and medical applications. We cite two such illustrations here.

Assume that two tests may be employed in testing for the presence of a given disease. Let p_i, $i = 1, 2$ be the respective probabilities that the ith test fails to detect the presence of the disease. Each test is admitted to 100 patients known to have the disease. The first test fails to detect the disease in one patient and the second test fails to detect the disease in four patients. Then from Example 4.1 we have that a 90 percent upper confidence limit for $p_1 p_2$ is $.00236$. The reader should note that the assumption that the two tests are independent has been made here.

Similarly, we can let p_2 be the probability that the ith drug does not produce a cure. Then, if the drugs act independently, this provides another potential application of the same technique.

An illustration concerning the probability that canned meat contains hoof-and-mouth disease virus may be found in the M.S. dissertation of J. L. Epstein [1].

EXAMPLE 4.3. Let $k = 3$, $n_1 = n_2 = n_3 = 100$, $x_1 = 1$, $x_2 = 2$, $x_3 = 1$, and $\alpha = .10$. Then $u_2 = 1$, $u_3 = 0$ and upon scanning the tables we find $G_{1, 0, 35}(1) = .12610$ and $G_{1, 0, 40}(1) = .099813$. Hence, by linear interpolation, we get $\bar{\theta} = 40.0$ and hence $\bar{p} = .000040$. Similarly, the randomized confidence limit for any $z \in [0, 1]$ is given by the solution of

(17) $$Q_z(\theta) = ((1-z)G_{1, 0, \theta}(0) + zG_{1, 0, \theta}(1)) = .10$$

and for $z = \frac{1}{2}$, we find $Q_{\frac{1}{2}}(25) = .11272$ and $Q_{\frac{1}{2}}(30) = .08577$. Linear interpolation gives $\bar{\theta} = 27.36$ and hence $\bar{p} = .000027$.

EXAMPLE 4.4. Let $k = 2$, $n_1 = n_2 = 100$, $x_1 = 6$ and $x_2 = 9$. Thus $u_1 = 6$ and $u_2 = 3$. To find $Q_{.5}(\theta)$ (see (16)), we need to solve

$$Q_{.5}(\theta) = .5\frac{I_3(5, 2\sqrt{\theta})}{I_3(2\sqrt{\theta})} + .5\frac{I_3(6, 2\sqrt{\theta})}{I_3(2\sqrt{\theta})}$$

for θ. A cursory glance at the tables shows that $\bar{\theta} > 100$, hence the asymptotic expression (12) should be employed. Thus, instead we will solve

(18) $$\Phi(\sqrt{2\theta^{-1/2}}(u - (\theta^{1/2} - \frac{2u_2 + 1}{4}))) = .10$$

for θ. Note that

$$\frac{I_3(5, 2\sqrt{\theta})}{I_3(2\sqrt{\theta})} \sim \int_{-.5}^{5.5} g_3^*(t, \theta) dt$$

and

$$\frac{I_3(6, 2\sqrt{\theta})}{I_3(2\sqrt{\theta})} \sim \int_{-.5}^{6.5} g_3^*(t, \theta) dt ,$$

hence the randomization for $z = .5$ is accomplished by setting $u = 6$ in (18). Thus we solve

$$\Phi(\sqrt{2\theta^{-1/2}} (6 - (\theta^{1/2} - 1.75))) = .10$$

or

$$\sqrt{2\theta^{-1/2}} (7.75 - \theta^{1/2}) = -1.282.$$

Squaring both sides we have

$$2\theta^{-1/2}(60.0625 - 15.50 \theta^{1/2} + \theta) = 1.6435$$

or

$$120.125 - 31 \theta^{1/2} + 2\theta - 1.6435 \theta^{1/2} = 0 ,$$

a quadratic in $\theta^{1/2}$. This is easily solved giving $\theta = 115.00$. The actual value of $Q_{.5}(115)$ is .0893, indicating that the exact solution is somewhat less than 115.

EXAMPLE 4.5. *Sequential testing of the reliability of parallel systems*. We now present two numerical illustrations of the sequential test described in Harris and Soms [4]. Consider the sequence of pairs of binomial experiments $(n_1, p_1, X_{1j}; n_2, p_2, X_{2j})$ and let $p = p_1 p_2$, $\lambda_1 = n_1 p_1$, $\lambda_2 = n_2 p_2$, $\theta = \lambda_1 \lambda_2$ and assume that X_{1j} and X_{2j} are independent Poisson random variables with parameters λ_1, λ_2 respectively. Then fix θ_0 and θ_1 with $\theta_0 < \theta_1$ and test the hypothesis $H_0: \theta = \theta_0$ against the alternative $H_1: \theta = \theta_1$ by computing after each observation $u_{2j} = X_{2j} - X_{1j}$ and

(19) $$Z_j = \log \left(\frac{h(u_2, \theta_0)}{h(u_2, \theta_1)} \right) + X_{1j} \log \left(\frac{\theta_1}{\theta_0} \right) .$$

Continue sampling as long as

(20) $$b = \log B < \sum_{j=1}^{n} A_j < \log A = a ,$$

reject H_0 if $\sum_{j=1}^{n} Z_j \geq \log A$ and accept H_0 if $\sum_{j=1}^{n} Z_j \leq \log B$, where $B = \frac{\beta}{1-\alpha}$ and $A = \frac{1-\beta}{\alpha}$; α and β are the preassigned probabilities of errors of the first and second kind respectively.

In the numerical illustrations that follow, base 10 logarithms have been used. Let $n_1 = n_2 = 50$, $\alpha = \beta = .05$, thus $b = -1.27875$ and $a = 1.27875$. Choose $\theta_0 = .10$ and $\theta_1 = 1.00$. This is the appropriate Poisson approximation for testing $\rho_0 = .00004$ against $\rho_1 = .00040$. To make the artificial data below conform to reality, two random samples have been selected, the first from the Poisson populations with $\lambda_1 = .125$, $\lambda_2 = .8$ and the second from the Poisson populations with $\lambda_1 = .5$, $\lambda_2 = 1.0$. For the first set of data H_0 is true, for the second set, neither H_1 nor H_0 is true. The numerical illustrations follow. In particular, the reader should note that the quantities $h(u_2, \theta)$ may be obtained from the tables, there denoted by H. In the first example below, for $n = 1$, we find $h(2, .1) = .51688$ and $h(2, 1) = .68895$, hence $h(2, .1)/h(2, 1) = .75024$, and $\log(.75024) = -.12480$.

n	$X_{1j}(\lambda = .125)$	$X_{2j}(\lambda = .8)$	$U_2 = X_{2j} - X_{1j}$	Z_n	$\sum_{i=1}^{n} Z_i$
1	0	2	2	-.12480	-.12480
2	0	0	0	-.31549	-.44029
3	0	2	2	-.12480	-.56509
4	0	0	0	-.31549	-.88058
5	0	1	1	-.18004	-1.06062
6	0	0	0	-.31549	-1.37611

After the sixth observation, sampling stops and H_0 is accepted.

n	$X_{1j}(\lambda = 5)$	$X_{2j}(\lambda = 1)$	$U_2 = X_{2j} - X_{1j}$	Z_n	$\sum_{i=1}^{n} Z_i$
1	0	2	2	-.12480	-.12480
2	3	0	-3	-.09517	-.21997
3	1	0	-1	-.18004	-.40001
4	4	2	-2	1.87520	1.47519

After the fourth observation, sampling stops and H_0 is rejected.

EXAMPLE 4.6. <u>Inverse Sampling</u>. D. S. Hwang [5] has given a technique for constructing exact confidence limits on $\prod_{i=1}^{k} p_i$ if negative binomial sampling with parameters r_i, $1 \leq i \leq k$, is used. His Corollary 3.1 relates the k-factor generalized incomplete modified Bessel distribution to his exact conditional distribution, under a certain convergence of the parameters, thus suggesting an asymptotic relationship between confidence intervals. However, his results are applicable to power function estimation, similar to that discussed in [3] between the binomial and Poisson distributions, and not to the result stated below dealing with confidence intervals. Consequently we depart from previous format and give the proof together with a numerical example, since this matter is not dealt with in [3]. In general, all the asymptotic relationships between the binomial and Poisson problems dealt with in [3] hold for the negative binomial and Poisson problems with suitable modifications.

For simplicity, consider the case of two populations, everything generalizing in a straightforward manner to k populations. Fix the values x_1, x_2 of negative binomial random variables X_1, X_2, with parameters r_1, r_2, respectively. Denote the exact $1 - \alpha$ upper confidence limit obtained from [5] by $\bar{\theta}_{r_1, r_2}$ and by $\bar{\theta}$ the $1 - \alpha$ upper confidence limit obtained for $\lambda_1 \lambda_2$ assuming $X_1 = x_1$, $X_2 = x_2$, under the Poisson model. Then

$$(21) \qquad \lim_{\substack{r_1 \to \infty \\ r_2 \to \infty}} r_1 r_2 \bar{\theta}_{r_1, r_2} = \bar{\theta}$$

and thus $\bar{\theta}_{r_1, r_2}$ may be estimated by $\dfrac{\bar{\theta}}{r_1 r_2}$. For the sake of clarity we mention that in a reliability context X_1 is the number of failures preceding the r_1th success, similarly for X_2, and p_i is the probability of failure of the ith component, $i = 1, 2$. The limiting assumptions are thus reasonable.

PROOF: $\bar{\theta}_{r_1, r_2}$ is the solution of the following equation in θ:

$$(22) \qquad \frac{\sum_{i=L}^{x_1} \binom{r_1 + i - 1}{i} \binom{r_2 + u_2 + i - 1}{u_2 + i} \theta^i}{\sum_{i=L}^{\infty} \binom{r_1 + i - 1}{i} \binom{r_2 + u_2 + i - 1}{u_2 + i} \theta^i} = \alpha,$$

where the confidence level is $1 - \alpha$, $x_2 - x_1 = u_2$, and $L = \max(0, -u_2)$. Note that if $L > 0$, i.e., $L = -u_2, u_2 < 0$, we may write (22) as

$$\frac{\sum_{i=0}^{x_2} \binom{r_2 + i - 1}{i}\binom{r_1 - u_2 + i - 1}{-u_2 + i}\theta^i}{\sum_{i=0}^{\infty} \binom{r_2 + i - 1}{i}\binom{r_1 - u_2 + i - 1}{-u_2 + i}\theta^i} = \alpha,$$

and that this is equivalent to permuting (x_1, x_2) and (r_1, r_2). Thus without loss of generality we assume that $L = 0$ in (22).

First we assert that $r_1 r_2 \bar{\theta}_{r_1, r_2}$ as a function of r_1, r_2, for fixed x_1, x_2, and α, is bounded. Suppose it is not. Then there exists a subsequence (r_{1j}, r_{2j}), $\bar{\theta}_j = \bar{\theta}_{r_{1j}, r_{2j}}$, $r_{1j} \uparrow \infty$, $r_{2j} \uparrow \infty$ such that $\bar{\theta}_j \frac{(r_{1j} + i)(r_{2j} + u_2 + i)}{(i+1)(u_2 + i + 1)} \to \infty$, for $i = x_1$, and ≥ 1 for all j, all i, $0 \leq i \leq x_1 - 1$. Write (22) as follows for $\theta = \bar{\theta}_j$:

(23)
$$\frac{\sum_{i=0}^{x_1} a_{i, r_{1j}, r_{2j}} \bar{\theta}_j^i}{\sum_{i=0}^{\infty} a_{i, r_{1j}, r_{2j}} \bar{\theta}_j^i} = \alpha,$$

and observe that $\frac{a_{i+1, r_{1j}, r_{2j}} \bar{\theta}_j^{i+1}}{a_{i, r_{1j}, r_{2j}} \bar{\theta}_j^i} = \bar{\theta}_j \left(\frac{r_{1j} + i}{i+1}\right)\left(\frac{r_{2j} + u_2 + i}{u_2 + i + 1}\right)$. By virtue of the properties of (r_{1j}, r_{2j}), $\bar{\theta}_j$, and (23) we have

(24)
$$\alpha = \frac{\sum_{i=0}^{x_1} a_{i, r_{1j}, r_{2j}} \bar{\theta}_j^i}{\sum_{i=0}^{\infty} a_{i, r_{1j}, r_{2j}} \bar{\theta}_j^i} < \frac{(x_1 + 1) a_{x_1, r_{1j}, r_{2j}} \bar{\theta}_j^{x_1}}{a_{x_1+1, r_{1j}, r_{2j}} \bar{\theta}_j^{x_1+1} + \sum_{\substack{i=0 \\ i \neq x_1+1}}^{\infty} a_{i, r_{1j}, r_{2j}} \bar{\theta}_j^i}$$

$$= \frac{x_1 + 1}{\delta + \bar{\theta}_j \frac{(r_{1j} + x_1)(r_{2j} + u_2 + x_1)}{(x_1 + 1)(u_2 + x_1 + 1)}},$$

where $\delta > 0$. This gives a contradiction, since the last expression $\to 0$ as $j \to \infty$. Thus

(25) $\qquad r_1 r_2 \bar{\theta}_{r_1, r_2} < M,$ a constant.

We can choose r_{10} and r_{20} such that $r_1 \geq r_{10}$ and $r_2 \geq r_{20}$ imply

(26) $$\frac{M}{r_1 r_2} < \frac{1}{2}.$$

We will only consider such r_1, r_2. We have

$$(27) \quad \frac{1}{r_2^{u_2}} a_{i,r_1,r_2} \bar{\theta}_{r_1,r_2}^i = \frac{(r_1 r_2 \bar{\theta}_{r_1,r_2})^i}{i!(i+u_2)!} \left(\prod_{j=1}^{i} \left(1 + \frac{j-1}{r_1}\right) \right) \prod_{j=1}^{i+u_2} \left(1 + \frac{j-1}{r_2}\right),$$

where if the upper limit on "$\prod$" is less than the lower, it is defined to be 1. Thus, from (25) for fixed i,

$$(28) \quad \lim_{\substack{r_1 \to \infty \\ r_2 \to \infty}} \frac{1}{r_2^{u_2}} a_{i,r_1,r_2} \bar{\theta}_{r_1,r_2}^i = \frac{(r_1 r_2 \bar{\theta}_{r_1,r_2})^i}{i!(i+u_2)!}.$$

From (25) and (27)

$$(29) \quad \frac{1}{r_2^{u_2}} a_{i,r_1,r_2} \bar{\theta}_{r_1,r_2}^i \leq \frac{1}{r_{20}^{u_2}} a_{i,r_{10},r_{20}} \left(\frac{M}{r_{10} r_{20}}\right)^i.$$

Also, from (27),

$$(30) \quad \frac{1}{r_2^{u_2}} \sum_{i=0}^{\infty} a_{i,r_1,r_2} \bar{\theta}_{r_1,r_2}^i > \frac{1}{u_2!} \prod_{j=1}^{u_2} \left(1 + \frac{j-1}{r_{20}}\right) = c_1,$$

and clearly

$$(31) \quad \sum_{i=0}^{\infty} \frac{(r_1 r_2 \bar{\theta}_{r_1,r_2})^i}{i!(i+u_2)!} > \frac{1}{u_2!} = c_2,$$

and from (25)

$$(32) \quad \frac{(r_1 r_2 \bar{\theta}_{r_1,r_2})^i}{i!(i+u_2)!} < \frac{M^i}{i!(i+u_2)!}.$$

Then, from (30) and (31)

$$(33) \quad \left| \frac{\sum_{i=0}^{x_1} a_{i,r_1,r_2} \bar{\theta}_{r_1,r_2}^i}{\sum_{i=0}^{\infty} a_{i,r_1,r_2} \bar{\theta}_{r_1,r_2}^i} - \frac{\sum_{i=0}^{x_1} \frac{(r_1 r_2 \bar{\theta}_{r_1,r_2})^i}{i!(i+u_2)!}}{\sum_{i=0}^{\infty} \frac{(r_1 r_2 \bar{\theta}_{r_1,r_2})^i}{i!(i+u_2)!}} \right|$$

$$\leq \frac{1}{c_1 c_2} \left| \left(\sum_{i=0}^{\infty} \frac{(r_1 r_2 \bar{\theta}_{r_1,r_2})^i}{i!(i+u_2)!} \right) \left(\frac{1}{r_2^{u_2}} \sum_{i=0}^{x_1} a_{i,r_1,r_2} \bar{\theta}_{r_1,r_2}^i \right) \right.$$

$$\left. - \left(\frac{1}{r_2^{u_2}} \sum_{i=0}^{\infty} a_{i,r_1,r_2} \bar{\theta}_{r_1,r_2}^i \right) \left(\sum_{i=0}^{x_1} \frac{(r_1 r_2 \bar{\theta}_{r_1,r_2})^i}{i!(i+u_2)!} \right) \right|,$$

and from (28), (29), and (32) the right hand side of (33) $\to 0$ as $r_1 \to \infty$, $r_2 \to \infty$, i.e.

$$\lim_{\substack{r_1 \to \infty \\ r_2 \to \infty}} \frac{\sum_{i=0}^{x_1} a_{i,r_1,r_2} \bar{\theta}_{r_1,r_2}^i}{\sum_{i=0}^{\infty} a_{i,r_1,r_2} \bar{\theta}_{r_1,r_2}^i} = \frac{\sum_{i=0}^{x_1} \frac{(r_1 r_2 \bar{\theta}_{r_1,r_2})^i}{i!(i+u_2)!}}{\sum_{i=0}^{\infty} \frac{(r_1 r_2 \bar{\theta}_{r_1,r_2})^i}{i!(i+u_2)!}} .$$

Then the continuity and monotone likelihood ratio property of $\dfrac{\sum_{i=0}^{x_1} \frac{\theta^i}{i!(i+u_2)!}}{\sum_{i=0}^{\infty} \frac{\theta^i}{i!(i+u_2)!}}$

imply that

$$\lim r_1 r_2 \bar{\theta}_{r_1,r_2} = \bar{\theta} ,$$

where $\bar{\theta}$ is the unique solution of

$$\frac{\sum_{i=0}^{x_1} \frac{\theta^i}{i!(i+u_2)!}}{\sum_{i=0}^{\infty} \frac{\theta^i}{i!(i+u_2)!}} = \alpha ,$$

which is the desired conclusion.

To illustrate the above we consider the case where $x_1 = x_2 = 0$, $r_1 = r_2 = 200$, and $\alpha = .05$. Then the exact upper confidence limit on $p_1 p_2$ given by solving (26) is .000134. The upper confidence limit on $\lambda_1 \lambda_2$ obtained from the tables is 5.41. Thus the estimated upper confidence limit is $\dfrac{5.41}{(200)^2} = .000135$, in good agreement with the exact value.

REFERENCES

1. Epstein, J. L. (1967). "Upper confidence limits on the product of two binomial parameters," Cornell University Master of Science Thesis.

2. Harris, B. (1971). "Hypothesis testing and confidence intervals for products and quotients of Poisson parameters with applications to reliability," J. Amer. Statist. Assoc., 66: 609-613.

3. Harris, B. and Soms, A. P. (1974). "Properties of the generalized incomplete modified Bessel distributions with applications to reliability theory," J. Amer. Statist. Assoc., 69: 259-263.

4. Harris, B. and Soms, A. P. "Sequential tests for hypotheses concerning the product of Poisson parameters with applications to problems in reliability and biometry." Submitted for publication.

5. Hwang, D. S. (1971). "Interval estimation of functions of Bernoulli parameters with reliability and biomedical applications," Technical Report #152, University of Minnesota School of Statistics.

6. Lehmann, E. L. (1959). Testing statistical hypotheses, John Wiley and Sons, New York.

CUMULATIVE DISTRIBUTION FUNCTION OF THE TWO-FACTOR
GENERALIZED INCOMPLETE MODIFIED BESSEL DISTRIBUTION

U2 = 0

THETA=	.10000-1	.20000-1	.30000-1	.40000-1	.50000-1	.60000-1
-I-			——SUM-P(I)——			
0	.99007+0	.98030+0	.97066+0	.96117+0	.95181+0	.94259+0
1	.99998+0	.99990+0	.99978+0	.99961+0	.99940+0	.99915+0
2	1.000	1.000	1.000	1.000	1.000	.99999+0
3						1.000
H =	.10100+1	.10201+1	.10302+1	.10404+1	.10506+1	.10609+1

THETA=	.70000-1	.80000-1	.90000-1	.10000+0	.11000+0	.12000+0
-I-			——SUM-P(I)——			
0	.93350+0	.92454+0	.91571+0	.90701+0	.89842+0	.88996+0
1	.99885+0	.99851+0	.99813+0	.99771+0	.99725+0	.99675+0
2	.99999+0	.99999+0	.99998+0	.99997+0	.99997+0	.99996+0
3	1.000	1.000	1.000	1.000	1.000	1.000
H =	.10712+1	.10816+1	.10920+1	.11025+1	.11131+1	.11236+1

THETA=	.13000+0	.14000+0	.15000+0	.16000+0	.17000+0	.18000+0
-I-			——SUM-P(I)——			
0	.88161+0	.87338+0	.86526+0	.85725+0	.84936+0	.84156+0
1	.99622+0	.99565+0	.99505+0	.99442+0	.99375+0	.99305+0
2	.99995+0	.99993+0	.99992+0	.99990+0	.99988+0	.99986+0
3	1.000	1.000	1.000	1.000	1.000	1.000
H =	.11343+1	.11450+1	.11557+1	.11665+1	.11774+1	.11883+1

THETA=	.19000+0	.20000+0	.21000+0	.22000+0	.23000+0	.24000+0
-I-			——SUM-P(I)——			
0	.83388+0	.82629+0	.81881+0	.81142+0	.80414+0	.79695+0
1	.99231+0	.99155+0	.99076+0	.98994+0	.98909+0	.98821+0
2	.99984+0	.99981+0	.99979+0	.99976+0	.99972+0	.99969+0
3	1.000	1.000	1.000	1.000	1.000	1.000
H =	.11992+1	.12102+1	.12213+1	.12324+1	.12436+1	.12548+1

THETA=	.25000+0	.26000+0	.27000+0	.28000+0	.29000+0	.30000+0
-I-			——SUM-P(I)——			
0	.78985+0	.78284+0	.77593+0	.76910+0	.76236+0	.75571+0
1	.98731+0	.98638+0	.98543+0	.98445+0	.98345+0	.98242+0
2	.99965+0	.99961+0	.99957+0	.99952+0	.99947+0	.99942+0
3	.99999+0	.99999+0	.99999+0	.99999+0	.99999+0	.99999+0
4	1.000	1.000	1.000	1.000	1.000	1.000
H =	.12661+1	.12774+1	.12888+1	.13002+1	.13117+1	.13233+1

THETA=	.31000+0	.32000+0	.33000+0	.34000+0	.35000+0	.36000+0
-I-			——SUM-P(I)——			
0	.74914+0	.74265+0	.73624+0	.72992+0	.72367+0	.71750+0
1	.98137+0	.98030+0	.97921+0	.97809+0	.97696+0	.97580+0
2	.99937+0	.99931+0	.99925+0	.99919+0	.99912+0	.99905+0
3	.99999+0	.99999+0	.99998+0	.99998+0	.99998+0	.99998+0
4	1.000	1.000	1.000	1.000	1.000	1.000
H =	.13349+1	.13465+1	.13582+1	.13700+1	.13818+1	.13937+1

$U2 = 0$

THETA=	.37000+0	.38000+0	.39000+0	.40000+0	.41000+0	.42000+0
-I-			SUM-P(I)			
0	.71141+0	.70539+0	.69944+0	.69357+0	.68776+0	.68203+0
1	.97463+0	.97343+0	.97222+0	.97099+0	.96975+0	.96848+0
2	.99898+0	.99890+0	.99882+0	.99874+0	.99865+0	.99856+0
3	.99998+0	.99997+0	.99997+0	.99997+0	.99997+0	.99996+0
4	1.000	1.000	1.000	1.000	1.000	1.000
H =	.14057+1	.14177+1	.14297+1	.14418+1	.14540+1	.14662+1

THETA=	.43000+0	.44000+0	.45000+0	.46000+0	.47000+0	.48000+0
-I-			SUM-P(I)			
0	.67636+0	.67077+0	.66523+0	.65977+0	.65437+0	.64903+0
1	.96720+0	.96590+0	.96459+0	.96326+0	.96192+0	.96056+0
2	.99847+0	.99837+0	.99827+0	.99816+0	.99806+0	.99795+0
3	.99996+0	.99996+0	.99995+0	.99995+0	.99994+0	.99994+0
4	1.000	1.000	1.000	1.000	1.000	1.000
H =	.14785+1	.14908+1	.15032+1	.15157+1	.15282+1	.15408+1

THETA=	.49000+0	.50000+0	.60000+0	.70000+0	.80000+0	.90000+0
-I-			SUM-P(I)			
0	.64375+0	.63854+0	.58954+0	.54572+0	.50634+0	.47083+0
1	.95919+0	.95780+0	.94327+0	.92772+0	.91141+0	.89457+0
2	.99783+0	.99771+0	.99633+0	.99457+0	.99243+0	.98991+0
3	.99993+0	.99993+0	.99986+0	.99977+0	.99963+0	.99944+0
4	1.000	1.000	1.000	.99999+0	.99999+0	.99998+0
5				1.000	1.000	1.000
H =	.15534+1	.15661+1	.16962+1	.18325+1	.19750+1	.21239+1

THETA=	.10000+1	.11000+1	.12000+1	.13000+1	.14000+1	.15000+1
-I-			SUM-P(I)			
0	.43868+0	.40948+0	.38288+0	.35858+0	.33633+0	.31590+0
1	.87735+0	.85991+0	.84234+0	.82474+0	.80719+0	.78974+0
2	.98702+0	.98377+0	.98017+0	.97624+0	.97199+0	.96743+0
3	.99921+0	.99891+0	.99855+0	.99813+0	.99763+0	.99705+0
4	.99997+0	.99995+0	.99993+0	.99990+0	.99987+0	.99983+0
5	1.000	1.000	1.000	1.000	.99999+0	.99999+0
6					1.000	1.000
H =	.22796+1	.24421+1	.26118+1	.27888+1	.29733+1	.31656+1

THETA=	.16000+1	.17000+1	.18000+1	.19000+1	.20000+1	.21000+1
-I-			SUM-P(I)			
0	.29710+0	.27976+0	.26374+0	.24891+0	.23516+0	.22239+0
1	.77245+0	.75535+0	.73847+0	.72185+0	.70549+0	.68942+0
2	.96259+0	.95747+0	.95210+0	.94649+0	.94066+0	.93461+0
3	.99639+0	.99565+0	.99483+0	.99392+0	.99291+0	.99182+0
4	.99977+0	.99971+0	.99964+0	.99955+0	.99945+0	.99933+0
5	.99999+0	.99999+0	.99998+0	.99998+0	.99997+0	.99996+0
6	1.000	1.000	1.000	1.000	1.000	1.000
H =	.33659+1	.35745+1	.37916+1	.40175+1	.42524+1	.44965+1

THETA=	.22000+1	.23000+1	.24000+1	.25000+1	.26000+1	.27000+1
-I-			SUM-P(I)			
0	.21052+0	.19945+0	.18912+0	.17948+0	.17046+0	.16201+0
1	.67365+0	.65818+0	.64302+0	.62818+0	.61366+0	.59946+0
2	.92837+0	.92195+0	.91536+0	.90862+0	.90174+0	.89473+0
3	.99064+0	.98936+0	.98799+0	.98652+0	.98496+0	.98331+0
4	.99920+0	.99905+0	.99888+0	.99869+0	.99849+0	.99826+0
5	.99995+0	.99994+0	.99993+0	.99991+0	.99989+0	.99987+0

GENERALIZED INCOMPLETE MODIFIED BESSEL DISTRIBUTIONS

$U2 = 0$

THETA=	.22000+1	.23000+1	.24000+1	.25000+1	.26000+1	.27000+1
-I-	—	—	—SUM-P(I)—	—	—	—
6	1.000	1.000	1.000	1.000	.99999+0	.99999+0
7					1.000	1.000
H =	.47503+1	.50138+1	.52875+1	.55716+1	.58664+1	.61723+1

THETA=	.28000+1	.29000+1	.30000+1	.31000+1	.32000+1	.33000+1
-I-	—	—	—SUM-P(I)—	—	—	—
0	.15410+0	.14667+0	.13968+0	.13312+0	.12694+0	.12112+0
1	.58557+0	.57200+0	.55874+0	.54579+0	.53314+0	.52080+0
2	.88760+0	.88036+0	.87303+0	.86561+0	.85811+0	.85054+0
3	.98156+0	.97972+0	.97779+0	.97577+0	.97365+0	.97145+0
4	.99801+0	.99773+0	.99743+0	.99711+0	.99676+0	.99639+0
5	.99985+0	.99982+0	.99979+0	.99976+0	.99972+0	.99968+0
6	.99999+0	.99999+0	.99999+0	.99998+0	.99998+0	.99998+0
7	1.000	1.000	1.000	1.000	1.000	1.000
H =	.64894+1	.68182+1	.71590+1	.75121+1	.78778+1	.82565+1

THETA=	.34000+1	.35000+1	.36000+1	.37000+1	.38000+1	.39000+1
-I-	—	—	—SUM-P(I)—	—	—	—
0	.11563+0	.11044+0	.10555+0	.10092+0	.96548-1	.92405-1
1	.50876+0	.49700+0	.48553+0	.47434+0	.46343+0	.45279+0
2	.84292+0	.83524+0	.82752+0	.81976+0	.81197+0	.80416+0
3	.96916+0	.96678+0	.96431+0	.96176+0	.95913+0	.95642+0
4	.99598+0	.99555+0	.99509+0	.99460+0	.99408+0	.99353+0
5	.99963+0	.99958+0	.99952+0	.99946+0	.99939+0	.99932+0
6	.99997+0	.99997+0	.99997+0	.99996+0	.99995+0	.99995+0
7	1.000	1.000	1.000	1.000	1.000	1.000
H =	.86485+1	.90543+1	.94741+1	.99084+1	.10358+2	.10822+2

THETA=	.40000+1	.41000+1	.42000+1	.43000+1	.44000+1	.45000+1
-I-	—	—	—SUM-P(I)—	—	—	—
0	.88481-1	.84760-1	.81231-1	.77882-1	.74700-1	.71677-1
1	.44240+0	.43228+0	.42240+0	.41277+0	.40338+0	.39423+0
2	.79632+0	.78848+0	.78063+0	.77278+0	.76493+0	.75709+0
3	.95362+0	.95075+0	.94781+0	.94478+0	.94169+0	.93853+0
4	.99295+0	.99233+0	.99169+0	.99101+0	.99030+0	.98955+0
5	.99924+0	.99915+0	.99906+0	.99896+0	.99885+0	.99874+0
6	.99994+0	.99993+0	.99992+0	.99991+0	.99990+0	.99989+0
7	1.000	1.000	.99999+0	.99999+0	.99999+0	.99999+0
8			1.000	1.000	1.000	1.000
H =	.11302+2	.11798+2	.12311+2	.12840+2	.13387+2	.13951+2

THETA=	.46000+1	.47000+1	.48000+1	.49000+1	.50000+1	.52000+1
-I-	—	—	—SUM-P(I)—	—	—	—
0	.68803-1	.66068-1	.63465-1	.60986-1	.58624-1	.54225-1
1	.38530+0	.37659+0	.36810+0	.35982+0	.35175+0	.33619+0
2	.74926+0	.74145+0	.73366+0	.72589+0	.71815+0	.70275+0
3	.93529+0	.93199+0	.92862+0	.92520+0	.92170+0	.91454+0
4	.98877+0	.98796+0	.98711+0	.98623+0	.98532+0	.98338+0
5	.99862+0	.99848+0	.99834+0	.99820+0	.99804+0	.99769+0
6	.99987+0	.99986+0	.99984+0	.99982+0	.99980+0	.99976+0
7	.99999+0	.99999+0	.99999+0	.99999+0	.99999+0	.99998+0
8	1.000	1.000	1.000	1.000	1.000	1.000
H =	.14534+2	.15136+2	.15757+2	.16397+2	.17058+2	.18442+2

$U2 = 0$

THETA=	.54000+1	.56000+1	.58000+1	.60000+1	.62000+1	.64000+1
-I-			SUM-P(I)			
0	.50219-1	.46566-1	.43228-1	.40173-1	.37374-1	.34805-1
1	.32140+0	.30733+0	.29395+0	.28121+0	.26909+0	.25755+0
2	.68750+0	.67241+0	.65750+0	.64277+0	.62826+0	.61395+0
3	.90716+0	.89957+0	.89178+0	.88381+0	.87568+0	.86739+0
4	.98130+0	.97907+0	.97671+0	.97420+0	.97156+0	.96877+0
5	.99731+0	.99688+0	.99641+0	.99590+0	.99533+0	.99472+0
6	.99971+0	.99965+0	.99959+0	.99951+0	.99943+0	.99933+0
7	.99998+0	.99997+0	.99996+0	.99996+0	.99995+0	.99993+0
8	1.000	1.000	1.000	1.000	1.000	.99999+0
9						1.000
H =	.19913+2	.21475+2	.23133+2	.24892+2	.26757+2	.28732+2

THETA=	.66000+1	.68000+1	.70000+1	.72000+1	.74000+1	.76000+1
-I-			SUM-P(I)			
0	.32443-1	.30270-1	.28267-1	.26420-1	.24713-1	.23136-1
1	.24657+0	.23610+0	.22614+0	.21664+0	.20759+0	.19897+0
2	.59987+0	.58602+0	.57241+0	.55904+0	.54592+0	.53304+0
3	.85896+0	.85041+0	.84174+0	.83296+0	.82410+0	.81515+0
4	.96584+0	.96277+0	.95957+0	.95623+0	.95276+0	.94916+0
5	.99405+0	.99333+0	.99256+0	.99173+0	.99084+0	.98989+0
6	.99923+0	.99911+0	.99897+0	.99883+0	.99867+0	.99849+0
7	.99992+0	.99991+0	.99989+0	.99987+0	.99985+0	.99983+0
8	.99999+0	.99999+0	.99999+0	.99999+0	.99999+0	.99998+0
9	1.000	1.000	1.000	1.000	1.000	1.000
H =	.30823+2	.33036+2	.35377+2	.37850+2	.40464+2	.43224+2

THETA=	.78000+1	.80000+1	.82000+1	.84000+1	.86000+1	.88000+1
-I-			SUM-P(I)			
0	.21675-1	.20322-1	.19066-1	.17901-1	.16818-1	.15811-1
1	.19074+0	.18290+0	.17541+0	.16827+0	.16145+0	.15495+0
2	.52042+0	.50804+0	.49592+0	.48404+0	.47242+0	.46105+0
3	.80614+0	.79706+0	.78793+0	.77877+0	.76957+0	.76034+0
4	.94543+0	.94157+0	.93759+0	.93350+0	.92928+0	.92496+0
5	.98888+0	.98781+0	.98668+0	.98549+0	.98423+0	.98290+0
6	.99830+0	.99803+0	.99786+0	.99762+0	.99735+0	.99706+0
7	.99980+0	.99977+0	.99973+0	.99970+0	.99965+0	.99961+0
8	.99998+0	.99998+0	.99997+0	.99997+0	.99996+0	.99996+0
9	1.000	1.000	1.000	1.000	1.000	1.000
H =	.46136+2	.49209+2	.52448+2	.55863+2	.59460+2	.63247+2

THETA=	.90000+1	.92000+1	.94000+1	.96000+1	.98000+1	.10000+2
-I-			SUM-P(I)			
0	.14873-1	.14000-1	.13185-1	.12425-1	.11716-1	.11053-1
1	.14873+0	.14280+0	.13713+0	.13171+0	.12653+0	.12158+0
2	.44992+0	.43904+0	.42839+0	.41799+0	.40783+0	.39790+0
3	.75110+0	.74186+0	.73261+0	.72336+0	.71413+0	.70491+0
4	.92052+0	.91598+0	.91133+0	.90658+0	.90174+0	.89680+0
5	.98151+0	.98035+0	.97853+0	.97694+0	.97528+0	.97356+0
6	.99676+0	.99643+0	.99608+0	.99570+0	.99530+0	.99488+0
7	.99956+0	.99950+0	.99944+0	.99938+0	.99930+0	.99923+0
8	.99995+0	.99994+0	.99994+0	.99993+0	.99992+0	.99991+0
9	1.000	1.000	.99999+0	.99999+0	.99999+0	.99999+0
10			1.000	1.000	1.000	1.000
H =	.67234+2	.71429+2	.75841+2	.80480+2	.85355+2	.90476+2

$U2 = 0$

THETA=	.10200+2	.10400+2	.10600+2	.10800+2	.11000+2	.11200+2
-I-			SUM-P(I)			
0	.10433-1	.98522-2	.93088-2	.87996-2	.83222-2	.78743-2
1	.11684+0	.11231+0	.10798+0	.10383+0	.99866-1	.96066-1
2	.38819+0	.37872+0	.36946+0	.36043+0	.35161+0	.34300+0
3	.69572+0	.68656+0	.67743+0	.66835+0	.65930+0	.65030+0
4	.89177+0	.88666+0	.88146+0	.87619+0	.87084+0	.86541+0
5	.97176+0	.96990+0	.96797+0	.96598+0	.96391+0	.96178+0
6	.99443+0	.99395+0	.99344+0	.99291+0	.99235+0	.99176+0
7	.99914+0	.99905+0	.99895+0	.99885+0	.99874+0	.99861+0
8	.99989+0	.99988+0	.99987+0	.99985+0	.99983+0	.99981+0
9	.99999+0	.99999+0	.99999+0	.99998+0	.99998+0	.99998+0
10	1.000	1.000	1.000	1.000	1.000	1.000
H =	.95854+2	.10150+3	.10743+3	.11364+3	.12016+3	.12700+3

THETA=	.11400+2	.11600+2	.11800+2	.12000+2	.12200+2	.12400+2
-I-			SUM-P(I)			
0	.74538-2	.70589-2	.66877-2	.63388-2	.60104-2	.57014-2
1	.92427-1	.88942-1	.85603-1	.82404-1	.79338-1	.76398-1
2	.33460+0	.32640+0	.31840+0	.31060+0	.30299+0	.29556+0
3	.64136+0	.63246+0	.62363+0	.61486+0	.60615+0	.59751+0
4	.85992+0	.85436+0	.84874+0	.84306+0	.83732+0	.83153+0
5	.95958+0	.95732+0	.95499+0	.95259+0	.95013+0	.94760+0
6	.99114+0	.99049+0	.98981+0	.98910+0	.98836+0	.98758+0
7	.99848+0	.99835+0	.99820+0	.99804+0	.99788+0	.99770+0
8	.99979+0	.99977+0	.99975+0	.99972+0	.99969+0	.99966+0
9	.99998+0	.99997+0	.99997+0	.99997+0	.99996+0	.99996+0
10	1.000	1.000	1.000	1.000	1.000	1.000
H =	.13416+3	.14167+3	.14953+3	.15776+3	.16638+3	.17540+3

THETA=	.12600+2	.12800+2	.13000+2	.13200+2	.13400+2	.13600+2
-I-			SUM-P(I)			
0	.54103-2	.51361-2	.48775-2	.46337-2	.44036-2	.41864-2
1	.73580-1	.70878-1	.68285-1	.65798-1	.63412-1	.61121-1
2	.28832+0	.28125+0	.27436+0	.26764+0	.26109+0	.25470+0
3	.58894+0	.58045+0	.57202+0	.56368+0	.55541+0	.54722+0
4	.82569+0	.81981+0	.81388+0	.80791+0	.80190+0	.79586+0
5	.94501+0	.94236+0	.93964+0	.93686+0	.93402+0	.93112+0
6	.98677+0	.98593+0	.98505+0	.98414+0	.98320+0	.98222+0
7	.99751+0	.99731+0	.99710+0	.99688+0	.99665+0	.99640+0
8	.99962+0	.99959+0	.99955+0	.99951+0	.99946+0	.99942+0
9	.99995+0	.99995+0	.99994+0	.99994+0	.99993+0	.99992+0
10	1.000	.99999+0	.99999+0	.99999+0	.99999+0	.99999+0
11		1.000	1.000	1.000	1.000	1.000
H =	.18483+3	.19470+3	.20502+3	.21581+3	.22709+3	.23887+3

THETA=	.13800+2	.14000+2	.14200+2	.14400+2	.14600+2	.14800+2
-I-			SUM-P(I)			
0	.39813-2	.37875-2	.36043-2	.34310-2	.32671-2	.31121-2
1	.58923-1	.56812-1	.54785-1	.52838-1	.50968-1	.49171-1
2	.24847+0	.24240+0	.23648+0	.23070+0	.22507+0	.21959+0
3	.53911+0	.53109+0	.52314+0	.51529+0	.50751+0	.49983+0
4	.78979+0	.78369+0	.77756+0	.77141+0	.76524+0	.75905+0
5	.92816+0	.92515+0	.92207+0	.91894+0	.91575+0	.91251+0
6	.98121+0	.98016+0	.97907+0	.97795+0	.97679+0	.97560+0
7	.99614+0	.99587+0	.99559+0	.99529+0	.99498+0	.99465+0
8	.99937+0	.99931+0	.99925+0	.99919+0	.99913+0	.99906+0
9	.99991+0	.99991+0	.99990+0	.99989+0	.99988+0	.99986+0
10	.99999+0	.99999+0	.99999+0	.99999+0	.99999+0	.99998+0
11	1.000	1.000	1.000	1.000	1.000	1.000
H =	.25118+3	.26403+3	.27745+3	.29146+3	.30608+3	.32133+3

$U2 = 0$

THETA=	.15000+2	.15500+2	.16000+2	.16500+2	.17000+2	.17500+2
-I-			—SUM-P(I)—			
0	.29652−2	.26311−2	.23388−2	.20825−2	.18573−2	.16590−2
1	.47444−1	.43414−1	.39760−1	.36444−1	.33432−1	.30692−1
2	.21424+0	.20145+0	.18945+0	.17819+0	.16762+0	.15771+0
3	.49223+0	.47361+0	.45555+0	.43805+0	.42110+0	.40470+0
4	.75284+0	.73728+0	.72166+0	.70603+0	.69041+0	.67484+0
5	.90921+0	.90075+0	.89197+0	.88289+0	.87354+0	.86394+0
6	.97437+0	.97113+0	.96766+0	.96396+0	.96002+0	.95586+0
7	.99431+0	.99339+0	.99238+0	.99126+0	.99003+0	.98869+0
8	.99899+0	.99879+0	.99856+0	.99829+0	.99800+0	.99767+0
9	.99985+0	.99982+0	.99978+0	.99973+0	.99967+0	.99960+0
10	.99998+0	.99998+0	.99997+0	.99996+0	.99995+0	.99994+0
11	1.000	1.000	1.000	1.000	.99999+0	.99999+0
12					1.000	1.000
H =	.33724+3	.38006+3	.42756+3	.48019+3	.53841+3	.60275+3

THETA=	.18000+2	.18500+2	.19000+2	.19500+2	.20000+2	.21000+2
-I-			—SUM-P(I)—			
0	.14842−2	.13296−2	.11928−2	.10715−2	.96373−3	.78252−3
1	.28199−1	.25927−1	.23856−1	.21965−1	.20238−1	.17215−1
2	.14842+0	.13969+0	.13151+0	.12382+0	.11661+0	.10349+0
3	.38885+0	.37354+0	.35877+0	.34451+0	.33077+0	.30479+0
4	.65934+0	.64393+0	.62864+0	.61348+0	.59848+0	.56900+0
5	.85409+0	.84402+0	.83374+0	.82327+0	.81264+0	.79094+0
6	.95146+0	.94684+0	.94199+0	.93691+0	.93162+0	.92040+0
7	.98723+0	.98566+0	.98396+0	.98214+0	.98018+0	.97588+0
8	.99729+0	.99688+0	.99642+0	.99592+0	.99536+0	.99409+0
9	.99953+0	.99944+0	.99934+0	.99923+0	.99911+0	.99881+0
10	.99993+0	.99992+0	.99990+0	.99988+0	.99986+0	.99980+0
11	.99999+0	.99999+0	.99999+0	.99998+0	.99998+0	.99997+0
12	1.000	1.000	1.000	1.000	1.000	1.000
H =	.67378+3	.75210+3	.83837+3	.93329+3	.10376+4	.12779+4

THETA=	.22000+2	.23000+2	.24000+2	.25000+2	.30000+2	.35000+2
-I-			—SUM-P(I)—			
0	.63831−3	.52292−3	.43013−3	.35515−3	.14329−3	.61970−4
1	.14681−1	.12550−1	.10753−1	.92339−2	.44420−2	.22309−2
2	.91916−1	.81707−1	.72692−1	.64726−1	.36683−1	.21209−1
3	.28071+0	.25844+0	.23786+0	.21887+0	.14415+0	.95013−1
4	.54031+0	.51249+0	.48562+0	.45972+0	.34565+0	.25646+0
5	.76875+0	.74622+0	.72346+0	.70057+0	.58746+0	.48248+0
6	.90836+0	.89555+0	.88202+0	.86783+0	.78896+0	.70223+0
7	.97104+0	.96564+0	.95969+0	.95317+0	.91233+0	.85919+0
8	.99259+0	.99083+0	.98881+0	.98650+0	.97016+0	.94503+0
9	.99844+0	.99798+0	.99744+0	.99679+0	.99158+0	.98212+0
10	.99972+0	.99963+0	.99951+0	.99936+0	.99801+0	.99510+0
11	.99996+0	.99994+0	.99992+0	.99989+0	.99960+0	.99886+0
12	.99999+0	.99999+0	.99999+0	.99998+0	.99993+0	.99977+0
13	1.000	1.000	1.000	1.000	.99999+0	.99996+0
14					1.000	.99999+0
15						1.000
H =	.15666+4	.19123+4	.23249+4	.28157+4	.69788+4	.16137+5

$U2 = 0$

THETA=	.40000+2	.45000+2	.50000+2	.55000+2	.60000+2	.65000+2
-I-			——SUM-P(I)——			
0	.28327-4	.13553-4	.67377-5	.34616-5	.18300-5	.99213-6
1	.11614-2	.62342-3	.34362-3	.19385-3	.11163-3	.65480-4
2	.12492-1	.74845-2	.45547-2	.28117-2	.17586-2	.11134-2
3	.62852-1	.41790-1	.27949-1	.18809-1	.12739-1	.86818-2
4	.18875+0	.13827+0	.10106+0	.73802-1	.53914-1	.39428-1
5	.39019+0	.31194+0	.24727+0	.19479+0	.15274+0	.11937+0
6	.61401+0	.52903+0	.45035+0	.37962+0	.31744+0	.26371+0
7	.79672+0	.72840+0	.65758+0	.58709+0	.51911+0	.45518+0
8	.91091+0	.86858+0	.81947+0	.76538+0	.70818+0	.64964+0
9	.96730+0	.94646+0	.91941+0	.88645+0	.84824+0	.80569+0
10	.98986+0	.98150+0	.96937+0	.95303+0	.93227+0	.90712+0
11	.99732+0	.99453+0	.99002+0	.98330+0	.97394+0	.96161+0
12	.99939+0	.99861+0	.99719+0	.99486+0	.99130+0	.98620+0
13	.99988+0	.99969+0	.99931+0	.99862+0	.99746+0	.99566+0
14	.99998+0	.99994+0	.99985+0	.99967+0	.99935+0	.99880+0
15	1.000	.99999+0	.99997+0	.99993+0	.99985+0	.99971+0
16		1.000	1.000	.99999+0	.99997+0	.99994+0
17				1.000	.99999+0	.99999+0
18					1.000	1.000
H =	.35302+5	.73786+5	.14842+6	.28889+6	.54644+6	.10079+7

THETA=	.70000+2	.75000+2	.80000+2	.85000+2	.90000+2	.95000+2
-I-			——SUM-P(I)——			
0	.55004-6	.31113-6	.17921-6	.10494-6	.62383-7	.37603-7
1	.39053-4	.23646-4	.14516-4	.90247-5	.56769-5	.36098-5
2	.71285-3	.46117-3	.30125-3	.19857-3	.13200-3	.88451-4
3	.59535-2	.41072-2	.28500-2	.19887-2	.13953-2	.98399-3
4	.28881-1	.21198-1	.15594-1	.11499-1	.85011-2	.63013-2
5	.93080-1	.72470-1	.56373-1	.43834-1	.34082-1	.26507-1
6	.21791+0	.17929+0	.14699+0	.12018+0	.98034-1	.79827-1
7	.39624+0	.34278+0	.29495+0	.25262+0	.21550+0	.18320+0
8	.59128+0	.53438+0	.47989+0	.42851+0	.38068+0	.33665+0
9	.75984+0	.71178+0	.66255+0	.61309+0	.56422+0	.51662+0
10	.87783+0	.84484+0	.80368+0	.76998+0	.72940+0	.68760+0
11	.94609+0	.92731+0	.90529+0	.88019+0	.85226+0	.82183+0
12	.97927+0	.97026+0	.95896+0	.94525+0	.92905+0	.91039+0
13	.99302+0	.98932+0	.98437+0	.97797+0	.96995+0	.96017+0
14	.99793+0	.99662+0	.99474+0	.99216+0	.98872+0	.98430+0
15	.99945+0	.99905+0	.99843+0	.99752+0	.99624+0	.99449+0
16	.99987+0	.99976+0	.99958+0	.99930+0	.99888+0	.99827+0
17	.99997+0	.99995+0	.99990+0	.99982+0	.99970+0	.99951+0
18	.99999+0	.99999+0	.99998+0	.99996+0	.99993+0	.99988+0
19	1.000	1.000	1.000	.99999+0	.99998+0	.99997+0
20				1.000	1.000	.99999+0
21						1.000
H =	.18180+7	.32141+7	.55801+7	.95294+7	.16030+8	.26594+8

$U2 = 0$

THETA=	.10000+3
-I-	———————SUM-P(I)———————
0	.22958-7
1	.23187-5
2	.59713-4
3	.69743-3
4	.46831-2
5	.20626-1
6	.64912-1
7	.15529+0
8	.29651+0
9	.47085+0
10	.64519+0
11	.78928+0
12	.88934+0
13	.94854+0
14	.97875+0
15	.99218+0
16	.99742+0
17	.99923+0
18	.99980+0
19	.99995+0
20	.99999+0
21	1.000
H =	.43558+8

$U2 = 1$

THETA=	.10000-1	.20000-1	.30000-1	.40000-1	.50000-1	.60000-1
-I-	———————————SUM-P(I)———————————
0	.99502+0	.99007+0	.98515+0	.98026+0	.97541+0	.97059+0
1	.99999+0	.99997+0	.99993+0	.99987+0	.99980+0	.99971+0
2	1.000	1.000	1.000	1.000	1.000	1.000
H =	.10050+1	.10100+1	.10151+1	.10201+1	.10252+1	.10303+1

THETA=	.70000-1	.80000-1	.90000-1	.10000+0	.11000+0	.12000+0
-I-	———————————SUM-P(I)———————————
0	.96580+0	.96104+0	.95632+0	.95162+0	.94695+0	.94232+0
1	.99960+0	.99948+0	.99935+0	.99920+0	.99904+0	.99886+0
2	1.000	1.000	1.000	.99999+0	.99999+0	.99999+0
3				1.000	1.000	1.000
H =	.10354+1	.10405+1	.10457+1	.10508+1	.10560+1	.10612+1

THETA=	.13000+0	.14000+0	.15000+0	.16000+0	.17000+0	.18000+0
-I-	———————————SUM-P(I)———————————
0	.93771+0	.93314+0	.92859+0	.92408+0	.91959+0	.91513+0
1	.99866+0	.99846+0	.99824+0	.99800+0	.99775+0	.99749+0
2	.99999+0	.99998+0	.99998+0	.99997+0	.99997+0	.99996+0
3	1.000	1.000	1.000	1.000	1.000	1.000
H =	.10664+1	.10717+1	.10769+1	.10822+1	.10874+1	.10927+1

THETA=	.19000+0	.20000+0	.21000+0	.22000+0	.23000+0	.24000+0
-I-	———————————SUM-P(I)———————————
0	.91070+0	.90630+0	.90192+0	.89758+0	.89326+0	.88897+0
1	.99722+0	.99693+0	.99663+0	.99631+0	.99599+0	.99565+0
2	.99996+0	.99995+0	.99994+0	.99993+0	.99992+0	.99991+0
3	1.000	1.000	1.000	1.000	1.000	1.000
H =	.10981+1	.11034+1	.11087+1	.11141+1	.11195+1	.11249+1

$U2 = 1$

THETA=	.25000+0	.26000+0	.27000+0	.28000+0	.29000+0	.30000+0
-I-			SUM-P(I)			
0	.88471+0	.88047+0	.87626+0	.87208+0	.86792+0	.86379+0
1	.99529+0	.99493+0	.99456+0	.99417+0	.99377+0	.99336+0
2	.99990+0	.99989+0	.99988+0	.99987+0	.99985+0	.99984+0
3	1.000	1.000	1.000	1.000	1.000	1.000
H =	.11303+1	.11358+1	.11412+1	.11467+1	.11522+1	.11577+1

THETA=	.31000+0	.32000+0	.33000+0	.34000+0	.35000+0	.36000+0
-I-			SUM-P(I)			
0	.85968+0	.85560+0	.85155+0	.84752+0	.84352+0	.83954+0
1	.99293+0	.99250+0	.99206+0	.99160+0	.99113+0	.99066+0
2	.99982+0	.99980+0	.99978+0	.99976+0	.99974+0	.99972+0
3	1.000	1.000	1.000	1.000	1.000	1.000
H =	.11632+1	.11688+1	.11743+1	.11799+1	.11855+1	.11911+1

THETA=	.37000+0	.38000+0	.39000+0	.40000+0	.41000+0	.42000+0
-I-			SUM-P(I)			
0	.83558+0	.83165+0	.82775+0	.82387+0	.82001+0	.81618+0
1	.99017+0	.98967+0	.98916+0	.98864+0	.98811+0	.98757+0
2	.99970+0	.99968+0	.99965+0	.99963+0	.99960+0	.99957+0
3	.99999+0	.99999+0	.99999+0	.99999+0	.99999+0	.99999+0
4	1.000	1.000	1.000	1.000	1.000	1.000
H =	.11968+1	.12024+1	.12081+1	.12138+1	.12195+1	.12252+1

THETA=	.43000+0	.44000+0	.45000+0	.46000+0	.47000+0	.48000+0
-I-			SUM-P(I)			
0	.81237+0	.80858+0	.80481+0	.80107+0	.79735+0	.79366+0
1	.98702+0	.98647+0	.98590+0	.98532+0	.98473+0	.98414+0
2	.99954+0	.99951+0	.99948+0	.99945+0	.99941+0	.99938+0
3	.99999+0	.99999+0	.99999+0	.99999+0	.99999+0	.99999+0
4	1.000	1.000	1.000	1.000	1.000	1.000
H =	.12310+1	.12367+1	.12425+1	.12483+1	.12541+1	.12600+1

THETA=	.49000+0	.50000+0	.60000+0	.70000+0	.80000+0	.90000+0
-I-			SUM-P(I)			
0	.78999+0	.78633+0	.75101+0	.71772+0	.68633+0	.65669+0
1	.98353+0	.98292+0	.97631+0	.96892+0	.96086+0	.95220+0
2	.99934+0	.99930+0	.99884+0	.99823+0	.99746+0	.99652+0
3	.99998+0	.99998+0	.99997+0	.99994+0	.99990+0	.99985+0
4	1.000	1.000	1.000	1.000	1.000	1.000
H =	.12658+1	.12717+1	.13315+1	.13933+1	.14570+1	.15228+1

THETA=	.10000+1	.11000+1	.12000+1	.13000+1	.14000+1	.15000+1
-I-			SUM-P(I)			
0	.62868+0	.60219+0	.57712+0	.55336+0	.53085+0	.50948+0
1	.94302+0	.93340+0	.92339+0	.91305+0	.90244+0	.89159+0
2	.99541+0	.99412+0	.99264+0	.99098+0	.98914+0	.98712+0
3	.99977+0	.99968+0	.99957+0	.99943+0	.99926+0	.99906+0
4	.99999+0	.99999+0	.99998+0	.99998+0	.99997+0	.99995+0
5	1.000	1.000	1.000	1.000	1.000	1.000
H =	.15906+1	.16606+1	.17327+1	.18071+1	.18838+1	.19628+1

$U2 = 1$

THETA=	.16000+1	.17000+1	.18000+1	.19000+1	.20000+1	.21000+1
-I-	—	—	— SUM-P(I)	—	—	—
0	.48919+0	.46992+0	.45160+0	.43416+0	.41757+0	.40176+0
1	.88055+0	.86935+0	.85803+0	.84661+0	.83513+0	.82360+0
2	.98491+0	.98252+0	.97996+0	.97723+0	.97432+0	.97125+0
3	.99883+0	.99856+0	.99825+0	.99791+0	.99752+0	.99709+0
4	.99994+0	.99992+0	.99990+0	.99987+0	.99984+0	.99980+0
5	1.000	1.000	1.000	.99999+0	.99999+0	.99999+0
6				1.000	1.000	1.000
H =	.20442+1	.21280+1	.22144+1	.23033+1	.23948+1	.24891+1

THETA=	.22000+1	.23000+1	.24000+1	.25000+1	.26000+1	.27000+1
-I-	—	—	— SUM-P(I)	—	—	—
0	.38669+0	.37232+0	.35862+0	.34553+0	.33303+0	.32109+0
1	.81205+0	.80050+0	.78896+0	.77744+0	.76597+0	.75456+0
2	.96802+0	.96463+0	.96109+0	.95741+0	.95358+0	.94962+0
3	.99661+0	.99609+0	.99552+0	.99490+0	.99423+0	.99351+0
4	.99976+0	.99971+0	.99965+0	.99959+0	.99951+0	.99943+0
5	.99999+0	.99998+0	.99998+0	.99998+0	.99997+0	.99996+0
6	1.000	1.000	1.000	1.000	1.000	1.000
H =	.25860+1	.26858+1	.27885+1	.28941+1	.30027+1	.31144+1

THETA=	.28000+1	.29000+1	.30000+1	.31000+1	.32000+1	.33000+1
-I-	—	—	— SUM-P(I)	—	—	—
0	.30967+0	.29875+0	.28830+0	.27829+0	.26871+0	.25953+0
1	.74321+0	.73193+0	.72074+0	.70964+0	.69864+0	.68775+0
2	.94552+0	.94130+0	.93696+0	.93251+0	.92794+0	.92327+0
3	.99273+0	.99190+0	.99102+0	.99008+0	.98909+0	.98804+0
4	.99934+0	.99924+0	.99913+0	.99901+0	.99887+0	.99873+0
5	.99996+0	.99995+0	.99994+0	.99993+0	.99992+0	.99990+0
6	1.000	1.000	1.000	1.000	1.000	.99999+0
7						1.000
H =	.32293+1	.33473+1	.34686+1	.35934+1	.37215+1	.38531+1

THETA=	.34000+1	.35000+1	.36000+1	.37000+1	.38000+1	.39000+1
-I-	—	—	— SUM-P(I)	—	—	—
0	.25073+0	.24229+0	.23419+0	.22643+0	.21897+0	.21181+0
1	.67696+0	.66630+0	.65574+0	.64532+0	.63501+0	.62483+0
2	.91850+0	.91363+0	.90867+0	.90363+0	.89850+0	.89330+0
3	.98693+0	.98577+0	.98455+0	.98328+0	.98194+0	.98055+0
4	.99857+0	.99840+0	.99821+0	.99801+0	.99780+0	.99757+0
5	.99989+0	.99987+0	.99985+0	.99983+0	.99981+0	.99978+0
6	.99999+0	.99999+0	.99999+0	.99999+0	.99999+0	.99998+0
7	1.000	1.000	1.000	1.000	1.000	1.000
H =	.39884+1	.41273+1	.42700+1	.44164+1	.45668+1	.47212+1

THETA=	.40000+1	.41000+1	.42000+1	.43000+1	.44000+1	.45000+1
-I-	—	—	— SUM-P(I)	—	—	—
0	.20493+0	.19832+0	.19196+0	.18585+0	.17998+0	.17432+0
1	.61479+0	.60487+0	.59509+0	.58544+0	.57592+0	.56654+0
2	.88803+0	.88268+0	.87728+0	.87181+0	.86629+0	.86071+0
3	.97911+0	.97760+0	.97604+0	.97443+0	.97275+0	.97102+0
4	.99732+0	.99706+0	.99678+0	.99649+0	.99617+0	.99584+0
5	.99975+0	.99972+0	.99969+0	.99965+0	.99961+0	.99957+0
6	.99998+0	.99998+0	.99998+0	.99997+0	.99997+0	.99997+0
7	1.000	1.000	1.000	1.000	1.000	1.000
H =	.48797+1	.50424+1	.52093+1	.53806+1	.55563+1	.57365+1

$U2 = 1$

THETA=	.46000+1	.47000+1	.48000+1	.49000+1	.50000+1	.52000+1
-I-			SUM-P(I)			
0	.16888+0	.16364+0	.15859+0	.15373+0	.14905+0	.14018+0
1	.55730+0	.54819+0	.53921+0	.53037+0	.52166+0	.50465+0
2	.85509+0	.84942+0	.84371+0	.83796+0	.83218+0	.82052+0
3	.96924+0	.96740+0	.96551+0	.96356+0	.96156+0	.95740+0
4	.99549+0	.99513+0	.99474+0	.99433+0	.99391+0	.99299+0
5	.99952+0	.99947+0	.99942+0	.99936+0	.99930+0	.99916+0
6	.99996+0	.99996+0	.99995+0	.99995+0	.99994+0	.99992+0
7	1.000	1.000	1.000	1.000	1.000	.99999+0
8						1.000
H =	.59214+1	.61110+1	.63055+1	.65049+1	.67093+1	.71337+1

THETA=	.54000+1	.56000+1	.58000+1	.60000+1	.62000+1	.64000+1
-I-			SUM-P(I)			
0	.13194+0	.12426+0	.11711+0	.11044+0	.10422+0	.98407-1
1	.48816+0	.47219+0	.45674+0	.44178+0	.42730+0	.41331+0
2	.80877+0	.79693+0	.78504+0	.77311+0	.76116+0	.74920+0
3	.95304+0	.94848+0	.94372+0	.93877+0	.93365+0	.92835+0
4	.99199+0	.99091+0	.98974+0	.98847+0	.98712+0	.98567+0
5	.99900+0	.99883+0	.99863+0	.99841+0	.99817+0	.99790+0
6	.99991+0	.99989+0	.99986+0	.99983+0	.99980+0	.99977+0
7	.99999+0	.99999+0	.99999+0	.99999+0	.99998+0	.99998+0
8	1.000	1.000	1.000	1.000	1.000	1.000
H =	.75794+1	.80475+1	.85388+1	.90544+1	.95950+1	.10162+2

THETA=	.66000+1	.68000+1	.70000+1	.72000+1	.74000+1	.76000+1
-I-			SUM-P(I)			
0	.92971-1	.87885-1	.83123-1	.78660-1	.74475-1	.70548-1
1	.39978+0	.38670+0	.37405+0	.36184+0	.35003+0	.33863+0
2	.73726+0	.72535+0	.71347+0	.70165+0	.68989+0	.67820+0
3	.92288+0	.91725+0	.91147+0	.90553+0	.89946+0	.89326+0
4	.98413+0	.98250+0	.98076+0	.97893+0	.97701+0	.97498+0
5	.99761+0	.99729+0	.99693+0	.99655+0	.99613+0	.99569+0
6	.99973+0	.99968+0	.99963+0	.99957+0	.99950+0	.99943+0
7	.99998+0	.99997+0	.99996+0	.99996+0	.99995+0	.99994+0
8	1.000	1.000	1.000	1.000	1.000	1.000
H =	.10756+2	.11378+2	.12030+2	.12713+2	.13427+2	.14175+2

THETA=	.78000+1	.80000+1	.82000+1	.84000+1	.86000+1	.88000+1
-I-			SUM-P(I)			
0	.66860-1	.63395-1	.60137-1	.57071-1	.54186-1	.51468-1
1	.32761+0	.31697+0	.30670+0	.29677+0	.28718+0	.27793+0
2	.66659+0	.65508+0	.64366+0	.63235+0	.62115+0	.61006+0
3	.88693+0	.88048+0	.87392+0	.86725+0	.86049+0	.85363+0
4	.97286+0	.97064+0	.96833+0	.96591+0	.96341+0	.96080+0
5	.99520+0	.99469+0	.99413+0	.99354+0	.99291+0	.99224+0
6	.99935+0	.99927+0	.99917+0	.99906+0	.99895+0	.99883+0
7	.99993+0	.99992+0	.99991+0	.99989+0	.99988+0	.99986+0
8	.99999+0	.99999+0	.99999+0	.99999+0	.99999+0	.99999+0
9	1.000	1.000	1.000	1.000	1.000	1.000
H =	.14957+2	.15774+2	.16629+2	.17522+2	.18455+2	.19430+2

$U2 = 1$

THETA=	.90000+1	.92000+1	.94000+1	.96000+1	.98000+1	.10000+2
-I-			SUM-P(I)			
0	.48906-1	.46491-1	.44212-1	.42061-1	.40029-1	.38110-1
1	.26898+0	.26035+0	.25201+0	.24395+0	.23617+0	.22866+0
2	.59910+0	.58826+0	.57756+0	.56698+0	.55654+0	.54624+0
3	.84669+0	.83967+0	.83257+0	.82540+0	.81818+0	.81090+0
4	.95810+0	.95531+0	.95242+0	.94945+0	.94638+0	.94322+0
5	.99153+0	.99077+0	.98998+0	.98914+0	.98826+0	.98733+0
6	.99869+0	.99854+0	.99838+0	.99821+0	.99803+0	.99783+0
7	.99984+0	.99982+0	.99979+0	.99977+0	.99974+0	.99971+0
8	.99998+0	.99998+0	.99998+0	.99998+0	.99997+0	.99997+0
9	1.000	1.000	1.000	1.000	1.000	1.000
H =	.20447+2	.21510+2	.22618+2	.23775+2	.24982+2	.26240+2

THETA=	.10200+2	.10400+2	.10600+2	.10800+2	.11000+2	.11200+2
-I-			SUM-P(I)			
0	.36295-1	.34579-1	.32955-1	.31418-1	.29963-1	.28584-1
1	.22140+0	.21439+0	.20762+0	.20108+0	.19476+0	.18865+0
2	.53608+0	.52607+0	.51619+0	.50646+0	.49688+0	.48745+0
3	.80356+0	.79618+0	.78877+0	.78131+0	.77383+0	.76632+0
4	.93998+0	.93665+0	.93323+0	.92973+0	.92615+0	.92249+0
5	.98636+0	.98534+0	.98427+0	.98316+0	.98200+0	.98079+0
6	.99762+0	.99740+0	.99716+0	.99690+0	.99663+0	.99634+0
7	.99967+0	.99964+0	.99959+0	.99955+0	.99950+0	.99945+0
8	.99996+0	.99996+0	.99995+0	.99995+0	.99994+0	.99993+0
9	1.000	1.000	1.000	.99999+0	.99999+0	.99999+0
10				1.000	1.000	1.000
H =	.27552+2	.28919+2	.30344+2	.31828+2	.33375+2	.34985+2

THETA=	.11400+2	.11600+2	.11800+2	.12000+2	.12200+2	.12400+2
-I-			SUM-P(I)			
0	.27276-1	.26037-1	.24861-1	.23746-1	.22687-1	.21681-1
1	.18275+0	.17705+0	.17154+0	.16622+0	.16107+0	.15610+0
2	.47816+0	.46901+0	.46002+0	.45117+0	.44246+0	.43391+0
3	.75879+0	.75124+0	.74368+0	.73612+0	.72854+0	.72097+0
4	.91875+0	.91494+0	.91105+0	.90708+0	.90305+0	.89895+0
5	.97954+0	.97823+0	.97688+0	.97547+0	.97402+0	.97252+0
6	.99603+0	.99571+0	.99537+0	.99501+0	.99463+0	.99423+0
7	.99939+0	.99933+0	.99927+0	.99920+0	.99912+0	.99904+0
8	.99993+0	.99992+0	.99991+0	.99990+0	.99988+0	.99987+0
9	.99999+0	.99999+0	.99999+0	.99999+0	.99999+0	.99999+0
10	1.000	1.000	1.000	1.000	1.000	1.000
H =	.36662+2	.38407+2	.40223+2	.42113+2	.44079+2	.46124+2

THETA=	.12600+2	.12800+2	.13000+2	.13200+2	.13400+2	.13600+2
-I-			SUM-P(I)			
0	.20725-1	.19817-1	.18954-1	.18133-1	.17353-1	.16610-1
1	.15130+0	.14665+0	.14216+0	.13781+0	.13362+0	.12955+0
2	.42549+0	.41722+0	.40910+0	.40111+0	.39327+0	.38556+0
3	.71340+0	.70584+0	.69828+0	.69074+0	.68321+0	.67571+0
4	.89478+0	.89055+0	.88625+0	.88190+0	.87748+0	.87301+0
5	.97096+0	.96936+0	.96771+0	.96600+0	.96425+0	.96245+0
6	.99382+0	.99338+0	.99292+0	.99244+0	.99193+0	.99141+0
7	.99896+0	.99887+0	.99877+0	.99867+0	.99856+0	.99844+0
8	.99986+0	.99984+0	.99983+0	.99981+0	.99979+0	.99977+0
9	.99998+0	.99998+0	.99998+0	.99998+0	.99998+0	.99997+0
10	1.000	1.000	1.000	1.000	1.000	1.000
H =	.48250+2	.50461+2	.52758+2	.55147+2	.57628+2	.60206+2

$U2 = 1$

THETA=	.13800+2	.14000+2	.14200+2	.14400+2	.14600+2	.14800+2
-I-	—	—	—SUM-P(I)—	—	—	—
0	.15902-1	.15229-1	.14587-1	.13976-1	.13394-1	.12838-1
1	.12563+0	.12183+0	.11816+0	.11460+0	.11117+0	.10784+0
2	.37800+0	.37057+0	.36327+0	.35611+0	.34908+0	.34218+0
3	.66822+0	.66076+0	.65333+0	.64592+0	.63855+0	.63120+0
4	.86848+0	.86390+0	.85926+0	.85458+0	.84985+0	.84508+0
5	.96059+0	.95869+0	.95674+0	.95474+0	.95269+0	.95059+0
6	.99086+0	.99029+0	.98970+0	.98908+0	.98844+0	.98777+0
7	.99832+0	.99819+0	.99805+0	.99791+0	.99776+0	.99760+0
8	.99975+0	.99973+0	.99970+0	.99968+0	.99965+0	.99962+0
9	.99997+0	.99997+0	.99996+0	.99996+0	.99995+0	.99995+0
10	1.000	1.000	1.000	1.000	1.000	.99999+0
11						1.000
H =	.62884+2	.65665+2	.68553+2	.71551+2	.74663+2	.77892+2

THETA=	.15000+2	.15500+2	.16000+2	.16500+2	.17000+2	.17500+2
-I-	—	—	—SUM-P(I)—	—	—	—
0	.12309-1	.11089-1	.10003-1	.90351-2	.81707-2	.73976-2
1	.10462+0	.97028-1	.90029-1	.83575-1	.77621-1	.72126-1
2	.33541+0	.31904+0	.30343+0	.28856+0	.27440+0	.26092+0
3	.62390+0	.60580+0	.58796+0	.57041+0	.55317+0	.53624+0
4	.84026+0	.82804+0	.81559+0	.80294+0	.79012+0	.77715+0
5	.94844+0	.94287+0	.93699+0	.93083+0	.92439+0	.91768+0
6	.98708+0	.98524+0	.98324+0	.98108+0	.97874+0	.97623+0
7	.99743+0	.99697+0	.99646+0	.99588+0	.99524+0	.99453+0
8	.99959+0	.99950+0	.99939+0	.99927+0	.99913+0	.99898+0
9	.99994+0	.99993+0	.99991+0	.99989+0	.99987+0	.99984+0
10	.99999+0	.99999+0	.99999+0	.99999+0	.99998+0	.99998+0
11	1.000	1.000	1.000	1.000	1.000	1.000
H =	.81243+2	.90180+2	.99968+2	.11068+3	.12239+3	.13518+3

THETA=	.18000+2	.18500+2	.19000+2	.19500+2	.20000+2	.21000+2
-I-	—	—	—SUM-P(I)—	—	—	—
0	.67052-2	.60843-2	.55266-2	.50252-2	.45738-2	.37996-2
1	.67052-1	.62364-1	.58029-1	.54021-1	.50311-1	.43696-1
2	.24809+0	.23589+0	.22429+0	.21326+0	.20277+0	.18333+0
3	.51965+0	.50341+0	.48753+0	.47201+0	.45687+0	.42770+0
4	.76406+0	.75087+0	.73761+0	.72430+0	.71097+0	.68428+0
5	.91070+0	.90347+0	.89600+0	.88829+0	.88036+0	.86389+0
6	.97355+0	.97069+0	.96765+0	.96443+0	.96103+0	.95369+0
7	.99375+0	.99289+0	.99196+0	.99094+0	.98984+0	.98737+0
8	.99880+0	.99860+0	.99837+0	.99812+0	.99784+0	.99719+0
9	.99981+0	.99977+0	.99973+0	.99968+0	.99962+0	.99948+0
10	.99997+0	.99997+0	.99996+0	.99995+0	.99994+0	.99992+0
11	1.000	1.000	1.000	.99999+0	.99999+0	.99999+0
12				1.000	1.000	1.000
H =	.14914+3	.16436+3	.18094+3	.19900+3	.21864+3	.26318+3

$U2 = 1$

THETA=	.22000+2	.23000+2	.24000+2	.25000+2	.30000+2	.35000+2
-I-			—SUM-P(I)—			
0	.31679-2	.26500-2	.22239-2	.18720-2	.82337-3	.38319-3
1	.38014-1	.33126-1	.28911-1	.25272-1	.13174-1	.70889-2
2	.16578+0	.14995+0	.13566+0	.12277+0	.74927-1	.46206-1
3	.40003+0	.37386+0	.34916+0	.32589+0	.22931+0	.16030+0
4	.65770+0	.63136+0	.60536+0	.57979+0	.46088+0	.35996+0
5	.84666+0	.82877+0	.81031+0	.79138+0	.69246+0	.59289+0
6	.94564+0	.93688+0	.92743+0	.91732+0	.85786+0	.78700+0
7	.98452+0	.98128+0	.97763+0	.97355+0	.94648+0	.90832+0
8	.99640+0	.99546+0	.99436+0	.99307+0	.98340+0	.96730+0
9	.99931+0	.99903+0	.99882+0	.99849+0	.99571+0	.99023+0
10	.99989+0	.99985+0	.99979+0	.99972+0	.99906+0	.99753+0
11	.99998+0	.99998+0	.99997+0	.99996+0	.99983+0	.99947+0
12	1.000	1.000	1.000	.99999+0	.99997+0	.99990+0
13				1.000	1.000	.99998+0
14						1.000
H =	.31567+3	.37735+3	.44965+3	.53420+3	.12145+4	.26097+4

THETA=	.40000+2	.45000+2	.50000+2	.55000+2	.60000+2	.65000+2
-I-			—SUM-P(I)—			
0	.18670-3	.94508-4	.49423-4	.26584-4	.14656-4	.82591-5
1	.39206-2	.22209-2	.12850-2	.75765-3	.45435-3	27668-3
2	.28813-1	.18169-1	.11582-1	.74591-2	.48513-2	.31846-2
3	.11179+0	.77975-1	.54484-1	.38174-1	.26836-1	.18936-1
4	.27774+0	.21254+0	.16174+0	.12264+0	.92790-1	.70127-1
5	.49901+0	.41438+0	.34050+0	.27749+0	.22470+0	.18104+0
6	.70974+0	.63064+0	.55331+0	.48028+0	.41314+0	.35269+0
7	.86027+0	.80442+0	.74331+0	.67944+0	.61504+0	.55193+0
8	.94389+0	.91304+0	.87526+0	.83158+0	.78329+0	.73180+0
9	.98106+0	.96734+0	.94857+0	.92456+0	.89546+0	.86171+0
10	.99457+0	.98956+0	.98189+0	.97104+0	.95664+0	.93847+0
11	.99867+0	.99713+0	.99451+0	.99041+0	.98445+0	.97627+0
12	.99972+0	.99932+0	.99856+0	.99724+0	.99515+0	.99202+0
13	.99995+0	.99986+0	.99967+0	.99931+0	.99867+0	.99765+0
14	.99999+0	.99997+0	.99993+0	.99985+0	.99968+0	.99939+0
15	1.000	1.000	.99999+0	.99997+0	.99993+0	.99986+0
16			1.000	.99999+0	.99999+0	.99997+0
17				1.000	1.000	.99999+0
18						1.000
H =	.53563+4	.10581+5	.20233+5	.37616+5	.68229+5	.12108+6

GENERALIZED INCOMPLETE MODIFIED BESSEL DISTRIBUTIONS

$U2 = 1$

THETA=	.70000+2	.75000+2	.80000+2	.85000+2	.90000+2	.95000+2
-I-			—SUM-P(I)—			
0	.47460-5	.27758-5	.16497-5	.99485-6	.60806-6	.37629-6
1	.17086-3	.10687-3	.67637-4	.43276-4	.27971-4	.18250-4
2	.21088-2	.14080-2	.94746-3	.64226-3	.43841-3	.30125-3
3	.13414-1	.95403-2	.68130-2	.48851-2	.35167-2	.25417-2
4	.52981-1	.40036-1	.30275-1	.22917-1	.17369-1	.13184-1
5	.14530+0	.11623+0	.92841-1	.74007-1	.58927-1	.46883-1
6	.29917+0	.25242+0	.21201+0	.17740+0	.14798+0	.12311+0
7	.49151+0	.43475+0	.38226+0	.33435+0	.29110+0	.25242+0
8	.67851+0	.62468+0	.57142+0	.51963+0	.46999+0	.42304+0
9	.82395+0	.78296+0	.73957+0	.69461+0	.64889+0	.60313+0
10	.91650+0	.89087+0	.86185+0	.82983+0	.79526+0	.75867+0
11	.96559+0	.95219+0	.93597+0	.91690+0	.89506+0	.87061+0
12	.98761+0	.98167+0	.97397+0	.96434+0	.95264+0	.93878+0
13	.99608+0	.99382+0	.99068+0	.98650+0	.98111+0	.97436+0
14	.99890+0	.99815+0	.99704+0	.99547+0	.99331+0	.99046+0
15	.99973+0	.99951+0	.99916+0	.99864+0	.99789+0	.99683+0
16	.99994+0	.99983+0	.99979+0	.99964+0	.99940+0	.99906+0
17	.99999+0	.99998+0	.99995+0	.99991+0	.99985+0	.99975+0
18	1.000	1.000	.99999+0	.99998+0	.99996+0	.99994+0
19			1.000	1.000	.99999+0	.99999+0
20					1.000	1.000
H =	.21070+6	.36026+6	.60618+6	.10052+7	.16446+7	.26575+7

THETA=	.10000+3
-I-	—————SUM-P(I)—————
0	.23554-6
1	.12013-4
2	.20830-3
3	.18440-2
4	.10023-1
5	.37285-1
6	.10219+0
7	.21810+0
8	.37909+0
9	.55796+0
10	.72058+0
11	.84377+0
12	.92273+0
13	.96612+0
14	.98679+0
15	.99539+0
16	.99856+0
17	.99959+0
18	.99990+0
19	.99998+0
20	.99999+0
21	1.000
H =	.42455+7

$U2 = 2$

THETA=	.10000-1	.20000-1	.30000-1	.40000-1	.50000-1	.60000-1
-I-			—SUM-P(I)—			
0	.99667+0	.99336+0	.99006+0	.98678+0	.98351+0	.98025+0
1	1.000	.99998+0	.99996+0	.99993+0	.99990+0	.99985+0
2		1.000	1.000	1.000	1.000	1.000
H =	.50167+0	.50334+0	.50502+0	.50670+0	.50839+0	.51008+0

U2 = 2

THETA=	.70000-1	.80000-1	.90000-1	.10000+0	.11000+0	.12000+0
-I-			—SUM-P(I)—			
0	.97700+0	.97377+0	.97055+0	.96735+0	.96416+0	.96098+0
1	.99980+0	.99974+0	.99967+0	.99959+0	.99951+0	.99942+0
2	1.000	1.000	1.000	1.000	1.000	1.000
H =	.51177+0	.51347+0	.51517+0	.51688+0	.51859+0	.52030+0

THETA=	.13000+0	.14000+0	.15000+0	.16000+0	.17000+0	.18000+0
-I-			—SUM-P(I)—			
0	.95781+0	.95466+0	.95152+0	.94840+0	.94528+0	.94218+0
1	.99932+0	.99921+0	.99910+0	.99898+0	.99885+0	.99871+0
2	.99999+0	.99999+0	.99999+0	.99999+0	.99999+0	.99998+0
3	1.000	1.000	1.000	1.000	1.000	1.000
H =	.52202+0	.52375+0	.52547+0	.52721+0	.52894+0	.53068+0

THETA=	.19000+0	.20000+0	.21000+0	.22000+0	.23000+0	.24000+0
-I-			—SUM-P(I)—			
0	.93909+0	.93602+0	.93295+0	.92990+0	.92687+0	.92384+0
1	.99857+0	.99842+0	.99826+0	.99810+0	.99793+0	.99775+0
2	.99998+0	.99998+0	.99998+0	.99997+0	.99997+0	.99996+0
3	1.000	1.000	1.000	1.000	1.000	1.000
H =	.53243+0	.53418+0	.53593+0	.53769+0	.53945+0	.54122+0

THETA=	.25000+0	.26000+0	.27000+0	.28000+0	.29000+0	.30000+0
-I-			—SUM-P(I)—			
0	.92083+0	.91782+0	.91484+0	.91186+0	.90889+0	.90594+0
1	.99756+0	.99737+0	.99717+0	.99697+0	.99675+0	.99653+0
2	.99996+0	.99995+0	.99995+0	.99994+0	.99994+0	.99993+0
3	1.000	1.000	1.000	1.000	1.000	1.000
H =	.54299+0	.54477+0	.54655+0	.54833+0	.55012+0	.55191+0

THETA=	.31000+0	.32000+0	.33000+0	.34000+0	.35000+0	.36000+0
-I-			—SUM-P(I)—			
0	.90300+0	.90007+0	.89715+0	.89425+0	.89135+0	.88847+0
1	.99631+0	.99608+0	.99584+0	.99559+0	.99534+0	.99509+0
2	.99992+0	.99992+0	.99991+0	.99990+0	.99989+0	.99988+0
3	1.000	1.000	1.000	1.000	1.000	1.000
H =	.55371+0	.55551+0	.55732+0	.55913+0	.56095+0	.56277+0

THETA=	.37000+0	.38000+0	.39000+0	.40000+0	.41000+0	.42000+0
-I-			—SUM-P(I)—			
0	.88560+0	.88274+0	.87989+0	.87705+0	.87423+0	.87141+0
1	.99482+0	.99455+0	.99428+0	.99399+0	.99371+0	.99341+0
2	.99987+0	.99986+0	.99985+0	.99984+0	.99983+0	.99982+0
3	1.000	1.000	1.000	1.000	1.000	1.000
H =	.56459+0	.56642+0	.56825+0	.57009+0	.57193+0	.57378+0

THETA=	.43000+0	.44000+0	.45000+0	.46000+0	.47000+0	.48000+0
-I-			—SUM-P(I)—			
0	.86861+0	.86582+0	.86304+0	.86027+0	.85751+0	.85476+0
1	.99311+0	.99281+0	.99250+0	.99218+0	.99186+0	.99153+0
2	.99980+0	.99979+0	.99978+0	.99976+0	.99975+0	.99973+0
3	1.000	1.000	1.000	1.000	1.000	.99999+0
4						1.000
H =	.57563+0	.57749+0	.57935+0	.58121+0	.58308+0	.58496+0

GENERALIZED INCOMPLETE MODIFIED BESSEL DISTRIBUTIONS

$$U2 = 2$$

THETA=	.49000+0	.50000+0	.60000+0	.70000+0	.80000+0	.90000+0
-I-			---SUM-P(I)---			
0	.85203+0	.84930+0	.82263+0	.79698+0	.77232+0	.74859+0
1	.99119+0	.99085+0	.98715+0	.98295+0	.97827+0	.97316+0
2	.99972+0	.99970+0	.99949+0	.99922+0	.99886+0	.99843+0
3	.99999+0	.99999+0	.99999+0	.99998+0	.99996+0	.99994+0
4	1.000	1.000	1.000	1.000	1.000	1.000
H =	.58684+0	.58872+0	.60781+0	.62737+0	.64740+0	.66793+0

THETA=	.10000+1	.11000+1	.12000+1	.13000+1	.14000+1	.15000+1
-I-			---SUM-P(I)---			
0	.72574+0	.70375+0	.68257+0	.66217+0	.64250+0	.62354+0
1	.96766+0	.96179+0	.95560+0	.94910+0	.94233+0	.93532+0
2	.99790+0	.99727+0	.99655+0	.99573+0	.99481+0	.99377+0
3	.99991+0	.99988+0	.99983+0	.99977+0	.99970+0	.99962+0
4	1.000	1.000	.99999+0	.99999+0	.99999+0	.99998+0
5			1.000	1.000	1.000	1.000
H =	.68895+0	.71048+0	.73252+0	.75510+0	.77821+0	.80187+0

THETA=	.16000+1	.17000+1	.18000+1	.19000+1	.20000+1	.21000+1
-I-			---SUM-P(I)---			
0	.60526+0	.58763+0	.57062+0	.55420+0	.53835+0	.52305+0
1	.92807+0	.92062+0	.91299+0	.90520+0	.89725+0	.88918+0
2	.99263+0	.99138+0	.99003+0	.98856+0	.98698+0	.98529+0
3	.99952+0	.99940+0	.99927+0	.99912+0	.99894+0	.99875+0
4	.99998+0	.99997+0	.99996+0	.99995+0	.99994+0	.99993+0
5	1.000	1.000	1.000	1.000	1.000	1.000
H =	.82609+0	.85087+0	.87624+0	.90220+0	.92876+0	.95593+0

THETA=	.22000+1	.23000+1	.24000+1	.25000+1	.26000+1	.27000+1
-I-			---SUM-P(I)---			
0	.50827+0	.49399+0	.48019+0	.46685+0	.45396+0	.44149+0
1	.88100+0	.87271+0	.86434+0	.85589+0	.84738+0	.83882+0
2	.98350+0	.98159+0	.97958+0	.97747+0	.97525+0	.97292+0
3	.99853+0	.99829+0	.99802+0	.99773+0	.99741+0	.99706+0
4	.99991+0	.99989+0	.99987+0	.99984+0	.99981+0	.99978+0
5	1.000	.99999+0	.99999+0	.99999+0	.99999+0	.99999+0
6		1.000	1.000	1.000	1.000	1.000
H =	.98373+0	.10122+1	.10413+1	.10710+1	.11014+1	.11325+1

THETA=	.28000+1	.29000+1	.30000+1	.31000+1	.32000+1	.33000+1
-I-			---SUM-P(I)---			
0	.42942+0	.41776+0	.40647+0	.39554+0	.38496+0	.37472+0
1	.83022+0	.82159+0	.81293+0	.80426+0	.79558+0	.78690+0
2	.97050+0	.96798+0	.96536+0	.96264+0	.95983+0	.95693+0
3	.99669+0	.99628+0	.99584+0	.99537+0	.99487+0	.99434+0
4	.99974+0	.99970+0	.99965+0	.99960+0	.99954+0	.99948+0
5	.99999+0	.99998+0	.99998+0	.99997+0	.99997+0	.99996+0
6	1.000	1.000	1.000	1.000	1.000	1.000
H =	.11643+1	.11969+1	.12301+1	.12641+1	.12988+1	.13343+1

THETA=	.34000+1	.35000+1	.36000+1	.37000+1	.38000+1	.39000+1
-I-			---SUM-P(I)---			
0	.36480+0	.35519+0	.34588+0	.33686+0	.32811+0	.31964+0
1	.77823+0	.76957+0	.76093+0	.75231+0	.74372+0	.73517+0
2	.95394+0	.95086+0	.94770+0	.94446+0	.94114+0	.93774+0
3	.99377+0	.99317+0	.99253+0	.99186+0	.99115+0	.99041+0
4	.99941+0	.99934+0	.99925+0	.99916+0	.99907+0	.99896+0

$U2 = 2$

THETA=	.34000+1	.35000+1	.36000+1	.37000+1	.38000+1	.39000+1
-I-			—SUM-P(I)—			
5	.99996+0	.99995+0	.99995+0	.99994+0	.99993+0	.99992+0
6	1.000	1.000	1.000	1.000	1.000	.99999+0
7						1.000
H =	.13706+1	.14077+1	.14456+1	.14843+1	.15239+1	.15643+1

THETA=	.40000+1	.41000+1	.42000+1	.43000+1	.44000+1	.45000+1
-I-			—SUM-P(I)—			
0	.31142+0	.30345+0	.29572+0	.28823+0	.28095+0	.27389+0
1	.72665+0	.71817+0	.70974+0	.70135+0	.69301+0	.68473+0
2	.93426+0	.93071+0	.92709+0	.92340+0	.91965+0	.91583+0
3	.98962+0	.98881+0	.98795+0	.98706+0	.98613+0	.98516+0
4	.99885+0	.99873+0	.99860+0	.99846+0	.99832+0	.99816+0
5	.99991+0	.99989+0	.99988+0	.99987+0	.99985+0	.99983+0
6	.99999+0	.99999+0	.99999+0	.99999+0	.99999+0	.99999+0
7	1.000	1.000	1.000	1.000	1.000	1.000
H =	.16055+1	.16477+1	.16908+1	.17348+1	.17797+1	.18255+1

THETA=	.46000+1	.47000+1	.48000+1	.49000+1	.50000+1	.52000+1
-I-			—SUM-P(I)—			
0	.26704+0	.26039+0	.25394+0	.24767+0	.24158+0	.22992+0
1	.67651+0	.66834+0	.66024+0	.65219+0	.64422+0	.62846+0
2	.91195+0	.90801+0	.90402+0	.89997+0	.89586+0	.88751+0
3	.98415+0	.98311+0	.98203+0	.98091+0	.97975+0	.97731+0
4	.99799+0	.99782+0	.99763+0	.99743+0	.99722+0	.99677+0
5	.99981+0	.99979+0	.99977+0	.99974+0	.99972+0	.99966+0
6	.99999+0	.99998+0	.99998+0	.99998+0	.99998+0	.99997+0
7	1.000	1.000	1.000	1.000	1.000	1.000
H =	.18724+1	.19202+1	.19690+1	.20188+1	.20697+1	.21746+1

THETA=	.54000+1	.56000+1	.58000+1	.60000+1	.62000+1	.64000+1
-I-			—SUM-P(I)—			
0	.21892+0	.20853+0	.19871+0	.18942+0	.18064+0	.17232+0
1	.61298+0	.59778+0	.58287+0	.56826+0	.55395+0	.53994+0
2	.87897+0	.87026+0	.86139+0	.85239+0	.84327+0	.83403+0
3	.97472+0	.97198+0	.96909+0	.96604+0	.96285+0	.95951+0
4	.99627+0	.99572+0	.99511+0	.99446+0	.99375+0	.99298+0
5	.99959+0	.99951+0	.99943+0	.99933+0	.99922+0	.99909+0
6	.99997+0	.99996+0	.99995+0	.99994+0	.99992+0	.99991+0
7	1.000	1.000	1.000	1.000	.99999+0	.99999+0
8					1.000	1.000
H =	.22839+1	.23978+1	.25163+1	.26396+1	.27680+1	.29016+1

THETA=	.66000+1	.68000+1	.70000+1	.72000+1	.74000+1	.76000+1
-I-			—SUM-P(I)—			
0	.16445+0	.15699+0	.14992+0	.14321+0	.13685+0	.13081+0
1	.52623+0	.51283+0	.49972+0	.48692+0	.47442+0	.46221+0
2	.82470+0	.81529+0	.80581+0	.79626+0	.78667+0	.77704+0
3	.95603+0	.95241+0	.94864+0	.94474+0	.94071+0	.93655+0
4	.99215+0	.99126+0	.99030+0	.98929+0	.98821+0	.98706+0
5	.99896+0	.99880+0	.99864+0	.99845+0	.99825+0	.99803+0
6	.99989+0	.99987+0	.99985+0	.99983+0	.99980+0	.99977+0
7	.99999+0	.99999+0	.99993+0	.99998+0	.99998+0	.99998+0
8	1.000	1.000	1.000	1.000	1.000	1.000
H =	.30405+1	.31850+1	.33352+1	.34913+1	.36536+1	.38222+1

$U2 = 2$

THETA=	.78000+1	.80000+1	.82000+1	.84000+1	.86000+1	.88000+1
-I-			SUM-P(I)			
0	.12508+0	.11964+0	.11446+0	.10954+0	.10487+0	.10042+0
1	.45030+0	.43867+0	.42733+0	.41627+0	.40548+0	.39497+0
2	.76738+0	.75770+0	.74802+0	.73833+0	.72865+0	.71898+0
3	.93226+0	.92785+0	.92333+0	.91868+0	.91393+0	.90906+0
4	.98585+0	.98457+0	.98322+0	.98181+0	.98032+0	.97876+0
5	.99779+0	.99754+0	.99726+0	.99695+0	.99663+0	.99628+0
6	.99973+0	.99970+0	.99965+0	.99961+0	.99955+0	.99950+0
7	.99997+0	.99997+0	.99997+0	.99996+0	.99995+0	.99995+0
8	1.000	1.000	1.000	1.000	1.000	1.000
H =	.39974+1	.41793+1	.43682+1	.45644+1	.47680+1	.49793+1

THETA=	.90000+1	.92000+1	.94000+1	.96000+1	.98000+1	.10000+2
-I-			SUM-P(I)			
0	.96180-1	.92148-1	.88308-1	.84649-1	.81162-1	.77838-1
1	.38472+0	.37474+0	.36500+0	.35553+0	.34629+0	.33730+0
2	.70933+0	.69971+0	.69012+0	.68058+0	.67107+0	.66162+0
3	.90410+0	.89903+0	.89387+0	.88861+0	.88327+0	.87784+0
4	.97713+0	.97543+0	.97366+0	.97182+0	.96991+0	.96793+0
5	.99591+0	.99552+0	.99510+0	.99465+0	.99417+0	.99367+0
6	.99943+0	.99937+0	.99929+0	.99921+0	.99912+0	.99903+0
7	.99994+0	.99993+0	.99992+0	.99991+0	.99990+0	.99988+0
8	.99999+0	.99999+0	.99999+0	.99999+0	.99999+0	.99999+0
9	1.000	1.000	1.000	1.000	1.000	1.000
H =	.51986+1	.54261+1	.56620+1	.59068+1	.61605+1	.64236+1

THETA=	.10200+2	.10400+2	.10600+2	.10800+2	.11000+2	.11200+2
-I-			SUM-P(I)			
0	.74668-1	.71644-1	.68758-1	.66004-1	.63374-1	.60862-1
1	.32854+0	.32001+0	.31170+0	.30362+0	.29575+0	.28808+0
2	.65222+0	.64288+0	.63361+0	.62440+0	.61526+0	.60619+0
3	.87233+0	.86674+0	.86109+0	.85536+0	.84956+0	.84371+0
4	.96587+0	.96375+0	.96155+0	.95929+0	.95695+0	.95455+0
5	.99314+0	.99257+0	.99198+0	.99136+0	.99071+0	.99002+0
6	.99893+0	.99882+0	.99870+0	.99858+0	.99844+0	.99830+0
7	.99987+0	.99985+0	.99983+0	.99981+0	.99979+0	.99977+0
8	.99999+0	.99998+0	.99998+0	.99998+0	.99998+0	.99997+0
9	1.000	1.000	1.000	1.000	1.000	1.000
H =	.66963+1	.69790+1	.72719+1	.75753+1	.78897+1	.82153+1

THETA=	.11400+2	.11600+2	.11800+2	.12000+2	.12200+2	.12400+2
-I-			SUM-P(I)			
0	.58463-1	.56170-1	.53978-1	.51882-1	.49878-1	.47961-1
1	.28062+0	.27336+0	.26629+0	.25941+0	.25272+0	.24620+0
2	.59720+0	.58828+0	.57945+0	.57070+0	.56204+0	.55347+0
3	.83779+0	.83183+0	.82581+0	.81974+0	.81363+0	.80747+0
4	.95208+0	.94954+0	.94693+0	.94426+0	.94152+0	.93871+0
5	.98930+0	.98855+0	.98777+0	.98695+0	.98610+0	.98521+0
6	.99814+0	.99798+0	.99781+0	.99762+0	.99743+0	.99722+0
7	.99974+0	.99972+0	.99969+0	.99965+0	.99962+0	.99958+0
8	.99997+0	.99997+0	.99996+0	.99996+0	.99995+0	.99995+0
9	1.000	1.000	1.000	1.000	1.000	.99999+0
10						1.000
H =	.85525+1	.89016+1	.92630+1	.96372+1	.10024+2	.10425+2

$U2 = 2$

THETA=	.12600+2	.12800+2	.13000+2	.13200+2	.13400+2	.13600+2
-I-			SUM-P(I)			
0	.46126-1	.44370-1	.42689-1	.41079-1	.39538-1	.38061-1
1	.23986+0	.23368+0	.22767+0	.22183+0	.21614+0	.21060+0
2	.54498+0	.53658+0	.52828+0	.52006+0	.51195+0	.50392+0
3	.80128+0	.79506+0	.78880+0	.78251+0	.77620+0	.76986+0
4	.93584+0	.93291+0	.92991+0	.92686+0	.92374+0	.92057+0
5	.98428+0	.98332+0	.98233+0	.98130+0	.98023+0	.97912+0
6	.99700+0	.99677+0	.99652+0	.99627+0	.99600+0	.99572+0
7	.99954+0	.99950+0	.99945+0	.99941+0	.99935+0	.99930+0
8	.99994+0	.99994+0	.99993+0	.99992+0	.99991+0	.99991+0
9	.99999+0	.99999+0	.99999+0	.99999+0	.99999+0	.99999+0
10	1.000	1.000	1.000	1.000	1.000	1.000
H =	.10840+2	.11269+2	.11713+2	.12172+2	.12646+2	.13137+2

THETA=	.13800+2	.14000+2	.14200+2	.14400+2	.14600+2	.14800+2
-I-			SUM-P(I)			
0	.36645-1	.35289-1	.33988-1	.32741-1	.31545-1	.30398-1
1	.20521+0	.19997+0	.19487+0	.18990+0	.18506+0	.18036+0
2	.49599+0	.48816+0	.48042+0	.47278+0	.46524+0	.45779+0
3	.76351+0	.75714+0	.75075+0	.74435+0	.73794+0	.73152+0
4	.91733+0	.91404+0	.91069+0	.90729+0	.90383+0	.90032+0
5	.97798+0	.97680+0	.97558+0	.97433+0	.97303+0	.97170+0
6	.99542+0	.99511+0	.99478+0	.99444+0	.99408+0	.99371+0
7	.99924+0	.99917+0	.99911+0	.99904+0	.99896+0	.99888+0
8	.99990+0	.99989+0	.99988+0	.99986+0	.99985+0	.99984+0
9	.99999+0	.99999+0	.99999+0	.99998+0	.99998+0	.99998+0
10	1.000	1.000	1.000	1.000	1.000	1.000
H =	.13644+2	.14169+2	.14711+2	.15271+2	.15850+2	.16449+2

THETA=	.15000+2	.15500+2	.16000+2	.16500+2	.17000+2	.17500+2
-I-			SUM-P(I)			
0	.29297-1	.26735-1	.24420-1	.22327-1	.20432-1	.18714-1
1	.17578+0	.16486+0	.15466+0	.14513+0	.13621+0	.12788+0
2	.45044+0	.43249+0	.41515+0	.39840+0	.38224+0	.36667+0
3	.72510+0	.70904+0	.69299+0	.67700+0	.66108+0	.64526+0
4	.89676+0	.88764+0	.87823+0	.86854+0	.85859+0	.84840+0
5	.97033+0	.96674+0	.96291+0	.95883+0	.95452+0	.94997+0
6	.99332+0	.99228+0	.99113+0	.98987+0	.98850+0	.98700+0
7	.99880+0	.99856+0	.99830+0	.99800+0	.99766+0	.99729+0
8	.99982+0	.99978+0	.99973+0	.99968+0	.99961+0	.99954+0
9	.99998+0	.99997+0	.99997+0	.99996+0	.99995+0	.99993+0
10	1.000	1.000	1.000	1.000	.99999+0	.99999+0
11					1.000	1.000
H =	.17067+2	.18702+2	.20475+2	.22394+2	.24472+2	.26719+2

THETA=	.18000+2	.18500+2	.19000+2	.19500+2	.20000+2	.21000+2
-I-			SUM-P(I)			
0	.17154-1	.15738-1	.14450-1	.13278-1	.12210-1	.10347-1
1	.12008+0	.11279+0	.10597+0	.99586-1	.93611-1	.82779-1
2	.35167+0	.33722+0	.32332+0	.30996+0	.29711+0	.27291+0
3	.62957+0	.61402+0	.59864+0	.58345+0	.56845+0	.53910+0
4	.83799+0	.82739+0	.81660+0	.80565+0	.79456+0	.77202+0
5	.94518+0	.94017+0	.93492+0	.92946+0	.92377+0	.91176+0
6	.98538+0	.98364+0	.98176+0	.97975+0	.97761+0	.97290+0
7	.99687+0	.99640+0	.99588+0	.99532+0	.99470+0	.99328+0
8	.99945+0	.99935+0	.99924+0	.99911+0	.99897+0	.99863+0
9	.99992+0	.99990+0	.99988+0	.99986+0	.99983+0	.99977+0
10	.99999+0	.99999+0	.99998+0	.99998+0	.99998+0	.99997+0
11	1.000	1.000	1.000	1.000	1.000	1.000
H =	.29147+2	.31770+2	.34601+2	.37656+2	.40950+2	.48321+2

$U2 = 2$

THETA=	.22000+2	.23000+2	.24000+2	.25000+2	.30000+2	.35000+2
-I-			—SUM-P(I)—			
0	.87932-2	.74920-2	.63992-2	.54788-2	.26022-2	.12937-2
1	.73276-1	.64930-1	.57593-1	.51136-1	.28625-1	.16387-1
2	.25061+0	.23007+0	.21117+0	.19381+0	.12621+0	.82419-1
3	.51069+0	.48327+0	.45690+0	.43161+0	.32138+0	.23649+0
4	.74910+0	.72593+0	.70263+0	.67931+0	.56534+0	.46118+0
5	.89895+0	.88539+0	.87113+0	.85624+0	.77445+0	.68588+0
6	.96764+0	.96180+0	.95538+0	.94839+0	.90514+0	.84971+0
7	.99162+0	.98969+0	.98748+0	.98496+0	.96737+0	.94074+0
8	.99822+0	.99771+0	.99711+0	.99639+0	.99071+0	.98056+0
9	.99968+0	.99958+0	.99944+0	.99928+0	.99778+0	.99464+0
10	.99995+0	.99993+0	.99991+0	.99988+0	.99955+0	.99874+0
11	.99999+0	.99999+0	.99999+0	.99998+0	.99992+0	.99975+0
12	1.000	1.000	1.000	1.000	.99999+0	.99996+0
13					1.000	.99999+0
14						1.000
H =	.56862+2	.66738+2	.78135+2	.91261+2	.19214+3	.38649+3

THETA=	.40000+2	.45000+2	.50000+2	.55000+2	.60000+2	.65000+2
-I-			—SUM-P(I)—			
0	.66788-3	.35599-3	.19503-3	.10944-3	.62734-4	.36646-4
1	.95730-2	.56958-2	.34455-2	.21159-2	.13174-2	.83065-3
2	.54098-1	.35732-1	.23761-1	.15910-1	.10727-1	.72819-2
3	.17283+0	.12584+0	.91480-1	.66491-1	.48368-1	.35237-1
4	.37072+0	.29479+0	.23256+0	.18240+0	.14247+0	.11095+0
5	.59688+0	.51202+0	.43410+0	.36455+0	.30378+0	.25156+0
6	.78535+0	.71567+0	.64404+0	.57326+0	.50543+0	.44197+0
7	.90501+0	.86113+0	.81066+0	.75547+0	.69747+0	.63842+0
8	.96484+0	.94296+0	.91480+0	.88074+0	.84150+0	.79804+0
9	.98902+0	.98015+0	.96740+0	.95033+0	.92879+0	.90284+0
10	.99708+0	.99410+0	.98931+0	.98223+0	.97244+0	.95961+0
11	.99933+0	.99849+0	.99697+0	.99450+0	.99075+0	.98541+0
12	.99987+0	.99966+0	.99925+0	.99852+0	.99729+0	.99539+0
13	.99998+0	.99993+0	.99984+0	.99965+0	.99930+0	.99872+0
14	1.000	.99999+0	.99997+0	.99993+0	.99984+0	.99968+0
15		1.000	.99999+0	.99999+0	.99997+0	.99993+0
16			1.000	1.000	.99999+0	.99999+0
17					1.000	1.000
H =	.74864+3	.14046+4	.25637+4	.45685+4	.79702+4	.13644+5

THETA=	.70000+2	.75000+2	.80000+2	.85000+2	.90000+2	.95000+2
-I-			—SUM-P(I)—			
0	.21775-4	.13140-4	.80419-5	.49858-5	.31282-5	.19844-5
1	.52986-3	.34164-3	.22249-3	.14625-3	.96973-4	.64105-4
2	.49756-2	.34214-2	.23670-2	.16472-2	.11527-2	.81105-3
3	.25722-1	.18820-1	.13804-1	.10152-1	.74873-2	.55372-2
4	.86234-1	.66940-1	.51929-1	.40275-1	.31242-1	.24245-1
5	.20726+0	.17006+0	.13907+0	.11343+0	.92325-1	.75022-1
6	.38375+0	.33117+0	.28431+0	.24298+0	.20686+0	.17552+0
7	.57985+0	.52298+0	.46874+0	.41776+0	.37047+0	.32706+0
8	.75144+0	.70280+0	.65316+0	.60347+0	.55454+0	.50702+0
9	.87276+0	.83903+0	.80220+0	.76292+0	.72187+0	.67971+0
10	.94354+0	.92417+0	.90155+0	.87586+0	.84737+0	.81642+0
11	.97818+0	.96882+0	.95713+0	.94300+0	.92636+0	.90724+0
12	.99262+0	.98876+0	.98360+0	.97696+0	.96867+0	.95860+0
13	.99780+0	.99642+0	.99446+0	.99177+0	.98820+0	.98362+0
14	.99942+0	.99899+0	.99834+0	.99739+0	.99605+0	.99423+0
15	.99986+0	.99975+0	.99956+0	.99926+0	.99882+0	.99818+0
16	.99997+0	.99994+0	.99989+0	.99981+0	.99968+0	.99948+0
17	.99999+0	.99999+0	.99998+0	.99996+0	.99992+0	.99987+0

$$U2 = 2$$

THETA=	.70000+2	.75000+2	.80000+2	.85000+2	.90000+2	.95000+2
-I-			—SUM-P(I)—			
18	1.000	1.000	1.000	.99999+0	.99998+0	.99997+0
19				1.000	1.000	.99999+0
20						1.000
H =	.22962+5	.38051+5	.62174+5	.10028+6	.15984+6	.25196+6

THETA=	.10000+3
-I-	—SUM-P(I)—
0	.12719-5
1	.43667-4
2	.57360-3
3	.41065-2
4	.18827-1
5	.60886-1
6	.14851+0
7	.28759+0
8	.46144+0
9	.63705+0
10	.78339+0
11	.88573+0
12	.94664+0
13	.97788+0
14	.99183+0
15	.99730+0
16	.99920+0
17	.99978+0
18	.99995+0
19	.99999+0
20	1.000
H =	.39313+6

$$U2 = 3$$

THETA=	.10000-1	.20000-1	.30000-1	.40000-1	.50000-1	.60000-1
-I-			—SUM-P(I)—			
0	.99750+0	.99501+0	.99253+0	.99006+0	.98759+0	.98513+0
1	1.000	.99999+0	.99998+0	.99996+0	.99994+0	.99991+0
2		1.000	1.000	1.000	1.000	1.000
H =	.16708+0	.16750+0	.16792+0	.16834+0	.16876+0	.16918+0

THETA=	.70000-1	.80000-1	.90000-1	.10000+0	.11000+0	.12000+0
-I-			—SUM-P(I)—			
0	.98268+0	.98024+0	.97780+0	.97537+0	.97295+0	.97053+0
1	.99988+0	.99984+0	.99980+0	.99975+0	.99970+0	.99965+0
2	1.000	1.000	1.000	1.000	1.000	1.000
H =	.16960+0	.17003+0	.17045+0	.17088+0	.17130+0	.17173+0

THETA=	.13000+0	.14000+0	.15000+0	.16000+0	.17000+0	.18000+0
-I-			—SUM-P(I)—			
0	.96812+0	.96572+0	.96333+0	.96094+0	.95856+0	.95619+0
1	.99959+0	.99952+0	.99945+0	.99938+0	.99930+0	.99922+0
2	1.000	1.000	1.000	.99999+0	.99999+0	.99999+0
3				1.000	1.000	1.000
H =	.17215+0	.17258+0	.17301+0	.17344+0	.17387+0	.17430+0

$U2 = 3$

THETA=	.19000+0	.20000+0	.21000+0	.22000+0	.23000+0	.24000+0
-I-			—SUM-P(I)—			
0	.95382+0	.95146+0	.94911+0	.94677+0	.94443+0	.94210+0
1	.99913+0	.99904+0	.99894+0	.99884+0	.99873+0	.99863+0
2	.99999+0	.99999+0	.99999+0	.99999+0	.99998+0	.99998+0
3	1.000	1.000	1.000	1.000	1.000	1.000
H =	.17474+0	.17517+0	.17560+0	.17604+0	.17647+0	.17691+0

THETA=	.25000+0	.26000+0	.27000+0	.28000+0	.29000+0	.30000+0
-I-			—SUM-P(I)—			
0	.93978+0	.93746+0	.93515+0	.93284+0	.93055+0	.92826+0
1	.99851+0	.99839+0	.99827+0	.99814+0	.99801+0	.99788+0
2	.99998+0	.99998+0	.99997+0	.99997+0	.99997+0	.99996+0
3	1.000	1.000	1.000	1.000	1.000	1.000
H =	.17735+0	.17779+0	.17823+0	.17867+0	.17911+0	.17955+0

THETA=	.31000+0	.32000+0	.33000+0	.34000+0	.35000+0	.36000+0
-I-			—SUM-P(I)—			
0	.92597+0	.92370+0	.92143+0	.91916+0	.91691+0	.91466+0
1	.99774+0	.99759+0	.99744+0	.99729+0	.99714+0	.99698+0
2	.99996+0	.99996+0	.99995+0	.99995+0	.99994+0	.99994+0
3	1.000	1.000	1.000	1.000	1.000	1.000
H =	.17999+0	.18043+0	.18088+0	.18132+0	.18177+0	.18222+0

THETA=	.37000+0	.38000+0	.39000+0	.40000+0	.41000+0	.42000+0
-I-			—SUM-P(I)—			
0	.91241+0	.91018+0	.90795+0	.90572+0	.90351+0	.90130+0
1	.99681+0	.99664+0	.99647+0	.99630+0	.99612+0	.99593+0
2	.99993+0	.99993+0	.99992+0	.99992+0	.99991+0	.99991+0
3	1.000	1.000	1.000	1.000	1.000	1.000
H =	.18267+0	.18311+0	.18356+0	.18402+0	.18447+0	.18492+0

THETA=	.43000+0	.44000+0	.45000+0	.46000+0	.47000+0	.48000+0
-I-			—SUM-P(I)—			
0	.89909+0	.89689+0	.89470+0	.89252+0	.89034+0	.88817+0
1	.99574+0	.99555+0	.99536+0	.99516+0	.99495+0	.99475+0
2	.99990+0	.99989+0	.99988+0	.99988+0	.99987+0	.99986+0
3	1.000	1.000	1.000	1.000	1.000	1.000
H =	.18537+0	.18583+0	.18628+0	.18674+0	.18719+0	.18765+0

THETA=	.49000+0	.50000+0	.60000+0	.70000+0	.80000+0	.90000+0
-I-			—SUM-P(I)—			
0	.88600+0	.88384+0	.86258+0	.84194+0	.82187+0	.80238+0
1	.99453+0	.99432+0	.99197+0	.98927+0	.98625+0	.98291+0
2	.99985+0	.99984+0	.99974+0	.99959+0	.99940+0	.99916+0
3	1.000	1.000	.99999+0	.99999+0	.99998+0	.99997+0
4			1.000	1.000	1.000	1.000
H =	.18811+0	.18857+0	.19322+0	.19796+0	.20279+0	.20772+0

THETA=	.10000+1	.11000+1	.12000+1	.13000+1	.14000+1	.15000+1
-I-			—SUM-P(I)—			
0	.78343+0	.76501+0	.74710+0	.72969+0	.71275+0	.69628+0
1	.97929+0	.97539+0	.97123+0	.96684+0	.96222+0	.95739+0
2	.99887+0	.99853+0	.99813+0	.99767+0	.99714+0	.99655+0
3	.99996+0	.99994+0	.99992+0	.99989+0	.99986+0	.99982+0
4	1.000	1.000	1.000	1.000	1.000	.99999+0
5						1.000
H =	.21274+0	.21786+0	.22308+0	.22841+0	.23383+0	.23937+0

$U2 = 3$

THETA=	.16000+1	.17000+1	.18000+1	.19000+1	.20000+1	.21000+1
-I-	—	—	—SUM-P(I)—	—	—	—
0	.68026+0	.66467+0	.64950+0	.63474+0	.62037+0	.60638+0
1	.95236+0	.94715+0	.94178+0	.93624+0	.93055+0	.92473+0
2	.99590+0	.99518+0	.99439+0	.99352+0	.99259+0	.99158+0
3	.99977+0	.99971+0	.99965+0	.99957+0	.99948+0	.99938+0
4	.99999+0	.99999+0	.99998+0	.99998+0	.99997+0	.99997+0
5	1.000	1.000	1.000	1.000	1.000	1.000
H =	.24500+0	.25075+0	.25661+0	.26258+0	.26866+0	.27485+0

THETA=	.22000+1	.23000+1	.24000+1	.25000+1	.26000+1	.27000+1
-I-	—	—	—SUM-P(I)—	—	—	—
0	.59276+0	.57950+0	.56659+0	.55401+0	.54176+0	.52983+0
1	.91878+0	.91272+0	.90654+0	.90027+0	.89391+0	.88746+0
2	.99051+0	.98935+0	.98813+0	.98683+0	.98546+0	.98402+0
3	.99927+0	.99915+0	.99901+0	.99886+0	.99869+0	.99850+0
4	.99996+0	.99995+0	.99994+0	.99993+0	.99992+0	.99990+0
5	1.000	1.000	1.000	1.000	1.000	1.000
H =	.28117+0	.28760+0	.29416+0	.30084+0	.30764+0	.31457+0

THETA=	.28000+1	.29000+1	.30000+1	.31000+1	.32000+1	.33000+1
-I-	—	—	—SUM-P(I)—	—	—	—
0	.51820+0	.50687+0	.49583+0	.48506+0	.47457+0	.46435+0
1	.88094+0	.87435+0	.86770+0	.86099+0	.85423+0	.84743+0
2	.98250+0	.98092+0	.97926+0	.97753+0	.97572+0	.97385+0
3	.99830+0	.99809+0	.99785+0	.99760+0	.99732+0	.99703+0
4	.99988+0	.99986+0	.99984+0	.99982+0	.99979+0	.99976+0
5	.99999+0	.99999+0	.99999+0	.99999+0	.99999+0	.99999+0
6	1.000	1.000	1.000	1.000	1.000	1.000
H =	.32163+0	.32882+0	.33614+0	.34360+0	.35119+0	.35893+0

THETA=	.34000+1	.35000+1	.36000+1	.37000+1	.38000+1	.39000+1
-I-	—	—	—SUM-P(I)—	—	—	—
0	.45438+0	.44465+0	.43517+0	.42593+0	.41691+0	.40811+0
1	.84060+0	.83373+0	.82683+0	.81991+0	.81297+0	.80602+0
2	.97191+0	.96990+0	.96783+0	.96568+0	.96347+0	.96120+0
3	.99672+0	.99638+0	.99603+0	.99565+0	.99525+0	.99483+0
4	.99973+0	.99969+0	.99965+0	.99961+0	.99956+0	.99951+0
5	.99998+0	.99998+0	.99998+0	.99997+0	.99997+0	.99997+0
6	1.000	1.000	1.000	1.000	1.000	1.000
H =	.36680+0	.37482+0	.38299+0	.39130+0	.39977+0	.40839+0

THETA=	.40000+1	.41000+1	.42000+1	.43000+1	.44000+1	.45000+1
-I-	—	—	—SUM-P(I)—	—	—	—
0	.39953+0	.39115+0	.38298+0	.37501+0	.36723+0	.35963+0
1	.79905+0	.79209+0	.78511+0	.77814+0	.77117+0	.76421+0
2	.95887+0	.95647+0	.95401+0	.95149+0	.94891+0	.94627+0
3	.99438+0	.99391+0	.99342+0	.99290+0	.99236+0	.99179+0
4	.99945+0	.99939+0	.99933+0	.99926+0	.99918+0	.99910+0
5	.99996+0	.99995+0	.99995+0	.99994+0	.99993+0	.99993+0
6	1.000	1.000	1.000	1.000	1.000	1.000
H =	.41716+0	.42609+0	.43518+0	.44444+0	.45385+0	.46344+0

$U2 = 3$

THETA=	.46000+1	.47000+1	.48000+1	.49000+1	.50000+1	.52000+1
-I-			SUM-P(I)			
0	.35221+0	.34497+0	.33791+0	.33101+0	.32427+0	.31126+0
1	.75726+0	.75032+0	.74340+0	.73649+0	.72960+0	.71590+0
2	.94358+0	.94083+0	.93803+0	.93518+0	.93227+0	.92631+0
3	.99120+0	.99058+0	.98993+0	.98926+0	.98857+0	.98709+0
4	.99902+0	.99893+0	.99883+0	.99873+0	.99862+0	.99838+0
5	.99992+0	.99991+0	.99990+0	.99989+0	.99987+0	.99985+0
6	.99999+0	.99999+0	.99999+0	.99999+0	.99999+0	.99999+0
7	1.000	1.000	1.000	1.000	1.000	1.000
H =	.47320+0	.48313+0	.49323+0	.50352+0	.51398+0	.53546+0

THETA=	.54000+1	.56000+1	.58000+1	.60000+1	.62000+1	.64000+1
-I-			SUM-P(I)			
0	.29885+0	.28700+0	.27569+0	.26489+0	.25458+0	.24472+0
1	.70229+0	.68881+0	.67545+0	.66223+0	.64917+0	.63626+0
2	.92015+0	.91382+0	.90731+0	.90064+0	.89382+0	.88685+0
3	.98551+0	.98382+0	.98202+0	.98011+0	.97808+0	.97595+0
4	.99811+0	.99782+0	.99749+0	.99714+0	.99674+0	.99632+0
5	.99982+0	.99978+0	.99974+0	.99969+0	.99964+0	.99958+0
6	.99999+0	.99998+0	.99998+0	.99997+0	.99997+0	.99996+0
7	1.000	1.000	1.000	1.000	1.000	1.000
H =	.55770+0	.58072+0	.60454+0	.62918+0	.65468+0	.68106+0

THETA=	.66000+1	.68000+1	.70000+1	.72000+1	.74000+1	.76000+1
-I-			SUM-P(I)			
0	.23529+0	.22628+0	.21766+0	.20941+0	.20152+0	.19397+0
1	.62352+0	.61096+0	.59856+0	.58636+0	.57433+0	.56250+0
2	.87976+0	.87253+0	.86520+0	.85776+0	.85021+0	.84258+0
3	.97371+0	.97135+0	.96889+0	.96631+0	.96363+0	.96084+0
4	.99585+0	.99535+0	.99481+0	.99423+0	.99361+0	.99294+0
5	.99951+0	.99943+0	.99935+0	.99926+0	.99915+0	.99904+0
6	.99995+0	.99995+0	.99994+0	.99993+0	.99991+0	.99990+0
7	1.000	1.000	1.000	.99999+0	.99999+0	.99999+0
8				1.000	1.000	1.000
H =	.70834+0	.73655+0	.76572+0	.79588+0	.82705+0	.85926+0

THETA=	.78000+1	.80000+1	.82000+1	.84000+1	.86000+1	.88000+1
-I-			SUM-P(I)			
0	.18673+0	.17980+0	.17316+0	.16680+0	.16070+0	.15486+0
1	.55085+0	.53940+0	.52815+0	.51708+0	.50622+0	.49554+0
2	.83487+0	.82709+0	.81923+0	.81132+0	.80336+0	.79535+0
3	.95795+0	.95494+0	.95184+0	.94863+0	.94532+0	.94192+0
4	.99223+0	.99148+0	.99067+0	.98983+0	.98893+0	.98798+0
5	.99892+0	.99878+0	.99864+0	.99848+0	.99830+0	.99812+0
6	.99988+0	.99986+0	.99984+0	.99982+0	.99980+0	.99977+0
7	.99999+0	.99999+0	.99999+0	.99998+0	.99998+0	.99998+0
8	1.000	1.000	1.000	1.000	1.000	1.000
H =	.89255+0	.92695+0	.96249+0	.99919+0	.10371+1	.10763+1

THETA=	.90000+1	.92000+1	.94000+1	.96000+1	.98000+1	.10000+2
-I-			SUM-P(I)			
0	.14925+0	.14387+0	.13871+0	.13376+0	.12901+0	.12445+0
1	.48507+0	.47478+0	.46469+0	.45479+0	.44508+0	.43556+0
2	.78730+0	.77922+0	.77111+0	.76298+0	.75483+0	.74668+0
3	.93842+0	.93482+0	.93119+0	.92735+0	.92348+0	.91952+0
4	.98699+0	.98594+0	.98485+0	.98370+0	.98250+0	.98125+0
5	.99792+0	.99770+0	.99747+0	.99723+0	.99696+0	.99668+0
6	.99974+0	.99971+0	.99967+0	.99963+0	.99959+0	.99954+0

$U2 = 3$

THETA=	.90000+1	.92000+1	.94000+1	.96000+1	.98000+1	.10000+2
-I-			SUM-P(I)			
7	.99997+0	.99997+0	.99997+0	.99996+0	.99996+0	.99995+0
8	1.000	1.000	1.000	1.000	1.000	1.000
H =	.11167+1	.11584+1	.12015+1	.12460+1	.12919+1	.13393+1

THETA=	.10200+2	.10400+2	.10600+2	.10800+2	.11000+2	.11200+2
-I-			SUM-P(I)			
0	.12006+0	.11586+0	.11181+0	.10793+0	.10419+0	.10060+0
1	.42623+0	.41708+0	.40812+0	.39933+0	.39073+0	.38230+0
2	.73852+0	.73036+0	.72220+0	.71405+0	.70591+0	.69779+0
3	.91548+0	.91136+0	.90716+0	.90288+0	.89852+0	.89410+0
4	.97995+0	.97859+0	.97718+0	.97571+0	.97419+0	.97262+0
5	.99638+0	.99607+0	.99573+0	.99538+0	.99500+0	.99461+0
6	.99949+0	.99943+0	.99937+0	.99931+0	.99924+0	.99917+0
7	.99994+0	.99993+0	.99993+0	.99992+0	.99991+0	.99990+0
8	.99999+0	.99999+0	.99999+0	.99999+0	.99999+0	.99999+0
9	1.000	1.000	1.000	1.000	1.000	1.000
H =	.13881+1	.14385+1	.14906+1	.15442+1	.15996+1	.16567+1

THETA=	.11400+2	.11600+2	.11800+2	.12000+2	.12200+2	.12400+2
-I-			SUM-P(I)			
0	.97153-1	.93834-1	.90642-1	.87571-1	.84617-1	.81773-1
1	.37404+0	.36595+0	.35804+0	.35029+0	.34270+0	.33527+0
2	.68969+0	.68161+0	.67356+0	.66554+0	.65756+0	.64960+0
3	.88960+0	.88504+0	.88041+0	.87571+0	.87096+0	.86615+0
4	.97099+0	.96931+0	.96758+0	.96579+0	.96394+0	.96204+0
5	.99419+0	.99375+0	.99329+0	.99281+0	.99230+0	.99177+0
6	.99909+0	.99900+0	.99891+0	.99881+0	.99871+0	.99860+0
7	.99988+0	.99987+0	.99986+0	.99984+0	.99983+0	.99981+0
8	.99999+0	.99999+0	.99998+0	.99998+0	.99998+0	.99998+0
9	1.000	1.000	1.000	1.000	1.000	1.000
H =	.17155+1	.17762+1	.18387+1	.19032+1	.19697+1	.20382+1

THETA=	.12600+2	.12800+2	.13000+2	.13200+2	.13400+2	.13600+2
-I-			SUM-P(I)			
0	.79036-1	.76401-1	.73864-1	.71421-1	.69067-1	.66800-1
1	.32800+0	.32088+0	.31392+0	.30711+0	.30044+0	.29392+0
2	.64169+0	.63382+0	.62600+0	.61822+0	.61048+0	.60280+0
3	.86128+0	.85636+0	.85138+0	.84636+0	.84129+0	.83618+0
4	.96009+0	.95809+0	.95603+0	.95392+0	.95175+0	.94953+0
5	.99122+0	.99064+0	.99004+0	.98941+0	.98876+0	.98808+0
6	.99848+0	.99836+0	.99822+0	.99809+0	.99794+0	.99778+0
7	.99979+0	.99977+0	.99975+0	.99972+0	.99970+0	.99967+0
8	.99993+0	.99997+0	.99997+0	.99997+0	.99996+0	.99996+0
9	1.000	1.000	1.000	1.000	1.000	1.000
H =	.21087+1	.21815+1	.22564+1	.23336+1	.24131+1	.24950+1

THETA=	.13800+2	.14000+2	.14200+2	.14400+2	.14600+2	.14800+2
-I-			SUM-P(I)			
0	.64615-1	.62510-1	.60481-1	.58525-1	.56639-1	.54821-1
1	.28754+0	.28130+0	.27519+0	.26922+0	.26337+0	.25766+0
2	.59517+0	.58760+0	.58007+0	.57261+0	.56520+0	.55786+0
3	.83102+0	.82583+0	.82059+0	.81533+0	.81002+0	.80469+0
4	.94727+0	.94494+0	.94257+0	.94015+0	.93768+0	.93516+0
5	.98737+0	.98664+0	.98588+0	.98509+0	.98427+0	.98343+0
6	.99762+0	.99744+0	.99726+0	.99707+0	.99687+0	.99666+0
7	.99964+0	.99961+0	.99957+0	.99954+0	.99950+0	.99946+0
8	.99995+0	.99995+0	.99995+0	.99994+0	.99993+0	.99993+0

$U2 = 3$

THETA=	.13800+2	.14000+2	.14200+2	.14400+2	.14600+2	.14800+2
-I-			SUM-P(I)			
9	1.000	.99999+0	.99999+0	.99999+0	.99999+0	.99999+0
10		1.000	1.000	1.000	1.000	1.000
H =	.25794+1	.26662+1	.27557+1	.28478+1	.29426+1	.30402+1

THETA=	.15000+2	.15500+2	.16000+2	.16500+2	.17000+2	.17500+2
-I-			SUM-P(I)			
0	.53067-1	.48949-1	.45183-1	.41736-1	.38577-1	.35681-1
1	.25207+0	.23863+0	.22592+0	.21390+0	.20253+0	.19179+0
2	.55057+0	.53263+0	.51509+0	.49796+0	.48125+0	.46497+0
3	.79932+0	.78580+0	.77213+0	.75835+0	.74449+0	.73057+0
4	.93259+0	.92595+0	.91901+0	.91180+0	.90431+0	.89657+0
5	.98256+0	.98025+0	.97777+0	.97510+0	.97224+0	.96919+0
6	.99644+0	.99584+0	.99518+0	.99444+0	.99362+0	.99273+0
7	.99941+0	.99929+0	.99915+0	.99900+0	.99882+0	.99861+0
8	.99992+0	.99990+0	.99988+0	.99985+0	.99982+0	.99978+0
9	.99999+0	.99999+0	.99999+0	.99998+0	.99998+0	.99997+0
10	1.000	1.000	1.000	1.000	1.000	1.000
H =	.31407+1	.34049+1	.36887+1	.39934+1	.43203+1	.46710+1

THETA=	.18000+2	.18500+2	.19000+2	.19500+2	.20000+2	.21000+2
-I-			SUM-P(I)			
0	.33024-1	.30583-1	.28340-1	.26276-1	.24377-1	.21016-1
1	.18163+0	.17203+0	.16295+0	.15437+0	.14626+0	.13135+0
2	.44912+0	.43370+0	.41872+0	.40416+0	.39004+0	.36305+0
3	.71661+0	.70265+0	.68869+0	.67477+0	.66090+0	.63337+0
4	.88857+0	.88034+0	.87189+0	.86323+0	.85437+0	.83611+0
5	.96596+0	.96253+0	.95891+0	.95510+0	.95110+0	.94254+0
6	.99175+0	.99068+0	.98953+0	.98828+0	.98693+0	.98394+0
7	.99838+0	.99812+0	.99784+0	.99752+0	.99717+0	.99635+0
8	.99974+0	.99969+0	.99963+0	.99957+0	.99949+0	.99932+0
9	.99996+0	.99996+0	.99995+0	.99994+0	.99992+0	.99989+0
10	1.000	.99999+0	.99999+0	.99999+0	.99999+0	.99999+0
11		1.000	1.000	1.000	1.000	1.000
H =	.50469+1	.54497+1	.58810+1	.63428+1	.68370+1	.79305+1

THETA=	.22000+2	.23000+2	.24000+2	.25000+2	.30000+2	.35000+2
-I-			SUM-P(I)			
0	.18157-1	.15718-1	.13634-1	.11848-1	.60224-2	.31760-2
1	.11802+0	.10610+0	.95438-1	.85898-1	.51190-1	.30966-1
2	.33771+0	.31397+0	.29177+0	.27102+0	.18669+0	.12823+0
3	.60623+0	.57959+0	.55354+0	.52814+0	.41253+0	.31735+0
4	.81721+0	.79778+0	.77792+0	.75771+0	.65451+0	.55376+0
5	.93325+0	.92324+0	.91254+0	.90119+0	.83598+0	.76061+0
6	.98052+0	.97667+0	.97238+0	.96762+0	.93680+0	.89468+0
7	.99538+0	.99423+0	.99289+0	.99134+0	.98001+0	.96172+0
8	.99909+0	.99882+0	.99849+0	.99808+0	.99474+0	.98838+0
9	.99985+0	.99973+0	.99973+0	.99964+0	.99884+0	.99702+0
10	.99998+0	.99997+0	.99996+0	.99994+0	.99978+0	.99935+0
11	1.000	1.000	.99999+0	.99999+0	.99996+0	.99988+0
12			1.000	1.000	.99999+0	.99998+0
13					1.000	1.000
H =	.91794+1	.10603+2	.12224+2	.14067+2	.27674+2	.52478+2

$U2 = 3$

THETA=	.40000+2	.45000+2	.50000+2	.55000+2	.60000+2	.65000+2
-I-			—SUM-P(I)—			
0	.17275-2	.96500-3	.55166-3	.32187-3	.19125-3	.11551-3
1	.19003-1	.11821-1	.74474-2	.47476-2	.30599-2	.19925-2
2	.88105-1	.60674-1	.41926-1	.29089-1	.20272-1	.14193-1
3	.24166+0	.18281+0	.13770+0	.10347+0	.77646-1	.58249-1
4	.46104+0	.37909+0	.30873+0	.24956+0	.20059+0	.16052+0
5	.68041+0	.59991+0	.52251+0	.45045+0	.38501+0	.32672+0
6	.84290+0	.78393+0	.72045+0	.65505+0	.58991+0	.52677+0
7	.93576+0	.90222+0	.86184+0	.81581+0	.76555+0	.71253+0
8	.97797+0	.96271+0	.94218+0	.91629+0	.88530+0	.84974+0
9	.99360+0	.98792+0	.97937+0	.96745+0	.95182+0	.93232+0
10	.99841+0	.99664+0	.99368+0	.98910+0	.98253+0	.97361+0
11	.99966+0	.99919+0	.99832+0	.99683+0	.99449+0	.99104+0
12	.99994+0	.99983+0	.99961+0	.99920+0	.99848+0	.99733+0
13	.99999+0	.99997+0	.99992+0	.99982+0	.99963+0	.99930+0
14	1.000	.99999+0	.99999+0	.99996+0	.99992+0	.99984+0
15		1.000	1.000	.99999+0	.99998+0	.99997+0
16				1.000	1.000	.99999+0
17						1.000
H =	.96476+2	.17271+3	.30212+3	.51781+3	.87148+3	.14429+4

THETA=	.70000+2	.75000+2	.80000+2	.85000+2	.90000+2	.95000+2
-I-			—SUM-P(I)—			
0	.70803-4	.43990-4	.27672-4	.17607-4	.11322-4	.73519-5
1	.13098-2	.86881-3	.58112-3	.39176-3	.26606-3	.18196-3
2	.99832-2	.70550-2	.50087-2	.35720-2	.25587-2	.18407-2
3	.43713-1	.32831-1	.24687-1	.18590-1	.14022-1	.10595-1
4	.12804+0	.10187+0	.80910-1	.64180-1	.50868-1	.40299-1
5	.27560+0	.23133+0	.19336+0	.16106+0	.13377+0	.11084+0
6	.46689+0	.41112+0	.35994+0	.31355+0	.27194+0	.23495+0
7	.65818+0	.60376+0	.55033+0	.49873+0	.44960+0	.40338+0
8	.81035+0	.76794+0	.72340+0	.67758+0	.63128+0	.58521+0
9	.90897+0	.88196+0	.85161+0	.81835+0	.78269+0	.74516+0
10	.96208+0	.94773+0	.93050+0	.91039+0	.88751+0	.86204+0
11	.98621+0	.97977+0	.97149+0	.96120+0	.94877+0	.93414+0
12	.99560+0	.99312+0	.98970+0	.98519+0	.97940+0	.97220+0
13	.99876+0	.99793+0	.99671+0	.99499+0	.99265+0	.98958+0
14	.99969+0	.99945+0	.99906+0	.99849+0	.99766+0	.99651+0
15	.99993+0	.99987+0	.99976+0	.99959+0	.99934+0	.99896+0
16	.99999+0	.99997+0	.99995+0	.99990+0	.99983+0	.99972+0
17	1.000	.99999+0	.99999+0	.99998+0	.99996+0	.99993+0
18		1.000	1.000	1.000	.99999+0	.99998+0
19					1.000	1.000
H =	.23540+4	.37887+4	.60229+4	.94659+4	.14721+5	.22670+5

$$U2 = 3$$

THETA= .10000+3

-I-	SUM-P(I)
0	.48180-5
1	.12527-3
2	.13298-2
3	.80215-2
4	.31920-1
5	.91667-1
6	.20231+0
7	.36037+0
8	.53999+0
9	.70630+0
10	.83423+0
11	.91730+0
12	.96345+0
13	.98564+0
14	.99496+0
15	.99841+0
16	.99955+0
17	.99988+0
18	.99997+0
19	.99999+0
20	1.000
H =	.34592+5

$$U2 = 4$$

THETA=	.10000-1	.20000-1	.30000-1	.40000-1	.50000-1	.60000-1
-I-			SUM-P(I)			
0	.99800+0	.99601+0	.99402+0	.99204+0	.99006+0	.98808+0
1	1.000	.99999+0	.99999+0	.99997+0	.99996+0	.99994+0
2		1.000	1.000	1.000	1.000	1.000
H =	.41750-1	.41834-1	.41917-1	.42001-1	.42085-1	.42169-1

THETA=	.70000-1	.80000-1	.90000-1	.10000+0	.11000+0	.12000+0
-I-			SUM-P(I)			
0	.98611+0	.98415+0	.98219+0	.98023+0	.97828+0	.97633+0
1	.99992+0	.99989+0	.99987+0	.99984+0	.99980+0	.99976+0
2	1.000	1.000	1.000	1.000	1.000	1.000
H =	.42253-1	.42338-1	.42422-1	.42507-1	.42592-1	.42677-1

THETA=	.13000+0	.14000+0	.15000+0	.16000+0	.17000+0	.18000+0
-I-			SUM-P(I)			
0	.97439+0	.97245+0	.97052+0	.96859+0	.96666+0	.96474+0
1	.99972+0	.99968+0	.99963+0	.99958+0	.99953+0	.99947+0
2	1.000	1.000	1.000	1.000	1.000	1.000
H =	.42762-1	.42847-1	.42932-1	.43018-1	.43104-1	.43189-1

THETA=	.19000+0	.20000+0	.21000+0	.22000+0	.23000+0	.24000+0
-I-			SUM-P(I)			
0	.96283+0	.96092+0	.95901+0	.95711+0	.95521+0	.95332+0
1	.99942+0	.99935+0	.99929+0	.99922+0	.99915+0	.99907+0
2	.99999+0	.99999+0	.99999+0	.99999+0	.99999+0	.99999+0
3	1.000	1.000	1.000	1.000	1.000	1.000
H =	.43275-1	.43361-1	.43448-1	.43534-1	.43620-1	.43707-1

$U2 = 4$

THETA=	.25000+0	.26000+0	.27000+0	.28000+0	.29000+0	.30000+0
-I-			—SUM-P(I)—			
0	.95143+0	.94954+0	.94766+0	.94578+0	.94391+0	.94204+0
1	.99900+0	.99892+0	.99883+0	.99875+0	.99866+0	.99857+0
2	.99999+0	.99999+0	.99999+0	.99998+0	.99998+0	.99998+0
3	1.000	1.000	1.000	1.000	1.000	1.000
H =	.43794-1	.43881-1	.43968-1	.44055-1	.44143-1	.44230-1

THETA=	.31000+0	.32000+0	.33000+0	.34000+0	.35000+0	.36000+0
-I-			—SUM-P(I)—			
0	.94018+0	.93832+0	.93647+0	.93462+0	.93277+0	.93093+0
1	.99847+0	.99837+0	.99827+0	.99817+0	.99806+0	.99795+0
2	.99998+0	.99998+0	.99997+0	.99997+0	.99997+0	.99997+0
3	1.000	1.000	1.000	1.000	1.000	1.000
H =	.44318-1	.44406-1	.44493-1	.44582-1	.44670-1	.44758-1

THETA=	.37000+0	.38000+0	.39000+0	.40000+0	.41000+0	.42000+0
-I-			—SUM-P(I)—			
0	.92909+0	.92726+0	.92543+0	.92360+0	.92178+0	.91996+0
1	.99784+0	.99773+0	.99761+0	.99749+0	.99737+0	.99724+0
2	.99996+0	.99996+0	.99996+0	.99995+0	.99995+0	.99995+0
3	1.000	1.000	1.000	1.000	1.000	1.000
H =	.44847-1	.44935-1	.45024-1	.45113-1	.45202-1	.45292-1

THETA=	.43000+0	.44000+0	.45000+0	.46000+0	.47000+0	.48000+0
-I-			—SUM-P(I)—			
0	.91815+0	.91634+0	.91454+0	.91274+0	.91094+0	.90915+0
1	.99711+0	.99698+0	.99685+0	.99671+0	.99657+0	.99643+0
2	.99994+0	.99994+0	.99993+0	.99993+0	.99992+0	.99992+0
3	1.000	1.000	1.000	1.000	1.000	1.000
H =	.45381-1	.45471-1	.45560-1	.45650-1	.45740-1	.45830-1

THETA=	.49000+0	.50000+0	.60000+0	.70000+0	.80000+0	.90000+0
-I-			—SUM-P(I)—			
0	.90736+0	.90558+0	.88796+0	.87074+0	.85391+0	.83745+0
1	.99628+0	.99614+0	.99452+0	.99265+0	.99054+0	.98820+0
2	.99991+0	.99991+0	.99984+0	.99976+0	.99964+0	.99950+0
3	1.000	1.000	1.000	.99999+0	.99999+0	.99999+0
4				1.000	1.000	1.000
H =	.45921-1	.46011-1	.46924-1	.47852-1	.48795-1	.49754-1

THETA=	.10000+1	.11000+1	.12000+1	.13000+1	.14000+1	.15000+1
-I-			—SUM-P(I)—			
0	.82136+0	.80563+0	.79025+0	.77520+0	.76049+0	.74610+0
1	.98564+0	.98287+0	.97991+0	.97676+0	.97343+0	.96993+0
2	.99933+0	.99912+0	.99887+0	.99859+0	.99827+0	.99790+0
3	.99998+0	.99997+0	.99996+0	.99994+0	.99993+0	.99990+0
4	1.000	1.000	1.000	1.000	1.000	1.000
H =	.50729-1	.51719-1	.52726-1	.53749-1	.54789-1	.55846-1

THETA=	.16000+1	.17000+1	.18000+1	.19000+1	.20000+1	.21000+1
-I-			—SUM-P(I)—			
0	.73202+0	.71825+0	.70477+0	.69159+0	.67869+0	.66606+0
1	.96626+0	.96245+0	.95849+0	.95439+0	.95016+0	.94581+0
2	.99750+0	.99704+0	.99655+0	.99600+0	.99541+0	.99477+0
3	.99988+0	.99985+0	.99981+0	.99977+0	.99972+0	.99966+0
4	1.000	.99999+0	.99999+0	.99999+0	.99999+0	.99998+0

$U2 = 4$

THETA=	.16000+1	.17000+1	.18000+1	.19000+1	.20000+1	.21000+1
-I-			—SUM-P(I)—			
5		1.000	1.000	1.000	1.000	1.000
H =	.56920-1	.58012-1	.59121-1	.60248-1	.61393-1	.62556-1

THETA=	.22000+1	.23000+1	.24000+1	.25000+1	.26000+1	.27000+1
-I-			—SUM-P(I)—			
0	.65371+0	.64162+0	.62979+0	.61820+0	.60686+0	.59576+0
1	.94134+0	.93677+0	.93208+0	.92730+0	.92243+0	.91747+0
2	.99408+0	.99334+0	.99254+0	.99170+0	.99081+0	.98986+0
3	.99960+0	.99953+0	.99945+0	.99937+0	.99927+0	.99917+0
4	.99998+0	.99998+0	.99997+0	.99997+0	.99996+0	.99995+0
5	1.000	1.000	1.000	1.000	1.000	1.000
H =	.63739-1	.64940-1	.66160-1	.67400-1	.68659-1	.69938-1

THETA=	.28000+1	.29000+1	.30000+1	.31000+1	.32000+1	.33000+1
-I-			—SUM-P(I)—			
0	.58489+0	.57425+0	.56383+0	.55363+0	.54364+0	.53385+0
1	.91243+0	.90732+0	.90213+0	.89688+0	.89156+0	.88619+0
2	.98886+0	.98781+0	.98671+0	.98555+0	.98434+0	.98308+0
3	.99905+0	.99892+0	.99879+0	.99864+0	.99848+0	.99831+0
4	.99994+0	.99993+0	.99992+0	.99991+0	.99989+0	.99988+0
5	1.000	1.000	1.000	1.000	.99999+0	.99999+0
6					1.000	1.000
H =	.71238-1	.72558-1	.73899-1	.75261-1	.76645-1	.78050-1

THETA=	.34000+1	.35000+1	.36000+1	.37000+1	.38000+1	.39000+1
-I-			—SUM-P(I)—			
0	.52426+0	.51487+0	.50568+0	.49667+0	.48784+0	.47919+0
1	.88076+0	.87529+0	.86976+0	.86420+0	.85860+0	.85296+0
2	.98177+0	.98041+0	.97899+0	.97752+0	.97600+0	.97444+0
3	.99812+0	.99793+0	.99771+0	.99749+0	.99725+0	.99700+0
4	.99986+0	.99984+0	.99982+0	.99980+0	.99977+0	.99975+0
5	.99999+0	.99999+0	.99999+0	.99999+0	.99999+0	.99998+0
6	1.000	1.000	1.000	1.000	1.000	1.000
H =	.79477-1	.80926-1	.82398-1	.83893-1	.85411-1	.86952-1

THETA=	.40000+1	.41000+1	.42000+1	.43000+1	.44000+1	.45000+1
-I-			—SUM-P(I)—			
0	.47072+0	.46242+0	.45428+0	.44631+0	.43849+0	.43083+0
1	.84729+0	.84160+0	.83587+0	.83013+0	.82436+0	.81858+0
2	.97282+0	.97115+0	.96943+0	.96766+0	.96585+0	.96399+0
3	.99673+0	.99644+0	.99614+0	.99583+0	.99549+0	.99515+0
4	.99972+0	.99968+0	.99965+0	.99961+0	.99957+0	.99953+0
5	.99998+0	.99998+0	.99998+0	.99997+0	.99997+0	.99997+0
6	1.000	1.000	1.000	1.000	1.000	1.000
H =	.88517-1	.90107-1	.91720-1	.93359-1	.95023-1	.96712-1

THETA=	.46000+1	.47000+1	.48000+1	.49000+1	.50000+1	.52000+1
-I-			—SUM-P(I)—			
0	.42333+0	.41597+0	.40875+0	.40168+0	.39475+0	.38129+0
1	.81278+0	.80698+0	.80116+0	.79533+0	.78950+0	.77783+0
2	.96208+0	.96012+0	.95812+0	.95607+0	.95398+0	.94966+0
3	.99478+0	.99440+0	.99400+0	.99358+0	.99314+0	.99221+0
4	.99948+0	.99943+0	.99938+0	.99932+0	.99926+0	.99913+0
5	.99996+0	.99996+0	.99995+0	.99995+0	.99994+0	.99993+0
6	1.000	1.000	1.000	1.000	1.000	1.000
H =	.98427-1	.10017+0	.10194+0	.10373+0	.10555+0	.10928+0

$U2 = 4$

THETA=	.54000+1	.56000+1	.58000+1	.60000+1	.62000+1	.64000+1
-I-			SUM-P(I)			
0	.36835+0	.35590+0	.34393+0	.33241+0	.32133+0	.31066+0
1	.76616+0	.75451+0	.74289+0	.73130+0	.71978+0	.70831+0
2	.94518+0	.94053+0	.93572+0	.93075+0	.92564+0	.92039+0
3	.99121+0	.99013+0	.98897+0	.98774+0	.98642+0	.98502+0
4	.99898+0	.99881+0	.99863+0	.99842+0	.99820+0	.99795+0
5	.99991+0	.99983+0	.99987+0	.99985+0	.99982+0	.99979+0
6	.99999+0	.99999+0	.99999+0	.99999+0	.99999+0	.99998+0
7	1.000	1.000	1.000	1.000	1.000	1.000
H =	.11312+0	.11707+0	.12115+0	.12535+0	.12967+0	.13412+0

THETA=	.66000+1	.68000+1	.70000+1	.72000+1	.74000+1	.76000+1
-I-			SUM-P(I)			
0	.30039+0	.29051+0	.28099+0	.27182+0	.26298+0	.25447+0
1	.69691+0	.68560+0	.67437+0	.66323+0	.65220+0	.64126+0
2	.91500+0	.90948+0	.90384+0	.89808+0	.89221+0	.88623+0
3	.98354+0	.98198+0	.98033+0	.97860+0	.97679+0	.97489+0
4	.99768+0	.99738+0	.99706+0	.99672+0	.99635+0	.99595+0
5	.99975+0	.99971+0	.99967+0	.99962+0	.99956+0	.99950+0
6	.99998+0	.99997+0	.99997+0	.99996+0	.99996+0	.99995+0
7	1.000	1.000	1.000	1.000	1.000	1.000
H =	.13871+0	.14343+0	.14829+0	.15329+0	.15844+0	.16374+0

THETA=	.78000+1	.80000+1	.82000+1	.84000+1	.86000+1	.88000+1
-I-			SUM-P(I)			
0	.24627+0	.23836+0	.23074+0	.22339+0	.21630+0	.20946+0
1	.63044+0	.61973+0	.60914+0	.59868+0	.58833+0	.57811+0
2	.88016+0	.87398+0	.86772+0	.86138+0	.85496+0	.84846+0
3	.97291+0	.97084+0	.96869+0	.96646+0	.96415+0	.96175+0
4	.99552+0	.99506+0	.99457+0	.99404+0	.99349+0	.99290+0
5	.99943+0	.99936+0	.99928+0	.99919+0	.99910+0	.99899+0
6	.99994+0	.99994+0	.99993+0	.99991+0	.99990+0	.99989+0
7	1.000	.99999+0	.99999+0	.99999+0	.99999+0	.99999+0
8		1.000	1.000	1.000	1.000	1.000
H =	.16919+0	.17481+0	.18058+0	.18652+0	.19263+0	.19892+0

THETA=	.90000+1	.92000+1	.94000+1	.96000+1	.98000+1	.10000+2
-I-			SUM-P(I)			
0	.20287+0	.19650+0	.19036+0	.18444+0	.17871+0	.17319+0
1	.56803+0	.55807+0	.54824+0	.53855+0	.52900+0	.51957+0
2	.84190+0	.83527+0	.82858+0	.82185+0	.81506+0	.80823+0
3	.95927+0	.95671+0	.95407+0	.95135+0	.94855+0	.94568+0
4	.99228+0	.99162+0	.99093+0	.99020+0	.98944+0	.98863+0
5	.99888+0	.99876+0	.99863+0	.99849+0	.99834+0	.99818+0
6	.99987+0	.99986+0	.99984+0	.99982+0	.99979+0	.99977+0
7	.99999+0	.99999+0	.99998+0	.99998+0	.99998+0	.99998+0
8	1.000	1.000	1.000	1.000	1.000	1.000
H =	.20539+0	.21204+0	.21888+0	.22591+0	.23315+0	.24058+0

THETA=	.10200+2	.10400+2	.10600+2	.10800+2	.11000+2	.11200+2
-I-			SUM-P(I)			
0	.16786+0	.16271+0	.15773+0	.15293+0	.14828+0	.14380+0
1	.51029+0	.50114+0	.49213+0	.48325+0	.47451+0	.46591+0
2	.80135+0	.79445+0	.78751+0	.78054+0	.77355+0	.76654+0
3	.94273+0	.93970+0	.93661+0	.93343+0	.93019+0	.92688+0
4	.98779+0	.98691+0	.98599+0	.98504+0	.98404+0	.98300+0
5	.99801+0	.99782+0	.99763+0	.99742+0	.99720+0	.99696+0
6	.99974+0	.99971+0	.99968+0	.99965+0	.99961+0	.99957+0

$U2 = 4$

THETA=	.10200+2	.10400+2	.10600+2	.10800+2	.11000+2	.11200+2
-I-	—————————SUM-P(I)—————————					
7	.99997+0	.99997+0	.99997+0	.99996+0	.99996+0	.99995+0
8	1.000	1.000	1.000	1.000	1.000	1.000
H =	.24823+0	.25608+0	.26416+0	.27246+0	.28099+0	.28976+0

THETA=	.11400+2	.11600+2	.11800+2	.12000+2	.12200+2	.12400+2
-I-	—————————SUM-P(I)—————————					
0	.13946+0	.13527+0	.13122+0	.12730+0	.12352+0	.11986+0
1	.45744+0	.44910+0	.44090+0	.43284+0	.42490+0	.41710+0
2	.75951+0	.75247+0	.74542+0	.73837+0	.73131+0	.72425+0
3	.92350+0	.92005+0	.91654+0	.91296+0	.90932+0	.90562+0
4	.98192+0	.98080+0	.97963+0	.97843+0	.97718+0	.97589+0
5	.99672+0	.99646+0	.99618+0	.99589+0	.99558+0	.99526+0
6	.99953+0	.99948+0	.99943+0	.99938+0	.99932+0	.99926+0
7	.99995+0	.99994+0	.99993+0	.99992+0	.99992+0	.99991+0
8	.99999+0	.99999+0	.99999+0	.99999+0	.99999+0	.99999+0
9	1.000	1.000	1.000	1.000	1.000	1.000
H =	.29877+0	.30802+0	.31753+0	.32730+0	.33733+0	.34764+0

THETA=	.12600+2	.12800+2	.13000+2	.13200+2	.13400+2	.13600+2
-I-	—————————SUM-P(I)—————————					
0	.11631+0	.11289+0	.10957+0	.10637+0	.10326+0	.10026+0
1	.40943+0	.40188+0	.39447+0	.38718+0	.38001+0	.37297+0
2	.71719+0	.71014+0	.70310+0	.69607+0	.68905+0	.68204+0
3	.90185+0	.89803+0	.89416+0	.89022+0	.88624+0	.88220+0
4	.97456+0	.97319+0	.97177+0	.97032+0	.96881+0	.96727+0
5	.99492+0	.99457+0	.99420+0	.99381+0	.99340+0	.99298+0
6	.99920+0	.99913+0	.99906+0	.99898+0	.99889+0	.99881+0
7	.99990+0	.99989+0	.99988+0	.99986+0	.99985+0	.99984+0
8	.99999+0	.99999+0	.99999+0	.99998+0	.99998+0	.99998+0
9	1.000	1.000	1.000	1.000	1.000	1.000
H =	.35823+0	.36910+0	.38026+0	.39173+0	.40350+0	.41558+0

THETA=	.13800+2	.14000+2	.14200+2	.14400+2	.14600+2	.14800+2
-I-	—————————SUM-P(I)—————————					
0	.97354-1	.94541-1	.91817-1	.89180-1	.86626-1	.84153-1
1	.36605+0	.35925+0	.35258+0	.34602+0	.33957+0	.33324+0
2	.67505+0	.66809+0	.66114+0	.65422+0	.64733+0	.64046+0
3	.87811+0	.87398+0	.86979+0	.86556+0	.86129+0	.85697+0
4	.96568+0	.96405+0	.96238+0	.96066+0	.95891+0	.95711+0
5	.99254+0	.99208+0	.99160+0	.99110+0	.99058+0	.99004+0
6	.99871+0	.99861+0	.99851+0	.99840+0	.99829+0	.99816+0
7	.99982+0	.99980+0	.99979+0	.99977+0	.99975+0	.99973+0
8	.99998+0	.99998+0	.99997+0	.99997+0	.99997+0	.99997+0
9	1.000	1.000	1.000	1.000	1.000	1.000
H =	.42799+0	.44073+0	.45380+0	.46722+0	.48100+0	.49513+0

THETA=	.15000+2	.15500+2	.16000+2	.16500+2	.17000+2	.17500+2
-I-	—————————SUM-P(I)—————————					
0	.81757-1	.76092-1	.70856-1	.66015-1	.61536-1	.57389-1
1	.32703+0	.31198+0	.29760+0	.28387+0	.27076+0	.25825+0
2	.63362+0	.61666+0	.59992+0	.58341+0	.56716+0	.55117+0
3	.85261+0	.84155+0	.83026+0	.81877+0	.80710+0	.79528+0
4	.95526+0	.95047+0	.94543+0	.94012+0	.93457+0	.92877+0
5	.98948+0	.98799+0	.98637+0	.98462+0	.98272+0	.98068+0
6	.99804+0	.99769+0	.99729+0	.99686+0	.99637+0	.99582+0
7	.99970+0	.99964+0	.99956+0	.99948+0	.99938+0	.99927+0
8	.99996+0	.99995+0	.99994+0	.99993+0	.99991+0	.99989+0

$U2 = 4$

THETA=	.15000+2	.15500+2	.16000+2	.16500+2	.17000+2	.17500+2
-I-			—SUM-P(I)—			
9	1.000	.99999+0	.99999+0	.99999+0	.99999+0	.99999+0
10		1.000	1.000	1.000	1.000	1.000
H =	.50964+0	.54758+0	.58804+0	.63117+0	.67711+0	.72604+0

THETA=	.18000+2	.18500+2	.19000+2	.19500+2	.20000+2	.21000+2
-I-			—SUM-P(I)—			
0	.53547-1	.49986-1	.46683-1	.43618-1	.40772-1	.35671-1
1	.24632+0	.23493+0	.22408+0	.21373+0	.20386+0	.18549+0
2	.53547+0	.52006+0	.50496+0	.49016+0	.47568+0	.44767+0
3	.78332+0	.77125+0	.75908+0	.74684+0	.73455+0	.70985+0
4	.92273+0	.91646+0	.90997+0	.90326+0	.89634+0	.88191+0
5	.97850+0	.97616+0	.97368+0	.97104+0	.96825+0	.96220+0
6	.99523+0	.99457+0	.99385+0	.99307+0	.99222+0	.99031+0
7	.99914+0	.99899+0	.99883+0	.99865+0	.99845+0	.99797+0
8	.99987+0	.99985+0	.99982+0	.99978+0	.99974+0	.99965+0
9	.99998+0	.99998+0	.99998+0	.99997+0	.99996+0	.99995+0
10	1.000	1.000	1.000	1.000	1.000	.99999+0
11						1.000
H =	.77813+0	.83357+0	.89254+0	.95526+0	.10219+1	.11681+1

THETA=	.22000+2	.23000+2	.24000+2	.25000+2	.30000+2	.35000+2
-I-			—SUM-P(I)—			
0	.31260-1	.27437-1	.24119-1	.21233-1	.11455-1	.63666-2
1	.16880+0	.15365+0	.13989+0	.12740+0	.80188-1	.50933-1
2	.42096+0	.39555+0	.37143+0	.34857+0	.25202+0	.18092+0
3	.68513+0	.66049+0	.63604+0	.61187+0	.49749+0	.39756+0
4	.86675+0	.85092+0	.83451+0	.81758+0	.72762+0	.63451+0
5	.95554+0	.94825+0	.94035+0	.93186+0	.88104+0	.81881+0
6	.98809+0	.98556+0	.98269+0	.97947+0	.95775+0	.92631+0
7	.99740+0	.99671+0	.99589+0	.99493+0	.98764+0	.97518+0
8	.99953+0	.99938+0	.99919+0	.99896+0	.99698+0	.99299+0
9	.99993+0	.99990+0	.99986+0	.99982+0	.99938+0	.99832+0
10	.99999+0	.99999+0	.99998+0	.99997+0	.99989+0	.99966+0
11	1.000	1.000	1.000	1.000	.99998+0	.99994+0
12					1.000	.99999+0
13						1.000
H =	.13329+1	.15186+1	.17276+1	.19624+1	.36373+1	.65446+1

THETA=	.40000+2	.45000+2	.50000+2	.55000+2	.60000+2	.65000+2
-I-			—SUM-P(I)—			
0	.36294-2	.21153-2	.12570-2	.76006-3	.46679-3	.29074-3
1	.32665-1	.21153-1	.13827-1	.91207-2	.60682-2	.40704-2
2	.12945+0	.92543-1	.66203-1	.47440-1	.34075-1	.24544-1
3	.31380+0	.24552+0	.19091+0	.14780+0	.11410+0	.87913-1
4	.54424+0	.46065+0	.38576+0	.32030+0	.26413+0	.21663+0
5	.74908+0	.67577+0	.60226+0	.53113+0	.46418+0	.40256+0
6	.88563+0	.83712+0	.78268+0	.72438+0	.66424+0	.60398+0
7	.95657+0	.93141+0	.89983+0	.86243+0	.82012+0	.77401+0
8	.98613+0	.97561+0	.96085+0	.94151+0	.91755+0	.88914+0
9	.99624+0	.99261+0	.98692+0	.97869+0	.96751+0	.95310+0
10	.99912+0	.99807+0	.99624+0	.99330+0	.98892+0	.98279+0
11	.99982+0	.99956+0	.99906+0	.99816+0	.99671+0	.99449+0
12	.99997+0	.99991+0	.99979+0	.99956+0	.99914+0	.99845+0
13	1.000	.99998+0	.99996+0	.99991+0	.99980+0	.99961+0
14		1.000	.99999+0	.99998+0	.99996+0	.99991+0
15			1.000	1.000	.99999+0	.99998+0
16					1.000	1.000
H =	.11480+2	.19698+2	.33147+2	.54820+2	.89263+2	.14331+3

$U2 = 4$

THETA=	.70000+2	.75000+2	.80000+2	.85000+2	.90000+2	.95000+2
-I-			—SUM-P(I)—			
0	.18344-3	.11711-3	.75576-4	.49267-4	.32418-4	.21518-4
1	.27515-2	.18737-2	.12848-2	.88681-3	.61595-3	.43036-3
2	.17732-1	.12852-1	.93463-2	.68194-2	.49924-2	.36671-2
3	.67668-1	.52062-1	.40057-1	.30832-1	.23749-1	.18309-1
4	.17690+0	.14396+0	.11683+0	.94617-1	.76501-1	.61778-1
5	.34682+0	.29712+0	.25332+0	.21510+0	.18200+0	.15355+0
6	.54506+0	.48857+0	.43531+0	.38578+0	.34026+0	.29885+0
7	.72528+0	.67505+0	.62439+0	.57420+0	.52524+0	.47811+0
8	.85668+0	.82074+0	.78195+0	.74102+0	.69865+0	.65551+0
9	.93530+0	.91413+0	.88969+0	.86222+0	.83205+0	.79955+0
10	.97462+0	.96416+0	.95125+0	.93581+0	.91780+0	.89729+0
11	.99129+0	.98690+0	.98110+0	.97371+0	.96457+0	.95357+0
12	.99737+0	.99578+0	.99354+0	.99049+0	.98650+0	.98141+0
13	.99930+0	.99880+0	.99804+0	.99695+0	.99543+0	.99338+0
14	.99983+0	.99969+0	.99947+0	.99913+0	.99862+0	.99789+0
15	.99996+0	.99993+0	.99987+0	.99978+0	.99963+0	.99940+0
16	.99999+0	.99999+0	.99997+0	.99995+0	.99991+0	.99984+0
17	1.000	1.000	.99999+0	.99999+0	.99998+0	.99996+0
18			1.000	1.000	1.000	.99999+0
19						1.000
H =	.22715+3	.35580+3	.55132+3	.84573+3	.12853+4	.19363+4

THETA=	.10000+3
-I-	—SUM-P(I)—
0	.14400-4
1	.30240-3
2	.27024-2
3	.14131-1
4	.49845-1
5	.12921+0
6	.26149+0
7	.43327+0
8	.61222+0
9	.76516+0
10	.87441+0
11	.94062+0
12	.97510+0
13	.99070+0
14	.99690+0
15	.99907+0
16	.99975+0
17	.99994+0
18	.99999+0
19	1.000
H =	.28935+4

$U2 = 5$

THETA=	.10000-1	.20000-1	.30000-1	.40000-1	.50000-1	.60000-1
-I-			—SUM-P(I)—			
0	.99833+0	.99667+0	.99501+0	.99336+0	.99171+0	.99006+0
1	1.000	1.000	.99999+0	.99998+0	.99997+0	.99996+0
2			1.000	1.000	1.000	1.000
H =	.83472-2	.83612-2	.83751-2	.83890-2	.84030-2	.84170-2

$U2 = 5$

THETA=	.70000-1	.80000-1	.90000-1	.10000+0	.11000+0	.12000+0
-I-			—SUM-P(I)—			
0	.98841+0	.98677+0	.98513+0	.98349+0	.98186+0	.98023+0
1	.99994+0	.99992+0	.99990+0	.99988+0	.99986+0	.99983+0
2	1.000	1.000	1.000	1.000	1.000	1.000
H =	.84310-2	.84451-2	.84591-2	.84732-2	.84873-2	.85014-2

THETA=	.13000+0	.14000+0	.15000+0	.16000+0	.17000+0	.18000+0
-I-			—SUM-P(I)—			
0	.97860+0	.97697+0	.97535+0	.97373+0	.97212+0	.97051+0
1	.99980+0	.99977+0	.99974+0	.99970+0	.99966+0	.99962+0
2	1.000	1.000	1.000	1.000	1.000	1.000
H =	.85156-2	.85297-2	.85439-2	.85581-2	.85723-2	.85866-2

THETA=	.19000+0	.20000+0	.21000+0	.22000+0	.23000+0	.24000+0
-I-			—SUM-P(I)—			
0	.96890+0	.96729+0	.96569+0	.96409+0	.96249+0	.96090+0
1	.99958+0	.99954+0	.99949+0	.99944+0	.99939+0	.99933+0
2	1.000	1.000	1.000	.99999+0	.99999+0	.99999+0
3				1.000	1.000	1.000
H =	.86008-2	.86151-2	.86294-2	.86437-2	.86581-2	.86724-2

THETA=	.25000+0	.26000+0	.27000+0	.28000+0	.29000+0	.30000+0
-I-			—SUM-P(I)—			
0	.95931+0	.95772+0	.95613+0	.95455+0	.95297+0	.95140+0
1	.99928+0	.99922+0	.99916+0	.99910+0	.99903+0	.99897+0
2	.99999+0	.99999+0	.99999+0	.99999+0	.99999+0	.99999+0
3	1.000	1.000	1.000	1.000	1.000	1.000
H =	.86868-2	.87012-2	.87156-2	.87301-2	.87446-2	.87590-2

THETA=	.31000+0	.32000+0	.33000+0	.34000+0	.35000+0	.36000+0
-I-			—SUM-P(I)—			
0	.94982+0	.94825+0	.94669+0	.94512+0	.94356+0	.94200+0
1	.99890+0	.99883+0	.99876+0	.99868+0	.99860+0	.99852+0
2	.99999+0	.99998+0	.99998+0	.99998+0	.99998+0	.99998+0
3	1.000	1.000	1.000	1.000	1.000	1.000
H =	.87735-2	.87881-2	.88026-2	.88172-2	.88318-2	.88464-2

THETA=	.37000+0	.38000+0	.39000+0	.40000+0	.41000+0	.42000+0
-I-			—SUM-P(I)—			
0	.94045+0	.93890+0	.93735+0	.93580+0	.93426+0	.93272+0
1	.99844+0	.99836+0	.99827+0	.99819+0	.99810+0	.99801+0
2	.99998+0	.99997+0	.99997+0	.99997+0	.99997+0	.99997+0
3	1.000	1.000	1.000	1.000	1.000	1.000
H =	.88610-2	.88757-2	.88903-2	.89050-2	.89197-2	.89345-2

THETA=	.43000+0	.44000+0	.45000+0	.46000+0	.47000+0	.48000+0
-I-			—SUM-P(I)—			
0	.93118+0	.92964+0	.92811+0	.92658+0	.92506+0	.92353+0
1	.99791+0	.99782+0	.99772+0	.99762+0	.99752+0	.99742+0
2	.99996+0	.99996+0	.99996+0	.99995+0	.99995+0	.99995+0
3	1.000	1.000	1.000	1.000	1.000	1.000
H =	.89492-2	.89640-2	.89788-2	.89936-2	.90085-2	.90233-2

$U2 = 5$

THETA=	.49000+0	.50000+0	.60000+0	.70000+0	.80000+0	.90000+0
-I-			—SUM-P(I)—			
0	.92201+0	.92049+0	.90547+0	.89073+0	.87626+0	.86206+0
1	.99731+0	.99720+0	.99602+0	.99465+0	.99310+0	.99137+0
2	.99995+0	.99994+0	.99990+0	.99985+0	.99977+0	.99968+0
3	1.000	1.000	1.000	1.000	.99999+0	.99999+0
4					1.000	1.000
H =	.90382-2	.90531-2	.92033-2	.93556-2	.95101-2	.96668-2

THETA=	.10000+1	.11000+1	.12000+1	.13000+1	.14000+1	.15000+1
-I-			—SUM-P(I)—			
0	.84812+0	.83443+0	.82100+0	.80781+0	.79486+0	.78215+0
1	.98947+0	.98741+0	.98520+0	.98283+0	.98033+0	.97768+0
2	.99957+0	.99943+0	.99927+0	.99909+0	.99887+0	.99863+0
3	.99999+0	.99998+0	.99998+0	.99997+0	.99996+0	.99994+0
4	1.000	1.000	1.000	1.000	1.000	1.000
H =	.98257-2	.99868-2	.10150-1	.10316-1	.10484-1	.10654-1

THETA=	.16000+1	.17000+1	.18000+1	.19000+1	.20000+1	.21000+1
-I-			—SUM-P(I)—			
0	.76966+0	.75741+0	.74537+0	.73355+0	.72194+0	.71054+0
1	.97491+0	.97201+0	.96898+0	.96584+0	.96259+0	.95923+0
2	.99836+0	.99806+0	.99773+0	.99737+0	.99697+0	.99654+0
3	.99993+0	.99991+0	.99989+0	.99986+0	.99983+0	.99980+0
4	1.000	1.000	1.000	.99999+0	.99999+0	.99999+0
5				1.000	1.000	1.000
H =	.10827-1	.11002-1	.11180-1	.11360-1	.11543-1	.11728-1

THETA=	.22000+1	.23000+1	.24000+1	.25000+1	.26000+1	.27000+1
-I-			—SUM-P(I)—			
0	.69935+0	.68835+0	.67755+0	.66694+0	.65652+0	.64628+0
1	.95577+0	.95222+0	.94857+0	.94483+0	.94101+0	.93710+0
2	.99607+0	.99557+0	.99503+0	.99445+0	.99384+0	.99319+0
3	.99976+0	.99972+0	.99967+0	.99962+0	.99956+0	.99950+0
4	.99999+0	.99999+0	.99993+0	.99998+0	.99998+0	.99997+0
5	1.000	1.000	1.000	1.000	1.000	1.000
H =	.11916-1	.12106-1	.12299-1	.12495-1	.12693-1	.12894-1

THETA=	.28000+1	.29000+1	.30000+1	.31000+1	.32000+1	.33000+1
-I-			—SUM-P(I)—			
0	.63622+0	.62634+0	.61663+0	.60709+0	.59772+0	.58851+0
1	.93312+0	.92907+0	.92494+0	.92075+0	.91650+0	.91219+0
2	.99250+0	.99178+0	.99101+0	.99021+0	.98936+0	.98848+0
3	.99943+0	.99935+0	.99927+0	.99918+0	.99908+0	.99897+0
4	.99997+0	.99996+0	.99996+0	.99995+0	.99994+0	.99993+0
5	1.000	1.000	1.000	1.000	1.000	1.000
H =	.13098-1	.13305-1	.13514-1	.13727-1	.13942-1	.14160-1

THETA=	.34000+1	.35000+1	.36000+1	.37000+1	.38000+1	.39000+1
-I-			—SUM-P(I)—			
0	.57946+0	.57056+0	.56182+0	.55323+0	.54479+0	.53650+0
1	.90782+0	.90339+0	.89892+0	.89440+0	.88983+0	.88522+0
2	.98756+0	.98660+0	.98560+0	.98456+0	.98348+0	.98236+0
3	.99886+0	.99873+0	.99860+0	.99846+0	.99831+0	.99815+0
4	.99992+0	.99991+0	.99990+0	.99989+0	.99987+0	.99986+0
5	1.000	1.000	.99999+0	.99999+0	.99999+0	.99999+0
6			1.000	1.000	1.000	1.000
H =	.14381-1	.14605-1	.14833-1	.15063-1	.15296-1	.15533-1

$U2 = 5$

THETA=	.40000+1	.41000+1	.42000+1	.43000+1	.44000+1	.45000+1
-I-			—SUM-P(I)—			
0	.52834+0	.52033+0	.51245+0	.50470+0	.49709+0	.48960+0
1	.88057+0	.87588+0	.87116+0	.86641+0	.86162+0	.85681+0
2	.98121+0	.98001+0	.97877+0	.97750+0	.97619+0	.97484+0
3	.99798+0	.99780+0	.99761+0	.99740+0	.99719+0	.99697+0
4	.99984+0	.99982+0	.99980+0	.99978+0	.99976+0	.99973+0
5	.99999+0	.99999+0	.99999+0	.99999+0	.99998+0	.99998+0
6	1.000	1.000	1.000	1.000	1.000	1.000
H =	.15773-1	.16016-1	.16262-1	.16511-1	.16764-1	.17021-1

THETA=	.46000+1	.47000+1	.48000+1	.49000+1	.50000+1	.52000+1
-I-			—SUM-P(I)—			
0	.48225+0	.47501+0	.46790+0	.46091+0	.45403+0	.44062+0
1	.85197+0	.84710+0	.84222+0	.83731+0	.83239+0	.82249+0
2	.97345+0	.97202+0	.97056+0	.96905+0	.96752+0	.96433+0
3	.99673+0	.99648+0	.99622+0	.99595+0	.99567+0	.99506+0
4	.99971+0	.99968+0	.99965+0	.99961+0	.99958+0	.99950+0
5	.99998+0	.99998+0	.99997+0	.99997+0	.99997+0	.99996+0
6	1.000	1.000	1.000	1.000	1.000	1.000
H =	.17280-1	.17543-1	.17810-1	.18080-1	.18354-1	.18913-1

THETA=	.54000+1	.56000+1	.58000+1	.60000+1	.62000+1	.64000+1
-I-			—SUM-P(I)—			
0	.42765+0	.41511+0	.40298+0	.39125+0	.37989+0	.36891+0
1	.81254+0	.80255+0	.79253+0	.78250+0	.77245+0	.76241+0
2	.96100+0	.95753+0	.95392+0	.95017+0	.94630+0	.94230+0
3	.99440+0	.99369+0	.99292+0	.99209+0	.99121+0	.99027+0
4	.99941+0	.99931+0	.99920+0	.99908+0	.99894+0	.99879+0
5	.99995+0	.99994+0	.99993+0	.99992+0	.99990+0	.99989+0
6	1.000	1.000	1.000	.99999+0	.99999+0	.99999+0
7				1.000	1.000	1.000
H =	.19486-1	.20075-1	.20679-1	.21299-1	.21936-1	.22589-1

THETA=	.66000+1	.68000+1	.70000+1	.72000+1	.74000+1	.76000+1
-I-			—SUM-P(I)—			
0	.35828+0	.34798+0	.33802+0	.32838+0	.31904+0	.30999+0
1	.75238+0	.74237+0	.73238+0	.72243+0	.71252+0	.70265+0
2	.93817+0	.93392+0	.92956+0	.92508+0	.92050+0	.91581+0
3	.98926+0	.98820+0	.98707+0	.98588+0	.98463+0	.98331+0
4	.99863+0	.99845+0	.99825+0	.99804+0	.99781+0	.99756+0
5	.99987+0	.99984+0	.99982+0	.99979+0	.99976+0	.99973+0
6	.99999+0	.99999+0	.99999+0	.99998+0	.99998+0	.99998+0
7	1.000	1.000	1.000	1.000	1.000	1.000
H =	.23260-1	.23947-1	.24653-1	.25377-1	.26120-1	.26882-1

THETA=	.78000+1	.80000+1	.82000+1	.84000+1	.86000+1	.88000+1
-I-			—SUM-P(I)—			
0	.30123+0	.29275+0	.28453+0	.27657+0	.26885+0	.26137+0
1	.69284+0	.68308+0	.67339+0	.66376+0	.65421+0	.64472+0
2	.91102+0	.90613+0	.90115+0	.89608+0	.89092+0	.88568+0
3	.98193+0	.98048+0	.97897+0	.97739+0	.97575+0	.97404+0
4	.99729+0	.99700+0	.99669+0	.99636+0	.99601+0	.99563+0
5	.99969+0	.99965+0	.99960+0	.99955+0	.99950+0	.99944+0
6	.99997+0	.99997+0	.99996+0	.99996+0	.99995+0	.99994+0
7	1.000	1.000	1.000	1.000	1.000	1.000
H =	.27664-1	.28466-1	.29288-1	.30131-1	.30996-1	.31883-1

U2 = 5

THETA=	.90000+1	.92000+1	.94000+1	.96000+1	.98000+1	.10000+2
-I-			—SUM-P(I)—			
0	.25413+0	.24710+0	.24029+0	.23369+0	.22729+0	.22108+0
1	.63532+0	.62599+0	.61675+0	.60759+0	.59853+0	.58955+0
2	.88037+0	.87498+0	.86951+0	.86398+0	.85839+0	.85274+0
3	.97226+0	.97042+0	.96851+0	.36654+0	.96450+0	.96240+0
4	.99523+0	.99481+0	.99436+0	.99389+0	.99339+0	.99286+0
5	.99937+0	.99930+0	.99922+0	.99914+0	.99905+0	.99896+0
6	.99993+0	.99992+0	.99991+0	.99990+0	.99989+0	.99988+0
7	.99999+0	.99999+0	.99999+0	.99999+0	.99999+0	.99999+0
8	1.000	1.000	1.000	1.000	1.000	1.000
H =	.32792-1	.33724-1	.34680-1	.35660-1	.36664-1	.37694-1

THETA=	.10200+2	.10400+2	.10600+2	.10800+2	.11000+2	.11200+2
-I-			—SUM-P(I)—			
0	.21506+0	.20922+0	.20356+0	.19806+0	.19273+0	.18756+0
1	.58066+0	.57187+0	.56317+0	.55457+0	.54607+0	.53766+0
2	.84703+0	.84127+0	.83545+0	.82959+0	.82369+0	.81775+0
3	.96023+0	.95800+0	.95571+0	.95335+0	.95093+0	.94845+0
4	.99231+0	.99173+0	.99112+0	.99048+0	.98981+0	.98912+0
5	.99885+0	.99874+0	.99863+0	.99850+0	.99837+0	.99822+0
6	.99986+0	.99985+0	.99983+0	.99981+0	.99979+0	.99977+0
7	.99999+0	.99999+0	.99998+0	.99998+0	.99998+0	.99998+0
8	1.000	1.000	1.000	1.000	1.000	1.000
H =	.38749-1	.39830-1	.40939-1	.42075-1	.43239-1	.44431-1

THETA=	.11400+2	.11600+2	.11800+2	.12000+2	.12200+2	.12400+2
-I-			—SUM-P(I)—			
0	.18254+0	.17766+0	.17294+0	.16834+0	.16389+0	.15956+0
1	.52935+0	.52115+0	.51304+0	.50503+0	.49713+0	.48932+0
2	.81176+0	.80575+0	.79970+0	.79363+0	.78752+0	.78140+0
3	.94591+0	.94331+0	.94064+0	.93792+0	.93514+0	.93230+0
4	.98839+0	.98763+0	.98684+0	.98602+0	.98517+0	.98428+0
5	.99807+0	.99791+0	.99774+0	.99756+0	.99737+0	.99717+0
6	.99975+0	.99972+0	.99969+0	.99966+0	.99963+0	.99960+0
7	.99997+0	.99997+0	.99997+0	.99996+0	.99996+0	.99995+0
8	1.000	1.000	1.000	1.000	1.000	1.000
H =	.45653-1	.46905-1	.48188-1	.49502-1	.50848-1	.52226-1

THETA=	.12600+2	.12800+2	.13000+2	.13200+2	.13400+2	.13600+2
-I-			—SUM-P(I)—			
0	.15536+0	.15128+0	.14732+0	.14347+0	.13974+0	.13611+0
1	.48162+0	.47402+0	.46652+0	.45911+0	.45181+0	.44461+0
2	.77525+0	.76909+0	.76291+0	.75672+0	.75052+0	.74430+0
3	.92941+0	.92646+0	.92346+0	.92040+0	.91729+0	.91413+0
4	.98337+0	.98242+0	.98143+0	.98042+0	.97937+0	.97829+0
5	.99696+0	.99674+0	.99651+0	.99626+0	.99601+0	.99574+0
6	.99956+0	.99952+0	.99948+0	.99943+0	.99938+0	.99933+0
7	.99995+0	.99994+0	.99994+0	.99993+0	.99992+0	.99991+0
8	.99999+0	.99999+0	.99999+0	.99999+0	.99999+0	.99999+0
9	1.000	1.000	1.000	1.000	1.000	1.000
H =	.53638-1	.55085-1	.56566-1	.58083-1	.59636-1	.61227-1

$U_2 = 5$

THETA=	.13800+2	.14000+2	.14200+2	.14400+2	.14600+2	.14800+2
-I-	—	—	— SUM-P(I)	—	—	—
0	.13258+0	.12915+0	.12582+0	.12259+0	.11944+0	.11639+0
1	.43751+0	.43051+0	.42360+0	.41680+0	.41009+0	.40348+0
2	.73809+0	.73186+0	.72564+0	.71942+0	.71319+0	.70698+0
3	.91092+0	.90766+0	.90435+0	.90099+0	.89758+0	.89413+0
4	.97717+0	.97602+0	.97483+0	.97362+0	.97236+0	.97107+0
5	.99546+0	.99516+0	.99485+0	.99453+0	.99420+0	.99385+0
6	.99928+0	.99922+0	.99916+0	.99910+0	.99903+0	.99896+0
7	.99991+0	.99990+0	.99989+0	.99988+0	.99987+0	.99986+0
8	.99999+0	.99999+0	.99999+0	.99999+0	.99998+0	.99998+0
9	1.000	1.000	1.000	1.000	1.000	1.000
H =	.62856-1	.64523-1	.66230-1	.67978-1	.69768-1	.71599-1

THETA=	.15000+2	.15500+2	.16000+2	.16500+2	.17000+2	.17500+2
-I-	—	—	— SUM-P(I)	—	—	—
0	.11342+0	.10635+0	.99763-1	.93621-1	.87890-1	.82540-1
1	.39696+0	.38109+0	.36580+0	.35108+0	.33691+0	.32328+0
2	.70076+0	.68527+0	.66984+0	.65451+0	.63929+0	.62421+0
3	.89064+0	.88171+0	.87253+0	.86312+0	.85348+0	.84364+0
4	.96975+0	.96629+0	.96262+0	.95873+0	.95462+0	.95030+0
5	.99349+0	.99251+0	.99145+0	.99028+0	.98901+0	.98764+0
6	.99888+0	.99867+0	.99844+0	.99817+0	.99787+0	.99754+0
7	.99984+0	.99981+0	.99977+0	.99972+0	.99966+0	.99960+0
8	.99998+0	.99998+0	.99997+0	.99996+0	.99996+0	.99995+0
9	1.000	1.000	1.000	1.000	1.000	.99999+0
10						1.000
H =	.73474-1	.78357-1	.83531-1	.89012-1	.94816-1	.10096+0

THETA=	.18000+2	.18500+2	.19000+2	.19500+2	.20000+2	.21000+2
-I-	—	—	— SUM-P(I)	—	—	—
0	.77545-1	.72879-1	.68517-1	.64439-1	.60624-1	.53711-1
1	.31018+0	.29759+0	.28549+0	.27386+0	.26270+0	.24170+0
2	.60928+0	.59452+0	.57995+0	.56556+0	.55139+0	.52368+0
3	.83361+0	.82341+0	.81306+0	.80257+0	.79196+0	.77042+0
4	.94577+0	.94104+0	.93609+0	.93095+0	.92561+0	.91435+0
5	.98615+0	.98456+0	.98284+0	.98102+0	.97907+0	.97480+0
6	.99717+0	.99676+0	.99630+0	.99581+0	.99527+0	.99403+0
7	.99953+0	.99944+0	.99935+0	.99924+0	.99912+0	.99884+0
8	.99993+0	.99992+0	.99990+0	.99989+0	.99986+0	.99981+0
9	.99999+0	.99999+0	.99999+0	.99999+0	.99998+0	.99997+0
10	1.000	1.000	1.000	1.000	1.000	1.000
H =	.10746+0	.11435+0	.12162+0	.12932+0	.13746+0	.15515+0

THETA=	.22000+2	.23000+2	.24000+2	.25000+2	.30000+2	.35000+2
-I-	—	—	— SUM-P(I)	—	—	—
0	.47648-1	.42322-1	.37636-1	.33508-1	.19047-1	.11090-1
1	.22236+0	.20456+0	.18818+0	.17312+0	.11428+0	.75783-1
2	.49690+0	.47108+0	.44625+0	.42243+0	.31836+0	.23752+0
3	.74857+0	.72650+0	.70433+0	.68213+0	.57345+0	.47338+0
4	.90236+0	.88969+0	.87638+0	.86248+0	.78603+0	.70268+0
5	.97003+0	.96475+0	.95896+0	.95266+0	.91358+0	.86320+0
6	.99259+0	.99091+0	.98899+0	.98681+0	.97156+0	.94832+0
7	.99850+0	.99808+0	.99757+0	.99698+0	.99226+0	.98379+0
8	.99975+0	.99966+0	.99955+0	.99942+0	.99824+0	.99573+0
9	.99996+0	.99995+0	.99993+0	.99991+0	.99966+0	.99904+0
10	1.000	.99999+0	.99999+0	.99999+0	.99994+0	.99982+0
11		1.000	1.000	1.000	.99999+0	.99997+0
12					1.000	1.000
H =	.17489+0	.19690+0	.22142+0	.24870+0	.43751+0	.75141+0

$U2 = 5$

THETA=	.40000+2	.45000+2	.50000+2	.55000+2	.60000+2	.65000+2
-I-			—SUM-P(I)—			
0	.65935-2	.39928-2	.24578-2	.15353-2	.97196-3	.62283-3
1	.50550-1	.33938-1	.22939-1	.15609-1	.10692-1	.73702-2
2	.17614+0	.13019+0	.96087-1	.70899-1	.52347-1	.38697-1
3	.38546+0	.31067+0	.24848+0	.19761+0	.15648+0	.12354+0
4	.61803+0	.53626+0	.46013+0	.39118+0	.33005+0	.27673+0
5	.80409+0	.73930+0	.67179+0	.60412+0	.53832+0	.47588+0
6	.91685+0	.87773+0	.83213+0	.78157+0	.72767+0	.67201+0
7	.97055+0	.95190+0	.92758+0	.89775+0	.86291+0	.82377+0
8	.99120+0	.98398+0	.97346+0	.95920+0	.94094+0	.91863+0
9	.99776+0	.99544+0	.99167+0	.98602+0	.97809+0	.96756+0
10	.99951+0	.99888+0	.99774+0	.99585+0	.99295+0	.98877+0
11	.99991+0	.99976+0	.99947+0	.99893+0	.99802+0	.99660+0
12	.99998+0	.99996+0	.99989+0	.99976+0	.99951+0	.99909+0
13	1.000	.99999+0	.99998+0	.99995+0	.99989+0	.99979+0
14		1.000	1.000	.99999+0	.99998+0	.99995+0
15				1.000	1.000	.99999+0
16						1.000
H =	.12639+1	.20871+1	.33906+1	.54277+1	.85738+1	.13380+2

THETA=	.70000+2	.75000+2	.80000+2	.85000+2	.90000+2	.95000+2
-I-			—SUM-P(I)—			
0	.40358-3	.26422-3	.17463-3	.11644-3	.78289-4	.53045-4
1	.51121-2	.35669-2	.25030-2	.17661-2	.12526-2	.89293-3
2	.28654-1	.21260-1	.15808-1	.11782-1	.88020-2	.65921-2
3	.97320-1	.76551-1	.60158-1	.47253-1	.37112-1	.29152-1
4	.23084+0	.19174+0	.15871+0	.13101+0	.10789+0	.88683-1
5	.41776+0	.36452+0	.31640+0	.27339+0	.23528+0	.20179+0
6	.61601+0	.56087+0	.50754+0	.45675+0	.40900+0	.36460+0
7	.78122+0	.73618+0	.68958+0	.64231+0	.59513+0	.54873+0
8	.89242+0	.86260+0	.82961+0	.79396+0	.75621+0	.71693+0
9	.95419+0	.93785+0	.91852+0	.89626+0	.87126+0	.84374+0
10	.98302+0	.97548+0	.96593+0	.95424+0	.94029+0	.92406+0
11	.99449+0	.99151+0	.98749+0	.98223+0	.97559+0	.96741+0
12	.99842+0	.99741+0	.99594+0	.99390+0	.99116+0	.98760+0
13	.99960+0	.99930+0	.99883+0	.99814+0	.99715+0	.99580+0
14	.99991+0	.99983+0	.99970+0	.99949+0	.99918+0	.99873+0
15	.99998+0	.99996+0	.99993+0	.99988+0	.99979+0	.99965+0
16	1.000	.99999+0	.99999+0	.99997+0	.99995+0	.99991+0
17		1.000	1.000	.99999+0	.99999+0	.99998+0
18				1.000	1.000	1.000
H =	.20648+2	.31540+2	.47720+2	.71565+2	.10644+3	.15710+3

$U2 = 5$

THETA= .10000+3

-I-	SUM-P(I)
0	.36203-4
1	.63959-3
2	.49495-2
3	.22907-1
4	.72790-1
5	.17256+0
6	.32372+0
7	.50367+0
8	.67670+0
9	.81403+0
10	.90558+0
11	.95759+0
12	.98309+0
13	.99399+0
14	.99809+0
15	.99945+0
16	.99986+0
17	.99997+0
18	.99999+0
19	1.000

H = .23018+3

CUMULATIVE DISTRIBUTION FUNCTION OF THE THREE-FACTOR
GENERALIZED INCOMPLETE MODIFIED BESSEL DISTRIBUTION

U2 = 0   U3 = 0

THETA=	.10000−1	.20000−1	.30000−1	.40000−1	.50000−1	.60000−1
-I-			—SUM-P(I)—			
0	.99009+0	.98034+0	.97077+0	.96135+0	.95210+0	.94300+0
1	.99999+0	.99995+0	.99989+0	.99981+0	.99970+0	.99958+0
2	1.000	1.000	1.000	1.000	1.000	1.000
H =	.10100+1	.10200+1	.10301+1	.10402+1	.10503+1	.10604+1

THETA=	.70000−1	.80000−1	.90000−1	.10000+0	.11000+0	.12000+0
-I-			—SUM-P(I)—			
0	.93404+0	.92524+0	.91653+0	.90806+0	.89967+0	.89142+0
1	.99943+0	.99926+0	.99907+0	.99886+0	.99863+0	.99839+0
2	1.000	1.000	1.000	1.000	.99999+0	.99999+0
3					1.000	1.000
H =	.10706+1	.10808+1	.10910+1	.11013+1	.11115+1	.11218+1

THETA=	.13000+0	.14000+0	.15000+0	.16000+0	.17000+0	.18000+0
-I-			—SUM-P(I)—			
0	.88330+0	.87530+0	.86743+0	.85968+0	.85205+0	.84454+0
1	.99813+0	.99784+0	.99755+0	.99723+0	.99690+0	.99656+0
2	.99999+0	.99999+0	.99999+0	.99998+0	.99998+0	.99998+0
3	1.000	1.000	1.000	1.000	1.000	1.000
H =	.11321+1	.11425+1	.11528+1	.11632+1	.11736+1	.11841+1

THETA=	.19000+0	.20000+0	.21000+0	.22000+0	.23000+0	.24000+0
-I-			—SUM-P(I)—			
0	.83714+0	.82985+0	.82267+0	.81559+0	.80862+0	.80175+0
1	.99620+0	.99582+0	.99543+0	.99503+0	.99461+0	.99418+0
2	.99997+0	.99997+0	.99996+0	.99996+0	.99995+0	.99995+0
3	1.000	1.000	1.000	1.000	1.000	1.000
H =	.11945+1	.12050+1	.12156+1	.12261+1	.12367+1	.12473+1

THETA=	.25000+0	.26000+0	.27000+0	.28000+0	.29000+0	.30000+0
-I-			—SUM-P(I)—			
0	.79499+0	.78831+0	.78174+0	.77525+0	.76886+0	.76256+0
1	.99373+0	.99327+0	.99280+0	.99232+0	.99183+0	.99133+0
2	.99994+0	.99994+0	.99993+0	.99992+0	.99991+0	.99990+0
3	1.000	1.000	1.000	1.000	1.000	1.000
H =	.12579+1	.12685+1	.12792+1	.12899+1	.13006+1	.13114+1

THETA=	.31000+0	.32000+0	.33000+0	.34000+0	.35000+0	.36000+0
-I-			—SUM-P(I)—			
0	.75634+0	.75021+0	.74417+0	.73821+0	.73233+0	.72652+0
1	.99081+0	.99028+0	.98975+0	.98920+0	.98864+0	.98807+0
2	.99990+0	.99988+0	.99988+0	.99986+0	.99985+0	.99984+0
3	1.000	1.000	1.000	1.000	1.000	1.000
H =	.13222+1	.13330+1	.13438+1	.13546+1	.13655+1	.13764+1

THETA=	.37000+0	.38000+0	.39000+0	.40000+0	.41000+0	.42000+0
-I-			—SUM-P(I)—			
0	.72080+0	.71515+0	.70958+0	.70408+0	.69865+0	.69329+0
1	.98750+0	.98691+0	.98631+0	.98571+0	.98510+0	.98447+0
2	.99983+0	.99982+0	.99980+0	.99979+0	.99978+0	.99976+0
3	1.000	1.000	1.000	1.000	1.000	1.000
H =	.13873+1	.13983+1	.14093+1	.14203+1	.14313+1	.14424+1

$U2 = 0 \quad U3 = 0$

THETA=	.43000+0	.44000+0	.45000+0	.46000+0	.47000+0	.48000+0
-I-			—SUM-P(I)—			
0	.68800+0	.68278+0	.67763+0	.67254+0	.66751+0	.66255+0
1	.98384+0	.98321+0	.98256+0	.98191+0	.98125+0	.98058+0
2	.99975+0	.99973+0	.99971+0	.99969+0	.99968+0	.99966+0
3	1.000	1.000	1.000	1.000	1.000	1.000
H =	.14535+1	.14646+1	.14757+1	.14869+1	.14981+1	.15093+1

THETA=	.49000+0	.50000+0	.60000+0	.70000+0	.80000+0	.90000+0
-I-			—SUM-P(I)—			
0	.65765+0	.65281+0	.60753+0	.56726+0	.53124+0	.49883+0
1	.97990+0	.97922+0	.97205+0	.96434+0	.95623+0	.94779+0
2	.99964+0	.99962+0	.99939+0	.99909+0	.99872+0	.99829+0
3	1.000	1.000	.99999+0	.99999+0	.99998+0	.99998+0
4			1.000	1.000	1.000	1.000
H =	.15206+1	.15318+1	.16460+1	.17629+1	.18824+1	.20047+1

THETA=	.10000+1	.11000+1	.12000+1	.13000+1	.14000+1	.15000+1
-I-			—SUM-P(I)—			
0	.46955+0	.44296+0	.41873+0	.39657+0	.37622+0	.35749+0
1	.93910+0	.93022+0	.92121+0	.91211+0	.90294+0	.89374+0
2	.99779+0	.99722+0	.99659+0	.99588+0	.99511+0	.99428+0
3	.99997+0	.99995+0	.99994+0	.99992+0	.99989+0	.99987+0
4	1.000	1.000	1.000	1.000	1.000	1.000
H =	.21297+1	.22575+1	.23882+1	.25216+1	.26580+1	.27972+1

THETA=	.16000+1	.17000+1	.18000+1	.19000+1	.20000+1	.21000+1
-I-			—SUM-P(I)—			
0	.34020+0	.32419+0	.30933+0	.29551+0	.28263+0	.27060+0
1	.88452+0	.87531+0	.86613+0	.85698+0	.84789+0	.83885+0
2	.99339+0	.99243+0	.99141+0	.99033+0	.98920+0	.98801+0
3	.99984+0	.99980+0	.99976+0	.99972+0	.99967+0	.99961+0
4	1.000	1.000	1.000	1.000	.99999+0	.99999+0
5					1.000	1.000
H =	.29394+1	.30846+1	.32328+1	.33840+1	.35382+1	.36956+1

THETA=	.22000+1	.23000+1	.24000+1	.25000+1	.26000+1	.27000+1
-I-			—SUM-P(I)—			
0	.25933+0	.24878+0	.23887+0	.22954+0	.22076+0	.21248+0
1	.82987+0	.82097+0	.81214+0	.80340+0	.79475+0	.78618+0
2	.98677+0	.98547+0	.98413+0	.98273+0	.98129+0	.97980+0
3	.99955+0	.99949+0	.99942+0	.99934+0	.99925+0	.99917+0
4	.99999+0	.99999+0	.99999+0	.99999+0	.99998+0	.99998+0
5	1.000	1.000	1.000	1.000	1.000	1.000
H =	.38560+1	.40196+1	.41864+1	.43565+1	.45297+1	.47063+1

THETA=	.28000+1	.29000+1	.30000+1	.31000+1	.32000+1	.33000+1
-I-			—SUM-P(I)—			
0	.20466+0	.19726+0	.19026+0	.18362+0	.17732+0	.17134+0
1	.77770+0	.76932+0	.76103+0	.75284+0	.74475+0	.73675+0
2	.97827+0	.97669+0	.97508+0	.97342+0	.97172+0	.96998+0
3	.99907+0	.99897+0	.99886+0	.99874+0	.99862+0	.99849+0
4	.99998+0	.99998+0	.99997+0	.99997+0	.99997+0	.99996+0
5	1.000	1.000	1.000	1.000	1.000	1.000
H =	.48862+1	.50694+1	.52560+1	.54460+1	.56395+1	.58364+1

GENERALIZED INCOMPLETE MODIFIED BESSEL DISTRIBUTIONS

U2 = 0   U3 = 0

THETA=	.34000+1	.35000+1	.36000+1	.37000+1	.38000+1	.39000+1
-I-			—SUM-P(I)—			
0	.16565+0	.16023+0	.15507+0	.15016+0	.14546+0	.14098+0
1	.72885+0	.72105+0	.71334+0	.70574+0	.69822+0	.69081+0
2	.96821+0	.96641+0	.96456+0	.96269+0	.96078+0	.95885+0
3	.99835+0	.99821+0	.99806+0	.99790+0	.99774+0	.99757+0
4	.99996+0	.99995+0	.99994+0	.99994+0	.99993+0	.99993+0
5	1.000	1.000	1.000	1.000	1.000	1.000
H =	.60369+1	.62403+1	.64485+1	.66597+1	.68746+1	.70931+1

THETA=	.40000+1	.41000+1	.42000+1	.43000+1	.44000+1	.45000+1
-I-			—SUM-P(I)—			
0	.13670+0	.13260+0	.12868+0	.12492+0	.12132+0	.11787+0
1	.68349+0	.67626+0	.66913+0	.66209+0	.65514+0	.64829+0
2	.95688+0	.95488+0	.95287+0	.95082+0	.94875+0	.94665+0
3	.99739+0	.99720+0	.99700+0	.99680+0	.99659+0	.99638+0
4	.99992+0	.99991+0	.99990+0	.99989+0	.99988+0	.99987+0
5	1.000	1.000	1.000	1.000	1.000	1.000
H =	.73154+1	.75415+1	.77713+1	.80049+1	.82425+1	.84839+1

THETA=	.46000+1	.47000+1	.48000+1	.49000+1	.50000+1	.52000+1
-I-			—SUM-P(I)—			
0	.11456+0	.11138+0	.10832+0	.10538+0	.10256+0	.97219-1
1	.64152+0	.63485+0	.62826+0	.62175+0	.61534+0	.60275+0
2	.94453+0	.94238+0	.94022+0	.93803+0	.93582+0	.93135+0
3	.99615+0	.99592+0	.99568+0	.99543+0	.99517+0	.99464+0
4	.99986+0	.99985+0	.99984+0	.99982+0	.99981+0	.99978+0
5	1.000	1.000	1.000	1.000	1.000	.99999+0
6						1.000
H =	.87292+1	.89786+1	.92319+1	.94893+1	.97508+1	.10286+2

THETA=	.54000+1	.56000+1	.58000+1	.60000+1	.62000+1	.64000+1
-I-			—SUM-P(I)—			
0	.92266-1	.87662-1	.83375-1	.79375-1	.75639-1	.72143-1
1	.59050+0	.57857+0	.56695+0	.55563+0	.54460+0	.53386+0
2	.92681+0	.92220+0	.91754+0	.91282+0	.90804+0	.90323+0
3	.99407+0	.99343+0	.99285+0	.99219+0	.99150+0	.99078+0
4	.99975+0	.99971+0	.99967+0	.99963+0	.99959+0	.99954+0
5	.99999+0	.99999+0	.99999+0	.99999+0	.99999+0	.99999+0
6	1.000	1.000	1.000	1.000	1.000	1.000
H =	.10838+2	.11407+2	.11994+2	.12598+2	.13221+2	.13861+2

THETA=	.66000+1	.68000+1	.70000+1	.72000+1	.74000+1	.76000+1
-I-			—SUM-P(I)—			
0	.68867-1	.65794-1	.62906-1	.60190-1	.57633-1	.55222-1
1	.52339+0	.51313+0	.50325+0	.49356+0	.48412+0	.47491+0
2	.89837+0	.89343+0	.88855+0	.88359+0	.87861+0	.87361+0
3	.99003+0	.98925+0	.98844+0	.98760+0	.98673+0	.98583+0
4	.99949+0	.99943+0	.99937+0	.99930+0	.99923+0	.99916+0
5	.99998+0	.99998+0	.99998+0	.99998+0	.99997+0	.99997+0
6	1.000	1.000	1.000	1.000	1.000	1.000
H =	.14521+2	.15199+2	.15897+2	.16614+2	.17351+2	.18109+2

$U2 = 0 \quad U3 = 0$

THETA=	.78000+1	.80000+1	.82000+1	.84000+1	.86000+1	.88000+1
-I-			—SUM-P(I)—			
0	.52946-1	.50797-1	.48764-1	.46840-1	.45017-1	.43289-1
1	.46593+0	.45717+0	.44863+0	.44030+0	.43217+0	.42423+0
2	.86858+0	.86354+0	.85849+0	.85342+0	.84835+0	.84327+0
3	.98491+0	.98395+0	.98296+0	.98195+0	.98091+0	.97984+0
4	.99908+0	.99900+0	.99891+0	.99882+0	.99872+0	.99862+0
5	.99997+0	.99996+0	.99996+0	.99995+0	.99995+0	.99994+0
6	1.000	1.000	1.000	1.000	1.000	1.000
H =	.18887+2	.19686+2	.20507+2	.21349+2	.22214+2	.23101+2

THETA=	.90000+1	.92000+1	.94000+1	.96000+1	.98000+1	.10000+2
-I-			—SUM-P(I)—			
0	.41649-1	.40091-1	.38611-1	.37203-1	.35862-1	.34586-1
1	.41649+0	.40893+0	.40155+0	.39435+0	.38731+0	.38044+0
2	.83818+0	.83310+0	.82801+0	.82292+0	.81784+0	.81277+0
3	.97875+0	.97763+0	.97648+0	.97531+0	.97411+0	.97288+0
4	.99852+0	.99840+0	.99829+0	.99816+0	.99804+0	.99790+0
5	.99994+0	.99993+0	.99993+0	.99992+0	.99991+0	.99990+0
6	1.000	1.000	1.000	1.000	1.000	1.000
H =	.24010+2	.24943+2	.25899+2	.26880+2	.27884+2	.28914+2

THETA=	.10200+2	.10400+2	.10600+2	.10800+2	.11000+2	.11200+2
-I-			—SUM-P(I)—			
0	.33369-1	.32208-1	.31101-1	.30043-1	.29032-1	.28066-1
1	.37373+0	.36718+0	.36077+0	.35451+0	.34839+0	.34241+0
2	.80769+0	.80263+0	.79758+0	.79254+0	.78750+0	.78249+0
3	.97164+0	.97036+0	.96907+0	.96775+0	.96640+0	.96504+0
4	.99776+0	.99762+0	.99747+0	.99731+0	.99715+0	.99698+0
5	.99990+0	.99989+0	.99988+0	.99987+0	.99986+0	.99985+0
6	1.000	1.000	1.000	1.000	1.000	1.000
H =	.29968+2	.31048+2	.32154+2	.33286+2	.34444+2	.35630+2

THETA=	.11400+2	.11600+2	.11800+2	.12000+2	.12200+2	.12400+2
-I-			—SUM-P(I)—			
0	.27142-1	.26257-1	.25410-1	.24599-1	.23821-1	.23075-1
1	.33656+0	.33084+0	.32525+0	.31979+0	.31444+0	.30921+0
2	.77748+0	.77249+0	.76752+0	.76256+0	.75763+0	.75271+0
3	.96365+0	.96224+0	.96081+0	.95936+0	.95788+0	.95639+0
4	.99681+0	.99663+0	.99645+0	.99625+0	.99606+0	.99585+0
5	.99983+0	.99982+0	.99981+0	.99980+0	.99978+0	.99977+0
6	.99999+0	.99999+0	.99999+0	.99999+0	.99999+0	.99999+0
7	1.000	1.000	1.000	1.000	1.000	1.000
H =	.36843+2	.38084+2	.39354+2	.40652+2	.41980+2	.43337+2

THETA=	.12600+2	.12800+2	.13000+2	.13200+2	.13400+2	.13600+2
-I-			—SUM-P(I)—			
0	.22359-1	.21672-1	.21013-1	.20379-1	.19770-1	.19184-1
1	.30409+0	.29908+0	.29418+0	.28938+0	.28468+0	.28008+0
2	.74781+0	.74293+0	.73807+0	.73323+0	.72841+0	.72361+0
3	.95488+0	.95334+0	.95179+0	.95022+0	.94863+0	.94702+0
4	.99564+0	.99543+0	.99520+0	.99497+0	.99474+0	.99450+0
5	.99975+0	.99973+0	.99972+0	.99970+0	.99968+0	.99966+0
6	.99999+0	.99999+0	.99999+0	.99999+0	.99999+0	.99999+0
7	1.000	1.000	1.000	1.000	1.000	1.000
H =	.44724+2	.46142+2	.47591+2	.49071+2	.50583+2	.52127+2

GENERALIZED INCOMPLETE MODIFIED BESSEL DISTRIBUTIONS

U2 = 0   U3 = 0

THETA=	.13800+2	.14000+2	.14200+2	.14400+2	.14600+2	.14800+2
-I-			—SUM-P(I)—			
0	.18620-1	.18078-1	.17556-1	.17054-1	.16570-1	.16103-1
1	.27558+0	.27117+0	.26686+0	.26263+0	.25849+0	.25443+0
2	.71884+0	.71409+0	.70937+0	.70467+0	.69999+0	.69534+0
3	.94540+0	.94375+0	.94210+0	.94042+0	.93873+0	.93702+0
4	.99425+0	.99399+0	.99373+0	.99346+0	.99319+0	.99291+0
5	.99964+0	.99962+0	.99960+0	.99958+0	.99955+0	.99953+0
6	.99999+0	.99998+0	.99998+0	.99998+0	.99998+0	.99998+0
7	1.000	1.000	1.000	1.000	1.000	1.000
H =	.53704+2	.55315+2	.56959+2	.58638+2	.60351+2	.62099+2

THETA=	.15000+2	.15500+2	.16000+2	.16500+2	.17000+2	.17500+2
-I-			—SUM-P(I)—			
0	.15654-1	.14598-1	.13632-1	.12746-1	.11933-1	.11185-1
1	.25046+0	.24086+0	.23174+0	.22306+0	.21479+0	.20692+0
2	.69071+0	.67925+0	.66796+0	.65683+0	.64587+0	.63508+0
3	.93530+0	.93092+0	.92646+0	.92191+0	.91729+0	.91259+0
4	.99262+0	.99187+0	.99109+0	.99026+0	.98938+0	.98847+0
5	.99950+0	.99943+0	.99936+0	.99928+0	.99919+0	.99909+0
6	.99998+0	.99997+0	.99997+0	.99997+0	.99996+0	.99995+0
7	1.000	1.000	1.000	1.000	1.000	1.000
H =	.63883+2	.68503+2	.73358+2	.78454+2	.83802+2	.89409+2

THETA=	.18000+2	.18500+2	.19000+2	.19500+2	.20000+2	.21000+2
-I-			—SUM-P(I)—			
0	.10495-1	.98585-2	.92702-2	.87255-2	.82207-2	.73166-2
1	.19941+0	.19224+0	.18540+0	.17887+0	.17263+0	.16096+0
2	.62445+0	.61400+0	.60372+0	.59361+0	.58367+0	.56429+0
3	.90782+0	.90298+0	.89809+0	.89314+0	.88814+0	.87799+0
4	.98752+0	.98652+0	.98548+0	.98440+0	.98328+0	.98092+0
5	.99899+0	.99888+0	.99876+0	.99864+0	.99850+0	.99821+0
6	.99995+0	.99994+0	.99993+0	.99992+0	.99991+0	.99989+0
7	1.000	1.000	1.000	1.000	1.000	1.000
H =	.95283+2	.10144+3	.10787+3	.11461+3	.12164+3	.13668+3

THETA=	.22000+2	.23000+2	.24000+2	.25000+2	.30000+2	.35000+2
-I-			—SUM-P(I)—			
0	.65339-2	.58532-2	.52588-2	.47376-2	.29130-2	.18796-2
1	.15028+0	.14048+0	.13147+0	.12318+0	.90302-1	.67665-1
2	.54558+0	.52752+0	.51010+0	.49331+0	.41801+0	.35548+0
3	.86767+0	.85723+0	.84667+0	.83602+0	.78214+0	.72857+0
4	.97840+0	.97571+0	.97288+0	.96989+0	.95282+0	.93260+0
5	.99788+0	.99752+0	.99711+0	.99666+0	.99378+0	.98973+0
6	.99987+0	.99984+0	.99980+0	.99976+0	.99947+0	.99899+0
7	.99999+0	.99999+0	.99999+0	.99999+0	.99997+0	.99993+0
8	1.000	1.000	1.000	1.000	1.000	1.000
H =	.15305+3	.17085+3	.19016+3	.21108+3	.34329+3	.53203+3

THETA=	.40000+2	.45000+2	.50000+2	.55000+2	.60000+2	.65000+2
-I-			—SUM-P(I)—			
0	.12593-2	.86967-3	.61585-3	.44543-3	.32807-3	.24546-3
1	.51631-1	.40005-1	.31408-1	.24944-1	.20012-1	.16200-1
2	.30349+0	.26014+0	.22386+0	.19337+0	.16764+0	.14583+0
3	.67661+0	.62703+0	.58026+0	.53647+0	.49571+0	.45792+0
4	.90981+0	.88501+0	.85869+0	.83132+0	.80327+0	.77488+0
5	.98444+0	.97788+0	.97007+0	.96105+0	.95090+0	.93970+0
6	.99826+0	.99722+0	.99585+0	.99409+0	.99191+0	.98929+0
7	.99987+0	.99976+0	.99961+0	.99939+0	.99909+0	.99869+0

$U2 = 0 \quad U3 = 0$

THETA=	.40000+2	.45000+2	.50000+2	.55000+2	.60000+2	.65000+2
-I-			—SUM-P(I)—			
8	.99999+0	.99999+0	.99997+0	.99995+0	.99993+0	.99989+0
9	1.000	1.000	1.000	1.000	1.000	.99999+0
10						1.000
H =	.79410+3	.11499+4	.16238+4	.22450+4	.30482+4	.40740+4

THETA=	.70000+2	.75000+2	.80000+2	.85000+2	.90000+2	.95000+2
-I-			—SUM-P(I)—			
0	.18621-3	.14301-3	.11104-3	.87079-4	.68900-4	.54963-4
1	.13221-1	.10869-1	.89946-2	.74888-2	.62699-2	.52765-2
2	.12728+0	.11142+0	.97830-1	.86132-1	.76031-1	.67282-1
3	.42298+0	.39074+0	.36105+0	.33371+0	.30857+0	.28545+0
4	.74640+0	.71807+0	.69007+0	.66253+0	.63558+0	.60929+0
5	.92752+0	.91447+0	.90064+0	.88613+0	.87102+0	.85541+0
6	.98621+0	.98266+0	.97863+0	.97411+0	.96912+0	.96366+0
7	.99819+0	.99757+0	.99682+0	.99592+0	.99486+0	.99364+0
8	.99983+0	.99976+0	.99966+0	.99954+0	.99939+0	.99920+0
9	.99999+0	.99998+0	.99997+0	.99996+0	.99995+0	.99993+0
10	1.000	1.000	1.000	1.000	1.000	.99999+0
11						1.000
H =	.53702+4	.69924+4	.90054+4	.11484+5	.14514+5	.18194+5

THETA=	.10000+3
-I-	—SUM-P(I)—
0	.44174-4
1	.44616-2
2	.59680-1
3	.26419+0
4	.58374+0
5	.83938+0
6	.95773+0
7	.99224+0
8	.99898+0
9	.99990+0
10	.99999+0
11	1.000
H =	.22637+5

$U2 = 1 \quad U3 = 0$

THETA=	.10000-1	.20000-1	.30000-1	.40000-1	.50000-1	.60000-1
-I-			—SUM-P(I)—			
0	.99502+0	.99003+0	.98519+0	.98033+0	.97551+0	.97073+0
1	1.000	.99998+0	.99996+0	.99993+0	.99990+0	.99985+0
2		1.000	1.000	1.000	1.000	1.000
H =	.10050+1	.10100+1	.10150+1	.10201+1	.10251+1	.10301+1

THETA=	.70000-1	.80000-1	.90000-1	.10000+0	.11000+0	.12000+0
-I-			—SUM-P(I)—			
0	.96599+0	.96129+0	.95663+0	.95200+0	.94741+0	.94286+0
1	.99980+0	.99974+0	.99968+0	.99960+0	.99952+0	.99943+0
2	1.000	1.000	1.000	1.000	1.000	1.000
H =	.10352+1	.10403+1	.10453+1	.10504+1	.10555+1	.10606+1

GENERALIZED INCOMPLETE MODIFIED BESSEL DISTRIBUTIONS   63

$U2 = 1 \quad U3 = 0$

THETA=	.13000+0	.14000+0	.15000+0	.16000+0	.17000+0	.18000+0
-I-			—SUM-P(I)—			
0	.93834+0	.93386+0	.92942+0	.92501+0	.92063+0	.91629+0
1	.99934+0	.99923+0	.99913+0	.99901+0	.99889+0	.99876+0
2	1.000	1.000	1.000	1.000	.99999+0	.99999+0
3					1.000	1.000
H =	.10657+1	.10708+1	.10759+1	.10811+1	.10862+1	.10914+1

THETA=	.19000+0	.20000+0	.21000+0	.22000+0	.23000+0	.24000+0
-I-			—SUM-P(I)—			
0	.91198+0	.90771+0	.90347+0	.89926+0	.89508+0	.89094+0
1	.99862+0	.99848+0	.99833+0	.99818+0	.99801+0	.99785+0
2	.99999+0	.99999+0	.99999+0	.99999+0	.99999+0	.99999+0
3	1.000	1.000	1.000	1.000	1.000	1.000
H =	.10965+1	.11017+1	.11068+1	.11120+1	.11172+1	.11224+1

THETA=	.25000+0	.26000+0	.27000+0	.28000+0	.29000+0	.30000+0
-I-			—SUM-P(I)—			
0	.88682+0	.88274+0	.87869+0	.87467+0	.87068+0	.86672+0
1	.99767+0	.99750+0	.99731+0	.99712+0	.99692+0	.99672+0
2	.99998+0	.99998+0	.99998+0	.99998+0	.99998+0	.99997+0
3	1.000	1.000	1.000	1.000	1.000	1.000
H =	.11276+1	.11328+1	.11381+1	.11433+1	.11485+1	.11538+1

THETA=	.31000+0	.32000+0	.33000+0	.34000+0	.35000+0	.36000+0
-I-			—SUM-P(I)—			
0	.86278+0	.85888+0	.85501+0	.85116+0	.84735+0	.84356+0
1	.99652+0	.99630+0	.99608+0	.99586+0	.99563+0	.99540+0
2	.99997+0	.99997+0	.99996+0	.99996+0	.99996+0	.99995+0
3	1.000	1.000	1.000	1.000	1.000	1.000
H =	.11590+1	.11643+1	.11696+1	.11749+1	.11802+1	.11855+1

THETA=	.37000+0	.38000+0	.39000+0	.40000+0	.41000+0	.42000+0
-I-			—SUM-P(I)—			
0	.83980+0	.83606+0	.83236+0	.82868+0	.82503+0	.82140+0
1	.99516+0	.99492+0	.99467+0	.99441+0	.99416+0	.99389+0
2	.99995+0	.99995+0	.99994+0	.99994+0	.99993+0	.99993+0
3	1.000	1.000	1.000	1.000	1.000	1.000
H =	.11908+1	.11961+1	.12014+1	.12067+1	.12121+1	.12174+1

THETA=	.43000+0	.44000+0	.45000+0	.46000+0	.47000+0	.48000+0
-I-			—SUM-P(I)—			
0	.81780+0	.81422+0	.81067+0	.80715+0	.80365+0	.80017+0
1	.99362+0	.99335+0	.99307+0	.99279+0	.99251+0	.99222+0
2	.99992+0	.99992+0	.99991+0	.99991+0	.99990+0	.99990+0
3	1.000	1.000	1.000	1.000	1.000	1.000
H =	.12228+1	.12282+1	.12335+1	.12389+1	.12443+1	.12497+1

THETA=	.49000+0	.50000+0	.60000+0	.70000+0	.80000+0	.90000+0
-I-			—SUM-P(I)—			
0	.79672+0	.79330+0	.76031+0	.72949+0	.70064+0	.67358+0
1	.99192+0	.99162+0	.98840+0	.98481+0	.98090+0	.97669+0
2	.99989+0	.99988+0	.99981+0	.99971+0	.99958+0	.99943+0
3	1.000	1.000	1.000	1.000	1.000	.99999+0
4						1.000
H =	.12551+1	.12606+1	.13153+1	.13708+1	.14273+1	.14846+1

U2 =   1   U3 =   0

THETA=	.10000+1	.11000+1	.12000+1	.13000+1	.14000+1	.15000+1
-I-			—SUM-P(I)—			
0	.64816+0	.62423+0	.60167+0	.58038+0	.56026+0	.54120+0
1	.97223+0	.96755+0	.96268+0	.95763+0	.95244+0	.94711+0
2	.99924+0	.99903+0	.99878+0	.99850+0	.99819+0	.99785+0
3	.99999+0	.99999+0	.99998+0	.99998+0	.99997+0	.99996+0
4	1.000	1.000	1.000	1.000	1.000	1.000
H =	.15428+1	.16020+1	.16620+1	.17230+1	.17849+1	.18477+1

THETA=	.16000+1	.17000+1	.18000+1	.19000+1	.20000+1	.21000+1
-I-			—SUM-P(I)—			
0	.52315+0	.50602+0	.48974+0	.47426+0	.45952+0	.44548+0
1	.94167+0	.93613+0	.93050+0	.92481+0	.91905+0	.91324+0
2	.99747+0	.99706+0	.99662+0	.99614+0	.99564+0	.99510+0
3	.99995+0	.99994+0	.99992+0	.99991+0	.99989+0	.99987+0
4	1.000	1.000	1.000	1.000	1.000	1.000
H =	.19115+1	.19762+1	.20419+1	.21085+1	.21762+1	.22448+1

THETA=	.22000+1	.23000+1	.24000+1	.25000+1	.26000+1	.27000+1
-I-			—SUM-P(I)—			
0	.43209+0	.41930+0	.40709+0	.39540+0	.38422+0	.37351+0
1	.90739+0	.90150+0	.89559+0	.88965+0	.88370+0	.87775+0
2	.99453+0	.99392+0	.99329+0	.99262+0	.99193+0	.99120+0
3	.99985+0	.99983+0	.99980+0	.99977+0	.99974+0	.99971+0
4	1.000	1.000	1.000	1.000	1.000	.99999+0
5						1.000
H =	.23143+1	.23849+1	.24565+1	.25291+1	.26027+1	.26773+1

THETA=	.28000+1	.29000+1	.30000+1	.31000+1	.32000+1	.33000+1
-I-			—SUM-P(I)—			
0	.36324+0	.35340+0	.34394+0	.33487+0	.32614+0	.31775+0
1	.87178+0	.86582+0	.85986+0	.85391+0	.84797+0	.84205+0
2	.99044+0	.98966+0	.98884+0	.98800+0	.98713+0	.98623+0
3	.99967+0	.99963+0	.99959+0	.99954+0	.99949+0	.99944+0
4	.99999+0	.99999+0	.99999+0	.99999+0	.99999+0	.99999+0
5	1.000	1.000	1.000	1.000	1.000	1.000
H =	.27530+1	.28297+1	.29074+1	.29863+1	.30661+1	.31471+1

THETA=	.34000+1	.35000+1	.36000+1	.37000+1	.38000+1	.39000+1
-I-			—SUM-P(I)—			
0	.30968+0	.30191+0	.29442+0	.28721+0	.28025+0	.27353+0
1	.83614+0	.83025+0	.82438+0	.81854+0	.81272+0	.80693+0
2	.98530+0	.98435+0	.98337+0	.98236+0	.98133+0	.98028+0
3	.99939+0	.99933+0	.99927+0	.99920+0	.99913+0	.99906+0
4	.99999+0	.99998+0	.99998+0	.99998+0	.99998+0	.99998+0
5	1.000	1.000	1.000	1.000	1.000	1.000
H =	.32291+1	.33123+1	.33965+1	.34818+1	.35683+1	.36558+1

THETA=	.40000+1	.41000+1	.42000+1	.43000+1	.44000+1	.45000+1
-I-			—SUM-P(I)—			
0	.26706+0	.26080+0	.25475+0	.24891+0	.24326+0	.23779+0
1	.80117+0	.79543+0	.78973+0	.78406+0	.77843+0	.77283+0
2	.97920+0	.97810+0	.97698+0	.97583+0	.97466+0	.97347+0
3	.99898+0	.99890+0	.99882+0	.99873+0	.99864+0	.99855+0
4	.99997+0	.99997+0	.99997+0	.99996+0	.99996+0	.99996+0
5	1.000	1.000	1.000	1.000	1.000	1.000
H =	.37445+1	.38344+1	.39254+1	.40175+1	.41108+1	.42053+1

GENERALIZED INCOMPLETE MODIFIED BESSEL DISTRIBUTIONS

$U2 = 1 \quad U3 = 0$

THETA=	.46000+1	.47000+1	.48000+1	.49000+1	.50000+1	.52000+1
-I-			SUM-P(I)			
0	.23250+0	.22738+0	.22242+0	.21762+0	.21296+0	.20407+0
1	.76726+0	.76173+0	.75624+0	.75078+0	.74536+0	.73464+0
2	.97225+0	.97102+0	.96977+0	.96849+0	.96720+0	.96455+0
3	.99845+0	.99834+0	.99824+0	.99812+0	.99801+0	.99776+0
4	.99995+0	.99995+0	.99994+0	.99994+0	.99993+0	.99992+0
5	1.000	1.000	1.000	1.000	1.000	1.000
H =	.43010+1	.43979+1	.44959+1	.45952+1	.46957+1	.49004+1

THETA=	.54000+1	.56000+1	.58000+1	.60000+1	.62000+1	.64000+1
-I-			SUM-P(I)			
0	.19569+0	.18785+0	.18036+0	.17332+0	.16667+0	.16037+0
1	.72407+0	.71366+0	.70340+0	.69330+0	.68336+0	.67357+0
2	.96184+0	.95905+0	.95620+0	.95329+0	.95031+0	.94728+0
3	.99750+0	.99723+0	.99693+0	.99662+0	.99629+0	.99594+0
4	.99991+0	.99990+0	.99988+0	.99987+0	.99985+0	.99983+0
5	1.000	1.000	1.000	1.000	1.000	1.000
H =	.51100+1	.53247+1	.55445+1	.57695+1	.59998+1	.62354+1

THETA=	.66000+1	.68000+1	.70000+1	.72000+1	.74000+1	.76000+1
-I-			SUM-P(I)			
0	.15441+0	.14874+0	.14337+0	.13826+0	.13340+0	.12877+0
1	.66394+0	.65447+0	.64516+0	.63599+0	.62698+0	.61312+0
2	.94419+0	.94105+0	.93787+0	.93463+0	.93135+0	.92803+0
3	.99557+0	.99518+0	.99478+0	.99436+0	.99392+0	.99346+0
4	.99981+0	.99979+0	.99976+0	.99973+0	.99371+0	.99968+0
5	1.000	.99999+0	.99999+0	.99999+0	.99999+0	.99999+0
6		1.000	1.000	1.000	1.000	1.000
H =	.64764+1	.67230+1	.69751+1	.72328+1	.74963+1	.77655+1

THETA=	.78000+1	.80000+1	.82000+1	.84000+1	.86000+1	.88000+1
-I-			SUM-P(I)			
0	.12437+0	.12017+0	.11616+0	.11233+0	.10868+0	.10518+0
1	.60940+0	.60083+0	.59241+0	.58413+0	.57598+0	.56798+0
2	.92467+0	.92128+0	.91785+0	.91438+0	.91088+0	.90736+0
3	.99298+0	.99249+0	.99197+0	.99144+0	.99089+0	.99032+0
4	.99964+0	.99961+0	.99957+0	.99953+0	.99949+0	.99945+0
5	.99999+0	.99999+0	.99999+0	.99998+0	.99998+0	.99998+0
6	1.000	1.000	1.000	1.000	1.000	1.000
H =	.80407+1	.83213+1	.86089+1	.89022+1	.92017+1	.95074+1

THETA=	.90000+1	.92000+1	.94000+1	.96000+1	.98000+1	.10000+2
-I-			SUM-P(I)			
0	.10184+0	.98637-1	.95572-1	.92635-1	.89819-1	.87117-1
1	.56011+0	.55237+0	.54476+0	.53728+0	.52993+0	.52270+0
2	.90381+0	.90023+0	.89663+0	.89300+0	.88936+0	.88569+0
3	.98973+0	.98913+0	.98850+0	.98786+0	.98720+0	.98652+0
4	.99940+0	.99935+0	.99930+0	.99924+0	.99919+0	.99313+0
5	.99998+0	.99998+0	.99997+0	.99997+0	.99997+0	.99997+0
6	1.000	1.000	1.000	1.000	1.000	1.000
H =	.98196+1	.10138+2	.10463+2	.10795+2	.11134+2	.11479+2

			U2 = 1	U3 = 0		
THETA=	.10200+2	.10400+2	.10600+2	.10800+2	.11000+2	.11200+2
-I-			——SUM-P(I)——			
0	.84524-1	.82034-1	.79641-1	.77342-1	.75130-1	.73002-1
1	.51560+0	.50861+0	.50174+0	.49499+0	.48835+0	.48182+0
2	.88201+0	.87831+0	.87460+0	.87087+0	.86713+0	.86338+0
3	.98583+0	.98511+0	.98438+0	.98363+0	.98287+0	.98208+0
4	.99906+0	.99900+0	.99893+0	.99886+0	.99878+0	.99870+0
5	.99996+0	.99996+0	.99996+0	.99995+0	.99995+0	.99994+0
6	1.000	1.000	1.000	1.000	1.000	1.000
H =	.11831+2	.12193+2	.12556+2	.12930+2	.13310+2	.13698+2
THETA=	.11400+2	.11600+2	.11800+2	.12000+2	.12200+2	.12400+2
-I-			——SUM-P(I)——			
0	.70955-1	.68982-1	.67083-1	.65252-1	.63487-1	.61785-1
1	.47540+0	.46908+0	.46287+0	.45676+0	.45076+0	.44485+0
2	.85961+0	.85584+0	.85206+0	.84828+0	.84448+0	.84069+0
3	.98128+0	.98047+0	.97963+0	.97878+0	.97791+0	.97703+0
4	.99862+0	.99854+0	.99845+0	.99836+0	.99826+0	.99816+0
5	.99994+0	.99993+0	.99993+0	.99992+0	.99992+0	.99991+0
6	1.000	1.000	1.000	1.000	1.000	1.000
H =	.14094+2	.14496+2	.14907+2	.15325+2	.15751+2	.16185+2
THETA=	.12600+2	.12800+2	.13000+2	.13200+2	.13400+2	.13600+2
-I-			——SUM-P(I)——			
0	.60143-1	.58558-1	.57027-1	.55549-1	.54122-1	.52742-1
1	.43904+0	.43333+0	.42771+0	.42218+0	.41674+0	.41138+0
2	.83689+0	.83308+0	.82927+0	.82546+0	.82166+0	.81785+0
3	.97613+0	.97522+0	.97428+0	.97334+0	.97238+0	.97140+0
4	.99806+0	.99796+0	.99785+0	.99774+0	.99762+0	.99750+0
5	.99990+0	.99990+0	.99989+0	.99988+0	.99988+0	.99987+0
6	1.000	1.000	1.000	1.000	1.000	1.000
H =	.16627+2	.17077+2	.17535+2	.18002+2	.18477+2	.18960+2
THETA=	.13800+2	.14000+2	.14200+2	.14400+2	.14600+2	.14800+2
-I-			——SUM-P(I)——			
0	.51407-1	.50117-1	.48869-1	.47661-1	.46492-1	.45361-1
1	.40612+0	.40094+0	.39584+0	.39082+0	.38589+0	.38103+0
2	.81404+0	.81023+0	.80642+0	.80262+0	.79882+0	.79502+0
3	.97040+0	.96940+0	.96837+0	.96734+0	.96628+0	.96522+0
4	.99738+0	.99725+0	.99712+0	.99698+0	.99685+0	.99670+0
5	.99986+0	.99985+0	.99984+0	.99983+0	.99982+0	.99981+0
6	1.000	.99999+0	.99999+0	.99999+0	.99999+0	.99999+0
7		1.000	1.000	1.000	1.000	1.000
H =	.19452+2	.19953+2	.20463+2	.20981+2	.21509+2	.22046+2
THETA=	.15000+2	.15500+2	.16000+2	.16500+2	.17000+2	.17500+2
-I-			——SUM-P(I)——			
0	.44265-1	.41671-1	.39272-1	.37049-1	.34986-1	.33069-1
1	.37625+0	.36462+0	.35345+0	.34270+0	.33237+0	.32242+0
2	.79123+0	.78177+0	.77235+0	.76298+0	.75365+0	.74439+0
3	.96414+0	.96138+0	.95853+0	.95560+0	.95260+0	.94951+0
4	.99656+0	.99617+0	.99577+0	.99533+0	.99487+0	.99438+0
5	.99980+0	.99977+0	.99974+0	.99970+0	.99966+0	.99962+0
6	.99999+0	.99999+0	.99999+0	.99999+0	.99999+0	.99998+0
7	1.000	1.000	1.000	1.000	1.000	1.000
H =	.22591+2	.23997+2	.25463+2	.26991+2	.28583+2	.30240+2

U2 = 1   U3 = 0

THETA=	.18000+2	.18500+2	.19000+2	.19500+2	.20000+2	.21000+2
-I-	—————————————— SUM-P(I) ——————————————					
0	.31285-1	.29622-1	.28071-1	.26623-1	.25268-1	.22812-1
1	.31285+0	.30363+0	.29475+0	.28620+0	.27795+0	.26234+0
2	.73519+0	.72605+0	.71699+0	.70800+0	.69909+0	.68152+0
3	.94636+0	.94313+0	.93984+0	.93648+0	.93306+0	.92604+0
4	.99387+0	.99333+0	.99277+0	.99217+0	.99155+0	.99022+0
5	.99957+0	.99952+0	.99947+0	.99941+0	.99935+0	.99921+0
6	.99998+0	.99998+0	.99997+0	.99997+0	.99997+0	.99996+0
7	1.000	1.000	1.000	1.000	1.000	1.000
H =	.31965+2	.33758+2	.35623+2	.37562+2	.39575+2	.43836+2

THETA=	.22000+2	.23000+2	.24000+2	.25000+2	.30000+2	.35000+2
-I-	—————————————— SUM-P(I) ——————————————					
0	.20651-1	.18743-1	.17052-1	.15547-1	.10089-1	.68161-2
1	.24782+0	.23429+0	.22167+0	.20989+0	.16143+0	.12610+0
2	.66429+0	.64741+0	.63091+0	.61477+0	.53978+0	.47400+0
3	.91880+0	.91135+0	.90373+0	.89594+0	.85508+0	.81224+0
4	.98879+0	.98724+0	.98558+0	.98381+0	.97331+0	.96022+0
5	.99905+0	.99887+0	.99867+0	.99845+0	.99696+0	.99475+0
6	.99995+0	.99994+0	.99992+0	.99990+0	.99977+0	.99954+0
7	1.000	1.000	1.000	1.000	.99999+0	.99997+0
8					1.000	1.000
H =	.48423+2	.53353+2	.58646+2	.64319+2	.99114+2	.14671+3

THETA=	.40000+2	.45000+2	.50000+2	.55000+2	.60000+2	.65000+2
-I-	—————————————— SUM-P(I) ——————————————					
0	.47530-2	.34009-2	.24862-2	.18509-2	.13998-2	.10732-2
1	.99813-1	.79921-1	.64641-1	.52752-1	.43393-1	.35952-1
2	.41668+0	.36687+0	.32362+0	.28605+0	.25336+0	.22488+0
3	.76875+0	.72556+0	.68331+0	.64247+0	.60331+0	.56600+0
4	.94479+0	.92732+0	.90812+0	.88751+0	.86576+0	.84315+0
5	.99173+0	.98785+0	.98306+0	.97736+0	.97075+0	.96326+0
6	.99918+0	.99866+0	.99793+0	.99697+0	.99574+0	.99423+0
7	.99994+0	.99990+0	.99982+0	.99972+0	.99957+0	.99937+0
8	1.000	.99999+0	.99999+0	.99998+0	.99997+0	.99995+0
9		1.000	1.000	1.000	1.000	1.000
H =	.21039+3	.29404+3	.40222+3	.54027+3	.71440+3	.93180+3

THETA=	.70000+2	.75000+2	.80000+2	.85000+2	.90000+2	.95000+2
-I-	—————————————— SUM-P(I) ——————————————					
0	.83280-3	.65324-3	.51737-3	.41334-3	.33286-3	.26999-3
1	.29981-1	.25150-1	.21212-1	.17980-1	.15311-1	.13095-1
2	.20001+0	.17825+0	.15918+0	.14241+0	.12765+0	.11462+0
3	.53063+0	.49722+0	.46577+0	.43621+0	.40850+0	.38255+0
4	.81991+0	.79625+0	.77236+0	.74838+0	.72446+0	.70070+0
5	.95491+0	.94577+0	.93587+0	.92527+0	.91403+0	.90220+0
6	.99241+0	.99027+0	.98778+0	.98494+0	.98173+0	.97817+0
7	.99911+0	.99878+0	.99837+0	.99787+0	.99728+0	.99657+0
8	.99992+0	.99989+0	.99984+0	.99978+0	.99971+0	.99961+0
9	1.000	.99999+0	.99999+0	.99998+0	.99998+0	.99997+0
10		1.000	1.000	1.000	1.000	1.000
H =	.12008+4	.15308+4	.19329+4	.24193+4	.30043+4	.37038+4

$U2 = 1$ $U3 = 0$

THETA= .10000+3

-I-	SUM-P(I)
0	.22046-3
1	.11243-1
2	.10310+0
3	.35826+0
4	.67722+0
5	.88985+0
6	.97423+0
7	.99576+0
8	.99949+0
9	.99996+0
10	1.000
H =	.45360+4

$U2 = 1$ $U3 = 1$

THETA=	.10000-1	.20000-1	.30000-1	.40000-1	.50000-1	.60000-1
-I-			SUM-P(I)			
0	.99750+0	.99502+0	.99254+0	.99008+0	.98762+0	.98517+0
1	1.000	.99999+0	.99999+0	.99998+0	.99997+0	.99995+0
2		1.000	1.000	1.000	1.000	1.000
H =	.10025+1	.10050+1	.10075+1	.10100+1	.10125+1	.10150+1

THETA=	.70000-1	.80000-1	.90000-1	.10000+0	.11000+0	.12000+0
-I-			SUM-P(I)			
0	.98274+0	.98031+0	.97789+0	.97548+0	.97308+0	.97068+0
1	.99993+0	.99991+0	.99989+0	.99986+0	.99984+0	.99981+0
2	1.000	1.000	1.000	1.000	1.000	1.000
H =	.10176+1	.10201+1	.10226+1	.10251+1	.10277+1	.10302+1

THETA=	.13000+0	.14000+0	.15000+0	.16000+0	.17000+0	.18000+0
-I-			SUM-P(I)			
0	.96830+0	.96593+0	.96356+0	.96121+0	.95886+0	.95652+0
1	.99977+0	.99974+0	.99970+0	.99966+0	.99961+0	.99957+0
2	1.000	1.000	1.000	1.000	1.000	1.000
H =	.10327+1	.10353+1	.10378+1	.10404+1	.10429+1	.10455+1

THETA=	.19000+0	.20000+0	.21000+0	.22000+0	.23000+0	.24000+0
-I-			SUM-P(I)			
0	.95420+0	.95188+0	.94956+0	.94726+0	.94497+0	.94268+0
1	.99952+0	.99947+0	.99942+0	.99936+0	.99930+0	.99924+0
2	1.000	1.000	1.000	1.000	1.000	1.000
H =	.10480+1	.10506+1	.10531+1	.10557+1	.10582+1	.10608+1

THETA=	.25000+0	.26000+0	.27000+0	.28000+0	.29000+0	.30000+0
-I-			SUM-P(I)			
0	.94040+0	.93814+0	.93588+0	.93362+0	.93138+0	.92915+0
1	.99918+0	.99911+0	.99905+0	.99898+0	.99891+0	.99883+0
2	1.000	1.000	.99999+0	.99999+0	.99999+0	.99999+0
3			1.000	1.000	1.000	1.000
H =	.10634+1	.10659+1	.10685+1	.10711+1	.10737+1	.10763+1

GENERALIZED INCOMPLETE MODIFIED BESSEL DISTRIBUTIONS

$U2 = 1 \quad U3 = 1$

THETA=	.31000+0	.32000+0	.33000+0	.34000+0	.35000+0	.36000+0
-I-			—SUM-P(I)—			
0	.92692+0	.92470+0	.92249+0	.92029+0	.91809+0	.91591+0
1	.99875+0	.99868+0	.99860+0	.99851+0	.99843+0	.99834+0
2	.99999+0	.99999+0	.99999+0	.99999+0	.99999+0	.99999+0
3	1.000	1.000	1.000	1.000	1.000	1.000
H =	.10788+1	.10814+1	.10840+1	.10866+1	.10892+1	.10918+1

THETA=	.37000+0	.38000+0	.39000+0	.40000+0	.41000+0	.42000+0
-I-			—SUM-P(I)—			
0	.91373+0	.91156+0	.90940+0	.90724+0	.90510+0	.90296+0
1	.99825+0	.99816+0	.99806+0	.99797+0	.99787+0	.99777+0
2	.99999+0	.99999+0	.99998+0	.99998+0	.99998+0	.99998+0
3	1.000	1.000	1.000	1.000	1.000	1.000
H =	.10944+1	.10970+1	.10996+1	.11022+1	.11049+1	.11075+1

THETA=	.43000+0	.44000+0	.45000+0	.46000+0	.47000+0	.48000+0
-I-			—SUM-P(I)—			
0	.90083+0	.89870+0	.89659+0	.89448+0	.89238+0	.89029+0
1	.99767+0	.99756+0	.99745+0	.99735+0	.99724+0	.99712+0
2	.99998+0	.99998+0	.99998+0	.99997+0	.99997+0	.99997+0
3	1.000	1.000	1.000	1.000	1.000	1.000
H =	.11101+1	.11127+1	.11153+1	.11180+1	.11206+1	.11232+1

THETA=	.49000+0	.50000+0	.60000+0	.70000+0	.80000+0	.90000+0
-I-			—SUM-P(I)—			
0	.88820+0	.88613+0	.86575+0	.84609+0	.82710+0	.80876+0
1	.99701+0	.99689+0	.99562+0	.99416+0	.99252+0	.99073+0
2	.99997+0	.99997+0	.99995+0	.99992+0	.99988+0	.99983+0
3	1.000	1.000	1.000	1.000	1.000	1.000
H =	.11259+1	.11285+1	.11551+1	.11819+1	.12090+1	.12365+1

THETA=	.10000+1	.11000+1	.12000+1	.13000+1	.14000+1	.15000+1
-I-			—SUM-P(I)—			
0	.79103+0	.77388+0	.75729+0	.74123+0	.72567+0	.71061+0
1	.98878+0	.98669+0	.98447+0	.98212+0	.97966+0	.97709+0
2	.99977+0	.99970+0	.99962+0	.99952+0	.99942+0	.99930+0
3	1.000	1.000	1.000	.99999+0	.99999+0	.99999+0
4				1.000	1.000	1.000
H =	.12642+1	.12922+1	.13205+1	.13491+1	.13780+1	.14072+1

THETA=	.16000+1	.17000+1	.18000+1	.19000+1	.20000+1	.21000+1
-I-			—SUM-P(I)—			
0	.69601+0	.68186+0	.66813+0	.65481+0	.64188+0	.62933+0
1	.97441+0	.97165+0	.96879+0	.96584+0	.96282+0	.95973+0
2	.99916+0	.99901+0	.99885+0	.99868+0	.99848+0	.99828+0
3	.99999+0	.99998+0	.99998+0	.99998+0	.99997+0	.99996+0
4	1.000	1.000	1.000	1.000	1.000	1.000
H =	.14368+1	.14666+1	.14967+1	.15272+1	.15579+1	.15890+1

THETA=	.22000+1	.23000+1	.24000+1	.25000+1	.26000+1	.27000+1
-I-			—SUM-P(I)—			
0	.61714+0	.60530+0	.59379+0	.58260+0	.57172+0	.56114+0
1	.95657+0	.95335+0	.95006+0	.94673+0	.94334+0	.93990+0
2	.99806+0	.99782+0	.99757+0	.99730+0	.99702+0	.99672+0
3	.99996+0	.99995+0	.99994+0	.99993+0	.99992+0	.99991+0
4	1.000	1.000	1.000	1.000	1.000	1.000
H =	.16204+1	.16521+1	.16841+1	.17164+1	.17491+1	.17821+1

U2 =   1   U3 =   1

THETA=	.28000+1	.29000+1	.30000+1	.31000+1	.32000+1	.33000+1
-I-	---	---	--SUM-P(I)--	---	---	---
0	.55084+0	.54081+0	.53105+0	.52155+0	.51229+0	.50327+0
1	.93642+0	.93290+0	.92934+0	.92575+0	.92213+0	.91847+0
2	.99640+0	.99607+0	.99572+0	.99536+0	.99498+0	.99459+0
3	.99990+0	.99989+0	.99987+0	.99986+0	.99984+0	.99982+0
4	1.000	1.000	1.000	1.000	1.000	1.000
H =	.18154+1	.18491+1	.18831+1	.19174+1	.19520+1	.19870+1

THETA=	.34000+1	.35000+1	.36000+1	.37000+1	.38000+1	.39000+1
-I-	---	---	--SUM-P(I)--	---	---	---
0	.49448+0	.48591+0	.47756+0	.46941+0	.46146+0	.45370+0
1	.91479+0	.91103+0	.90736+0	.90361+0	.89984+0	.89606+0
2	.99418+0	.99376+0	.99332+0	.99286+0	.99239+0	.99190+0
3	.99981+0	.99973+0	.99976+0	.99974+0	.99972+0	.99969+0
4	1.000	1.000	1.000	.99999+0	.99999+0	.99999+0
5				1.000	1.000	1.000
H =	.20223+1	.20580+1	.20940+1	.21303+1	.21670+1	.22041+1

THETA=	.40000+1	.41000+1	.42000+1	.43000+1	.44000+1	.45000+1
-I-	---	---	--SUM-P(I)--	---	---	---
0	.44613+0	.43874+0	.43153+0	.42448+0	.41760+0	.41087+0
1	.89226+0	.88845+0	.88463+0	.88080+0	.87696+0	.87311+0
2	.99140+0	.99088+0	.99035+0	.98980+0	.98924+0	.98867+0
3	.99966+0	.99963+0	.99960+0	.99957+0	.99954+0	.99950+0
4	.99999+0	.99999+0	.99999+0	.99999+0	.99999+0	.99999+0
5	1.000	1.000	1.000	1.000	1.000	1.000
H =	.22415+1	.22793+1	.23174+1	.23558+1	.23946+1	.24338+1

THETA=	.46000+1	.47000+1	.48000+1	.49000+1	.50000+1	.52000+1
-I-	---	---	--SUM-P(I)--	---	---	---
0	.40430+0	.39783+0	.39161+0	.38547+0	.37947+0	.36786+0
1	.86925+0	.86540+0	.86154+0	.85767+0	.85381+0	.84608+0
2	.98808+0	.98747+0	.98685+0	.98622+0	.98557+0	.98423+0
3	.99946+0	.99942+0	.99938+0	.99934+0	.99929+0	.99920+0
4	.99999+0	.99999+0	.99998+0	.99998+0	.99998+0	.99998+0
5	1.000	1.000	1.000	1.000	1.000	1.000
H =	.24734+1	.25133+1	.25536+1	.25942+1	.26353+1	.27184+1

THETA=	.54000+1	.56000+1	.58000+1	.60000+1	.62000+1	.64000+1
-I-	---	---	--SUM-P(I)--	---	---	---
0	.35675+0	.34610+0	.33590+0	.32612+0	.31673+0	.30771+0
1	.83836+0	.83065+0	.82296+0	.81529+0	.80766+0	.80006+0
2	.98284+0	.98140+0	.97990+0	.97835+0	.97676+0	.97511+0
3	.99910+0	.99893+0	.99886+0	.99874+0	.99860+0	.99845+0
4	.99997+0	.99997+0	.99996+0	.99996+0	.99995+0	.99995+0
5	1.000	1.000	1.000	1.000	1.000	1.000
H =	.28031+1	.28893+1	.29771+1	.30664+1	.31573+1	.32498+1

THETA=	.66000+1	.68000+1	.70000+1	.72000+1	.74000+1	.76000+1
-I-	---	---	--SUM-P(I)--	---	---	---
0	.29905+0	.29073+0	.28272+0	.27502+0	.26761+0	.26046+0
1	.79249+0	.78497+0	.77749+0	.77006+0	.76267+0	.75534+0
2	.97342+0	.97168+0	.96990+0	.96807+0	.96620+0	.96429+0
3	.99830+0	.99813+0	.99796+0	.99777+0	.99758+0	.99738+0
4	.99994+0	.99993+0	.99992+0	.99991+0	.99990+0	.99989+0
5	1.000	1.000	1.000	1.000	1.000	1.000
H =	.33439+1	.34398+1	.35370+1	.36361+1	.37369+1	.38393+1

GENERALIZED INCOMPLETE MODIFIED BESSEL DISTRIBUTIONS

U2 =   1   U3 =   1

THETA=	.78000+1	.80000+1	.82000+1	.84000+1	.86000+1	.88000+1
-I-	---	---	SUM-P(I)	---	---	---
0	.25358+0	.24695+0	.24055+0	.23438+0	.22842+0	.22267+0
1	.74807+0	.74084+0	.73368+0	.72657+0	.71953+0	.71254+0
2	.96234+0	.96035+0	.95833+0	.95627+0	.95417+0	.95203+0
3	.99716+0	.99694+0	.99671+0	.99646+0	.99621+0	.99594+0
4	.99988+0	.99987+0	.99985+0	.99984+0	.99982+0	.99981+0
5	1.000	1.000	1.000	1.000	.99999+0	.99999+0
6					1.000	1.000
H =	.39435+1	.40494+1	.41571+1	.42666+1	.43779+1	.44910+1

THETA=	.90000+1	.92000+1	.94000+1	.96000+1	.98000+1	.10000+2
-I-	---	---	SUM-P(I)	---	---	---
0	.21711+0	.21174+0	.20655+0	.20153+0	.19668+0	.19198+0
1	.70562+0	.69875+0	.69195+0	.68522+0	.67854+0	.67193+0
2	.94987+0	.94767+0	.94544+0	.94318+0	.94089+0	.93858+0
3	.99567+0	.99533+0	.99508+0	.99477+0	.99446+0	.99413+0
4	.99979+0	.99977+0	.99975+0	.99973+0	.99970+0	.99968+0
5	.99999+0	.99999+0	.99999+0	.99999+0	.99999+0	.99999+0
6	1.000	1.000	1.000	1.000	1.000	1.000
H =	.46059+1	.47227+1	.48414+1	.49619+1	.50844+1	.52088+1

THETA=	.10200+2	.10400+2	.10600+2	.10800+2	.11000+2	.11200+2
-I-	---	---	SUM-P(I)	---	---	---
0	.18743+0	.18303+0	.17876+0	.17463+0	.17063+0	.16674+0
1	.66539+0	.65891+0	.65249+0	.64614+0	.63985+0	.63363+0
2	.93623+0	.93386+0	.93146+0	.92904+0	.92660+0	.92413+0
3	.99379+0	.99343+0	.99307+0	.99270+0	.99231+0	.99192+0
4	.99966+0	.99963+0	.99960+0	.99957+0	.99954+0	.99951+0
5	.99999+0	.99999+0	.99999+0	.99998+0	.99998+0	.99998+0
6	1.000	1.000	1.000	1.000	1.000	1.000
H =	.53352+1	.54636+1	.55939+1	.57263+1	.58607+1	.59972+1

THETA=	.11400+2	.11600+2	.11800+2	.12000+2	.12200+2	.12400+2
-I-	---	---	SUM-P(I)	---	---	---
0	.16298+0	.15933+0	.15578+0	.15234+0	.14900+0	.14576+0
1	.62747+0	.62137+0	.61534+0	.60937+0	.60346+0	.59762+0
2	.92164+0	.91913+0	.91660+0	.91405+0	.91148+0	.90890+0
3	.99151+0	.99109+0	.99066+0	.99022+0	.98977+0	.98931+0
4	.99948+0	.99944+0	.99940+0	.99937+0	.99933+0	.99928+0
5	.99998+0	.99998+0	.99998+0	.99997+0	.99997+0	.99997+0
6	1.000	1.000	1.000	1.000	1.000	1.000
H =	.61358+1	.62764+1	.64192+1	.65642+1	.67113+1	.68606+1

THETA=	.12600+2	.12800+2	.13000+2	.13200+2	.13400+2	.13600+2
-I-	---	---	SUM-P(I)	---	---	---
0	.14261+0	.13955+0	.13658+0	.13369+0	.13088+0	.12815+0
1	.59184+0	.58612+0	.58046+0	.57486+0	.56932+0	.56384+0
2	.90629+0	.90367+0	.90104+0	.89839+0	.89572+0	.89304+0
3	.98884+0	.98836+0	.98786+0	.98735+0	.98684+0	.98631+0
4	.99924+0	.99919+0	.99915+0	.99910+0	.99905+0	.99900+0
5	.99997+0	.99997+0	.99996+0	.99996+0	.99996+0	.99995+0
6	1.000	1.000	1.000	1.000	1.000	1.000
H =	.70121+1	.71658+1	.73218+1	.74801+1	.76407+1	.78036+1

$U2 = 1$ $U3 = 1$

THETA=	.13800+2	.14000+2	.14200+2	.14400+2	.14600+2	.14800+2
-I-			—SUM-P(I)—			
0	.12549+0	.12290+0	.12039+0	.11794+0	.11556+0	.11324+0
1	.55843+0	.55307+0	.54777+0	.54252+0	.53734+0	.53221+0
2	.89035+0	.88764+0	.88492+0	.88219+0	.87945+0	.87670+0
3	.98577+0	.98522+0	.98466+0	.98409+0	.98351+0	.98292+0
4	.99894+0	.99889+0	.99883+0	.99877+0	.99870+0	.99864+0
5	.99995+0	.99995+0	.99994+0	.99994+0	.99994+0	.99993+0
6	1.000	1.000	1.000	1.000	1.000	1.000
H =	.79688+1	.81364+1	.83064+1	.84789+1	.86537+1	.88311+1

THETA=	.15000+2	.15500+2	.16000+2	.16500+2	.17000+2	.17500+2
-I-			—SUM-P(I)—			
0	.11098+0	.10558+0	.10052+0	.95773-1	.91313-1	.87119-1
1	.52714+0	.51470+0	.50260+0	.49084+0	.47939+0	.46826+0
2	.87394+0	.86700+0	.86001+0	.85298+0	.84591+0	.83882+0
3	.98232+0	.98077+0	.97915+0	.97747+0	.97572+0	.97392+0
4	.99857+0	.99840+0	.99821+0	.99801+0	.99779+0	.99756+0
5	.99993+0	.99992+0	.99990+0	.99989+0	.99987+0	.99986+0
6	1.000	1.000	1.000	1.000	1.000	.99999+0
7						1.000
H =	.90109+1	.94715+1	.99482+1	.10441+2	.10951+2	.11479+2

THETA=	.18000+2	.18500+2	.19000+2	.19500+2	.20000+2	.21000+2
-I-			—SUM-P(I)—			
0	.83170-1	.79450-1	.75941-1	.72629-1	.69500-1	.63743-1
1	.45744+0	.44690+0	.43666+0	.42670+0	.41700+0	.39839+0
2	.83170+0	.82457+0	.81742+0	.81027+0	.80311+0	.78882+0
3	.97205+0	.97012+0	.96814+0	.96609+0	.96399+0	.95963+0
4	.99731+0	.99705+0	.99677+0	.99648+0	.99617+0	.99550+0
5	.99984+0	.99982+0	.99980+0	.99977+0	.99975+0	.99969+0
6	.99999+0	.99999+0	.99999+0	.99999+0	.99999+0	.99999+0
7	1.000	1.000	1.000	1.000	1.000	1.000
H =	.12024+2	.12587+2	.13168+2	.13769+2	.14388+2	.15688+2

THETA=	.22000+2	.23000+2	.24000+2	.25000+2	.30000+2	.35000+2
-I-			—SUM-P(I)—			
0	.58581-1	.53939-1	.49754-1	.45971-1	.31656-1	.22490-1
1	.38078+0	.36409+0	.34828+0	.33329+0	.26908+0	.21927+0
2	.77457+0	.76039+0	.74630+0	.73234+0	.66478+0	.60191+0
3	.95506+0	.95028+0	.94532+0	.94017+0	.91209+0	.88091+0
4	.99477+0	.99396+0	.99308+0	.99213+0	.98628+0	.97857+0
5	.99962+0	.99954+0	.99945+0	.99935+0	.99865+0	.99755+0
6	.99998+0	.99998+0	.99997+0	.99996+0	.99991+0	.99981+0
7	1.000	1.000	1.000	1.000	1.000	.99999+0
8						1.000
H =	.17070+2	.18539+2	.20099+2	.21753+2	.31590+2	.44465+2

THETA=	.40000+2	.45000+2	.50000+2	.55000+2	.60000+2	.65000+2
-I-			—SUM-P(I)—			
0	.16383-1	.12184-1	.92203-2	.70827-2	.55119-2	.43387-2
1	.18021+0	.14925+0	.12447+0	.10447+0	.88190-1	.74843-1
2	.54427+0	.49192+0	.44462+0	.40204+0	.36378+0	.32944+0
3	.84766+0	.81317+0	.77811+0	.74301+0	.70828+0	.67421+0
4	.96901+0	.95773+0	.94485+0	.93054+0	.91497+0	.89831+0
5	.99598+0	.99387+0	.99117+0	.98785+0	.98387+0	.97923+0
6	.99965+0	.99940+0	.99905+0	.99857+0	.99793+0	.99712+0
7	.99998+0	.99996+0	.99993+0	.99988+0	.99981+0	.99972+0
8	1.000	1.000	1.000	.99999+0	.99999+0	.99998+0

GENERALIZED INCOMPLETE MODIFIED BESSEL DISTRIBUTIONS

$U2 = 1 \quad U3 = 1$

THETA=	.40000+2	.45000+2	.50000+2	.55000+2	.60000+2	.65000+2
-I-			—SUM-P(I)—			
9				1.000	1.000	1.000
H =	.61039+2	.82077+2	.10846+3	.14119+3	.18143+3	.23048+3

THETA=	.70000+2	.75000+2	.80000+2	.85000+2	.90000+2	.95000+2
-I-			—SUM-P(I)—			
0	.34501-2	.27685-2	.22398-2	.18256-2	.14981-2	.12371-2
1	.63826-1	.54677-1	.47036-1	.40620-1	.35206-1	.30618-1
2	.29862+0	.27096+0	.24613+0	.22381+0	.20375+0	.18568+0
3	.64103+0	.60891+0	.57795+0	.54822+0	.51976+0	.49258+0
4	.88072+0	.86237+0	.84341+0	.82397+0	.80417+0	.78414+0
5	.97393+0	.96798+0	.96139+0	.95418+0	.94638+0	.93801+0
6	.99613+0	.99492+0	.99349+0	.99183+0	.98991+0	.98773+0
7	.99959+0	.99943+0	.99922+0	.99897+0	.99865+0	.99828+0
8	.99997+0	.99995+0	.99993+0	.99990+0	.99987+0	.99982+0
9	1.000	1.000	1.000	.99999+0	.99999+0	.99999+0
10				1.000	1.000	1.000
H =	.28985+3	.36121+3	.44647+3	.54776+3	.66750+3	.80835+3

THETA=	.10000+3
-I-	—SUM-P(I)—
0	.10274-2
1	.26712-1
2	.16941+0
3	.46668+0
4	.76396+0
5	.92912+0
6	.98529+0
7	.99783+0
8	.99977+0
9	.99998+0
10	1.000
H =	.97334+3

$U2 = 2 \quad U3 = 0$

THETA=	.10000-1	.20000-1	.30000-1	.40000-1	.50000-1	.60000-1
-I-			—SUM-P(I)—			
0	.99668+0	.99337+0	.99008+0	.98681+0	.98356+0	.98032+0
1	1.000	.99999+0	.99998+0	.99997+0	.99995+0	.99993+0
2		1.000	1.000	1.000	1.000	1.000
H =	.50167+0	.50334+0	.50501+0	.50668+0	.50836+0	.51004+0

THETA=	.70000-1	.80000-1	.90000-1	.10000+0	.11000+0	.12000+0
-I-			—SUM-P(I)—			
0	.97710+0	.97390+0	.97071+0	.96755+0	.96440+0	.96126+0
1	.99990+0	.99987+0	.99984+0	.99980+0	.99976+0	.99971+0
2	1.000	1.000	1.000	1.000	1.000	1.000
H =	.51172+0	.51340+0	.51508+0	.51677+0	.51846+0	.52015+0

THETA=	.13000+0	.14000+0	.15000+0	.16000+0	.17000+0	.18000+0
-I-			—SUM-P(I)—			
0	.95814+0	.95504+0	.95195+0	.94888+0	.94583+0	.94279+0
1	.99966+0	.99961+0	.99955+0	.99949+0	.99943+0	.99936+0
2	1.000	1.000	1.000	1.000	1.000	1.000
H =	.52184+0	.52354+0	.52524+0	.52693+0	.52864+0	.53034+0

U2 = 2   U3 = 0

THETA=	.19000+0	.20000+0	.21000+0	.22000+0	.23000+0	.24000+0
-I-	—	—	— SUM-P(I)	—	—	—
0	.93977+0	.93676+0	.93377+0	.93080+0	.92784+0	.92489+0
1	.99929+0	.99922+0	.99914+0	.99906+0	.99897+0	.99888+0
2	1.000	1.000	1.000	1.000	.99999+0	.99999+0
3					1.000	1.000
H =	.53204+0	.53375+0	.53546+0	.53717+0	.53889+0	.54060+0

THETA=	.25000+0	.26000+0	.27000+0	.28000+0	.29000+0	.30000+0
-I-	—	—	— SUM-P(I)	—	—	—
0	.92196+0	.91905+0	.91615+0	.91326+0	.91039+0	.90753+0
1	.99879+0	.99870+0	.99860+0	.99850+0	.99839+0	.99829+0
2	.99999+0	.99999+0	.99999+0	.99999+0	.99999+0	.99999+0
3	1.000	1.000	1.000	1.000	1.000	1.000
H =	.54232+0	.54404+0	.54576+0	.54749+0	.54922+0	.55094+0

THETA=	.31000+0	.32000+0	.33000+0	.34000+0	.35000+0	.36000+0
-I-	—	—	— SUM-P(I)	—	—	—
0	.90469+0	.90186+0	.89905+0	.89625+0	.89346+0	.89069+0
1	.99818+0	.99806+0	.99795+0	.99783+0	.99770+0	.99758+0
2	.99999+0	.99999+0	.99998+0	.99998+0	.99998+0	.99998+0
3	1.000	1.000	1.000	1.000	1.000	1.000
H =	.55267+0	.55441+0	.55614+0	.55788+0	.55962+0	.56136+0

THETA=	.37000+0	.38000+0	.39000+0	.40000+0	.41000+0	.42000+0
-I-	—	—	— SUM-P(I)	—	—	—
0	.88793+0	.88519+0	.88246+0	.87974+0	.87704+0	.87435+0
1	.99745+0	.99731+0	.99718+0	.99704+0	.99690+0	.99676+0
2	.99998+0	.99998+0	.99998+0	.99997+0	.99997+0	.99997+0
3	1.000	1.000	1.000	1.000	1.000	1.000
H =	.56310+0	.56485+0	.56660+0	.56835+0	.57010+0	.57185+0

THETA=	.43000+0	.44000+0	.45000+0	.46000+0	.47000+0	.48000+0
-I-	—	—	— SUM-P(I)	—	—	—
0	.87167+0	.86901+0	.86636+0	.86372+0	.86109+0	.85848+0
1	.99661+0	.99646+0	.99631+0	.99615+0	.99600+0	.99584+0
2	.99997+0	.99997+0	.99996+0	.99996+0	.99996+0	.99996+0
3	1.000	1.000	1.000	1.000	1.000	1.000
H =	.57361+0	.57537+0	.57713+0	.57889+0	.58066+0	.58243+0

THETA=	.49000+0	.50000+0	.60000+0	.70000+0	.80000+0	.90000+0
-I-	—	—	— SUM-P(I)	—	—	—
0	.85588+0	.85329+0	.82809+0	.80405+0	.78110+0	.75918+0
1	.99567+0	.99551+0	.99371+0	.99166+0	.98940+0	.98693+0
2	.99995+0	.99995+0	.99992+0	.99987+0	.99981+0	.99974+0
3	1.000	1.000	1.000	1.000	1.000	1.000
H =	.58420+0	.58597+0	.60380+0	.62185+0	.64012+0	.65861+0

THETA=	.10000+1	.11000+1	.12000+1	.13000+1	.14000+1	.15000+1
-I-	—	—	— SUM-P(I)	—	—	—
0	.73821+0	.71813+0	.69890+0	.68047+0	.66278+0	.64580+0
1	.98428+0	.98145+0	.97847+0	.97534+0	.97208+0	.96870+0
2	.99965+0	.99955+0	.99943+0	.99930+0	.99915+0	.99898+0
3	1.000	.99999+0	.99999+0	.99999+0	.99999+0	.99998+0
4		1.000	1.000	1.000	1.000	1.000
H =	.67732+0	.69625+0	.71541+0	.73479+0	.75439+0	.77423+0

$U2 = 2 \quad U3 = 0$

THETA=	.16000+1	.17000+1	.18000+1	.19000+1	.20000+1	.21000+1
-I-			—SUM-P(I)—			
0	.62949+0	.61380+0	.59871+0	.58419+0	.57020+0	.55671+0
1	.96521+0	.96162+0	.95794+0	.95417+0	.95033+0	.94641+0
2	.99879+0	.99858+0	.99835+0	.99811+0	.99784+0	.99756+0
3	.99998+0	.99998+0	.99997+0	.99996+0	.99996+0	.99995+0
4	1.000	1.000	1.000	1.000	1.000	1.000
H =	.79430+0	.81460+0	.83513+0	.85589+0	.87689+0	.89813+0

THETA=	.22000+1	.23000+1	.24000+1	.25000+1	.26000+1	.27000+1
-I-			—SUM-P(I)—			
0	.54371+0	.53117+0	.51906+0	.50737+0	.49607+0	.48514+0
1	.94243+0	.93840+0	.93431+0	.93017+0	.92599+0	.92177+0
2	.99726+0	.99694+0	.99659+0	.99623+0	.99585+0	.99545+0
3	.99994+0	.99993+0	.99992+0	.99990+0	.99989+0	.99987+0
4	1.000	1.000	1.000	1.000	1.000	1.000
H =	.91961+0	.94132+0	.96328+0	.98548+0	.10079+1	.10306+1

THETA=	.28000+1	.29000+1	.30000+1	.31000+1	.32000+1	.33000+1
-I-			—SUM-P(I)—			
0	.47458+0	.46436+0	.45446+0	.44488+0	.43560+0	.42660+0
1	.91752+0	.91324+0	.90893+0	.90459+0	.90024+0	.89587+0
2	.99503+0	.99460+0	.99414+0	.99366+0	.99317+0	.99265+0
3	.99986+0	.99984+0	.99982+0	.99980+0	.99978+0	.99975+0
4	1.000	1.000	1.000	1.000	1.000	1.000
H =	.10536+1	.10768+1	.11002+1	.11239+1	.11478+1	.11720+1

THETA=	.34000+1	.35000+1	.36000+1	.37000+1	.38000+1	.39000+1
-I-			—SUM-P(I)—			
0	.41788+0	.40942+0	.40122+0	.39325+0	.38552+0	.37800+0
1	.89148+0	.88708+0	.88267+0	.87826+0	.87383+0	.86941+0
2	.99212+0	.99157+0	.99100+0	.99042+0	.98981+0	.98919+0
3	.99973+0	.99970+0	.99967+0	.99964+0	.99960+0	.99957+0
4	.99999+0	.99999+0	.99999+0	.99999+0	.99999+0	.99999+0
5	1.000	1.000	1.000	1.000	1.000	1.000
H =	.11965+1	.12212+1	.12462+1	.12715+1	.12970+1	.13227+1

THETA=	.40000+1	.41000+1	.42000+1	.43000+1	.44000+1	.45000+1
-I-			—SUM-P(I)—			
0	.37071+0	.36361+0	.35672+0	.35001+0	.34349+0	.33714+0
1	.86498+0	.86055+0	.85612+0	.85170+0	.84728+0	.84286+0
2	.98855+0	.98789+0	.98722+0	.98652+0	.98582+0	.98509+0
3	.99953+0	.99949+0	.99945+0	.99941+0	.99936+0	.99932+0
4	.99999+0	.99999+0	.99999+0	.99999+0	.99998+0	.99998+0
5	1.000	1.000	1.000	1.000	1.000	1.000
H =	.13488+1	.13751+1	.14017+1	.14285+1	.14556+1	.14830+1

THETA=	.46000+1	.47000+1	.48000+1	.49000+1	.50000+1	.52000+1
-I-			—SUM-P(I)—			
0	.33097+0	.32495+0	.31910+0	.31339+0	.30784+0	.29714+0
1	.83845+0	.83405+0	.82966+0	.82527+0	.82090+0	.81219+0
2	.98435+0	.98360+0	.98282+0	.98203+0	.98123+0	.97958+0
3	.99927+0	.99921+0	.99916+0	.99910+0	.99905+0	.99892+0
4	.99998+0	.99998+0	.99998+0	.99998+0	.99997+0	.99997+0
5	1.000	1.000	1.000	1.000	1.000	1.000
H =	.15107+1	.15387+1	.15669+1	.15954+1	.16242+1	.16827+1

$U2 = 2$ $U3 = 0$

THETA=	.54000+1	.56000+1	.58000+1	.60000+1	.62000+1	.64000+1
-I-	—	—	— SUM-P(I) —	—	—	—
0	.28697+0	.27730+0	.26809+0	.25930+0	.25093+0	.24293+0
1	.80353+0	.79493+0	.78639+0	.77791+0	.76951+0	.76118+0
2	.97787+0	.97610+0	.97427+0	.97239+0	.97046+0	.96848+0
3	.99879+0	.99864+0	.99849+0	.99832+0	.99815+0	.99796+0
4	.99996+0	.99996+0	.99995+0	.99994+0	.99994+0	.99993+0
5	1.000	1.000	1.000	1.000	1.000	1.000
H =	.17423+1	.18031+1	.18651+1	.19282+1	.19926+1	.20582+1

THETA=	.66000+1	.68000+1	.70000+1	.72000+1	.74000+1	.76000+1
-I-	—	—	— SUM-P(I) —	—	—	—
0	.23529+0	.22798+0	.22099+0	.21430+0	.20789+0	.20175+0
1	.75292+0	.74474+0	.73665+0	.72863+0	.72069+0	.71284+0
2	.96645+0	.96437+0	.96224+0	.96007+0	.95786+0	.95561+0
3	.99776+0	.99756+0	.99734+0	.99711+0	.99686+0	.99661+0
4	.99992+0	.99991+0	.99990+0	.99988+0	.99987+0	.99986+0
5	1.000	1.000	1.000	1.000	1.000	1.000
H =	.21251+1	.21931+1	.22625+1	.23332+1	.24051+1	.24784+1

THETA=	.78000+1	.80000+1	.82000+1	.84000+1	.86000+1	.88000+1
-I-	—	—	— SUM-P(I) —	—	—	—
0	.19585+0	.19020+0	.18476+0	.17955+0	.17453+0	.16970+0
1	.70507+0	.69739+0	.68979+0	.68228+0	.67485+0	.66751+0
2	.95331+0	.95098+0	.94861+0	.94621+0	.94377+0	.94130+0
3	.99634+0	.99607+0	.99578+0	.99548+0	.99516+0	.99484+0
4	.99984+0	.99982+0	.99981+0	.99979+0	.99977+0	.99975+0
5	1.000	1.000	.99999+0	.99999+0	.99999+0	.99999+0
6			1.000	1.000	1.000	1.000
H =	.25529+1	.26289+1	.27061+1	.27848+1	.28648+1	.29463+1

THETA=	.90000+1	.92000+1	.94000+1	.96000+1	.98000+1	.10000+2
-I-	—	—	— SUM-P(I) —	—	—	—
0	.16506+0	.16059+0	.15629+0	.15214+0	.14814+0	.14429+0
1	.66025+0	.65308+0	.64609+0	.63899+0	.63207+0	.62524+0
2	.93879+0	.93626+0	.93369+0	.93110+0	.92848+0	.92583+0
3	.99450+0	.99415+0	.99379+0	.99341+0	.99303+0	.99263+0
4	.99972+0	.99970+0	.99967+0	.99965+0	.99962+0	.99959+0
5	.99999+0	.99999+0	.99999+0	.99999+0	.99999+0	.99999+0
6	1.000	1.000	1.000	1.000	1.000	1.000
H =	.30292+1	.31135+1	.31992+1	.32864+1	.33751+1	.34654+1

THETA=	.10200+2	.10400+2	.10600+2	.10800+2	.11000+2	.11200+2
-I-	—	—	— SUM-P(I) —	—	—	—
0	.14056+0	.13697+0	.13351+0	.13016+0	.12692+0	.12379+0
1	.61849+0	.61182+0	.60523+0	.59872+0	.59230+0	.58595+0
2	.92316+0	.92046+0	.91775+0	.91501+0	.91224+0	.90946+0
3	.99222+0	.99180+0	.99136+0	.99091+0	.99045+0	.98998+0
4	.99956+0	.99952+0	.99949+0	.99945+0	.99941+0	.99937+0
5	.99998+0	.99998+0	.99998+0	.99998+0	.99998+0	.99998+0
6	1.000	1.000	1.000	1.000	1.000	1.000
H =	.35571+1	.36503+1	.37451+1	.38415+1	.39395+1	.40390+1

GENERALIZED INCOMPLETE MODIFIED BESSEL DISTRIBUTIONS

$U2 = 2 \quad U3 = 0$

THETA=	.11400+2	.11600+2	.11800+2	.12000+2	.12200+2	.12400+2
-I-	—	—	—SUM-P(I)—	—	—	—
0	.12077+0	.11784+0	.11501+0	.11227+0	.10962+0	.10705+0
1	.57968+0	.57349+0	.56738+0	.56135+0	.55539+0	.54950+0
2	.90666+0	.90384+0	.90101+0	.89815+0	.89529+0	.89240+0
3	.98950+0	.98900+0	.98849+0	.98797+0	.98744+0	.98689+0
4	.99933+0	.99923+0	.99924+0	.99920+0	.99915+0	.99910+0
5	.99997+0	.99997+0	.99997+0	.99997+0	.99996+0	.99996+0
6	1.000	1.000	1.000	1.000	1.000	1.000
H =	.41402+1	.42430+1	.43474+1	.44536+1	.45614+1	.46709+1

THETA=	.12600+2	.12800+2	.13000+2	.13200+2	.13400+2	.13600+2
-I-	—	—	—SUM-P(I)—	—	—	—
0	.10456+0	.10214+0	.99803-1	.97535-1	.95334-1	.93200-1
1	.54369+0	.53795+0	.53228+0	.52669+0	.52116+0	.51570+0
2	.88951+0	.88660+0	.88367+0	.88074+0	.87779+0	.87483+0
3	.98633+0	.98577+0	.98518+0	.98459+0	.98399+0	.98337+0
4	.99904+0	.99899+0	.99893+0	.99887+0	.99881+0	.99875+0
5	.99996+0	.99996+0	.99995+0	.99995+0	.99995+0	.99994+0
6	1.000	1.000	1.000	1.000	1.000	1.000
H =	.47821+1	.48951+1	.50099+1	.51264+1	.52447+1	.53648+1

THETA=	.13800+2	.14000+2	.14200+2	.14400+2	.14600+2	.14800+2
-I-	—	—	—SUM-P(I)—	—	—	—
0	.91128-1	.89117-1	.87164-1	.85268-1	.83426-1	.81636-1
1	.51032+0	.50500+0	.49974+0	.49456+0	.48943+0	.48437+0
2	.87187+0	.86889+0	.86591+0	.86291+0	.85991+0	.85691+0
3	.98274+0	.98210+0	.98145+0	.98079+0	.98011+0	.97943+0
4	.99868+0	.99861+0	.99854+0	.99847+0	.99839+0	.99832+0
5	.99994+0	.99993+0	.99993+0	.99992+0	.99992+0	.99992+0
6	1.000	1.000	1.000	1.000	1.000	1.000
H =	.54868+1	.56106+1	.57363+1	.58639+1	.59933+1	.61247+1

THETA=	.15000+2	.15500+2	.16000+2	.16500+2	.17000+2	.17500+2
-I-	—	—	—SUM-P(I)—	—	—	—
0	.79896-1	.75756-1	.71893-1	.68284-1	.64908-1	.61747-1
1	.47938+0	.46716+0	.45532+0	.44385+0	.43272+0	.42194+0
2	.85389+0	.84634+0	.83875+0	.83114+0	.82352+0	.81590+0
3	.97873+0	.97694+0	.97508+0	.97315+0	.97116+0	.96910+0
4	.99824+0	.99803+0	.99780+0	.99756+0	.99730+0	.99703+0
5	.99991+0	.99990+0	.99988+0	.99986+0	.99984+0	.99982+0
6	1.000	1.000	1.000	.99999+0	.99999+0	.99999+0
7				1.000	1.000	1.000
H =	.62581+1	.66001+1	.69548+1	.73224+1	.77032+1	.80976+1

THETA=	.18000+2	.18500+2	.19000+2	.19500+2	.20000+2	.21000+2
-I-	—	—	—SUM-P(I)—	—	—	—
0	.58783-1	.56001-1	.53387-1	.50929-1	.48615-1	.44377-1
1	.41148+0	.40134+0	.39151+0	.38197+0	.37271+0	.35502+0
2	.80827+0	.80064+0	.79302+0	.78542+0	.77784+0	.76273+0
3	.96698+0	.96480+0	.96255+0	.96025+0	.95789+0	.95300+0
4	.99674+0	.99643+0	.99611+0	.99576+0	.99540+0	.99462+0
5	.99980+0	.99978+0	.99975+0	.99972+0	.99969+0	.99962+0
6	.99999+0	.99999+0	.99999+0	.99999+0	.99999+0	.99998+0
7	1.000	1.000	1.000	1.000	1.000	1.000
H =	.85059+1	.89284+1	.93655+1	.98176+1	.10285+2	.11267+2

U2 = 2   U3 = 0

THETA=	.22000+2	.23000+2	.24000+2	.25000+2	.30000+2	.35000+2
-I-			—SUM-P(I)—			
0	.40602-1	.37227-1	.34201-1	.31481-1	.21322-1	.14945-1
1	.33835+0	.32263+0	.30781+0	.29382+0	.23454+0	.18930+0
2	.74775+0	.73291+0	.71823+0	.70372+0	.63432+0	.57071+0
3	.94790+0	.94260+0	.93711+0	.93145+0	.90084+0	.86737+0
4	.99377+0	.99284+0	.99183+0	.99075+0	.98413+0	.97552+0
5	.99954+0	.99944+0	.99934+0	.99922+0	.99841+0	.99715+0
6	.99998+0	.99997+0	.99996+0	.99996+0	.99989+0	.99978+0
7	1.000	1.000	1.000	1.000	1.000	.99999+0
8						1.000
H =	.12315+2	.13431+2	.14619+2	.15883+2	.23450+2	.33456+2

THETA=	.40000+2	.45000+2	.50000+2	.55000+2	.60000+2	.65000+2
-I-			—SUM-P(I)—			
0	.10765-1	.79291-2	.59506-2	.45375-2	.35080-2	.27451-2
1	.15430+0	.12687+0	.10513+0	.87724-1	.73668-1	.62222-1
2	.51313+0	.46138+0	.41505+0	.37368+0	.33677+0	.30385+0
3	.83209+0	.79589+0	.75941+0	.72318+0	.68757+0	.65286+0
4	.96500+0	.95269+0	.93877+0	.92342+0	.90682+0	.88918+0
5	.99537+0	.99301+0	.99001+0	.98635+0	.98199+0	.97695+0
6	.99959+0	.99931+0	.99891+0	.99836+0	.99766+0	.99676+0
7	.99997+0	.99995+0	.99992+0	.99986+0	.99979+0	.99968+0
8	1.000	1.000	1.000	.99999+0	.99999+0	.99998+0
9				1.000	1.000	1.000
H =	.46447+2	.63059+2	.84026+2	.11019+3	.14253+3	.18214+3

THETA=	.70000+2	.75000+2	.80000+2	.85000+2	.90000+2	.95000+2
-I-			—SUM-P(I)—			
0	.21712-2	.17338-2	.13964-2	.11335-2	.92659-3	.76240-3
1	.52833-1	.45078-1	.38634-1	.33248-1	.28724-1	.24905-1
2	.27448+0	.24825+0	.22482+0	.20386+0	.18509+0	.16825+0
3	.61926+0	.58688+0	.55582+0	.52612+0	.49781+0	.47087+0
4	.87066+0	.85143+0	.83165+0	.81146+0	.79099+0	.77034+0
5	.97122+0	.96481+0	.95775+0	.95006+0	.94177+0	.93291+0
6	.99566+0	.99434+0	.99278+0	.99096+0	.98888+0	.98654+0
7	.99954+0	.99936+0	.99913+0	.99885+0	.99850+0	.99803+0
8	.99996+0	.99995+0	.99992+0	.99989+0	.99985+0	.99980+0
9	1.000	1.000	.99999+0	.99999+0	.99999+0	.99998+0
10			1.000	1.000	1.000	1.000
H =	.23029+3	.28839+3	.35806+3	.44112+3	.53961+3	.65583+3

THETA=	.10000+3
-I-	—SUM-P(I)—
0	.63106-3
1	.21666-1
2	.15314+0
3	.44529+0
4	.74962+0
5	.92352+0
6	.98391+0
7	.99760+0
8	.99974+0
9	.99998+0
10	1.000
H =	.79232+3

$U2 = 2 \quad U3 = 1$

THETA=	.10000-1	.20000-1	.30000-1	.40000-1	.50000-1	.60000-1
-I-			—SUM-P(I)—			
0	.99834+0	.99667+0	.99502+0	.99337+0	.99172+0	.99007+0
1	1.000	1.000	.99999+0	.99999+0	.99998+0	.99998+0
2			1.000	1.000	1.000	1.000
H =	.50083+0	.50167+0	.50250+0	.50334+0	.50418+0	.50501+0

THETA=	.70000-1	.80000-1	.90000-1	.10000+0	.11000+0	.12000+0
-I-			—SUM-P(I)—			
0	.98843+0	.98680+0	.98517+0	.98354+0	.98192+0	.98030+0
1	.99997+0	.99996+0	.99994+0	.99993+0	.99992+0	.99990+0
2	1.000	1.000	1.000	1.000	1.000	1.000
H =	.50585+0	.50669+0	.50753+0	.50837+0	.50921+0	.51005+0

THETA=	.13000+0	.14000+0	.15000+0	.16000+0	.17000+0	.18000+0
-I-			—SUM-P(I)—			
0	.97868+0	.97707+0	.97546+0	.97386+0	.97226+0	.97066+0
1	.99988+0	.99987+0	.99985+0	.99983+0	.99980+0	.99978+0
2	1.000	1.000	1.000	1.000	1.000	1.000
H =	.51089+0	.51173+0	.51258+0	.51342+0	.51427+0	.51511+0

THETA=	.19000+0	.20000+0	.21000+0	.22000+0	.23000+0	.24000+0
-I-			—SUM-P(I)—			
0	.96907+0	.96748+0	.96590+0	.96432+0	.96274+0	.96117+0
1	.99976+0	.99973+0	.99970+0	.99967+0	.99964+0	.99961+0
2	1.000	1.000	1.000	1.000	1.000	1.000
H =	.51596+0	.51681+0	.51765+0	.51850+0	.51935+0	.52020+0

THETA=	.25000+0	.26000+0	.27000+0	.28000+0	.29000+0	.30000+0
-I-			—SUM-P(I)—			
0	.95960+0	.95803+0	.95647+0	.95491+0	.95336+0	.95181+0
1	.99958+0	.99955+0	.99951+0	.99948+0	.99944+0	.99940+0
2	1.000	1.000	1.000	1.000	1.000	1.000
H =	.52105+0	.52190+0	.52275+0	.52361+0	.52446+0	.52531+0

THETA=	.31000+0	.32000+0	.33000+0	.34000+0	.35000+0	.36000+0
-I-			—SUM-P(I)—			
0	.95027+0	.94872+0	.94718+0	.94565+0	.94412+0	.94259+0
1	.99936+0	.99932+0	.99928+0	.99924+0	.99919+0	.99915+0
2	1.000	1.000	1.000	1.000	1.000	.99999+0
3						1.000
H =	.52617+0	.52702+0	.52788+0	.52874+0	.52959+0	.53045+0

THETA=	.37000+0	.38000+0	.39000+0	.40000+0	.41000+0	.42000+0
-I-			—SUM-P(I)—			
0	.94107+0	.93955+0	.93803+0	.93652+0	.93501+0	.93350+0
1	.99910+0	.99905+0	.99900+0	.99895+0	.99890+0	.99885+0
2	.99999+0	.99999+0	.99999+0	.99999+0	.99999+0	.99999+0
3	1.000	1.000	1.000	1.000	1.000	1.000
H =	.53131+0	.53217+0	.53303+0	.53389+0	.53475+0	.53562+0

THETA=	.43000+0	.44000+0	.45000+0	.46000+0	.47000+0	.48000+0
-I-			—SUM-P(I)—			
0	.93200+0	.93050+0	.92901+0	.92752+0	.92603+0	.92455+0
1	.99879+0	.99874+0	.99868+0	.99863+0	.99857+0	.99851+0
2	.99999+0	.99999+0	.99999+0	.99999+0	.99999+0	.99999+0

$U2 = 2$ $U3 = 1$

THETA=	.43000+0	.44000+0	.45000+0	.46000+0	.47000+0	.48000+0
-I-	————	————	—SUM-P(I)—	————	————	————
3	1.000	1.000	1.000	1.000	1.000	1.000
H =	.53648+0	.53734+0	.53821+0	.53907+0	.53994+0	.54081+0

THETA=	.49000+0	.50000+0	.60000+0	.70000+0	.80000+0	.90000+0
-I-	————	————	—SUM-P(I)—	————	————	————
0	.92306+0	.92159+0	.90701+0	.89277+0	.87886+0	.86527+0
1	.99845+0	.99839+0	.99771+0	.99693+0	.99604+0	.99506+0
2	.99999+0	.99999+0	.99998+0	.99996+0	.99995+0	.99993+0
3	1.000	1.000	1.000	1.000	1.000	1.000
H =	.54167+0	.54254+0	.55126+0	.56005+0	.56892+0	.57786+0

THETA=	.10000+1	.11000+1	.12000+1	.13000+1	.14000+1	.15000+1
-I-	————	————	—SUM-P(I)—	————	————	————
0	.85199+0	.83900+0	.82631+0	.81389+0	.80175+0	.78988+0
1	.99398+0	.99282+0	.99157+0	.99024+0	.98883+0	.98735+0
2	.99990+0	.99987+0	.99983+0	.99979+0	.99974+0	.99969+0
3	1.000	1.000	1.000	1.000	1.000	1.000
H =	.58686+0	.59595+0	.60510+0	.61433+0	.62363+0	.63301+0

THETA=	.16000+1	.17000+1	.18000+1	.19000+1	.20000+1	.21000+1
-I-	————	————	—SUM-P(I)—	————	————	————
0	.77826+0	.76688+0	.75575+0	.74486+0	.73419+0	.72374+0
1	.98579+0	.98417+0	.98248+0	.98073+0	.97891+0	.97705+0
2	.99963+0	.99956+0	.99948+0	.99940+0	.99931+0	.99921+0
3	1.000	.99999+0	.99999+0	.99999+0	.99999+0	.99999+0
4		1.000	1.000	1.000	1.000	1.000
H =	.64246+0	.65199+0	.66159+0	.67127+0	.68103+0	.69086+0

THETA=	.22000+1	.23000+1	.24000+1	.25000+1	.26000+1	.27000+1
-I-	————	————	—SUM-P(I)—	————	————	————
0	.71350+0	.70348+0	.69366+0	.68403+0	.67460+0	.66536+0
1	.97512+0	.97315+0	.97112+0	.96905+0	.96693+0	.96477+0
2	.99910+0	.99899+0	.99887+0	.99874+0	.99860+0	.99845+0
3	.99998+0	.99998+0	.99998+0	.99997+0	.99997+0	.99997+0
4	1.000	1.000	1.000	1.000	1.000	1.000
H =	.70077+0	.71075+0	.72082+0	.73096+0	.74118+0	.75148+0

THETA=	.28000+1	.29000+1	.30000+1	.31000+1	.32000+1	.33000+1
-I-	————	————	—SUM-P(I)—	————	————	————
0	.65629+0	.64741+0	.63869+0	.63014+0	.62176+0	.61353+0
1	.96256+0	.96032+0	.95804+0	.95572+0	.95336+0	.95098+0
2	.99829+0	.99813+0	.99795+0	.99777+0	.99758+0	.99738+0
3	.99996+0	.99996+0	.99995+0	.99994+0	.99994+0	.99993+0
4	1.000	1.000	1.000	1.000	1.000	1.000
H =	.76186+0	.77231+0	.78285+0	.79347+0	.80417+0	.81495+0

THETA=	.34000+1	.35000+1	.36000+1	.37000+1	.38000+1	.39000+1
-I-	————	————	—SUM-P(I)—	————	————	————
0	.60546+0	.59755+0	.58977+0	.58215+0	.57466+0	.56731+0
1	.94856+0	.94611+0	.94364+0	.94114+0	.93861+0	.93605+0
2	.99717+0	.99695+0	.99672+0	.99648+0	.99623+0	.99598+0
3	.99992+0	.99991+0	.99990+0	.99989+0	.99988+0	.99987+0
4	1.000	1.000	1.000	1.000	1.000	1.000
H =	.82581+0	.83676+0	.84778+0	.85889+0	.87008+0	.88136+0

GENERALIZED INCOMPLETE MODIFIED BESSEL DISTRIBUTIONS 81

U2 = 2   U3 = 1

THETA=	.40000+1	.41000+1	.42000+1	.43000+1	.44000+1	.45000+1
-I-	—————————————— SUM-P(I) ——————————————
0	.56009+0	.55300+0	.54604+0	.53920+0	.53248+0	.52588+0
1	.93348+0	.93088+0	.92826+0	.92562+0	.92296+0	.92029+0
2	.99571+0	.99544+0	.99515+0	.99486+0	.99455+0	.99424+0
3	.99986+0	.99985+0	.99983+0	.99982+0	.99980+0	.99979+0
4	1.000	1.000	1.000	1.000	1.000	1.000
H =	.89272+0	.90416+0	.91569+0	.92730+0	.93900+0	.95079+0

THETA=	.46000+1	.47000+1	.48000+1	.49000+1	.50000+1	.52000+1
-I-	—————————————— SUM-P(I) ——————————————
0	.51939+0	.51302+0	.50676+0	.50060+0	.49455+0	.48276+0
1	.91760+0	.91489+0	.91217+0	.90943+0	.90668+0	.90114+0
2	.99392+0	.99359+0	.99325+0	.99290+0	.99254+0	.99179+0
3	.99977+0	.99975+0	.99973+0	.99972+0	.99969+0	.99965+0
4	1.000	.99999+0	.99999+0	.99999+0	.99999+0	.99999+0
5		1.000	1.000	1.000	1.000	1.000
H =	.96266+0	.97462+0	.98666+0	.99879+0	.10110+1	.10357+1

THETA=	.54000+1	.56000+1	.58000+1	.60000+1	.62000+1	.64000+1
-I-	—————————————— SUM-P(I) ——————————————
0	.47135+0	.46032+0	.44964+0	.43931+0	.42931+0	.41962+0
1	.89556+0	.88995+0	.88430+0	.87862+0	.87293+0	.86721+0
2	.99101+0	.99020+0	.98934+0	.98845+0	.98753+0	.98657+0
3	.99960+0	.99955+0	.99950+0	.99943+0	.99937+0	.99930+0
4	.99999+0	.99999+0	.99999+0	.99998+0	.99998+0	.99998+0
5	1.000	1.000	1.000	1.000	1.000	1.000
H =	.10608+1	.10862+1	.11120+1	.11381+1	.11647+1	.11916+1

THETA=	.66000+1	.68000+1	.70000+1	.72000+1	.74000+1	.76000+1
-I-	—————————————— SUM-P(I) ——————————————
0	.41023+0	.40113+0	.39230+0	.38375+0	.37544+0	.36739+0
1	.86148+0	.85574+0	.84999+0	.84424+0	.83849+0	.83274+0
2	.98557+0	.98455+0	.98349+0	.98239+0	.98127+0	.98011+0
3	.99923+0	.99915+0	.99906+0	.99897+0	.99888+0	.99877+0
4	.99998+0	.99997+0	.99997+0	.99997+0	.99996+0	.99996+0
5	1.000	1.000	1.000	1.000	1.000	1.000
H =	.12188+1	.12465+1	.12745+1	.13029+1	.13318+1	.13610+1

THETA=	.78000+1	.80000+1	.82000+1	.84000+1	.86000+1	.88000+1
-I-	—————————————— SUM-P(I) ——————————————
0	.35957+0	.35197+0	.34459+0	.33743+0	.33046+0	.32369+0
1	.82700+0	.82127+0	.81554+0	.80983+0	.80413+0	.79844+0
2	.97892+0	.97770+0	.97645+0	.97517+0	.97386+0	.97252+0
3	.99867+0	.99856+0	.99844+0	.99831+0	.99818+0	.99805+0
4	.99995+0	.99995+0	.99994+0	.99993+0	.99993+0	.99992+0
5	1.000	1.000	1.000	1.000	1.000	1.000
H =	.13906+1	.14206+1	.14510+1	.14818+1	.15130+1	.15447+1

THETA=	.90000+1	.92000+1	.94000+1	.96000+1	.98000+1	.10000+2
-I-	—————————————— SUM-P(I) ——————————————
0	.31711+0	.31071+0	.30448+0	.29842+0	.29252+0	.28678+0
1	.79277+0	.78713+0	.78150+0	.77589+0	.77031+0	.76475+0
2	.97115+0	.96975+0	.96833+0	.96688+0	.96541+0	.96391+0
3	.99790+0	.99776+0	.99760+0	.99744+0	.99727+0	.99710+0
4	.99991+0	.99990+0	.99989+0	.99988+0	.99987+0	.99986+0
5	1.000	1.000	1.000	1.000	1.000	1.000
H =	.15767+1	.16092+1	.16421+1	.16755+1	.17093+1	.17435+1

	U2 = 2	U3 = 1				

THETA=	.10200+2	.10400+2	.10600+2	.10800+2	.11000+2	.11200+2
-I-			SUM-P(I)			
0	.28119+0	.27575+0	.27045+0	.26528+0	.26024+0	.25534+0
1	.75922+0	.75371+0	.74823+0	.74278+0	.73736+0	.73196+0
2	.96238+0	.96083+0	.95925+0	.95766+0	.95604+0	.95439+0
3	.99692+0	.99673+0	.99654+0	.99633+0	.99613+0	.99591+0
4	.99985+0	.99984+0	.99983+0	.99982+0	.99980+0	.99979+0
5	1.000	1.000	.99999+0	.99999+0	.99999+0	.99999+0
6			1.000	1.000	1.000	1.000
H =	.17781+1	.18132+1	.18488+1	.18848+1	.19213+1	.19582+1

THETA=	.11400+2	.11600+2	.11800+2	.12000+2	.12200+2	.12400+2
-I-			SUM-P(I)			
0	.25055+0	.24589+0	.24134+0	.23690+0	.23257+0	.22835+0
1	.72660+0	.72127+0	.71597+0	.71070+0	.70546+0	.70026+0
2	.95273+0	.95104+0	.94933+0	.94760+0	.94585+0	.94408+0
3	.99569+0	.99546+0	.99522+0	.99498+0	.99473+0	.99447+0
4	.99977+0	.99975+0	.99974+0	.99972+0	.99970+0	.99968+0
5	.99999+0	.99999+0	.99999+0	.99999+0	.99999+0	.99999+0
6	1.000	1.000	1.000	1.000	1.000	1.000
H =	.19956+1	.20334+1	.20718+1	.21106+1	.21499+1	.21897+1

THETA=	.12600+2	.12800+2	.13000+2	.13200+2	.13400+2	.13600+2
-I-			SUM-P(I)			
0	.22422+0	.22020+0	.21627+0	.21243+0	.20868+0	.20502+0
1	.69509+0	.68995+0	.68485+0	.67978+0	.67475+0	.66975+0
2	.94230+0	.94049+0	.93867+0	.93682+0	.93496+0	.93309+0
3	.99421+0	.99394+0	.99366+0	.99337+0	.99308+0	.99278+0
4	.99966+0	.99964+0	.99962+0	.99959+0	.99957+0	.99954+0
5	.99999+0	.99999+0	.99999+0	.99998+0	.99998+0	.99998+0
6	1.000	1.000	1.000	1.000	1.000	1.000
H =	.22299+1	.22707+1	.23119+1	.23537+1	.23960+1	.24387+1

THETA=	.13800+2	.14000+2	.14200+2	.14400+2	.14600+2	.14800+2
-I-			SUM-P(I)			
0	.20145+0	.19795+0	.19454+0	.19120+0	.18794+0	.18475+0
1	.66478+0	.65985+0	.65495+0	.65009+0	.64526+0	.64047+0
2	.93120+0	.92929+0	.92736+0	.92542+0	.92347+0	.92150+0
3	.99247+0	.99216+0	.99183+0	.99150+0	.99117+0	.99082+0
4	.99952+0	.99949+0	.99946+0	.99943+0	.99940+0	.99937+0
5	.99998+0	.99998+0	.99998+0	.99998+0	.99997+0	.99997+0
6	1.000	1.000	1.000	1.000	1.000	1.000
H =	.24820+1	.25258+1	.25702+1	.26150+1	.26604+1	.27063+1

THETA=	.15000+2	.15500+2	.16000+2	.16500+2	.17000+2	.17500+2
-I-			SUM-P(I)			
0	.18163+0	.17413+0	.16703+0	.16031+0	.15393+0	.14788+0
1	.63572+0	.62398+0	.61246+0	.60116+0	.59008+0	.57921+0
2	.91952+0	.91450+0	.90941+0	.90425+0	.89901+0	.89372+0
3	.99047+0	.98956+0	.98860+0	.98759+0	.98654+0	.98545+0
4	.99934+0	.99925+0	.99916+0	.99905+0	.99894+0	.99883+0
5	.99997+0	.99997+0	.99996+0	.99995+0	.99995+0	.99994+0
6	1.000	1.000	1.000	1.000	1.000	1.000
H =	.27528+1	.28714+1	.29934+1	.31190+1	.32482+1	.33811+1

GENERALIZED INCOMPLETE MODIFIED BESSEL DISTRIBUTIONS

$U2 = 2 \quad U3 = 1$

THETA=	.18000+2	.18500+2	.19000+2	.19500+2	.20000+2	.21000+2
-I-			—SUM-P(I)—			
0	.14214+0	.13668+0	.13149+0	.12655+0	.12185+0	.11310+0
1	.56855+0	.55811+0	.54787+0	.53784+0	.52801+0	.50894+0
2	.88836+0	.88296+0	.87750+0	.87201+0	.86647+0	.85530+0
3	.98431+0	.98312+0	.98189+0	.98061+0	.97929+0	.97653+0
4	.99870+0	.99856+0	.99842+0	.99826+0	.99810+0	.99774+0
5	.99993+0	.99992+0	.99991+0	.99990+0	.99989+0	.99986+0
6	1.000	1.000	1.000	1.000	1.000	.99999+0
7						1.000
H =	.35177+1	.36582+1	.38026+1	.39510+1	.41035+1	.44210+1

THETA=	.22000+2	.23000+2	.24000+2	.25000+2	.30000+2	.35000+2
-I-			—SUM-P(I)—			
0	.10514+0	.97878-1	.91247-1	.85175-1	.61431-1	.45417-1
1	.49064+0	.47308+0	.45623+0	.44007+0	.36859+0	.31035+0
2	.84401+0	.83265+0	.82122+0	.80976+0	.75253+0	.69671+0
3	.97359+0	.97048+0	.96721+0	.96379+0	.94450+0	.92208+0
4	.99734+0	.99690+0	.99641+0	.99588+0	.99249+0	.98782+0
5	.99983+0	.99979+0	.99975+0	.99970+0	.99935+0	.99878+0
6	.99999+0	.99999+0	.99999+0	.99999+0	.99996+0	.99992+0
7	1.000	1.000	1.000	1.000	1.000	1.000
H =	.47557+1	.51084+1	.54797+1	.58703+1	.81392+1	.11009+2

THETA=	.40000+2	.45000+2	.50000+2	.55000+2	.60000+2	.65000+2
-I-			—SUM-P(I)—			
0	.34264-1	.26291-1	.20466-1	.16132-1	.12855-1	.10343-1
1	.26269+0	.22347+0	.19101+0	.16400+0	.14140+0	.12239+0
2	.64340+0	.59318+0	.54633+0	.50288+0	.46277+0	.42587+0
3	.89720+0	.87047+0	.84242+0	.81351+0	.78414+0	.75463+0
4	.98181+0	.97445+0	.96579+0	.95589+0	.94483+0	.93271+0
5	.99792+0	.99673+0	.99516+0	.99318+0	.99074+0	.98783+0
6	.99984+0	.99972+0	.99953+0	.99928+0	.99894+0	.99849+0
7	.99999+0	.99998+0	.99997+0	.99995+0	.99991+0	.99987+0
8	1.000	1.000	1.000	1.000	.99999+0	.99999+0
9					1.000	1.000
H =	.14593+2	.19018+2	.24431+2	.30995+2	.38896+2	.48341+2

THETA=	.70000+2	.75000+2	.80000+2	.85000+2	.90000+2	.95000+2
-I-			—SUM-P(I)—			
0	.83945-2	.68661-2	.56557-2	.46886-2	.39098-2	.32781-2
1	.10633+0	.92692-1	.81065-1	.71110-1	.62557-1	.55181-1
2	.39198+0	.36090+0	.33243+0	.30635+0	.28248+0	.26063+0
3	.72523+0	.69616+0	.66758+0	.63962+0	.61238+0	.58592+0
4	.91963+0	.90570+0	.89101+0	.87568+0	.85979+0	.84345+0
5	.98443+0	.98053+0	.97613+0	.97123+0	.96583+0	.95995+0
6	.99793+0	.99723+0	.99640+0	.99540+0	.99423+0	.99289+0
7	.99980+0	.99972+0	.99961+0	.99947+0	.99930+0	.99910+0
8	.99999+0	.99998+0	.99997+0	.99996+0	.99994+0	.99992+0
9	1.000	1.000	1.000	1.000	1.000	.99999+0
10						1.000
H =	.59563+2	.72821+2	.86407+2	.10664+3	.12788+3	.15253+3

U2 =   2   U3 =   1

THETA= .10000+3

-I-	------SUM-P(I)------
0	.27622-2
1	.48799-1
2	.24062+0
3	.56032+0
4	.82673+0
5	.95360+0
6	.99135+0
7	.99885+0
8	.99989+0
9	.99999+0
10	1.000
H =	.18102+3

U2 =   2   U3 =   2

THETA=	.10000-1	.20000-1	.30000-1	.40000-1	.50000-1	.60000-1
-I-			---SUM-P(I)---			
0	.99889+0	.99778+0	.99667+0	.99557+0	.99447+0	.99337+0
1	1.000	1.000	1.000	.99999+0	.99999+0	.99999+0
2				1.000	1.000	1.000
H =	.25028+0	.25056+0	.25083+0	.25111+0	.25139+0	.25167+0

THETA=	.70000-1	.80000-1	.90000-1	.10000+0	.11000+0	.12000+0
-I-			---SUM-P(I)---			
0	.99227+0	.99117+0	.99007+0	.98898+0	.98788+0	.98679+0
1	.99998+0	.99998+0	.99997+0	.99997+0	.99996+0	.99995+0
2	1.000	1.000	1.000	1.000	1.000	1.000
H =	.25195+0	.25223+0	.25251+0	.25279+0	.25307+0	.25335+0

THETA=	.13000+0	.14000+0	.15000+0	.16000+0	.17000+0	.18000+0
-I-			---SUM-P(I)---			
0	.98570+0	.98462+0	.98353+0	.98245+0	.98136+0	.98028+0
1	.99994+0	.99993+0	.99992+0	.99991+0	.99990+0	.99989+0
2	1.000	1.000	1.000	1.000	1.000	1.000
H =	.25363+0	.25391+0	.25419+0	.25447+0	.25475+0	.25503+0

THETA=	.19000+0	.20000+0	.21000+0	.22000+0	.23000+0	.24000+0
-I-			---SUM-P(I)---			
0	.97920+0	.97813+0	.97705+0	.97598+0	.97491+0	.97384+0
1	.99988+0	.99986+0	.99985+0	.99984+0	.99982+0	.99980+0
2	1.000	1.000	1.000	1.000	1.000	1.000
H =	.25531+0	.25559+0	.25587+0	.25615+0	.25643+0	.25672+0

THETA=	.25000+0	.26000+0	.27000+0	.28000+0	.29000+0	.30000+0
-I-			---SUM-P(I)---			
0	.97277+0	.97170+0	.97063+0	.96957+0	.96851+0	.96745+0
1	.99979+0	.99977+0	.99975+0	.99974+0	.99972+0	.99970+0
2	1.000	1.000	1.000	1.000	1.000	1.000
H =	.25700+0	.25728+0	.25756+0	.25785+0	.25813+0	.25841+0

THETA=	.31000+0	.32000+0	.33000+0	.34000+0	.35000+0	.36000+0
-I-			---SUM-P(I)---			
0	.96639+0	.96533+0	.96428+0	.96322+0	.96217+0	.96112+0
1	.99968+0	.99966+0	.99963+0	.99961+0	.99959+0	.99957+0
2	1.000	1.000	1.000	1.000	1.000	1.000
H =	.25869+0	.25898+0	.25926+0	.25955+0	.25983+0	.26011+0

$U2 = 2 \quad U3 = 2$

THETA=	.37000+0	.38000+0	.39000+0	.40000+0	.41000+0	.42000+0
-I-			—SUM-P(I)—			
0	.96007+0	.95902+0	.95798+0	.95694+0	.95589+0	.95485+0
1	.99954+0	.99952+0	.99949+0	.99947+0	.99944+0	.99941+0
2	1.000	1.000	1.000	1.000	1.000	1.000
H =	.26040+0	.26063+0	.26097+0	.26125+0	.26154+0	.26182+0

THETA=	.43000+0	.44000+0	.45000+0	.46000+0	.47000+0	.48000+0
-I-			—SUM-P(I)—			
0	.95381+0	.95278+0	.95174+0	.95071+0	.94967+0	.94864+0
1	.99938+0	.99936+0	.99933+0	.99930+0	.99927+0	.99924+0
2	1.000	1.000	1.000	1.000	1.000	1.000
H =	.26211+0	.26239+0	.26268+0	.26296+0	.26325+0	.26353+0

THETA=	.49000+0	.50000+0	.60000+0	.70000+0	.80000+0	.90000+0
-I-			—SUM-P(I)—			
0	.94761+0	.94658+0	.93639+0	.92636+0	.91648+0	.90674+0
1	.99920+0	.99917+0	.99882+0	.99841+0	.99794+0	.99742+0
2	.99999+0	.99999+0	.99999+0	.99999+0	.99998+0	.99997+0
3	1.000	1.000	1.000	1.000	1.000	1.000
H =	.26382+0	.26411+0	.26698+0	.26987+0	.27278+0	.27571+0

THETA=	.10000+1	.11000+1	.12000+1	.13000+1	.14000+1	.15000+1
-I-			—SUM-P(I)—			
0	.89716+0	.88772+0	.87842+0	.86925+0	.86022+0	.85133+0
1	.99684+0	.99622+0	.99554+0	.99481+0	.99404+0	.99321+0
2	.99996+0	.99994+0	.99993+0	.99991+0	.99989+0	.99987+0
3	1.000	1.000	1.000	1.000	1.000	1.000
H =	.27866+0	.28162+0	.28460+0	.28760+0	.29062+0	.29366+0

THETA=	.16000+1	.17000+1	.18000+1	.19000+1	.20000+1	.21000+1
-I-			—SUM-P(I)—			
0	.84256+0	.83392+0	.82541+0	.81702+0	.80874+0	.80059+0
1	.99235+0	.99144+0	.99049+0	.98950+0	.98846+0	.98739+0
2	.99984+0	.99981+0	.99977+0	.99974+0	.99970+0	.99965+0
3	1.000	1.000	1.000	1.000	1.000	.99999+0
4						1.000
H =	.29671+0	.29979+0	.30288+0	.30599+0	.30912+0	.31227+0

THETA=	.22000+1	.23000+1	.24000+1	.25000+1	.26000+1	.27000+1
-I-			—SUM-P(I)—			
0	.79255+0	.78462+0	.77681+0	.76910+0	.76150+0	.75401+0
1	.98628+0	.98514+0	.98396+0	.98274+0	.98149+0	.98021+0
2	.99960+0	.99955+0	.99949+0	.99943+0	.99937+0	.99930+0
3	.99999+0	.99999+0	.99999+0	.99999+0	.99999+0	.99999+0
4	1.000	1.000	1.000	1.000	1.000	1.000
H =	.31544+0	.31862+0	.32183+0	.32505+0	.32830+0	.33156+0

THETA=	.28000+1	.29000+1	.30000+1	.31000+1	.32000+1	.33000+1
-I-			—SUM-P(I)—			
0	.74662+0	.73933+0	.73214+0	.72505+0	.71805+0	.71115+0
1	.97890+0	.97756+0	.97619+0	.97478+0	.97336+0	.97190+0
2	.99923+0	.99915+0	.99907+0	.99898+0	.99889+0	.99879+0
3	.99999+0	.99998+0	.99998+0	.99998+0	.99998+0	.99997+0
4	1.000	1.000	1.000	1.000	1.000	1.000
H =	.33484+0	.33814+0	.34146+0	.34481+0	.34817+0	.35155+0

	U2 =	2	U3 =	2		

THETA=	.34000+1	.35000+1	.36000+1	.37000+1	.38000+1	.39000+1
-I-			—SUM-P(I)—			
0	.70433+0	.69761+0	.69098+0	.68444+0	.67798+0	.67161+0
1	.97042+0	.96891+0	.96738+0	.96582+0	.96424+0	.96264+0
2	.99869+0	.99858+0	.99847+0	.99835+0	.99823+0	.99810+0
3	.99997+0	.99997+0	.99996+0	.99996+0	.99995+0	.99995+0
4	1.000	1.000	1.000	1.000	1.000	1.000
H =	.35494+0	.35836+0	.36180+0	.36526+0	.36874+0	.37224+0

THETA=	.40000+1	.41000+1	.42000+1	.43000+1	.44000+1	.45000+1
-I-			—SUM-P(I)—			
0	.66532+0	.65911+0	.65298+0	.64693+0	.64095+0	.63506+0
1	.96101+0	.95937+0	.95770+0	.95601+0	.95431+0	.95258+0
2	.99797+0	.99784+0	.99769+0	.99755+0	.99739+0	.99724+0
3	.99994+0	.99994+0	.99993+0	.99993+0	.99992+0	.99991+0
4	1.000	1.000	1.000	1.000	1.000	1.000
H =	.37576+0	.37930+0	.38286+0	.38644+0	.39004+0	.39367+0

THETA=	.46000+1	.47000+1	.48000+1	.49000+1	.50000+1	.52000+1
-I-			—SUM-P(I)—			
0	.62923+0	.62348+0	.61781+0	.61220+0	.60667+0	.59580+0
1	.95084+0	.94908+0	.94730+0	.94551+0	.94370+0	.94004+0
2	.99707+0	.99690+0	.99673+0	.99655+0	.99636+0	.99598+0
3	.99991+0	.99990+0	.99989+0	.99988+0	.99988+0	.99986+0
4	1.000	1.000	1.000	1.000	1.000	1.000
H =	.39731+0	.40097+0	.40466+0	.40836+0	.41209+0	.41960+0

THETA=	.54000+1	.56000+1	.58000+1	.60000+1	.62000+1	.64000+1
-I-			—SUM-P(I)—			
0	.58520+0	.57486+0	.56476+0	.55491+0	.54529+0	.53590+0
1	.93632+0	.93254+0	.92872+0	.92485+0	.92094+0	.91698+0
2	.99557+0	.99514+0	.99469+0	.99421+0	.99372+0	.99320+0
3	.99984+0	.99981+0	.99979+0	.99976+0	.99973+0	.99970+0
4	1.000	1.000	1.000	.99999+0	.99999+0	.99999+0
5				1.000	1.000	1.000
H =	.42720+0	.43489+0	.44266+0	.45052+0	.45847+0	.46651+0

THETA=	.66000+1	.68000+1	.70000+1	.72000+1	.74000+1	.76000+1
-I-			—SUM-P(I)—			
0	.52673+0	.51777+0	.50901+0	.50046+0	.49210+0	.48393+0
1	.91299+0	.90897+0	.90491+0	.90082+0	.89671+0	.89258+0
2	.99266+0	.99210+0	.99151+0	.99091+0	.99028+0	.98963+0
3	.99967+0	.99963+0	.99960+0	.99955+0	.99951+0	.99946+0
4	.99999+0	.99999+0	.99999+0	.99999+0	.99999+0	.99998+0
5	1.000	1.000	1.000	1.000	1.000	1.000
H =	.47463+0	.48284+0	.49115+0	.49954+0	.50803+0	.51661+0

THETA=	.78000+1	.80000+1	.82000+1	.84000+1	.86000+1	.88000+1
-I-			—SUM-P(I)—			
0	.47594+0	.46813+0	.46049+0	.45302+0	.44571+0	.43856+0
1	.88842+0	.88424+0	.88004+0	.87583+0	.87160+0	.86736+0
2	.98896+0	.98827+0	.98755+0	.98682+0	.98606+0	.98529+0
3	.99942+0	.99936+0	.99931+0	.99925+0	.99919+0	.99912+0
4	.99998+0	.99998+0	.99998+0	.99997+0	.99997+0	.99997+0
5	1.000	1.000	1.000	1.000	1.000	1.000
H =	.52528+0	.53404+0	.54290+0	.55186+0	.56091+0	.57005+0

GENERALIZED INCOMPLETE MODIFIED BESSEL DISTRIBUTIONS 87

		U2 =	2	U3 =	2	
THETA=	.90000+1	.92000+1	.94000+1	.96000+1	.98000+1	.10000+2
-I-	---	---	SUM-P(I)	---	---	---
0	.43156+0	.42471+0	.41801+0	.41144+0	.40502+0	.39873+0
1	.86311+0	.85886+0	.85459+0	.85032+0	.84604+0	.84176+0
2	.98449+0	.98367+0	.98284+0	.98198+0	.98110+0	.98020+0
3	.99906+0	.99898+0	.99891+0	.99883+0	.99875+0	.99866+0
4	.99997+0	.99996+0	.99996+0	.99995+0	.99995+0	.99995+0
5	1.000	1.000	1.000	1.000	1.000	1.000
H =	.57930+0	.58864+0	.59808+0	.60762+0	.61726+0	.62699+0
THETA=	.10200+2	.10400+2	.10600+2	.10800+2	.11000+2	.11200+2
-I-	---	---	SUM-P(I)	---	---	---
0	.39257+0	.38653+0	.38062+0	.37483+0	.36915+0	.36359+0
1	.83747+0	.83319+0	.82890+0	.82462+0	.82034+0	.81606+0
2	.97929+0	.97835+0	.97740+0	.97643+0	.97543+0	.97442+0
3	.99858+0	.99843+0	.99839+0	.99829+0	.99818+0	.99807+0
4	.99994+0	.99994+0	.99993+0	.99993+0	.99992+0	.99991+0
5	1.000	1.000	1.000	1.000	1.000	1.000
H =	.63684+0	.64678+0	.65682+0	.66697+0	.67723+0	.68758+0
THETA=	.11400+2	.11600+2	.11800+2	.12000+2	.12200+2	.12400+2
-I-	---	---	SUM-P(I)	---	---	---
0	.35814+0	.35280+0	.34756+0	.34243+0	.33739+0	.33245+0
1	.81179+0	.80752+0	.80325+0	.79899+0	.79474+0	.79050+0
2	.97340+0	.97235+0	.97129+0	.97021+0	.96911+0	.96800+0
3	.99796+0	.99785+0	.99773+0	.99760+0	.99747+0	.99734+0
4	.99991+0	.99990+0	.99989+0	.99988+0	.99988+0	.99987+0
5	1.000	1.000	1.000	1.000	1.000	1.000
H =	.69805+0	.70862+0	.71930+0	.73008+0	.74098+0	.75198+0
THETA=	.12600+2	.12800+2	.13000+2	.13200+2	.13400+2	.13600+2
-I-	---	---	SUM-P(I)	---	---	---
0	.32761+0	.32286+0	.31820+0	.31363+0	.30915+0	.30475+0
1	.78627+0	.78204+0	.77783+0	.77363+0	.76943+0	.76525+0
2	.96686+0	.96572+0	.96455+0	.96337+0	.96218+0	.96097+0
3	.99720+0	.99706+0	.99692+0	.99677+0	.99661+0	.99646+0
4	.99986+0	.99985+0	.99984+0	.99983+0	.99982+0	.99981+0
5	1.000	1.000	.99999+0	.99999+0	.99999+0	.99999+0
6			1.000	1.000	1.000	1.000
H =	.76310+0	.77432+0	.78566+0	.79711+0	.80868+0	.82036+0
THETA=	.13800+2	.14000+2	.14200+2	.14400+2	.14600+2	.14800+2
-I-	---	---	SUM-P(I)	---	---	---
0	.30043+0	.29619+0	.29203+0	.28794+0	.28393+0	.28000+0
1	.76108+0	.75693+0	.75278+0	.74865+0	.74454+0	.74043+0
2	.95974+0	.95850+0	.95724+0	.95597+0	.95469+0	.95339+0
3	.99629+0	.99612+0	.99595+0	.99578+0	.99560+0	.99541+0
4	.99980+0	.99978+0	.99977+0	.99976+0	.99974+0	.99973+0
5	.99999+0	.99999+0	.99999+0	.99999+0	.99999+0	.99999+0
6	1.000	1.000	1.000	1.000	1.000	1.000
H =	.83215+0	.84406+0	.85608+0	.86823+0	.88049+0	.89287+0
THETA=	.15000+2	.15500+2	.16000+2	.16500+2	.17000+2	.17500+2
-I-	---	---	SUM-P(I)	---	---	---
0	.27613+0	.26677+0	.25781+0	.24924+0	.24104+0	.23319+0
1	.73635+0	.72620+0	.71614+0	.70619+0	.69635+0	.68662+0
2	.95207+0	.94873+0	.94531+0	.94181+0	.93823+0	.93458+0
3	.99522+0	.99472+0	.99420+0	.99364+0	.99306+0	.99244+0

$U2 = 2 \quad U3 = 2$

THETA=	.15000+2	.15500+2	.16000+2	.16500+2	.17000+2	.17500+2
-I-			—SUM-P(I)—			
4	.99971+0	.99967+0	.99963+0	.99958+0	.99953+0	.99947+0
5	.99999+0	.99999+0	.99998+0	.99998+0	.99998+0	.99998+0
6	1.000	1.000	1.000	1.000	1.000	1.000
H =	.90537+0	.93715+0	.96970+0	.10030+1	.10372+1	.10721+1

THETA=	.18000+2	.18500+2	.19000+2	.19500+2	.20000+2	.21000+2
-I-			—SUM-P(I)—			
0	.22566+0	.21845+0	.21153+0	.20489+0	.19852+0	.18651+0
1	.67699+0	.66749+0	.65810+0	.64882+0	.63967+0	.62171+0
2	.93087+0	.92709+0	.92324+0	.91934+0	.91538+0	.90731+0
3	.99180+0	.99112+0	.99041+0	.98968+0	.98891+0	.98728+0
4	.99941+0	.99935+0	.99928+0	.99920+0	.99912+0	.99894+0
5	.99997+0	.99997+0	.99996+0	.99996+0	.99996+0	.99994+0
6	1.000	1.000	1.000	1.000	1.000	1.000
H =	.11078+1	.11444+1	.11819+1	.12202+1	.12593+1	.13404+1

THETA=	.22000+2	.23000+2	.24000+2	.25000+2	.30000+2	.35000+2
-I-			—SUM-P(I)—			
0	.17542+0	.16516+0	.15566+0	.14683+0	.11107+0	.85577-1
1	.60424+0	.58725+0	.57074+0	.55469+0	.48131+0	.41838+0
2	.89905+0	.89062+0	.88205+0	.87334+0	.82840+0	.78238+0
3	.98553+0	.98366+0	.98166+0	.97955+0	.96724+0	.95224+0
4	.99874+0	.99852+0	.99827+0	.99799+0	.99617+0	.99353+0
5	.99993+0	.99991+0	.99989+0	.99987+0	.99971+0	.99943+0
6	1.000	1.000	1.000	.99999+0	.99998+0	.99997+0
7				1.000	1.000	1.000
H =	.14251+1	.15136+1	.16061+1	.17026+1	.22508+1	.29213+1

THETA=	.40000+2	.45000+2	.50000+2	.55000+2	.60000+2	.65000+2
-I-			—SUM-P(I)—			
0	.66955-1	.53075-1	.42551-1	.34454-1	.28144-1	.23171-1
1	.36453+0	.31845+0	.27895+0	.24501+0	.21577+0	.19051+0
2	.73650+0	.69163+0	.64832+0	.60690+0	.56757+0	.53043+0
3	.93489+0	.91554+0	.89456+0	.87228+0	.84901+0	.82503+0
4	.99000+0	.98552+0	.98007+0	.97365+0	.96628+0	.95800+0
5	.99899+0	.99837+0	.99751+0	.99640+0	.99500+0	.99328+0
6	.99993+0	.99987+0	.99979+0	.99966+0	.99949+0	.99926+0
7	1.000	.99999+0	.99999+0	.99998+0	.99996+0	.99994+0
8		1.000	1.000	1.000	1.000	1.000
H =	.37339+1	.47103+1	.58753+1	.72560+1	.88828+1	.10789+2

THETA=	.70000+2	.75000+2	.80000+2	.85000+2	.90000+2	.95000+2
-I-			—SUM-P(I)—			
0	.19211-1	.16031-1	.13455-1	.11354-1	.96286-2	.82025-2
1	.16863+0	.14962+0	.13306+0	.11859+0	.10591+0	.94785-1
2	.49549+0	.46273+0	.43207+0	.40343+0	.37672+0	.35183+0
3	.80056+0	.77583+0	.75101+0	.72625+0	.70169+0	.67741+0
4	.94886+0	.93891+0	.92820+0	.91681+0	.90479+0	.89221+0
5	.99123+0	.98883+0	.98606+0	.98292+0	.97940+0	.97549+0
6	.99896+0	.99858+0	.99812+0	.99755+0	.99688+0	.99610+0
7	.99991+0	.99987+0	.99982+0	.99975+0	.99966+0	.99955+0
8	.99999+0	.99999+0	.99999+0	.99998+0	.99997+0	.99996+0
9	1.000	1.000	1.000	1.000	1.000	1.000
H =	.13013+2	.15595+2	.18580+2	.22018+2	.25964+2	.30478+2

GENERALIZED INCOMPLETE MODIFIED BESSEL DISTRIBUTIONS

U2 = 2   U3 = 2

THETA= .10000+3

-I-	SUM-P(I)
0	.70173-2
1	.84987-1
2	.32864+0
3	.65352+0
4	.87912+0
5	.97121+0
6	.99519+0
7	.99942+0
8	.99995+0
9	1.000
H =	.35626+2

U2 = 3   U3 = 0

THETA=	.10000-1	.20000-1	.30000-1	.40000-1	.50000-1	.60000-1
-I-			SUM-P(I)			
0	.99750+0	.99502+0	.99254+0	.99008+0	.98762+0	.98518+0
1	1.000	1.000	.99999+0	.99998+0	.99997+0	.99996+0
2			1.000	1.000	1.000	1.000
H =	.16708+0	.16750+0	.16792+0	.16834+0	.16876+0	.16917+0

THETA=	.70000-1	.80000-1	.90000-1	.10000+0	.11000+0	.12000+0
-I-			SUM-P(I)			
0	.98274+0	.98032+0	.97790+0	.97549+0	.97309+0	.97070+0
1	.99994+0	.99992+0	.99990+0	.99988+0	.99985+0	.99982+0
2	1.000	1.000	1.000	1.000	1.000	1.000
H =	.16959+0	.17001+0	.17043+0	.17085+0	.17128+0	.17170+0

THETA=	.13000+0	.14000+0	.15000+0	.16000+0	.17000+0	.18000+0
-I-			SUM-P(I)			
0	.96832+0	.96595+0	.96359+0	.96124+0	.95890+0	.95657+0
1	.99979+0	.99976+0	.99973+0	.99969+0	.99965+0	.99961+0
2	1.000	1.000	1.000	1.000	1.000	1.000
H =	.17212+0	.17254+0	.17296+0	.17339+0	.17381+0	.17423+0

THETA=	.19000+0	.20000+0	.21000+0	.22000+0	.23000+0	.24000+0
-I-			SUM-P(I)			
0	.95424+0	.95193+0	.94962+0	.94732+0	.94503+0	.94275+0
1	.99957+0	.99952+0	.99947+0	.99942+0	.99937+0	.99932+0
2	1.000	1.000	1.000	1.000	1.000	1.000
H =	.17466+0	.17508+0	.17551+0	.17593+0	.17636+0	.17679+0

THETA=	.25000+0	.26000+0	.27000+0	.28000+0	.29000+0	.30000+0
-I-			SUM-P(I)			
0	.94048+0	.93822+0	.93597+0	.93372+0	.93148+0	.92925+0
1	.99926+0	.99920+0	.99914+0	.99908+0	.99902+0	.99895+0
2	1.000	1.000	1.000	1.000	.99999+0	.99999+0
3					1.000	1.000
H =	.17721+0	.17764+0	.17807+0	.17850+0	.17893+0	.17936+0

THETA=	.31000+0	.32000+0	.33000+0	.34000+0	.35000+0	.36000+0
-I-			SUM-P(I)			
0	.92703+0	.92482+0	.92262+0	.92043+0	.91824+0	.91606+0
1	.99888+0	.99881+0	.99874+0	.99866+0	.99858+0	.99851+0
2	.99999+0	.99999+0	.99999+0	.99999+0	.99999+0	.99999+0

		U2 =	3	U3 =	0	
THETA=	.31000+0	.32000+0	.33000+0	.34000+0	.35000+0	.36000+0
-I-	———————————SUM-P(I)———————————
3	1.000	1.000	1.000	1.000	1.000	1.000
H =	.17978+0	.18021+0	.18064+0	.18108+0	.18151+0	.18194+0
THETA=	.37000+0	.38000+0	.39000+0	.40000+0	.41000+0	.42000+0
-I-	———————————SUM-P(I)———————————
0	.91389+0	.91173+0	.90957+0	.90743+0	.90529+0	.90316+0
1	.99843+0	.99834+0	.99826+0	.99817+0	.99808+0	.99799+0
2	.99999+0	.99999+0	.99999+0	.99999+0	.99999+0	.99998+0
3	1.000	1.000	1.000	1.000	1.000	1.000
H =	.18237+0	.18280+0	.18324+0	.18367+0	.18410+0	.18454+0
THETA=	.43000+0	.44000+0	.45000+0	.46000+0	.47000+0	.48000+0
-I-	———————————SUM-P(I)———————————
0	.90104+0	.89893+0	.89682+0	.89472+0	.89263+0	.89055+0
1	.99790+0	.99781+0	.99771+0	.99761+0	.99751+0	.99741+0
2	.99998+0	.99998+0	.99998+0	.99998+0	.99998+0	.99998+0
3	1.000	1.000	1.000	1.000	1.000	1.000
H =	.18497+0	.18541+0	.18584+0	.18628+0	.18671+0	.18715+0
THETA=	.49000+0	.50000+0	.60000+0	.70000+0	.80000+0	.90000+0
-I-	———————————SUM-P(I)———————————
0	.88847+0	.88640+0	.86614+0	.84659+0	.82773+0	.80952+0
1	.99731+0	.99720+0	.99606+0	.99475+0	.99328+0	.99167+0
2	.99998+0	.99997+0	.99996+0	.99993+0	.99990+0	.99986+0
3	1.000	1.000	1.000	1.000	1.000	1.000
H =	.18759+0	.18803+0	.19243+0	.19687+0	.20135+0	.20588+0
THETA=	.10000+1	.11000+1	.12000+1	.13000+1	.14000+1	.15000+1
-I-	———————————SUM-P(I)———————————
0	.79193+0	.77493+0	.75849+0	.74259+0	.72720+0	.71229+0
1	.98992+0	.98804+0	.98604+0	.98393+0	.98172+0	.97940+0
2	.99982+0	.99976+0	.99969+0	.99962+0	.99953+0	.99944+0
3	1.000	1.000	1.000	1.000	.99999+0	.99999+0
4					1.000	1.000
H =	.21046+0	.21507+0	.21973+0	.22444+0	.22919+0	.23399+0
THETA=	.16000+1	.17000+1	.18000+1	.19000+1	.20000+1	.21000+1
-I-	———————————SUM-P(I)———————————
0	.69786+0	.68386+0	.67030+0	.65714+0	.64438+0	.63199+0
1	.97700+0	.97451+0	.97193+0	.96929+0	.96657+0	.96378+0
2	.99933+0	.99921+0	.99908+0	.99894+0	.99879+0	.99862+0
3	.99999+0	.99999+0	.99999+0	.99998+0	.99998+0	.99997+0
4	1.000	1.000	1.000	1.000	1.000	1.000
H =	.23883+0	.24371+0	.24865+0	.25362+0	.25865+0	.26372+0
THETA=	.22000+1	.23000+1	.24000+1	.25000+1	.26000+1	.27000+1
-I-	———————————SUM-P(I)———————————
0	.61996+0	.60827+0	.59692+0	.58588+0	.57515+0	.56472+0
1	.96093+0	.95803+0	.95507+0	.95206+0	.94900+0	.94590+0
2	.99844+0	.99825+0	.99805+0	.99783+0	.99760+0	.99736+0
3	.99997+0	.99996+0	.99996+0	.99995+0	.99994+0	.99994+0
4	1.000	1.000	1.000	1.000	1.000	1.000
H =	.26884+0	.27400+0	.27921+0	.28447+0	.28978+0	.29513+0

GENERALIZED INCOMPLETE MODIFIED BESSEL DISTRIBUTIONS

U2 = 3   U3 = 0

THETA=	.28000+1	.29000+1	.30000+1	.31000+1	.32000+1	.33000+1
-I-	---	---	--- SUM-P(I)	---	---	---
0	.55457+0	.54469+0	.53507+0	.52570+0	.51658+0	.50769+0
1	.94276+0	.93958+0	.93637+0	.93312+0	.92985+0	.92654+0
2	.99711+0	.99684+0	.99656+0	.99627+0	.99597+0	.99565+0
3	.99993+0	.99992+0	.99991+0	.99990+0	.99989+0	.99987+0
4	1.000	1.000	1.000	1.000	1.000	1.000
H =	.30054+0	.30599+0	.31149+0	.31704+0	.32263+0	.32828+0

THETA=	.34000+1	.35000+1	.36000+1	.37000+1	.38000+1	.39000+1
-I-	---	---	--- SUM-P(I)	---	---	---
0	.49903+0	.49059+0	.48236+0	.47433+0	.46650+0	.45885+0
1	.92321+0	.91985+0	.91648+0	.91308+0	.90967+0	.90624+0
2	.99532+0	.99498+0	.99462+0	.99425+0	.99387+0	.99348+0
3	.99986+0	.99985+0	.99983+0	.99981+0	.99980+0	.99978+0
4	1.000	1.000	1.000	1.000	1.000	1.000
H =	.33398+0	.33973+0	.34553+0	.35137+0	.35727+0	.36322+0

THETA=	.40000+1	.41000+1	.42000+1	.43000+1	.44000+1	.45000+1
-I-	---	---	--- SUM-P(I)	---	---	---
0	.45139+0	.44411+0	.43700+0	.43006+0	.42328+0	.41665+0
1	.90279+0	.89933+0	.89586+0	.89238+0	.88888+0	.88539+0
2	.99307+0	.99265+0	.99222+0	.99177+0	.99132+0	.99085+0
3	.99976+0	.99974+0	.99971+0	.99969+0	.99966+0	.99964+0
4	1.000	.99999+0	.99999+0	.99999+0	.99999+0	.99999+0
5		1.000	1.000	1.000	1.000	1.000
H =	.36923+0	.37528+0	.38138+0	.38754+0	.39375+0	.40001+0

THETA=	.46000+1	.47000+1	.48000+1	.49000+1	.50000+1	.52000+1
-I-	---	---	--- SUM-P(I)	---	---	---
0	.41018+0	.40385+0	.39766+0	.39161+0	.38569+0	.37424+0
1	.88188+0	.87837+0	.87485+0	.87133+0	.86780+0	.86075+0
2	.99037+0	.98988+0	.98937+0	.98886+0	.98833+0	.98724+0
3	.99961+0	.99958+0	.99955+0	.99952+0	.99949+0	.99942+0
4	.99999+0	.99999+0	.99999+0	.99999+0	.99999+0	.99999+0
5	1.000	1.000	1.000	1.000	1.000	1.000
H =	.40633+0	.41270+0	.41912+0	.42560+0	.43213+0	.44535+0

THETA=	.54000+1	.56000+1	.58000+1	.60000+1	.62000+1	.64000+1
-I-	---	---	--- SUM-P(I)	---	---	---
0	.36327+0	.35277+0	.34269+0	.33303+0	.32375+0	.31484+0
1	.85369+0	.84664+0	.83960+0	.83257+0	.82556+0	.81857+0
2	.98610+0	.98492+0	.98370+0	.98243+0	.98112+0	.97977+0
3	.99934+0	.99926+0	.99917+0	.99908+0	.99898+0	.99887+0
4	.99998+0	.99998+0	.99998+0	.99997+0	.99997+0	.99996+0
5	1.000	1.000	1.000	1.000	1.000	1.000
H =	.45879+0	.47246+0	.48635+0	.50046+0	.51480+0	.52938+0

THETA=	.66000+1	.68000+1	.70000+1	.72000+1	.74000+1	.76000+1
-I-	---	---	--- SUM-P(I)	---	---	---
0	.30627+0	.29803+0	.29010+0	.28247+0	.27512+0	.26804+0
1	.81161+0	.80468+0	.79779+0	.79092+0	.78410+0	.77732+0
2	.97838+0	.97695+0	.97548+0	.97397+0	.97242+0	.97084+0
3	.99876+0	.99864+0	.99851+0	.99837+0	.99823+0	.99808+0
4	.99996+0	.99995+0	.99995+0	.99994+0	.99994+0	.99993+0
5	1.000	1.000	1.000	1.000	1.000	1.000
H =	.54418+0	.55923+0	.57451+0	.59003+0	.60579+0	.62180+0

	U2 = 3	U3 = 0				

THETA=	.78000+1	.80000+1	.82000+1	.84000+1	.86000+1	.88000+1
-I-			—SUM-P(I)—			
0	.26121+0	.25463+0	.24827+0	.24213+0	.23621+0	.23048+0
1	.77058+0	.76388+0	.75722+0	.75062+0	.74406+0	.73755+0
2	.96923+0	.96758+0	.96590+0	.96418+0	.96243+0	.96066+0
3	.99792+0	.99776+0	.99758+0	.99740+0	.99721+0	.99701+0
4	.99992+0	.99991+0	.99990+0	.99989+0	.99988+0	.99987+0
5	1.000	1.000	1.000	1.000	1.000	1.000
H =	.63805+0	.65456+0	.67131+0	.68832+0	.70559+0	.72312+0

THETA=	.90000+1	.92000+1	.94000+1	.96000+1	.98000+1	.10000+2
-I-			—SUM-P(I)—			
0	.22495+0	.21960+0	.21442+0	.20941+0	.20457+0	.19987+0
1	.73109+0	.72468+0	.71832+0	.71201+0	.70575+0	.69955+0
2	.95885+0	.95701+0	.95515+0	.95325+0	.95133+0	.94939+0
3	.99681+0	.99659+0	.99637+0	.99614+0	.99590+0	.99566+0
4	.99986+0	.99985+0	.99983+0	.99982+0	.99980+0	.99979+0
5	1.000	1.000	1.000	.99999+0	.99999+0	.99999+0
6				1.000	1.000	1.000
H =	.74091+0	.75896+0	.77728+0	.79587+0	.81473+0	.83387+0

THETA=	.10200+2	.10400+2	.10600+2	.10800+2	.11000+2	.11200+2
-I-			—SUM-P(I)—			
0	.19532+0	.19092+0	.18665+0	.18251+0	.17849+0	.17459+0
1	.69340+0	.68730+0	.68126+0	.67527+0	.66933+0	.66345+0
2	.94742+0	.94542+0	.94341+0	.94136+0	.93930+0	.93721+0
3	.99540+0	.99514+0	.99486+0	.99458+0	.99429+0	.99399+0
4	.99977+0	.99975+0	.99973+0	.99971+0	.99969+0	.99967+0
5	.99999+0	.99999+0	.99999+0	.99999+0	.99999+0	.99999+0
6	1.000	1.000	1.000	1.000	1.000	1.000
H =	.85328+0	.87298+0	.89295+0	.91321+0	.93376+0	.95460+0

THETA=	.11400+2	.11600+2	.11800+2	.12000+2	.12200+2	.12400+2
-I-			—SUM-P(I)—			
0	.17081+0	.16714+0	.16358+0	.16011+0	.15675+0	.15348+0
1	.65762+0	.65185+0	.64613+0	.64046+0	.63484+0	.62928+0
2	.93511+0	.93298+0	.93083+0	.92866+0	.92648+0	.92428+0
3	.99369+0	.99337+0	.99304+0	.99271+0	.99237+0	.99202+0
4	.99965+0	.99962+0	.99960+0	.99957+0	.99955+0	.99952+0
5	.99999+0	.99999+0	.99999+0	.99998+0	.99998+0	.99998+0
6	1.000	1.000	1.000	1.000	1.000	1.000
H =	.97574+0	.99717+0	.10189+1	.10409+1	.10633+1	.10859+1

THETA=	.12600+2	.12800+2	.13000+2	.13200+2	.13400+2	.13600+2
-I-			—SUM-P(I)—			
0	.15031+0	.14722+0	.14422+0	.14129+0	.13845+0	.13569+0
1	.62377+0	.61832+0	.61291+0	.60756+0	.60226+0	.59701+0
2	.92206+0	.91982+0	.91757+0	.91530+0	.91302+0	.91072+0
3	.99166+0	.99129+0	.99091+0	.99052+0	.99013+0	.98973+0
4	.99949+0	.99946+0	.99342+0	.99939+0	.99936+0	.99932+0
5	.99998+0	.99998+0	.99998+0	.99998+0	.99997+0	.99997+0
6	1.000	1.000	1.000	1.000	1.000	1.000
H =	.11088+1	.11321+1	.11557+1	.11796+1	.12038+1	.12283+1

GENERALIZED INCOMPLETE MODIFIED BESSEL DISTRIBUTIONS 93

U2 = 3   U3 = 0

THETA=	.13800+2	.14000+2	.14200+2	.14400+2	.14600+2	.14800+2
-I-			—SUM-P(I)—			
0	.13299+0	.13037+0	.12782+0	.12533+0	.12291+0	.12055+0
1	.59182+0	.58667+0	.58158+0	.57653+0	.57153+0	.56659+0
2	.90841+0	.90608+0	.90374+0	.90139+0	.89903+0	.89666+0
3	.98931+0	.98889+0	.98846+0	.98802+0	.98758+0	.98712+0
4	.99928+0	.99924+0	.99920+0	.99916+0	.99912+0	.99907+0
5	.99997+0	.99997+0	.99997+0	.99996+0	.99996+0	.99996+0
6	1.000	1.000	1.000	1.000	1.000	1.000
H =	.12532+1	.12784+1	.13039+1	.13298+1	.13560+1	.13825+1

THETA=	.15000+2	.15500+2	.16000+2	.16500+2	.17000+2	.17500+2
-I-			—SUM-P(I)—			
0	.11825+0	.11275+0	.10758+0	.10273+0	.98156-1	.93848-1
1	.56169+0	.54966+0	.53792+0	.52648+0	.51532+0	.50444+0
2	.89427+0	.88826+0	.88220+0	.87608+0	.86991+0	.86370+0
3	.98665+0	.98546+0	.98420+0	.98290+0	.98154+0	.98013+0
4	.99903+0	.99891+0	.99877+0	.99863+0	.99848+0	.99832+0
5	.99996+0	.99995+0	.99994+0	.99993+0	.99992+0	.99991+0
6	1.000	1.000	1.000	1.000	1.000	1.000
H =	.14094+1	.14782+1	.15492+1	.16224+1	.16980+1	.17759+1

THETA=	.18000+2	.18500+2	.19000+2	.19500+2	.20000+2	.21000+2
-I-			—SUM-P(I)—			
0	.89786-1	.85951-1	.82327-1	.78900-1	.75656-1	.69671-1
1	.49382+0	.48347+0	.47338+0	.46354+0	.45394+0	.43544+0
2	.85745+0	.85118+0	.84488+0	.83856+0	.83222+0	.81950+0
3	.97867+0	.97715+0	.97559+0	.97398+0	.97232+0	.96886+0
4	.99815+0	.99796+0	.99776+0	.99756+0	.99734+0	.99686+0
5	.99990+0	.99989+0	.99987+0	.99986+0	.99984+0	.99980+0
6	1.000	1.000	1.000	.99999+0	.99999+0	.99999+0
7				1.000	1.000	1.000
H =	.18563+1	.19391+1	.20245+1	.21124+1	.22030+1	.23922+1

THETA=	.22000+2	.23000+2	.24000+2	.25000+2	.30000+2	.35000+2
-I-			—SUM-P(I)—			
0	.64284-1	.59422-1	.55022-1	.51031-1	.35778-1	.25843-1
1	.41784+0	.40110+0	.38516+0	.36998+0	.30411+0	.25197+0
2	.80676+0	.79403+0	.78132+0	.76866+0	.70662+0	.64770+0
3	.96521+0	.96139+0	.95739+0	.95323+0	.93023+0	.90419+0
4	.99633+0	.99575+0	.99512+0	.99443+0	.99013+0	.98434+0
5	.99976+0	.99971+0	.99965+0	.99958+0	.99911+0	.99837+0
6	.99999+0	.99999+0	.99998+0	.99998+0	.99995+0	.99989+0
7	1.000	1.000	1.000	1.000	1.000	.99999+0
8						1.000
H =	.25927+1	.28048+1	.30291+1	.32660+1	.46583+1	.64491+1

THETA=	.40000+2	.45000+2	.50000+2	.55000+2	.60000+2	.65000+2
-I-			—SUM-P(I)—			
0	.19118-1	.14424-1	.11064-1	.86074-2	.67793-2	.53974-2
1	.21030+0	.17669+0	.14936+0	.12696+0	.10847+0	.93106-1
2	.59267+0	.54180+0	.49510+0	.45243+0	.41354+0	.37816+0
3	.87590+0	.84605+0	.81524+0	.78392+0	.75250+0	.72128+0
4	.97706+0	.96830+0	.95815+0	.94671+0	.93409+0	.92041+0
5	.99729+0	.99581+0	.99388+0	.99148+0	.98856+0	.98512+0
6	.99978+0	.99963+0	.99940+0	.99908+0	.99865+0	.99811+0
7	.99999+0	.99998+0	.99996+0	.99993+0	.99989+0	.99983+0
8	1.000	1.000	1.000	1.000	.99999+0	.99999+0
9					1.000	1.000
H =	.87177+1	.11555+2	.15064+2	.19363+2	.24585+2	.30879+2

U2 =   3   U3 =   0

THETA=	.70000+2	.75000+2	.80000+2	.85000+2	.90000+2	.95000+2
-I-			SUM-P(I)			
0	.43387-2	.35176-2	.28741-2	.23649-2	.19584-2	.16313-2
1	.80265-1	.69473-1	.60357-1	.52619-1	.46022-1	.40375-1
2	.34601+0	.31681+0	.29029+0	.26620+0	.24431+0	.22441+0
3	.69049+0	.66033+0	.63092+0	.60239+0	.57479+0	.54817+0
4	.90579+0	.89036+0	.87424+0	.85753+0	.84035+0	.82279+0
5	.98114+0	.97662+0	.97156+0	.96597+0	.95985+0	.95323+0
6	.99743+0	.99659+0	.99559+0	.99441+0	.99305+0	.99148+0
7	.99975+0	.99965+0	.99952+0	.99935+0	.99914+0	.99889+0
8	.99998+0	.99997+0	.99996+0	.99994+0	.99992+0	.99989+0
9	1.000	1.000	1.000	1.000	.99999+0	.99999+0
10					1.000	1.000
H =	.38414+2	.47380+2	.57989+2	.70476+2	.85104+2	.10217+3

THETA=	.10000+3
-I-	SUM-P(I)
0	.13662-2
1	.35522-1
2	.20630+0
3	.52256+0
4	.80494+0
5	.94613+0
6	.98970+0
7	.99860+0
8	.99986+0
9	.99999+0
10	1.000
H =	.12199+3

U2 =   3   U3 =   1

THETA=	.10000-1	.20000-1	.30000-1	.40000-1	.50000-1	.60000-1
-I-			SUM-P(I)			
0	.99875+0	.99750+0	.99626+0	.99502+0	.99378+0	.99254+0
1	1.000	1.000	1.000	.99999+0	.99999+0	.99993+0
2				1.000	1.000	1.000
H =	.16688+0	.16708+0	.16729+0	.16750+0	.16771+0	.16792+0

THETA=	.70000-1	.80000-1	.90000-1	.10000+0	.11000+0	.12000+0
-I-			SUM-P(I)			
0	.99131+0	.99007+0	.98884+0	.98761+0	.98639+0	.98516+0
1	.99998+0	.99997+0	.99997+0	.99996+0	.99995+0	.99994+0
2	1.000	1.000	1.000	1.000	1.000	1.000
H =	.16813+0	.16834+0	.16855+0	.16876+0	.16897+0	.16918+0

THETA=	.13000+0	.14000+0	.15000+0	.16000+0	.17000+0	.18000+0
-I-			SUM-P(I)			
0	.98394+0	.98272+0	.98150+0	.98029+0	.97908+0	.97787+0
1	.99993+0	.99992+0	.99991+0	.99990+0	.99988+0	.99987+0
2	1.000	1.000	1.000	1.000	1.000	1.000
H =	.16939+0	.16960+0	.16981+0	.17002+0	.17023+0	.17044+0

THETA=	.19000+0	.20000+0	.21000+0	.22000+0	.23000+0	.24000+0
-I-			SUM-P(I)			
0	.97666+0	.97545+0	.97425+0	.97304+0	.97184+0	.97065+0
1	.99985+0	.99984+0	.99982+0	.99980+0	.99979+0	.99977+0
2	1.000	1.000	1.000	1.000	1.000	1.000
H =	.17065+0	.17086+0	.17107+0	.17128+0	.17150+0	.17171+0

U2 = 3   U3 = 1

THETA=	.25000+0	.26000+0	.27000+0	.28000+0	.29000+0	.30000+0
-I-			—SUM-P(I)—			
0	.96945+0	.96826+0	.96707+0	.96588+0	.96469+0	.96351+0
1	.99975+0	.99973+0	.99971+0	.99968+0	.99966+0	.99964+0
2	1.000	1.000	1.000	1.000	1.000	1.000
H =	.17192+0	.17213+0	.17234+0	.17255+0	.17277+0	.17298+0

THETA=	.31000+0	.32000+0	.33000+0	.34000+0	.35000+0	.36000+0
-I-			—SUM-P(I)—			
0	.96232+0	.96114+0	.95996+0	.95879+0	.95761+0	.95644+0
1	.99961+0	.99959+0	.99956+0	.99954+0	.99951+0	.99948+0
2	1.000	1.000	1.000	1.000	1.000	1.000
H =	.17319+0	.17340+0	.17362+0	.17383+0	.17404+0	.17426+0

THETA=	.37000+0	.38000+0	.39000+0	.40000+0	.41000+0	.42000+0
-I-			—SUM-P(I)—			
0	.95527+0	.95410+0	.95294+0	.95177+0	.95061+0	.94945+0
1	.99945+0	.99942+0	.99939+0	.99936+0	.99933+0	.99930+0
2	1.000	1.000	1.000	1.000	1.000	1.000
H =	.17447+0	.17468+0	.17490+0	.17511+0	.17533+0	.17554+0

THETA=	.43000+0	.44000+0	.45000+0	.46000+0	.47000+0	.48000+0
-I-			—SUM-P(I)—			
0	.94829+0	.94714+0	.94599+0	.94483+0	.94368+0	.94254+0
1	.99927+0	.99923+0	.99920+0	.99916+0	.99913+0	.99909+0
2	1.000	1.000	.99999+0	.99999+0	.99999+0	.99999+0
3			1.000	1.000	1.000	1.000
H =	.17575+0	.17597+0	.17618+0	.17640+0	.17661+0	.17683+0

THETA=	.49000+0	.50000+0	.60000+0	.70000+0	.80000+0	.90000+0
-I-			—SUM-P(I)—			
0	.94139+0	.94025+0	.92893+0	.91780+0	.90687+0	.89612+0
1	.99905+0	.99901+0	.99859+0	.99811+0	.99755+0	.99694+0
2	.99999+0	.99999+0	.99999+0	.99998+0	.99997+0	.99996+0
3	1.000	1.000	1.000	1.000	1.000	1.000
H =	.17704+0	.17726+0	.17942+0	.18159+0	.18378+0	.18599+0

THETA=	.10000+1	.11000+1	.12000+1	.13000+1	.14000+1	.15000+1
-I-			—SUM-P(I)—			
0	.88556+0	.87518+0	.86498+0	.85494+0	.84507+0	.83537+0
1	.99626+0	.99552+0	.99472+0	.99387+0	.99296+0	.99200+0
2	.99995+0	.99993+0	.99991+0	.99989+0	.99986+0	.99984+0
3	1.000	1.000	1.000	1.000	1.000	1.000
H =	.18820+0	.19044+0	.19268+0	.19494+0	.19722+0	.19951+0

THETA=	.16000+1	.17000+1	.18000+1	.19000+1	.20000+1	.21000+1
-I-			—SUM-P(I)—			
0	.82583+0	.81644+0	.80721+0	.79812+0	.78918+0	.78038+0
1	.99099+0	.98993+0	.98883+0	.98767+0	.98648+0	.98524+0
2	.99980+0	.99977+0	.99972+0	.99968+0	.99963+0	.99958+0
3	1.000	1.000	1.000	1.000	.99999+0	.99999+0
4					1.000	1.000
H =	.20182+0	.20414+0	.20647+0	.20882+0	.21119+0	.21357+0

$U2 = 3$ $U3 = 1$

THETA=	.22000+1	.23000+1	.24000+1	.25000+1	.26000+1	.27000+1
-I-	\multicolumn{6}{c}{————————SUM-P(I)————————}					
0	.77173+0	.76321+0	.75482+0	.74657+0	.73844+0	.73044+0
1	.98395+0	.98263+0	.98127+0	.97987+0	.97844+0	.97696+0
2	.99952+0	.99945+0	.99939+0	.99931+0	.99923+0	.99915+0
3	.99999+0	.99999+0	.99999+0	.99999+0	.99999+0	.99998+0
4	1.000	1.000	1.000	1.000	1.000	1.000
H =	.21597+0	.21838+0	.22080+0	.22324+0	.22570+0	.22817+0

THETA=	.28000+1	.29000+1	.30000+1	.31000+1	.32000+1	.33000+1
-I-	\multicolumn{6}{c}{————————SUM-P(I)————————}					
0	.72256+0	.71481+0	.70717+0	.69964+0	.69223+0	.68493+0
1	.97546+0	.97392+0	.97235+0	.97075+0	.96912+0	.96746+0
2	.99906+0	.99897+0	.99887+0	.99877+0	.99866+0	.99854+0
3	.99998+0	.99998+0	.99998+0	.99997+0	.99997+0	.99997+0
4	1.000	1.000	1.000	1.000	1.000	1.000
H =	.23066+0	.23316+0	.23568+0	.23822+0	.24077+0	.24333+0

THETA=	.34000+1	.35000+1	.36000+1	.37000+1	.38000+1	.39000+1
-I-	\multicolumn{6}{c}{————————SUM-P(I)————————}					
0	.67774+0	.67065+0	.66367+0	.65679+0	.65001+0	.64333+0
1	.96578+0	.96406+0	.96232+0	.96056+0	.95877+0	.95696+0
2	.99842+0	.99829+0	.99816+0	.99802+0	.99788+0	.99773+0
3	.99996+0	.99996+0	.99995+0	.99995+0	.99994+0	.99994+0
4	1.000	1.000	1.000	1.000	1.000	1.000
H =	.24592+0	.24851+0	.25113+0	.25376+0	.25640+0	.25907+0

THETA=	.40000+1	.41000+1	.42000+1	.43000+1	.44000+1	.45000+1
-I-	\multicolumn{6}{c}{————————SUM-P(I)————————}					
0	.63675+0	.63026+0	.62386+0	.61756+0	.61134+0	.60521+0
1	.95512+0	.95327+0	.95139+0	.94949+0	.94758+0	.94564+0
2	.99757+0	.99741+0	.99724+0	.99707+0	.99689+0	.99670+0
3	.99993+0	.99993+0	.99992+0	.99991+0	.99990+0	.99990+0
4	1.000	1.000	1.000	1.000	1.000	1.000
H =	.26175+0	.26444+0	.26715+0	.26988+0	.27263+0	.27539+0

THETA=	.46000+1	.47000+1	.48000+1	.49000+1	.50000+1	.52000+1
-I-	\multicolumn{6}{c}{————————SUM-P(I)————————}					
0	.59917+0	.59321+0	.58733+0	.58153+0	.57582+0	.56462+0
1	.94369+0	.94171+0	.93973+0	.93772+0	.93570+0	.93162+0
2	.99651+0	.99631+0	.99611+0	.99590+0	.99568+0	.99523+0
3	.99989+0	.99988+0	.99987+0	.99986+0	.99985+0	.99983+0
4	1.000	1.000	1.000	1.000	1.000	1.000
H =	.27816+0	.28096+0	.28377+0	.28660+0	.28944+0	.29519+0

THETA=	.54000+1	.56000+1	.58000+1	.60000+1	.62000+1	.64000+1
-I-	\multicolumn{6}{c}{————————SUM-P(I)————————}					
0	.55372+0	.54311+0	.53278+0	.52273+0	.51293+0	.50339+0
1	.92748+0	.92329+0	.91905+0	.91477+0	.91045+0	.90609+0
2	.99476+0	.99425+0	.99373+0	.99318+0	.99260+0	.99200+0
3	.99980+0	.99977+0	.99974+0	.99971+0	.99968+0	.99964+0
4	1.000	.99999+0	.99999+0	.99999+0	.99999+0	.99999+0
5		1.000	1.000	1.000	1.000	1.000
H =	.30100+0	.30687+0	.31282+0	.31884+0	.32493+0	.33109+0

GENERALIZED INCOMPLETE MODIFIED BESSEL DISTRIBUTIONS

$U2 = 3 \quad U3 = 1$

THETA=	.66000+1	.68000+1	.70000+1	.72000+1	.74000+1	.76000+1
-I-	\-\-\-\-\-\-\-\-\-\-\-\-\-\-\-	SUM-P(I)	\-\-\-\-\-\-\-\-\-\-\-\-\-			
0	.49408+0	.48502+0	.47618+0	.46756+0	.45916+0	.45096+0
1	.90170+0	.89729+0	.89284+0	.88837+0	.88388+0	.87937+0
2	.99138+0	.99073+0	.99006+0	.98937+0	.98865+0	.98790+0
3	.99960+0	.99956+0	.99951+0	.99946+0	.99941+0	.99936+0
4	.99999+0	.99999+0	.99999+0	.99998+0	.99998+0	.99998+0
5	1.000	1.000	1.000	1.000	1.000	1.000
H =	.33732+0	.34363+0	.35001+0	.35646+0	.36298+0	.36958+0

THETA=	.78000+1	.80000+1	.82000+1	.84000+1	.86000+1	.88000+1
-I-	\-\-\-\-\-\-\-\-\-\-\-\-\-\-\-	SUM-P(I)	\-\-\-\-\-\-\-\-\-\-\-\-\-			
0	.44296+0	.43515+0	.42753+0	.42009+0	.41283+0	.40573+0
1	.87484+0	.87030+0	.86575+0	.86119+0	.85662+0	.85204+0
2	.98713+0	.98634+0	.98553+0	.98470+0	.98384+0	.98296+0
3	.99930+0	.99924+0	.99917+0	.99910+0	.99903+0	.99896+0
4	.99998+0	.99997+0	.99997+0	.99997+0	.99997+0	.99996+0
5	1.000	1.000	1.000	1.000	1.000	1.000
H =	.37626+0	.38301+0	.38983+0	.39674+0	.40372+0	.41078+0

THETA=	.90000+1	.92000+1	.94000+1	.96000+1	.98000+1	.10000+2
-I-	\-\-\-\-\-\-\-\-\-\-\-\-\-\-\-	SUM-P(I)	\-\-\-\-\-\-\-\-\-\-\-\-\-			
0	.39880+0	.39203+0	.38542+0	.37895+0	.37263+0	.36646+0
1	.84746+0	.84287+0	.83828+0	.83369+0	.82911+0	.82452+0
2	.98205+0	.98113+0	.98018+0	.97921+0	.97822+0	.97721+0
3	.99888+0	.99879+0	.99871+0	.99861+0	.99852+0	.99842+0
4	.99996+0	.99995+0	.99995+0	.99995+0	.99994+0	.99994+0
5	1.000	1.000	1.000	1.000	1.000	1.000
H =	.41792+0	.42513+0	.43243+0	.43981+0	.44727+0	.45481+0

THETA=	.10200+2	.10400+2	.10600+2	.10800+2	.11000+2	.11200+2
-I-	\-\-\-\-\-\-\-\-\-\-\-\-\-\-\-	SUM-P(I)	\-\-\-\-\-\-\-\-\-\-\-\-\-			
0	.36041+0	.35451+0	.34873+0	.34308+0	.33755+0	.33214+0
1	.81994+0	.81537+0	.81080+0	.80623+0	.80168+0	.79713+0
2	.97618+0	.97513+0	.97406+0	.97297+0	.97186+0	.97073+0
3	.99832+0	.99821+0	.99810+0	.99798+0	.99786+0	.99774+0
4	.99993+0	.99992+0	.99992+0	.99991+0	.99990+0	.99990+0
5	1.000	1.000	1.000	1.000	1.000	1.000
H =	.46243+0	.47014+0	.47792+0	.48580+0	.49375+0	.50180+0

THETA=	.11400+2	.11600+2	.11800+2	.12000+2	.12200+2	.12400+2
-I-	\-\-\-\-\-\-\-\-\-\-\-\-\-\-\-	SUM-P(I)	\-\-\-\-\-\-\-\-\-\-\-\-\-			
0	.32684+0	.32166+0	.31659+0	.31162+0	.30676+0	.30200+0
1	.79260+0	.78807+0	.78356+0	.77906+0	.77457+0	.77009+0
2	.96958+0	.96842+0	.96723+0	.96603+0	.96481+0	.96357+0
3	.99761+0	.99747+0	.99733+0	.99719+0	.99704+0	.99689+0
4	.99989+0	.99988+0	.99987+0	.99986+0	.99985+0	.99984+0
5	1.000	1.000	1.000	1.000	1.000	.99999+0
6						1.000
H =	.50993+0	.51814+0	.52645+0	.53484+0	.54331+0	.55188+0

THETA=	.12600+2	.12800+2	.13000+2	.13200+2	.13400+2	.13600+2
-I-	\-\-\-\-\-\-\-\-\-\-\-\-\-\-\-	SUM-P(I)	\-\-\-\-\-\-\-\-\-\-\-\-\-			
0	.29733+0	.29276+0	.28829+0	.28390+0	.27960+0	.27539+0
1	.76563+0	.76118+0	.75675+0	.75234+0	.74794+0	.74355+0
2	.96231+0	.96104+0	.95975+0	.95845+0	.95713+0	.95579+0
3	.99673+0	.99657+0	.99641+0	.99623+0	.99606+0	.99588+0
4	.99983+0	.99982+0	.99981+0	.99980+0	.99978+0	.99977+0

			U2 =	3	U3 =	1
THETA=	.12600+2	.12800+2	.13000+2	.13200+2	.13400+2	.13600+2
-I-			SUM-P(I)			
5	.99999+0	.99999+0	.99999+0	.99999+0	.99999+0	.99999+0
6	1.000	1.000	1.000	1.000	1.000	1.000
H =	.56054+0	.56929+0	.57813+0	.58706+0	.59608+0	.60520+0
THETA=	.13800+2	.14000+2	.14200+2	.14400+2	.14600+2	.14800+2
-I-			SUM-P(I)			
0	.27126+0	.26722+0	.26325+0	.25936+0	.25554+0	.25180+0
1	.73919+0	.73484+0	.73051+0	.72620+0	.72191+0	.71764+0
2	.95444+0	.95307+0	.95168+0	.95029+0	.94887+0	.94745+0
3	.99569+0	.99550+0	.99530+0	.99510+0	.99490+0	.99469+0
4	.99976+0	.99974+0	.99973+0	.99971+0	.99970+0	.99968+0
5	.99999+0	.99999+0	.99999+0	.99999+0	.99999+0	.99999+0
6	1.000	1.000	1.000	1.000	1.000	1.000
H =	.61441+0	.62372+0	.63312+0	.64261+0	.65221+0	.66190+0
THETA=	.15000+2	.15500+2	.16000+2	.16500+2	.17000+2	.17500+2
-I-			SUM-P(I)			
0	.24813+0	.23926+0	.23080+0	.22273+0	.21503+0	.20767+0
1	.71338+0	.70283+0	.69241+0	.68212+0	.67196+0	.66194+0
2	.94601+0	.94235+0	.93860+0	.93478+0	.93089+0	.92693+0
3	.99447+0	.99391+0	.99331+0	.99269+0	.99203+0	.99133+0
4	.99966+0	.99962+0	.99957+0	.99951+0	.99945+0	.99938+0
5	.99999+0	.99998+0	.99998+0	.99998+0	.99998+0	.99997+0
6	1.000	1.000	1.000	1.000	1.000	1.000
H =	.67168+0	.69658+0	.72211+0	.74828+0	.77509+0	.80257+0
THETA=	.18000+2	.18500+2	.19000+2	.19500+2	.20000+2	.21000+2
-I-			SUM-P(I)			
0	.20063+0	.19390+0	.18746+0	.18130+0	.17539+0	.16430+0
1	.65205+0	.64229+0	.63268+0	.62320+0	.61386+0	.59560+0
2	.92290+0	.91880+0	.91465+0	.91044+0	.90618+0	.89751+0
3	.99061+0	.98985+0	.98906+0	.98824+0	.98738+0	.98557+0
4	.99931+0	.99924+0	.99916+0	.99907+0	.99898+0	.99878+0
5	.99997+0	.99996+0	.99996+0	.99995+0	.99995+0	.99993+0
6	1.000	1.000	1.000	1.000	1.000	1.000
H =	.83072+0	.85955+0	.88908+0	.91931+0	.95026+0	.10144+1
THETA=	.22000+2	.23000+2	.24000+2	.25000+2	.30000+2	.35000+2
-I-			SUM-P(I)			
0	.15410+0	.14470+0	.13602+0	.12799+0	.95761-1	.73099-1
1	.57789+0	.56072+0	.54409+0	.52798+0	.45486+0	.39291+0
2	.88867+0	.87967+0	.87054+0	.86130+0	.81397+0	.76602+0
3	.98363+0	.98156+0	.97936+0	.97703+0	.96359+0	.94739+0
4	.99855+0	.99829+0	.99801+0	.99770+0	.99566+0	.99274+0
5	.99992+0	.99990+0	.99988+0	.99985+0	.99966+0	.99935+0
6	1.000	1.000	.99999+0	.99999+0	.99998+0	.99996+0
7			1.000	1.000	1.000	1.000
H =	.10815+1	.11518+1	.12253+1	.13021+1	.17404+1	.22800+1

U2 = 3   U3 = 1

THETA=	.40000+2	.45000+2	.50000+2	.55000+2	.60000+2	.65000+2
-I-			SUM-P(I)			
0	.56738-1	.44663-1	.35587-1	.28657-1	.23292-1	.19089-1
1	.34043+0	.29589+0	.25801+0	.22567+0	.19798+0	.17419+0
2	.71868+0	.67274+0	.62870+0	.58686+0	.54736+0	.51024+0
3	.92882+0	.90827+0	.88613+0	.86277+0	.83850+0	.81361+0
4	.98885+0	.98397+0	.97807+0	.97116+0	.96328+0	.95446+0
5	.99886+0	.99817+0	.99723+0	.99600+0	.99448+0	.99261+0
6	.99992+0	.99986+0	.99976+0	.99962+0	.99943+0	.99917+0
7	1.000	.99999+0	.99399+0	.99997+0	.99996+0	.99993+0
8		1.000	1.000	1.000	1.000	1.000
H =	.29375+1	.37316+1	.46834+1	.58160+1	.71556+1	.87310+1

THETA=	.70000+2	.75000+2	.80000+2	.85000+2	.90000+2	.95000+2
-I-			SUM-P(I)			
0	.15762-1	.13102-1	.10958-1	.92167-2	.77920-2	.66189-2
1	.15368+0	.13593+0	.12054+0	.10714+0	.95452-1	.85218-1
2	.47548+0	.44302+0	.41276+0	.38461+0	.35843+0	.33411+0
3	.78834+0	.76289+0	.73745+0	.71217+0	.68716+0	.66252+0
4	.94477+0	.93426+0	.92299+0	.91104+0	.89848+0	.88537+0
5	.99039+0	.98781+0	.98484+0	.98148+0	.97772+0	.97358+0
6	.99884+0	.99843+0	.99793+0	.99732+0	.99659+0	.99575+0
7	.99990+0	.99986+0	.99980+0	.99972+0	.99962+0	.99951+0
8	.99999+0	.99999+0	.99999+0	.99998+0	.99997+0	.99996+0
9	1.000	1.000	1.000	1.000	1.000	1.000
H =	.10574+2	.12721+2	.15209+2	.18083+2	.21390+2	.25181+2

THETA=	.10000+3
-I-	SUM-P(I)
0	.56472-2
1	.76237-1
2	.31154+0
3	.63834+0
4	.87177+0
5	.96904+0
6	.99477+0
7	.99936+0
8	.99994+0
9	1.000
H =	.29513+2

U2 = 3   U3 = 2

THETA=	.10000-1	.20000-1	.30000-1	.40000-1	.50000-1	.60000-1
-I-			SUM-P(I)			
0	.99917+0	.99834+0	.99750+0	.99667+0	.99585+0	.99502+0
1	1.000	1.000	1.000	1.000	.99999+0	.99999+0
2					1.000	1.000
H =	.83403-1	.83472-1	.83542-1	.83611-1	.83681-1	.83751-1

THETA=	.70000-1	.80000-1	.90000-1	.10000+0	.11000+0	.12000+0
-I-			SUM-P(I)			
0	.99419+0	.99336+0	.99254+0	.99172+0	.99089+0	.99007+0
1	.99999+0	.99999+0	.99998+0	.99998+0	.99997+0	.99997+0
2	1.000	1.000	1.000	1.000	1.000	1.000
H =	.83820-1	.83890-1	.83960-1	.84030-1	.84099-1	.84169-1

		U2 =	3	U3 =	2	
THETA=	.13000+0	.14000+0	.15000+0	.16000+0	.17000+0	.18000+0
-I-			—SUM-P(I)—			
0	.98925+0	.98843+0	.98761+0	.98679+0	.98597+0	.98516+0
1	.99997+0	.99996+0	.99995+0	.99995+0	.99994+0	.99993+0
2	1.000	1.000	1.000	1.000	1.000	1.000
H =	.84239-1	.84309-1	.84379-1	.84449-1	.84519-1	.84589-1
THETA=	.19000+0	.20000+0	.21000+0	.22000+0	.23000+0	.24000+0
-I-			—SUM-P(I)—			
0	.98434+0	.98353+0	.98271+0	.98190+0	.98109+0	.98028+0
1	.99993+0	.99992+0	.99991+0	.99990+0	.99989+0	.99988+0
2	1.000	1.000	1.000	1.000	1.000	1.000
H =	.84659-1	.84729-1	.84799-1	.84870-1	.84940-1	.85010-1
THETA=	.25000+0	.26000+0	.27000+0	.28000+0	.29000+0	.30000+0
-I-			—SUM-P(I)—			
0	.97947+0	.97866+0	.97785+0	.97704+0	.97624+0	.97543+0
1	.99987+0	.99986+0	.99985+0	.99984+0	.99983+0	.99982+0
2	1.000	1.000	1.000	1.000	1.000	1.000
H =	.85080-1	.85151-1	.85221-1	.85291-1	.85362-1	.85432-1
THETA=	.31000+0	.32000+0	.33000+0	.34000+0	.35000+0	.36000+0
-I-			—SUM-P(I)—			
0	.97463+0	.97382+0	.97302+0	.97222+0	.97142+0	.97062+0
1	.99980+0	.99979+0	.99978+0	.99976+0	.99975+0	.99974+0
2	1.000	1.000	1.000	1.000	1.000	1.000
H =	.85503-1	.85573-1	.85644-1	.85715-1	.85785-1	.85856-1
THETA=	.37000+0	.38000+0	.39000+0	.40000+0	.41000+0	.42000+0
-I-			—SUM-P(I)—			
0	.96982+0	.96902+0	.96822+0	.96743+0	.96663+0	.96584+0
1	.99972+0	.99971+0	.99969+0	.99968+0	.99966+0	.99964+0
2	1.000	1.000	1.000	1.000	1.000	1.000
H =	.85927-1	.85997-1	.86068-1	.86139-1	.86210-1	.86281-1
THETA=	.43000+0	.44000+0	.45000+0	.46000+0	.47000+0	.48000+0
-I-			—SUM-P(I)—			
0	.96505+0	.96425+0	.96346+0	.96267+0	.96188+0	.96109+0
1	.99963+0	.99961+0	.99959+0	.99957+0	.99956+0	.99954+0
2	1.000	1.000	1.000	1.000	1.000	1.000
H =	.86352-1	.86423-1	.86494-1	.86565-1	.86636-1	.86707-1
THETA=	.49000+0	.50000+0	.60000+0	.70000+0	.80000+0	.90000+0
-I-			—SUM-P(I)—			
0	.96030+0	.95952+0	.95170+0	.94396+0	.93632+0	.92876+0
1	.99952+0	.99950+0	.99928+0	.99903+0	.99874+0	.99842+0
2	1.000	1.000	1.000	.99999+0	.99999+0	.99998+0
3				1.000	1.000	1.000
H =	.86778-1	.86849-1	.87563-1	.88280-1	.89001-1	.89725-1
THETA=	.10000+1	.11000+1	.12000+1	.13000+1	.14000+1	.15000+1
-I-			—SUM-P(I)—			
0	.92129+0	.91389+0	.90659+0	.89936+0	.89221+0	.88514+0
1	.99806+0	.99767+0	.99724+0	.99679+0	.99630+0	.99578+0
2	.99998+0	.99997+0	.99996+0	.99995+0	.99994+0	.99993+0
3	1.000	1.000	1.000	1.000	1.000	1.000
H =	.90453-1	.91185-1	.91920-1	.92659-1	.93401-1	.94147-1

GENERALIZED INCOMPLETE MODIFIED BESSEL DISTRIBUTIONS

$U2 = 3 \quad U3 = 2$

THETA=	.16000+1	.17000+1	.18000+1	.19000+1	.20000+1	.21000+1
-I-	—	—	SUM-P(I)	—	—	—
0	.87815+0	.87123+0	.86439+0	.85762+0	.85093+0	.84431+0
1	.99523+0	.99465+0	.99405+0	.99341+0	.99275+0	.99206+0
2	.99992+0	.99990+0	.99988+0	.99986+0	.99984+0	.99982+0
3	1.000	1.000	1.000	1.000	1.000	1.000
H =	.94897-1	.95650-1	.96407-1	.97168-1	.97932-1	.98700-1

THETA=	.22000+1	.23000+1	.24000+1	.25000+1	.26000+1	.27000+1
-I-	—	—	SUM-P(I)	—	—	—
0	.83776+0	.83127+0	.82486+0	.81852+0	.81224+0	.80603+0
1	.99134+0	.99060+0	.98983+0	.98904+0	.98823+0	.98739+0
2	.99979+0	.99976+0	.99973+0	.99970+0	.99966+0	.99963+0
3	1.000	1.000	1.000	1.000	.99999+0	.99999+0
4					1.000	1.000
H =	.99472-1	.10025+0	.10103+0	.10181+0	.10260+0	.10339+0

THETA=	.28000+1	.29000+1	.30000+1	.31000+1	.32000+1	.33000+1
-I-	—	—	SUM-P(I)	—	—	—
0	.79988+0	.79380+0	.78778+0	.78183+0	.77593+0	.77010+0
1	.98652+0	.98564+0	.98473+0	.98380+0	.98285+0	.98188+0
2	.99959+0	.99954+0	.99950+0	.99945+0	.99940+0	.99935+0
3	.99999+0	.99999+0	.99999+0	.99999+0	.99999+0	.99999+0
4	1.000	1.000	1.000	1.000	1.000	1.000
H =	.10418+0	.10498+0	.10578+0	.10659+0	.10740+0	.10821+0

THETA=	.34000+1	.35000+1	.36000+1	.37000+1	.38000+1	.39000+1
-I-	—	—	SUM-P(I)	—	—	—
0	.76432+0	.75861+0	.75295+0	.74735+0	.74181+0	.73633+0
1	.98088+0	.97987+0	.97884+0	.97779+0	.97672+0	.97563+0
2	.99929+0	.99923+0	.99917+0	.99910+0	.99904+0	.99897+0
3	.99999+0	.99998+0	.99998+0	.99998+0	.99998+0	.99998+0
4	1.000	1.000	1.000	1.000	1.000	1.000
H =	.10903+0	.10985+0	.11068+0	.11150+0	.11234+0	.11317+0

THETA=	.40000+1	.41000+1	.42000+1	.43000+1	.44000+1	.45000+1
-I-	—	—	SUM-P(I)	—	—	—
0	.73090+0	.72552+0	.72020+0	.71493+0	.70971+0	.70455+0
1	.97453+0	.97341+0	.97227+0	.97111+0	.96994+0	.96875+0
2	.99889+0	.99881+0	.99873+0	.99865+0	.99856+0	.99847+0
3	.99997+0	.99997+0	.99997+0	.99997+0	.99996+0	.99996+0
4	1.000	1.000	1.000	1.000	1.000	1.000
H =	.11402+0	.11486+0	.11571+0	.11656+0	.11742+0	.11828+0

THETA=	.46000+1	.47000+1	.48000+1	.49000+1	.50000+1	.52000+1
-I-	—	—	SUM-P(I)	—	—	—
0	.69943+0	.69437+0	.68935+0	.68439+0	.67947+0	.66978+0
1	.96755+0	.96633+0	.96509+0	.96385+0	.96259+0	.96002+0
2	.99838+0	.99828+0	.99818+0	.99808+0	.99797+0	.99775+0
3	.99996+0	.99995+0	.99995+0	.99994+0	.99994+0	.99993+0
4	1.000	1.000	1.000	1.000	1.000	1.000
H =	.11914+0	.12001+0	.12083+0	.12176+0	.12264+0	.12442+0

U2 = 3   U3 = 2

THETA=	.54000+1	.56000+1	.58000+1	.60000+1	.62000+1	.64000+1
-I-			—SUM-P(I)—			
0	.66028+0	.65096+0	.64181+0	.63284+0	.62403+0	.61540+0
1	.95740+0	.95473+0	.95202+0	.94926+0	.94645+0	.94361+0
2	.99751+0	.99726+0	.99700+0	.99672+0	.99643+0	.99612+0
3	.99992+0	.99991+0	.99990+0	.99988+0	.99987+0	.99985+0
4	1.000	1.000	1.000	1.000	1.000	1.000
H =	.12621+0	.12802+0	.12984+0	.13168+0	.13354+0	.13541+0

THETA=	.66000+1	.68000+1	.70000+1	.72000+1	.74000+1	.76000+1
-I-			—SUM-P(I)—			
0	.60692+0	.59859+0	.59042+0	.58240+0	.57453+0	.56680+0
1	.94072+0	.93780+0	.93484+0	.93185+0	.92882+0	.92577+0
2	.99580+0	.99546+0	.99511+0	.99475+0	.99437+0	.99397+0
3	.99984+0	.99982+0	.99980+0	.99978+0	.99976+0	.99973+0
4	1.000	1.000	1.000	.99999+0	.99999+0	.99999+0
5				1.000	1.000	1.000
H =	.13731+0	.13922+0	.14114+0	.14308+0	.14505+0	.14703+0

THETA=	.78000+1	.80000+1	.82000+1	.84000+1	.86000+1	.88000+1
-I-			—SUM-P(I)—			
0	.55920+0	.55174+0	.54442+0	.53722+0	.53015+0	.52321+0
1	.92268+0	.91957+0	.91644+0	.91328+0	.91009+0	.90689+0
2	.99356+0	.99314+0	.99270+0	.99225+0	.99178+0	.99130+0
3	.99971+0	.99968+0	.99965+0	.99962+0	.99959+0	.99955+0
4	.99999+0	.99999+0	.99999+0	.99999+0	.99999+0	.99999+0
5	1.000	1.000	1.000	1.000	1.000	1.000
H =	.14902+0	.15104+0	.15307+0	.15512+0	.15719+0	.15927+0

THETA=	.90000+1	.92000+1	.94000+1	.96000+1	.98000+1	.10000+2
-I-			—SUM-P(I)—			
0	.51638+0	.50967+0	.50308+0	.49660+0	.49023+0	.48397+0
1	.90366+0	.90042+0	.89716+0	.89388+0	.89059+0	.88728+0
2	.99080+0	.99029+0	.98977+0	.98923+0	.98867+0	.98811+0
3	.99952+0	.99948+0	.99944+0	.99940+0	.99935+0	.99931+0
4	.99998+0	.99998+0	.99998+0	.99998+0	.99998+0	.99998+0
5	1.000	1.000	1.000	1.000	1.000	1.000
H =	.16138+0	.16350+0	.16565+0	.16781+0	.16999+0	.17219+0

THETA=	.10200+2	.10400+2	.10600+2	.10800+2	.11000+2	.11200+2
-I-			—SUM-P(I)—			
0	.47781+0	.47176+0	.46581+0	.45996+0	.45420+0	.44854+0
1	.88396+0	.88062+0	.87728+0	.87392+0	.87056+0	.86718+0
2	.98752+0	.98693+0	.98632+0	.98569+0	.98505+0	.98440+0
3	.99926+0	.99921+0	.99916+0	.99910+0	.99905+0	.99899+0
4	.99997+0	.99997+0	.99997+0	.99997+0	.99996+0	.99996+0
5	1.000	1.000	1.000	1.000	1.000	1.000
H =	.17441+0	.17664+0	.17890+0	.18118+0	.18347+0	.18579+0

THETA=	.11400+2	.11600+2	.11800+2	.12000+2	.12200+2	.12400+2
-I-			—SUM-P(I)—			
0	.44297+0	.43750+0	.43211+0	.42681+0	.42159+0	.41646+0
1	.86380+0	.86041+0	.85701+0	.85361+0	.85021+0	.84680+0
2	.98373+0	.98305+0	.98236+0	.98165+0	.98093+0	.98020+0
3	.99893+0	.99886+0	.99880+0	.99873+0	.99866+0	.99858+0
4	.99996+0	.99995+0	.99995+0	.99995+0	.99994+0	.99994+0
5	1.000	1.000	1.000	1.000	1.000	1.000
H =	.18812+0	.19048+0	.19285+0	.19525+0	.19766+0	.20010+0

$U2 = 3$ $U3 = 2$

THETA=	.12600+2	.12800+2	.13000+2	.13200+2	.13400+2	.13600+2
-I-	—	—	— SUM-P(I) —	—	—	—
0	.41141+0	.40643+0	.40154+0	.39673+0	.39199+0	.38732+0
1	.84338+0	.83997+0	.83655+0	.83313+0	.82970+0	.82628+0
2	.97945+0	.97870+0	.97792+0	.97714+0	.97634+0	.97553+0
3	.99851+0	.99843+0	.99834+0	.99826+0	.99817+0	.99808+0
4	.99993+0	.99993+0	.99992+0	.99992+0	.99991+0	.99991+0
5	1.000	1.000	1.000	1.000	1.000	1.000
H =	.20256+0	.20503+0	.20753+0	.21005+0	.21259+0	.21515+0

THETA=	.13800+2	.14000+2	.14200+2	.14400+2	.14600+2	.14800+2
-I-	—	—	— SUM-P(I) —	—	—	—
0	.38273+0	.37820+0	.37375+0	.36936+0	.36504+0	.36079+0
1	.82286+0	.81944+0	.81602+0	.81260+0	.80918+0	.80577+0
2	.97471+0	.97387+0	.97302+0	.97216+0	.97129+0	.97041+0
3	.99799+0	.99789+0	.99780+0	.99770+0	.99759+0	.99748+0
4	.99990+0	.99990+0	.99989+0	.99988+0	.99988+0	.99987+0
5	1.000	1.000	1.000	1.000	1.000	1.000
H =	.21774+0	.22034+0	.22297+0	.22561+0	.22828+0	.23097+0

THETA=	.15000+2	.15500+2	.16000+2	.16500+2	.17000+2	.17500+2
-I-	—	—	— SUM-P(I) —	—	—	—
0	.35660+0	.34640+0	.33658+0	.32712+0	.31799+0	.30920+0
1	.80236+0	.79384+0	.78536+0	.77690+0	.76849+0	.76011+0
2	.96951+0	.96723+0	.96487+0	.96244+0	.95994+0	.95739+0
3	.99737+0	.99709+0	.99678+0	.99645+0	.99611+0	.99574+0
4	.99986+0	.99984+0	.99982+0	.99980+0	.99977+0	.99974+0
5	1.000	.99999+0	.99999+0	.99999+0	.99999+0	.99999+0
6		1.000	1.000	1.000	1.000	1.000
H =	.23369+0	.24057+0	.24759+0	.25475+0	.26206+0	.26951+0

THETA=	.18000+2	.18500+2	.19000+2	.19500+2	.20000+2	.21000+2
-I-	—	—	— SUM-P(I) —	—	—	—
0	.30071+0	.29253+0	.28462+0	.27699+0	.26962+0	.25562+0
1	.75178+0	.74350+0	.73528+0	.72711+0	.71899+0	.70296+0
2	.95476+0	.95208+0	.94934+0	.94654+0	.94368+0	.93781+0
3	.99536+0	.99495+0	.99453+0	.99408+0	.99361+0	.99261+0
4	.99971+0	.99967+0	.99964+0	.99960+0	.99956+0	.99946+0
5	.99999+0	.99999+0	.99998+0	.99998+0	.99998+0	.99997+0
6	1.000	1.000	1.000	1.000	1.000	1.000
H =	.27712+0	.28488+0	.29278+0	.30085+0	.30907+0	.32600+0

THETA=	.22000+2	.23000+2	.24000+2	.25000+2	.30000+2	.35000+2
-I-	—	—	— SUM-P(I) —	—	—	—
0	.24254+0	.23029+0	.21883+0	.20807+0	.16328+0	.12994+0
1	.68719+0	.67169+0	.65648+0	.64156+0	.57148+0	.50892+0
2	.93174+0	.92549+0	.91907+0	.91248+0	.87763+0	.84053+0
3	.99152+0	.99035+0	.98909+0	.98774+0	.97968+0	.96949+0
4	.99935+0	.99923+0	.99909+0	.99894+0	.99791+0	.99635+0
5	.99997+0	.99996+0	.99995+0	.99994+0	.99986+0	.99971+0
6	1.000	1.000	1.000	1.000	.99999+0	.99998+0
7					1.000	1.000
H =	.34359+0	.36186+0	.38082+0	.40050+0	.51037+0	.64134+0

	U2 =	3	U3 =	2		
THETA=	.40000+2	.45000+2	.50000+2	.55000+2	.60000+2	.65000+2
-I-	———————————— SUM-P(I) ————————————					
0	.10464+0	.85149-1	.69917-1	.57872-1	.48246-1	.40483-1
1	.45346+0	.40446+0	.36124+0	.32312+0	.28948+0	.25976+0
2	.80227+0	.76368+0	.72538+0	.68783+0	.65133+0	.61610+0
3	.95729+0	.94329+0	.92769+0	.91071+0	.89256+0	.87345+0
4	.99421+0	.99140+0	.98790+0	.98367+0	.97871+0	.97302+0
5	.99948+0	.99913+0	.99865+0	.99801+0	.99717+0	.99614+0
6	.99997+0	.99994+0	.99990+0	.99983+0	.99974+0	.99961+0
7	1.000	1.000	.99999+0	.99999+0	.99998+0	.99997+0
8			1.000	1.000	1.000	1.000
H =	.79635+0	.97868+0	.11919+1	.14400+1	.17272+1	.20585+1
THETA=	.70000+2	.75000+2	.80000+2	.85000+2	.90000+2	.95000+2
-I-	———————————— SUM-P(I) ————————————					
0	.34168-1	.28993-1	.24723-1	.21177-1	.18216-1	.15730-1
1	.23348+0	.21020+0	.18954+0	.17118+0	.15483+0	.14026+0
2	.58228+0	.54996+0	.51918+0	.48994+0	.46223+0	.43601+0
3	.85357+0	.83310+0	.81219+0	.79099+0	.76962+0	.74819+0
4	.96661+0	.95950+0	.95172+0	.94331+0	.93429+0	.92472+0
5	.99487+0	.99336+0	.99159+0	.98955+0	.98722+0	.98461+0
6	.99945+0	.99924+0	.99897+0	.99864+0	.99825+0	.99778+0
7	.99996+0	.99994+0	.99991+0	.99987+0	.99983+0	.99977+0
8	1.000	1.000	.99999+0	.99999+0	.99999+0	.99998+0
9			1.000	1.000	1.000	1.000
H =	.24389+1	.28742+1	.33707+1	.39351+1	.45748+1	.52979+1
THETA=	.10000+3					
-I-	———————————— SUM-P(I) ————————————					
0	.13632-1					
1	.12723+0					
2	.41123+0					
3	.72679+0					
4	.91462+0					
5	.98170+0					
6	.99723+0					
7	.99969+0					
8	.99997+0					
9	1.000					
H =	.61131+1					

	U2 =	3	U3 =	3		
THETA=	.10000-1	.20000-1	.30000-1	.40000-1	.50000-1	.60000-1
-I-	———————————— SUM-P(I) ————————————					
0	.99938+0	.99875+0	.99813+0	.99750+0	.99688+0	.99626+0
1	1.000	1.000	1.000	1.000	1.000	1.000
H =	.27795-1	.27813-1	.27830-1	.27847-1	.27865-1	.27882-1
THETA=	.70000-1	.80000-1	.90000-1	.10000+0	.11000+0	.12000+0
-I-	———————————— SUM-P(I) ————————————					
0	.99564+0	.99502+0	.99440+0	.99378+0	.99316+0	.99254+0
1	.99999+0	.99999+0	.99999+0	.99999+0	.99998+0	.99998+0
2	1.000	1.000	1.000	1.000	1.000	1.000
H =	.27899-1	.27917-1	.27934-1	.27952-1	.27969-1	.27987-1

U2 =   3   U3 =   3

THETA=	.13000+0	.14000+0	.15000+0	.16000+0	.17000+0	.18000+0
-I-	—	—	—SUM-P(I)—	—	—	—
0	.99192+0	.99130+0	.99068+0	.99007+0	.98945+0	.98884+0
1	.99998+0	.99998+0	.99997+0	.99997+0	.99996+0	.99996+0
2	1.000	1.000	1.000	1.000	1.000	1.000
H =	.28004-1	.28022-1	.28039-1	.28056-1	.28074-1	.28091-1

THETA=	.19000+0	.20000+0	.21000+0	.22000+0	.23000+0	.24000+0
-I-	—	—	—SUM-P(I)—	—	—	—
0	.98822+0	.98761+0	.98699+0	.98638+0	.98576+0	.98515+0
1	.99996+0	.99995+0	.99995+0	.99994+0	.99993+0	.99993+0
2	1.000	1.000	1.000	1.000	1.000	1.000
H =	.28109-1	.28126-1	.28144-1	.28161-1	.28179-1	.28196-1

THETA=	.25000+0	.26000+0	.27000+0	.28000+0	.29000+0	.30000+0
-I-	—	—	—SUM-P(I)—	—	—	—
0	.98454+0	.98393+0	.98332+0	.98271+0	.98210+0	.98149+0
1	.99992+0	.99992+0	.99991+0	.99990+0	.99990+0	.99989+0
2	1.000	1.000	1.000	1.000	1.000	1.000
H =	.28214-1	.28232-1	.28249-1	.28267-1	.28284-1	.28302-1

THETA=	.31000+0	.32000+0	.33000+0	.34000+0	.35000+0	.36000+0
-I-	—	—	—SUM-P(I)—	—	—	—
0	.98088+0	.98027+0	.97966+0	.97905+0	.97845+0	.97784+0
1	.99988+0	.99987+0	.99987+0	.99986+0	.99985+0	.99984+0
2	1.000	1.000	1.000	1.000	1.000	1.000
H =	.28319-1	.28337-1	.28354-1	.28372-1	.28390-1	.28407-1

THETA=	.37000+0	.38000+0	.39000+0	.40000+0	.41000+0	.42000+0
-I-	—	—	—SUM-P(I)—	—	—	—
0	.97723+0	.97663+0	.97602+0	.97542+0	.97481+0	.97421+0
1	.99983+0	.99982+0	.99981+0	.99980+0	.99979+0	.99978+0
2	1.000	1.000	1.000	1.000	1.000	1.000
H =	.28425-1	.28443-1	.28460-1	.28478-1	.28495-1	.28513-1

THETA=	.43000+0	.44000+0	.45000+0	.46000+0	.47000+0	.48000+0
-I-	—	—	—SUM-P(I)—	—	—	—
0	.97361+0	.97301+0	.97240+0	.97180+0	.97120+0	.97060+0
1	.99977+0	.99976+0	.99975+0	.99974+0	.99973+0	.99972+0
2	1.000	1.000	1.000	1.000	1.000	1.000
H =	.28531-1	.28548-1	.28566-1	.28584-1	.28601-1	.28619-1

THETA=	.49000+0	.50000+0	.60000+0	.70000+0	.80000+0	.90000+0
-I-	—	—	—SUM-P(I)—	—	—	—
0	.97000+0	.96940+0	.96344+0	.95752+0	.95165+0	.94583+0
1	.99971+0	.99970+0	.99956+0	.99941+0	.99923+0	.99903+0
2	1.000	1.000	1.000	1.000	.99999+0	.99999+0
3					1.000	1.000
H =	.28637-1	.28655-1	.28832-1	.29010-1	.29189-1	.29369-1

THETA=	.10000+1	.11000+1	.12000+1	.13000+1	.14000+1	.15000+1
-I-	—	—	—SUM-P(I)—	—	—	—
0	.94006+0	.93434+0	.92866+0	.92303+0	.91745+0	.91191+0
1	.99881+0	.99857+0	.99831+0	.99803+0	.99772+0	.99740+0
2	.99999+0	.99999+0	.99998+0	.99998+0	.99997+0	.99996+0
3	1.000	1.000	1.000	1.000	1.000	1.000
H =	.29549-1	.29730-1	.29912-1	.30094-1	.30277-1	.30461-1

U2 = 3   U3 = 3

THETA=	.16000+1	.17000+1	.18000+1	.19000+1	.20000+1	.21000+1
-I-			—SUM-P(I)—			
0	.90641+0	.90097+0	.89556+0	.89020+0	.88488+0	.87961+0
1	.99706+0	.99669+0	.99631+0	.99591+0	.99549+0	.99506+0
2	.99996+0	.99995+0	.99994+0	.99993+0	.99992+0	.99990+0
3	1.000	1.000	1.000	1.000	1.000	1.000
H =	.30646-1	.30831-1	.31017-1	.31204-1	.31391-1	.31580-1

THETA=	.22000+1	.23000+1	.24000+1	.25000+1	.26000+1	.27000+1
-I-			—SUM-P(I)—			
0	.87437+0	.86918+0	.86403+0	.85893+0	.85386+0	.84883+0
1	.99460+0	.99413+0	.99364+0	.99313+0	.99261+0	.99207+0
2	.99989+0	.99988+0	.99986+0	.99984+0	.99982+0	.99980+0
3	1.000	1.000	1.000	1.000	1.000	1.000
H =	.31769-1	.31958-1	.32149-1	.32340-1	.32532-1	.32725-1

THETA=	.28000+1	.29000+1	.30000+1	.31000+1	.32000+1	.33000+1
-I-			—SUM-P(I)—			
0	.84384+0	.83889+0	.83398+0	.82911+0	.82428+0	.81948+0
1	.99151+0	.99094+0	.99035+0	.98975+0	.98913+0	.98350+0
2	.99978+0	.99976+0	.99974+0	.99971+0	.99968+0	.99965+0
3	1.000	1.000	1.000	1.000	.99999+0	.99999+0
4					1.000	1.000
H =	.32918-1	.33112-1	.33307-1	.33503-1	.33700-1	.33897-1

THETA=	.34000+1	.35000+1	.36000+1	.37000+1	.38000+1	.39000+1
-I-			—SUM-P(I)—			
0	.81472+0	.81000+0	.80532+0	.80067+0	.79605+0	.79148+0
1	.98785+0	.98719+0	.98651+0	.98582+0	.98512+0	.98440+0
2	.99962+0	.99959+0	.99956+0	.99952+0	.99948+0	.99945+0
3	.99999+0	.99999+0	.99999+0	.99999+0	.99999+0	.99999+0
4	1.000	1.000	1.000	1.000	1.000	1.000
H =	.34095-1	.34294-1	.34493-1	.34693-1	.34894-1	.35096-1

THETA=	.40000+1	.41000+1	.42000+1	.43000+1	.44000+1	.45000+1
-I-			—SUM-P(I)—			
0	.78693+0	.78243+0	.77795+0	.77351+0	.76911+0	.76474+0
1	.98367+0	.98292+0	.98216+0	.98139+0	.98061+0	.97982+0
2	.99941+0	.99936+0	.99932+0	.99927+0	.99922+0	.99917+0
3	.99999+0	.99999+0	.99999+0	.99998+0	.99998+0	.99998+0
4	1.000	1.000	1.000	1.000	1.000	1.000
H =	.35299-1	.35502-1	.35706-1	.35911-1	.36117-1	.36323-1

THETA=	.46000+1	.47000+1	.48000+1	.49000+1	.50000+1	.52000+1
-I-			—SUM-P(I)—			
0	.76040+0	.75609+0	.75182+0	.74757+0	.74336+0	.73504+0
1	.97901+0	.97819+0	.97736+0	.97652+0	.97567+0	.97393+0
2	.99912+0	.99907+0	.99901+0	.99896+0	.99890+0	.99877+0
3	.99998+0	.99998+0	.99998+0	.99997+0	.99997+0	.99997+0
4	1.000	1.000	1.000	1.000	1.000	1.000
H =	.36531-1	.36739-1	.36948-1	.37157-1	.37368-1	.37791-1

THETA=	.54000+1	.56000+1	.58000+1	.60000+1	.62000+1	.64000+1
-I-			—SUM-P(I)—			
0	.72684+0	.71876+0	.71079+0	.70295+0	.69522+0	.68760+0
1	.97214+0	.97032+0	.96846+0	.96656+0	.96462+0	.96264+0
2	.99864+0	.99850+0	.99835+0	.99819+0	.99802+0	.99784+0

GENERALIZED INCOMPLETE MODIFIED BESSEL DISTRIBUTIONS

U2 = 3   U3 = 3

THETA=	.54000+1	.56000+1	.58000+1	.60000+1	.62000+1	.64000+1
-I-			—SUM-P(I)—			
3	.99996+0	.99996+0	.99995+0	.99995+0	.99994+0	.99993+0
4	1.000	1.000	1.000	1.000	1.000	1.000
H =	.38217-1	.38647-1	.39080-1	.39516-1	.39955-1	.40398-1

THETA=	.66000+1	.68000+1	.70000+1	.72000+1	.74000+1	.76000+1
-I-			—SUM-P(I)—			
0	.68009+0	.67269+0	.66540+0	.65821+0	.65112+0	.64413+0
1	.96063+0	.95858+0	.95651+0	.95440+0	.95226+0	.95009+0
2	.99766+0	.99747+0	.99726+0	.99705+0	.99683+0	.99660+0
3	.99992+0	.99991+0	.99990+0	.99989+0	.99988+0	.99987+0
4	1.000	1.000	1.000	1.000	1.000	1.000
H =	.40844-1	.41294-1	.41746-1	.42202-1	.42662-1	.43125-1

THETA=	.78000+1	.80000+1	.82000+1	.84000+1	.86000+1	.88000+1
-I-			—SUM-P(I)—			
0	.63724+0	.63045+0	.62375+0	.61715+0	.61063+0	.60421+0
1	.94790+0	.94567+0	.94342+0	.94115+0	.93885+0	.93653+0
2	.99636+0	.99611+0	.99585+0	.99558+0	.99530+0	.99501+0
3	.99986+0	.99984+0	.99983+0	.99981+0	.99980+0	.99978+0
4	1.000	1.000	1.000	1.000	.99999+0	.99999+0
5					1.000	1.000
H =	.43591-1	.44060-1	.44533-1	.45010-1	.45490-1	.45974-1

THETA=	.90000+1	.92000+1	.94000+1	.96000+1	.98000+1	.10000+2
-I-			—SUM-P(I)—			
0	.59788+0	.59163+0	.58547+0	.57939+0	.57339+0	.56748+0
1	.93418+0	.93182+0	.92943+0	.92702+0	.92460+0	.92215+0
2	.99472+0	.99441+0	.99409+0	.99377+0	.99343+0	.99309+0
3	.99976+0	.99974+0	.99972+0	.99970+0	.99968+0	.99965+0
4	.99999+0	.99999+0	.99999+0	.99999+0	.99999+0	.99999+0
5	1.000	1.000	1.000	1.000	1.000	1.000
H =	.46461-1	.46951-1	.47446-1	.47943-1	.48445-1	.48950-1

THETA=	.10200+2	.10400+2	.10600+2	.10800+2	.11000+2	.11200+2
-I-			—SUM-P(I)—			
0	.56164+0	.55589+0	.55020+0	.54460+0	.53907+0	.53361+0
1	.91969+0	.91721+0	.91472+0	.91220+0	.90968+0	.90714+0
2	.99273+0	.99237+0	.99199+0	.99161+0	.99121+0	.99081+0
3	.99963+0	.99960+0	.99958+0	.99955+0	.99952+0	.99949+0
4	.99999+0	.99999+0	.99999+0	.99998+0	.99998+0	.99998+0
5	1.000	1.000	1.000	1.000	1.000	1.000
H =	.49458-1	.49970-1	.50486-1	.51006-1	.51529-1	.52056-1

THETA=	.11400+2	.11600+2	.11800+2	.12000+2	.12200+2	.12400+2
-I-			—SUM-P(I)—			
0	.52823+0	.52291+0	.51766+0	.51249+0	.50738+0	.50233+0
1	.90459+0	.90202+0	.89944+0	.89685+0	.89425+0	.89164+0
2	.99040+0	.98997+0	.98954+0	.98910+0	.98865+0	.98819+0
3	.99945+0	.99942+0	.99938+0	.99935+0	.99931+0	.99927+0
4	.99998+0	.99998+0	.99998+0	.99998+0	.99997+0	.99997+0
5	1.000	1.000	1.000	1.000	1.000	1.000
H =	.52587-1	.53122-1	.53660-1	.54202-1	.54748-1	.55298-1

$U2 = 3$ $U3 = 3$

THETA=	.12600+2	.12800+2	.13000+2	.13200+2	.13400+2	.13600+2
-I-			—SUM-P(I)—			
0	.49735+0	.49244+0	.48758+0	.48279+0	.47806+0	.47339+0
1	.88902+0	.88633+0	.88374+0	.88109+0	.87844+0	.87577+0
2	.98771+0	.98723+0	.98674+0	.98625+0	.98574+0	.98522+0
3	.99923+0	.99913+0	.99914+0	.99910+0	.99905+0	.99900+0
4	.99997+0	.99997+0	.99997+0	.99996+0	.99996+0	.99996+0
5	1.000	1.000	1.000	1.000	1.000	1.000
H =	.55851-1	.56409-1	.56970-1	.57536-1	.58105-1	.58678-1

THETA=	.13800+2	.14000+2	.14200+2	.14400+2	.14600+2	.14800+2
-I-			—SUM-P(I)—			
0	.46878+0	.46422+0	.45973+0	.45529+0	.45090+0	.44657+0
1	.87310+0	.87042+0	.86774+0	.86505+0	.86235+0	.85965+0
2	.98469+0	.98416+0	.98361+0	.98306+0	.98249+0	.98192+0
3	.99895+0	.99890+0	.99885+0	.99879+0	.99873+0	.99867+0
4	.99996+0	.99995+0	.99995+0	.99995+0	.99994+0	.99994+0
5	1.000	1.000	1.000	1.000	1.000	1.000
H =	.59256-1	.59837-1	.60422-1	.61012-1	.61605-1	.62202-1

THETA=	.15000+2	.15500+2	.16000+2	.16500+2	.17000+2	.17500+2
-I-			—SUM-P(I)—			
0	.44229+0	.43183+0	.42168+0	.41183+0	.40228+0	.39301+0
1	.85694+0	.85016+0	.84336+0	.83654+0	.82971+0	.82287+0
2	.98134+0	.97984+0	.97829+0	.97669+0	.97503+0	.97332+0
3	.99861+0	.99845+0	.99828+0	.99810+0	.99791+0	.99770+0
4	.99994+0	.99993+0	.99992+0	.99990+0	.99989+0	.99988+0
5	1.000	1.000	1.000	1.000	1.000	1.000
H =	.62804-1	.64326-1	.65874-1	.67449-1	.69050-1	.70679-1

THETA=	.18000+2	.18500+2	.19000+2	.19500+2	.20000+2	.21000+2
-I-			—SUM-P(I)—			
0	.38402+0	.37528+0	.36680+0	.35856+0	.35055+0	.33521+0
1	.81603+0	.80920+0	.80237+0	.79555+0	.78874+0	.77517+0
2	.97156+0	.96975+0	.96788+0	.96597+0	.96401+0	.95996+0
3	.99748+0	.99725+0	.99700+0	.99674+0	.99647+0	.99589+0
4	.99986+0	.99984+0	.99983+0	.99981+0	.99978+0	.99974+0
5	.99999+0	.99999+0	.99999+0	.99999+0	.99999+0	.99999+0
6	1.000	1.000	1.000	1.000	1.000	1.000
H =	.72335-1	.74019-1	.75731-1	.77471-1	.79240-1	.82867-1

THETA=	.22000+2	.23000+2	.24000+2	.25000+2	.30000+2	.35000+2
-I-			—SUM-P(I)—			
0	.32071+0	.30700+0	.29402+0	.28173+0	.22909+0	.18818+0
1	.76169+0	.74831+0	.73505+0	.72192+0	.65863+0	.59983+0
2	.95572+0	.95131+0	.94674+0	.94202+0	.91636+0	.88798+0
3	.99524+0	.99454+0	.99379+0	.99297+0	.98795+0	.98136+0
4	.99968+0	.99962+0	.99955+0	.99947+0	.99891+0	.99804+0
5	.99999+0	.99998+0	.99998+0	.99997+0	.99993+0	.99986+0
6	1.000	1.000	1.000	1.000	1.000	.99999+0
7						1.000
H =	.86613-1	.90482-1	.94476-1	.98599-1	.12125+0	.14761+0

GENERALIZED INCOMPLETE MODIFIED BESSEL DISTRIBUTIONS

U2 = 3   U3 = 3

THETA=	.40000+2	.45000+2	.50000+2	.55000+2	.60000+2	.65000+2
-I-			—SUM-P(I)—			
0	.15595+0	.13024+0	.10953+0	.92687-1	.78876-1	.67467-1
1	.54581+0	.49655+0	.45181+0	.41130+0	.37466+0	.34155+0
2	.85771+0	.82622+0	.79410+0	.76177+0	.72960+0	.69787+0
3	.97322+0	.96359+0	.95256+0	.94025+0	.92679+0	.91231+0
4	.99680+0	.99513+0	.99298+0	.99034+0	.98716+0	.98343+0
5	.99974+0	.99956+0	.99930+0	.99894+0	.99848+0	.99788+0
6	.99999+0	.99997+0	.99995+0	.99992+0	.99987+0	.99981+0
7	1.000	1.000	1.000	1.000	.99999+0	.99999+0
8					1.000	1.000
H =	.17812+0	.21328+0	.25361+0	.29969+0	.35217+0	.41172+0

THETA=	.70000+2	.75000+2	.80000+2	.85000+2	.90000+2	.95000+2
-I-			—SUM-P(I)—			
0	.57980-1	.50042-1	.43363-1	.37714-1	.32914-1	.28818-1
1	.31164+0	.28461+0	.26018+0	.23807+0	.21806+0	.19992+0
2	.66677+0	.63647+0	.60708+0	.57868+0	.55132+0	.52502+0
3	.89694+0	.88081+0	.86404+0	.84675+0	.82903+0	.81099+0
4	.97915+0	.97431+0	.96893+0	.96300+0	.95655+0	.94960+0
5	.99713+0	.99623+0	.99515+0	.99388+0	.99242+0	.99075+0
6	.99972+0	.99961+0	.99946+0	.99928+0	.99906+0	.99879+0
7	.99998+0	.99997+0	.99996+0	.99994+0	.99991+0	.99988+0
8	1.000	1.000	1.000	1.000	.99999+0	.99999+0
9					1.000	1.000
H =	.47909+0	.55509+0	.64059+0	.73653+0	.84394+0	.96391+0

THETA=	.10000+3
-I-	—SUM-P(I)—
0	.25307-1
1	.18348+0
2	.49982+0
3	.79272+0
4	.94216+0
5	.98886+0
6	.99847+0
7	.99985+0
8	.99999+0
9	1.000
H =	.10976+1

Selected Tables in Mathematical Statistics
Volume III, 1975

SAMPLE SIZE REQUIREMENT:
SINGLE AND DOUBLE CLASSIFICATION EXPERIMENTS

Kimiko O. Bowman
Computer Sciences Division
Union Carbide Corporation Nuclear Division

Marvin A. Kastenbaum
Tobacco Institute

SUMMARY

Tables of required sample sizes for testing "treatment" effects are presented. Maximum values of the standardized range, τ, of group means in a single classification experiment are tabulated in Table I when K groups, each containing N observations, are being compared at α and β levels of risk, for values of α = 0.01, 0.05, 0.10, 0.20; β = 0.005, 0.01, 0.025, 0.05, 0.1, 0.2, 0.3, 0.4; K = 2(1)11(2)15(5)30(10)60; and N = 2(1)30(5)50(10)100(50)200(100)500, 1000; and in Table II for a double classification experiment where K = 2(1)11(2)15(5)30(10)60 treatments; B = 2(1)5 blocks; N = 1(1)5 observations per cell; α = 0.01, 0.05, 0.10, 0.20; and β = 0.005, 0.01, 0.025, 0.05, 0.1, 0.2, 0.3, 0.4.

INTRODUCTION

The determination of required sample sizes for testing the equality of several Gaussian means is discussed in a number of principal papers in the statistical literature (Tang, 1938; Thompson, 1941; Lehmer, 1944; Pearson and Hartley, 1951, 1972; Fox, 1956; Tiku, 1967, 1972; Dasgupta, 1968; Bratcher et al., 1970). Much of this information appears in a wide assortment of statistical journals, some of which are obscure and unavailable. Many of the tables which accompany these articles are limited in scope, thereby restricting their applicability. As a result, the experimenter has been obliged to operate within a narrow range of tabulated values or to evaluate the appropriate mathematical function for each specific set of conditions. Both situations are constraining, and neither has encouraged a wider use of correct techniques for determining adequate sample sizes by the very people who are performing experiments.

Answers to questions concerning adequate sample size depend on such things as the number of categories to be compared, the level of risk the experimenter is willing to assume, and some knowledge of the noncentrality parameter. Seldom, however, does an experimenter have an appreciation of the meaning of a noncentrality parameter. Instead, he can usually deal better intuitively with the concept of a standardized range of means. The tables which follow are oriented toward the experimenter with this in mind. They represent an extension of other work by

---

Received by the editors November 1973 and in revised form March 1974 and October 1974.
AMS (MOS) Subject Classifications (1970): Primary 62Q05; Secondary 62F05, 62J10.
Based on work performed for the U.S. Atomic Energy Commission by Union Carbide Corporation, Nuclear Division, Oak Ridge, Tennessee.
The contribution of David G. Hoel to the early development of these tables is gratefully acknowledged.
Permission is granted from *Biometrika* for reproduction of earlier tables.

Kastenbaum, Hoel, and Bowman (1970a, b) and permit the experimenter to determine the required sample sizes, under varying conditions and without the need for iteration.

These tables present maximum values of the standardized range, τ (Tang, 1938; Pearson and Hartley, 1951, 1972) for the single classification experiment situation in which K groups, each containing N observations, are to be compared, and for the double classification experiment with K treatments, B blocks, and N observations per cell. The quantity τ is the difference between the largest and the smallest of the K means, divided by the standard deviation; α is the probability of a "type I error," or the risk an experimenter is willing to take in rejecting the null hypothesis when true; β is the probability of a "type II error," or the risk an experimenter is willing to take in accepting the null hypothesis when it is false. The quantity $(1 - \beta)$ is the "power" of the test, or the probability of detecting a prescribed difference.

BACKGROUND AND NOTATION

A. Single Classification Experiment

If $Z_{i1}, Z_{i2}, \ldots, Z_{iN}$ $(i = 1, \ldots, K)$ are N independent normally distributed random variables each having mean ξ_i and variance σ^2, then the usual test for $\xi_1 = \xi_2 = \ldots = \xi_K$ is based upon the F statistic. For

$$\bar{\xi} = \sum_{i=1}^{K} \xi_i/K$$

and $\delta_i = \xi_i - \bar{\xi}$, the F statistic has a noncentral F distribution with $f_1 = K - 1$ and $f_2 = K(N - 1)$ degrees of freedom and noncentrality parameter

$$\lambda = N \sum_{i=1}^{K} \delta_i^2/2\sigma^2 .$$

Various tables have been produced which give either the power of the F test or the noncentrality parameter for a fixed probability of a type II error, β. Specifically, Tang (1938) tabulates β for $\alpha = 0.01, 0.05$; $f_1 = 1(1)8$; $f_2 = 2, 4, 6(1)30, 60, \infty$; $\phi = 1(0.5)3(1)8$; and Tiku (1967, 1972) tabulates β for $\alpha = 0.005, 0.01, 0.025, 0.05, 0.10$; $f_1 = 1(1)10, 12$; $f_2 = 2(2)30, 40, 60, 120, \infty$; $\phi = 0.5, 1.0(0.2)2.2(0.4)3.0$, where $\phi = \sqrt{2\lambda/K}$. Lehmer (1944) tabulates ϕ for $\alpha = 0.01, 0.05$; $\beta = 0.2, 0.3$; $f_1 = 1(1)10, 12, 15, 20, 24, 30, 40, 60, 80, 120, \infty$; $f_2 = 2(2)20, 24, 30, 40, 60, 80, 120, 240, \infty$; and Dasgupta (1968) tabulates λ for $\alpha = 0.01, 0.05$; $\beta = 0.1(0.1)0.9$; $f_1 = 1(1)10$; $f_2 = 10(5)50(10)100, \infty$.

In experimental situations, however, one may have a better "feel" for the standardized maximum difference between any two means, e.g.,

$$\tau = (\xi_{max} - \xi_{min})/\sigma ,$$

than for the noncentrality parameter λ. For this reason the preference here is for tables of τ. Although the "power" is not a function of τ, it can easily be shown that

$$\tau \leqslant 2\sqrt{\lambda/N} = \phi\sqrt{2K/N} ,$$

with equality if and only if

$$\xi_i = (\xi_{max} + \xi_{min})/2 ,$$

for all ξ_i other than ξ_{max} and ξ_{min}. Therefore, values of $2\sqrt{\lambda/N}$, which gives the maximum possible difference between any two standardized means, appear in the accompanying tables. These tables of τ

are given for $\alpha = 0.01, 0.05, 0.1, 0.2$, $\beta = 0.005, 0.01, 0.025, 0.05, 0.1, 0.2, 0.3, 0.4$, $K = 2(1)11(2)15(5)30(10)60$, $N = 2(1)30(5)50(10)100(50)200(100)500, 1000$. For configurations of the ξ_i other than the extremal one above, smaller values of N may achieve the desired power for given τ. In this sense the tables are conservative.

Application of the studentized range test as considered by David et al. (1972) will produce generally a slightly smaller sample size requirement. However, when the actual configuration of the ξ_i is different from the conservative one used in the computation of the present tables, the F test will generally lead to higher power than the studentized range test.

In order to construct Table I, it was necessary to determine values of $\phi(f_1, f_2, \alpha, \beta)$. For $f_2 \geq 2000$, the values of ϕ approached their limits. These values were checked against corresponding values generated by Tang's limiting formula and also against the entries in Lehmer's tables with $f_2 = \infty$.

B. Double Classification Experiment (Table II)

Following Pearson and Hartley (1951, 1972) the model for the double classification with N observations per cell is

$$X_{ij\ell} = \xi + t_i + b_j + (tb)_{ij} + \epsilon_{ij\ell},$$

where t_i is the ith treatment effect (i = 1, 2, ..., K), b_j is the jth block effect (j = 1, 2, ..., B), $(tb)_{ij}$ is the interaction effect of treatment i with block j, and $\epsilon_{ij\ell}$ is the effect due to the ℓth observation on the ith treatment in block j ($\ell = 1, 2, ..., N$). The $\epsilon_{ij\ell}$ are assumed to be independent Gaussian variables with mean zero and variance σ^2.

In this situation the sample size, N, necessary to test the absence of a treatment effect ($t_i = 0$ for all $i = 1, 2, ..., K$) for specified values of K, B, α, and β may be found through an iterative process involving charts of the power function. These charts, appearing in Pearson and Hartley (1951, 1972), are given in terms of Tang's noncentrality parameter ϕ, levels of risk α and β, and degrees of freedom $f_2 = BK(N-1)$. Table II provides direct answers to this question without requiring iteration.

For the double classification experiment, the standardized maximum difference between any two treatment means is

$$\tau = (t_{max} - t_{min})/\sigma, \text{ where}$$

$$\tau \leq \varphi\{(K-1), (K-1)(B-1), \alpha, \beta\} (2K/B)^{1/2} \text{ for } N = 1, \text{ and}$$

$$\tau \leq \varphi\{(K-1), KB(N-1), \alpha, \beta\} (2K/BN)^{1/2} \text{ for } N > 1,$$

with equality if and only if $t_i = 0$, $\Sigma t_i = 0$ for all t_i other than t_{max} and t_{min}.

Maximum values of the standardized range of the means are tabulated for situations in which K treatment means are to be compared at α and β levels of risk, in a double classification experiment containing B blocks and N observations per cell, for $\alpha = 0.01, 0.05, 0.10, 0.20$; $\beta = 0.005, 0.01, 0.025, 0.05, 0.1, 0.2, 0.3, 0.4$; $K = 2(1)11(2)15(5)30(10)60$; $B = 2(1)5$; and $N = 1(1)5$. Values for $N = 1$ when $K = B = 2$ have been omitted because of difficulties in computation.

Table II is confined to values of τ associated with $N \leq 5$ observations per cell. Sample sizes for smaller values of τ (larger N) may be determined from Table I. In such cases, the number of observations per group, for a prescribed K, α, and β in Table I, should be divided by B, the number of blocks, to yield the correct number of observations per cell. For example, if $\alpha = 0.05$, $\beta = 0.1$, and $K = 4$, then, for 50 observations per group, $\tau = 0.760$ in Table I. The corresponding value of τ, by direct calculation for a double classification experiment with $B = 5$ blocks and $N = 50/5 = 10$ observations per cell, is 0.761. The ratio of these values is $0.761/0.760 = 1.0013$. For $N > 5$ this procedure always yields values of τ for the double classification experiment that are *at most* 1% larger than the corresponding values of τ in Table I. Another alternative procedure for the double classification experiment results from applying the more general techniques described in the following section.

C. More General Applications of Table I

Table I may be used to closely approximate the maximum values of the standardized range, τ_d, for other multiple classification designs. Let f_1 and f_2 be degrees of freedom in "treatment" and "error" respectively. Then for prescribed α and β, enter Table I at $K = f_1 + 1$. The appropriate sample size, N, results from equation $f_2 = K(N-1)$, so that $N = (f_2/K) + 1$. Find τ in Table I corresponding to N, and solve for the desired τ_d as follows: $\tau_d = c_d \tau$, where c_d, defined in the succeeding table, is a constant that depends on the experimental design and the "treatment" under consideration.

Values of c_d

Design	f_1: "treatment" degrees of freedom	f_2: "error" degrees of freedom	c_d: constant
A. Double classification (k treatments in b blocks)			
1. No interaction; one observation per cell	$(k-1)$	$(b-1)(k-1)$	$(N/b)^{1/2}$
2. With interaction; n_1 observations per cell			
Main effect	$(k-1)$	$bk(n_1-1)$	$(N/bn_1)^{1/2}$
Interaction	$(k-1)(b-1)$	$bk(n_1-1)$	$(N/n_1)^{1/2}$
B. Triple classification; n_2 observations per cell			
Main effect	$(k-1)$	$Kb_1 b_2(n_2-1)$	$(N/b_1 b_2 n_2)^{1/2}$
C. Latin square k rows, k columns, k treatments	$(k-1)$	$(k-1)(k-2)$	$(N/k)^{1/2}$

For the double classification design *without interaction* and one observation per cell, Table II should be used when $B \leq 5$. When $B > 5$, and $\alpha = 0.05$, $\beta = 0.05$, the maximum error in τ_d resulting from applying the values $c_d = (N/b)^{1/2}$ is less than 1.5%.

For the double classification design with $\alpha = 0.05$ and $\beta = 0.05$, $c_d = (N/n_1)^{1/2}$ always yields values of τ_d *for interaction* with errors of less than 5%. The maximum error is 4.2% and occurs when $K = 3$ and $B = 3$. If $K = 2$ or $B = 2$, use of c_d always yields exact values.

The value of c_d for *main effects* in a multiple classification design may be determined by generalization from the double and triple classification designs. For a g-tuple design, $c_d = (N/n_g b_1 \cdots b_{g-1})^{1/2}$.

In the multiple classification design, use of these alternative formulas to determine sample size for *main effects* will always yield exact results.

In the Latin square design for $k > 6$ and $\alpha = 0.05$, $\beta = 0.05$, use of the formula $c_d = (N/k)^{1/2}$ results in errors in τ_d that are less than 1%; e.g. $k = 7$, $\tau_d = 2.717$, $\sqrt{2}\varphi \{(k-1), (k-1)(k-2), 0.05, 0.05\} = 2.708$.

For $3 \leq k \leq 6$ in the Latin square design, Table II will yield the desired values of $\tau = \tau_{K,B} \times \sqrt{(K-1)/K}$, without error, where $K = k$, $B = (K-1)$, and $N = 1$.

COMPUTER TECHNIQUES

Let $P(C|\lambda)$ denote the density of the noncentral F distribution with noncentrality parameter λ. Then the significance level for testing $H_0: \lambda = 0$ is given by

$$\alpha = \int_{C_\alpha}^{\infty} P(C|\lambda = 0)\, dC, \qquad (1)$$

where C_α is the test's critical value. The chance of failing to reject H_0 when H_a is true is then given by

$$\beta = \int_0^{C_\alpha} P(C|\lambda)\, dC. \qquad (2)$$

Catherine M. Thompson (1941) calculated C_α for $\alpha = 0.5, 0.25, 0.10, 0.05, 0.025$, and 0.005 and various values of f_1 and f_2 with an accuracy of five significant digits. For the accompanying tables, values of $\alpha = 0.01, 0.05, 0.10, 0.20$ were considered, and more attention was given to the requirements for accuracy.

To obtain the value of C_α for a given f_1, f_2, and α, the incomplete beta function was equated to $(1 - \alpha)$, i.e.

$$\begin{aligned} I_w(p, q) &= B_w(p, q)/B(p, q) \\ &= \frac{\Gamma(p+q)}{\Gamma(p)\,\Gamma(q)} \int_0^w x^{p-1}(1-x)^{q-1}\, dx \\ &= 1 - \alpha, \end{aligned} \qquad (3)$$

where $p = f_1/2$, $q = f_2/2$, and $w = C_\alpha$. The value of w was then iterated until 12-decimal accuracy was achieved.

Computations were carried out on an IBM 360-91 high-speed computer, using a FORTRAN IV language program with double precision utilized by subroutine BDTR* IBM application program, which calculates $I_w(p, q)$. The program expresses $I_w(p, q)$ in the binomial form, which may be evaluated by using a continued-fraction expansion:

$$\begin{aligned} I_w(p, q) &= \sum_{r=p}^{p+q-1} \binom{p+q-1}{r} w^r (1-w)^{p+q-1-r} \\ &= \binom{p+q-1}{p} w^p (1-w)^{q-1} S, \end{aligned} \qquad (4)$$

where S is a continued fraction which is expanded to 80 terms for the desired accuracy.

The values obtained were compared with Thompson's tables and agreed with hers to five significant figures.

Construction of the accompanying tables necessitated finding the value of λ such that

$$\beta = \int_0^{C_\alpha} P(C|\lambda)\, dC,$$

for a given f_1, f_2, α, and β. The integral may be written in the form

$$\beta = \int_0^{C_\alpha} P(C|\lambda)\, dC = \sum_{i=0}^{\infty} \frac{\lambda^i e^{-\lambda}}{i!} I_{C_\alpha}(p+i, q) \qquad (5)$$

---

*System/360 Scientific Subroutine Package (360 A-CM-03X) Version III, Programmer's Manual.

for given λ. Throughout, the tabulated values were calculated using Eq. (5). The convergence criterion used was

$$\frac{\lambda^i e^{-\lambda}}{i!} I_{c_\alpha}(p+i, q) < 10^{-16}$$

for $i > M$, where M satisfies

$$\sum_{i=0}^{M} \frac{\lambda^i e^{-\lambda}}{i!} > 0.9.$$

Values of λ for f_2 even may also be obtained from the relation (see Tang, 1938)

$$\beta = e^{-\lambda(1-w)} w^{p+q-1} \sum_{i=0}^{q-1} R_i, \qquad (6)$$

which holds for f_2 even, where

$$p = f_1/2, \quad q = f_2/2, \quad w = C_\alpha,$$

$$R_i = \frac{1-w}{iw}[(p+q-1+\lambda w)R_{i-1} + \lambda(1-w)R_{i-2}],$$

$$R_{-1} = 0, \quad R_0 = 1,$$

$$R_1 = (p+q-1+\lambda w)\frac{1-w}{w}.$$

For f_2 even and small, the values of λ were verified by using Eq. (6). In addition, the values of λ were checked against Lehmer's (1944) table for $\beta = 0.2$ and 0.3, $\alpha = 0.01$ and 0.05. Lehmer's tables are limited to f_2 even and were constructed by using Eq. (6) for f_2 less than 30 and Eq. (5) for larger values of f_2. Whenever possible, the values of λ were checked against Lehmer's table for $f_1 = 1, 2, 3, 4, 5$; they agreed to two decimal places, with the third place possibly differing by one digit.

Another check was made using the formula

$$\phi = \left\{\frac{\log(1-\alpha) - \log(1-\beta)}{(p+1/2)[1-(1-\alpha)^{1/p}]}\right\}^{1/2}$$

for $K = 2$, $N = 2$ (i.e., $f_1 = 1$, $f_2 = 2$). The results agreed for all combinations of α and β. Lehmer gives the value 3.898 for $f_1 = 1$, $f_2 = 2$, $\alpha = 0.05$, $\beta = 0.2$, but it should read 3.998.

Checks were also made against Dasgupta's table for $\beta = 0.1, 0.2, 0.3, 0.4$, and $\alpha = 0.01, 0.05$; satisfactory agreement was found. For further reassurance concerning the accuracy of the tables, each corner value, namely, $N = 2$, $\beta = 0.005$ and 0.4, $N = 1000$, $\beta = 0.005$ and 0.4, was checked closely for its convergence step.

EXAMPLES OF THE USE OF TABLES I AND II

The first two problems below exemplify the difficulties that an experimenter may encounter in using some of the available techniques for determining sample sizes. Both problems appear in the published statistical literature, and in each case the reported solutions are slightly higher than they should be.

Problem 1

Mace (1964) considers the problem of determining the required number of replications, N, for a single classification experiment in which the number of groups K = 4, the maximum range of the means $(\xi_{max} - \xi_{min}) = 40$, the standard deviation $\sigma = 50$, and the levels of risk $\alpha = 0.05$ and $\beta = 0.2$. The solution given by Mace (N = 39) is incorrect because of a failure to iterate properly in Lehmer's (1944) tables.

Solution a (using Table I)

$$\tau = \frac{\xi_{max} - \xi_{min}}{\sigma} = \frac{40}{50} = 0.8$$

for $\tau = 0.801$, N = 35. Therefore, choose N = 36.

Solution b (using Lehmer's tables)

For $f_1 = K - 1 = 3$ and $f_2 = K(N - 1) = \infty$, Lehmer gives $\phi_{0.05, 0.2} = 1.654$. Thus the first approximation

$$N' = 2K(\phi/\tau)^2 = 2(4)\left(\frac{1.654}{0.8}\right)^2 = 34.2 .$$

In the more precise relation

$$f_2 = K(N' - 1) = 4(33.2) = 132.8 .$$

Entering Lehmer's table with $f_1 = 3$ and $f_2 = 133$ yields a value of

$$\phi_{0.05, 0.2} = 1.679 ,$$

for which

$$N = 2(4)\left(\frac{1.679}{0.8}\right)^2 = 35.2 .$$

Problem 2

Pearson and Hartley (1951, p. 128) consider a double classification experiment with three treatments (K = 3) and three blocks (B = 3). In their notation the standardized range of the means $\tau = W/\sigma_z$. For levels of risk $\alpha = 0.05$ and $\beta = 0.1$, they recommend

a. N = 38 replications when W = 250 and $\sigma_z = 500$, and
b. N = 10 replications when W = σ_z = 500.

Solution

The solutions provided by Pearson and Hartley result from a single iteration of the formulas used to generate Tables I and II in this report. Continued iteration leads to the following values in Table II:

(a) N = 34, (b) N = 9.

Problem 3

Assume that the mean gain in weight of rats on ration A is 350 g for a 13-week feeding period. Five different additives to ration A are proposed as possible methods of increasing this gain by as much as 15 g. The variance of animals treated alike is assumed to be about 840, indicating a standard deviation of approximately 29 g. An animal breeder proposes to carry out an experiment to compare the performances of ration A with and without the various additives. How many animals per group are necessary to test the hypothesis that additives have no effect on increasing the gain in weights? The levels of risk are $\alpha = 0.01$ and $\beta = 0.10$, and the number of groups $K = 6$.

Solution

The value

$$\tau = \frac{365 - 350}{29} = 0.517$$

corresponds to a sample size of between 150 and 200 animals in each of the six groups. Linear interpolation in the accompanying tables suggests approximate sample sizes of $N = 170$ in each of the six groups, or a total of 1020 animals to be observed.

Problem 4

The facilities available for performing the experiment on ration A will accommodate only 600 animals. Nevertheless, the animal breeder is interested in performing this experiment and suggests that he may be satisfied with a comparison involving fewer than five of the additives. If the total number of animals cannot exceed 600, what is the largest number of groups that may be effectively compared for the same values of α, β, and τ?

Solution

For $K = 5$, $N = 120$, $\tau = 0.528$;

for $K = 4$, $N = 150$, $\tau = 0.509$.

Therefore the animal breeder may perform his experiment using ration A as well as ration A with three of the five additives originally proposed.

Problem 5

The mean age at death of female mice of a particular strain is 900 days. Radiation of these animals at sublethal doses of x rays above 100 r (roentgens) is known to reduce their survival time. In fact, every increase of 100 r of x radiation in the range 100 to 400 r appears to reduce longevity by approximately 40 days. A biologist wishes to know whether a corresponding reduction of longevity can be observed in the range 0 to 100 r. He proposes to experiment with two groups of female animals, one of which will be unirradiated, and the other irradiated with 100 r of x rays. How many animals should be placed in each of the two groups?

Solution

In this instance, the number of groups $K = 2$, $\xi_{max} = 900$ days, $\xi_{min} = 860$ days. The levels of risk chosen by the experimenter are $\alpha = 0.05$ and $\beta = 0.10$, and the standard deviation, based on previous observations, is taken to be $\sigma = 200$. Thus,

$$\tau = \frac{\xi_{max} - \xi_{min}}{\sigma} = \frac{40}{200} = 0.20 \; ,$$

and the number of mice required in each of the two groups is about N = 500.

Problem 6

In the same situation, the experimenter might ask, "How small a difference could I detect with 200 observations in each group?"

Solution

Here

$$\tau = \frac{\xi_{max} - \xi_{min}}{\sigma} = 0.325$$

where $\sigma = 200$ and $(\xi_{max} - \xi_{min})$ are unknown. Thus,

$$\xi_{max} - \xi_{min} = 200(0.325) = 65 \text{ days} \; .$$

Problem 7

Alternatively, the experimenter might say, "I can afford to run my experiment with 300 animals in each group. If my significance level is $\alpha = 0.05$, what is the probability that I will detect a reduction of 40 days in longevity at 100 r of x radiation?"

Solution

In this case, the probability of a type II error, β, is approximately 0.3; therefore, the probability of detecting a reduction of 40 days, $(1 - \beta) = 0.7$.

REFERENCES

Bowman, K. O. (1972). "Tables of the sample size requirement," *Biometrika*, 59: 234.

Bratcher, T. L., Moran, M. A., and Zimmer, W. J. (1970). "Tables of sample size in the analysis of variance," *Journal of Quality Technology*, 2: 156–164.

Dasgupta, P. (1968). "Tables of the non-centrality parameter of F-test as a function of power," *Sankhyā: The Indian Journal of Statistics*, Series B, 30: 73–82.

David, H. A., Lachenbruch, P. A. and Brandis, H. P. (1972). "The power function of range and studentized range tests in normal samples," *Biometrika*, 59: 161–168.

Fox, M. (1956). "Charts of the power of the F-test," *Annals of Mathematical Statistics*, 27: 484–497.

Kastenbaum, M. A., Hoel, D. G., and Bowman, K. O. (1970a). "Sample size requirement: one-way analysis of variance," *Biometrika*, 57: 421–430.

Kastenbaum, M. A., Hoel, D. G., and Bowman, K. O. (1970b). "Sample size requirement: randomized block designs," *Biometrika*, 57: 573–577.

Lehmer, Emma (1944). "Inverse tables of probabilities of errors of the second kind," *Annals of Mathematical Statistics*, 15: 388–398.

Mace, Arthur E. (1964). *Sample-Size Determination,* New York: Reinhold Publishing Corporation.

Pearson, E. S., and Hartley, H. O. (1951). "Charts of the power function of the analysis of variance tests, derived from the non-central F-distribution," *Biometrika,* 38: 112–130.

Pearson, E. S., and Hartley, H. O. (1972). *Biometrika Tables for Statisticians,* vol. 2, London: Cambridge University Press.

Tang, P. C. (1938). "The power function of the analysis of variance tests with tables and illustrations of their use," *Statistical Research Memoirs,* 2: 126–149 and tables.

Thompson, Catherine (1941). "Table of percentage points of the incomplete beta function," *Biometrika,* 32: 151–181.

Tiku, M. L. (1967). "Tables of the power of the F-test," *Journal of the American Statistical Association,* 62: 525–539.

Tiku, M. L. (1972). "More tables of the power of the F-test," *Journal of the American Statistical Association,* 67: 709–710.

TABLE I

SINGLE CLASSIFICATION EXPERIMENTS

ALPHA= 0.01

K= 2

BETA

N	0.005	0.01	0.025	0.05	0.1	0.2	0.3	0.4
2	23.054	21.490	19.228	17.322	15.179	12.678	10.954	9.544
3	7.762	7.322	6.682	6.141	5.527	4.800	4.288	3.861
4	5.260	4.982	4.578	4.233	3.840	3.371	3.037	2.755
5	4.220	4.005	3.691	3.422	3.114	2.744	2.480	2.256
6	3.628	3.446	3.180	2.953	2.691	2.376	2.150	1.958
7	3.235	3.074	2.839	2.638	2.406	2.127	1.926	1.755
8	2.949	2.803	2.590	2.407	2.197	1.943	1.761	1.605
9	2.728	2.594	2.398	2.229	2.035	1.801	1.632	1.488
10	2.552	2.427	2.244	2.086	1.905	1.686	1.528	1.394
11	2.406	2.289	2.116	1.968	1.797	1.591	1.443	1.316
12	2.283	2.172	2.008	1.868	1.706	1.511	1.370	1.249
13	2.177	2.071	1.916	1.782	1.628	1.441	1.307	1.192
14	2.085	1.984	1.835	1.707	1.559	1.381	1.252	1.142
15	2.004	1.907	1.764	1.641	1.499	1.327	1.204	1.098
16	1.932	1.838	1.700	1.582	1.445	1.280	1.161	1.059
17	1.867	1.776	1.643	1.528	1.397	1.237	1.122	1.024
18	1.808	1.720	1.591	1.480	1.353	1.198	1.087	0.992
19	1.755	1.669	1.544	1.437	1.313	1.163	1.055	0.962
20	1.706	1.623	1.501	1.397	1.276	1.130	1.025	0.936
21	1.660	1.580	1.462	1.360	1.243	1.101	0.998	0.911
22	1.619	1.540	1.425	1.326	1.211	1.073	0.973	0.888
23	1.580	1.503	1.391	1.294	1.183	1.048	0.950	0.867
24	1.544	1.469	1.359	1.265	1.156	1.024	0.929	0.847
25	1.510	1.437	1.330	1.237	1.131	1.001	0.908	0.829
26	1.479	1.407	1.302	1.211	1.107	0.981	0.889	0.812
27	1.449	1.379	1.276	1.187	1.085	0.961	0.872	0.795
28	1.421	1.352	1.251	1.164	1.064	0.942	0.855	0.780
29	1.395	1.327	1.228	1.143	1.044	0.925	0.839	0.766
30	1.370	1.304	1.206	1.122	1.026	0.909	0.824	0.752
35	1.263	1.202	1.112	1.034	0.945	0.837	0.760	0.693
40	1.177	1.120	1.037	0.964	0.881	0.781	0.708	0.646
45	1.107	1.054	0.975	0.907	0.829	0.734	0.666	0.608
50	1.048	0.997	0.923	0.859	0.785	0.695	0.631	0.576
60	0.954	0.908	0.840	0.782	0.714	0.633	0.574	0.524
70	0.881	0.839	0.776	0.722	0.660	0.585	0.530	0.484
80	0.823	0.783	0.725	0.674	0.616	0.546	0.495	0.452
90	0.775	0.738	0.683	0.635	0.580	0.514	0.467	0.426
100	0.735	0.699	0.647	0.602	0.550	0.487	0.442	0.403
150	0.598	0.569	0.527	0.490	0.448	0.397	0.360	0.329
200	0.517	0.492	0.455	0.424	0.387	0.343	0.311	0.284
300	0.422	0.401	0.371	0.346	0.316	0.280	0.254	0.232
400	0.365	0.347	0.321	0.299	0.273	0.242	0.220	0.200
500	0.326	0.311	0.287	0.267	0.244	0.216	0.196	0.179
1000	0.231	0.219	0.203	0.189	0.173	0.153	0.139	0.127

ALPHA= 0.01

K= 3

BETA

N	0.005	0.01	0.025	0.05	0.1	0.2	0.3	0.4
2	16.539	15.536	14.083	12.857	11.473	9.846	8.712	7.773
3	7.281	6.903	6.353	5.886	5.352	4.716	4.264	3.882
4	5.257	4.999	4.623	4.300	3.931	3.487	3.169	2.899
5	4.322	4.115	3.813	3.553	3.255	2.895	2.636	2.415
6	3.761	3.583	3.323	3.099	2.842	2.530	2.306	2.114
7	3.376	3.217	2.985	2.786	2.556	2.277	2.076	1.905
8	3.090	2.946	2.734	2.552	2.343	2.088	1.905	1.748
9	2.868	2.734	2.539	2.370	2.176	1.940	1.770	1.624
10	2.688	2.563	2.380	2.222	2.040	1.820	1.660	1.524
11	2.538	2.421	2.248	2.099	1.927	1.719	1.569	1.440
12	2.412	2.300	2.136	1.995	1.832	1.634	1.491	1.369
13	2.302	2.196	2.039	1.904	1.749	1.560	1.424	1.307
14	2.207	2.105	1.955	1.826	1.677	1.496	1.365	1.253
15	2.122	2.024	1.880	1.756	1.613	1.439	1.313	1.205
16	2.046	1.952	1.813	1.693	1.555	1.388	1.267	1.163
17	1.979	1.887	1.753	1.637	1.504	1.342	1.225	1.124
18	1.917	1.829	1.698	1.587	1.457	1.300	1.187	1.090
19	1.861	1.775	1.649	1.540	1.415	1.262	1.152	1.058
20	1.809	1.726	1.603	1.498	1.376	1.227	1.120	1.029
21	1.762	1.681	1.561	1.458	1.340	1.195	1.091	1.002
22	1.718	1.639	1.523	1.422	1.306	1.166	1.064	0.977
23	1.678	1.600	1.486	1.389	1.275	1.138	1.039	0.954
24	1.640	1.564	1.453	1.357	1.247	1.112	1.015	0.932
25	1.604	1.530	1.421	1.328	1.220	1.088	0.994	0.912
26	1.571	1.498	1.392	1.300	1.194	1.066	0.973	0.893
27	1.540	1.469	1.364	1.274	1.171	1.045	0.954	0.876
28	1.510	1.441	1.338	1.250	1.148	1.025	0.935	0.859
29	1.482	1.414	1.314	1.227	1.127	1.006	0.918	0.843
30	1.456	1.389	1.290	1.205	1.107	0.988	0.902	0.828
35	1.343	1.281	1.190	1.111	1.021	0.911	0.832	0.764
40	1.252	1.194	1.110	1.037	0.952	0.850	0.776	0.712
45	1.178	1.123	1.044	0.975	0.896	0.799	0.730	0.670
50	1.115	1.064	0.988	0.923	0.848	0.757	0.691	0.634
60	1.015	0.969	0.900	0.841	0.772	0.689	0.629	0.578
70	0.938	0.895	0.831	0.777	0.714	0.637	0.581	0.534
80	0.876	0.836	0.777	0.726	0.667	0.595	0.543	0.499
90	0.825	0.787	0.731	0.683	0.628	0.560	0.511	0.470
100	0.782	0.746	0.693	0.648	0.595	0.531	0.485	0.445
150	0.637	0.608	0.565	0.527	0.485	0.432	0.395	0.362
200	0.551	0.526	0.488	0.456	0.419	0.374	0.341	0.313
300	0.449	0.429	0.398	0.372	0.342	0.305	0.278	0.256
400	0.389	0.371	0.345	0.322	0.296	0.264	0.241	0.221
500	0.348	0.332	0.308	0.288	0.264	0.236	0.215	0.198
1000	0.246	0.234	0.218	0.203	0.187	0.167	0.152	0.140

ALPHA= 0.01

K= 4

BETA

N	0.005	0.01	0.025	0.05	0.1	0.2	0.3	0.4
2	13.991	13.204	12.063	11.096	10.002	8.709	7.801	7.042
3	7.047	6.701	6.196	5.765	5.272	4.681	4.258	3.899
4	5.261	5.015	4.653	4.343	3.987	3.557	3.248	2.984
5	4.385	4.184	3.888	3.634	3.341	2.986	2.730	2.511
6	3.843	3.668	3.411	3.190	2.935	2.625	2.402	2.211
7	3.464	3.307	3.077	2.878	2.649	2.371	2.170	1.998
8	3.180	3.036	2.826	2.644	2.434	2.179	1.995	1.837
9	2.957	2.824	2.628	2.459	2.265	2.028	1.857	1.710
10	2.775	2.650	2.467	2.309	2.126	1.905	1.744	1.606
11	2.624	2.506	2.333	2.183	2.011	1.801	1.649	1.519
12	2.495	2.383	2.218	2.076	1.912	1.713	1.569	1.445
13	2.383	2.276	2.119	1.984	1.827	1.637	1.499	1.381
14	2.285	2.183	2.032	1.903	1.753	1.570	1.438	1.325
15	2.199	2.100	1.956	1.831	1.686	1.511	1.384	1.275
16	2.121	2.026	1.887	1.766	1.627	1.458	1.335	1.230
17	2.052	1.960	1.825	1.708	1.574	1.410	1.292	1.190
18	1.989	1.900	1.769	1.656	1.525	1.367	1.252	1.153
19	1.931	1.844	1.717	1.608	1.481	1.327	1.216	1.120
20	1.878	1.794	1.670	1.564	1.441	1.291	1.182	1.089
21	1.829	1.747	1.627	1.523	1.403	1.257	1.152	1.061
22	1.784	1.704	1.587	1.486	1.369	1.226	1.123	1.035
23	1.742	1.664	1.549	1.451	1.336	1.198	1.097	1.010
24	1.703	1.627	1.515	1.418	1.306	1.171	1.072	0.988
25	1.666	1.592	1.482	1.388	1.278	1.146	1.049	0.967
26	1.632	1.559	1.452	1.359	1.252	1.122	1.028	0.947
27	1.600	1.528	1.423	1.332	1.227	1.100	1.007	0.928
28	1.569	1.499	1.396	1.307	1.204	1.079	0.988	0.910
29	1.540	1.471	1.370	1.283	1.182	1.059	0.970	0.894
30	1.513	1.445	1.346	1.260	1.161	1.040	0.953	0.878
35	1.396	1.333	1.242	1.162	1.071	0.960	0.879	0.810
40	1.302	1.244	1.158	1.084	0.999	0.895	0.820	0.756
45	1.225	1.170	1.090	1.020	0.940	0.842	0.772	0.711
50	1.160	1.108	1.032	0.966	0.890	0.798	0.731	0.673
60	1.056	1.009	0.940	0.880	0.811	0.727	0.665	0.613
70	0.976	0.933	0.869	0.813	0.749	0.671	0.615	0.567
80	0.912	0.871	0.811	0.760	0.700	0.627	0.575	0.529
90	0.859	0.821	0.764	0.716	0.659	0.591	0.541	0.499
100	0.814	0.778	0.724	0.678	0.625	0.560	0.513	0.473
150	0.663	0.634	0.590	0.552	0.509	0.456	0.418	0.385
200	0.574	0.548	0.510	0.478	0.440	0.395	0.361	0.333
300	0.468	0.447	0.416	0.390	0.359	0.322	0.295	0.272
400	0.405	0.387	0.360	0.337	0.311	0.279	0.255	0.235
500	0.362	0.346	0.322	0.302	0.278	0.249	0.228	0.210
1000	0.256	0.244	0.227	0.213	0.196	0.176	0.161	0.148

ALPHA= 0.01

K= 5

BETA

N	0.005	0.01	0.025	0.05	0.1	0.2	0.3	0.4
2	12.732	12.053	11.068	10.232	9.283	8.155	7.359	6.690
3	6.938	6.610	6.131	5.721	5.251	4.685	4.278	3.932
4	5.286	5.046	4.693	4.391	4.042	3.620	3.315	3.054
5	4.444	4.245	3.953	3.702	3.412	3.060	2.805	2.587
6	3.911	3.738	3.483	3.263	3.009	2.701	2.477	2.285
7	3.536	3.379	3.150	2.952	2.723	2.445	2.243	2.070
8	3.252	3.108	2.898	2.716	2.506	2.251	2.066	1.906
9	3.027	2.894	2.699	2.530	2.334	2.097	1.925	1.776
10	2.844	2.719	2.536	2.377	2.194	1.971	1.809	1.670
11	2.691	2.573	2.399	2.249	2.076	1.865	1.712	1.581
12	2.560	2.448	2.283	2.140	1.976	1.775	1.629	1.504
13	2.447	2.340	2.182	2.046	1.888	1.697	1.558	1.438
14	2.347	2.245	2.093	1.963	1.812	1.628	1.495	1.380
15	2.259	2.160	2.015	1.889	1.744	1.567	1.439	1.328
16	2.180	2.085	1.945	1.823	1.683	1.513	1.389	1.282
17	2.109	2.017	1.881	1.764	1.628	1.463	1.343	1.240
18	2.045	1.955	1.824	1.710	1.579	1.419	1.302	1.203
19	1.986	1.899	1.771	1.661	1.533	1.378	1.265	1.168
20	1.932	1.847	1.723	1.616	1.491	1.340	1.231	1.136
21	1.882	1.799	1.678	1.574	1.453	1.306	1.199	1.107
22	1.836	1.755	1.637	1.535	1.417	1.274	1.169	1.080
23	1.793	1.714	1.599	1.499	1.384	1.244	1.142	1.054
24	1.752	1.676	1.563	1.466	1.353	1.216	1.117	1.031
25	1.715	1.640	1.530	1.434	1.324	1.190	1.093	1.009
26	1.680	1.606	1.498	1.405	1.297	1.166	1.070	0.988
27	1.647	1.575	1.469	1.377	1.272	1.143	1.049	0.969
28	1.615	1.545	1.441	1.351	1.247	1.121	1.029	0.950
29	1.586	1.517	1.415	1.327	1.225	1.101	1.011	0.933
30	1.558	1.490	1.390	1.303	1.203	1.081	0.993	0.917
35	1.437	1.375	1.282	1.202	1.110	0.998	0.916	0.846
40	1.341	1.283	1.196	1.122	1.036	0.931	0.855	0.789
45	1.262	1.207	1.126	1.056	0.975	0.876	0.804	0.743
50	1.195	1.143	1.066	1.000	0.923	0.830	0.762	0.703
60	1.089	1.041	0.971	0.911	0.841	0.756	0.694	0.641
70	1.006	0.962	0.898	0.842	0.777	0.698	0.641	0.592
80	0.940	0.899	0.839	0.786	0.726	0.653	0.599	0.553
90	0.886	0.847	0.790	0.741	0.684	0.615	0.564	0.521
100	0.839	0.803	0.749	0.702	0.648	0.583	0.535	0.494
150	0.684	0.654	0.610	0.572	0.528	0.475	0.436	0.402
200	0.592	0.566	0.528	0.495	0.457	0.411	0.377	0.348
300	0.482	0.461	0.430	0.404	0.373	0.335	0.308	0.284
400	0.418	0.399	0.373	0.349	0.323	0.290	0.266	0.246
500	0.373	0.357	0.333	0.312	0.288	0.259	0.238	0.219
1000	0.264	0.252	0.235	0.221	0.204	0.183	0.168	0.155

ALPHA= 0.01

K= 6

BETA

N	0.005	0.01	0.025	0.05	0.1	0.2	0.3	0.4
2	12.011	11.397	10.505	9.745	8.881	7.851	7.120	6.503
3	6.890	6.574	6.111	5.714	5.258	4.707	4.311	3.972
4	5.321	5.085	4.738	4.440	4.096	3.678	3.376	3.117
5	4.500	4.303	4.013	3.763	3.475	3.125	2.871	2.652
6	3.973	3.800	3.546	3.327	3.074	2.765	2.541	2.349
7	3.598	3.443	3.213	3.015	2.786	2.508	2.305	2.131
8	3.314	3.171	2.960	2.778	2.568	2.311	2.125	1.965
9	3.088	2.955	2.759	2.590	2.394	2.155	1.981	1.832
10	2.903	2.778	2.594	2.435	2.251	2.027	1.864	1.723
11	2.748	2.630	2.456	2.305	2.131	1.919	1.765	1.632
12	2.616	2.503	2.338	2.195	2.029	1.827	1.680	1.554
13	2.501	2.394	2.235	2.098	1.940	1.747	1.607	1.486
14	2.400	2.297	2.145	2.014	1.862	1.677	1.542	1.426
15	2.311	2.211	2.065	1.939	1.793	1.614	1.485	1.373
16	2.230	2.135	1.993	1.872	1.730	1.558	1.433	1.326
17	2.158	2.065	1.929	1.811	1.674	1.508	1.387	1.283
18	2.092	2.002	1.870	1.756	1.623	1.462	1.345	1.244
19	2.032	1.945	1.816	1.705	1.577	1.420	1.306	1.208
20	1.977	1.892	1.767	1.659	1.534	1.382	1.271	1.175
21	1.926	1.844	1.722	1.617	1.495	1.346	1.239	1.145
22	1.879	1.798	1.680	1.577	1.458	1.313	1.208	1.117
23	1.835	1.756	1.640	1.540	1.424	1.283	1.180	1.091
24	1.794	1.717	1.604	1.506	1.392	1.254	1.153	1.067
25	1.756	1.681	1.570	1.474	1.363	1.227	1.129	1.044
26	1.720	1.646	1.538	1.444	1.335	1.202	1.106	1.023
27	1.686	1.614	1.507	1.415	1.309	1.179	1.084	1.003
28	1.654	1.583	1.479	1.389	1.284	1.156	1.064	0.984
29	1.624	1.555	1.452	1.363	1.261	1.135	1.044	0.966
30	1.596	1.527	1.426	1.339	1.238	1.115	1.026	0.949
35	1.473	1.409	1.316	1.236	1.143	1.029	0.947	0.876
40	1.374	1.315	1.228	1.153	1.067	0.961	0.884	0.817
45	1.293	1.238	1.156	1.085	1.004	0.904	0.832	0.769
50	1.225	1.173	1.095	1.028	0.951	0.856	0.788	0.729
60	1.116	1.068	0.998	0.937	0.866	0.780	0.718	0.664
70	1.032	0.987	0.922	0.866	0.801	0.721	0.663	0.613
80	0.964	0.922	0.862	0.809	0.748	0.674	0.620	0.573
90	0.908	0.869	0.812	0.762	0.705	0.635	0.584	0.540
100	0.861	0.824	0.769	0.722	0.668	0.602	0.553	0.512
150	0.701	0.671	0.627	0.589	0.544	0.490	0.451	0.417
200	0.607	0.581	0.542	0.509	0.471	0.424	0.390	0.361
300	0.495	0.474	0.442	0.415	0.384	0.346	0.318	0.294
400	0.428	0.409	0.382	0.359	0.332	0.299	0.275	0.254
500	0.382	0.366	0.342	0.321	0.297	0.267	0.246	0.227
1000	0.270	0.259	0.242	0.227	0.210	0.189	0.174	0.161

ALPHA= 0.01

K= 7

BETA

N	0.005	0.01	0.025	0.05	0.1	0.2	0.3	0.4
2	11.561	10.989	10.157	9.447	8.638	7.671	6.982	6.399
3	6.875	6.567	6.115	5.727	5.280	4.740	4.350	4.016
4	5.362	5.129	4.785	4.490	4.148	3.734	3.433	3.175
5	4.553	4.357	4.069	3.821	3.533	3.183	2.929	2.710
6	4.030	3.858	3.604	3.385	3.131	2.823	2.598	2.405
7	3.655	3.499	3.270	3.072	2.842	2.563	2.360	2.185
8	3.369	3.226	3.015	2.833	2.622	2.364	2.177	2.016
9	3.142	3.009	2.812	2.642	2.446	2.206	2.031	1.881
10	2.956	2.830	2.646	2.486	2.301	2.075	1.911	1.770
11	2.799	2.680	2.506	2.355	2.179	1.966	1.811	1.677
12	2.665	2.552	2.386	2.242	2.075	1.872	1.724	1.597
13	2.549	2.441	2.282	2.144	1.985	1.791	1.649	1.527
14	2.447	2.343	2.190	2.058	1.906	1.719	1.583	1.466
15	2.356	2.256	2.109	1.982	1.835	1.655	1.525	1.412
16	2.274	2.178	2.036	1.914	1.772	1.598	1.472	1.363
17	2.201	2.108	1.970	1.852	1.714	1.547	1.425	1.319
18	2.134	2.044	1.911	1.796	1.662	1.500	1.382	1.280
19	2.073	1.985	1.856	1.744	1.615	1.457	1.342	1.243
20	2.017	1.932	1.806	1.697	1.571	1.418	1.306	1.209
21	1.965	1.882	1.760	1.654	1.531	1.381	1.272	1.178
22	1.917	1.836	1.717	1.613	1.494	1.348	1.241	1.150
23	1.873	1.793	1.677	1.576	1.459	1.316	1.213	1.123
24	1.831	1.754	1.639	1.541	1.427	1.287	1.186	1.098
25	1.792	1.716	1.605	1.508	1.396	1.260	1.160	1.075
26	1.756	1.681	1.572	1.477	1.368	1.234	1.137	1.053
27	1.721	1.648	1.541	1.448	1.341	1.210	1.114	1.032
28	1.689	1.617	1.512	1.421	1.316	1.187	1.093	1.013
29	1.658	1.588	1.485	1.395	1.292	1.165	1.074	0.994
30	1.629	1.560	1.458	1.371	1.269	1.145	1.055	0.977
35	1.503	1.440	1.346	1.265	1.171	1.057	0.974	0.902
40	1.403	1.344	1.256	1.181	1.093	0.986	0.909	0.842
45	1.321	1.265	1.182	1.111	1.029	0.928	0.855	0.792
50	1.251	1.198	1.120	1.053	0.975	0.880	0.810	0.750
60	1.140	1.091	1.020	0.959	0.888	0.801	0.738	0.684
70	1.054	1.009	0.943	0.887	0.821	0.741	0.682	0.632
80	0.984	0.943	0.882	0.829	0.767	0.692	0.638	0.591
90	0.927	0.888	0.830	0.780	0.723	0.652	0.601	0.556
100	0.879	0.842	0.787	0.740	0.685	0.618	0.569	0.527
150	0.716	0.686	0.641	0.603	0.558	0.504	0.464	0.430
200	0.620	0.594	0.555	0.522	0.483	0.436	0.401	0.372
300	0.505	0.483	0.452	0.425	0.393	0.355	0.327	0.303
400	0.437	0.418	0.391	0.368	0.340	0.307	0.283	0.262
500	0.391	0.374	0.350	0.329	0.305	0.275	0.253	0.234
1000	0.276	0.265	0.247	0.233	0.215	0.194	0.179	0.166

ALPHA= 0.01

K= 8

BETA

N	0.005	0.01	0.025	0.05	0.1	0.2	0.3	0.4
2	11.262	10.720	9.930	9.256	8.485	7.561	6.901	6.341
3	6.879	6.577	6.133	5.751	5.311	4.777	4.391	4.060
4	5.405	5.173	4.833	4.539	4.199	3.786	3.486	3.228
5	4.605	4.410	4.122	3.874	3.587	3.237	2.982	2.763
6	4.083	3.911	3.657	3.438	3.184	2.875	2.650	2.456
7	3.707	3.551	3.322	3.123	2.893	2.613	2.409	2.233
8	3.420	3.277	3.065	2.882	2.670	2.412	2.224	2.061
9	3.191	3.057	2.860	2.690	2.492	2.251	2.076	1.925
10	3.003	2.877	2.692	2.532	2.346	2.119	1.954	1.812
11	2.845	2.726	2.550	2.399	2.223	2.008	1.852	1.717
12	2.710	2.596	2.429	2.285	2.117	1.913	1.764	1.635
13	2.592	2.483	2.324	2.186	2.025	1.830	1.687	1.565
14	2.488	2.384	2.231	2.098	1.945	1.757	1.620	1.502
15	2.396	2.296	2.148	2.021	1.873	1.692	1.560	1.447
16	2.314	2.217	2.075	1.951	1.808	1.634	1.507	1.397
17	2.239	2.146	2.008	1.889	1.750	1.581	1.458	1.352
18	2.172	2.081	1.947	1.831	1.697	1.534	1.414	1.311
19	2.110	2.021	1.892	1.779	1.649	1.490	1.374	1.274
20	2.053	1.967	1.841	1.731	1.605	1.450	1.337	1.240
21	2.000	1.917	1.794	1.687	1.564	1.413	1.303	1.208
22	1.952	1.870	1.750	1.646	1.526	1.378	1.271	1.179
23	1.906	1.827	1.709	1.608	1.490	1.346	1.242	1.151
24	1.864	1.786	1.671	1.572	1.457	1.317	1.214	1.126
25	1.824	1.748	1.636	1.539	1.426	1.289	1.188	1.102
26	1.787	1.713	1.603	1.507	1.397	1.262	1.164	1.080
27	1.752	1.679	1.571	1.478	1.370	1.238	1.141	1.058
28	1.719	1.647	1.542	1.450	1.344	1.214	1.120	1.039
29	1.688	1.618	1.514	1.424	1.320	1.192	1.100	1.020
30	1.659	1.589	1.487	1.399	1.297	1.172	1.080	1.002
35	1.531	1.467	1.373	1.291	1.197	1.081	0.997	0.925
40	1.429	1.369	1.281	1.205	1.117	1.009	0.931	0.863
45	1.345	1.289	1.206	1.135	1.052	0.950	0.876	0.813
50	1.274	1.221	1.143	1.075	0.996	0.900	0.830	0.770
60	1.161	1.112	1.041	0.979	0.908	0.820	0.756	0.701
70	1.073	1.028	0.962	0.905	0.839	0.758	0.699	0.648
80	1.003	0.961	0.899	0.846	0.784	0.708	0.653	0.606
90	0.945	0.905	0.847	0.797	0.739	0.667	0.616	0.571
100	0.896	0.858	0.803	0.756	0.700	0.633	0.584	0.541
150	0.730	0.699	0.655	0.616	0.571	0.516	0.476	0.441
200	0.631	0.605	0.566	0.533	0.494	0.446	0.411	0.382
300	0.514	0.493	0.461	0.434	0.402	0.363	0.335	0.311
400	0.445	0.427	0.399	0.376	0.348	0.315	0.290	0.269
500	0.398	0.382	0.357	0.336	0.311	0.281	0.259	0.241
1000	0.282	0.270	0.253	0.238	0.220	0.199	0.183	0.170

ALPHA= 0.01

K= 9

BETA

N	0.005	0.01	0.025	0.05	0.1	0.2	0.3	0.4
2	11.057	10.537	9.777	9.129	8.387	7.495	6.856	6.312
3	6.895	6.596	6.158	5.781	5.346	4.817	4.434	4.105
4	5.449	5.218	4.879	4.587	4.248	3.836	3.536	3.278
5	4.654	4.459	4.172	3.924	3.637	3.287	3.032	2.812
6	4.132	3.960	3.707	3.487	3.233	2.923	2.697	2.502
7	3.756	3.600	3.370	3.171	2.940	2.659	2.454	2.277
8	3.467	3.323	3.111	2.928	2.715	2.456	2.266	2.103
9	3.236	3.102	2.905	2.734	2.535	2.293	2.117	1.964
10	3.047	2.921	2.735	2.574	2.387	2.159	1.993	1.850
11	2.887	2.768	2.591	2.439	2.262	2.046	1.889	1.753
12	2.750	2.636	2.469	2.324	2.155	1.950	1.800	1.670
13	2.631	2.522	2.362	2.223	2.062	1.865	1.722	1.598
14	2.526	2.422	2.268	2.135	1.980	1.791	1.654	1.535
15	2.433	2.333	2.184	2.056	1.907	1.725	1.593	1.478
16	2.350	2.253	2.109	1.986	1.842	1.666	1.538	1.428
17	2.274	2.180	2.042	1.922	1.783	1.613	1.489	1.382
18	2.206	2.115	1.980	1.864	1.729	1.564	1.444	1.340
19	2.143	2.054	1.924	1.811	1.680	1.520	1.403	1.302
20	2.085	1.999	1.872	1.762	1.635	1.479	1.365	1.267
21	2.032	1.948	1.824	1.717	1.593	1.441	1.331	1.235
22	1.983	1.901	1.780	1.676	1.554	1.406	1.298	1.205
23	1.937	1.857	1.739	1.637	1.518	1.374	1.268	1.177
24	1.894	1.816	1.700	1.601	1.485	1.343	1.240	1.151
25	1.854	1.777	1.664	1.567	1.453	1.315	1.214	1.127
26	1.816	1.741	1.631	1.535	1.424	1.288	1.189	1.104
27	1.781	1.707	1.599	1.505	1.396	1.263	1.166	1.082
28	1.747	1.675	1.569	1.477	1.370	1.239	1.144	1.062
29	1.716	1.645	1.540	1.450	1.345	1.217	1.123	1.043
30	1.686	1.616	1.513	1.425	1.322	1.196	1.104	1.024
35	1.556	1.492	1.397	1.315	1.220	1.104	1.019	0.946
40	1.453	1.393	1.304	1.228	1.139	1.030	0.951	0.883
45	1.367	1.311	1.228	1.156	1.072	0.970	0.895	0.831
50	1.295	1.242	1.163	1.095	1.016	0.919	0.848	0.787
60	1.180	1.132	1.060	0.998	0.925	0.837	0.773	0.717
70	1.091	1.046	0.980	0.922	0.856	0.774	0.715	0.663
80	1.020	0.978	0.916	0.862	0.800	0.723	0.668	0.620
90	0.961	0.921	0.862	0.812	0.753	0.681	0.629	0.584
100	0.911	0.873	0.818	0.770	0.714	0.646	0.596	0.554
150	0.742	0.712	0.666	0.627	0.582	0.527	0.486	0.451
200	0.642	0.616	0.577	0.543	0.504	0.456	0.421	0.390
300	0.523	0.501	0.469	0.442	0.410	0.371	0.342	0.318
400	0.453	0.434	0.407	0.383	0.355	0.321	0.297	0.275
500	0.405	0.388	0.364	0.342	0.318	0.287	0.265	0.246
1000	0.286	0.275	0.257	0.242	0.225	0.203	0.188	0.174

ALPHA= 0.01

K=10

BETA

N	0.005	0.01	0.025	0.05	0.1	0.2	0.3	0.4
2	10.912	10.409	9.673	9.044	8.323	7.455	6.832	6.307
3	6.918	6.622	6.188	5.815	5.383	4.858	4.477	4.149
4	5.492	5.263	4.925	4.633	4.296	3.884	3.584	3.326
5	4.701	4.507	4.220	3.972	3.684	3.334	3.078	2.857
6	4.179	4.007	3.753	3.533	3.279	2.967	2.741	2.545
7	3.801	3.645	3.414	3.215	2.984	2.701	2.495	2.317
8	3.511	3.367	3.154	2.970	2.757	2.496	2.306	2.141
9	3.278	3.144	2.946	2.774	2.575	2.332	2.154	2.001
10	3.087	2.961	2.774	2.613	2.425	2.196	2.029	1.884
11	2.926	2.806	2.629	2.476	2.299	2.082	1.923	1.786
12	2.788	2.674	2.505	2.360	2.190	1.984	1.833	1.702
13	2.668	2.558	2.397	2.258	2.096	1.898	1.754	1.629
14	2.562	2.457	2.302	2.168	2.013	1.823	1.684	1.565
15	2.468	2.367	2.218	2.089	1.939	1.756	1.623	1.507
16	2.383	2.286	2.142	2.017	1.873	1.696	1.567	1.456
17	2.307	2.212	2.073	1.953	1.813	1.642	1.517	1.409
18	2.237	2.146	2.011	1.894	1.758	1.592	1.471	1.367
19	2.174	2.085	1.954	1.840	1.708	1.547	1.430	1.328
20	2.115	2.029	1.901	1.791	1.663	1.506	1.391	1.292
21	2.061	1.977	1.853	1.745	1.620	1.467	1.356	1.260
22	2.012	1.929	1.808	1.703	1.581	1.432	1.323	1.229
23	1.965	1.885	1.766	1.664	1.544	1.399	1.292	1.201
24	1.922	1.843	1.727	1.627	1.510	1.368	1.264	1.174
25	1.881	1.804	1.691	1.592	1.478	1.339	1.237	1.149
26	1.843	1.767	1.656	1.560	1.448	1.312	1.212	1.126
27	1.807	1.733	1.624	1.530	1.420	1.286	1.188	1.104
28	1.773	1.700	1.593	1.501	1.394	1.262	1.166	1.083
29	1.741	1.670	1.565	1.474	1.368	1.239	1.145	1.064
30	1.710	1.640	1.537	1.448	1.344	1.218	1.125	1.045
35	1.579	1.515	1.419	1.337	1.241	1.124	1.039	0.965
40	1.474	1.414	1.325	1.248	1.159	1.050	0.970	0.901
45	1.388	1.331	1.247	1.175	1.091	0.988	0.913	0.848
50	1.315	1.261	1.182	1.113	1.034	0.936	0.865	0.804
60	1.198	1.149	1.077	1.014	0.942	0.853	0.788	0.732
70	1.108	1.062	0.996	0.938	0.871	0.789	0.729	0.677
80	1.035	0.993	0.930	0.876	0.814	0.737	0.681	0.633
90	0.975	0.935	0.877	0.826	0.767	0.694	0.642	0.596
100	0.925	0.887	0.831	0.783	0.727	0.658	0.608	0.565
150	0.754	0.723	0.677	0.638	0.592	0.536	0.496	0.460
200	0.652	0.625	0.586	0.552	0.512	0.464	0.429	0.398
300	0.531	0.509	0.477	0.449	0.417	0.378	0.349	0.324
400	0.460	0.441	0.413	0.389	0.361	0.327	0.302	0.281
500	0.411	0.394	0.370	0.348	0.323	0.293	0.271	0.251
1000	0.291	0.279	0.261	0.246	0.229	0.207	0.191	0.178

ALPHA= 0.01

K=11

BETA

N	0.005	0.01	0.025	0.05	0.1	0.2	0.3	0.4
2	10.809	10.319	9.602	8.988	8.284	7.435	6.824	6.302
3	6.945	6.652	6.222	5.850	5.421	4.898	4.519	4.192
4	5.536	5.307	4.970	4.678	4.341	3.929	3.629	3.370
5	4.747	4.552	4.265	4.017	3.729	3.378	3.121	2.900
6	4.224	4.051	3.797	3.577	3.322	3.009	2.782	2.585
7	3.844	3.687	3.456	3.257	3.025	2.741	2.534	2.355
8	3.552	3.407	3.194	3.010	2.796	2.534	2.342	2.177
9	3.318	3.183	2.984	2.812	2.612	2.367	2.189	2.035
10	3.125	2.998	2.811	2.649	2.461	2.230	2.062	1.917
11	2.962	2.842	2.665	2.511	2.333	2.115	1.955	1.817
12	2.823	2.708	2.539	2.393	2.223	2.015	1.863	1.732
13	2.702	2.592	2.430	2.290	2.128	1.929	1.783	1.658
14	2.595	2.489	2.334	2.200	2.044	1.852	1.713	1.592
15	2.499	2.398	2.249	2.119	1.969	1.785	1.650	1.534
16	2.414	2.316	2.172	2.047	1.901	1.724	1.594	1.482
17	2.337	2.242	2.102	1.981	1.841	1.669	1.543	1.434
18	2.267	2.175	2.039	1.922	1.785	1.619	1.497	1.391
19	2.202	2.113	1.981	1.867	1.735	1.573	1.454	1.352
20	2.143	2.057	1.928	1.817	1.688	1.531	1.415	1.316
21	2.089	2.004	1.879	1.771	1.646	1.492	1.379	1.282
22	2.038	1.956	1.834	1.728	1.606	1.456	1.346	1.251
23	1.991	1.911	1.791	1.688	1.569	1.422	1.315	1.222
24	1.947	1.868	1.752	1.651	1.534	1.391	1.286	1.196
25	1.906	1.829	1.715	1.616	1.502	1.361	1.259	1.170
26	1.868	1.792	1.680	1.583	1.471	1.334	1.233	1.147
27	1.831	1.757	1.647	1.553	1.443	1.308	1.209	1.124
28	1.797	1.724	1.617	1.524	1.415	1.283	1.187	1.103
29	1.764	1.693	1.587	1.496	1.390	1.260	1.165	1.083
30	1.734	1.663	1.560	1.470	1.366	1.238	1.145	1.064
35	1.601	1.536	1.440	1.357	1.261	1.143	1.057	0.983
40	1.494	1.434	1.344	1.267	1.177	1.067	0.987	0.918
45	1.407	1.350	1.266	1.193	1.108	1.005	0.929	0.864
50	1.333	1.279	1.199	1.130	1.050	0.952	0.880	0.818
60	1.215	1.165	1.093	1.030	0.957	0.867	0.802	0.746
70	1.123	1.078	1.010	0.952	0.885	0.802	0.742	0.690
80	1.049	1.007	0.944	0.890	0.827	0.750	0.693	0.644
90	0.989	0.949	0.890	0.838	0.779	0.706	0.653	0.607
100	0.937	0.899	0.843	0.795	0.739	0.670	0.619	0.576
150	0.764	0.733	0.687	0.648	0.602	0.546	0.505	0.469
200	0.659	0.633	0.593	0.559	0.519	0.471	0.435	0.405
300	0.538	0.517	0.484	0.456	0.424	0.385	0.356	0.331
400	0.466	0.447	0.419	0.395	0.367	0.333	0.308	0.286
500	0.417	0.400	0.375	0.354	0.329	0.298	0.275	0.256
1000	0.295	0.283	0.265	0.250	0.232	0.211	0.195	0.181

ALPHA= 0.01

K=13

BETA

N	0.005	0.01	0.025	0.05	0.1	0.2	0.3	0.4
2	10.683	10.212	9.522	8.931	8.251	7.428	6.834	6.326
3	7.008	6.719	6.292	5.924	5.498	4.979	4.601	4.275
4	5.619	5.391	5.055	4.764	4.427	4.014	3.713	3.453
5	4.832	4.637	4.350	4.101	3.812	3.459	3.201	2.978
6	4.306	4.133	3.878	3.657	3.401	3.086	2.857	2.658
7	3.923	3.766	3.534	3.333	3.099	2.813	2.604	2.424
8	3.628	3.482	3.268	3.082	2.867	2.602	2.409	2.242
9	3.390	3.255	3.055	2.881	2.680	2.433	2.252	2.096
10	3.194	3.067	2.878	2.715	2.525	2.293	2.123	1.976
11	3.029	2.908	2.730	2.575	2.395	2.174	2.013	1.874
12	2.887	2.772	2.602	2.454	2.283	2.073	1.919	1.786
13	2.764	2.653	2.490	2.349	2.185	1.984	1.837	1.710
14	2.655	2.549	2.392	2.257	2.099	1.906	1.765	1.643
15	2.558	2.456	2.305	2.174	2.022	1.836	1.700	1.583
16	2.471	2.372	2.226	2.100	1.954	1.774	1.643	1.529
17	2.392	2.296	2.156	2.033	1.891	1.717	1.590	1.480
18	2.320	2.228	2.091	1.973	1.835	1.666	1.543	1.436
19	2.255	2.165	2.032	1.917	1.783	1.619	1.499	1.395
20	2.194	2.107	1.978	1.866	1.735	1.576	1.459	1.358
21	2.139	2.053	1.927	1.818	1.691	1.536	1.422	1.324
22	2.087	2.004	1.881	1.774	1.651	1.499	1.388	1.292
23	2.039	1.958	1.838	1.734	1.613	1.464	1.356	1.262
24	1.994	1.915	1.797	1.695	1.577	1.432	1.326	1.234
25	1.952	1.874	1.759	1.660	1.544	1.402	1.298	1.208
26	1.913	1.836	1.724	1.626	1.513	1.373	1.272	1.184
27	1.875	1.801	1.690	1.594	1.483	1.347	1.247	1.161
28	1.840	1.767	1.658	1.565	1.455	1.322	1.224	1.139
29	1.807	1.735	1.629	1.536	1.429	1.298	1.202	1.119
30	1.776	1.705	1.600	1.510	1.404	1.275	1.181	1.099
35	1.640	1.574	1.478	1.394	1.297	1.178	1.090	1.015
40	1.531	1.470	1.380	1.302	1.211	1.099	1.018	0.948
45	1.441	1.384	1.299	1.225	1.140	1.035	0.958	0.892
50	1.366	1.311	1.231	1.161	1.080	0.981	0.908	0.845
60	1.245	1.195	1.122	1.058	0.984	0.894	0.828	0.770
70	1.151	1.105	1.037	0.978	0.910	0.826	0.765	0.712
80	1.076	1.033	0.969	0.914	0.851	0.772	0.715	0.666
90	1.013	0.973	0.913	0.861	0.801	0.728	0.674	0.627
100	0.961	0.922	0.866	0.817	0.760	0.690	0.639	0.595
150	0.783	0.752	0.706	0.666	0.619	0.562	0.521	0.485
200	0.676	0.649	0.609	0.575	0.535	0.485	0.449	0.418
300	0.552	0.530	0.497	0.469	0.436	0.396	0.367	0.342
400	0.478	0.459	0.431	0.406	0.378	0.343	0.318	0.296
500	0.427	0.410	0.385	0.363	0.338	0.307	0.284	0.265
1000	0.302	0.290	0.272	0.257	0.239	0.217	0.201	0.187

ALPHA= 0.01

K=15

BETA

N	0.005	0.01	0.025	0.05	0.1	0.2	0.3	0.4
2	10.622	10.165	9.494	8.918	8.254	7.449	6.867	6.367
3	7.076	6.789	6.365	5.999	5.575	5.057	4.679	4.353
4	5.699	5.472	5.135	4.844	4.506	4.093	3.791	3.529
5	4.911	4.716	4.428	4.178	3.888	3.533	3.274	3.049
6	4.382	4.209	3.952	3.730	3.472	3.156	2.924	2.724
7	3.995	3.837	3.604	3.402	3.167	2.879	2.668	2.485
8	3.696	3.550	3.335	3.148	2.931	2.664	2.469	2.300
9	3.456	3.320	3.118	2.943	2.740	2.491	2.309	2.151
10	3.257	3.129	2.939	2.775	2.583	2.349	2.177	2.028
11	3.089	2.968	2.788	2.632	2.450	2.228	2.065	1.924
12	2.945	2.829	2.658	2.509	2.336	2.124	1.969	1.834
13	2.820	2.708	2.544	2.402	2.237	2.034	1.885	1.756
14	2.709	2.602	2.444	2.308	2.149	1.954	1.811	1.687
15	2.610	2.507	2.355	2.224	2.071	1.883	1.745	1.626
16	2.522	2.422	2.275	2.148	2.000	1.819	1.686	1.571
17	2.441	2.345	2.203	2.080	1.937	1.761	1.632	1.521
18	2.368	2.275	2.137	2.018	1.879	1.709	1.584	1.476
19	2.302	2.211	2.077	1.961	1.826	1.660	1.539	1.434
20	2.240	2.152	2.022	1.909	1.777	1.616	1.498	1.396
21	2.184	2.098	1.971	1.860	1.732	1.575	1.460	1.361
22	2.131	2.047	1.923	1.816	1.691	1.537	1.425	1.328
23	2.082	2.000	1.879	1.774	1.652	1.502	1.392	1.297
24	2.036	1.956	1.838	1.735	1.615	1.469	1.362	1.269
25	1.993	1.915	1.799	1.698	1.581	1.438	1.333	1.242
26	1.953	1.876	1.763	1.664	1.549	1.409	1.306	1.217
27	1.915	1.840	1.728	1.632	1.519	1.382	1.281	1.193
28	1.879	1.805	1.696	1.601	1.491	1.356	1.257	1.171
29	1.845	1.773	1.665	1.572	1.464	1.331	1.234	1.150
30	1.813	1.742	1.636	1.545	1.439	1.308	1.213	1.130
35	1.675	1.609	1.511	1.427	1.329	1.208	1.120	1.044
40	1.564	1.502	1.411	1.332	1.241	1.128	1.046	0.974
45	1.472	1.414	1.329	1.254	1.168	1.062	0.985	0.917
50	1.395	1.340	1.259	1.189	1.107	1.007	0.933	0.869
60	1.271	1.221	1.147	1.083	1.009	0.917	0.850	0.792
70	1.176	1.129	1.051	1.002	0.933	0.848	0.786	0.733
80	1.099	1.056	0.992	0.936	0.872	0.793	0.735	0.685
90	1.035	0.995	0.934	0.882	0.821	0.747	0.692	0.645
100	0.982	0.943	0.886	0.836	0.779	0.708	0.657	0.612
150	0.798	0.766	0.720	0.680	0.633	0.575	0.533	0.497
200	0.691	0.664	0.623	0.589	0.548	0.498	0.462	0.430
300	0.564	0.542	0.509	0.481	0.447	0.407	0.377	0.351
400	0.488	0.469	0.441	0.416	0.388	0.352	0.327	0.304
500	0.437	0.420	0.394	0.372	0.347	0.315	0.292	0.272
1000	0.309	0.297	0.279	0.263	0.245	0.223	0.207	0.192

ALPHA= 0.01

K=20

BETA

N	0.005	0.01	0.025	0.05	0.1	0.2	0.3	0.4
2	10.610	10.173	9.529	8.975	8.334	7.554	6.988	6.499
3	7.249	6.964	6.543	6.179	5.756	5.237	4.858	4.530
4	5.883	5.655	5.317	5.025	4.684	4.267	3.961	3.696
5	5.087	4.891	4.600	4.349	4.055	3.695	3.431	3.202
6	4.549	4.374	4.115	3.890	3.628	3.306	3.071	2.866
7	4.153	3.993	3.757	3.552	3.313	3.020	2.805	2.618
8	3.846	3.698	3.479	3.290	3.069	2.797	2.598	2.425
9	3.598	3.460	3.255	3.078	2.871	2.617	2.431	2.270
10	3.393	3.263	3.070	2.903	2.708	2.469	2.293	2.141
11	3.220	3.096	2.913	2.755	2.570	2.343	2.176	2.031
12	3.070	2.953	2.778	2.627	2.451	2.234	2.075	1.937
13	2.940	2.827	2.661	2.516	2.347	2.140	1.988	1.855
14	2.825	2.717	2.557	2.417	2.255	2.056	1.910	1.783
15	2.723	2.618	2.464	2.330	2.174	1.982	1.841	1.719
16	2.631	2.530	2.381	2.251	2.100	1.915	1.779	1.661
17	2.548	2.450	2.305	2.180	2.034	1.854	1.722	1.608
18	2.472	2.377	2.237	2.115	1.973	1.799	1.671	1.560
19	2.403	2.310	2.174	2.056	1.918	1.749	1.624	1.516
20	2.339	2.249	2.116	2.001	1.867	1.702	1.581	1.476
21	2.280	2.192	2.063	1.951	1.820	1.659	1.541	1.439
22	2.225	2.140	2.013	1.904	1.776	1.619	1.504	1.404
23	2.174	2.091	1.967	1.860	1.736	1.582	1.470	1.372
24	2.126	2.045	1.924	1.819	1.698	1.548	1.438	1.342
25	2.082	2.002	1.884	1.781	1.662	1.515	1.407	1.314
26	2.040	1.961	1.846	1.745	1.628	1.485	1.379	1.288
27	2.000	1.924	1.810	1.712	1.597	1.456	1.352	1.263
28	1.963	1.888	1.776	1.680	1.567	1.429	1.327	1.239
29	1.928	1.854	1.744	1.650	1.539	1.403	1.303	1.217
30	1.894	1.822	1.714	1.621	1.512	1.379	1.281	1.196
35	1.750	1.683	1.583	1.497	1.397	1.274	1.183	1.105
40	1.634	1.571	1.479	1.398	1.305	1.189	1.105	1.031
45	1.538	1.480	1.392	1.317	1.228	1.120	1.040	0.971
50	1.458	1.402	1.319	1.248	1.164	1.061	0.986	0.920
60	1.329	1.278	1.203	1.137	1.061	0.967	0.899	0.839
70	1.229	1.182	1.112	1.052	0.981	0.895	0.831	0.776
80	1.149	1.105	1.040	0.983	0.917	0.836	0.777	0.725
90	1.082	1.041	0.979	0.926	0.864	0.788	0.732	0.683
100	1.026	0.987	0.929	0.878	0.819	0.747	0.694	0.648
150	0.834	0.802	0.755	0.714	0.666	0.607	0.564	0.527
200	0.722	0.695	0.654	0.618	0.577	0.526	0.488	0.456
300	0.590	0.567	0.534	0.505	0.471	0.429	0.399	0.372
400	0.511	0.491	0.462	0.437	0.408	0.372	0.345	0.322
500	0.457	0.439	0.413	0.391	0.365	0.333	0.309	0.288
1000	0.323	0.311	0.292	0.276	0.258	0.235	0.218	0.204

ALPHA= 0.01

K=25

BETA

N	0.005	0.01	0.025	0.05	0.1	0.2	0.3	0.4
2	10.685	10.258	9.628	9.085	8.455	7.687	7.126	6.642
3	7.414	7.129	6.709	6.344	5.920	5.399	5.017	4.686
4	6.046	5.817	5.477	5.182	4.839	4.417	4.107	3.838
5	5.241	5.043	4.749	4.495	4.198	3.833	3.565	3.332
6	4.692	4.515	4.253	4.026	3.760	3.434	3.194	2.986
7	4.287	4.126	3.887	3.679	3.437	3.139	2.920	2.729
8	3.973	3.823	3.602	3.409	3.185	2.909	2.706	2.530
9	3.719	3.579	3.371	3.192	2.982	2.723	2.533	2.368
10	3.508	3.376	3.181	3.011	2.813	2.569	2.390	2.235
11	3.329	3.204	3.019	2.858	2.670	2.439	2.269	2.121
12	3.176	3.056	2.880	2.726	2.547	2.326	2.164	2.023
13	3.042	2.927	2.758	2.611	2.439	2.228	2.073	1.938
14	2.923	2.813	2.651	2.509	2.345	2.142	1.992	1.863
15	2.818	2.712	2.555	2.419	2.260	2.064	1.921	1.796
16	2.723	2.621	2.469	2.337	2.184	1.995	1.856	1.735
17	2.637	2.538	2.391	2.264	2.115	1.932	1.797	1.680
18	2.559	2.463	2.320	2.197	2.052	1.875	1.744	1.631
19	2.487	2.394	2.255	2.135	1.995	1.822	1.695	1.585
20	2.421	2.330	2.196	2.079	1.942	1.774	1.650	1.543
21	2.360	2.272	2.140	2.026	1.893	1.729	1.609	1.504
22	2.304	2.217	2.089	1.978	1.848	1.688	1.570	1.468
23	2.251	2.166	2.041	1.932	1.806	1.649	1.534	1.435
24	2.202	2.119	1.997	1.890	1.766	1.613	1.501	1.403
25	2.156	2.075	1.955	1.851	1.729	1.579	1.469	1.374
26	2.112	2.033	1.916	1.813	1.694	1.548	1.440	1.346
27	2.072	1.994	1.878	1.778	1.662	1.518	1.412	1.320
28	2.033	1.957	1.844	1.745	1.631	1.490	1.386	1.296
29	1.996	1.921	1.810	1.714	1.601	1.463	1.361	1.272
30	1.962	1.888	1.779	1.684	1.574	1.437	1.337	1.250
35	1.812	1.744	1.644	1.556	1.454	1.328	1.236	1.155
40	1.693	1.629	1.535	1.453	1.358	1.240	1.154	1.079
45	1.594	1.534	1.445	1.368	1.279	1.168	1.087	1.016
50	1.511	1.454	1.370	1.297	1.212	1.107	1.030	0.963
60	1.377	1.325	1.249	1.182	1.105	1.009	0.939	0.878
70	1.274	1.226	1.155	1.093	1.022	0.933	0.868	0.812
80	1.190	1.146	1.079	1.022	0.955	0.872	0.811	0.759
90	1.116	1.074	1.012	0.958	0.895	0.818	0.761	0.711
100	1.059	1.019	0.960	0.909	0.849	0.776	0.722	0.675
150	0.865	0.832	0.784	0.742	0.694	0.634	0.589	0.551
200	0.749	0.721	0.679	0.643	0.601	0.549	0.510	0.477
300	0.611	0.588	0.554	0.525	0.490	0.448	0.417	0.390
400	0.529	0.510	0.480	0.455	0.425	0.388	0.361	0.337
500	0.474	0.456	0.429	0.407	0.380	0.347	0.323	0.302
1000	0.335	0.322	0.304	0.287	0.269	0.245	0.228	0.213

ALPHA= 0.01

K=30

BETA

N	0.005	0.01	0.025	0.05	0.1	0.2	0.3	0.4
2	10.792	10.371	9.749	9.211	8.587	7.824	7.266	6.782
3	7.569	7.284	6.862	6.496	6.069	5.545	5.160	4.825
4	6.193	5.962	5.620	5.323	4.976	4.550	4.236	3.963
5	5.377	5.177	4.881	4.624	4.324	3.954	3.682	3.445
6	4.819	4.640	4.375	4.145	3.876	3.545	3.302	3.090
7	4.406	4.242	4.001	3.790	3.545	3.242	3.020	2.826
8	4.084	3.933	3.709	3.514	3.287	3.006	2.800	2.620
9	3.824	3.682	3.473	3.291	3.078	2.815	2.622	2.454
10	3.608	3.475	3.277	3.105	2.904	2.657	2.474	2.316
11	3.425	3.299	3.111	2.948	2.757	2.522	2.349	2.199
12	3.268	3.147	2.968	2.812	2.631	2.406	2.241	2.098
13	3.130	3.015	2.843	2.694	2.520	2.305	2.147	2.010
14	3.009	2.898	2.733	2.589	2.422	2.216	2.064	1.932
15	2.901	2.793	2.634	2.496	2.335	2.136	1.990	1.862
16	2.803	2.699	2.546	2.412	2.256	2.064	1.923	1.800
17	2.715	2.615	2.466	2.337	2.186	1.999	1.862	1.743
18	2.635	2.537	2.393	2.267	2.121	1.940	1.807	1.691
19	2.561	2.466	2.326	2.204	2.062	1.886	1.757	1.644
20	2.493	2.401	2.264	2.146	2.007	1.836	1.710	1.601
21	2.430	2.341	2.208	2.092	1.957	1.790	1.667	1.561
22	2.372	2.285	2.155	2.042	1.910	1.747	1.627	1.523
23	2.318	2.232	2.106	1.995	1.866	1.707	1.590	1.488
24	2.268	2.184	2.060	1.952	1.825	1.670	1.556	1.456
25	2.220	2.138	2.016	1.911	1.787	1.635	1.523	1.426
26	2.176	2.095	1.976	1.872	1.751	1.602	1.492	1.397
27	2.134	2.055	1.938	1.836	1.718	1.571	1.464	1.370
28	2.094	2.016	1.902	1.802	1.686	1.542	1.436	1.344
29	2.056	1.980	1.868	1.770	1.655	1.514	1.411	1.320
30	2.021	1.946	1.835	1.739	1.627	1.488	1.386	1.298
35	1.867	1.798	1.696	1.607	1.503	1.375	1.281	1.199
40	1.744	1.679	1.584	1.501	1.404	1.284	1.196	1.120
45	1.642	1.581	1.492	1.413	1.322	1.209	1.127	1.054
50	1.556	1.499	1.414	1.340	1.253	1.146	1.068	0.999
60	1.419	1.366	1.289	1.221	1.142	1.045	0.973	0.911
70	1.304	1.256	1.185	1.123	1.050	0.961	0.895	0.838
80	1.220	1.175	1.108	1.050	0.982	0.899	0.837	0.783
90	1.150	1.108	1.045	0.990	0.926	0.847	0.789	0.739
100	1.091	1.051	0.991	0.939	0.879	0.804	0.749	0.701
150	0.891	0.858	0.809	0.767	0.717	0.656	0.611	0.572
200	0.772	0.743	0.701	0.664	0.621	0.568	0.529	0.496
300	0.630	0.607	0.572	0.542	0.507	0.464	0.432	0.405
400	0.546	0.525	0.496	0.470	0.439	0.402	0.374	0.350
500	0.488	0.470	0.443	0.420	0.393	0.359	0.335	0.313
1000	0.345	0.332	0.313	0.297	0.278	0.254	0.237	0.222

ALPHA= 0.01

K=40

BETA

N	0.005	0.01	0.025	0.05	0.1	0.2	0.3	0.4
2	11.036	10.619	10.004	9.471	8.851	8.088	7.530	7.044
3	7.848	7.561	7.135	6.765	6.333	5.801	5.409	5.067
4	6.451	6.216	5.869	5.567	5.214	4.778	4.457	4.177
5	5.612	5.409	5.108	4.846	4.539	4.161	3.882	3.638
6	5.036	4.854	4.584	4.349	4.075	3.735	3.485	3.267
7	4.608	4.442	4.195	3.980	3.729	3.419	3.190	2.990
8	4.274	4.120	3.891	3.692	3.459	3.171	2.959	2.774
9	4.004	3.860	3.645	3.459	3.241	2.971	2.772	2.599
10	3.780	3.643	3.441	3.265	3.059	2.805	2.617	2.453
11	3.589	3.460	3.268	3.101	2.905	2.663	2.485	2.330
12	3.425	3.301	3.118	2.959	2.772	2.542	2.372	2.223
13	3.281	3.163	2.987	2.835	2.656	2.435	2.272	2.130
14	3.154	3.041	2.872	2.725	2.553	2.341	2.185	2.048
15	3.041	2.932	2.769	2.627	2.462	2.257	2.106	1.974
16	2.939	2.833	2.676	2.539	2.379	2.182	2.036	1.908
17	2.847	2.744	2.592	2.460	2.305	2.113	1.972	1.849
18	2.763	2.664	2.516	2.387	2.237	2.051	1.914	1.794
19	2.686	2.589	2.446	2.321	2.174	1.994	1.860	1.744
20	2.615	2.521	2.381	2.259	2.117	1.941	1.811	1.698
21	2.550	2.458	2.321	2.203	2.064	1.892	1.766	1.655
22	2.489	2.399	2.266	2.150	2.015	1.847	1.724	1.616
23	2.432	2.344	2.214	2.101	1.969	1.805	1.685	1.579
24	2.379	2.293	2.166	2.055	1.926	1.766	1.648	1.545
25	2.329	2.245	2.121	2.013	1.886	1.729	1.613	1.513
26	2.283	2.200	2.078	1.972	1.848	1.694	1.581	1.482
27	2.239	2.158	2.038	1.934	1.812	1.662	1.551	1.454
28	2.197	2.118	2.001	1.898	1.779	1.631	1.522	1.427
29	2.158	2.080	1.965	1.864	1.747	1.602	1.495	1.401
30	2.121	2.044	1.931	1.832	1.717	1.574	1.469	1.377
35	1.959	1.889	1.784	1.693	1.586	1.454	1.357	1.272
40	1.830	1.764	1.667	1.581	1.482	1.359	1.268	1.189
45	1.724	1.662	1.569	1.489	1.395	1.279	1.194	1.119
50	1.634	1.575	1.488	1.412	1.323	1.213	1.132	1.061
60	1.480	1.426	1.347	1.278	1.198	1.098	1.025	0.961
70	1.370	1.321	1.247	1.184	1.109	1.017	0.949	0.890
80	1.281	1.235	1.167	1.107	1.037	0.951	0.888	0.832
90	1.208	1.165	1.100	1.044	0.978	0.897	0.837	0.785
100	1.146	1.105	1.044	0.990	0.928	0.851	0.794	0.744
150	0.936	0.902	0.852	0.809	0.758	0.695	0.648	0.608
200	0.810	0.781	0.738	0.700	0.656	0.602	0.561	0.526
300	0.662	0.638	0.603	0.572	0.536	0.491	0.458	0.430
400	0.573	0.552	0.522	0.495	0.464	0.425	0.397	0.372
500	0.513	0.494	0.467	0.443	0.415	0.380	0.355	0.333
1000	0.362	0.349	0.330	0.313	0.293	0.269	0.251	0.235

ALPHA= 0.01

K=50

BETA

N	0.005	0.01	0.025	0.05	0.1	0.2	0.3	0.4
2	11.281	10.866	10.253	9.720	9.098	8.332	7.770	7.280
3	8.094	7.804	7.374	7.000	6.562	6.021	5.622	5.274
4	6.672	6.435	6.083	5.776	5.416	4.972	4.644	4.358
5	5.813	5.607	5.301	5.034	4.722	4.335	4.050	3.801
6	5.221	5.036	4.761	4.522	4.242	3.895	3.639	3.415
7	4.780	4.611	4.360	4.141	3.884	3.567	3.332	3.127
8	4.435	4.278	4.045	3.842	3.604	3.310	3.092	2.902
9	4.156	4.009	3.791	3.601	3.378	3.102	2.898	2.720
10	3.924	3.785	3.579	3.399	3.189	2.929	2.736	2.568
11	3.727	3.595	3.399	3.229	3.029	2.782	2.599	2.439
12	3.557	3.431	3.244	3.081	2.891	2.655	2.481	2.328
13	3.408	3.288	3.109	2.953	2.770	2.544	2.377	2.231
14	3.277	3.161	2.989	2.839	2.663	2.446	2.285	2.145
15	3.159	3.048	2.882	2.737	2.568	2.358	2.204	2.068
16	3.054	2.946	2.786	2.646	2.482	2.280	2.130	1.999
17	2.958	2.854	2.698	2.563	2.404	2.208	2.063	1.937
18	2.871	2.770	2.619	2.488	2.334	2.143	2.003	1.880
19	2.791	2.692	2.546	2.418	2.269	2.084	1.947	1.827
20	2.718	2.622	2.479	2.355	2.209	2.029	1.896	1.779
21	2.650	2.556	2.417	2.296	2.154	1.978	1.848	1.735
22	2.586	2.495	2.359	2.241	2.102	1.931	1.804	1.693
23	2.528	2.438	2.306	2.190	2.055	1.887	1.763	1.655
24	2.473	2.385	2.255	2.142	2.010	1.846	1.725	1.619
25	2.421	2.335	2.208	2.098	1.968	1.807	1.689	1.585
26	2.373	2.289	2.164	2.056	1.929	1.771	1.655	1.553
27	2.327	2.245	2.123	2.016	1.891	1.737	1.623	1.523
28	2.284	2.203	2.083	1.979	1.856	1.705	1.593	1.495
29	2.243	2.164	2.046	1.943	1.823	1.674	1.565	1.468
30	2.204	2.126	2.011	1.910	1.792	1.646	1.538	1.443
35	2.037	1.965	1.858	1.765	1.656	1.521	1.421	1.334
40	1.903	1.836	1.736	1.649	1.547	1.421	1.327	1.246
45	1.777	1.714	1.621	1.540	1.444	1.327	1.240	1.163
50	1.686	1.626	1.538	1.461	1.370	1.259	1.176	1.104
60	1.539	1.485	1.404	1.333	1.251	1.149	1.073	1.008
70	1.425	1.374	1.300	1.234	1.158	1.064	0.994	0.933
80	1.333	1.286	1.216	1.155	1.083	0.995	0.930	0.873
90	1.256	1.212	1.146	1.089	1.021	0.938	0.876	0.823
100	1.192	1.150	1.087	1.033	0.969	0.890	0.832	0.780
150	0.973	0.939	0.888	0.843	0.791	0.727	0.679	0.637
200	0.843	0.813	0.769	0.730	0.685	0.629	0.588	0.552
300	0.688	0.664	0.628	0.596	0.559	0.514	0.480	0.451
400	0.596	0.575	0.544	0.516	0.484	0.445	0.416	0.390
500	0.533	0.514	0.486	0.462	0.433	0.398	0.372	0.349
1000	0.377	0.364	0.344	0.327	0.306	0.281	0.263	0.247

ALPHA= 0.01

K=60

BETA

N	0.005	0.01	0.025	0.05	0.1	0.2	0.3	0.4
2	11.517	11.101	10.486	9.951	9.327	8.556	7.988	7.493
3	8.314	8.021	7.587	7.208	6.764	6.215	5.810	5.455
4	6.868	6.627	6.270	5.959	5.594	5.142	4.808	4.516
5	5.990	5.781	5.470	5.199	4.881	4.488	4.196	3.942
6	5.383	5.195	4.916	4.673	4.387	4.034	3.772	3.544
7	4.930	4.758	4.503	4.280	4.019	3.696	3.456	3.247
8	4.576	4.416	4.180	3.973	3.731	3.430	3.208	3.014
9	4.289	4.139	3.917	3.724	3.497	3.215	3.007	2.825
10	4.050	3.909	3.699	3.516	3.302	3.036	2.840	2.668
11	3.847	3.713	3.514	3.340	3.137	2.884	2.698	2.534
12	3.672	3.544	3.354	3.188	2.994	2.753	2.575	2.419
13	3.518	3.396	3.214	3.055	2.869	2.638	2.467	2.318
14	3.383	3.265	3.090	2.938	2.759	2.537	2.373	2.229
15	3.262	3.149	2.980	2.833	2.660	2.446	2.288	2.149
16	3.153	3.044	2.881	2.738	2.571	2.365	2.212	2.078
17	3.055	2.948	2.790	2.653	2.491	2.291	2.142	2.013
18	2.965	2.862	2.708	2.575	2.418	2.223	2.079	1.953
19	2.882	2.782	2.633	2.503	2.351	2.162	2.022	1.899
20	2.807	2.709	2.564	2.437	2.289	2.105	1.968	1.849
21	2.736	2.641	2.500	2.376	2.231	2.052	1.919	1.803
22	2.671	2.578	2.440	2.320	2.178	2.003	1.874	1.760
23	2.611	2.520	2.385	2.267	2.129	1.958	1.831	1.720
24	2.554	2.465	2.333	2.218	2.083	1.915	1.791	1.683
25	2.501	2.414	2.284	2.172	2.039	1.875	1.754	1.648
26	2.451	2.365	2.239	2.128	1.998	1.838	1.719	1.615
27	2.404	2.320	2.196	2.087	1.960	1.802	1.686	1.584
28	2.359	2.277	2.155	2.049	1.924	1.769	1.655	1.554
29	2.317	2.236	2.117	2.012	1.889	1.737	1.625	1.527
30	2.277	2.198	2.080	1.977	1.857	1.708	1.597	1.500
35	2.082	2.010	1.902	1.808	1.698	1.561	1.460	1.372
40	1.948	1.880	1.779	1.691	1.588	1.461	1.366	1.283
45	1.836	1.772	1.677	1.595	1.497	1.377	1.288	1.210
50	1.742	1.681	1.591	1.513	1.421	1.306	1.222	1.148
60	1.590	1.535	1.453	1.381	1.297	1.193	1.115	1.048
70	1.472	1.421	1.345	1.279	1.201	1.104	1.033	0.970
80	1.377	1.329	1.258	1.196	1.123	1.033	0.966	0.907
90	1.298	1.253	1.186	1.128	1.059	0.974	0.911	0.856
100	1.232	1.189	1.125	1.070	1.005	0.924	0.864	0.812
150	1.006	0.971	0.919	0.873	0.820	0.754	0.705	0.663
200	0.871	0.841	0.796	0.756	0.710	0.653	0.611	0.574
300	0.711	0.686	0.650	0.618	0.580	0.533	0.499	0.469
400	0.616	0.594	0.563	0.535	0.502	0.462	0.432	0.406
500	0.551	0.532	0.503	0.478	0.449	0.413	0.386	0.363
1000	0.390	0.376	0.356	0.338	0.318	0.292	0.273	0.257

ALPHA= 0.05

K= 2

BETA

N	0.005	0.01	0.025	0.05	0.1	0.2	0.3	0.4
2	10.375	9.665	8.638	7.772	6.796	5.653	4.863	4.212
3	5.160	4.853	4.405	4.024	3.589	3.071	2.703	2.392
4	3.919	3.695	3.368	3.088	2.767	2.381	2.104	1.870
5	3.308	3.122	2.850	2.616	2.348	2.024	1.792	1.594
6	2.924	2.761	2.522	2.317	2.081	1.796	1.590	1.416
7	2.652	2.505	2.289	2.104	1.890	1.632	1.446	1.287
8	2.446	2.311	2.112	1.941	1.745	1.507	1.335	1.189
9	2.283	2.157	1.971	1.812	1.629	1.407	1.247	1.111
10	2.149	2.030	1.856	1.706	1.534	1.325	1.175	1.046
11	2.036	1.924	1.759	1.617	1.454	1.256	1.113	0.992
12	1.940	1.833	1.676	1.541	1.385	1.197	1.061	0.945
13	1.856	1.754	1.604	1.474	1.326	1.145	1.016	0.905
14	1.783	1.684	1.540	1.416	1.273	1.100	0.975	0.869
15	1.717	1.622	1.484	1.364	1.226	1.060	0.940	0.837
16	1.658	1.567	1.433	1.318	1.185	1.024	0.908	0.809
17	1.605	1.517	1.387	1.275	1.147	0.991	0.879	0.783
18	1.557	1.471	1.345	1.237	1.112	0.961	0.852	0.759
19	1.513	1.430	1.307	1.202	1.081	0.934	0.828	0.738
20	1.472	1.391	1.272	1.170	1.052	0.909	0.806	0.718
21	1.435	1.356	1.240	1.140	1.025	0.886	0.786	0.700
22	1.400	1.323	1.210	1.113	1.000	0.865	0.767	0.683
23	1.368	1.293	1.182	1.087	0.977	0.845	0.749	0.667
24	1.338	1.264	1.156	1.063	0.956	0.826	0.733	0.653
25	1.310	1.238	1.132	1.041	0.936	0.809	0.717	0.639
26	1.283	1.212	1.109	1.020	0.917	0.792	0.703	0.626
27	1.258	1.189	1.087	1.000	0.899	0.777	0.689	0.614
28	1.235	1.167	1.067	0.981	0.882	0.762	0.676	0.602
29	1.212	1.146	1.048	0.963	0.866	0.749	0.664	0.591
30	1.191	1.126	1.029	0.947	0.851	0.736	0.652	0.581
35	1.100	1.039	0.951	0.874	0.786	0.679	0.602	0.537
40	1.027	0.971	0.888	0.816	0.734	0.634	0.562	0.501
45	0.967	0.914	0.836	0.768	0.691	0.597	0.530	0.472
50	0.916	0.866	0.792	0.728	0.655	0.566	0.502	0.447
60	0.835	0.789	0.722	0.664	0.597	0.516	0.457	0.407
70	0.772	0.730	0.667	0.614	0.552	0.477	0.423	0.377
80	0.722	0.682	0.624	0.573	0.516	0.446	0.395	0.352
90	0.680	0.642	0.588	0.540	0.486	0.420	0.372	0.332
100	0.645	0.609	0.557	0.512	0.461	0.398	0.353	0.315
150	0.525	0.497	0.454	0.418	0.376	0.325	0.288	0.256
200	0.455	0.430	0.393	0.361	0.325	0.281	0.249	0.222
300	0.371	0.351	0.321	0.295	0.265	0.229	0.203	0.181
400	0.321	0.303	0.278	0.255	0.229	0.198	0.176	0.157
500	0.287	0.271	0.248	0.228	0.205	0.177	0.157	0.140
1000	0.203	0.192	0.175	0.161	0.145	0.125	0.111	0.099

ALPHA= 0.05

K= 3

BETA

N	0.005	0.01	0.025	0.05	0.1	0.2	0.3	0.4
2	9.560	8.966	8.104	7.375	6.548	5.570	4.883	4.309
3	5.371	5.073	4.637	4.265	3.838	3.325	2.957	2.643
4	4.168	3.944	3.616	3.334	3.010	2.618	2.335	2.092
5	3.541	3.354	3.078	2.841	2.568	2.236	1.997	1.791
6	3.139	2.973	2.731	2.521	2.280	1.987	1.775	1.593
7	2.851	2.701	2.481	2.292	2.073	1.808	1.615	1.450
8	2.631	2.493	2.291	2.116	1.915	1.670	1.492	1.340
9	2.456	2.328	2.139	1.976	1.788	1.560	1.394	1.252
10	2.313	2.192	2.014	1.861	1.684	1.469	1.313	1.179
11	2.192	2.077	1.909	1.764	1.596	1.393	1.245	1.118
12	2.088	1.979	1.819	1.681	1.521	1.327	1.186	1.065
13	1.998	1.894	1.741	1.608	1.456	1.270	1.135	1.020
14	1.919	1.819	1.672	1.545	1.398	1.220	1.090	0.979
15	1.848	1.752	1.610	1.488	1.347	1.175	1.050	0.943
16	1.785	1.692	1.555	1.437	1.301	1.135	1.015	0.911
17	1.728	1.638	1.506	1.391	1.259	1.099	0.982	0.882
18	1.676	1.589	1.460	1.350	1.222	1.066	0.953	0.856
19	1.629	1.544	1.419	1.311	1.187	1.036	0.926	0.832
20	1.585	1.502	1.381	1.276	1.155	1.008	0.901	0.809
21	1.545	1.464	1.346	1.244	1.126	0.982	0.878	0.789
22	1.507	1.429	1.313	1.214	1.099	0.959	0.857	0.770
23	1.473	1.396	1.283	1.186	1.073	0.936	0.837	0.752
24	1.440	1.365	1.255	1.160	1.050	0.916	0.819	0.735
25	1.410	1.336	1.228	1.135	1.028	0.897	0.802	0.720
26	1.381	1.309	1.203	1.112	1.007	0.878	0.785	0.705
27	1.354	1.284	1.180	1.091	0.987	0.861	0.770	0.692
28	1.329	1.260	1.158	1.070	0.969	0.845	0.756	0.679
29	1.305	1.237	1.137	1.051	0.951	0.830	0.742	0.666
30	1.282	1.215	1.117	1.032	0.935	0.815	0.729	0.655
35	1.184	1.122	1.032	0.953	0.863	0.753	0.673	0.605
40	1.105	1.048	0.963	0.890	0.806	0.703	0.629	0.565
45	1.041	0.986	0.907	0.838	0.759	0.662	0.592	0.531
50	0.986	0.935	0.859	0.794	0.719	0.627	0.561	0.504
60	0.899	0.852	0.783	0.724	0.655	0.572	0.511	0.459
70	0.831	0.788	0.724	0.669	0.606	0.528	0.473	0.424
80	0.776	0.736	0.677	0.625	0.566	0.494	0.442	0.397
90	0.732	0.693	0.637	0.589	0.533	0.465	0.416	0.374
100	0.694	0.657	0.604	0.559	0.506	0.441	0.394	0.354
150	0.565	0.536	0.493	0.455	0.412	0.360	0.322	0.289
200	0.489	0.464	0.426	0.394	0.357	0.311	0.278	0.250
300	0.399	0.378	0.348	0.321	0.291	0.254	0.227	0.204
400	0.345	0.327	0.301	0.278	0.252	0.220	0.196	0.176
500	0.309	0.293	0.269	0.249	0.225	0.197	0.176	0.158
1000	0.218	0.207	0.190	0.176	0.159	0.139	0.124	0.112

ALPHA= 0.05

K= 4

BETA

N	0.005	0.01	0.025	0.05	0.1	0.2	0.3	0.4
2	9.106	8.574	7.801	7.143	6.395	5.504	4.872	4.339
3	5.467	5.176	4.751	4.386	3.967	3.460	3.094	2.781
4	4.303	4.080	3.754	3.473	3.148	2.754	2.468	2.223
5	3.676	3.488	3.211	2.973	2.698	2.362	2.119	1.910
6	3.266	3.100	2.856	2.645	2.401	2.104	1.888	1.702
7	2.971	2.820	2.598	2.407	2.186	1.916	1.719	1.550
8	2.745	2.606	2.401	2.225	2.020	1.771	1.590	1.434
9	2.564	2.434	2.243	2.078	1.888	1.655	1.486	1.340
10	2.415	2.293	2.113	1.958	1.778	1.559	1.400	1.263
11	2.289	2.174	2.003	1.857	1.686	1.479	1.328	1.197
12	2.182	2.072	1.909	1.769	1.607	1.409	1.266	1.141
13	2.088	1.983	1.828	1.694	1.538	1.349	1.211	1.093
14	2.006	1.904	1.755	1.627	1.478	1.296	1.164	1.050
15	1.932	1.835	1.691	1.567	1.424	1.249	1.121	1.011
16	1.866	1.772	1.634	1.514	1.375	1.206	1.083	0.977
17	1.807	1.716	1.582	1.466	1.331	1.168	1.049	0.946
18	1.753	1.664	1.534	1.422	1.292	1.133	1.017	0.918
19	1.703	1.617	1.491	1.382	1.255	1.101	0.988	0.892
20	1.658	1.574	1.451	1.345	1.222	1.071	0.962	0.868
21	1.616	1.534	1.414	1.311	1.191	1.044	0.938	0.846
22	1.576	1.497	1.380	1.279	1.162	1.019	0.915	0.825
23	1.540	1.463	1.348	1.250	1.135	0.996	0.894	0.806
24	1.506	1.430	1.319	1.222	1.110	0.974	0.874	0.789
25	1.474	1.400	1.291	1.196	1.087	0.953	0.856	0.772
26	1.445	1.372	1.265	1.172	1.065	0.934	0.839	0.756
27	1.417	1.345	1.240	1.149	1.044	0.916	0.822	0.742
28	1.390	1.320	1.217	1.128	1.025	0.899	0.807	0.728
29	1.365	1.296	1.195	1.107	1.006	0.882	0.792	0.715
30	1.341	1.274	1.174	1.088	0.989	0.867	0.779	0.702
35	1.239	1.176	1.084	1.005	0.913	0.801	0.719	0.649
40	1.156	1.098	1.012	0.938	0.852	0.748	0.671	0.606
45	1.089	1.034	0.953	0.883	0.803	0.704	0.632	0.570
50	1.032	0.980	0.903	0.837	0.760	0.667	0.599	0.540
60	0.940	0.893	0.823	0.763	0.693	0.608	0.546	0.492
70	0.869	0.826	0.761	0.705	0.641	0.562	0.505	0.455
80	0.813	0.772	0.711	0.659	0.599	0.525	0.472	0.426
90	0.766	0.727	0.670	0.621	0.564	0.495	0.444	0.401
100	0.726	0.689	0.635	0.589	0.535	0.469	0.421	0.380
150	0.592	0.562	0.518	0.480	0.436	0.383	0.344	0.310
200	0.512	0.486	0.448	0.415	0.377	0.331	0.297	0.268
300	0.418	0.397	0.366	0.339	0.308	0.270	0.243	0.219
400	0.362	0.343	0.317	0.293	0.267	0.234	0.210	0.189
500	0.323	0.307	0.283	0.262	0.238	0.209	0.188	0.169
1000	0.228	0.217	0.200	0.185	0.168	0.148	0.133	0.120

ALPHA= 0.05

K= 5

BETA

N	0.005	0.01	0.025	0.05	0.1	0.2	0.3	0.4
2	8.871	8.375	7.652	7.036	6.333	5.490	4.889	4.378
3	5.544	5.259	4.840	4.480	4.065	3.562	3.197	2.884
4	4.405	4.183	3.857	3.576	3.251	2.856	2.568	2.320
5	3.777	3.589	3.311	3.072	2.795	2.457	2.211	1.999
6	3.363	3.196	2.950	2.738	2.492	2.191	1.973	1.784
7	3.062	2.911	2.687	2.494	2.271	1.997	1.798	1.626
8	2.831	2.691	2.485	2.307	2.100	1.848	1.664	1.505
9	2.646	2.515	2.323	2.156	1.963	1.728	1.556	1.407
10	2.493	2.370	2.189	2.032	1.850	1.628	1.466	1.326
11	2.364	2.248	2.076	1.927	1.755	1.544	1.391	1.258
12	2.254	2.142	1.979	1.837	1.673	1.472	1.326	1.199
13	2.157	2.051	1.894	1.759	1.602	1.409	1.269	1.148
14	2.072	1.970	1.820	1.690	1.539	1.354	1.220	1.103
15	1.997	1.898	1.753	1.628	1.483	1.305	1.175	1.063
16	1.929	1.834	1.694	1.573	1.432	1.261	1.135	1.027
17	1.867	1.776	1.640	1.523	1.387	1.221	1.099	0.994
18	1.812	1.722	1.591	1.477	1.345	1.184	1.066	0.965
19	1.761	1.674	1.546	1.436	1.307	1.151	1.036	0.938
20	1.714	1.629	1.505	1.397	1.273	1.120	1.009	0.913
21	1.670	1.588	1.467	1.362	1.240	1.092	0.983	0.889
22	1.630	1.550	1.431	1.329	1.210	1.065	0.960	0.868
23	1.592	1.514	1.398	1.299	1.183	1.041	0.938	0.848
24	1.557	1.481	1.368	1.270	1.157	1.018	0.917	0.829
25	1.525	1.450	1.339	1.243	1.132	0.997	0.898	0.812
26	1.494	1.420	1.312	1.218	1.109	0.976	0.879	0.796
27	1.465	1.393	1.286	1.195	1.088	0.958	0.862	0.780
28	1.437	1.367	1.262	1.172	1.068	0.940	0.846	0.766
29	1.412	1.342	1.240	1.151	1.048	0.923	0.831	0.752
30	1.387	1.319	1.218	1.131	1.030	0.907	0.817	0.739
35	1.281	1.218	1.125	1.045	0.951	0.837	0.754	0.682
40	1.196	1.137	1.050	0.975	0.888	0.782	0.704	0.637
45	1.126	1.071	0.989	0.918	0.836	0.736	0.663	0.600
50	1.067	1.015	0.937	0.870	0.793	0.698	0.628	0.568
60	0.973	0.925	0.854	0.793	0.722	0.636	0.573	0.518
70	0.899	0.855	0.790	0.733	0.668	0.588	0.530	0.479
80	0.841	0.799	0.738	0.685	0.624	0.550	0.495	0.448
90	0.792	0.753	0.696	0.646	0.588	0.518	0.466	0.422
100	0.751	0.714	0.659	0.612	0.558	0.491	0.442	0.400
150	0.612	0.582	0.538	0.499	0.455	0.400	0.360	0.326
200	0.530	0.504	0.465	0.432	0.393	0.346	0.312	0.282
300	0.432	0.411	0.380	0.352	0.321	0.283	0.254	0.230
400	0.374	0.356	0.329	0.305	0.278	0.245	0.220	0.199
500	0.334	0.318	0.294	0.273	0.248	0.218	0.197	0.178
1000	0.236	0.225	0.208	0.193	0.176	0.155	0.139	0.126

ALPHA= 0.05

K= 6

BETA

N	0.005	0.01	0.025	0.05	0.1	0.2	0.3	0.4
2	8.747	8.274	7.583	6.993	6.317	5.505	4.922	4.425
3	5.615	5.333	4.918	4.561	4.149	3.647	3.283	2.969
4	4.491	4.270	3.944	3.663	3.337	2.940	2.650	2.400
5	3.861	3.673	3.395	3.154	2.876	2.535	2.287	2.072
6	3.443	3.275	3.028	2.815	2.567	2.264	2.042	1.851
7	3.138	2.985	2.761	2.566	2.341	2.065	1.863	1.689
8	2.903	2.762	2.554	2.375	2.166	1.911	1.725	1.563
9	2.714	2.582	2.388	2.221	2.026	1.787	1.613	1.462
10	2.558	2.434	2.251	2.093	1.910	1.685	1.521	1.378
11	2.426	2.309	2.136	1.986	1.812	1.599	1.443	1.308
12	2.313	2.201	2.036	1.893	1.727	1.524	1.376	1.247
13	2.215	2.107	1.949	1.813	1.654	1.459	1.317	1.194
14	2.128	2.025	1.873	1.742	1.589	1.402	1.266	1.147
15	2.050	1.951	1.805	1.678	1.531	1.351	1.220	1.106
16	1.981	1.885	1.744	1.621	1.479	1.306	1.178	1.068
17	1.918	1.825	1.688	1.570	1.433	1.264	1.141	1.034
18	1.861	1.771	1.638	1.523	1.390	1.226	1.107	1.004
19	1.808	1.721	1.592	1.480	1.351	1.192	1.076	0.975
20	1.760	1.675	1.550	1.441	1.315	1.160	1.047	0.949
21	1.716	1.633	1.510	1.405	1.282	1.131	1.021	0.925
22	1.674	1.593	1.474	1.371	1.251	1.104	0.996	0.903
23	1.636	1.557	1.440	1.339	1.222	1.078	0.973	0.882
24	1.600	1.523	1.409	1.310	1.195	1.055	0.952	0.863
25	1.566	1.491	1.379	1.282	1.170	1.033	0.932	0.845
26	1.535	1.461	1.351	1.256	1.146	1.012	0.913	0.828
27	1.505	1.432	1.325	1.232	1.124	0.992	0.896	0.812
28	1.477	1.405	1.300	1.209	1.103	0.974	0.879	0.797
29	1.450	1.380	1.277	1.187	1.083	0.956	0.863	0.782
30	1.425	1.356	1.255	1.167	1.065	0.940	0.848	0.769
35	1.316	1.253	1.159	1.078	0.983	0.868	0.783	0.710
40	1.229	1.170	1.082	1.006	0.918	0.810	0.732	0.663
45	1.157	1.101	1.019	0.947	0.865	0.763	0.689	0.624
50	1.097	1.044	0.966	0.898	0.819	0.723	0.653	0.592
60	1.000	0.951	0.880	0.818	0.747	0.659	0.595	0.539
70	0.924	0.880	0.814	0.757	0.691	0.609	0.550	0.499
80	0.864	0.822	0.761	0.707	0.645	0.570	0.514	0.466
90	0.814	0.775	0.717	0.666	0.608	0.537	0.484	0.439
100	0.772	0.735	0.680	0.632	0.577	0.509	0.459	0.416
150	0.629	0.599	0.554	0.515	0.470	0.415	0.374	0.339
200	0.544	0.518	0.479	0.446	0.407	0.359	0.324	0.294
300	0.444	0.423	0.391	0.364	0.332	0.293	0.264	0.240
400	0.384	0.366	0.338	0.314	0.287	0.253	0.229	0.207
500	0.344	0.327	0.302	0.281	0.257	0.227	0.204	0.185
1000	0.243	0.231	0.214	0.199	0.181	0.160	0.145	0.131

ALPHA= 0.05

K= 7

BETA

N	0.005	0.01	0.025	0.05	0.1	0.2	0.3	0.4
2	8.683	8.225	7.556	6.984	6.327	5.534	4.963	4.475
3	5.683	5.402	4.990	4.635	4.224	3.723	3.358	3.043
4	4.567	4.346	4.020	3.739	3.412	3.013	2.721	2.468
5	3.935	3.746	3.467	3.226	2.945	2.602	2.352	2.134
6	3.512	3.344	3.096	2.881	2.632	2.326	2.102	1.908
7	3.204	3.050	2.824	2.629	2.401	2.123	1.919	1.742
8	2.965	2.823	2.614	2.433	2.223	1.965	1.777	1.613
9	2.773	2.641	2.445	2.276	2.080	1.839	1.662	1.509
10	2.614	2.489	2.305	2.145	1.961	1.734	1.568	1.423
11	2.480	2.362	2.187	2.036	1.861	1.645	1.488	1.351
12	2.365	2.252	2.086	1.942	1.774	1.569	1.419	1.288
13	2.264	2.156	1.997	1.859	1.699	1.502	1.358	1.234
14	2.176	2.072	1.919	1.787	1.633	1.444	1.305	1.185
15	2.097	1.997	1.849	1.722	1.573	1.391	1.258	1.142
16	2.026	1.929	1.787	1.664	1.520	1.344	1.216	1.104
17	1.962	1.868	1.730	1.611	1.472	1.302	1.177	1.069
18	1.903	1.813	1.679	1.563	1.428	1.263	1.142	1.037
19	1.850	1.762	1.632	1.519	1.388	1.228	1.110	1.008
20	1.800	1.715	1.588	1.479	1.351	1.195	1.081	0.981
21	1.755	1.671	1.548	1.441	1.317	1.165	1.053	0.956
22	1.713	1.631	1.511	1.407	1.285	1.137	1.028	0.933
23	1.674	1.594	1.476	1.374	1.256	1.111	1.004	0.912
24	1.637	1.559	1.444	1.344	1.228	1.086	0.982	0.892
25	1.602	1.526	1.414	1.316	1.203	1.064	0.962	0.873
26	1.570	1.495	1.385	1.290	1.178	1.042	0.942	0.856
27	1.540	1.466	1.358	1.265	1.156	1.022	0.924	0.839
28	1.511	1.439	1.333	1.241	1.134	1.003	0.907	0.824
29	1.484	1.413	1.309	1.219	1.114	0.985	0.891	0.809
30	1.458	1.389	1.286	1.198	1.094	0.968	0.875	0.795
35	1.347	1.283	1.188	1.106	1.011	0.894	0.808	0.734
40	1.258	1.198	1.110	1.033	0.944	0.835	0.755	0.686
45	1.184	1.128	1.045	0.973	0.889	0.786	0.711	0.646
50	1.122	1.069	0.990	0.922	0.842	0.745	0.674	0.612
60	1.023	0.974	0.902	0.840	0.768	0.679	0.614	0.558
70	0.946	0.901	0.835	0.777	0.710	0.628	0.568	0.516
80	0.884	0.842	0.780	0.726	0.664	0.587	0.531	0.482
90	0.833	0.793	0.735	0.684	0.625	0.553	0.500	0.454
100	0.790	0.752	0.697	0.649	0.593	0.524	0.474	0.431
150	0.644	0.613	0.568	0.529	0.483	0.427	0.387	0.351
200	0.557	0.531	0.492	0.458	0.418	0.370	0.335	0.304
300	0.454	0.432	0.401	0.373	0.341	0.301	0.273	0.247
400	0.393	0.374	0.347	0.323	0.295	0.261	0.236	0.214
500	0.352	0.335	0.310	0.289	0.264	0.233	0.211	0.192
1000	0.249	0.237	0.219	0.204	0.187	0.165	0.149	0.136

ALPHA= 0.05

K= 8

BETA

N	0.005	0.01	0.025	0.05	0.1	0.2	0.3	0.4
2	8.653	8.207	7.554	6.994	6.350	5.572	5.009	4.526
3	5.747	5.468	5.057	4.703	4.293	3.791	3.426	3.109
4	4.637	4.415	4.089	3.807	3.479	3.078	2.784	2.529
5	4.001	3.812	3.532	3.289	3.008	2.662	2.409	2.190
6	3.575	3.406	3.156	2.940	2.689	2.381	2.155	1.959
7	3.262	3.108	2.881	2.684	2.455	2.174	1.968	1.790
8	3.020	2.878	2.668	2.486	2.274	2.014	1.823	1.658
9	2.825	2.692	2.496	2.326	2.128	1.884	1.706	1.551
10	2.664	2.539	2.354	2.193	2.006	1.777	1.609	1.463
11	2.528	2.409	2.233	2.081	1.904	1.687	1.527	1.389
12	2.411	2.297	2.130	1.985	1.816	1.609	1.457	1.324
13	2.309	2.200	2.040	1.901	1.739	1.540	1.395	1.268
14	2.218	2.114	1.960	1.826	1.671	1.480	1.340	1.219
15	2.138	2.037	1.889	1.760	1.611	1.427	1.292	1.175
16	2.066	1.969	1.825	1.701	1.556	1.379	1.248	1.135
17	2.000	1.906	1.768	1.647	1.507	1.335	1.209	1.099
18	1.941	1.850	1.715	1.598	1.462	1.295	1.173	1.067
19	1.886	1.798	1.667	1.553	1.421	1.259	1.140	1.037
20	1.836	1.750	1.623	1.512	1.384	1.226	1.110	1.009
21	1.790	1.706	1.582	1.474	1.349	1.195	1.082	0.984
22	1.747	1.665	1.544	1.439	1.316	1.166	1.056	0.960
23	1.707	1.627	1.508	1.406	1.286	1.139	1.032	0.938
24	1.670	1.591	1.475	1.375	1.258	1.114	1.009	0.918
25	1.635	1.558	1.444	1.346	1.232	1.091	0.988	0.899
26	1.602	1.526	1.415	1.319	1.207	1.069	0.968	0.880
27	1.571	1.497	1.388	1.293	1.183	1.048	0.949	0.863
28	1.541	1.469	1.362	1.269	1.161	1.029	0.932	0.847
29	1.514	1.443	1.338	1.247	1.141	1.010	0.915	0.832
35	1.374	1.310	1.214	1.132	1.035	0.917	0.831	0.755
40	1.283	1.223	1.134	1.057	0.967	0.857	0.776	0.705
45	1.208	1.152	1.068	0.995	0.910	0.807	0.730	0.664
50	1.145	1.091	1.012	0.943	0.863	0.764	0.692	0.630
60	1.044	0.995	0.922	0.860	0.786	0.697	0.631	0.574
70	0.965	0.920	0.853	0.795	0.727	0.644	0.584	0.531
80	0.902	0.860	0.797	0.743	0.680	0.602	0.545	0.496
90	0.850	0.810	0.751	0.700	0.641	0.568	0.514	0.467
100	0.806	0.768	0.712	0.664	0.607	0.538	0.487	0.443
150	0.657	0.626	0.581	0.541	0.495	0.439	0.397	0.361
200	0.569	0.542	0.503	0.468	0.429	0.380	0.344	0.313
300	0.463	0.442	0.409	0.382	0.349	0.309	0.280	0.255
400	0.401	0.382	0.355	0.330	0.302	0.268	0.243	0.221
500	0.359	0.342	0.317	0.296	0.270	0.240	0.217	0.197
1000	0.254	0.242	0.224	0.209	0.191	0.169	0.153	0.140

ALPHA= 0.05

K= 9

BETA

N	0.005	0.01	0.025	0.05	0.1	0.2	0.3	0.4
2	8.646	8.209	7.567	7.017	6.382	5.613	5.056	4.577
3	5.808	5.530	5.120	4.767	4.356	3.854	3.488	3.170
4	4.700	4.479	4.152	3.869	3.540	3.136	2.841	2.584
5	4.062	3.872	3.591	3.347	3.064	2.716	2.461	2.240
6	3.631	3.462	3.211	2.994	2.741	2.431	2.203	2.005
7	3.315	3.161	2.932	2.734	2.504	2.221	2.013	1.832
8	3.070	2.927	2.716	2.533	2.319	2.057	1.865	1.698
9	2.873	2.739	2.542	2.370	2.171	1.926	1.746	1.589
10	2.710	2.584	2.397	2.236	2.048	1.816	1.647	1.499
11	2.571	2.452	2.275	2.122	1.943	1.724	1.563	1.423
12	2.452	2.338	2.170	2.024	1.853	1.644	1.491	1.357
13	2.349	2.239	2.078	1.938	1.775	1.575	1.428	1.300
14	2.257	2.152	1.997	1.863	1.706	1.513	1.372	1.249
15	2.175	2.074	1.925	1.795	1.644	1.459	1.323	1.204
16	2.102	2.004	1.860	1.735	1.589	1.410	1.278	1.164
17	2.036	1.941	1.801	1.680	1.539	1.365	1.238	1.127
18	1.975	1.883	1.748	1.630	1.493	1.325	1.201	1.093
19	1.920	1.831	1.699	1.584	1.451	1.288	1.167	1.063
20	1.869	1.782	1.654	1.542	1.413	1.253	1.136	1.035
21	1.822	1.737	1.612	1.504	1.377	1.222	1.108	1.009
22	1.778	1.695	1.573	1.468	1.344	1.193	1.081	0.984
23	1.737	1.657	1.537	1.434	1.313	1.165	1.057	0.962
24	1.699	1.620	1.504	1.403	1.285	1.140	1.033	0.941
25	1.664	1.586	1.472	1.373	1.258	1.116	1.012	0.921
26	1.630	1.555	1.443	1.346	1.232	1.093	0.991	0.903
27	1.599	1.524	1.415	1.320	1.209	1.072	0.972	0.885
28	1.569	1.496	1.388	1.295	1.186	1.052	0.954	0.869
29	1.541	1.469	1.363	1.272	1.165	1.034	0.937	0.853
30	1.514	1.444	1.340	1.250	1.145	1.016	0.921	0.838
35	1.399	1.334	1.238	1.154	1.057	0.938	0.851	0.774
40	1.306	1.246	1.156	1.078	0.988	0.876	0.794	0.723
45	1.230	1.173	1.089	1.015	0.930	0.825	0.748	0.681
50	1.166	1.112	1.032	0.962	0.881	0.782	0.709	0.646
60	1.063	1.013	0.940	0.877	0.803	0.713	0.646	0.588
70	0.983	0.937	0.870	0.811	0.743	0.659	0.598	0.544
80	0.919	0.876	0.813	0.758	0.694	0.616	0.559	0.509
90	0.866	0.825	0.766	0.714	0.654	0.581	0.526	0.479
100	0.821	0.783	0.726	0.677	0.620	0.551	0.499	0.454
150	0.669	0.638	0.592	0.552	0.506	0.449	0.407	0.371
200	0.579	0.552	0.512	0.478	0.438	0.388	0.352	0.321
300	0.472	0.450	0.417	0.389	0.357	0.316	0.287	0.261
400	0.409	0.390	0.362	0.337	0.309	0.274	0.248	0.226
500	0.365	0.348	0.323	0.302	0.276	0.245	0.222	0.202
1000	0.258	0.246	0.229	0.213	0.195	0.173	0.157	0.143

ALPHA= 0.05

K=10

BETA

N	0.005	0.01	0.025	0.05	0.1	0.2	0.3	0.4
2	8.653	8.222	7.590	7.046	6.419	5.657	5.104	4.628
3	5.866	5.589	5.180	4.827	4.416	3.913	3.545	3.226
4	4.760	4.538	4.210	3.926	3.596	3.191	2.893	2.635
5	4.118	3.927	3.645	3.400	3.116	2.766	2.509	2.286
6	3.684	3.513	3.262	3.043	2.789	2.477	2.247	2.047
7	3.364	3.209	2.980	2.780	2.548	2.263	2.054	1.871
8	3.117	2.973	2.760	2.576	2.361	2.097	1.903	1.734
9	2.917	2.782	2.584	2.411	2.210	1.963	1.782	1.624
10	2.751	2.625	2.437	2.275	2.085	1.852	1.681	1.532
11	2.611	2.491	2.313	2.159	1.979	1.758	1.596	1.454
12	2.491	2.376	2.206	2.059	1.888	1.677	1.522	1.387
13	2.385	2.276	2.113	1.972	1.808	1.606	1.458	1.329
14	2.293	2.187	2.031	1.896	1.738	1.544	1.401	1.277
15	2.210	2.108	1.958	1.827	1.675	1.488	1.351	1.231
16	2.135	2.037	1.892	1.766	1.619	1.438	1.305	1.189
17	2.068	1.973	1.832	1.710	1.568	1.393	1.264	1.152
18	2.007	1.914	1.778	1.659	1.521	1.351	1.227	1.118
19	1.950	1.861	1.728	1.613	1.479	1.314	1.192	1.087
20	1.899	1.811	1.682	1.570	1.440	1.279	1.161	1.058
21	1.851	1.766	1.640	1.531	1.403	1.247	1.131	1.031
22	1.807	1.723	1.601	1.494	1.370	1.217	1.104	1.006
23	1.765	1.684	1.564	1.460	1.338	1.189	1.079	0.983
24	1.727	1.647	1.530	1.428	1.309	1.163	1.056	0.962
25	1.690	1.613	1.498	1.398	1.282	1.139	1.033	0.942
26	1.656	1.580	1.468	1.370	1.256	1.116	1.013	0.923
27	1.624	1.550	1.439	1.343	1.232	1.094	0.993	0.905
28	1.594	1.521	1.413	1.318	1.209	1.074	0.975	0.888
29	1.566	1.494	1.387	1.295	1.187	1.055	0.957	0.872
30	1.539	1.468	1.363	1.272	1.167	1.036	0.941	0.857
35	1.421	1.356	1.259	1.175	1.078	0.957	0.869	0.792
40	1.327	1.266	1.176	1.098	1.007	0.894	0.812	0.740
45	1.250	1.193	1.108	1.034	0.948	0.842	0.764	0.696
50	1.185	1.130	1.050	0.980	0.898	0.798	0.724	0.660
60	1.080	1.030	0.957	0.893	0.819	0.727	0.660	0.602
70	0.999	0.953	0.885	0.826	0.757	0.673	0.611	0.557
80	0.934	0.891	0.827	0.772	0.708	0.629	0.571	0.520
90	0.880	0.839	0.779	0.727	0.667	0.593	0.538	0.490
100	0.834	0.796	0.739	0.690	0.632	0.562	0.510	0.465
150	0.680	0.649	0.603	0.562	0.516	0.458	0.416	0.379
200	0.589	0.561	0.521	0.487	0.446	0.396	0.360	0.328
300	0.480	0.457	0.425	0.397	0.364	0.323	0.293	0.267
400	0.415	0.396	0.368	0.343	0.315	0.280	0.254	0.231
500	0.371	0.354	0.329	0.307	0.282	0.250	0.227	0.207
1000	0.263	0.251	0.233	0.217	0.199	0.177	0.161	0.146

ALPHA= 0.05

K=11

BETA

N	0.005	0.01	0.025	0.05	0.1	0.2	0.3	0.4
2	8.670	8.244	7.618	7.080	6.458	5.702	5.152	4.677
3	5.923	5.646	5.237	4.883	4.472	3.968	3.599	3.278
4	4.816	4.593	4.265	3.980	3.649	3.241	2.942	2.682
5	4.170	3.978	3.695	3.450	3.164	2.812	2.553	2.328
6	3.732	3.561	3.309	3.089	2.834	2.519	2.288	2.086
7	3.410	3.254	3.023	2.823	2.590	2.303	2.091	1.907
8	3.159	3.015	2.802	2.616	2.400	2.134	1.939	1.768
9	2.957	2.822	2.623	2.449	2.247	1.998	1.815	1.655
10	2.790	2.663	2.474	2.311	2.120	1.885	1.713	1.562
11	2.648	2.527	2.349	2.193	2.012	1.790	1.626	1.483
12	2.526	2.411	2.240	2.092	1.920	1.707	1.551	1.415
13	2.420	2.309	2.146	2.004	1.839	1.635	1.486	1.355
14	2.325	2.219	2.062	1.926	1.767	1.572	1.428	1.302
15	2.242	2.139	1.988	1.857	1.704	1.515	1.376	1.255
16	2.166	2.067	1.921	1.794	1.646	1.464	1.330	1.213
17	2.098	2.002	1.861	1.738	1.595	1.418	1.288	1.175
18	2.036	1.943	1.806	1.686	1.547	1.376	1.250	1.140
19	1.979	1.889	1.755	1.639	1.504	1.338	1.215	1.108
20	1.926	1.839	1.709	1.596	1.464	1.302	1.183	1.079
21	1.878	1.792	1.666	1.556	1.427	1.270	1.153	1.052
22	1.833	1.749	1.626	1.518	1.393	1.239	1.126	1.027
23	1.791	1.709	1.589	1.484	1.361	1.211	1.100	1.003
24	1.752	1.672	1.554	1.451	1.332	1.184	1.076	0.981
25	1.715	1.637	1.521	1.421	1.304	1.160	1.053	0.961
26	1.681	1.604	1.491	1.392	1.278	1.136	1.032	0.942
27	1.648	1.573	1.462	1.366	1.253	1.114	1.012	0.923
28	1.618	1.544	1.435	1.340	1.230	1.094	0.994	0.906
29	1.589	1.516	1.409	1.316	1.208	1.074	0.976	0.890
30	1.561	1.490	1.385	1.293	1.187	1.055	0.959	0.875
35	1.442	1.377	1.279	1.195	1.096	0.975	0.886	0.808
40	1.347	1.286	1.195	1.116	1.024	0.911	0.827	0.755
45	1.269	1.211	1.125	1.051	0.964	0.858	0.779	0.711
50	1.202	1.147	1.066	0.996	0.914	0.813	0.738	0.674
60	1.096	1.046	0.972	0.908	0.833	0.741	0.673	0.614
70	1.014	0.967	0.899	0.840	0.771	0.685	0.623	0.568
80	0.947	0.904	0.840	0.785	0.720	0.641	0.582	0.531
90	0.893	0.852	0.792	0.740	0.679	0.604	0.548	0.500
100	0.847	0.808	0.751	0.701	0.644	0.572	0.520	0.474
150	0.690	0.659	0.612	0.572	0.525	0.467	0.424	0.387
200	0.596	0.569	0.529	0.494	0.453	0.403	0.366	0.334
300	0.487	0.465	0.432	0.403	0.370	0.329	0.299	0.273
400	0.421	0.402	0.374	0.349	0.320	0.285	0.259	0.236
500	0.377	0.360	0.334	0.312	0.287	0.255	0.232	0.211
1000	0.267	0.254	0.236	0.221	0.203	0.180	0.164	0.149

SAMPLE SIZE REQUIREMENT

ALPHA= 0.05

K=13

BETA

N	0.005	0.01	0.025	0.05	0.1	0.2	0.3	0.4
2	8.720	8.302	7.686	7.155	6.541	5.792	5.245	4.771
3	6.028	5.752	5.343	4.988	4.576	4.069	3.697	3.373
4	4.918	4.695	4.365	4.078	3.744	3.333	3.030	2.767
5	4.265	4.073	3.787	3.540	3.251	2.895	2.633	2.405
6	3.821	3.649	3.394	3.172	2.914	2.596	2.361	2.156
7	3.493	3.336	3.103	2.901	2.665	2.374	2.160	1.972
8	3.237	3.092	2.876	2.689	2.470	2.201	2.002	1.829
9	3.031	2.895	2.693	2.518	2.313	2.061	1.875	1.713
10	2.860	2.732	2.541	2.376	2.183	1.945	1.770	1.616
11	2.715	2.593	2.413	2.256	2.073	1.847	1.680	1.535
12	2.590	2.474	2.302	2.152	1.977	1.762	1.603	1.464
13	2.481	2.370	2.205	2.062	1.894	1.688	1.536	1.403
14	2.385	2.278	2.119	1.982	1.821	1.622	1.476	1.348
15	2.299	2.196	2.043	1.910	1.755	1.564	1.423	1.300
16	2.222	2.122	1.975	1.846	1.696	1.512	1.375	1.256
17	2.152	2.056	1.912	1.788	1.643	1.464	1.332	1.217
18	2.088	1.995	1.856	1.735	1.594	1.421	1.293	1.181
19	2.030	1.939	1.804	1.687	1.550	1.381	1.257	1.148
20	1.976	1.888	1.756	1.642	1.509	1.345	1.223	1.118
21	1.927	1.840	1.712	1.601	1.471	1.311	1.193	1.089
22	1.881	1.796	1.671	1.563	1.436	1.279	1.164	1.063
23	1.838	1.755	1.633	1.527	1.403	1.250	1.138	1.039
24	1.798	1.717	1.598	1.494	1.373	1.223	1.113	1.017
25	1.760	1.681	1.564	1.462	1.344	1.197	1.090	0.995
26	1.725	1.647	1.533	1.433	1.317	1.173	1.068	0.975
27	1.691	1.616	1.503	1.405	1.291	1.151	1.047	0.956
28	1.660	1.586	1.475	1.379	1.267	1.129	1.028	0.939
29	1.630	1.557	1.449	1.355	1.245	1.109	1.009	0.922
30	1.602	1.530	1.424	1.331	1.223	1.090	0.992	0.906
35	1.480	1.414	1.315	1.230	1.130	1.007	0.916	0.837
40	1.383	1.321	1.229	1.149	1.056	0.941	0.856	0.782
45	1.302	1.244	1.157	1.082	0.994	0.886	0.806	0.736
50	1.234	1.179	1.097	1.025	0.942	0.840	0.764	0.698
60	1.125	1.074	1.000	0.935	0.859	0.765	0.696	0.636
70	1.040	0.994	0.925	0.865	0.794	0.708	0.644	0.588
80	0.973	0.929	0.864	0.808	0.743	0.662	0.602	0.550
90	0.916	0.875	0.814	0.761	0.700	0.623	0.567	0.518
100	0.869	0.830	0.772	0.722	0.663	0.591	0.538	0.491
150	0.709	0.677	0.630	0.589	0.541	0.482	0.439	0.401
200	0.612	0.584	0.544	0.509	0.467	0.416	0.379	0.346
300	0.500	0.477	0.444	0.415	0.382	0.340	0.309	0.283
400	0.433	0.413	0.385	0.360	0.330	0.294	0.268	0.245
500	0.387	0.370	0.344	0.322	0.296	0.263	0.240	0.219
1000	0.274	0.261	0.243	0.227	0.209	0.186	0.169	0.155

ALPHA= 0.05

K=15

BETA

N	0.005	0.01	0.025	0.05	0.1	0.2	0.3	0.4
2	8.784	8.370	7.761	7.235	6.625	5.879	5.334	4.861
3	6.127	5.850	5.440	5.085	4.670	4.161	3.785	3.458
4	5.011	4.787	4.455	4.167	3.830	3.415	3.109	2.842
5	4.351	4.157	3.870	3.621	3.329	2.970	2.705	2.473
6	3.901	3.727	3.470	3.247	2.986	2.664	2.426	2.219
7	3.567	3.409	3.174	2.970	2.732	2.437	2.220	2.030
8	3.307	3.160	2.943	2.754	2.533	2.260	2.059	1.883
9	3.097	2.960	2.756	2.579	2.372	2.117	1.929	1.764
10	2.923	2.793	2.601	2.434	2.239	1.998	1.820	1.665
11	2.775	2.652	2.470	2.311	2.126	1.897	1.728	1.581
12	2.648	2.531	2.357	2.205	2.029	1.810	1.649	1.508
13	2.537	2.424	2.258	2.113	1.944	1.734	1.580	1.445
14	2.438	2.330	2.170	2.031	1.868	1.667	1.519	1.389
15	2.351	2.247	2.092	1.958	1.801	1.607	1.464	1.339
16	2.272	2.171	2.022	1.892	1.741	1.554	1.415	1.294
17	2.201	2.103	1.959	1.833	1.686	1.505	1.371	1.254
18	2.136	2.041	1.901	1.779	1.636	1.460	1.330	1.217
19	2.076	1.984	1.848	1.729	1.591	1.420	1.293	1.183
20	2.021	1.932	1.799	1.684	1.549	1.382	1.259	1.152
21	1.970	1.883	1.754	1.641	1.510	1.348	1.228	1.123
22	1.923	1.838	1.712	1.602	1.474	1.315	1.198	1.096
23	1.879	1.796	1.673	1.566	1.440	1.285	1.171	1.071
24	1.838	1.757	1.636	1.531	1.409	1.257	1.145	1.048
25	1.800	1.720	1.602	1.499	1.379	1.231	1.122	1.026
26	1.764	1.686	1.570	1.469	1.352	1.206	1.099	1.005
27	1.730	1.653	1.540	1.441	1.326	1.183	1.078	0.986
28	1.698	1.623	1.511	1.414	1.301	1.161	1.058	0.968
29	1.667	1.594	1.484	1.389	1.278	1.140	1.039	0.950
30	1.639	1.566	1.459	1.365	1.256	1.121	1.021	0.934
35	1.514	1.447	1.348	1.261	1.160	1.036	0.943	0.863
40	1.414	1.352	1.259	1.178	1.084	0.967	0.881	0.806
45	1.332	1.273	1.185	1.109	1.021	0.911	0.830	0.759
50	1.262	1.206	1.124	1.052	0.967	0.863	0.787	0.719
60	1.151	1.100	1.024	0.959	0.882	0.787	0.717	0.656
70	1.064	1.017	0.947	0.887	0.816	0.728	0.663	0.607
80	0.995	0.951	0.886	0.829	0.762	0.680	0.620	0.567
90	0.938	0.896	0.834	0.781	0.718	0.641	0.584	0.534
100	0.889	0.850	0.791	0.741	0.681	0.608	0.554	0.507
150	0.723	0.691	0.644	0.602	0.554	0.494	0.451	0.412
200	0.626	0.598	0.557	0.522	0.480	0.428	0.390	0.357
300	0.511	0.489	0.455	0.426	0.392	0.350	0.319	0.291
400	0.443	0.423	0.394	0.369	0.339	0.303	0.276	0.252
500	0.396	0.378	0.352	0.330	0.303	0.271	0.247	0.226
1000	0.280	0.268	0.249	0.233	0.215	0.192	0.174	0.160

ALPHA= 0.05

K=20

BETA

N	0.005	0.01	0.025	0.05	0.1	0.2	0.3	0.4
2	8.963	8.556	7.955	7.435	6.829	6.086	5.539	5.063
3	6.346	6.068	5.655	5.296	4.877	4.359	3.977	3.642
4	5.214	4.987	4.651	4.358	4.015	3.592	3.278	3.004
5	4.537	4.340	4.048	3.794	3.497	3.129	2.856	2.618
6	4.072	3.895	3.634	3.406	3.139	2.810	2.565	2.351
7	3.726	3.565	3.326	3.118	2.874	2.572	2.349	2.153
8	3.457	3.307	3.086	2.892	2.666	2.386	2.179	1.998
9	3.239	3.099	2.891	2.710	2.498	2.236	2.042	1.872
10	3.057	2.925	2.729	2.558	2.359	2.111	1.928	1.767
11	2.903	2.778	2.592	2.430	2.240	2.005	1.831	1.678
12	2.771	2.651	2.473	2.319	2.138	1.913	1.747	1.602
13	2.655	2.540	2.370	2.222	2.048	1.833	1.674	1.535
14	2.552	2.442	2.278	2.136	1.969	1.763	1.610	1.476
15	2.461	2.354	2.197	2.060	1.899	1.700	1.552	1.423
16	2.378	2.276	2.123	1.991	1.835	1.643	1.500	1.375
17	2.304	2.204	2.057	1.928	1.778	1.591	1.453	1.332
18	2.236	2.139	1.996	1.871	1.725	1.544	1.410	1.293
19	2.174	2.080	1.941	1.819	1.677	1.502	1.371	1.257
20	2.116	2.025	1.890	1.771	1.633	1.462	1.335	1.224
21	2.063	1.974	1.842	1.727	1.592	1.425	1.302	1.193
22	2.014	1.927	1.798	1.686	1.554	1.391	1.271	1.165
23	1.968	1.883	1.757	1.648	1.519	1.360	1.242	1.138
24	1.926	1.842	1.719	1.612	1.486	1.330	1.215	1.114
25	1.885	1.804	1.683	1.578	1.455	1.302	1.189	1.090
26	1.848	1.768	1.650	1.546	1.426	1.276	1.166	1.068
27	1.812	1.734	1.618	1.517	1.398	1.252	1.143	1.048
28	1.778	1.702	1.588	1.489	1.372	1.229	1.122	1.028
29	1.747	1.671	1.559	1.462	1.348	1.207	1.102	1.010
30	1.717	1.642	1.533	1.437	1.325	1.186	1.083	0.993
35	1.586	1.518	1.416	1.328	1.224	1.096	1.001	0.917
40	1.482	1.418	1.323	1.240	1.143	1.024	0.935	0.857
45	1.395	1.335	1.246	1.168	1.077	0.964	0.880	0.807
50	1.323	1.266	1.181	1.107	1.021	0.914	0.834	0.765
60	1.206	1.154	1.077	1.009	0.931	0.833	0.761	0.697
70	1.115	1.067	0.996	0.934	0.861	0.771	0.704	0.645
80	1.043	0.998	0.931	0.873	0.805	0.720	0.658	0.603
90	0.982	0.940	0.877	0.822	0.758	0.679	0.620	0.568
100	0.932	0.891	0.832	0.780	0.719	0.644	0.588	0.539
150	0.758	0.725	0.677	0.634	0.585	0.524	0.478	0.438
200	0.656	0.628	0.586	0.549	0.506	0.453	0.414	0.380
300	0.536	0.513	0.478	0.449	0.414	0.370	0.338	0.310
400	0.464	0.444	0.414	0.388	0.358	0.321	0.293	0.268
500	0.415	0.397	0.371	0.347	0.320	0.287	0.262	0.240
1000	0.294	0.281	0.262	0.246	0.227	0.203	0.185	0.170

ALPHA= 0.05

K=25

BETA

N	0.005	0.01	0.025	0.05	0.1	0.2	0.3	0.4
2	9.146	8.741	8.143	7.623	7.018	6.272	5.722	5.241
3	6.538	6.257	5.840	5.477	5.053	4.527	4.138	3.796
4	5.387	5.157	4.816	4.519	4.171	3.739	3.419	3.139
5	4.693	4.494	4.198	3.939	3.637	3.261	2.983	2.738
6	4.215	4.036	3.771	3.539	3.268	2.931	2.681	2.461
7	3.860	3.696	3.453	3.241	2.993	2.684	2.455	2.254
8	3.582	3.430	3.205	3.008	2.777	2.491	2.279	2.092
9	3.357	3.214	3.003	2.819	2.603	2.335	2.136	1.961
10	3.169	3.035	2.836	2.662	2.458	2.205	2.017	1.852
11	3.010	2.883	2.694	2.528	2.335	2.094	1.916	1.759
12	2.873	2.751	2.571	2.413	2.228	1.999	1.829	1.679
13	2.753	2.637	2.463	2.312	2.135	1.916	1.752	1.609
14	2.647	2.535	2.369	2.223	2.053	1.842	1.685	1.547
15	2.552	2.444	2.284	2.144	1.980	1.776	1.625	1.492
16	2.467	2.363	2.208	2.072	1.914	1.717	1.571	1.442
17	2.390	2.289	2.139	2.008	1.854	1.663	1.521	1.397
18	2.320	2.222	2.076	1.949	1.799	1.614	1.477	1.356
19	2.255	2.160	2.018	1.894	1.749	1.569	1.436	1.318
20	2.196	2.103	1.965	1.844	1.703	1.528	1.398	1.284
21	2.141	2.050	1.916	1.798	1.661	1.490	1.363	1.251
22	2.090	2.002	1.870	1.756	1.621	1.454	1.331	1.222
23	2.042	1.956	1.828	1.716	1.584	1.421	1.300	1.194
24	1.998	1.914	1.788	1.678	1.550	1.390	1.272	1.168
25	1.956	1.874	1.751	1.643	1.518	1.361	1.246	1.144
26	1.917	1.836	1.716	1.611	1.487	1.334	1.221	1.121
27	1.880	1.801	1.683	1.580	1.459	1.309	1.197	1.099
28	1.846	1.768	1.652	1.550	1.432	1.284	1.175	1.079
29	1.813	1.736	1.622	1.523	1.406	1.261	1.154	1.060
30	1.781	1.706	1.594	1.496	1.382	1.240	1.134	1.041
35	1.646	1.577	1.473	1.383	1.277	1.146	1.048	0.962
40	1.538	1.473	1.376	1.292	1.193	1.070	0.979	0.899
45	1.448	1.387	1.296	1.217	1.124	1.008	0.922	0.847
50	1.373	1.315	1.229	1.153	1.065	0.955	0.874	0.803
60	1.252	1.199	1.120	1.051	0.971	0.871	0.797	0.732
70	1.158	1.109	1.036	0.973	0.898	0.806	0.737	0.677
80	1.082	1.037	0.969	0.909	0.840	0.753	0.689	0.633
90	1.016	0.973	0.909	0.853	0.788	0.707	0.647	0.594
100	0.964	0.923	0.862	0.809	0.748	0.671	0.614	0.563
150	0.787	0.754	0.704	0.661	0.610	0.548	0.501	0.460
200	0.681	0.653	0.610	0.572	0.529	0.474	0.434	0.398
300	0.556	0.533	0.498	0.467	0.432	0.387	0.354	0.325
400	0.482	0.461	0.431	0.405	0.374	0.335	0.307	0.282
500	0.431	0.413	0.386	0.362	0.334	0.300	0.274	0.252
1000	0.305	0.292	0.273	0.256	0.236	0.212	0.194	0.178

ALPHA= 0.05

K=30

BETA

N	0.005	0.01	0.025	0.05	0.1	0.2	0.3	0.4
2	9.321	8.917	8.319	7.799	7.191	6.441	5.886	5.399
3	6.708	6.424	6.004	5.637	5.208	4.674	4.279	3.931
4	5.538	5.306	4.961	4.660	4.307	3.868	3.542	3.255
5	4.830	4.628	4.328	4.066	3.758	3.376	3.092	2.842
6	4.341	4.159	3.890	3.655	3.379	3.036	2.780	2.556
7	3.976	3.810	3.564	3.348	3.095	2.781	2.548	2.342
8	3.691	3.537	3.308	3.108	2.874	2.582	2.365	2.174
9	3.459	3.315	3.101	2.913	2.694	2.420	2.217	2.038
10	3.267	3.131	2.928	2.751	2.544	2.286	2.094	1.925
11	3.103	2.974	2.782	2.614	2.417	2.171	1.989	1.829
12	2.962	2.839	2.655	2.495	2.307	2.073	1.899	1.746
13	2.839	2.720	2.544	2.391	2.211	1.986	1.820	1.673
14	2.729	2.616	2.447	2.299	2.126	1.910	1.750	1.609
15	2.632	2.522	2.359	2.217	2.050	1.842	1.687	1.551
16	2.544	2.438	2.281	2.143	1.981	1.781	1.631	1.500
17	2.465	2.362	2.209	2.076	1.920	1.725	1.580	1.453
18	2.392	2.293	2.144	2.015	1.863	1.674	1.534	1.410
19	2.326	2.229	2.085	1.959	1.811	1.628	1.491	1.371
20	2.265	2.170	2.030	1.908	1.764	1.585	1.452	1.335
21	2.208	2.116	1.979	1.860	1.720	1.545	1.416	1.302
22	2.156	2.066	1.932	1.816	1.679	1.509	1.382	1.271
23	2.107	2.019	1.888	1.775	1.641	1.474	1.351	1.242
24	2.061	1.975	1.847	1.736	1.605	1.442	1.321	1.215
25	2.018	1.934	1.809	1.700	1.572	1.412	1.294	1.189
26	1.978	1.895	1.773	1.666	1.540	1.384	1.268	1.166
27	1.940	1.859	1.739	1.634	1.511	1.358	1.244	1.143
28	1.904	1.824	1.707	1.604	1.483	1.332	1.221	1.122
29	1.870	1.792	1.676	1.575	1.456	1.309	1.199	1.102
30	1.838	1.761	1.647	1.548	1.431	1.286	1.178	1.083
35	1.698	1.628	1.522	1.431	1.323	1.189	1.089	1.001
40	1.587	1.520	1.422	1.336	1.236	1.110	1.017	0.935
45	1.494	1.432	1.339	1.259	1.164	1.046	0.958	0.881
50	1.416	1.357	1.270	1.193	1.103	0.991	0.908	0.835
60	1.291	1.238	1.158	1.088	1.006	0.904	0.828	0.761
70	1.189	1.139	1.065	1.001	0.926	0.832	0.762	0.701
80	1.112	1.065	0.997	0.936	0.866	0.778	0.713	0.655
90	1.048	1.005	0.940	0.883	0.816	0.734	0.672	0.618
100	0.994	0.953	0.891	0.838	0.774	0.696	0.638	0.586
150	0.812	0.778	0.728	0.684	0.632	0.568	0.521	0.479
200	0.703	0.674	0.630	0.592	0.548	0.492	0.451	0.414
300	0.574	0.550	0.515	0.484	0.447	0.402	0.368	0.338
400	0.497	0.476	0.446	0.419	0.387	0.348	0.319	0.293
500	0.445	0.426	0.399	0.375	0.346	0.311	0.285	0.262
1000	0.314	0.301	0.282	0.265	0.245	0.220	0.202	0.185

ALPHA= 0.05

K=40

BETA

N	0.005	0.01	0.025	0.05	0.1	0.2	0.3	0.4
2	9.645	9.240	8.638	8.114	7.499	6.737	6.172	5.675
3	7.002	6.714	6.286	5.912	5.472	4.926	4.518	4.159
4	5.798	5.561	5.208	4.900	4.537	4.085	3.749	3.452
5	5.063	4.857	4.549	4.280	3.964	3.570	3.277	3.017
6	4.554	4.368	4.092	3.851	3.566	3.212	2.948	2.715
7	4.173	4.003	3.751	3.529	3.269	2.945	2.703	2.489
8	3.875	3.717	3.483	3.277	3.036	2.735	2.510	2.312
9	3.633	3.485	3.265	3.073	2.846	2.564	2.353	2.168
10	3.432	3.292	3.084	2.902	2.689	2.422	2.223	2.047
11	3.260	3.128	2.930	2.758	2.554	2.301	2.112	1.945
12	3.112	2.986	2.798	2.633	2.439	2.197	2.017	1.857
13	2.983	2.862	2.681	2.523	2.337	2.106	1.933	1.780
14	2.869	2.752	2.578	2.426	2.248	2.025	1.859	1.712
15	2.766	2.654	2.486	2.340	2.168	1.953	1.792	1.651
16	2.674	2.566	2.404	2.262	2.096	1.888	1.733	1.596
17	2.591	2.486	2.329	2.192	2.030	1.829	1.679	1.546
18	2.515	2.413	2.261	2.127	1.971	1.775	1.630	1.501
19	2.445	2.346	2.198	2.068	1.916	1.726	1.584	1.459
20	2.381	2.284	2.140	2.014	1.866	1.681	1.543	1.421
21	2.322	2.227	2.087	1.964	1.819	1.639	1.504	1.386
22	2.267	2.174	2.037	1.917	1.776	1.600	1.469	1.353
23	2.215	2.125	1.991	1.874	1.736	1.564	1.435	1.322
24	2.167	2.079	1.948	1.833	1.698	1.530	1.404	1.293
25	2.122	2.036	1.907	1.795	1.663	1.498	1.375	1.266
26	2.080	1.995	1.869	1.759	1.630	1.468	1.348	1.241
27	2.040	1.957	1.833	1.725	1.598	1.440	1.322	1.217
28	2.002	1.921	1.799	1.693	1.569	1.413	1.297	1.195
29	1.966	1.886	1.767	1.663	1.541	1.388	1.274	1.174
30	1.933	1.854	1.737	1.635	1.514	1.364	1.252	1.153
35	1.786	1.714	1.605	1.511	1.400	1.261	1.157	1.066
40	1.669	1.601	1.500	1.411	1.308	1.178	1.081	0.996
45	1.572	1.508	1.413	1.329	1.232	1.109	1.018	0.938
50	1.490	1.429	1.339	1.260	1.167	1.052	0.965	0.889
60	1.351	1.296	1.214	1.143	1.058	0.954	0.875	0.806
70	1.250	1.200	1.124	1.058	0.980	0.883	0.810	0.746
80	1.170	1.122	1.051	0.989	0.917	0.826	0.758	0.698
90	1.103	1.058	0.991	0.933	0.864	0.779	0.715	0.658
100	1.046	1.004	0.940	0.885	0.820	0.739	0.678	0.624
150	0.854	0.820	0.768	0.723	0.669	0.603	0.554	0.510
200	0.740	0.710	0.665	0.626	0.580	0.522	0.479	0.442
300	0.604	0.579	0.543	0.511	0.473	0.426	0.391	0.361
400	0.523	0.502	0.470	0.443	0.410	0.369	0.339	0.312
500	0.468	0.449	0.421	0.396	0.367	0.330	0.303	0.279
1000	0.331	0.317	0.297	0.280	0.259	0.234	0.214	0.197

ALPHA= 0.05

K=50

BETA

N	0.005	0.01	0.025	0.05	0.1	0.2	0.3	0.4
2	9.935	9.526	8.919	8.389	7.767	6.993	6.417	5.910
3	7.254	6.961	6.526	6.145	5.696	5.137	4.719	4.350
4	6.017	5.775	5.416	5.101	4.731	4.268	3.922	3.616
5	5.259	5.049	4.735	4.460	4.137	3.733	3.431	3.163
6	4.733	4.543	4.261	4.014	3.723	3.360	3.088	2.848
7	4.339	4.166	3.907	3.681	3.414	3.081	2.832	2.612
8	4.030	3.869	3.629	3.419	3.171	2.862	2.631	2.426
9	3.779	3.628	3.403	3.206	2.974	2.684	2.467	2.275
10	3.570	3.427	3.215	3.029	2.809	2.535	2.331	2.149
11	3.392	3.257	3.055	2.878	2.670	2.409	2.215	2.042
12	3.238	3.109	2.916	2.748	2.549	2.300	2.114	1.950
13	3.104	2.980	2.795	2.634	2.443	2.205	2.027	1.869
14	2.985	2.866	2.688	2.533	2.349	2.120	1.949	1.797
15	2.879	2.764	2.593	2.443	2.266	2.045	1.880	1.734
16	2.783	2.672	2.507	2.362	2.191	1.977	1.817	1.676
17	2.697	2.589	2.429	2.288	2.122	1.915	1.761	1.624
18	2.618	2.513	2.357	2.221	2.060	1.859	1.709	1.576
19	2.545	2.444	2.292	2.159	2.003	1.808	1.662	1.533
20	2.478	2.379	2.232	2.103	1.951	1.760	1.618	1.492
21	2.417	2.320	2.176	2.050	1.902	1.717	1.578	1.455
22	2.359	2.265	2.125	2.002	1.857	1.676	1.541	1.421
23	2.306	2.214	2.077	1.956	1.815	1.638	1.506	1.389
24	2.256	2.166	2.032	1.914	1.775	1.602	1.473	1.358
25	2.209	2.121	1.989	1.874	1.739	1.569	1.442	1.330
26	2.165	2.078	1.950	1.837	1.704	1.538	1.414	1.304
27	2.123	2.039	1.912	1.802	1.671	1.508	1.387	1.279
28	2.084	2.001	1.877	1.768	1.640	1.480	1.361	1.255
29	2.047	1.965	1.844	1.737	1.611	1.454	1.337	1.233
30	2.012	1.932	1.812	1.707	1.583	1.429	1.314	1.212
35	1.859	1.785	1.675	1.578	1.464	1.321	1.214	1.120
40	1.737	1.668	1.565	1.474	1.367	1.234	1.134	1.046
45	1.624	1.559	1.463	1.378	1.278	1.154	1.061	0.978
50	1.541	1.479	1.388	1.307	1.213	1.095	1.006	0.928
60	1.407	1.350	1.267	1.193	1.107	0.999	0.919	0.847
70	1.302	1.250	1.173	1.105	1.025	0.925	0.850	0.784
80	1.218	1.170	1.097	1.034	0.959	0.865	0.795	0.734
90	1.148	1.103	1.034	0.974	0.904	0.816	0.750	0.692
100	1.090	1.046	0.981	0.924	0.858	0.774	0.711	0.656
150	0.890	0.854	0.801	0.755	0.700	0.632	0.581	0.536
200	0.770	0.740	0.694	0.654	0.606	0.547	0.503	0.464
300	0.629	0.604	0.567	0.534	0.495	0.447	0.411	0.379
400	0.545	0.523	0.491	0.462	0.429	0.387	0.356	0.328
500	0.487	0.468	0.439	0.413	0.384	0.346	0.318	0.293
1000	0.345	0.331	0.310	0.292	0.271	0.245	0.225	0.207

ALPHA= 0.05

K=60

BETA

N	0.005	0.01	0.025	0.05	0.1	0.2	0.3	0.4
2	10.196	9.784	9.171	8.635	8.005	7.220	6.634	6.116
3	7.475	7.178	6.736	6.348	5.892	5.321	4.894	4.516
4	6.208	5.963	5.597	5.277	4.899	4.426	4.072	3.758
5	5.430	5.216	4.897	4.617	4.286	3.873	3.564	3.290
6	4.888	4.696	4.409	4.157	3.859	3.488	3.209	2.962
7	4.483	4.306	4.043	3.812	3.540	3.199	2.943	2.717
8	4.164	4.000	3.756	3.541	3.288	2.972	2.735	2.524
9	3.905	3.752	3.523	3.321	3.084	2.787	2.565	2.366
10	3.690	3.545	3.328	3.138	2.914	2.633	2.423	2.237
11	3.506	3.368	3.163	2.982	2.769	2.503	2.303	2.126
12	3.348	3.216	3.020	2.847	2.644	2.389	2.199	2.030
13	3.209	3.083	2.894	2.729	2.534	2.290	2.108	1.946
14	3.086	2.965	2.784	2.625	2.437	2.203	2.027	1.871
15	2.976	2.859	2.685	2.532	2.351	2.125	1.955	1.805
16	2.878	2.765	2.596	2.448	2.273	2.054	1.890	1.745
17	2.788	2.679	2.515	2.371	2.202	1.990	1.831	1.691
18	2.707	2.600	2.441	2.302	2.138	1.932	1.778	1.641
19	2.632	2.528	2.374	2.238	2.079	1.879	1.729	1.596
20	2.563	2.462	2.312	2.180	2.024	1.829	1.683	1.554
21	2.499	2.401	2.254	2.125	1.974	1.784	1.642	1.515
22	2.440	2.344	2.201	2.075	1.927	1.741	1.603	1.479
23	2.384	2.291	2.151	2.028	1.883	1.702	1.566	1.446
24	2.333	2.241	2.104	1.984	1.842	1.665	1.532	1.415
25	2.284	2.194	2.060	1.943	1.804	1.631	1.501	1.385
26	2.239	2.151	2.019	1.904	1.768	1.598	1.471	1.358
27	2.196	2.109	1.981	1.868	1.734	1.567	1.442	1.332
28	2.155	2.071	1.944	1.833	1.702	1.539	1.416	1.307
29	2.117	2.034	1.909	1.801	1.672	1.511	1.391	1.284
30	2.081	1.999	1.877	1.770	1.643	1.485	1.367	1.262
35	1.905	1.830	1.718	1.620	1.505	1.360	1.251	1.155
40	1.782	1.712	1.607	1.516	1.407	1.272	1.171	1.081
45	1.680	1.614	1.515	1.429	1.327	1.199	1.104	1.019
50	1.594	1.531	1.438	1.356	1.259	1.138	1.047	0.967
60	1.455	1.398	1.312	1.238	1.149	1.039	0.956	0.882
70	1.347	1.294	1.215	1.146	1.064	0.962	0.885	0.817
80	1.260	1.211	1.137	1.072	0.995	0.899	0.828	0.764
90	1.188	1.141	1.072	1.010	0.938	0.848	0.780	0.720
100	1.127	1.083	1.017	0.959	0.890	0.805	0.740	0.683
150	0.920	0.884	0.830	0.783	0.727	0.657	0.605	0.558
200	0.797	0.766	0.719	0.678	0.629	0.569	0.524	0.483
300	0.651	0.625	0.587	0.553	0.514	0.464	0.427	0.395
400	0.564	0.541	0.508	0.479	0.445	0.402	0.370	0.342
500	0.504	0.484	0.455	0.429	0.398	0.360	0.331	0.306
1000	0.356	0.342	0.321	0.303	0.281	0.254	0.234	0.216

ALPHA= 0.10

K= 2

BETA

N	0.005	0.01	0.025	0.05	0.1	0.2	0.3	0.4
2	7.393	6.882	6.142	5.516	4.809	3.979	3.401	2.922
3	4.313	4.045	3.655	3.321	2.939	2.482	2.155	1.878
4	3.422	3.215	2.912	2.653	2.355	1.996	1.737	1.518
5	2.944	2.768	2.509	2.288	2.033	1.725	1.503	1.314
6	2.629	2.473	2.243	2.046	1.818	1.544	1.346	1.177
7	2.401	2.258	2.049	1.869	1.662	1.411	1.230	1.076
8	2.224	2.092	1.898	1.732	1.540	1.308	1.141	0.998
9	2.082	1.959	1.778	1.622	1.442	1.225	1.068	0.935
10	1.965	1.848	1.677	1.531	1.361	1.156	1.008	0.882
11	1.865	1.755	1.593	1.453	1.293	1.098	0.958	0.838
12	1.780	1.675	1.520	1.387	1.233	1.048	0.914	0.800
13	1.705	1.604	1.456	1.329	1.182	1.004	0.876	0.766
14	1.639	1.542	1.400	1.277	1.136	0.965	0.842	0.737
15	1.581	1.487	1.350	1.232	1.095	0.931	0.812	0.710
16	1.528	1.437	1.305	1.190	1.059	0.900	0.785	0.687
17	1.480	1.392	1.264	1.153	1.026	0.871	0.760	0.665
18	1.436	1.351	1.226	1.119	0.996	0.846	0.738	0.645
19	1.396	1.314	1.192	1.088	0.968	0.822	0.717	0.628
20	1.359	1.279	1.161	1.059	0.942	0.801	0.698	0.611
21	1.325	1.247	1.132	1.033	0.919	0.781	0.681	0.596
22	1.294	1.217	1.105	1.008	0.897	0.762	0.665	0.582
23	1.264	1.190	1.080	0.985	0.877	0.745	0.650	0.568
24	1.237	1.164	1.056	0.964	0.858	0.729	0.636	0.556
25	1.211	1.140	1.034	0.944	0.840	0.713	0.622	0.544
26	1.187	1.117	1.014	0.925	0.823	0.699	0.610	0.534
27	1.164	1.095	0.994	0.907	0.807	0.686	0.598	0.523
28	1.143	1.075	0.976	0.890	0.792	0.673	0.587	0.514
29	1.122	1.056	0.958	0.875	0.778	0.661	0.577	0.504
30	1.103	1.038	0.942	0.860	0.765	0.650	0.567	0.496
35	1.019	0.959	0.870	0.794	0.707	0.600	0.524	0.458
40	0.952	0.896	0.813	0.742	0.660	0.561	0.489	0.428
45	0.897	0.844	0.766	0.699	0.622	0.528	0.461	0.403
50	0.850	0.800	0.726	0.663	0.589	0.501	0.437	0.382
60	0.775	0.729	0.662	0.604	0.537	0.457	0.398	0.348
70	0.717	0.675	0.612	0.559	0.497	0.422	0.368	0.322
80	0.670	0.631	0.572	0.522	0.465	0.395	0.344	0.301
90	0.632	0.594	0.539	0.492	0.438	0.372	0.325	0.284
100	0.599	0.564	0.512	0.467	0.415	0.353	0.308	0.269
150	0.488	0.460	0.417	0.381	0.339	0.288	0.251	0.220
200	0.423	0.398	0.361	0.330	0.293	0.249	0.217	0.190
300	0.345	0.325	0.295	0.269	0.239	0.203	0.177	0.155
400	0.299	0.281	0.255	0.233	0.207	0.176	0.154	0.134
500	0.267	0.251	0.228	0.208	0.185	0.157	0.137	0.120
1000	0.189	0.178	0.161	0.147	0.131	0.111	0.097	0.085

ALPHA= 0.10

K= 3

BETA

N	0.005	0.01	0.025	0.05	0.1	0.2	0.3	0.4
2	7.500	7.023	6.329	5.740	5.071	4.274	3.709	3.233
3	4.655	4.384	3.986	3.646	3.254	2.780	2.438	2.145
4	3.718	3.506	3.195	2.927	2.618	2.243	1.971	1.737
5	3.202	3.021	2.755	2.526	2.261	1.939	1.705	1.504
6	2.859	2.698	2.461	2.257	2.022	1.734	1.526	1.346
7	2.609	2.463	2.247	2.061	1.846	1.584	1.394	1.230
8	2.416	2.281	2.081	1.909	1.710	1.468	1.292	1.140
9	2.261	2.134	1.948	1.787	1.601	1.374	1.209	1.067
10	2.133	2.013	1.838	1.686	1.510	1.297	1.141	1.007
11	2.024	1.911	1.744	1.600	1.434	1.231	1.083	0.956
12	1.931	1.823	1.664	1.527	1.368	1.174	1.034	0.912
13	1.849	1.746	1.594	1.462	1.310	1.125	0.990	0.874
14	1.778	1.678	1.532	1.406	1.259	1.081	0.952	0.840
15	1.713	1.618	1.477	1.355	1.214	1.042	0.917	0.810
16	1.656	1.563	1.427	1.309	1.173	1.007	0.887	0.783
17	1.604	1.514	1.382	1.268	1.136	0.976	0.859	0.758
18	1.556	1.469	1.341	1.231	1.103	0.947	0.833	0.736
19	1.513	1.428	1.304	1.196	1.072	0.920	0.810	0.715
20	1.473	1.390	1.269	1.165	1.044	0.896	0.789	0.696
21	1.436	1.356	1.237	1.136	1.017	0.874	0.769	0.679
22	1.401	1.323	1.208	1.108	0.993	0.853	0.751	0.662
23	1.370	1.293	1.180	1.083	0.971	0.833	0.733	0.647
24	1.340	1.265	1.155	1.059	0.949	0.815	0.718	0.633
25	1.312	1.238	1.130	1.037	0.930	0.798	0.703	0.620
26	1.285	1.213	1.108	1.017	0.911	0.782	0.688	0.608
27	1.261	1.190	1.086	0.997	0.893	0.767	0.675	0.596
28	1.237	1.168	1.066	0.978	0.877	0.753	0.663	0.585
29	1.215	1.147	1.047	0.961	0.861	0.739	0.651	0.574
30	1.194	1.127	1.029	0.944	0.846	0.727	0.640	0.564
35	1.103	1.042	0.951	0.873	0.782	0.671	0.591	0.522
40	1.030	0.973	0.888	0.815	0.730	0.627	0.552	0.487
45	0.970	0.916	0.836	0.767	0.688	0.591	0.520	0.459
50	0.920	0.868	0.793	0.727	0.652	0.560	0.493	0.435
60	0.838	0.792	0.723	0.663	0.594	0.510	0.449	0.396
70	0.776	0.732	0.668	0.613	0.550	0.472	0.415	0.367
80	0.725	0.684	0.625	0.573	0.514	0.441	0.388	0.343
90	0.683	0.645	0.589	0.540	0.484	0.416	0.366	0.323
100	0.648	0.612	0.558	0.512	0.459	0.394	0.347	0.306
150	0.528	0.499	0.455	0.418	0.374	0.321	0.283	0.250
200	0.457	0.432	0.394	0.362	0.324	0.278	0.245	0.216
300	0.373	0.352	0.322	0.295	0.264	0.227	0.200	0.176
400	0.323	0.305	0.278	0.255	0.229	0.197	0.173	0.153
500	0.289	0.273	0.249	0.228	0.205	0.176	0.155	0.137
1000	0.204	0.193	0.176	0.161	0.145	0.124	0.109	0.097

ALPHA= 0.10

K= 4

BETA

N	0.005	0.01	0.025	0.05	0.1	0.2	0.3	0.4
2	7.481	7.030	6.372	5.811	5.170	4.401	3.852	3.384
3	4.829	4.558	4.161	3.819	3.425	2.946	2.598	2.298
4	3.885	3.671	3.357	3.086	2.772	2.389	2.111	1.869
5	3.353	3.170	2.900	2.667	2.398	2.068	1.828	1.620
6	2.997	2.834	2.594	2.386	2.146	1.852	1.637	1.451
7	2.736	2.588	2.369	2.180	1.960	1.692	1.496	1.326
8	2.535	2.397	2.195	2.020	1.817	1.568	1.387	1.230
9	2.372	2.244	2.054	1.891	1.701	1.468	1.298	1.151
10	2.238	2.117	1.938	1.784	1.604	1.385	1.225	1.086
11	2.124	2.009	1.840	1.693	1.523	1.315	1.163	1.031
12	2.026	1.917	1.755	1.615	1.453	1.255	1.110	0.984
13	1.941	1.836	1.681	1.547	1.392	1.202	1.063	0.943
14	1.865	1.765	1.616	1.487	1.338	1.155	1.022	0.906
15	1.798	1.701	1.558	1.434	1.290	1.114	0.985	0.874
16	1.738	1.644	1.505	1.385	1.246	1.076	0.952	0.844
17	1.683	1.592	1.458	1.342	1.207	1.043	0.922	0.818
18	1.633	1.545	1.415	1.302	1.172	1.012	0.895	0.794
19	1.588	1.502	1.375	1.266	1.139	0.983	0.870	0.771
20	1.546	1.462	1.339	1.232	1.109	0.957	0.847	0.751
21	1.507	1.425	1.305	1.201	1.081	0.933	0.826	0.732
22	1.471	1.391	1.274	1.173	1.055	0.911	0.806	0.715
23	1.437	1.360	1.245	1.146	1.031	0.890	0.788	0.698
24	1.406	1.330	1.218	1.121	1.008	0.871	0.770	0.683
25	1.376	1.302	1.192	1.098	0.987	0.853	0.754	0.669
26	1.349	1.276	1.168	1.076	0.968	0.836	0.739	0.655
27	1.323	1.251	1.146	1.055	0.949	0.819	0.725	0.643
28	1.298	1.228	1.125	1.035	0.931	0.804	0.711	0.631
29	1.275	1.206	1.104	1.017	0.915	0.790	0.699	0.620
30	1.253	1.185	1.085	0.999	0.899	0.776	0.687	0.609
35	1.158	1.095	1.003	0.923	0.831	0.717	0.634	0.563
40	1.081	1.023	0.937	0.862	0.776	0.670	0.593	0.525
45	1.018	0.963	0.882	0.812	0.731	0.631	0.558	0.495
50	0.965	0.913	0.836	0.770	0.692	0.598	0.529	0.469
60	0.880	0.832	0.762	0.702	0.631	0.545	0.482	0.428
70	0.814	0.770	0.705	0.649	0.584	0.504	0.446	0.396
80	0.761	0.720	0.659	0.607	0.546	0.471	0.417	0.370
90	0.717	0.678	0.621	0.572	0.514	0.444	0.393	0.348
100	0.680	0.643	0.589	0.542	0.488	0.421	0.373	0.330
150	0.554	0.524	0.480	0.442	0.398	0.343	0.304	0.269
200	0.480	0.454	0.416	0.382	0.344	0.297	0.263	0.233
300	0.391	0.370	0.339	0.312	0.281	0.242	0.215	0.190
400	0.339	0.321	0.294	0.270	0.243	0.210	0.186	0.165
500	0.303	0.287	0.263	0.242	0.217	0.188	0.166	0.147
1000	0.214	0.203	0.185	0.171	0.154	0.133	0.117	0.104

ALPHA= 0.10

K= 5

BETA

N	0.005	0.01	0.025	0.05	0.1	0.2	0.3	0.4
2	7.486	7.051	6.416	5.873	5.249	4.498	3.957	3.493
3	4.955	4.685	4.288	3.945	3.550	3.067	2.714	2.410
4	4.007	3.792	3.476	3.202	2.885	2.497	2.214	1.967
5	3.465	3.280	3.008	2.773	2.500	2.165	1.920	1.707
6	3.100	2.936	2.693	2.483	2.239	1.940	1.721	1.530
7	2.832	2.682	2.461	2.269	2.046	1.773	1.573	1.399
8	2.624	2.485	2.280	2.103	1.897	1.644	1.458	1.297
9	2.457	2.327	2.135	1.969	1.776	1.539	1.366	1.215
10	2.318	2.195	2.014	1.858	1.676	1.453	1.289	1.147
11	2.200	2.084	1.912	1.764	1.591	1.379	1.224	1.089
12	2.099	1.988	1.824	1.683	1.518	1.316	1.168	1.039
13	2.011	1.904	1.748	1.612	1.454	1.260	1.119	0.995
14	1.933	1.831	1.680	1.549	1.398	1.212	1.075	0.956
15	1.863	1.765	1.619	1.494	1.347	1.168	1.037	0.922
16	1.800	1.705	1.565	1.444	1.302	1.129	1.002	0.891
17	1.744	1.652	1.516	1.398	1.261	1.093	0.970	0.863
18	1.692	1.603	1.471	1.357	1.224	1.061	0.942	0.838
19	1.645	1.558	1.430	1.319	1.190	1.032	0.915	0.814
20	1.602	1.517	1.392	1.284	1.158	1.004	0.891	0.793
21	1.561	1.479	1.357	1.252	1.129	0.979	0.869	0.773
22	1.524	1.444	1.325	1.222	1.102	0.956	0.848	0.755
23	1.489	1.411	1.295	1.194	1.077	0.934	0.829	0.737
24	1.457	1.380	1.266	1.168	1.054	0.914	0.811	0.721
25	1.426	1.351	1.240	1.144	1.032	0.894	0.794	0.706
26	1.398	1.324	1.215	1.121	1.011	0.877	0.778	0.692
27	1.371	1.298	1.192	1.099	0.992	0.860	0.763	0.679
28	1.345	1.274	1.169	1.079	0.973	0.844	0.749	0.666
29	1.321	1.251	1.149	1.059	0.956	0.829	0.735	0.654
30	1.298	1.230	1.129	1.041	0.939	0.814	0.723	0.643
35	1.200	1.136	1.043	0.962	0.868	0.752	0.668	0.594
40	1.121	1.061	0.974	0.899	0.811	0.703	0.624	0.555
45	1.055	1.000	0.917	0.846	0.763	0.662	0.587	0.523
50	1.000	0.947	0.870	0.802	0.724	0.627	0.557	0.495
60	0.912	0.864	0.793	0.731	0.660	0.572	0.508	0.452
70	0.843	0.799	0.733	0.676	0.610	0.529	0.469	0.418
80	0.788	0.747	0.685	0.632	0.570	0.494	0.439	0.390
90	0.743	0.704	0.646	0.596	0.537	0.466	0.413	0.368
100	0.704	0.667	0.612	0.565	0.510	0.442	0.392	0.349
150	0.574	0.544	0.499	0.461	0.416	0.360	0.320	0.284
200	0.497	0.471	0.432	0.399	0.360	0.312	0.277	0.246
300	0.406	0.384	0.353	0.325	0.293	0.254	0.226	0.201
400	0.351	0.333	0.305	0.282	0.254	0.220	0.195	0.174
500	0.314	0.297	0.273	0.252	0.227	0.197	0.175	0.155
1000	0.222	0.210	0.193	0.178	0.161	0.139	0.123	0.110

ALPHA= 0.10

K= 6

BETA

N	0.005	0.01	0.025	0.05	0.1	0.2	0.3	0.4
2	7.512	7.088	6.467	5.935	5.323	4.582	4.046	3.585
3	5.058	4.789	4.391	4.049	3.651	3.165	2.809	2.500
4	4.107	3.891	3.573	3.297	2.977	2.585	2.297	2.047
5	3.557	3.371	3.097	2.859	2.583	2.244	1.995	1.778
6	3.185	3.019	2.774	2.562	2.315	2.012	1.789	1.595
7	2.911	2.759	2.536	2.342	2.117	1.840	1.636	1.459
8	2.698	2.558	2.351	2.171	1.962	1.706	1.517	1.353
9	2.526	2.395	2.201	2.033	1.838	1.597	1.421	1.267
10	2.384	2.260	2.077	1.919	1.734	1.508	1.341	1.196
11	2.263	2.145	1.972	1.822	1.647	1.432	1.273	1.135
12	2.159	2.047	1.882	1.738	1.571	1.366	1.215	1.083
13	2.068	1.961	1.802	1.665	1.505	1.309	1.164	1.038
14	1.988	1.885	1.733	1.601	1.447	1.258	1.119	0.998
15	1.917	1.817	1.670	1.543	1.395	1.213	1.079	0.962
16	1.852	1.756	1.614	1.491	1.348	1.172	1.043	0.930
17	1.794	1.701	1.564	1.445	1.306	1.135	1.010	0.901
18	1.741	1.651	1.518	1.402	1.267	1.102	0.980	0.874
19	1.693	1.605	1.475	1.363	1.232	1.071	0.953	0.850
20	1.648	1.562	1.436	1.327	1.199	1.043	0.928	0.827
21	1.606	1.523	1.400	1.294	1.169	1.017	0.904	0.807
22	1.568	1.487	1.367	1.263	1.141	0.992	0.883	0.787
23	1.532	1.453	1.336	1.234	1.115	0.970	0.863	0.769
24	1.499	1.421	1.307	1.207	1.091	0.949	0.844	0.753
25	1.468	1.392	1.279	1.182	1.068	0.929	0.826	0.737
26	1.438	1.364	1.254	1.158	1.047	0.910	0.810	0.722
27	1.411	1.337	1.229	1.136	1.027	0.893	0.794	0.708
28	1.384	1.313	1.207	1.115	1.008	0.876	0.779	0.695
29	1.360	1.289	1.185	1.095	0.990	0.860	0.766	0.683
30	1.336	1.267	1.165	1.076	0.973	0.846	0.752	0.671
35	1.235	1.171	1.076	0.994	0.899	0.781	0.695	0.620
40	1.153	1.093	1.005	0.929	0.839	0.730	0.649	0.579
45	1.086	1.030	0.947	0.874	0.791	0.687	0.611	0.545
50	1.029	0.976	0.897	0.829	0.749	0.652	0.580	0.517
60	0.938	0.890	0.818	0.756	0.683	0.594	0.528	0.471
70	0.868	0.823	0.757	0.699	0.632	0.549	0.489	0.436
80	0.811	0.769	0.707	0.653	0.591	0.514	0.457	0.407
90	0.764	0.725	0.666	0.616	0.557	0.484	0.430	0.384
100	0.725	0.687	0.632	0.584	0.528	0.459	0.408	0.364
150	0.591	0.561	0.515	0.476	0.430	0.374	0.333	0.297
200	0.512	0.485	0.446	0.412	0.372	0.324	0.288	0.257
300	0.417	0.396	0.364	0.336	0.304	0.264	0.235	0.210
400	0.361	0.342	0.315	0.291	0.263	0.229	0.203	0.181
500	0.323	0.306	0.282	0.260	0.235	0.204	0.182	0.162
1000	0.228	0.217	0.199	0.184	0.166	0.145	0.129	0.115

ALPHA= 0.10

K= 7

BETA

N	0.005	0.01	0.025	0.05	0.1	0.2	0.3	0.4
2	7.550	7.133	6.523	5.999	5.394	4.660	4.126	3.666
3	5.149	4.879	4.481	4.138	3.738	3.249	2.890	2.578
4	4.193	3.976	3.656	3.379	3.056	2.660	2.369	2.115
5	3.636	3.449	3.173	2.933	2.654	2.311	2.059	1.839
6	3.257	3.090	2.843	2.629	2.380	2.073	1.847	1.650
7	2.978	2.826	2.600	2.405	2.177	1.896	1.690	1.510
8	2.761	2.620	2.411	2.230	2.019	1.759	1.567	1.400
9	2.586	2.454	2.258	2.088	1.891	1.647	1.468	1.312
10	2.440	2.316	2.131	1.971	1.785	1.555	1.386	1.238
11	2.317	2.199	2.024	1.872	1.695	1.477	1.316	1.176
12	2.211	2.098	1.931	1.786	1.617	1.409	1.256	1.122
13	2.118	2.010	1.850	1.711	1.549	1.350	1.203	1.075
14	2.036	1.932	1.778	1.645	1.489	1.298	1.157	1.033
15	1.963	1.863	1.714	1.586	1.436	1.251	1.115	0.996
16	1.897	1.800	1.657	1.533	1.388	1.209	1.078	0.963
17	1.838	1.744	1.605	1.485	1.344	1.171	1.044	0.933
18	1.783	1.692	1.558	1.441	1.305	1.137	1.013	0.905
19	1.734	1.645	1.514	1.401	1.268	1.105	0.985	0.880
20	1.688	1.602	1.474	1.364	1.235	1.076	0.959	0.857
21	1.645	1.561	1.437	1.329	1.204	1.049	0.935	0.835
22	1.606	1.524	1.403	1.298	1.175	1.024	0.913	0.815
23	1.570	1.489	1.371	1.268	1.148	1.001	0.892	0.797
24	1.535	1.457	1.341	1.241	1.123	0.979	0.873	0.780
25	1.503	1.427	1.313	1.215	1.100	0.959	0.854	0.763
26	1.473	1.398	1.287	1.190	1.078	0.939	0.837	0.748
27	1.445	1.371	1.262	1.167	1.057	0.921	0.821	0.734
28	1.418	1.346	1.239	1.146	1.038	0.904	0.806	0.720
29	1.393	1.322	1.216	1.125	1.019	0.888	0.791	0.707
30	1.369	1.299	1.195	1.106	1.001	0.873	0.778	0.695
35	1.265	1.200	1.105	1.022	0.925	0.806	0.719	0.642
40	1.181	1.121	1.032	0.955	0.864	0.753	0.671	0.600
45	1.113	1.056	0.972	0.899	0.814	0.709	0.632	0.565
50	1.054	1.001	0.921	0.852	0.772	0.672	0.599	0.535
60	0.961	0.912	0.840	0.777	0.703	0.613	0.546	0.488
70	0.889	0.844	0.777	0.718	0.651	0.567	0.505	0.452
80	0.831	0.789	0.726	0.672	0.608	0.530	0.472	0.422
90	0.783	0.743	0.684	0.633	0.573	0.499	0.445	0.398
100	0.743	0.705	0.649	0.600	0.543	0.474	0.422	0.377
150	0.606	0.575	0.529	0.489	0.443	0.386	0.344	0.308
200	0.524	0.497	0.458	0.424	0.384	0.334	0.298	0.266
300	0.427	0.405	0.373	0.345	0.313	0.272	0.243	0.217
400	0.370	0.351	0.323	0.299	0.271	0.236	0.210	0.188
500	0.331	0.314	0.289	0.267	0.242	0.211	0.188	0.168
1000	0.234	0.222	0.204	0.189	0.171	0.149	0.133	0.119

ALPHA= 0.10

K= 8

BETA

N	0.005	0.01	0.025	0.05	0.1	0.2	0.3	0.4
2	7.595	7.184	6.581	6.061	5.462	4.731	4.199	3.739
3	5.230	4.960	4.562	4.217	3.816	3.324	2.962	2.646
4	4.269	4.052	3.730	3.451	3.126	2.726	2.432	2.174
5	3.706	3.518	3.240	2.998	2.717	2.371	2.116	1.892
6	3.322	3.154	2.905	2.689	2.438	2.127	1.899	1.698
7	3.038	2.885	2.657	2.460	2.230	1.947	1.737	1.554
8	2.817	2.675	2.464	2.282	2.069	1.806	1.612	1.442
9	2.639	2.505	2.308	2.137	1.938	1.692	1.510	1.351
10	2.490	2.365	2.179	2.017	1.829	1.597	1.425	1.275
11	2.365	2.246	2.069	1.916	1.737	1.516	1.354	1.211
12	2.257	2.143	1.974	1.828	1.658	1.447	1.292	1.156
13	2.162	2.053	1.892	1.752	1.588	1.387	1.238	1.107
14	2.078	1.974	1.819	1.684	1.527	1.333	1.190	1.065
15	2.004	1.903	1.753	1.624	1.472	1.285	1.147	1.027
16	1.937	1.839	1.695	1.569	1.423	1.242	1.109	0.992
17	1.876	1.781	1.642	1.520	1.378	1.203	1.074	0.961
18	1.821	1.729	1.593	1.475	1.338	1.168	1.043	0.933
19	1.770	1.681	1.549	1.434	1.300	1.135	1.014	0.907
20	1.723	1.636	1.508	1.396	1.266	1.105	0.987	0.883
21	1.680	1.595	1.470	1.361	1.234	1.078	0.962	0.861
22	1.640	1.557	1.435	1.329	1.205	1.052	0.939	0.840
23	1.603	1.522	1.402	1.299	1.177	1.028	0.918	0.821
24	1.568	1.489	1.372	1.270	1.152	1.006	0.898	0.803
25	1.535	1.458	1.343	1.244	1.128	0.985	0.879	0.787
26	1.504	1.428	1.316	1.219	1.105	0.965	0.861	0.771
27	1.475	1.401	1.291	1.195	1.084	0.946	0.845	0.756
28	1.448	1.375	1.267	1.173	1.064	0.929	0.829	0.742
29	1.422	1.350	1.244	1.152	1.045	0.912	0.814	0.729
30	1.398	1.327	1.223	1.132	1.027	0.897	0.800	0.716
35	1.291	1.226	1.130	1.046	0.949	0.828	0.740	0.662
40	1.206	1.146	1.056	0.977	0.886	0.774	0.691	0.618
45	1.136	1.079	0.994	0.921	0.835	0.729	0.651	0.582
50	1.077	1.023	0.942	0.873	0.791	0.691	0.617	0.552
60	0.982	0.932	0.859	0.796	0.721	0.630	0.562	0.503
70	0.908	0.862	0.795	0.736	0.667	0.583	0.520	0.465
80	0.849	0.806	0.743	0.688	0.624	0.545	0.486	0.435
90	0.800	0.760	0.700	0.648	0.588	0.513	0.458	0.410
100	0.758	0.720	0.664	0.615	0.557	0.487	0.434	0.389
150	0.619	0.587	0.541	0.501	0.454	0.397	0.354	0.317
200	0.535	0.508	0.468	0.434	0.393	0.343	0.307	0.274
300	0.436	0.414	0.382	0.354	0.321	0.280	0.250	0.224
400	0.378	0.359	0.331	0.306	0.278	0.242	0.216	0.194
500	0.338	0.321	0.296	0.274	0.248	0.217	0.194	0.173
1000	0.239	0.227	0.209	0.194	0.176	0.153	0.137	0.122

ALPHA= 0.10

K= 9

BETA

N	0.005	0.01	0.025	0.05	0.1	0.2	0.3	0.4
2	7.644	7.237	6.639	6.123	5.527	4.799	4.267	3.806
3	5.304	5.034	4.635	4.289	3.886	3.391	3.026	2.708
4	4.339	4.120	3.797	3.516	3.189	2.786	2.489	2.228
5	3.769	3.580	3.300	3.057	2.774	2.424	2.166	1.940
6	3.380	3.211	2.961	2.743	2.489	2.176	1.945	1.742
7	3.092	2.938	2.709	2.510	2.278	1.992	1.780	1.595
8	2.868	2.725	2.513	2.328	2.113	1.848	1.652	1.480
9	2.686	2.552	2.354	2.181	1.980	1.731	1.547	1.386
10	2.536	2.409	2.222	2.059	1.869	1.634	1.461	1.309
11	2.408	2.288	2.110	1.956	1.775	1.552	1.387	1.243
12	2.298	2.183	2.014	1.866	1.694	1.481	1.324	1.186
13	2.202	2.092	1.929	1.788	1.623	1.419	1.269	1.137
14	2.117	2.011	1.855	1.719	1.561	1.365	1.220	1.093
15	2.041	1.939	1.788	1.658	1.505	1.316	1.176	1.054
16	1.973	1.874	1.729	1.602	1.454	1.272	1.137	1.019
17	1.911	1.815	1.674	1.552	1.409	1.232	1.101	0.987
18	1.854	1.762	1.625	1.506	1.367	1.196	1.069	0.958
19	1.803	1.713	1.580	1.464	1.329	1.162	1.039	0.931
20	1.755	1.668	1.538	1.426	1.294	1.132	1.012	0.906
21	1.711	1.626	1.500	1.390	1.262	1.103	0.986	0.884
22	1.670	1.587	1.464	1.357	1.232	1.077	0.963	0.863
23	1.632	1.551	1.431	1.326	1.204	1.053	0.941	0.843
24	1.597	1.517	1.400	1.297	1.178	1.030	0.921	0.825
25	1.564	1.486	1.370	1.270	1.153	1.008	0.901	0.808
26	1.532	1.456	1.343	1.245	1.130	0.988	0.883	0.791
27	1.503	1.428	1.317	1.221	1.108	0.969	0.866	0.776
28	1.475	1.401	1.293	1.198	1.088	0.951	0.850	0.762
29	1.449	1.376	1.270	1.177	1.068	0.934	0.835	0.748
30	1.424	1.353	1.248	1.156	1.050	0.918	0.821	0.735
35	1.316	1.250	1.153	1.069	0.970	0.848	0.758	0.679
40	1.229	1.168	1.077	0.998	0.906	0.792	0.708	0.635
45	1.157	1.100	1.014	0.940	0.853	0.746	0.667	0.598
50	1.097	1.042	0.961	0.891	0.809	0.707	0.632	0.567
60	1.000	0.950	0.877	0.812	0.738	0.645	0.577	0.517
70	0.925	0.879	0.811	0.751	0.682	0.597	0.533	0.478
80	0.865	0.822	0.758	0.702	0.638	0.558	0.499	0.447
90	0.815	0.774	0.714	0.662	0.601	0.526	0.470	0.421
100	0.773	0.734	0.677	0.628	0.570	0.498	0.445	0.399
150	0.630	0.599	0.552	0.512	0.465	0.406	0.363	0.325
200	0.545	0.518	0.478	0.443	0.402	0.352	0.314	0.282
300	0.444	0.422	0.390	0.361	0.328	0.287	0.256	0.230
400	0.385	0.366	0.337	0.313	0.284	0.248	0.222	0.199
500	0.344	0.327	0.302	0.280	0.254	0.222	0.198	0.178
1000	0.243	0.231	0.213	0.198	0.180	0.157	0.140	0.126

ALPHA= 0.10

K=10

BETA

N	0.005	0.01	0.025	0.05	0.1	0.2	0.3	0.4
2	7.695	7.291	6.696	6.184	5.589	4.863	4.331	3.868
3	5.373	5.102	4.702	4.355	3.951	3.453	3.085	2.764
4	4.402	4.183	3.858	3.576	3.247	2.840	2.540	2.277
5	3.827	3.637	3.356	3.111	2.826	2.473	2.212	1.984
6	3.433	3.263	3.011	2.793	2.537	2.221	1.987	1.782
7	3.142	2.986	2.756	2.556	2.322	2.033	1.819	1.631
8	2.914	2.770	2.557	2.371	2.154	1.886	1.688	1.514
9	2.730	2.595	2.395	2.222	2.019	1.768	1.582	1.419
10	2.577	2.450	2.261	2.097	1.906	1.669	1.493	1.339
11	2.448	2.327	2.148	1.992	1.810	1.585	1.418	1.272
12	2.336	2.221	2.050	1.901	1.727	1.513	1.354	1.214
13	2.238	2.128	1.964	1.822	1.655	1.449	1.297	1.163
14	2.152	2.046	1.888	1.751	1.591	1.394	1.247	1.119
15	2.075	1.972	1.821	1.689	1.534	1.344	1.202	1.079
16	2.005	1.906	1.760	1.632	1.483	1.299	1.162	1.043
17	1.943	1.847	1.705	1.581	1.437	1.258	1.126	1.010
18	1.885	1.792	1.654	1.535	1.394	1.221	1.093	0.980
19	1.833	1.742	1.608	1.492	1.356	1.187	1.062	0.953
20	1.785	1.697	1.566	1.453	1.320	1.156	1.034	0.928
21	1.740	1.654	1.527	1.416	1.287	1.127	1.009	0.905
22	1.698	1.615	1.490	1.382	1.256	1.100	0.985	0.883
23	1.660	1.578	1.457	1.351	1.228	1.075	0.962	0.863
24	1.624	1.544	1.425	1.322	1.201	1.052	0.941	0.844
25	1.590	1.511	1.395	1.294	1.176	1.030	0.922	0.827
26	1.558	1.481	1.367	1.268	1.152	1.009	0.903	0.810
27	1.528	1.453	1.341	1.244	1.130	0.990	0.886	0.795
28	1.500	1.426	1.316	1.221	1.109	0.971	0.869	0.780
29	1.473	1.400	1.293	1.199	1.089	0.954	0.854	0.766
30	1.448	1.376	1.270	1.178	1.071	0.938	0.839	0.753
35	1.338	1.272	1.174	1.089	0.989	0.867	0.775	0.696
40	1.250	1.188	1.097	1.017	0.924	0.809	0.724	0.650
45	1.177	1.119	1.033	0.958	0.871	0.762	0.682	0.612
50	1.116	1.060	0.979	0.908	0.825	0.723	0.647	0.580
60	1.017	0.967	0.893	0.828	0.752	0.659	0.590	0.529
70	0.941	0.894	0.826	0.766	0.696	0.609	0.545	0.489
80	0.879	0.836	0.772	0.716	0.650	0.570	0.510	0.457
90	0.829	0.788	0.727	0.675	0.613	0.537	0.480	0.431
100	0.786	0.747	0.690	0.640	0.581	0.509	0.456	0.409
150	0.641	0.609	0.562	0.522	0.474	0.415	0.372	0.333
200	0.555	0.527	0.487	0.451	0.410	0.359	0.322	0.288
300	0.452	0.430	0.397	0.368	0.334	0.293	0.262	0.235
400	0.391	0.372	0.344	0.319	0.290	0.254	0.227	0.204
500	0.350	0.333	0.307	0.285	0.259	0.227	0.203	0.182
1000	0.248	0.235	0.217	0.202	0.183	0.160	0.144	0.129

ALPHA= 0.10

K=11

BETA

N	0.005	0.01	0.025	0.05	0.1	0.2	0.3	0.4
2	7.747	7.345	6.753	6.242	5.650	4.923	4.391	3.927
3	5.438	5.166	4.765	4.417	4.011	3.510	3.140	2.816
4	4.461	4.241	3.915	3.631	3.300	2.891	2.588	2.322
5	3.881	3.690	3.407	3.161	2.874	2.518	2.255	2.024
6	3.483	3.312	3.058	2.838	2.580	2.262	2.026	1.818
7	3.188	3.031	2.800	2.598	2.363	2.071	1.855	1.665
8	2.957	2.812	2.598	2.411	2.192	1.922	1.721	1.545
9	2.771	2.635	2.434	2.259	2.054	1.801	1.613	1.448
10	2.616	2.488	2.298	2.133	1.940	1.700	1.523	1.367
11	2.484	2.363	2.182	2.026	1.842	1.615	1.447	1.299
12	2.371	2.255	2.083	1.933	1.758	1.541	1.381	1.240
13	2.272	2.161	1.996	1.853	1.685	1.477	1.323	1.188
14	2.184	2.077	1.919	1.781	1.620	1.420	1.272	1.142
15	2.106	2.003	1.850	1.717	1.562	1.369	1.227	1.101
16	2.036	1.936	1.789	1.660	1.510	1.324	1.186	1.065
17	1.972	1.876	1.733	1.608	1.463	1.282	1.149	1.031
18	1.914	1.820	1.682	1.561	1.419	1.245	1.115	1.001
19	1.861	1.770	1.635	1.517	1.380	1.210	1.084	0.973
20	1.812	1.723	1.592	1.477	1.344	1.178	1.055	0.948
21	1.766	1.680	1.552	1.440	1.310	1.149	1.029	0.924
22	1.724	1.640	1.515	1.406	1.279	1.121	1.005	0.902
23	1.685	1.603	1.481	1.374	1.250	1.096	0.982	0.881
24	1.648	1.568	1.448	1.344	1.223	1.072	0.960	0.862
25	1.614	1.535	1.418	1.316	1.197	1.050	0.940	0.844
26	1.582	1.504	1.390	1.290	1.173	1.029	0.922	0.827
27	1.551	1.475	1.363	1.265	1.151	1.009	0.904	0.811
28	1.523	1.448	1.338	1.242	1.129	0.990	0.887	0.796
29	1.495	1.422	1.314	1.220	1.109	0.973	0.871	0.782
30	1.470	1.398	1.291	1.199	1.090	0.956	0.856	0.769
35	1.358	1.292	1.193	1.108	1.007	0.883	0.791	0.710
40	1.269	1.207	1.115	1.035	0.941	0.825	0.739	0.664
45	1.195	1.136	1.050	0.974	0.886	0.777	0.696	0.625
50	1.133	1.077	0.995	0.924	0.840	0.737	0.660	0.592
60	1.033	0.982	0.907	0.842	0.766	0.672	0.602	0.540
70	0.955	0.908	0.839	0.779	0.709	0.621	0.557	0.500
80	0.893	0.849	0.785	0.728	0.662	0.581	0.520	0.467
90	0.841	0.800	0.739	0.686	0.624	0.547	0.490	0.440
100	0.798	0.759	0.701	0.651	0.592	0.519	0.465	0.417
150	0.651	0.619	0.572	0.531	0.483	0.423	0.379	0.340
200	0.562	0.535	0.494	0.458	0.417	0.366	0.328	0.294
300	0.459	0.437	0.403	0.374	0.340	0.299	0.267	0.240
400	0.397	0.378	0.349	0.324	0.295	0.259	0.232	0.208
500	0.356	0.338	0.312	0.290	0.264	0.231	0.207	0.186
1000	0.251	0.239	0.221	0.205	0.186	0.164	0.146	0.132

ALPHA= 0.10

K=13

BETA

N	0.005	0.01	0.025	0.05	0.1	0.2	0.3	0.4
2	7.850	7.451	6.863	6.354	5.763	5.036	4.502	4.034
3	5.556	5.283	4.880	4.530	4.120	3.614	3.239	2.909
4	4.569	4.347	4.018	3.731	3.396	2.982	2.674	2.403
5	3.978	3.785	3.500	3.251	2.960	2.600	2.332	2.096
6	3.572	3.399	3.143	2.920	2.659	2.336	2.096	1.884
7	3.270	3.113	2.878	2.674	2.436	2.139	1.920	1.726
8	3.035	2.888	2.671	2.482	2.260	1.986	1.782	1.602
9	2.844	2.707	2.503	2.326	2.119	1.861	1.670	1.502
10	2.685	2.556	2.364	2.196	2.000	1.757	1.577	1.418
11	2.551	2.428	2.245	2.086	1.900	1.669	1.498	1.347
12	2.434	2.317	2.143	1.991	1.814	1.593	1.430	1.286
13	2.333	2.220	2.054	1.908	1.738	1.527	1.370	1.232
14	2.243	2.135	1.974	1.835	1.671	1.468	1.318	1.185
15	2.163	2.058	1.904	1.769	1.611	1.416	1.270	1.142
16	2.091	1.990	1.840	1.710	1.558	1.369	1.228	1.104
17	2.025	1.928	1.783	1.657	1.509	1.326	1.190	1.070
18	1.966	1.871	1.730	1.608	1.465	1.287	1.155	1.038
19	1.911	1.819	1.682	1.563	1.424	1.251	1.123	1.010
20	1.861	1.771	1.638	1.522	1.387	1.218	1.093	0.983
21	1.814	1.727	1.597	1.484	1.352	1.188	1.066	0.958
22	1.771	1.686	1.559	1.449	1.320	1.160	1.041	0.936
23	1.731	1.647	1.524	1.416	1.290	1.133	1.017	0.914
24	1.693	1.612	1.491	1.385	1.262	1.109	0.995	0.895
25	1.658	1.578	1.460	1.356	1.235	1.085	0.974	0.876
26	1.625	1.546	1.430	1.329	1.211	1.064	0.955	0.858
27	1.594	1.517	1.403	1.304	1.187	1.043	0.936	0.842
28	1.564	1.489	1.377	1.280	1.166	1.024	0.919	0.826
29	1.536	1.462	1.352	1.257	1.145	1.006	0.903	0.812
30	1.510	1.437	1.329	1.235	1.125	0.988	0.887	0.798
35	1.395	1.328	1.228	1.141	1.040	0.913	0.820	0.737
40	1.303	1.241	1.147	1.066	0.971	0.853	0.766	0.689
45	1.228	1.168	1.081	1.004	0.915	0.804	0.721	0.649
50	1.164	1.108	1.024	0.952	0.867	0.762	0.684	0.615
60	1.061	1.010	0.934	0.868	0.791	0.695	0.623	0.561
70	0.981	0.934	0.864	0.803	0.731	0.643	0.577	0.519
80	0.917	0.873	0.808	0.751	0.684	0.601	0.539	0.485
90	0.864	0.823	0.761	0.707	0.644	0.566	0.508	0.457
100	0.820	0.780	0.722	0.671	0.611	0.537	0.482	0.433
150	0.669	0.636	0.589	0.547	0.498	0.438	0.393	0.353
200	0.578	0.550	0.509	0.473	0.430	0.378	0.339	0.305
300	0.472	0.449	0.415	0.386	0.351	0.309	0.277	0.249
400	0.408	0.389	0.360	0.334	0.304	0.267	0.240	0.216
500	0.365	0.348	0.322	0.299	0.272	0.239	0.215	0.193
1000	0.258	0.246	0.227	0.211	0.192	0.169	0.152	0.136

ALPHA= 0.10

K=15

BETA

N	0.005	0.01	0.025	0.05	0.1	0.2	0.3	0.4
2	7.951	7.554	6.968	6.460	5.869	5.140	4.602	4.131
3	5.663	5.389	4.984	4.631	4.218	3.706	3.327	2.992
4	4.665	4.441	4.110	3.821	3.482	3.062	2.750	2.475
5	4.065	3.871	3.583	3.331	3.037	2.672	2.400	2.160
6	3.652	3.478	3.219	2.994	2.730	2.402	2.158	1.942
7	3.344	3.185	2.949	2.742	2.500	2.200	1.977	1.780
8	3.104	2.956	2.737	2.545	2.321	2.042	1.835	1.652
9	2.909	2.771	2.565	2.386	2.176	1.915	1.720	1.549
10	2.747	2.616	2.422	2.253	2.055	1.808	1.625	1.463
11	2.610	2.485	2.301	2.140	1.952	1.718	1.543	1.390
12	2.491	2.372	2.196	2.043	1.863	1.640	1.473	1.327
13	2.387	2.273	2.105	1.958	1.785	1.571	1.412	1.271
14	2.295	2.186	2.024	1.883	1.717	1.511	1.358	1.222
15	2.213	2.108	1.952	1.815	1.656	1.457	1.309	1.179
16	2.139	2.038	1.887	1.755	1.600	1.408	1.266	1.140
17	2.073	1.974	1.828	1.700	1.550	1.364	1.226	1.104
18	2.012	1.916	1.774	1.650	1.505	1.324	1.190	1.072
19	1.956	1.863	1.725	1.604	1.463	1.288	1.157	1.042
20	1.904	1.814	1.679	1.562	1.425	1.254	1.127	1.014
21	1.857	1.769	1.637	1.523	1.389	1.222	1.099	0.989
22	1.813	1.726	1.598	1.487	1.356	1.193	1.072	0.966
23	1.771	1.687	1.562	1.453	1.325	1.166	1.048	0.944
24	1.733	1.651	1.528	1.422	1.296	1.141	1.025	0.923
25	1.697	1.616	1.496	1.392	1.269	1.117	1.004	0.904
26	1.663	1.584	1.467	1.364	1.244	1.095	0.984	0.886
27	1.631	1.553	1.438	1.338	1.220	1.074	0.965	0.869
28	1.601	1.525	1.412	1.313	1.198	1.054	0.947	0.853
29	1.572	1.498	1.387	1.290	1.176	1.035	0.930	0.838
30	1.545	1.472	1.363	1.268	1.156	1.017	0.914	0.823
35	1.428	1.360	1.259	1.171	1.068	0.940	0.845	0.761
40	1.334	1.271	1.177	1.094	0.998	0.878	0.789	0.711
45	1.257	1.197	1.108	1.031	0.940	0.827	0.743	0.669
50	1.191	1.134	1.050	0.977	0.891	0.784	0.705	0.635
60	1.086	1.034	0.958	0.891	0.812	0.715	0.643	0.579
70	1.005	0.957	0.886	0.824	0.752	0.661	0.594	0.535
80	0.939	0.894	0.828	0.770	0.703	0.618	0.556	0.500
90	0.885	0.843	0.780	0.726	0.662	0.583	0.524	0.471
100	0.839	0.799	0.740	0.688	0.628	0.553	0.497	0.447
150	0.683	0.650	0.602	0.560	0.511	0.450	0.404	0.364
200	0.591	0.563	0.521	0.485	0.442	0.389	0.350	0.315
300	0.483	0.460	0.426	0.396	0.361	0.318	0.286	0.257
400	0.418	0.398	0.369	0.343	0.313	0.275	0.247	0.223
500	0.374	0.356	0.330	0.307	0.280	0.246	0.221	0.199
1000	0.264	0.252	0.233	0.217	0.198	0.174	0.156	0.141

ALPHA= 0.10

K=20

BETA

N	0.005	0.01	0.025	0.05	0.1	0.2	0.3	0.4
2	8.190	7.794	7.208	6.699	6.105	5.369	4.823	4.342
3	5.896	5.618	5.207	4.848	4.427	3.904	3.514	3.169
4	4.872	4.644	4.306	4.011	3.665	3.234	2.912	2.628
5	4.251	4.053	3.759	3.502	3.201	2.825	2.544	2.296
6	3.822	3.644	3.380	3.150	2.879	2.541	2.289	2.066
7	3.502	3.339	3.098	2.886	2.638	2.329	2.098	1.894
8	3.251	3.100	2.876	2.680	2.450	2.163	1.948	1.758
9	3.048	2.907	2.696	2.513	2.297	2.028	1.827	1.649
10	2.879	2.745	2.547	2.373	2.169	1.915	1.725	1.557
11	2.735	2.608	2.420	2.255	2.061	1.820	1.639	1.480
12	2.611	2.490	2.310	2.152	1.968	1.737	1.565	1.413
13	2.502	2.386	2.214	2.063	1.886	1.665	1.500	1.354
14	2.406	2.295	2.129	1.984	1.813	1.601	1.442	1.302
15	2.321	2.213	2.053	1.913	1.749	1.544	1.391	1.256
16	2.243	2.139	1.985	1.850	1.691	1.493	1.345	1.214
17	2.173	2.073	1.923	1.792	1.638	1.446	1.303	1.176
18	2.110	2.012	1.866	1.739	1.590	1.404	1.265	1.142
19	2.051	1.956	1.815	1.691	1.546	1.365	1.230	1.110
20	1.997	1.905	1.767	1.647	1.505	1.329	1.197	1.081
21	1.947	1.857	1.723	1.606	1.468	1.296	1.167	1.054
22	1.901	1.813	1.682	1.567	1.433	1.265	1.140	1.029
23	1.858	1.772	1.644	1.532	1.400	1.236	1.114	1.005
24	1.818	1.733	1.608	1.499	1.370	1.210	1.090	0.984
25	1.780	1.697	1.575	1.467	1.341	1.184	1.067	0.963
26	1.744	1.664	1.543	1.438	1.315	1.161	1.046	0.944
27	1.711	1.632	1.514	1.411	1.289	1.138	1.026	0.926
28	1.679	1.601	1.486	1.385	1.266	1.117	1.007	0.909
29	1.649	1.573	1.459	1.360	1.243	1.098	0.989	0.893
30	1.621	1.546	1.434	1.336	1.222	1.079	0.972	0.877
35	1.498	1.429	1.325	1.235	1.129	0.997	0.898	0.811
40	1.400	1.335	1.238	1.154	1.055	0.931	0.839	0.757
45	1.318	1.257	1.166	1.087	0.994	0.877	0.790	0.713
50	1.250	1.192	1.106	1.030	0.942	0.832	0.749	0.676
60	1.139	1.087	1.008	0.939	0.859	0.758	0.683	0.617
70	1.054	1.005	0.933	0.869	0.794	0.701	0.632	0.570
80	0.985	0.940	0.872	0.812	0.743	0.656	0.591	0.533
90	0.929	0.886	0.822	0.766	0.700	0.618	0.557	0.503
100	0.881	0.840	0.779	0.726	0.664	0.586	0.528	0.477
150	0.717	0.683	0.634	0.591	0.540	0.477	0.430	0.388
200	0.621	0.592	0.549	0.512	0.468	0.413	0.372	0.336
300	0.507	0.483	0.448	0.418	0.382	0.337	0.304	0.274
400	0.439	0.418	0.388	0.362	0.331	0.292	0.263	0.237
500	0.392	0.374	0.347	0.324	0.296	0.261	0.235	0.212
1000	0.278	0.265	0.246	0.229	0.209	0.185	0.166	0.150

ALPHA= 0.10

K=25

BETA

N	0.005	0.01	0.025	0.05	0.1	0.2	0.3	0.4
2	8.406	8.009	7.421	6.909	6.310	5.565	5.011	4.521
3	6.093	5.812	5.395	5.031	4.603	4.069	3.670	3.316
4	5.045	4.814	4.471	4.170	3.817	3.376	3.046	2.754
5	4.407	4.206	3.906	3.644	3.336	2.952	2.664	2.408
6	3.964	3.783	3.514	3.279	3.002	2.656	2.397	2.167
7	3.633	3.468	3.222	3.006	2.752	2.435	2.198	1.987
8	3.374	3.221	2.992	2.792	2.556	2.262	2.042	1.846
9	3.164	3.020	2.805	2.618	2.397	2.121	1.914	1.731
10	2.989	2.853	2.650	2.473	2.264	2.004	1.809	1.635
11	2.840	2.710	2.518	2.350	2.152	1.904	1.719	1.554
12	2.711	2.588	2.404	2.243	2.054	1.818	1.641	1.484
13	2.598	2.480	2.304	2.150	1.969	1.742	1.573	1.422
14	2.499	2.385	2.216	2.068	1.893	1.676	1.512	1.368
15	2.410	2.300	2.137	1.994	1.826	1.616	1.459	1.319
16	2.330	2.224	2.066	1.928	1.765	1.562	1.410	1.275
17	2.257	2.155	2.002	1.868	1.710	1.514	1.366	1.235
18	2.191	2.091	1.943	1.813	1.660	1.469	1.326	1.199
19	2.130	2.033	1.889	1.763	1.614	1.429	1.290	1.166
20	2.074	1.980	1.840	1.717	1.572	1.391	1.256	1.135
21	2.023	1.931	1.794	1.674	1.533	1.356	1.224	1.107
22	1.975	1.885	1.751	1.634	1.496	1.324	1.195	1.081
23	1.930	1.842	1.712	1.597	1.463	1.294	1.168	1.056
24	1.888	1.802	1.674	1.563	1.431	1.266	1.143	1.034
25	1.849	1.765	1.640	1.530	1.401	1.240	1.119	1.012
25	1.849	1.765	1.640	1.530	1.401	1.240	1.119	1.012
26	1.812	1.730	1.607	1.500	1.373	1.215	1.097	0.992
27	1.777	1.696	1.576	1.471	1.347	1.192	1.076	0.973
28	1.744	1.665	1.547	1.444	1.322	1.170	1.056	0.955
29	1.713	1.635	1.519	1.418	1.298	1.149	1.037	0.938
30	1.684	1.607	1.493	1.394	1.276	1.129	1.019	0.922
35	1.556	1.486	1.380	1.288	1.179	1.044	0.942	0.852
40	1.454	1.388	1.290	1.203	1.102	0.975	0.880	0.796
45	1.370	1.307	1.215	1.133	1.038	0.919	0.829	0.750
50	1.298	1.239	1.151	1.074	0.984	0.871	0.786	0.711
60	1.184	1.130	1.050	0.980	0.897	0.794	0.717	0.648
70	1.095	1.045	0.971	0.906	0.830	0.734	0.663	0.599
80	1.024	0.977	0.908	0.847	0.776	0.687	0.620	0.560
90	0.961	0.918	0.852	0.796	0.728	0.645	0.582	0.526
100	0.912	0.870	0.809	0.755	0.691	0.612	0.552	0.499
150	0.745	0.711	0.660	0.616	0.564	0.499	0.451	0.408
200	0.645	0.615	0.572	0.534	0.489	0.432	0.390	0.353
300	0.526	0.503	0.467	0.436	0.399	0.353	0.319	0.288
400	0.456	0.435	0.404	0.377	0.346	0.306	0.276	0.250
500	0.408	0.389	0.362	0.338	0.309	0.274	0.247	0.223
1000	0.288	0.275	0.256	0.239	0.219	0.193	0.175	0.158

ALPHA= 0.10

K=30

BETA

N	0.005	0.01	0.025	0.05	0.1	0.2	0.3	0.4
2	8.603	8.204	7.613	7.097	6.492	5.738	5.176	4.677
3	6.266	5.982	5.560	5.190	4.755	4.212	3.804	3.443
4	5.196	4.962	4.614	4.309	3.949	3.499	3.162	2.862
5	4.542	4.338	4.034	3.767	3.454	3.061	2.766	2.504
6	4.087	3.904	3.630	3.391	3.109	2.756	2.491	2.255
7	3.747	3.579	3.329	3.109	2.851	2.527	2.284	2.068
8	3.481	3.325	3.092	2.888	2.648	2.348	2.122	1.921
9	3.264	3.118	2.900	2.709	2.484	2.202	1.990	1.802
10	3.083	2.945	2.739	2.559	2.346	2.080	1.880	1.702
11	2.930	2.799	2.603	2.432	2.230	1.977	1.787	1.618
12	2.797	2.672	2.485	2.322	2.129	1.887	1.706	1.545
13	2.681	2.561	2.382	2.225	2.041	1.809	1.635	1.481
14	2.579	2.463	2.291	2.140	1.962	1.740	1.573	1.424
15	2.487	2.376	2.210	2.064	1.893	1.678	1.517	1.373
16	2.405	2.297	2.136	1.996	1.830	1.622	1.466	1.328
17	2.330	2.225	2.070	1.934	1.773	1.572	1.421	1.286
18	2.261	2.160	2.009	1.877	1.721	1.526	1.379	1.249
19	2.199	2.100	1.954	1.825	1.673	1.484	1.341	1.214
20	2.141	2.045	1.902	1.777	1.630	1.445	1.306	1.182
21	2.088	1.994	1.855	1.733	1.589	1.409	1.273	1.153
22	2.038	1.947	1.811	1.692	1.551	1.375	1.243	1.126
23	1.992	1.903	1.770	1.654	1.516	1.344	1.215	1.100
24	1.949	1.862	1.732	1.618	1.483	1.315	1.189	1.076
25	1.909	1.823	1.696	1.584	1.452	1.288	1.164	1.054
26	1.870	1.787	1.662	1.552	1.424	1.262	1.141	1.033
27	1.835	1.752	1.630	1.523	1.396	1.238	1.119	1.013
28	1.801	1.720	1.600	1.495	1.370	1.215	1.098	0.994
29	1.769	1.689	1.571	1.468	1.346	1.193	1.079	0.977
30	1.738	1.660	1.544	1.443	1.323	1.173	1.060	0.960
35	1.607	1.535	1.428	1.334	1.223	1.084	0.980	0.887
40	1.501	1.434	1.334	1.246	1.142	1.013	0.916	0.829
45	1.414	1.351	1.256	1.174	1.076	0.954	0.862	0.781
50	1.340	1.280	1.191	1.113	1.020	0.904	0.818	0.740
60	1.222	1.168	1.086	1.014	0.930	0.825	0.745	0.675
70	1.125	1.075	1.000	0.934	0.856	0.759	0.686	0.622
80	1.053	1.006	0.935	0.874	0.801	0.710	0.642	0.581
90	0.993	0.948	0.882	0.824	0.755	0.670	0.605	0.548
100	0.942	0.899	0.837	0.782	0.717	0.635	0.574	0.520
150	0.769	0.734	0.683	0.638	0.585	0.519	0.469	0.425
200	0.666	0.636	0.592	0.553	0.507	0.449	0.406	0.368
300	0.544	0.519	0.483	0.451	0.414	0.367	0.332	0.300
400	0.471	0.450	0.418	0.391	0.358	0.318	0.287	0.260
500	0.421	0.402	0.374	0.350	0.320	0.284	0.257	0.233
1000	0.298	0.284	0.265	0.247	0.227	0.201	0.182	0.164

ALPHA= 0.10

K=40

BETA

N	0.005	0.01	0.025	0.05	0.1	0.2	0.3	0.4
2	8.950	8.547	7.948	7.424	6.807	6.036	5.458	4.943
3	6.562	6.272	5.840	5.462	5.014	4.454	4.032	3.656
4	5.453	5.213	4.856	4.542	4.171	3.707	3.357	3.044
5	4.771	4.561	4.249	3.975	3.651	3.245	2.939	2.666
6	4.296	4.107	3.826	3.580	3.289	2.923	2.647	2.402
7	3.940	3.767	3.510	3.284	3.017	2.681	2.429	2.203
8	3.660	3.500	3.261	3.051	2.803	2.491	2.257	2.047
9	3.433	3.283	3.059	2.862	2.629	2.337	2.117	1.920
10	3.244	3.102	2.890	2.704	2.484	2.208	2.000	1.815
11	3.083	2.948	2.747	2.570	2.361	2.098	1.901	1.724
12	2.944	2.815	2.623	2.454	2.254	2.004	1.815	1.647
13	2.822	2.698	2.514	2.352	2.161	1.921	1.740	1.579
14	2.714	2.595	2.418	2.262	2.078	1.847	1.674	1.518
15	2.617	2.503	2.332	2.182	2.005	1.782	1.614	1.464
16	2.531	2.420	2.255	2.110	1.938	1.723	1.561	1.416
17	2.452	2.345	2.185	2.044	1.878	1.669	1.512	1.372
18	2.380	2.276	2.121	1.984	1.823	1.620	1.468	1.332
19	2.314	2.213	2.062	1.929	1.773	1.576	1.427	1.295
20	2.254	2.155	2.008	1.879	1.726	1.534	1.390	1.261
21	2.198	2.102	1.958	1.832	1.683	1.496	1.355	1.230
22	2.146	2.052	1.912	1.789	1.643	1.461	1.323	1.201
23	2.097	2.005	1.868	1.748	1.606	1.428	1.293	1.173
24	2.052	1.962	1.828	1.710	1.571	1.397	1.265	1.148
25	2.009	1.921	1.790	1.675	1.539	1.368	1.239	1.124
26	1.969	1.883	1.754	1.642	1.508	1.341	1.214	1.102
27	1.931	1.847	1.721	1.610	1.479	1.315	1.191	1.081
28	1.896	1.813	1.689	1.580	1.452	1.291	1.169	1.061
29	1.862	1.781	1.659	1.552	1.426	1.268	1.148	1.042
30	1.830	1.750	1.631	1.526	1.402	1.246	1.129	1.024
35	1.692	1.618	1.507	1.410	1.296	1.152	1.043	0.947
40	1.581	1.511	1.408	1.318	1.211	1.076	0.975	0.884
45	1.489	1.424	1.326	1.241	1.140	1.014	0.918	0.833
50	1.411	1.350	1.258	1.177	1.081	0.961	0.870	0.790
60	1.280	1.224	1.141	1.067	0.981	0.872	0.790	0.716
70	1.185	1.133	1.056	0.988	0.908	0.807	0.731	0.663
80	1.109	1.060	0.988	0.924	0.849	0.755	0.684	0.620
90	1.045	1.000	0.931	0.871	0.801	0.712	0.645	0.585
100	0.992	0.948	0.884	0.827	0.759	0.675	0.612	0.555
150	0.810	0.774	0.721	0.675	0.620	0.551	0.499	0.453
200	0.701	0.671	0.625	0.585	0.537	0.477	0.432	0.392
300	0.572	0.547	0.510	0.477	0.438	0.390	0.353	0.320
400	0.496	0.474	0.442	0.413	0.380	0.338	0.306	0.277
500	0.443	0.424	0.395	0.370	0.340	0.302	0.274	0.248
1000	0.314	0.300	0.279	0.261	0.240	0.213	0.193	0.175

ALPHA= 0.10

K=50

BETA

N	0.005	0.01	0.025	0.05	0.1	0.2	0.3	0.4
2	9.252	8.844	8.236	7.704	7.076	6.288	5.696	5.167
3	6.813	6.517	6.076	5.689	5.231	4.656	4.222	3.834
4	5.668	5.424	5.058	4.737	4.357	3.879	3.519	3.196
5	4.963	4.749	4.429	4.149	3.816	3.398	3.082	2.800
6	4.470	4.278	3.990	3.738	3.438	3.062	2.777	2.523
7	4.101	3.924	3.661	3.429	3.155	2.809	2.549	2.315
8	3.811	3.647	3.402	3.187	2.932	2.611	2.368	2.152
9	3.575	3.421	3.191	2.989	2.750	2.449	2.222	2.019
10	3.378	3.233	3.016	2.825	2.599	2.314	2.100	1.908
11	3.210	3.072	2.866	2.685	2.470	2.200	1.996	1.813
12	3.065	2.934	2.737	2.564	2.359	2.101	1.906	1.731
13	2.939	2.812	2.624	2.458	2.261	2.014	1.827	1.660
14	2.827	2.705	2.524	2.364	2.175	1.937	1.757	1.596
15	2.726	2.609	2.434	2.280	2.098	1.868	1.695	1.540
16	2.636	2.523	2.353	2.205	2.028	1.806	1.639	1.489
17	2.554	2.444	2.280	2.136	1.965	1.750	1.588	1.443
18	2.479	2.373	2.214	2.074	1.908	1.699	1.542	1.400
19	2.411	2.307	2.153	2.016	1.855	1.652	1.499	1.362
20	2.348	2.247	2.096	1.964	1.807	1.609	1.460	1.326
21	2.289	2.191	2.044	1.915	1.762	1.569	1.423	1.293
22	2.235	2.139	1.996	1.869	1.720	1.532	1.390	1.263
23	2.185	2.091	1.951	1.827	1.681	1.497	1.358	1.234
24	2.137	2.046	1.908	1.788	1.645	1.465	1.329	1.207
25	2.093	2.003	1.869	1.751	1.611	1.434	1.301	1.182
26	2.051	1.963	1.832	1.716	1.579	1.406	1.275	1.159
27	2.012	1.926	1.797	1.683	1.548	1.379	1.251	1.137
28	1.975	1.890	1.763	1.652	1.520	1.354	1.228	1.116
29	1.940	1.857	1.732	1.622	1.493	1.329	1.206	1.096
30	1.907	1.825	1.702	1.595	1.467	1.307	1.185	1.077
35	1.762	1.687	1.574	1.474	1.356	1.208	1.096	0.996
40	1.647	1.576	1.470	1.377	1.267	1.129	1.024	0.930
45	1.540	1.474	1.375	1.288	1.185	1.056	0.958	0.870
50	1.461	1.399	1.305	1.222	1.124	1.002	0.909	0.825
60	1.334	1.277	1.191	1.116	1.027	0.914	0.829	0.754
70	1.235	1.182	1.103	1.033	0.950	0.846	0.768	0.698
80	1.155	1.106	1.031	0.966	0.889	0.792	0.718	0.653
90	1.089	1.042	0.972	0.911	0.838	0.746	0.677	0.615
100	1.033	0.989	0.923	0.864	0.795	0.708	0.642	0.584
150	0.844	0.807	0.753	0.706	0.649	0.578	0.525	0.477
200	0.731	0.699	0.652	0.611	0.562	0.501	0.454	0.413
300	0.597	0.571	0.533	0.499	0.459	0.409	0.371	0.337
400	0.517	0.494	0.461	0.432	0.398	0.354	0.321	0.292
500	0.462	0.442	0.413	0.386	0.356	0.317	0.287	0.261
1000	0.327	0.313	0.292	0.273	0.251	0.224	0.203	0.185

ALPHA= 0.10

K=60

BETA

N	0.005	0.01	0.025	0.05	0.1	0.2	0.3	0.4
2	9.519	9.106	8.491	7.950	7.311	6.508	5.903	5.362
3	7.031	6.731	6.282	5.887	5.420	4.831	4.386	3.987
4	5.856	5.607	5.234	4.907	4.518	4.029	3.658	3.326
5	5.129	4.911	4.586	4.299	3.959	3.530	3.206	2.916
6	4.621	4.425	4.132	3.874	3.568	3.182	2.890	2.628
7	4.241	4.061	3.792	3.555	3.274	2.920	2.652	2.412
8	3.941	3.774	3.524	3.304	3.043	2.714	2.465	2.242
9	3.697	3.540	3.306	3.100	2.855	2.546	2.313	2.103
10	3.494	3.346	3.124	2.929	2.698	2.406	2.186	1.988
11	3.321	3.180	2.970	2.784	2.564	2.287	2.077	1.889
12	3.171	3.037	2.836	2.659	2.449	2.184	1.984	1.804
13	3.040	2.911	2.719	2.549	2.348	2.094	1.902	1.730
14	2.924	2.800	2.615	2.452	2.258	2.014	1.829	1.664
15	2.821	2.701	2.522	2.365	2.178	1.943	1.765	1.605
16	2.727	2.612	2.439	2.287	2.106	1.878	1.706	1.552
17	2.643	2.531	2.363	2.216	2.041	1.820	1.653	1.504
18	2.565	2.457	2.294	2.151	1.981	1.767	1.605	1.460
19	2.495	2.389	2.231	2.092	1.926	1.718	1.561	1.419
20	2.429	2.326	2.172	2.037	1.876	1.673	1.520	1.382
21	2.369	2.269	2.118	1.986	1.829	1.632	1.482	1.348
22	2.313	2.215	2.068	1.939	1.786	1.593	1.447	1.316
23	2.261	2.165	2.022	1.895	1.746	1.557	1.414	1.286
24	2.212	2.118	1.978	1.854	1.708	1.523	1.384	1.258
25	2.166	2.074	1.937	1.816	1.673	1.492	1.355	1.232
26	2.123	2.033	1.898	1.780	1.639	1.462	1.328	1.208
27	2.082	1.994	1.862	1.746	1.608	1.434	1.303	1.185
28	2.044	1.957	1.828	1.714	1.578	1.408	1.279	1.163
29	2.007	1.922	1.795	1.683	1.550	1.383	1.256	1.142
30	1.973	1.889	1.764	1.654	1.524	1.359	1.234	1.123
35	1.808	1.731	1.617	1.516	1.396	1.245	1.131	1.029
40	1.691	1.619	1.512	1.418	1.306	1.165	1.058	0.962
45	1.594	1.527	1.426	1.337	1.231	1.098	0.997	0.907
50	1.512	1.448	1.353	1.268	1.168	1.042	0.946	0.861
60	1.381	1.322	1.235	1.158	1.066	0.951	0.864	0.786
70	1.278	1.224	1.143	1.072	0.987	0.880	0.800	0.727
80	1.196	1.145	1.069	1.003	0.923	0.824	0.748	0.680
90	1.127	1.080	1.008	0.945	0.871	0.777	0.705	0.641
100	1.069	1.024	0.956	0.897	0.826	0.737	0.669	0.609
150	0.873	0.836	0.781	0.732	0.674	0.601	0.546	0.497
200	0.756	0.724	0.676	0.634	0.584	0.521	0.473	0.430
300	0.617	0.591	0.552	0.518	0.477	0.425	0.386	0.351
400	0.535	0.512	0.478	0.448	0.413	0.368	0.335	0.304
500	0.478	0.458	0.428	0.401	0.369	0.329	0.299	0.272
1000	0.338	0.324	0.302	0.284	0.261	0.233	0.212	0.192

ALPHA= 0.20

K= 2

BETA

N	0.005	0.01	0.025	0.05	0.1	0.2	0.3	0.4
2	5.310	4.934	4.388	3.925	3.399	2.775	2.334	1.962
3	3.585	3.348	3.001	2.703	2.361	1.949	1.653	1.399
4	2.955	2.762	2.479	2.236	1.956	1.618	1.373	1.163
5	2.585	2.416	2.170	1.958	1.714	1.418	1.204	1.021
6	2.330	2.179	1.957	1.766	1.546	1.280	1.087	0.921
7	2.140	2.001	1.797	1.622	1.420	1.176	0.999	0.847
8	1.990	1.861	1.672	1.509	1.321	1.094	0.929	0.788
9	1.869	1.748	1.570	1.417	1.241	1.027	0.873	0.740
10	1.767	1.653	1.485	1.340	1.174	0.972	0.825	0.700
11	1.681	1.572	1.412	1.275	1.116	0.924	0.785	0.666
12	1.606	1.502	1.349	1.218	1.067	0.883	0.750	0.636
13	1.540	1.440	1.294	1.168	1.023	0.847	0.720	0.610
14	1.482	1.386	1.245	1.124	0.984	0.815	0.693	0.587
15	1.430	1.338	1.202	1.085	0.950	0.787	0.668	0.567
16	1.383	1.294	1.162	1.049	0.919	0.761	0.646	0.548
17	1.341	1.254	1.127	1.017	0.891	0.737	0.627	0.531
18	1.302	1.218	1.094	0.988	0.865	0.716	0.608	0.516
19	1.266	1.184	1.064	0.961	0.841	0.696	0.592	0.502
20	1.233	1.154	1.036	0.936	0.819	0.678	0.576	0.489
21	1.203	1.125	1.011	0.913	0.799	0.662	0.562	0.477
22	1.175	1.099	0.987	0.891	0.780	0.646	0.549	0.465
23	1.148	1.074	0.965	0.871	0.763	0.632	0.537	0.455
24	1.124	1.051	0.944	0.852	0.747	0.618	0.525	0.445
25	1.101	1.029	0.925	0.835	0.731	0.605	0.514	0.436
26	1.079	1.009	0.907	0.818	0.717	0.593	0.504	0.427
27	1.058	0.990	0.889	0.803	0.703	0.582	0.495	0.419
28	1.039	0.972	0.873	0.788	0.690	0.571	0.486	0.412
29	1.021	0.955	0.858	0.774	0.678	0.561	0.477	0.404
30	1.003	0.938	0.843	0.761	0.666	0.552	0.469	0.397
35	0.928	0.868	0.780	0.704	0.616	0.510	0.434	0.368
40	0.867	0.811	0.729	0.658	0.576	0.477	0.405	0.344
45	0.817	0.764	0.687	0.620	0.543	0.449	0.382	0.324
50	0.775	0.725	0.651	0.588	0.515	0.426	0.362	0.307
60	0.707	0.661	0.594	0.536	0.470	0.389	0.330	0.280
70	0.654	0.612	0.550	0.496	0.434	0.360	0.306	0.259
80	0.611	0.572	0.514	0.464	0.406	0.336	0.286	0.242
90	0.576	0.539	0.484	0.437	0.383	0.317	0.269	0.228
100	0.547	0.511	0.459	0.415	0.363	0.301	0.256	0.217
150	0.446	0.417	0.375	0.338	0.296	0.245	0.208	0.177
200	0.386	0.361	0.324	0.293	0.257	0.212	0.180	0.153
300	0.315	0.295	0.265	0.239	0.209	0.173	0.147	0.125
400	0.273	0.255	0.229	0.207	0.181	0.150	0.128	0.108
500	0.244	0.228	0.205	0.185	0.162	0.134	0.114	0.097
1000	0.173	0.161	0.145	0.131	0.115	0.095	0.081	0.068

ALPHA= 0.20

K= 3

BETA

N	0.005	0.01	0.025	0.05	0.1	0.2	0.3	0.4
2	5.826	5.439	4.874	4.393	3.841	3.177	2.700	2.291
3	3.975	3.725	3.359	3.044	2.680	2.236	1.912	1.631
4	3.262	3.060	2.763	2.507	2.210	1.847	1.581	1.350
5	2.844	2.669	2.411	2.188	1.930	1.614	1.383	1.181
6	2.558	2.401	2.169	1.969	1.737	1.453	1.245	1.064
7	2.345	2.201	1.989	1.806	1.593	1.333	1.142	0.976
8	2.179	2.045	1.848	1.678	1.480	1.239	1.062	0.907
9	2.044	1.918	1.734	1.574	1.389	1.162	0.996	0.851
10	1.931	1.813	1.638	1.488	1.313	1.098	0.941	0.804
11	1.836	1.723	1.557	1.414	1.248	1.044	0.895	0.765
12	1.753	1.646	1.487	1.350	1.192	0.997	0.855	0.730
13	1.681	1.578	1.426	1.295	1.143	0.956	0.819	0.700
14	1.617	1.518	1.372	1.245	1.099	0.920	0.788	0.674
15	1.559	1.464	1.323	1.201	1.060	0.887	0.760	0.650
16	1.508	1.416	1.279	1.162	1.025	0.858	0.735	0.628
17	1.461	1.372	1.240	1.126	0.993	0.831	0.713	0.609
18	1.419	1.332	1.204	1.093	0.964	0.807	0.692	0.591
19	1.380	1.295	1.171	1.063	0.938	0.785	0.673	0.575
20	1.344	1.261	1.140	1.035	0.913	0.764	0.655	0.560
21	1.310	1.230	1.112	1.009	0.891	0.745	0.639	0.546
22	1.279	1.201	1.085	0.986	0.870	0.728	0.624	0.533
23	1.250	1.174	1.061	0.963	0.850	0.711	0.610	0.521
24	1.223	1.148	1.038	0.943	0.832	0.696	0.597	0.510
25	1.198	1.125	1.017	0.923	0.815	0.682	0.584	0.499
26	1.174	1.102	0.996	0.905	0.798	0.668	0.573	0.489
27	1.152	1.081	0.977	0.887	0.783	0.655	0.562	0.480
28	1.131	1.061	0.959	0.871	0.769	0.643	0.551	0.471
29	1.111	1.043	0.942	0.856	0.755	0.632	0.542	0.463
30	1.092	1.025	0.926	0.841	0.742	0.621	0.532	0.455
35	1.009	0.947	0.856	0.778	0.686	0.574	0.492	0.421
40	0.943	0.885	0.800	0.727	0.641	0.537	0.460	0.393
45	0.888	0.834	0.754	0.685	0.604	0.506	0.433	0.370
50	0.842	0.791	0.715	0.649	0.573	0.479	0.411	0.351
60	0.768	0.721	0.652	0.592	0.522	0.437	0.375	0.320
70	0.711	0.667	0.603	0.548	0.483	0.404	0.347	0.296
80	0.664	0.624	0.564	0.512	0.452	0.378	0.324	0.277
90	0.626	0.588	0.531	0.483	0.426	0.356	0.305	0.261
100	0.594	0.558	0.504	0.458	0.404	0.338	0.290	0.248
150	0.484	0.455	0.411	0.373	0.329	0.276	0.236	0.202
200	0.419	0.394	0.356	0.323	0.285	0.239	0.205	0.175
300	0.342	0.321	0.290	0.264	0.233	0.195	0.167	0.143
400	0.296	0.278	0.251	0.228	0.202	0.169	0.145	0.124
500	0.265	0.249	0.225	0.204	0.180	0.151	0.129	0.110
1000	0.187	0.176	0.159	0.144	0.127	0.107	0.091	0.078

ALPHA= 0.20

K= 4

BETA

N	0.005	0.01	0.025	0.05	0.1	0.2	0.3	0.4
2	6.050	5.665	5.102	4.619	4.063	3.389	2.899	2.475
3	4.191	3.937	3.563	3.240	2.865	2.407	2.069	1.774
4	3.444	3.237	2.933	2.670	2.364	1.988	1.712	1.469
5	3.002	2.823	2.559	2.330	2.064	1.737	1.496	1.284
6	2.699	2.539	2.301	2.096	1.857	1.563	1.346	1.156
7	2.474	2.327	2.110	1.922	1.703	1.433	1.235	1.060
8	2.298	2.161	1.960	1.785	1.582	1.332	1.147	0.885
9	2.155	2.027	1.838	1.674	1.484	1.249	1.076	0.924
10	2.036	1.915	1.737	1.582	1.402	1.180	1.017	0.873
11	1.935	1.820	1.650	1.503	1.332	1.122	0.966	0.830
12	1.847	1.738	1.576	1.436	1.272	1.071	0.923	0.793
13	1.771	1.666	1.511	1.376	1.220	1.027	0.885	0.760
14	1.703	1.602	1.453	1.324	1.173	0.988	0.851	0.731
15	1.643	1.545	1.401	1.277	1.132	0.953	0.821	0.705
16	1.588	1.494	1.355	1.235	1.094	0.921	0.794	0.682
17	1.539	1.448	1.313	1.196	1.060	0.893	0.769	0.661
18	1.494	1.405	1.275	1.161	1.029	0.867	0.747	0.641
19	1.453	1.367	1.239	1.129	1.001	0.843	0.726	0.624
20	1.415	1.331	1.207	1.100	0.975	0.821	0.707	0.607
21	1.380	1.298	1.177	1.072	0.950	0.800	0.690	0.592
22	1.347	1.267	1.149	1.047	0.928	0.781	0.673	0.578
23	1.317	1.238	1.123	1.023	0.907	0.764	0.658	0.565
24	1.288	1.212	1.099	1.001	0.887	0.747	0.644	0.553
25	1.261	1.187	1.076	0.980	0.869	0.732	0.630	0.541
26	1.236	1.163	1.055	0.961	0.852	0.717	0.618	0.531
27	1.213	1.141	1.035	0.943	0.835	0.703	0.606	0.521
28	1.190	1.120	1.016	0.925	0.820	0.691	0.595	0.511
29	1.169	1.100	0.997	0.909	0.805	0.678	0.584	0.502
30	1.149	1.081	0.980	0.893	0.792	0.667	0.574	0.493
35	1.062	0.999	0.906	0.826	0.732	0.616	0.531	0.456
40	0.993	0.934	0.847	0.772	0.684	0.576	0.496	0.426
45	0.935	0.880	0.798	0.727	0.644	0.542	0.467	0.401
50	0.886	0.834	0.756	0.689	0.611	0.514	0.443	0.381
60	0.808	0.760	0.690	0.628	0.557	0.469	0.404	0.347
70	0.748	0.704	0.638	0.581	0.515	0.434	0.374	0.321
80	0.699	0.658	0.597	0.543	0.482	0.406	0.349	0.300
90	0.659	0.620	0.562	0.512	0.454	0.382	0.329	0.283
100	0.625	0.588	0.533	0.486	0.431	0.363	0.312	0.268
150	0.510	0.480	0.435	0.396	0.351	0.296	0.255	0.219
200	0.441	0.415	0.376	0.343	0.304	0.256	0.221	0.189
300	0.360	0.339	0.307	0.280	0.248	0.209	0.180	0.155
400	0.312	0.293	0.266	0.242	0.215	0.181	0.156	0.134
500	0.279	0.262	0.238	0.217	0.192	0.162	0.139	0.120
1000	0.197	0.185	0.168	0.153	0.136	0.114	0.098	0.085

ALPHA= 0.20

K= 5

BETA

N	0.005	0.01	0.025	0.05	0.1	0.2	0.3	0.4
2	6.203	5.820	5.259	4.776	4.218	3.538	3.040	2.607
3	4.345	4.088	3.710	3.382	3.001	2.531	2.185	1.880
4	3.577	3.367	3.059	2.791	2.479	2.094	1.809	1.558
5	3.119	2.937	2.669	2.436	2.164	1.829	1.581	1.362
6	2.805	2.642	2.401	2.191	1.947	1.646	1.423	1.226
7	2.570	2.421	2.201	2.009	1.786	1.509	1.305	1.124
8	2.387	2.249	2.044	1.866	1.659	1.402	1.212	1.045
9	2.239	2.109	1.917	1.750	1.556	1.315	1.137	0.980
10	2.115	1.992	1.811	1.654	1.470	1.243	1.074	0.926
11	2.010	1.893	1.721	1.571	1.397	1.181	1.021	0.880
12	1.919	1.808	1.643	1.500	1.334	1.128	0.975	0.840
13	1.839	1.733	1.575	1.438	1.279	1.081	0.935	0.806
14	1.769	1.667	1.515	1.383	1.230	1.040	0.899	0.775
15	1.706	1.607	1.461	1.334	1.186	1.003	0.867	0.747
16	1.650	1.554	1.413	1.290	1.147	0.970	0.838	0.723
17	1.598	1.506	1.369	1.250	1.111	0.940	0.812	0.700
18	1.552	1.462	1.329	1.213	1.079	0.912	0.789	0.680
19	1.509	1.421	1.292	1.180	1.049	0.887	0.767	0.661
20	1.469	1.384	1.258	1.149	1.021	0.864	0.747	0.644
21	1.433	1.350	1.227	1.121	0.996	0.842	0.728	0.628
22	1.399	1.318	1.198	1.094	0.972	0.822	0.711	0.613
23	1.367	1.288	1.171	1.069	0.951	0.804	0.695	0.599
24	1.338	1.260	1.146	1.046	0.930	0.786	0.680	0.586
25	1.310	1.234	1.122	1.024	0.911	0.770	0.666	0.574
26	1.284	1.209	1.100	1.004	0.893	0.755	0.653	0.562
27	1.259	1.186	1.078	0.985	0.875	0.740	0.640	0.552
28	1.236	1.164	1.059	0.967	0.859	0.727	0.628	0.541
29	1.214	1.144	1.040	0.949	0.844	0.714	0.617	0.532
30	1.193	1.124	1.022	0.933	0.830	0.701	0.607	0.523
35	1.103	1.039	0.945	0.863	0.767	0.648	0.561	0.483
40	1.031	0.971	0.883	0.806	0.717	0.606	0.524	0.452
45	0.971	0.915	0.831	0.759	0.675	0.571	0.493	0.425
50	0.920	0.867	0.788	0.720	0.640	0.541	0.468	0.403
60	0.839	0.791	0.719	0.656	0.584	0.493	0.427	0.368
70	0.776	0.732	0.665	0.607	0.540	0.457	0.395	0.340
80	0.726	0.684	0.622	0.568	0.505	0.427	0.369	0.318
90	0.684	0.645	0.586	0.535	0.476	0.402	0.348	0.300
100	0.649	0.611	0.556	0.507	0.451	0.381	0.330	0.284
150	0.529	0.499	0.453	0.414	0.368	0.311	0.269	0.232
200	0.458	0.432	0.392	0.358	0.318	0.269	0.233	0.201
300	0.374	0.352	0.320	0.292	0.260	0.220	0.190	0.164
400	0.324	0.305	0.277	0.253	0.225	0.190	0.165	0.142
500	0.289	0.273	0.248	0.226	0.201	0.170	0.147	0.127
1000	0.205	0.193	0.175	0.160	0.142	0.120	0.104	0.090

ALPHA= 0.20

K= 6

BETA

N	0.005	0.01	0.025	0.05	0.1	0.2	0.3	0.4
2	6.326	5.945	5.385	4.902	4.342	3.657	3.154	2.712
3	4.469	4.210	3.827	3.496	3.109	2.632	2.278	1.966
4	3.684	3.472	3.160	2.888	2.571	2.179	1.888	1.630
5	3.214	3.030	2.758	2.522	2.246	1.904	1.650	1.425
6	2.890	2.726	2.481	2.269	2.021	1.714	1.485	1.283
7	2.649	2.498	2.275	2.080	1.853	1.572	1.362	1.177
8	2.461	2.320	2.113	1.932	1.721	1.460	1.266	1.093
9	2.307	2.176	1.982	1.812	1.615	1.369	1.187	1.026
10	2.180	2.056	1.872	1.712	1.525	1.294	1.122	0.969
11	2.072	1.954	1.779	1.627	1.450	1.230	1.066	0.921
12	1.978	1.865	1.699	1.554	1.384	1.174	1.018	0.879
13	1.896	1.788	1.628	1.489	1.327	1.126	0.976	0.843
14	1.823	1.720	1.566	1.432	1.276	1.083	0.939	0.811
15	1.759	1.659	1.510	1.382	1.231	1.044	0.905	0.782
16	1.700	1.604	1.460	1.336	1.190	1.010	0.875	0.756
17	1.648	1.554	1.415	1.294	1.153	0.978	0.848	0.733
18	1.599	1.508	1.374	1.257	1.119	0.950	0.823	0.711
19	1.555	1.467	1.336	1.222	1.089	0.923	0.801	0.692
20	1.514	1.428	1.301	1.190	1.060	0.899	0.780	0.674
21	1.477	1.393	1.268	1.160	1.034	0.877	0.760	0.657
22	1.442	1.360	1.238	1.133	1.009	0.856	0.742	0.641
23	1.409	1.329	1.210	1.107	0.986	0.837	0.725	0.627
24	1.379	1.300	1.184	1.083	0.965	0.819	0.710	0.613
25	1.350	1.273	1.160	1.061	0.945	0.802	0.695	0.601
26	1.323	1.248	1.136	1.040	0.926	0.786	0.681	0.589
27	1.298	1.224	1.115	1.020	0.908	0.771	0.668	0.577
28	1.274	1.201	1.094	1.001	0.892	0.756	0.656	0.567
29	1.251	1.180	1.075	0.983	0.876	0.743	0.644	0.557
30	1.230	1.160	1.056	0.966	0.861	0.730	0.633	0.547
35	1.137	1.072	0.976	0.893	0.796	0.675	0.585	0.506
40	1.062	1.002	0.912	0.835	0.744	0.631	0.547	0.472
45	1.001	0.944	0.859	0.786	0.700	0.594	0.515	0.445
50	0.949	0.895	0.815	0.745	0.664	0.563	0.488	0.422
60	0.865	0.816	0.743	0.680	0.605	0.514	0.445	0.385
70	0.800	0.755	0.687	0.629	0.560	0.475	0.412	0.356
80	0.748	0.706	0.643	0.588	0.524	0.444	0.385	0.333
90	0.705	0.665	0.606	0.554	0.494	0.419	0.363	0.314
100	0.669	0.631	0.574	0.525	0.468	0.397	0.344	0.297
150	0.545	0.514	0.468	0.428	0.382	0.324	0.281	0.243
200	0.472	0.445	0.405	0.371	0.330	0.280	0.243	0.210
300	0.385	0.363	0.331	0.303	0.270	0.229	0.198	0.171
400	0.333	0.314	0.286	0.262	0.233	0.198	0.172	0.148
500	0.298	0.281	0.256	0.234	0.209	0.177	0.153	0.133
1000	0.211	0.199	0.181	0.166	0.148	0.125	0.109	0.094

ALPHA= 0.20

K= 7

BETA

N	0.005	0.01	0.025	0.05	0.1	0.2	0.3	0.4
2	6.433	6.053	5.493	5.010	4.448	3.759	3.250	2.802
3	4.574	4.313	3.927	3.592	3.201	2.717	2.357	2.038
4	3.775	3.562	3.246	2.971	2.650	2.252	1.955	1.691
5	3.295	3.110	2.835	2.596	2.316	1.968	1.709	1.479
6	2.964	2.797	2.550	2.336	2.084	1.772	1.539	1.332
7	2.717	2.564	2.338	2.142	1.911	1.625	1.411	1.222
8	2.524	2.382	2.172	1.989	1.775	1.509	1.311	1.135
9	2.367	2.234	2.037	1.866	1.665	1.416	1.230	1.065
10	2.236	2.110	1.925	1.763	1.573	1.338	1.162	1.006
11	2.125	2.005	1.829	1.675	1.495	1.271	1.104	0.956
12	2.029	1.915	1.746	1.599	1.428	1.214	1.055	0.913
13	1.945	1.836	1.674	1.533	1.368	1.164	1.011	0.875
14	1.870	1.765	1.610	1.475	1.316	1.119	0.972	0.842
15	1.804	1.703	1.553	1.422	1.269	1.080	0.938	0.812
16	1.744	1.646	1.501	1.375	1.227	1.044	0.907	0.785
17	1.690	1.595	1.455	1.332	1.189	1.011	0.879	0.761
18	1.640	1.548	1.412	1.293	1.154	0.982	0.853	0.738
19	1.595	1.506	1.373	1.258	1.123	0.955	0.829	0.718
20	1.553	1.466	1.337	1.225	1.093	0.930	0.808	0.699
21	1.515	1.430	1.304	1.194	1.066	0.907	0.788	0.682
22	1.479	1.396	1.273	1.166	1.041	0.885	0.769	0.666
23	1.445	1.364	1.244	1.140	1.017	0.865	0.752	0.651
24	1.414	1.335	1.217	1.115	0.995	0.846	0.735	0.637
25	1.385	1.307	1.192	1.092	0.975	0.829	0.720	0.623
26	1.357	1.281	1.168	1.070	0.955	0.812	0.706	0.611
27	1.331	1.257	1.146	1.050	0.937	0.797	0.692	0.599
28	1.307	1.233	1.125	1.030	0.920	0.782	0.679	0.588
29	1.283	1.211	1.105	1.012	0.903	0.768	0.667	0.578
30	1.261	1.191	1.086	0.995	0.888	0.755	0.656	0.568
35	1.166	1.101	1.004	0.919	0.821	0.698	0.606	0.525
40	1.089	1.028	0.938	0.859	0.767	0.652	0.567	0.491
45	1.026	0.969	0.883	0.809	0.722	0.614	0.534	0.462
50	0.973	0.918	0.838	0.767	0.685	0.582	0.506	0.438
60	0.887	0.837	0.764	0.700	0.624	0.531	0.461	0.399
70	0.821	0.775	0.707	0.647	0.578	0.491	0.427	0.370
80	0.767	0.724	0.661	0.605	0.540	0.459	0.399	0.345
90	0.723	0.683	0.622	0.570	0.509	0.433	0.376	0.326
100	0.686	0.647	0.590	0.541	0.483	0.410	0.357	0.309
150	0.559	0.528	0.482	0.441	0.394	0.335	0.291	0.252
200	0.484	0.457	0.417	0.382	0.341	0.290	0.252	0.218
300	0.395	0.373	0.340	0.311	0.278	0.236	0.205	0.178
400	0.342	0.323	0.294	0.270	0.241	0.205	0.178	0.154
500	0.306	0.289	0.263	0.241	0.215	0.183	0.159	0.138
1000	0.216	0.204	0.186	0.170	0.152	0.129	0.112	0.097

ALPHA= 0.20

K= 8

BETA

N	0.005	0.01	0.025	0.05	0.1	0.2	0.3	0.4
2	6.530	6.150	5.590	5.105	4.542	3.848	3.334	2.881
3	4.666	4.403	4.015	3.677	3.282	2.792	2.426	2.102
4	3.855	3.640	3.322	3.044	2.719	2.315	2.014	1.745
5	3.367	3.179	2.902	2.660	2.377	2.025	1.761	1.527
6	3.029	2.861	2.611	2.394	2.139	1.823	1.586	1.375
7	2.777	2.623	2.394	2.195	1.962	1.672	1.455	1.261
8	2.579	2.436	2.224	2.039	1.823	1.553	1.351	1.172
9	2.419	2.285	2.086	1.913	1.710	1.457	1.268	1.099
10	2.285	2.159	1.971	1.807	1.615	1.376	1.198	1.039
11	2.172	2.051	1.873	1.717	1.535	1.308	1.138	0.987
12	2.073	1.959	1.788	1.640	1.466	1.249	1.087	0.943
13	1.988	1.877	1.714	1.572	1.405	1.197	1.042	0.904
14	1.912	1.806	1.649	1.512	1.351	1.152	1.002	0.869
15	1.844	1.742	1.590	1.458	1.303	1.111	0.967	0.838
16	1.783	1.684	1.538	1.410	1.260	1.074	0.935	0.811
17	1.727	1.632	1.490	1.366	1.221	1.041	0.906	0.785
18	1.677	1.584	1.446	1.326	1.185	1.010	0.879	0.762
19	1.630	1.540	1.406	1.290	1.153	0.982	0.855	0.741
20	1.588	1.500	1.369	1.256	1.122	0.957	0.832	0.722
21	1.548	1.462	1.335	1.225	1.095	0.933	0.812	0.704
22	1.511	1.428	1.304	1.196	1.069	0.911	0.793	0.687
23	1.477	1.396	1.274	1.168	1.044	0.890	0.775	0.672
24	1.445	1.365	1.247	1.143	1.022	0.871	0.758	0.657
25	1.415	1.337	1.221	1.120	1.001	0.853	0.742	0.644
26	1.387	1.310	1.196	1.097	0.981	0.836	0.727	0.631
27	1.361	1.285	1.174	1.076	0.962	0.820	0.713	0.619
28	1.335	1.262	1.152	1.056	0.944	0.805	0.700	0.607
29	1.312	1.239	1.131	1.038	0.927	0.790	0.688	0.597
30	1.289	1.218	1.112	1.020	0.912	0.777	0.676	0.586
35	1.192	1.126	1.028	0.943	0.843	0.718	0.625	0.542
40	1.113	1.052	0.960	0.881	0.787	0.671	0.584	0.506
45	1.049	0.991	0.905	0.830	0.742	0.632	0.550	0.477
50	0.994	0.939	0.858	0.787	0.703	0.599	0.521	0.452
60	0.907	0.857	0.782	0.717	0.641	0.546	0.475	0.412
70	0.839	0.792	0.724	0.664	0.593	0.505	0.440	0.382
80	0.784	0.741	0.676	0.620	0.555	0.473	0.411	0.357
90	0.739	0.698	0.637	0.585	0.523	0.445	0.388	0.336
100	0.701	0.662	0.605	0.554	0.496	0.422	0.368	0.319
150	0.572	0.540	0.493	0.452	0.404	0.344	0.300	0.260
200	0.495	0.467	0.427	0.391	0.350	0.298	0.259	0.225
300	0.403	0.381	0.348	0.319	0.285	0.243	0.212	0.183
400	0.349	0.330	0.301	0.276	0.247	0.211	0.183	0.159
500	0.312	0.295	0.270	0.247	0.221	0.188	0.164	0.142
1000	0.221	0.209	0.191	0.175	0.156	0.133	0.116	0.100

ALPHA= 0.20

K= 9

BETA

N	0.005	0.01	0.025	0.05	0.1	0.2	0.3	0.4
2	6.618	6.238	5.678	5.192	4.627	3.928	3.410	2.951
3	4.749	4.485	4.093	3.753	3.354	2.859	2.488	2.159
4	3.927	3.711	3.390	3.110	2.781	2.372	2.066	1.794
5	3.431	3.242	2.962	2.718	2.432	2.075	1.808	1.570
6	3.087	2.917	2.666	2.447	2.189	1.868	1.628	1.414
7	2.830	2.675	2.445	2.244	2.008	1.714	1.493	1.297
8	2.629	2.485	2.271	2.084	1.865	1.592	1.387	1.205
9	2.466	2.331	2.130	1.955	1.750	1.493	1.301	1.130
10	2.330	2.202	2.012	1.847	1.653	1.411	1.230	1.068
11	2.214	2.092	1.912	1.755	1.571	1.341	1.169	1.015
12	2.114	1.998	1.826	1.676	1.500	1.281	1.116	0.969
13	2.026	1.915	1.751	1.607	1.438	1.228	1.070	0.929
14	1.949	1.842	1.684	1.545	1.383	1.181	1.029	0.894
15	1.880	1.777	1.624	1.491	1.334	1.139	0.993	0.862
16	1.817	1.718	1.570	1.441	1.290	1.101	0.960	0.833
17	1.761	1.664	1.521	1.396	1.250	1.067	0.930	0.808
18	1.709	1.616	1.477	1.356	1.213	1.036	0.903	0.784
19	1.662	1.571	1.436	1.318	1.180	1.007	0.878	0.762
20	1.619	1.530	1.398	1.284	1.149	0.981	0.855	0.742
21	1.578	1.492	1.364	1.252	1.120	0.956	0.834	0.724
22	1.541	1.457	1.331	1.222	1.094	0.934	0.814	0.707
23	1.506	1.424	1.301	1.194	1.069	0.913	0.795	0.691
24	1.473	1.393	1.273	1.169	1.046	0.893	0.778	0.676
25	1.443	1.364	1.247	1.144	1.024	0.874	0.762	0.662
26	1.414	1.337	1.222	1.122	1.004	0.857	0.747	0.649
27	1.387	1.311	1.198	1.100	0.985	0.841	0.733	0.636
28	1.362	1.287	1.176	1.080	0.966	0.825	0.719	0.625
29	1.337	1.264	1.155	1.061	0.949	0.810	0.706	0.613
30	1.314	1.242	1.136	1.042	0.933	0.796	0.694	0.603
35	1.215	1.148	1.050	0.964	0.862	0.736	0.642	0.557
40	1.135	1.073	0.981	0.900	0.806	0.688	0.600	0.521
45	1.069	1.011	0.924	0.848	0.759	0.648	0.565	0.491
50	1.014	0.958	0.876	0.804	0.720	0.614	0.535	0.465
60	0.924	0.874	0.799	0.733	0.656	0.560	0.488	0.424
70	0.855	0.808	0.739	0.678	0.607	0.518	0.452	0.392
80	0.800	0.756	0.691	0.634	0.568	0.485	0.422	0.367
90	0.753	0.712	0.651	0.598	0.535	0.457	0.398	0.346
100	0.715	0.675	0.617	0.567	0.507	0.433	0.377	0.328
150	0.583	0.551	0.504	0.462	0.414	0.353	0.308	0.267
200	0.504	0.477	0.436	0.400	0.358	0.306	0.266	0.231
300	0.411	0.389	0.355	0.326	0.292	0.249	0.217	0.189
400	0.356	0.337	0.308	0.282	0.253	0.216	0.188	0.163
500	0.319	0.301	0.275	0.253	0.226	0.193	0.168	0.146
1000	0.225	0.213	0.195	0.179	0.160	0.137	0.119	0.103

ALPHA= 0.20

K=10

BETA

N	0.005	0.01	0.025	0.05	0.1	0.2	0.3	0.4
2	6.700	6.320	5.759	5.272	4.705	4.002	3.479	3.015
3	4.824	4.559	4.165	3.822	3.420	2.919	2.545	2.210
4	3.993	3.775	3.451	3.169	2.838	2.424	2.114	1.838
5	3.489	3.299	3.017	2.771	2.482	2.121	1.850	1.608
6	3.140	2.969	2.716	2.494	2.234	1.910	1.666	1.449
7	2.879	2.723	2.491	2.288	2.049	1.752	1.528	1.329
8	2.675	2.529	2.314	2.125	1.904	1.628	1.420	1.235
9	2.509	2.372	2.170	1.994	1.786	1.527	1.332	1.158
10	2.370	2.241	2.050	1.884	1.688	1.443	1.259	1.095
11	2.252	2.130	1.949	1.790	1.604	1.371	1.196	1.040
12	2.151	2.034	1.861	1.709	1.531	1.309	1.143	0.993
13	2.062	1.950	1.784	1.639	1.468	1.255	1.095	0.952
14	1.983	1.875	1.716	1.576	1.412	1.207	1.053	0.916
15	1.912	1.809	1.655	1.520	1.362	1.164	1.016	0.884
16	1.849	1.749	1.600	1.470	1.317	1.126	0.982	0.854
17	1.792	1.695	1.550	1.424	1.276	1.091	0.952	0.828
18	1.739	1.645	1.505	1.382	1.239	1.059	0.924	0.804
19	1.691	1.600	1.463	1.344	1.204	1.030	0.899	0.781
20	1.647	1.558	1.425	1.309	1.173	1.003	0.875	0.761
21	1.606	1.519	1.390	1.277	1.144	0.978	0.853	0.742
22	1.568	1.483	1.357	1.246	1.117	0.955	0.833	0.724
23	1.532	1.449	1.326	1.218	1.091	0.933	0.814	0.708
24	1.499	1.418	1.297	1.192	1.068	0.913	0.797	0.693
25	1.468	1.389	1.270	1.167	1.046	0.894	0.780	0.678
26	1.439	1.361	1.245	1.144	1.025	0.876	0.765	0.665
27	1.411	1.335	1.221	1.122	1.005	0.859	0.750	0.652
28	1.385	1.310	1.199	1.101	0.987	0.844	0.736	0.640
29	1.361	1.287	1.177	1.082	0.969	0.829	0.723	0.629
30	1.337	1.265	1.157	1.063	0.952	0.814	0.711	0.618
35	1.236	1.169	1.070	0.983	0.880	0.753	0.657	0.571
40	1.155	1.092	0.999	0.918	0.823	0.703	0.614	0.534
45	1.088	1.029	0.941	0.865	0.775	0.663	0.578	0.503
50	1.032	0.976	0.893	0.820	0.735	0.628	0.548	0.477
60	0.941	0.890	0.814	0.748	0.670	0.573	0.500	0.435
70	0.870	0.823	0.753	0.692	0.620	0.530	0.462	0.402
80	0.814	0.769	0.704	0.647	0.579	0.495	0.432	0.376
90	0.767	0.725	0.663	0.609	0.546	0.467	0.407	0.354
100	0.727	0.688	0.629	0.578	0.518	0.443	0.386	0.336
150	0.593	0.561	0.513	0.471	0.422	0.361	0.315	0.274
200	0.513	0.486	0.444	0.408	0.366	0.313	0.273	0.237
300	0.419	0.396	0.362	0.333	0.298	0.255	0.222	0.193
400	0.362	0.343	0.314	0.288	0.258	0.221	0.193	0.167
500	0.324	0.307	0.280	0.258	0.231	0.197	0.172	0.150
1000	0.229	0.217	0.198	0.182	0.163	0.140	0.122	0.106

ALPHA= 0.20

K=11

BETA

N	0.005	0.01	0.025	0.05	0.1	0.2	0.3	0.4
2	6.777	6.397	5.835	5.347	4.777	4.070	3.543	3.075
3	4.894	4.627	4.231	3.886	3.481	2.975	2.596	2.258
4	4.054	3.834	3.508	3.224	2.890	2.472	2.158	1.878
5	3.543	3.352	3.068	2.820	2.528	2.163	1.889	1.644
6	3.189	3.017	2.762	2.539	2.276	1.948	1.702	1.481
7	2.924	2.767	2.533	2.328	2.088	1.787	1.561	1.359
8	2.717	2.571	2.353	2.163	1.940	1.660	1.450	1.262
9	2.548	2.411	2.207	2.029	1.820	1.558	1.361	1.184
10	2.408	2.278	2.085	1.917	1.719	1.472	1.286	1.119
11	2.288	2.165	1.982	1.822	1.634	1.399	1.222	1.064
12	2.185	2.067	1.893	1.740	1.560	1.336	1.167	1.016
13	2.094	1.982	1.814	1.668	1.496	1.281	1.119	0.974
14	2.014	1.906	1.745	1.604	1.439	1.232	1.076	0.937
15	1.943	1.838	1.683	1.547	1.388	1.188	1.038	0.903
16	1.878	1.777	1.627	1.496	1.342	1.149	1.003	0.873
17	1.820	1.722	1.577	1.450	1.300	1.113	0.972	0.846
18	1.767	1.672	1.531	1.407	1.262	1.080	0.944	0.822
19	1.718	1.626	1.488	1.368	1.227	1.051	0.918	0.799
20	1.673	1.583	1.449	1.333	1.195	1.023	0.894	0.778
21	1.632	1.544	1.413	1.299	1.165	0.998	0.872	0.759
22	1.593	1.507	1.380	1.269	1.138	0.974	0.851	0.741
23	1.557	1.473	1.349	1.240	1.112	0.952	0.832	0.724
24	1.523	1.441	1.320	1.213	1.088	0.931	0.814	0.708
25	1.492	1.411	1.292	1.188	1.065	0.912	0.797	0.694
26	1.462	1.383	1.266	1.164	1.044	0.894	0.781	0.680
27	1.434	1.357	1.242	1.142	1.024	0.877	0.766	0.667
28	1.407	1.332	1.219	1.121	1.005	0.861	0.752	0.655
29	1.382	1.308	1.198	1.101	0.987	0.845	0.739	0.643
30	1.359	1.286	1.177	1.082	0.971	0.831	0.726	0.632
35	1.256	1.188	1.088	1.000	0.897	0.768	0.671	0.584
40	1.173	1.110	1.017	0.935	0.838	0.718	0.627	0.546
45	1.105	1.046	0.958	0.880	0.790	0.676	0.591	0.514
50	1.048	0.992	0.908	0.835	0.749	0.641	0.560	0.487
60	0.956	0.904	0.828	0.761	0.683	0.584	0.511	0.444
70	0.884	0.837	0.766	0.704	0.632	0.541	0.472	0.411
80	0.827	0.782	0.716	0.658	0.590	0.505	0.442	0.384
90	0.779	0.737	0.675	0.620	0.556	0.476	0.416	0.362
100	0.739	0.699	0.640	0.588	0.528	0.452	0.395	0.344
150	0.603	0.570	0.522	0.480	0.430	0.368	0.322	0.280
200	0.521	0.493	0.451	0.415	0.372	0.318	0.278	0.242
300	0.425	0.402	0.368	0.339	0.304	0.260	0.227	0.198
400	0.368	0.348	0.319	0.293	0.263	0.225	0.197	0.171
500	0.329	0.312	0.285	0.262	0.235	0.201	0.176	0.153
1000	0.233	0.220	0.202	0.185	0.166	0.142	0.124	0.108

ALPHA= 0.20

K=13

BETA

N	0.005	0.01	0.025	0.05	0.1	0.2	0.3	0.4
2	6.919	6.537	5.973	5.482	4.908	4.193	3.658	3.181
3	5.020	4.750	4.350	4.001	3.590	3.076	2.689	2.343
4	4.163	3.941	3.611	3.323	2.983	2.558	2.238	1.950
5	3.640	3.447	3.159	2.907	2.611	2.239	1.959	1.708
6	3.277	3.103	2.844	2.618	2.351	2.017	1.765	1.539
7	3.006	2.846	2.609	2.401	2.157	1.850	1.619	1.412
8	2.793	2.645	2.424	2.231	2.004	1.719	1.505	1.312
9	2.619	2.481	2.274	2.093	1.880	1.613	1.412	1.231
10	2.475	2.344	2.149	1.978	1.777	1.524	1.334	1.163
11	2.352	2.228	2.042	1.880	1.688	1.449	1.268	1.106
12	2.246	2.127	1.950	1.795	1.612	1.383	1.211	1.056
13	2.153	2.039	1.869	1.721	1.546	1.326	1.161	1.012
14	2.071	1.961	1.798	1.655	1.487	1.276	1.116	0.974
15	1.998	1.892	1.734	1.596	1.434	1.230	1.077	0.939
16	1.931	1.829	1.677	1.544	1.387	1.190	1.041	0.908
17	1.871	1.772	1.625	1.496	1.343	1.153	1.009	0.880
18	1.817	1.721	1.577	1.452	1.304	1.119	0.979	0.854
19	1.767	1.673	1.534	1.412	1.268	1.088	0.952	0.831
20	1.720	1.629	1.494	1.375	1.235	1.060	0.927	0.809
21	1.678	1.589	1.456	1.341	1.204	1.033	0.904	0.789
22	1.638	1.551	1.422	1.309	1.176	1.009	0.883	0.770
23	1.601	1.516	1.390	1.279	1.149	0.986	0.863	0.753
24	1.566	1.483	1.360	1.252	1.124	0.965	0.844	0.736
25	1.534	1.452	1.332	1.226	1.101	0.945	0.827	0.721
26	1.503	1.424	1.305	1.201	1.079	0.926	0.810	0.707
27	1.474	1.396	1.280	1.178	1.058	0.908	0.795	0.693
28	1.447	1.371	1.256	1.157	1.039	0.891	0.780	0.680
29	1.421	1.346	1.234	1.136	1.021	0.876	0.766	0.668
30	1.397	1.323	1.213	1.117	1.003	0.861	0.753	0.657
35	1.291	1.223	1.121	1.032	0.927	0.796	0.696	0.607
40	1.207	1.143	1.048	0.964	0.866	0.743	0.651	0.567
45	1.137	1.076	0.987	0.908	0.816	0.700	0.613	0.534
50	1.078	1.021	0.936	0.861	0.774	0.664	0.581	0.507
60	0.983	0.931	0.853	0.785	0.706	0.605	0.530	0.462
70	0.909	0.861	0.789	0.727	0.653	0.560	0.490	0.427
80	0.850	0.805	0.738	0.679	0.610	0.524	0.458	0.400
90	0.801	0.759	0.695	0.640	0.575	0.493	0.432	0.377
100	0.760	0.719	0.660	0.607	0.545	0.468	0.410	0.357
150	0.620	0.587	0.538	0.495	0.445	0.382	0.334	0.291
200	0.535	0.507	0.465	0.428	0.384	0.330	0.289	0.252
300	0.437	0.414	0.380	0.349	0.314	0.269	0.236	0.206
400	0.379	0.359	0.329	0.303	0.272	0.233	0.204	0.178
500	0.339	0.321	0.294	0.271	0.243	0.209	0.183	0.159
1000	0.239	0.227	0.208	0.191	0.172	0.148	0.129	0.113

ALPHA= 0.20

K=15

BETA

N	0.005	0.01	0.025	0.05	0.1	0.2	0.3	0.4
2	7.047	6.665	6.098	5.604	5.025	4.303	3.761	3.276
3	5.132	4.860	4.456	4.103	3.686	3.165	2.772	2.418
4	4.260	4.036	3.702	3.410	3.066	2.634	2.308	2.014
5	3.727	3.531	3.240	2.985	2.684	2.306	2.021	1.764
6	3.356	3.180	2.918	2.688	2.418	2.078	1.821	1.590
7	3.078	2.917	2.677	2.466	2.218	1.906	1.671	1.459
8	2.860	2.710	2.487	2.292	2.061	1.772	1.553	1.356
9	2.683	2.542	2.333	2.150	1.934	1.662	1.457	1.272
10	2.535	2.402	2.205	2.032	1.827	1.571	1.377	1.202
11	2.409	2.283	2.095	1.931	1.737	1.493	1.308	1.143
12	2.301	2.180	2.001	1.844	1.658	1.426	1.250	1.091
13	2.206	2.090	1.918	1.768	1.590	1.367	1.198	1.046
14	2.121	2.010	1.845	1.700	1.529	1.315	1.152	1.006
15	2.046	1.939	1.780	1.640	1.475	1.268	1.111	0.971
16	1.979	1.875	1.721	1.586	1.426	1.226	1.075	0.938
17	1.917	1.817	1.667	1.536	1.382	1.188	1.041	0.909
18	1.861	1.764	1.619	1.492	1.342	1.153	1.011	0.883
19	1.810	1.715	1.574	1.450	1.305	1.121	0.983	0.858
20	1.762	1.670	1.533	1.412	1.270	1.092	0.957	0.836
21	1.719	1.629	1.495	1.377	1.239	1.065	0.933	0.815
22	1.678	1.590	1.459	1.345	1.210	1.040	0.911	0.796
23	1.640	1.554	1.426	1.314	1.182	1.016	0.891	0.778
24	1.604	1.521	1.395	1.286	1.157	0.994	0.872	0.761
25	1.571	1.489	1.367	1.259	1.133	0.974	0.853	0.745
26	1.540	1.459	1.339	1.234	1.110	0.954	0.836	0.730
27	1.510	1.431	1.314	1.211	1.089	0.936	0.820	0.716
28	1.483	1.405	1.290	1.188	1.069	0.919	0.805	0.703
29	1.456	1.380	1.267	1.167	1.050	0.902	0.791	0.691
30	1.431	1.356	1.245	1.147	1.032	0.887	0.777	0.679
35	1.323	1.254	1.151	1.060	0.954	0.820	0.719	0.628
40	1.236	1.172	1.075	0.991	0.891	0.766	0.672	0.586
45	1.165	1.104	1.013	0.933	0.840	0.722	0.633	0.552
50	1.104	1.046	0.960	0.885	0.796	0.684	0.600	0.524
60	1.007	0.954	0.876	0.807	0.726	0.624	0.547	0.478
70	0.931	0.883	0.810	0.747	0.671	0.577	0.506	0.442
80	0.871	0.825	0.757	0.698	0.628	0.540	0.473	0.413
90	0.821	0.778	0.714	0.658	0.592	0.509	0.446	0.389
100	0.778	0.738	0.677	0.624	0.561	0.482	0.423	0.369
150	0.633	0.600	0.551	0.508	0.457	0.393	0.344	0.301
200	0.549	0.520	0.477	0.440	0.396	0.340	0.298	0.260
300	0.448	0.425	0.390	0.359	0.323	0.278	0.243	0.212
400	0.388	0.368	0.337	0.311	0.280	0.240	0.211	0.184
500	0.347	0.329	0.302	0.278	0.250	0.215	0.188	0.165
1000	0.245	0.233	0.213	0.197	0.177	0.152	0.133	0.116

ALPHA= 0.20

K=20

BETA

N	0.005	0.01	0.025	0.05	0.1	0.2	0.3	0.4
2	7.328	6.942	6.368	5.867	5.276	4.536	3.978	3.476
3	5.371	5.094	4.681	4.319	3.891	3.353	2.945	2.577
4	4.466	4.237	3.895	3.595	3.240	2.794	2.455	2.149
5	3.910	3.718	3.411	3.149	2.839	2.448	2.151	1.883
6	3.522	3.342	3.073	2.837	2.558	2.206	1.939	1.698
7	3.232	3.066	2.820	2.603	2.347	2.024	1.779	1.558
8	3.003	2.850	2.621	2.420	2.182	1.882	1.654	1.448
9	2.817	2.673	2.459	2.270	2.047	1.765	1.552	1.359
10	2.662	2.526	2.323	2.145	1.934	1.668	1.467	1.284
11	2.531	2.401	2.208	2.039	1.839	1.586	1.394	1.221
12	2.417	2.293	2.109	1.947	1.756	1.515	1.331	1.166
13	2.317	2.198	2.022	1.867	1.683	1.452	1.276	1.118
14	2.228	2.115	1.945	1.796	1.619	1.397	1.228	1.075
15	2.149	2.040	1.876	1.732	1.562	1.347	1.184	1.037
16	2.078	1.972	1.814	1.675	1.510	1.303	1.145	1.003
17	2.014	1.911	1.758	1.623	1.463	1.262	1.110	0.972
18	1.955	1.855	1.706	1.575	1.421	1.225	1.077	0.943
19	1.901	1.804	1.659	1.532	1.381	1.192	1.047	0.917
20	1.851	1.757	1.616	1.492	1.345	1.160	1.020	0.893
21	1.805	1.713	1.576	1.455	1.312	1.132	0.995	0.871
22	1.763	1.673	1.538	1.420	1.281	1.105	0.971	0.850
23	1.723	1.635	1.504	1.388	1.252	1.080	0.949	0.831
24	1.686	1.600	1.471	1.358	1.225	1.057	0.929	0.813
25	1.651	1.566	1.441	1.330	1.199	1.035	0.910	0.796
26	1.618	1.535	1.412	1.304	1.176	1.014	0.891	0.781
27	1.587	1.506	1.385	1.279	1.153	0.995	0.874	0.766
28	1.558	1.478	1.359	1.255	1.132	0.976	0.858	0.752
29	1.530	1.452	1.335	1.233	1.112	0.959	0.843	0.738
30	1.504	1.427	1.312	1.212	1.093	0.943	0.829	0.725
35	1.390	1.319	1.213	1.120	1.010	0.871	0.766	0.671
40	1.299	1.233	1.134	1.047	0.944	0.814	0.716	0.627
45	1.224	1.161	1.068	0.986	0.889	0.767	0.674	0.590
50	1.160	1.101	1.012	0.935	0.843	0.727	0.639	0.560
60	1.058	1.004	0.923	0.852	0.769	0.663	0.583	0.510
70	0.979	0.929	0.854	0.789	0.711	0.613	0.539	0.472
80	0.915	0.868	0.799	0.737	0.665	0.574	0.504	0.441
90	0.862	0.818	0.753	0.695	0.627	0.540	0.475	0.416
100	0.818	0.776	0.714	0.659	0.594	0.513	0.451	0.395
150	0.666	0.632	0.581	0.536	0.484	0.417	0.367	0.321
200	0.576	0.547	0.503	0.465	0.419	0.361	0.318	0.278
300	0.471	0.447	0.411	0.379	0.342	0.295	0.259	0.227
400	0.408	0.387	0.356	0.328	0.296	0.256	0.225	0.197
500	0.365	0.346	0.318	0.294	0.265	0.229	0.201	0.176
1000	0.258	0.245	0.225	0.208	0.187	0.162	0.142	0.124

ALPHA= 0.20

K=25

BETA

N	0.005	0.01	0.025	0.05	0.1	0.2	0.3	0.4
2	7.568	7.178	6.597	6.088	5.487	4.731	4.159	3.642
3	5.570	5.288	4.868	4.498	4.060	3.508	3.088	2.707
4	4.637	4.404	4.055	3.748	3.385	2.926	2.576	2.259
5	4.062	3.858	3.553	3.284	2.966	2.565	2.258	1.981
6	3.660	3.476	3.202	2.960	2.674	2.312	2.036	1.786
7	3.359	3.190	2.938	2.717	2.454	2.122	1.869	1.639
8	3.122	2.965	2.731	2.525	2.281	1.972	1.737	1.524
9	2.929	2.782	2.562	2.369	2.140	1.851	1.630	1.430
10	2.768	2.629	2.422	2.239	2.023	1.749	1.541	1.352
11	2.631	2.499	2.302	2.128	1.923	1.663	1.464	1.285
12	2.513	2.387	2.198	2.033	1.836	1.588	1.399	1.227
13	2.409	2.288	2.108	1.949	1.761	1.522	1.341	1.176
14	2.317	2.201	2.027	1.875	1.693	1.464	1.290	1.132
15	2.235	2.123	1.956	1.808	1.634	1.413	1.244	1.092
16	2.161	2.053	1.891	1.748	1.580	1.366	1.203	1.055
17	2.094	1.989	1.832	1.694	1.531	1.324	1.166	1.023
18	2.033	1.931	1.779	1.645	1.486	1.285	1.132	0.993
19	1.977	1.878	1.730	1.599	1.445	1.250	1.101	0.966
20	1.925	1.829	1.685	1.558	1.407	1.217	1.072	0.940
21	1.878	1.783	1.643	1.519	1.372	1.187	1.045	0.917
22	1.833	1.741	1.604	1.483	1.340	1.159	1.020	0.895
23	1.792	1.702	1.568	1.450	1.310	1.132	0.997	0.875
24	1.753	1.665	1.534	1.418	1.281	1.108	0.976	0.856
25	1.717	1.631	1.502	1.389	1.255	1.085	0.956	0.838
26	1.683	1.598	1.472	1.361	1.230	1.063	0.937	0.822
27	1.650	1.568	1.444	1.335	1.206	1.043	0.919	0.806
28	1.620	1.539	1.417	1.311	1.184	1.024	0.902	0.791
29	1.591	1.511	1.392	1.287	1.163	1.006	0.886	0.777
30	1.564	1.485	1.368	1.265	1.143	0.988	0.871	0.764
35	1.446	1.373	1.265	1.170	1.057	0.914	0.805	0.706
40	1.351	1.283	1.182	1.093	0.987	0.854	0.752	0.660
45	1.273	1.209	1.113	1.030	0.930	0.804	0.708	0.622
50	1.206	1.146	1.056	0.976	0.882	0.763	0.672	0.589
60	1.100	1.045	0.963	0.890	0.804	0.695	0.613	0.537
70	1.018	0.967	0.891	0.824	0.744	0.643	0.567	0.497
80	0.952	0.904	0.833	0.770	0.696	0.601	0.530	0.465
90	0.894	0.849	0.782	0.723	0.653	0.565	0.498	0.437
100	0.848	0.805	0.742	0.686	0.620	0.536	0.472	0.414
150	0.692	0.658	0.606	0.560	0.506	0.438	0.385	0.338
200	0.600	0.570	0.525	0.485	0.438	0.379	0.334	0.293
300	0.490	0.465	0.428	0.396	0.358	0.309	0.273	0.239
400	0.424	0.403	0.371	0.343	0.310	0.268	0.236	0.207
500	0.379	0.360	0.332	0.307	0.277	0.240	0.211	0.185
1000	0.268	0.255	0.235	0.217	0.196	0.169	0.149	0.131

ALPHA= 0.20

K=30

BETA

N	0.005	0.01	0.025	0.05	0.1	0.2	0.3	0.4
2	7.779	7.385	6.797	6.281	5.670	4.900	4.314	3.784
3	5.743	5.457	5.029	4.653	4.206	3.641	3.210	2.819
4	4.785	4.548	4.193	3.880	3.509	3.039	2.680	2.354
5	4.193	3.986	3.675	3.401	3.077	2.665	2.351	2.065
6	3.779	3.592	3.313	3.066	2.774	2.403	2.119	1.862
7	3.469	3.297	3.040	2.814	2.546	2.206	1.946	1.709
8	3.224	3.065	2.826	2.616	2.367	2.050	1.809	1.589
9	3.025	2.876	2.652	2.455	2.221	1.924	1.697	1.491
10	2.859	2.718	2.506	2.320	2.099	1.818	1.604	1.409
11	2.718	2.583	2.383	2.206	1.995	1.729	1.525	1.340
12	2.596	2.467	2.275	2.106	1.906	1.651	1.456	1.280
13	2.489	2.366	2.182	2.020	1.827	1.583	1.396	1.227
14	2.394	2.275	2.099	1.943	1.757	1.523	1.343	1.180
15	2.309	2.195	2.024	1.874	1.695	1.469	1.296	1.138
16	2.233	2.122	1.957	1.812	1.639	1.420	1.253	1.101
17	2.164	2.057	1.897	1.756	1.588	1.376	1.214	1.067
18	2.100	1.997	1.841	1.705	1.542	1.336	1.179	1.036
19	2.043	1.942	1.791	1.658	1.500	1.299	1.146	1.007
20	1.989	1.891	1.744	1.614	1.460	1.265	1.116	0.981
21	1.940	1.844	1.701	1.574	1.424	1.234	1.089	0.956
22	1.894	1.800	1.660	1.537	1.390	1.205	1.063	0.934
23	1.851	1.760	1.623	1.502	1.359	1.178	1.039	0.913
24	1.811	1.722	1.588	1.470	1.330	1.152	1.016	0.893
25	1.774	1.686	1.555	1.439	1.302	1.128	0.995	0.874
26	1.738	1.652	1.524	1.411	1.276	1.106	0.976	0.857
27	1.705	1.621	1.495	1.384	1.252	1.085	0.957	0.841
28	1.674	1.591	1.467	1.358	1.229	1.065	0.939	0.825
29	1.644	1.563	1.441	1.334	1.207	1.046	0.923	0.811
30	1.616	1.536	1.417	1.311	1.186	1.028	0.907	0.797
35	1.494	1.420	1.310	1.212	1.097	0.950	0.838	0.736
40	1.396	1.327	1.224	1.133	1.025	0.888	0.783	0.688
45	1.315	1.250	1.153	1.067	0.965	0.836	0.738	0.648
50	1.247	1.185	1.093	1.012	0.915	0.793	0.700	0.615
60	1.137	1.081	0.997	0.923	0.835	0.723	0.638	0.561
70	1.047	0.996	0.918	0.850	0.769	0.666	0.588	0.516
80	0.980	0.931	0.859	0.795	0.719	0.623	0.550	0.483
90	0.924	0.878	0.810	0.750	0.678	0.588	0.518	0.455
100	0.876	0.833	0.768	0.711	0.643	0.557	0.492	0.432
150	0.715	0.680	0.627	0.581	0.525	0.455	0.401	0.353
200	0.620	0.589	0.543	0.503	0.455	0.394	0.348	0.305
300	0.506	0.481	0.444	0.411	0.371	0.322	0.284	0.249
400	0.438	0.416	0.384	0.356	0.322	0.279	0.246	0.216
500	0.392	0.372	0.344	0.318	0.288	0.249	0.220	0.193
1000	0.277	0.263	0.243	0.225	0.203	0.176	0.155	0.137

ALPHA= 0.20

K=40

BETA

N	0.005	0.01	0.025	0.05	0.1	0.2	0.3	0.4
2	8.141	7.739	7.138	6.609	5.981	5.185	4.577	4.025
3	6.036	5.742	5.302	4.914	4.452	3.866	3.416	3.006
4	5.035	4.791	4.425	4.103	3.718	3.230	2.855	2.513
5	4.415	4.201	3.881	3.598	3.261	2.833	2.505	2.205
6	3.980	3.788	3.499	3.244	2.941	2.555	2.259	1.989
7	3.654	3.477	3.212	2.978	2.700	2.346	2.074	1.826
8	3.397	3.232	2.986	2.769	2.510	2.181	1.928	1.698
9	3.187	3.033	2.802	2.599	2.356	2.047	1.810	1.593
10	3.013	2.867	2.649	2.456	2.227	1.935	1.710	1.506
11	2.864	2.726	2.518	2.335	2.117	1.839	1.626	1.432
12	2.735	2.603	2.405	2.230	2.022	1.757	1.553	1.367
13	2.623	2.496	2.306	2.138	1.938	1.684	1.489	1.311
14	2.523	2.401	2.218	2.057	1.865	1.620	1.433	1.261
15	2.434	2.316	2.140	1.984	1.799	1.563	1.382	1.217
16	2.353	2.240	2.069	1.919	1.739	1.511	1.336	1.177
17	2.280	2.170	2.005	1.859	1.686	1.464	1.295	1.140
18	2.214	2.107	1.947	1.805	1.636	1.422	1.257	1.107
19	2.153	2.049	1.893	1.755	1.591	1.383	1.222	1.076
20	2.097	1.995	1.844	1.709	1.550	1.347	1.191	1.048
21	2.045	1.946	1.798	1.667	1.511	1.313	1.161	1.022
22	1.996	1.900	1.755	1.628	1.476	1.282	1.134	0.998
23	1.951	1.857	1.716	1.591	1.442	1.253	1.108	0.976
24	1.909	1.817	1.679	1.557	1.411	1.226	1.084	0.954
25	1.870	1.779	1.644	1.524	1.382	1.201	1.062	0.935
26	1.832	1.744	1.611	1.494	1.354	1.177	1.041	0.916
27	1.797	1.711	1.580	1.465	1.329	1.154	1.021	0.899
28	1.764	1.679	1.551	1.438	1.304	1.133	1.002	0.882
29	1.733	1.649	1.524	1.413	1.281	1.113	0.984	0.866
30	1.703	1.621	1.498	1.389	1.259	1.094	0.967	0.852
35	1.575	1.499	1.385	1.284	1.164	1.011	0.894	0.787
40	1.471	1.400	1.294	1.200	1.088	0.945	0.836	0.736
45	1.386	1.319	1.219	1.130	1.025	0.890	0.787	0.693
50	1.314	1.251	1.155	1.071	0.971	0.844	0.746	0.657
60	1.193	1.135	1.049	0.972	0.882	0.766	0.677	0.596
70	1.104	1.051	0.971	0.900	0.816	0.709	0.627	0.552
80	1.033	0.983	0.908	0.842	0.763	0.663	0.587	0.516
90	0.974	0.927	0.856	0.794	0.720	0.625	0.553	0.487
100	0.924	0.879	0.812	0.753	0.683	0.593	0.525	0.462
150	0.754	0.718	0.663	0.615	0.558	0.484	0.428	0.377
200	0.653	0.622	0.574	0.533	0.483	0.420	0.371	0.327
300	0.533	0.508	0.469	0.435	0.394	0.343	0.303	0.267
400	0.462	0.440	0.406	0.377	0.341	0.297	0.262	0.231
500	0.413	0.393	0.363	0.337	0.305	0.265	0.235	0.207
1000	0.292	0.278	0.257	0.238	0.216	0.188	0.166	0.146

ALPHA= 0.20

K=50

BETA

N	0.005	0.01	0.025	0.05	0.1	0.2	0.3	0.4
2	8.448	8.039	7.425	6.885	6.241	5.423	4.796	4.224
3	6.281	5.980	5.530	5.132	4.657	4.052	3.587	3.161
4	5.244	4.994	4.619	4.288	3.892	3.387	2.999	2.644
5	4.600	4.381	4.052	3.762	3.415	2.973	2.632	2.321
6	4.148	3.951	3.654	3.393	3.080	2.681	2.374	2.093
7	3.808	3.627	3.355	3.115	2.828	2.462	2.180	1.922
8	3.541	3.372	3.120	2.896	2.629	2.289	2.027	1.788
9	3.323	3.165	2.928	2.718	2.468	2.148	1.903	1.678
10	3.141	2.991	2.767	2.569	2.333	2.031	1.799	1.586
11	2.986	2.844	2.631	2.443	2.218	1.931	1.710	1.508
12	2.852	2.716	2.513	2.333	2.118	1.844	1.633	1.440
13	2.734	2.604	2.409	2.237	2.031	1.768	1.566	1.381
14	2.630	2.505	2.318	2.152	1.954	1.701	1.506	1.328
15	2.537	2.417	2.236	2.076	1.885	1.641	1.453	1.281
16	2.454	2.337	2.162	2.007	1.823	1.587	1.405	1.239
17	2.378	2.265	2.095	1.945	1.766	1.538	1.362	1.201
18	2.308	2.199	2.034	1.888	1.715	1.493	1.322	1.166
19	2.245	2.138	1.978	1.836	1.667	1.452	1.286	1.134
20	2.186	2.082	1.926	1.788	1.624	1.414	1.252	1.104
21	2.132	2.031	1.879	1.744	1.584	1.379	1.221	1.077
22	2.082	1.983	1.834	1.703	1.546	1.346	1.192	1.051
23	2.035	1.938	1.793	1.664	1.511	1.316	1.165	1.028
24	1.991	1.896	1.754	1.629	1.479	1.287	1.140	1.005
25	1.949	1.857	1.718	1.595	1.448	1.261	1.117	0.985
26	1.911	1.820	1.684	1.563	1.419	1.236	1.094	0.965
27	1.874	1.785	1.652	1.533	1.392	1.212	1.073	0.947
28	1.840	1.752	1.621	1.505	1.367	1.190	1.054	0.929
29	1.807	1.721	1.592	1.478	1.342	1.169	1.035	0.913
30	1.776	1.692	1.565	1.453	1.319	1.149	1.017	0.897
35	1.642	1.564	1.447	1.343	1.220	1.062	0.940	0.829
40	1.534	1.461	1.352	1.255	1.140	0.992	0.879	0.775
45	1.436	1.368	1.266	1.175	1.067	0.929	0.823	0.725
50	1.362	1.298	1.201	1.115	1.012	0.881	0.780	0.688
60	1.244	1.185	1.096	1.018	0.924	0.804	0.712	0.628
70	1.151	1.097	1.015	0.942	0.855	0.745	0.660	0.582
80	1.077	1.026	0.949	0.881	0.800	0.697	0.617	0.544
90	1.015	0.967	0.895	0.831	0.754	0.657	0.582	0.513
100	0.963	0.918	0.849	0.789	0.716	0.623	0.552	0.487
150	0.787	0.749	0.693	0.644	0.584	0.509	0.451	0.397
200	0.681	0.649	0.600	0.557	0.506	0.441	0.390	0.344
300	0.556	0.530	0.490	0.455	0.413	0.360	0.319	0.281
400	0.482	0.459	0.424	0.394	0.358	0.312	0.276	0.243
500	0.431	0.410	0.380	0.352	0.320	0.279	0.247	0.218
1000	0.305	0.290	0.268	0.249	0.226	0.197	0.174	0.154

ALPHA= 0.20

K=60

BETA

N	0.005	0.01	0.025	0.05	0.1	0.2	0.3	0.4
2	8.717	8.300	7.676	7.125	6.467	5.630	4.986	4.396
3	6.493	6.187	5.727	5.320	4.834	4.213	3.734	3.295
4	5.425	5.170	4.787	4.448	4.042	3.524	3.124	2.757
5	4.760	4.536	4.200	3.903	3.547	3.093	2.742	2.420
6	4.293	4.091	3.789	3.521	3.200	2.790	2.474	2.184
7	3.942	3.757	3.479	3.233	2.939	2.562	2.272	2.005
8	3.665	3.493	3.235	3.006	2.732	2.383	2.113	1.865
9	3.440	3.278	3.036	2.821	2.564	2.236	1.983	1.750
10	3.251	3.099	2.870	2.667	2.424	2.114	1.874	1.655
11	3.091	2.946	2.728	2.535	2.305	2.010	1.782	1.573
12	2.952	2.814	2.606	2.422	2.201	1.920	1.702	1.503
13	2.831	2.698	2.499	2.322	2.111	1.841	1.632	1.441
14	2.723	2.596	2.404	2.234	2.031	1.771	1.570	1.386
15	2.627	2.504	2.319	2.155	1.959	1.708	1.515	1.337
16	2.540	2.421	2.242	2.084	1.894	1.652	1.465	1.293
17	2.462	2.346	2.173	2.019	1.836	1.601	1.419	1.253
18	2.390	2.278	2.110	1.960	1.782	1.554	1.378	1.216
19	2.324	2.215	2.052	1.907	1.733	1.511	1.340	1.183
20	2.264	2.158	1.998	1.857	1.688	1.472	1.305	1.152
21	2.207	2.104	1.949	1.811	1.646	1.435	1.273	1.124
22	2.155	2.054	1.902	1.768	1.607	1.401	1.243	1.097
23	2.107	2.008	1.860	1.728	1.571	1.370	1.215	1.072
24	2.061	1.965	1.819	1.691	1.537	1.340	1.188	1.049
25	2.019	1.924	1.782	1.656	1.505	1.312	1.164	1.027
26	1.978	1.886	1.746	1.623	1.475	1.286	1.141	1.007
27	1.941	1.850	1.713	1.592	1.447	1.262	1.119	0.988
28	1.905	1.816	1.681	1.563	1.420	1.239	1.098	0.970
29	1.871	1.783	1.652	1.535	1.395	1.217	1.079	0.952
30	1.839	1.753	1.623	1.509	1.371	1.196	1.060	0.936
35	1.686	1.607	1.489	1.383	1.257	1.097	0.972	0.858
40	1.577	1.504	1.392	1.294	1.176	1.026	0.909	0.803
45	1.487	1.418	1.313	1.220	1.109	0.967	0.857	0.757
50	1.411	1.345	1.245	1.157	1.052	0.917	0.813	0.718
60	1.288	1.228	1.137	1.057	0.960	0.837	0.743	0.656
70	1.192	1.137	1.053	0.978	0.889	0.775	0.688	0.607
80	1.115	1.063	0.985	0.915	0.832	0.725	0.643	0.568
90	1.052	1.002	0.928	0.863	0.784	0.684	0.606	0.535
100	0.998	0.951	0.881	0.818	0.744	0.649	0.575	0.508
150	0.815	0.776	0.719	0.668	0.607	0.530	0.470	0.415
200	0.705	0.672	0.623	0.579	0.526	0.459	0.407	0.359
300	0.576	0.549	0.508	0.472	0.430	0.375	0.332	0.293
400	0.499	0.475	0.440	0.409	0.372	0.324	0.288	0.254
500	0.446	0.425	0.394	0.366	0.333	0.290	0.257	0.227
1000	0.315	0.301	0.278	0.259	0.235	0.205	0.182	0.161

TABLE II
DOUBLE CLASSIFICATION EXPERIMENTS

ALPHA= 0.01

BETA

K	B	N	0.005	0.01	0.025	0.05	0.1	0.2	0.3	0.4
2	2	2	6.723	6.341	5.787	5.318	4.786	4.157	3.714	3.344
		3	3.853	3.656	3.369	3.124	2.843	2.505	2.264	2.059
		4	3.026	2.876	2.656	2.467	2.251	1.989	1.802	1.642
		5	2.588	2.461	2.275	2.115	1.931	1.708	1.548	1.412
	3	1	18.823	17.547	15.700	14.144	12.394	10.352	8.944	7.792
		2	4.295	4.068	3.738	3.457	3.136	2.752	2.480	2.249
		3	2.853	2.711	2.504	2.326	2.122	1.876	1.699	1.548
		4	2.329	2.215	2.048	1.904	1.739	1.539	1.395	1.273
		5	2.027	1.928	1.783	1.659	1.515	1.342	1.217	1.110
	4	1	8.853	8.315	7.536	6.878	6.135	5.261	4.652	4.147
		2	3.337	3.166	2.918	2.705	2.462	2.170	1.961	1.783
		3	2.363	2.247	2.077	1.931	1.763	1.560	1.413	1.289
		4	1.963	1.867	1.727	1.606	1.467	1.299	1.178	1.075
		5	1.721	1.638	1.515	1.409	1.288	1.140	1.034	0.944
	5	1	6.013	5.671	5.176	4.757	4.281	3.718	3.322	2.991
		2	2.810	2.670	2.463	2.287	2.084	1.841	1.666	1.517
		3	2.060	1.960	1.812	1.685	1.539	1.362	1.235	1.127
		4	1.729	1.644	1.521	1.415	1.292	1.145	1.038	0.947
		5	1.522	1.448	1.340	1.246	1.139	1.009	0.915	0.835
3	2	1	32.522	30.315	27.125	24.436	21.413	17.885	15.453	13.463
		2	6.306	5.978	5.502	5.097	4.635	4.084	3.693	3.362
		3	3.946	3.757	3.481	3.244	2.971	2.642	2.406	2.204
		4	3.158	3.010	2.792	2.606	2.391	2.130	1.942	1.782
		5	2.721	2.594	2.408	2.248	2.064	1.840	1.679	1.541
	3	1	9.812	9.259	8.456	7.777	7.007	6.096	5.457	4.922
		2	4.292	4.082	3.774	3.511	3.210	2.847	2.588	2.367
		3	2.977	2.837	2.633	2.457	2.254	2.008	1.831	1.680
		4	2.454	2.340	2.172	2.029	1.862	1.661	1.515	1.391
		5	2.143	2.044	1.898	1.773	1.628	1.453	1.326	1.217
	4	1	6.306	5.978	5.502	5.097	4.635	4.084	3.693	3.362
		2	3.417	3.254	3.014	2.809	2.573	2.288	2.084	1.909
		3	2.484	2.368	2.198	2.052	1.894	1.680	1.533	1.406
		4	2.075	1.979	1.838	1.717	1.576	1.406	1.283	1.178
		5	1.824	1.740	1.616	1.510	1.386	1.237	1.129	1.037
	5	1	4.913	4.669	4.312	4.008	3.660	3.241	2.942	2.688
		2	2.913	2.775	2.574	2.400	2.201	1.960	1.786	1.638
		3	2.174	2.073	1.925	1.798	1.651	1.472	1.343	1.233
		4	1.830	1.746	1.622	1.515	1.391	1.241	1.133	1.040
		5	1.615	1.540	1.431	1.337	1.228	1.096	1.000	0.918

ALPHA= 0.01

BETA

K	B	N	0.005	0.01	0.025	0.05	0.1	0.2	0.3	0.4
4	2	1	19.671	18.479	16.753	15.295	13.651	11.718	10.372	9.257
		2	6.103	5.803	5.366	4.993	4.566	4.054	3.688	3.377
		3	4.003	3.819	3.549	3.317	3.050	2.726	2.492	2.292
		4	3.240	3.093	2.878	2.692	2.478	2.218	2.030	1.869
		5	2.805	2.679	2.493	2.333	2.148	1.924	1.762	1.622
	3	1	8.235	7.811	7.194	6.670	6.072	5.359	4.852	4.425
		2	4.296	4.094	3.799	3.546	3.256	2.905	2.652	2.436
		3	3.055	2.916	2.713	2.538	2.336	2.091	1.914	1.762
		4	2.533	2.419	2.252	2.108	1.941	1.739	1.592	1.466
		5	2.219	2.119	1.973	1.847	1.701	1.524	1.396	1.286
	4	1	5.803	5.522	5.113	4.763	4.361	3.879	3.533	3.239
		2	3.467	3.307	3.074	2.873	2.641	2.361	2.158	1.985
		3	2.561	2.445	2.276	2.130	1.961	1.756	1.608	1.481
		4	2.148	2.052	1.910	1.788	1.647	1.476	1.351	1.245
		5	1.892	1.807	1.682	1.575	1.451	1.300	1.191	1.097
	5	1	4.706	4.485	4.162	3.885	3.566	3.182	2.905	2.669
		2	2.976	2.841	2.642	2.471	2.273	2.034	1.861	1.712
		3	2.247	2.146	1.998	1.870	1.722	1.543	1.413	1.301
		4	1.897	1.813	1.688	1.580	1.455	1.304	1.194	1.100
		5	1.676	1.601	1.491	1.396	1.286	1.152	1.056	0.972
5	2	1	15.688	14.807	13.529	12.447	11.222	9.775	8.759	7.910
		2	6.008	5.724	5.309	4.954	4.547	4.057	3.705	3.405
		3	4.056	3.875	3.608	3.379	3.114	2.793	2.561	2.362
		4	3.307	3.161	2.946	2.761	2.547	2.287	2.098	1.937
		5	2.872	2.746	2.560	2.400	2.215	1.989	1.826	1.685
	3	1	7.658	7.285	6.741	6.276	5.745	5.108	4.653	4.266
		2	4.316	4.120	3.832	3.585	3.300	2.955	2.707	2.494
		3	3.118	2.980	2.778	2.603	2.402	2.156	1.978	1.826
		4	2.596	2.482	2.315	2.170	2.003	1.799	1.651	1.524
		5	2.278	2.178	2.031	1.905	1.758	1.580	1.450	1.339
	4	1	5.632	5.371	4.989	4.662	4.286	3.831	3.504	3.225
		2	3.513	3.356	3.125	2.926	2.697	2.419	2.218	2.045
		3	2.622	2.507	2.337	2.191	2.022	1.816	1.667	1.538
		4	2.206	2.109	1.967	1.844	1.702	1.529	1.404	1.296
		5	1.945	1.860	1.734	1.626	1.501	1.349	1.239	1.144
	5	1	4.655	4.444	4.135	3.869	3.563	3.192	2.924	2.695
		2	3.030	2.895	2.698	2.527	2.331	2.092	1.919	1.770
		3	2.304	2.203	2.055	1.926	1.778	1.597	1.466	1.354
		4	1.950	1.865	1.739	1.631	1.506	1.353	1.242	1.147
		5	1.725	1.649	1.538	1.443	1.332	1.197	1.099	1.014

ALPHA= 0.01

BETA

K	B	N	0.005	0.01	0.025	0.05	0.1	0.2	0.3	0.4
6	2	1	13.862	13.125	12.054	11.146	10.114	8.890	8.025	7.299
		2	5.967	5.693	5.292	4.949	4.554	4.077	3.733	3.440
		3	4.108	3.928	3.663	3.436	3.172	2.852	2.620	2.421
		4	3.366	3.220	3.006	2.821	2.606	2.346	2.156	1.994
		5	2.930	2.803	2.617	2.457	2.271	2.044	1.880	1.738
	3	1	7.387	7.041	6.535	6.102	5.605	5.007	4.577	4.211
		2	4.345	4.152	3.869	3.625	3.344	3.003	2.757	2.545
		3	3.173	3.036	2.834	2.659	2.457	2.211	2.033	1.880
		4	2.650	2.536	2.368	2.223	2.055	1.850	1.701	1.573
		5	2.328	2.228	2.081	1.953	1.806	1.626	1.496	1.383
	4	1	5.569	5.319	4.952	4.636	4.273	3.833	3.515	3.243
		2	3.557	3.402	3.172	2.975	2.747	2.470	2.269	2.097
		3	2.674	2.559	2.389	2.243	2.073	1.866	1.716	1.587
		4	2.254	2.157	2.015	1.891	1.749	1.575	1.448	1.339
		5	1.990	1.904	1.778	1.670	1.544	1.390	1.279	1.183
	5	1	4.653	4.448	4.146	3.887	3.587	3.223	2.959	2.733
		2	3.078	2.944	2.747	2.577	2.381	2.142	1.969	1.820
		3	2.354	2.252	2.103	1.974	1.825	1.643	1.511	1.398
		4	1.995	1.909	1.783	1.674	1.548	1.394	1.282	1.186
		5	1.765	1.690	1.578	1.482	1.370	1.234	1.135	1.050
7	2	1	12.851	12.195	11.242	10.432	9.509	8.410	7.630	6.972
		2	5.954	5.687	5.296	4.960	4.573	4.105	3.767	3.478
		3	4.157	3.978	3.715	3.488	3.225	2.906	2.674	2.474
		4	3.419	3.273	3.059	2.873	2.659	2.397	2.207	2.044
		5	2.981	2.854	2.668	2.507	2.320	2.093	1.927	1.784
	3	1	7.247	6.917	6.433	6.019	5.543	4.968	4.553	4.199
		2	4.378	4.187	3.907	3.666	3.387	3.049	2.803	2.592
		3	3.224	3.086	2.884	2.709	2.507	2.260	2.081	1.927
		4	2.698	2.584	2.415	2.269	2.101	1.895	1.745	1.616
		5	2.373	2.272	2.124	1.996	1.848	1.667	1.535	1.422
	4	1	5.552	5.308	4.950	4.641	4.286	3.854	3.542	3.274
		2	3.600	3.445	3.217	3.020	2.793	2.516	2.316	2.143
		3	2.721	2.606	2.435	2.288	2.118	1.910	1.759	1.629
		4	2.297	2.200	2.057	1.933	1.789	1.614	1.487	1.377
		5	2.029	1.943	1.817	1.707	1.581	1.426	1.313	1.217
	5	1	4.673	4.471	4.173	3.917	3.621	3.260	2.999	2.774
		2	3.122	2.988	2.792	2.622	2.426	2.186	2.013	1.863
		3	2.397	2.295	2.146	2.016	1.866	1.684	1.551	1.436
		4	2.034	1.948	1.821	1.712	1.585	1.430	1.317	1.219
		5	1.801	1.725	1.613	1.516	1.403	1.266	1.166	1.080

ALPHA= 0.01

BETA

K	B	N	0.005	0.01	0.025	0.05	0.1	0.2	0.3	0.4
8	2	1	12.226	11.623	10.744	9.996	9.143	8.123	7.396	6.781
		2	5.958	5.696	5.311	4.980	4.599	4.137	3.803	3.516
		3	4.204	4.025	3.763	3.536	3.274	2.955	2.723	2.523
		4	3.468	3.322	3.107	2.922	2.707	2.444	2.253	2.089
		5	3.027	2.901	2.714	2.552	2.365	2.136	1.969	1.826
	3	1	7.172	6.853	6.384	5.982	5.520	4.959	4.555	4.208
		2	4.413	4.224	3.946	3.706	3.429	3.091	2.847	2.636
		3	3.270	3.132	2.929	2.755	2.552	2.304	2.124	1.969
		4	2.741	2.627	2.457	2.311	2.142	1.935	1.784	1.654
		5	2.413	2.312	2.163	2.035	1.886	1.703	1.571	1.457
	4	1	5.558	5.318	4.965	4.661	4.311	3.884	3.575	3.309
		2	3.640	3.486	3.259	3.063	2.836	2.559	2.358	2.185
		3	2.764	2.648	2.477	2.330	2.159	1.950	1.798	1.667
		4	2.336	2.239	2.095	1.970	1.826	1.649	1.521	1.410
		5	2.064	1.978	1.851	1.741	1.614	1.458	1.345	1.247
	5	1	4.702	4.502	4.207	3.953	3.659	3.300	3.040	2.816
		2	3.163	3.029	2.833	2.663	2.467	2.227	2.052	1.902
		3	2.436	2.334	2.184	2.054	1.904	1.720	1.586	1.470
		4	2.069	1.983	1.856	1.745	1.618	1.461	1.348	1.250
		5	1.833	1.757	1.644	1.546	1.433	1.295	1.194	1.107
9	2	1	11.813	11.246	10.419	9.714	8.907	7.941	7.251	6.665
		2	5.971	5.713	5.333	5.006	4.629	4.172	3.840	3.555
		3	4.249	4.071	3.809	3.582	3.320	3.000	2.768	2.567
		4	3.513	3.367	3.152	2.966	2.750	2.487	2.295	2.130
		5	3.070	2.943	2.756	2.593	2.405	2.175	2.008	1.863
	3	1	7.134	6.822	6.365	5.971	5.518	4.968	4.570	4.228
		2	4.449	4.261	3.984	3.745	3.469	3.132	2.888	2.677
		3	3.312	3.175	2.972	2.796	2.593	2.345	2.164	2.008
		4	2.781	2.666	2.496	2.350	2.179	1.971	1.819	1.688
		5	2.449	2.348	2.199	2.070	1.920	1.737	1.603	1.488
	4	1	5.575	5.338	4.990	4.689	4.341	3.918	3.611	3.347
		2	3.679	3.525	3.298	3.102	2.875	2.598	2.397	2.223
		3	2.803	2.687	2.515	2.367	2.196	1.986	1.833	1.701
		4	2.372	2.274	2.129	2.004	1.859	1.681	1.552	1.441
		5	2.097	2.010	1.882	1.772	1.644	1.487	1.373	1.274
	5	1	4.735	4.536	4.243	3.990	3.698	3.340	3.081	2.857
		2	3.201	3.068	2.871	2.701	2.504	2.264	2.089	1.938
		3	2.472	2.370	2.219	2.089	1.937	1.752	1.618	1.501
		4	2.102	2.015	1.887	1.776	1.647	1.490	1.376	1.277
		5	1.862	1.786	1.672	1.574	1.460	1.321	1.219	1.132

ALPHA= 0.01

BETA

K	B	N	0.005	0.01	0.025	0.05	0.1	0.2	0.3	0.4
10	2	1	11.527	10.986	10.196	9.522	8.750	7.823	7.159	6.593
		2	5.991	5.735	5.359	5.036	4.662	4.207	3.877	3.593
		3	4.292	4.114	3.852	3.626	3.363	3.043	2.810	2.608
		4	3.556	3.409	3.194	3.007	2.791	2.527	2.334	2.167
		5	3.110	2.983	2.795	2.632	2.443	2.212	2.043	1.898
	3	1	7.119	6.813	6.363	5.975	5.528	4.986	4.592	4.254
		2	4.485	4.297	4.021	3.783	3.507	3.171	2.926	2.715
		3	3.352	3.214	3.011	2.835	2.631	2.382	2.200	2.043
		4	2.818	2.703	2.532	2.385	2.214	2.005	1.852	1.720
		5	2.483	2.382	2.232	2.102	1.951	1.767	1.633	1.517
	4	1	5.600	5.365	5.019	4.721	4.375	3.954	3.648	3.384
		2	3.717	3.563	3.336	3.140	2.913	2.635	2.433	2.259
		3	2.839	2.723	2.551	2.402	2.230	2.019	1.865	1.733
		4	2.405	2.306	2.161	2.035	1.889	1.711	1.581	1.468
		5	2.127	2.040	1.911	1.800	1.671	1.514	1.399	1.299
	5	1	4.771	4.573	4.281	4.029	3.737	3.380	3.120	2.896
		2	3.237	3.104	2.907	2.737	2.540	2.299	2.123	1.971
		3	2.506	2.403	2.252	2.121	1.969	1.783	1.647	1.530
		4	2.131	2.044	1.916	1.804	1.675	1.517	1.402	1.302
		5	1.889	1.812	1.698	1.600	1.485	1.345	1.243	1.154
11	2	1	11.322	10.801	10.040	9.389	8.643	7.745	7.100	6.550
		2	6.015	5.761	5.388	5.066	4.695	4.242	3.913	3.631
		3	4.333	4.155	3.893	3.667	3.404	3.083	2.849	2.647
		4	3.596	3.449	3.233	3.046	2.829	2.564	2.370	2.203
		5	3.148	3.020	2.831	2.668	2.478	2.246	2.077	1.930
	3	1	7.118	6.816	6.372	5.989	5.547	5.009	4.619	4.284
		2	4.520	4.333	4.058	3.820	3.544	3.208	2.963	2.752
		3	3.390	3.252	3.048	2.872	2.667	2.417	2.235	2.077
		4	2.853	2.737	2.566	2.418	2.246	2.036	1.882	1.750
		5	2.515	2.413	2.262	2.132	1.981	1.796	1.660	1.543
	4	1	5.629	5.396	5.052	4.755	4.411	3.991	3.685	3.422
		2	3.753	3.599	3.372	3.176	2.948	2.670	2.468	2.293
		3	2.873	2.757	2.584	2.435	2.262	2.050	1.896	1.762
		4	2.435	2.336	2.191	2.064	1.918	1.738	1.608	1.494
		5	2.155	2.067	1.938	1.827	1.697	1.538	1.423	1.322
	5	1	4.807	4.610	4.319	4.067	3.775	3.418	3.159	2.934
		2	3.272	3.139	2.941	2.771	2.573	2.331	2.155	2.002
		3	2.537	2.434	2.282	2.150	1.998	1.811	1.674	1.556
		4	2.159	2.072	1.942	1.831	1.701	1.542	1.426	1.325
		5	1.914	1.837	1.722	1.623	1.508	1.367	1.264	1.175

ALPHA= 0.01

BETA

K	B	N	0.005	0.01	0.025	0.05	0.1	0.2	0.3	0.4
13	2	1	11.063	10.570	9.849	9.230	8.520	7.662	7.044	6.515
		2	6.069	5.818	5.449	5.131	4.762	4.312	3.985	3.702
		3	4.411	4.233	3.971	3.744	3.480	3.158	2.922	2.719
		4	3.670	3.523	3.306	3.118	2.899	2.632	2.436	2.267
		5	3.216	3.088	2.898	2.733	2.542	2.308	2.137	1.989
	3	1	7.142	6.845	6.409	6.033	5.597	5.066	4.680	4.347
		2	4.588	4.402	4.127	3.890	3.614	3.278	3.032	2.820
		3	3.460	3.321	3.117	2.939	2.733	2.481	2.297	2.137
		4	2.916	2.800	2.628	2.478	2.305	2.093	1.938	1.803
		5	2.573	2.470	2.318	2.187	2.034	1.847	1.710	1.592
	4	1	5.693	5.461	5.120	4.824	4.482	4.063	3.758	3.495
		2	3.820	3.666	3.439	3.242	3.014	2.735	2.531	2.354
		3	2.936	2.819	2.645	2.495	2.321	2.107	1.951	1.815
		4	2.491	2.392	2.245	2.118	1.970	1.788	1.656	1.541
		5	2.205	2.117	1.987	1.875	1.744	1.583	1.466	1.365
	5	1	4.880	4.683	4.392	4.141	3.849	3.492	3.231	3.006
		2	3.336	3.202	3.004	2.833	2.634	2.391	2.213	2.059
		3	2.594	2.490	2.337	2.205	2.051	1.862	1.724	1.605
		4	2.210	2.122	1.991	1.879	1.747	1.587	1.469	1.367
		5	1.960	1.882	1.767	1.666	1.550	1.408	1.303	1.213
15	2	1	10.920	10.446	9.751	9.154	8.467	7.635	7.034	6.519
		2	6.128	5.879	5.512	5.195	4.828	4.379	4.052	3.770
		3	4.483	4.305	4.042	3.814	3.550	3.225	2.988	2.783
		4	3.737	3.590	3.371	3.182	2.962	2.693	2.496	2.325
		5	3.279	3.149	2.958	2.792	2.600	2.364	2.191	2.041
	3	1	7.184	6.891	6.460	6.087	5.655	5.128	4.744	4.413
		2	4.654	4.468	4.193	3.955	3.679	3.342	3.095	2.882
		3	3.523	3.384	3.178	3.000	2.793	2.539	2.353	2.192
		4	2.973	2.856	2.683	2.533	2.358	2.144	1.987	1.851
		5	2.625	2.521	2.369	2.236	2.082	1.893	1.755	1.635
	4	1	5.760	5.529	5.189	4.894	4.552	4.133	3.828	3.564
		2	3.882	3.728	3.500	3.303	3.074	2.793	2.588	2.410
		3	2.993	2.875	2.700	2.549	2.373	2.158	2.000	1.863
		4	2.542	2.441	2.293	2.165	2.016	1.833	1.699	1.583
		5	2.251	2.162	2.031	1.918	1.786	1.624	1.505	1.402
	5	1	4.951	4.754	4.463	4.211	3.919	3.561	3.299	3.072
		2	3.394	3.260	3.061	2.889	2.690	2.444	2.265	2.110
		3	2.646	2.541	2.387	2.254	2.098	1.908	1.768	1.648
		4	2.255	2.166	2.035	1.922	1.789	1.627	1.508	1.405
		5	2.001	1.922	1.806	1.705	1.588	1.444	1.338	1.247

ALPHA= 0.01

BETA

K	B	N	0.005	0.01	0.025	0.05	0.1	0.2	0.3	0.4
20	2	1	10.799	10.351	9.693	9.127	8.472	7.675	7.097	6.599
		2	6.278	6.031	5.666	5.351	4.985	4.536	4.208	3.923
		3	4.644	4.465	4.200	3.970	3.702	3.373	3.132	2.923
		4	3.885	3.735	3.514	3.323	3.099	2.825	2.624	2.449
		5	3.413	3.282	3.088	2.920	2.724	2.483	2.307	2.153
	3	1	7.321	7.033	6.607	6.238	5.810	5.286	4.903	4.572
		2	4.804	4.617	4.342	4.103	3.825	3.484	3.234	3.017
		3	3.663	3.522	3.313	3.133	2.922	2.663	2.474	2.309
		4	3.097	2.978	2.803	2.650	2.472	2.254	2.093	1.954
		5	2.737	2.632	2.477	2.342	2.185	1.992	1.850	1.727
	4	1	5.924	5.694	5.354	5.059	4.716	4.295	3.987	3.720
		2	4.022	3.867	3.637	3.438	3.206	2.921	2.713	2.532
		3	3.116	2.996	2.819	2.666	2.487	2.267	2.106	1.966
		4	2.650	2.549	2.398	2.268	2.116	1.929	1.792	1.672
		5	2.349	2.259	2.126	2.010	1.875	1.710	1.588	1.483
	5	1	5.115	4.917	4.625	4.372	4.077	3.714	3.449	3.219
		2	3.524	3.388	3.187	3.013	2.810	2.561	2.379	2.220
		3	2.757	2.651	2.495	2.359	2.201	2.006	1.863	1.740
		4	2.353	2.263	2.129	2.014	1.879	1.713	1.591	1.485
		5	2.089	2.009	1.891	1.788	1.668	1.521	1.413	1.319
25	2	1	10.821	10.386	9.747	9.195	8.556	7.775	7.207	6.716
		2	6.421	6.174	5.810	5.494	5.127	4.676	4.345	4.058
		3	4.784	4.603	4.336	4.103	3.832	3.499	3.254	3.042
		4	4.011	3.859	3.636	3.441	3.215	2.936	2.731	2.553
		5	3.528	3.395	3.198	3.028	2.829	2.584	2.403	2.247
	3	1	7.468	7.181	6.757	6.389	5.961	5.436	5.051	4.718
		2	4.937	4.749	4.472	4.231	3.951	3.606	3.353	3.134
		3	3.781	3.639	3.428	3.245	3.031	2.768	2.575	2.407
		4	3.202	3.082	2.903	2.749	2.568	2.345	2.182	2.040
		5	2.832	2.725	2.568	2.431	2.271	2.074	1.930	1.804
	4	1	6.078	5.847	5.505	5.209	4.863	4.439	4.127	3.856
		2	4.143	3.986	3.755	3.553	3.319	3.030	2.818	2.634
		3	3.220	3.099	2.920	2.764	2.582	2.358	2.194	2.051
		4	2.742	2.639	2.486	2.354	2.199	2.009	1.869	1.747
		5	2.431	2.340	2.205	2.087	1.950	1.781	1.657	1.549
	5	1	5.262	5.063	4.768	4.512	4.214	3.848	3.578	3.345
		2	3.635	3.497	3.295	3.118	2.913	2.660	2.474	2.313
		3	2.851	2.744	2.585	2.447	2.286	2.088	1.943	1.816
		4	2.435	2.344	2.208	2.091	1.953	1.784	1.660	1.552
		5	2.163	2.082	1.962	1.857	1.735	1.585	1.475	1.379

ALPHA= 0.01

BETA

K	B	N	0.005	0.01	0.025	0.05	0.1	0.2	0.3	0.4
30	2	1	10.897	10.471	9.841	9.297	8.666	7.894	7.329	6.841
		2	6.555	6.308	5.943	5.626	5.256	4.802	4.469	4.179
		3	4.908	4.726	4.456	4.221	3.947	3.609	3.361	3.145
		4	4.121	3.968	3.742	3.546	3.316	3.033	2.825	2.644
		5	3.628	3.494	3.295	3.122	2.920	2.671	2.488	2.328
	3	1	7.612	7.325	6.900	6.532	6.103	5.575	5.187	4.851
		2	5.057	4.868	4.589	4.346	4.063	3.715	3.458	3.236
		3	3.885	3.742	3.528	3.343	3.126	2.860	2.663	2.492
		4	3.294	3.172	2.991	2.834	2.651	2.425	2.259	2.114
		5	2.914	2.806	2.647	2.508	2.346	2.146	1.999	1.871
	4	1	6.218	5.986	5.643	5.344	4.996	4.567	4.252	3.978
		2	4.251	4.093	3.859	3.655	3.418	3.126	2.911	2.724
		3	3.312	3.189	3.008	2.850	2.665	2.438	2.271	2.125
		4	2.822	2.717	2.563	2.428	2.271	2.078	1.935	1.811
		5	2.503	2.410	2.273	2.154	2.015	1.843	1.717	1.607
	5	1	5.394	5.193	4.896	4.638	4.337	3.966	3.693	3.456
		2	3.733	3.594	3.389	3.211	3.003	2.746	2.558	2.393
		3	2.933	2.825	2.664	2.524	2.361	2.160	2.012	1.883
		4	2.507	2.414	2.277	2.158	2.018	1.846	1.720	1.610
		5	2.228	2.145	2.023	1.917	1.793	1.641	1.528	1.430
40	2	1	11.108	10.688	10.068	9.530	8.905	8.137	7.574	7.085
		2	6.797	6.548	6.179	5.859	5.485	5.024	4.684	4.388
		3	5.123	4.938	4.663	4.424	4.144	3.798	3.543	3.321
		4	4.311	4.155	3.924	3.723	3.488	3.198	2.984	2.797
		5	3.799	3.662	3.458	3.281	3.074	2.819	2.630	2.466
	3	1	7.879	7.590	7.163	6.791	6.357	5.822	5.428	5.085
		2	5.267	5.076	4.792	4.546	4.257	3.901	3.639	3.410
		3	4.064	3.918	3.700	3.510	3.289	3.015	2.813	2.637
		4	3.450	3.326	3.141	2.981	2.793	2.560	2.389	2.240
		5	3.055	2.945	2.781	2.639	2.473	2.267	2.115	1.983
	4	1	6.469	6.234	5.885	5.582	5.228	4.791	4.469	4.188
		2	4.437	4.276	4.038	3.831	3.589	3.289	3.069	2.876
		3	3.468	3.343	3.157	2.996	2.807	2.573	2.401	2.251
		4	2.958	2.851	2.693	2.555	2.394	2.195	2.048	1.920
		5	2.625	2.530	2.390	2.268	2.125	1.948	1.818	1.704
	5	1	5.625	5.421	5.119	4.856	4.549	4.169	3.890	3.646
		2	3.901	3.760	3.551	3.369	3.156	2.893	2.699	2.530
		3	3.073	2.963	2.798	2.655	2.488	2.281	2.128	1.995
		4	2.629	2.534	2.394	2.271	2.128	1.951	1.821	1.707
		5	2.337	2.253	2.128	2.019	1.892	1.734	1.618	1.517

ALPHA= 0.01

BETA

K	B	N	0.005	0.01	0.025	0.05	0.1	0.2	0.3	0.4
50	2	1	11.336	10.918	10.301	9.765	9.140	8.370	7.804	7.311
		2	7.010	6.759	6.386	6.062	5.683	5.214	4.869	4.567
		3	5.307	5.118	4.839	4.595	4.310	3.958	3.697	3.469
		4	4.471	4.313	4.078	3.873	3.633	3.336	3.117	2.925
		5	3.943	3.803	3.596	3.416	3.204	2.943	2.749	2.580
	3	1	8.118	7.827	7.395	7.020	6.580	6.038	5.637	5.288
		2	5.448	5.254	4.966	4.716	4.422	4.060	3.792	3.558
		3	4.216	4.066	3.845	3.652	3.426	3.146	2.939	2.758
		4	3.582	3.455	3.267	3.103	2.911	2.674	2.498	2.344
		5	3.173	3.061	2.894	2.749	2.579	2.368	2.213	2.077
	4	1	6.686	6.448	6.095	5.788	5.428	4.982	4.654	4.367
		2	4.596	4.433	4.191	3.980	3.733	3.427	3.202	3.005
		3	3.599	3.472	3.283	3.118	2.925	2.686	2.510	2.356
		4	3.072	2.963	2.802	2.662	2.497	2.293	2.143	2.011
		5	2.727	2.631	2.488	2.363	2.217	2.036	1.902	1.785
	5	1	5.823	5.616	5.309	5.042	4.729	4.342	4.056	3.807
		2	4.044	3.901	3.688	3.503	3.286	3.017	2.819	2.645
		3	3.191	3.079	2.911	2.765	2.594	2.382	2.226	2.089
		4	2.731	2.635	2.491	2.366	2.220	2.039	1.905	1.788
		5	2.428	2.343	2.215	2.104	1.974	1.813	1.694	1.590
60	2	1	11.560	11.143	10.525	9.988	9.360	8.586	8.016	7.519
		2	7.200	6.947	6.570	6.242	5.858	5.383	5.031	4.724
		3	5.468	5.277	4.993	4.746	4.456	4.097	3.831	3.598
		4	4.612	4.451	4.212	4.004	3.760	3.457	3.233	3.037
		5	4.069	3.927	3.716	3.533	3.317	3.050	2.853	2.680
	3	1	8.333	8.040	7.604	7.224	6.779	6.229	5.823	5.467
		2	5.607	5.411	5.120	4.865	4.567	4.199	3.926	3.687
		3	4.348	4.196	3.971	3.775	3.544	3.259	3.048	2.863
		4	3.697	3.568	3.377	3.210	3.014	2.772	2.592	2.435
		5	3.275	3.161	2.992	2.844	2.671	2.456	2.297	2.158
	4	1	6.879	6.638	6.281	5.969	5.603	5.150	4.816	4.523
		2	4.735	4.570	4.324	4.110	3.859	3.548	3.318	3.116
		3	3.714	3.585	3.393	3.225	3.028	2.785	2.604	2.446
		4	3.171	3.061	2.897	2.754	2.586	2.378	2.224	2.089
		5	2.816	2.718	2.573	2.446	2.297	2.112	1.975	1.856
	5	1	5.998	5.788	5.477	5.206	4.887	4.493	4.202	3.947
		2	4.169	4.024	3.808	3.619	3.398	3.125	2.922	2.745
		3	3.294	3.179	3.009	2.860	2.686	2.470	2.310	2.170
		4	2.820	2.722	2.576	2.449	2.300	2.115	1.978	1.858
		5	2.508	2.421	2.291	2.178	2.045	1.881	1.759	1.653

ALPHA= 0.05

BETA

K	B	N	0.005	0.01	0.025	0.05	0.1	0.2	0.3	0.4
2	2	2	4.469	4.203	3.815	3.485	3.108	2.659	2.341	2.072
		3	3.020	2.850	2.601	2.388	2.143	1.848	1.636	1.455
		4	2.481	2.343	2.141	1.968	1.768	1.526	1.352	1.204
		5	2.166	2.046	1.870	1.719	1.545	1.335	1.183	1.054
	3	1	8.471	7.891	7.053	6.346	5.549	4.616	3.970	3.439
		2	3.200	3.017	2.750	2.521	2.259	1.944	1.718	1.527
		3	2.339	2.209	2.019	1.855	1.667	1.439	1.275	1.135
		4	1.962	1.853	1.694	1.558	1.400	1.210	1.072	0.955
		5	1.728	1.633	1.493	1.373	1.234	1.066	0.945	0.842
	4	1	5.193	4.868	4.397	3.998	3.545	3.009	2.632	2.317
		2	2.615	2.468	2.253	2.068	1.856	1.600	1.417	1.260
		3	1.977	1.868	1.707	1.569	1.411	1.218	1.080	0.962
		4	1.673	1.581	1.445	1.329	1.195	1.032	0.915	0.815
		5	1.480	1.399	1.279	1.176	1.057	0.914	0.810	0.722
	5	1	3.997	3.759	3.412	3.117	2.780	2.379	2.094	1.853
		2	2.265	2.139	1.953	1.795	1.612	1.391	1.232	1.097
		3	1.744	1.648	1.506	1.385	1.245	1.076	0.953	0.849
		4	1.483	1.402	1.282	1.178	1.060	0.916	0.812	0.723
		5	1.315	1.243	1.137	1.045	0.940	0.812	0.720	0.641
3	2	1	14.487	13.497	12.062	10.853	9.490	7.895	6.790	5.882
		2	4.651	4.393	4.016	3.693	3.324	2.879	2.561	2.289
		3	3.233	3.061	2.810	2.593	2.344	2.041	1.823	1.635
		4	2.667	2.527	2.321	2.144	1.939	1.691	1.511	1.356
		5	2.330	2.208	2.029	1.875	1.696	1.480	1.322	1.187
	3	1	6.430	6.052	5.503	5.035	4.503	3.870	3.420	3.040
		2	3.403	3.220	2.952	2.722	2.458	2.137	1.906	1.709
		3	2.514	2.382	2.188	2.021	1.828	1.594	1.424	1.279
		4	2.111	2.001	1.839	1.699	1.537	1.341	1.199	1.076
		5	1.860	1.763	1.620	1.497	1.355	1.182	1.057	0.949
	4	1	4.651	4.393	4.016	3.693	3.324	2.879	2.561	2.289
		2	2.800	2.651	2.433	2.246	2.030	1.768	1.579	1.416
		3	2.127	2.016	1.852	1.711	1.549	1.351	1.207	1.084
		4	1.801	1.707	1.569	1.450	1.312	1.145	1.023	0.919
		5	1.593	1.510	1.388	1.283	1.161	1.013	0.906	0.813
	5	1	3.828	3.621	3.317	3.057	2.758	2.397	2.136	1.914
		2	2.431	2.303	2.115	1.953	1.766	1.539	1.375	1.234
		3	1.877	1.779	1.635	1.511	1.367	1.192	1.066	0.957
		4	1.597	1.514	1.391	1.286	1.164	1.015	0.908	0.815
		5	1.416	1.342	1.234	1.140	1.032	0.900	0.805	0.723

SAMPLE SIZE REQUIREMENT

ALPHA= 0.05

BETA

K	B	N	0.005	0.01	0.025	0.05	0.1	0.2	0.3	0.4
4	2	1	11.302	10.602	9.586	8.725	7.751	6.599	5.789	5.113
		2	4.734	4.483	4.114	3.799	3.435	2.996	2.680	2.409
		3	3.355	3.184	2.931	2.714	2.463	2.157	1.935	1.743
		4	2.779	2.638	2.431	2.252	2.044	1.792	1.608	1.450
		5	2.432	2.309	2.128	1.972	1.791	1.570	1.410	1.271
	3	1	6.039	5.708	5.225	4.812	4.339	3.770	3.362	3.014
		2	3.513	3.332	3.065	2.835	2.570	2.249	2.015	1.815
		3	2.620	2.487	2.292	2.123	1.928	1.689	1.516	1.367
		4	2.204	2.093	1.929	1.787	1.623	1.424	1.278	1.153
		5	1.944	1.846	1.701	1.577	1.432	1.256	1.128	1.017
	4	1	4.584	4.342	3.989	3.685	3.336	2.913	2.607	2.345
		2	2.906	2.757	2.539	2.350	2.133	1.868	1.675	1.510
		3	2.220	2.108	1.943	1.800	1.635	1.433	1.287	1.160
		4	1.882	1.787	1.647	1.527	1.387	1.216	1.092	0.985
		5	1.666	1.582	1.458	1.351	1.228	1.077	0.967	0.872
	5	1	3.849	3.650	3.357	3.106	2.816	2.463	2.208	1.988
		2	2.530	2.401	2.212	2.049	1.860	1.629	1.462	1.318
		3	1.961	1.862	1.716	1.590	1.444	1.266	1.137	1.025
		4	1.669	1.585	1.461	1.354	1.230	1.079	0.969	0.874
		5	1.481	1.406	1.296	1.201	1.091	0.957	0.859	0.775
5	2	1	10.169	9.577	8.716	7.985	7.152	6.161	5.459	4.866
		2	4.801	4.554	4.191	3.880	3.520	3.084	2.769	2.497
		3	3.448	3.276	3.023	2.805	2.552	2.243	2.018	1.825
		4	2.864	2.723	2.514	2.333	2.124	1.868	1.682	1.521
		5	2.510	2.386	2.203	2.046	1.863	1.639	1.476	1.335
	3	1	5.921	5.610	5.155	4.765	4.316	3.773	3.381	3.045
		2	3.597	3.416	3.150	2.920	2.655	2.332	2.097	1.894
		3	2.701	2.567	2.370	2.200	2.003	1.762	1.586	1.434
		4	2.276	2.164	1.998	1.855	1.689	1.486	1.338	1.211
		5	2.008	1.909	1.763	1.637	1.491	1.312	1.182	1.069
	4	1	4.598	4.364	4.020	3.725	3.383	2.968	2.667	2.407
		2	2.986	2.837	2.618	2.429	2.210	1.943	1.748	1.580
		3	2.291	2.178	2.011	1.867	1.700	1.496	1.347	1.218
		4	1.944	1.849	1.707	1.585	1.444	1.271	1.144	1.035
		5	1.722	1.637	1.512	1.404	1.279	1.125	1.013	0.917
	5	1	3.898	3.703	3.415	3.167	2.879	2.530	2.275	2.056
		2	2.605	2.475	2.285	2.121	1.930	1.697	1.528	1.382
		3	2.025	1.925	1.778	1.650	1.503	1.323	1.191	1.077
		4	1.725	1.640	1.515	1.407	1.281	1.127	1.015	0.919
		5	1.531	1.455	1.344	1.248	1.137	1.001	0.901	0.815

ALPHA= 0.05

BETA

K	B	N	0.005	0.01	0.025	0.05	0.1	0.2	0.3	0.4
6	2	1	9.630	9.094	8.312	7.646	6.885	5.974	5.324	4.772
		2	4.863	4.618	4.259	3.950	3.593	3.159	2.843	2.571
		3	3.525	3.353	3.099	2.880	2.625	2.314	2.087	1.891
		4	2.935	2.793	2.582	2.401	2.190	1.931	1.743	1.580
		5	2.575	2.450	2.266	2.107	1.922	1.696	1.530	1.387
	3	1	5.891	5.591	5.150	4.772	4.335	3.805	3.421	3.091
		2	3.667	3.486	3.220	2.991	2.725	2.400	2.164	1.959
		3	2.767	2.633	2.435	2.263	2.064	1.821	1.643	1.489
		4	2.335	2.222	2.055	1.911	1.743	1.538	1.388	1.258
		5	2.062	1.962	1.815	1.687	1.540	1.359	1.226	1.112
	4	1	4.636	4.406	4.067	3.775	3.438	3.026	2.726	2.467
		2	3.053	2.904	2.684	2.494	2.273	2.004	1.808	1.638
		3	2.350	2.236	2.068	1.923	1.754	1.548	1.397	1.266
		4	1.996	1.900	1.757	1.634	1.491	1.315	1.187	1.076
		5	1.768	1.683	1.557	1.447	1.321	1.165	1.052	0.954
	5	1	3.954	3.760	3.474	3.227	2.941	2.591	2.337	2.116
		2	2.667	2.537	2.346	2.180	1.988	1.753	1.582	1.433
		3	2.078	1.977	1.829	1.700	1.551	1.369	1.236	1.120
		4	1.772	1.686	1.560	1.450	1.323	1.168	1.054	0.955
		5	1.572	1.496	1.384	1.287	1.175	1.037	0.936	0.848
7	2	1	9.337	8.834	8.099	7.472	6.754	5.890	5.270	4.742
		2	4.921	4.679	4.322	4.014	3.658	3.224	2.908	2.635
		3	3.592	3.420	3.165	2.945	2.689	2.376	2.147	1.948
		4	2.997	2.853	2.642	2.459	2.246	1.986	1.795	1.630
		5	2.631	2.505	2.320	2.159	1.973	1.744	1.577	1.432
	3	1	5.898	5.604	5.172	4.801	4.371	3.849	3.469	3.141
		2	3.729	3.549	3.283	3.053	2.786	2.460	2.222	2.015
		3	2.825	2.690	2.491	2.318	2.118	1.872	1.692	1.536
		4	2.386	2.273	2.105	1.959	1.790	1.583	1.431	1.299
		5	2.108	2.008	1.859	1.731	1.582	1.399	1.265	1.148
	4	1	4.683	4.455	4.119	3.829	3.493	3.082	2.783	2.523
		2	3.111	2.961	2.741	2.550	2.329	2.057	1.859	1.687
		3	2.401	2.287	2.118	1.971	1.801	1.592	1.440	1.307
		4	2.041	1.944	1.800	1.676	1.531	1.354	1.224	1.112
		5	1.808	1.722	1.595	1.485	1.357	1.200	1.085	0.985
	5	1	4.010	3.816	3.531	3.284	2.998	2.648	2.392	2.171
		2	2.721	2.590	2.398	2.232	2.038	1.802	1.628	1.478
		3	2.124	2.023	1.873	1.744	1.593	1.409	1.274	1.157
		4	1.812	1.726	1.598	1.488	1.360	1.202	1.087	0.987
		5	1.608	1.532	1.419	1.321	1.207	1.068	0.965	0.877

ALPHA= 0.05

BETA

K	B	N	0.005	0.01	0.025	0.05	0.1	0.2	0.3	0.4
8	2	1	9.166	8.685	7.982	7.380	6.689	5.855	5.255	4.741
		2	4.977	4.735	4.380	4.073	3.718	3.283	2.967	2.693
		3	3.653	3.480	3.224	3.003	2.745	2.430	2.199	1.999
		4	3.051	2.908	2.695	2.511	2.297	2.034	1.841	1.674
		5	2.680	2.554	2.368	2.206	2.018	1.788	1.619	1.472
	3	1	5.922	5.632	5.206	4.839	4.414	3.895	3.517	3.191
		2	3.786	3.605	3.339	3.108	2.841	2.513	2.273	2.065
		3	2.877	2.741	2.541	2.367	2.165	1.918	1.736	1.578
		4	2.432	2.318	2.149	2.002	1.832	1.622	1.469	1.336
		5	2.149	2.048	1.899	1.769	1.619	1.434	1.299	1.181
	4	1	4.732	4.505	4.171	3.882	3.546	3.136	2.836	2.576
		2	3.163	3.013	2.792	2.600	2.378	2.105	1.905	1.731
		3	2.447	2.332	2.161	2.014	1.842	1.632	1.478	1.343
		4	2.081	1.983	1.839	1.713	1.567	1.389	1.257	1.143
		5	1.844	1.758	1.630	1.519	1.389	1.231	1.115	1.014
	5	1	4.063	3.870	3.585	3.338	3.052	2.701	2.444	2.221
		2	2.769	2.638	2.445	2.278	2.083	1.844	1.670	1.518
		3	2.165	2.063	1.913	1.782	1.631	1.444	1.308	1.189
		4	1.848	1.761	1.633	1.521	1.392	1.233	1.117	1.015
		5	1.641	1.564	1.450	1.351	1.236	1.095	0.992	0.902
9	2	1	9.064	8.598	7.917	7.332	6.661	5.848	5.261	4.757
		2	5.030	4.789	4.434	4.128	3.773	3.338	3.020	2.745
		3	3.708	3.534	3.278	3.055	2.797	2.480	2.247	2.045
		4	3.101	2.957	2.743	2.558	2.342	2.077	1.883	1.714
		5	2.726	2.599	2.411	2.249	2.059	1.827	1.656	1.508
	3	1	5.955	5.668	5.246	4.882	4.459	3.943	3.566	3.240
		2	3.838	3.657	3.390	3.159	2.890	2.561	2.320	2.110
		3	2.924	2.788	2.586	2.411	2.208	1.959	1.775	1.616
		4	2.474	2.358	2.188	2.041	1.869	1.658	1.503	1.368
		5	2.186	2.085	1.935	1.804	1.653	1.466	1.329	1.210
	4	1	4.781	4.555	4.222	3.933	3.598	3.187	2.886	2.624
		2	3.211	3.061	2.839	2.646	2.422	2.147	1.946	1.771
		3	2.488	2.372	2.201	2.053	1.880	1.668	1.512	1.376
		4	2.117	2.019	1.873	1.747	1.600	1.420	1.287	1.172
		5	1.877	1.790	1.661	1.549	1.419	1.259	1.141	1.039
	5	1	4.115	3.922	3.636	3.389	3.102	2.750	2.491	2.267
		2	2.813	2.682	2.487	2.319	2.123	1.883	1.707	1.553
		3	2.202	2.100	1.948	1.817	1.664	1.476	1.338	1.218
		4	1.880	1.793	1.664	1.552	1.421	1.261	1.143	1.041
		5	1.670	1.592	1.477	1.378	1.262	1.120	1.015	0.924

ALPHA= 0.05

BETA

K	B	N	0.005	0.01	0.025	0.05	0.1	0.2	0.3	0.4
10	2	1	9.003	8.549	7.884	7.312	6.654	5.856	5.278	4.781
		2	5.080	4.840	4.486	4.180	3.824	3.389	3.070	2.793
		3	3.759	3.585	3.327	3.104	2.844	2.525	2.290	2.086
		4	3.147	3.002	2.787	2.601	2.384	2.117	1.921	1.750
		5	2.767	2.640	2.451	2.288	2.097	1.863	1.690	1.540
	3	1	5.993	5.708	5.288	4.926	4.505	3.990	3.613	3.287
		2	3.886	3.705	3.438	3.206	2.936	2.605	2.362	2.151
		3	2.967	2.830	2.628	2.452	2.248	1.996	1.811	1.650
		4	2.512	2.396	2.225	2.076	1.904	1.691	1.534	1.398
		5	2.221	2.118	1.967	1.836	1.683	1.495	1.357	1.237
	4	1	4.830	4.604	4.271	3.982	3.647	3.235	2.933	2.670
		2	3.255	3.104	2.881	2.688	2.463	2.187	1.984	1.807
		3	2.526	2.410	2.238	2.088	1.914	1.700	1.543	1.406
		4	2.150	2.051	1.905	1.778	1.630	1.448	1.314	1.198
		5	1.907	1.819	1.689	1.577	1.445	1.284	1.165	1.062
	5	1	4.164	3.971	3.685	3.437	3.149	2.795	2.535	2.309
		2	2.853	2.721	2.527	2.357	2.161	1.918	1.741	1.586
		3	2.236	2.133	1.981	1.849	1.695	1.506	1.366	1.245
		4	1.910	1.822	1.692	1.579	1.448	1.286	1.167	1.064
		5	1.696	1.618	1.503	1.403	1.286	1.143	1.037	0.945
11	2	1	8.970	8.525	7.871	7.310	6.662	5.875	5.303	4.811
		2	5.129	4.889	4.535	4.229	3.873	3.436	3.117	2.838
		3	3.807	3.632	3.373	3.149	2.888	2.567	2.331	2.125
		4	3.190	3.044	2.828	2.641	2.423	2.154	1.956	1.784
		5	2.806	2.678	2.488	2.324	2.132	1.896	1.722	1.570
	3	1	6.033	5.750	5.332	4.970	4.550	4.036	3.659	3.332
		2	3.932	3.750	3.482	3.250	2.979	2.646	2.402	2.190
		3	3.007	2.870	2.666	2.490	2.284	2.031	1.844	1.682
		4	2.547	2.431	2.259	2.109	1.935	1.721	1.563	1.426
		5	2.252	2.150	1.998	1.866	1.712	1.522	1.383	1.261
	4	1	4.877	4.652	4.318	4.029	3.693	3.280	2.977	2.713
		2	3.297	3.145	2.921	2.727	2.501	2.223	2.019	1.840
		3	2.561	2.444	2.271	2.121	1.946	1.730	1.572	1.434
		4	2.181	2.081	1.934	1.807	1.658	1.474	1.339	1.221
		5	1.934	1.846	1.716	1.602	1.470	1.307	1.188	1.083
	5	1	4.211	4.017	3.731	3.483	3.194	2.838	2.577	2.349
		2	2.891	2.759	2.563	2.393	2.195	1.951	1.772	1.616
		3	2.268	2.164	2.011	1.878	1.723	1.533	1.392	1.270
		4	1.937	1.849	1.718	1.605	1.473	1.310	1.190	1.085
		5	1.721	1.643	1.527	1.426	1.308	1.164	1.057	0.964

ALPHA= 0.05

BETA

K	B	N	0.005	0.01	0.025	0.05	0.1	0.2	0.3	0.4
13	2	1	8.952	8.519	7.882	7.334	6.700	5.927	5.365	4.878
		2	5.221	4.981	4.627	4.320	3.963	3.524	3.202	2.921
		3	3.894	3.718	3.457	3.231	2.968	2.643	2.404	2.195
		4	3.267	3.120	2.902	2.713	2.493	2.221	2.020	1.845
		5	2.876	2.746	2.555	2.389	2.195	1.955	1.779	1.625
	3	1	6.117	5.835	5.419	5.058	4.639	4.124	3.746	3.417
		2	4.016	3.833	3.564	3.330	3.057	2.721	2.474	2.259
		3	3.080	2.942	2.736	2.558	2.350	2.094	1.905	1.739
		4	2.611	2.494	2.320	2.169	1.993	1.776	1.615	1.476
		5	2.310	2.206	2.053	1.919	1.763	1.571	1.430	1.306
	4	1	4.968	4.742	4.408	4.118	3.781	3.365	3.059	2.792
		2	3.372	3.220	2.994	2.799	2.570	2.289	2.082	1.901
		3	2.625	2.507	2.332	2.181	2.003	1.785	1.624	1.483
		4	2.237	2.136	1.988	1.858	1.707	1.521	1.384	1.264
		5	1.984	1.895	1.763	1.649	1.515	1.350	1.228	1.122
	5	1	4.299	4.104	3.817	3.567	3.276	2.917	2.653	2.422
		2	2.960	2.826	2.629	2.457	2.257	2.011	1.829	1.670
		3	2.325	2.221	2.066	1.932	1.775	1.581	1.439	1.314
		4	1.987	1.898	1.766	1.651	1.517	1.352	1.230	1.124
		5	1.766	1.687	1.569	1.467	1.348	1.201	1.093	0.999
15	2	1	8.972	8.546	7.921	7.381	6.755	5.991	5.433	4.949
		2	5.306	5.066	4.711	4.403	4.045	3.603	3.278	2.995
		3	3.972	3.795	3.533	3.305	3.039	2.711	2.469	2.257
		4	3.337	3.188	2.969	2.778	2.555	2.280	2.077	1.899
		5	2.938	2.808	2.615	2.447	2.251	2.008	1.830	1.673
	3	1	6.200	5.919	5.503	5.143	4.723	4.207	3.827	3.495
		2	4.092	3.909	3.638	3.402	3.127	2.789	2.539	2.321
		3	3.146	3.006	2.799	2.619	2.409	2.149	1.958	1.790
		4	2.668	2.550	2.375	2.222	2.044	1.824	1.662	1.520
		5	2.361	2.257	2.102	1.967	1.809	1.615	1.471	1.345
	4	1	5.053	4.827	4.492	4.201	3.861	3.442	3.134	2.864
		2	3.440	3.287	3.060	2.862	2.632	2.348	2.138	1.955
		3	2.682	2.563	2.387	2.234	2.055	1.833	1.670	1.527
		4	2.287	2.185	2.035	1.904	1.752	1.563	1.424	1.303
		5	2.029	1.939	1.806	1.690	1.555	1.387	1.264	1.156
	5	1	4.379	4.184	3.895	3.643	3.350	2.988	2.721	2.488
		2	3.021	2.887	2.688	2.515	2.313	2.064	1.880	1.719
		3	2.377	2.271	2.115	1.979	1.821	1.625	1.480	1.354
		4	2.032	1.942	1.809	1.693	1.557	1.390	1.266	1.158
		5	1.806	1.726	1.607	1.504	1.384	1.235	1.125	1.029

ALPHA= 0.05

BETA

K	B	N	0.005	0.01	0.025	0.05	0.1	0.2	0.3	0.4
20	2	1	9.089	8.674	8.063	7.533	6.918	6.163	5.608	5.124
		2	5.496	5.255	4.897	4.586	4.223	3.775	3.444	3.154
		3	4.141	3.962	3.695	3.463	3.192	2.856	2.607	2.390
		4	3.486	3.335	3.111	2.916	2.688	2.406	2.197	2.014
		5	3.072	2.940	2.743	2.571	2.370	2.121	1.937	1.776
	3	1	6.398	6.116	5.700	5.337	4.914	4.392	4.006	3.669
		2	4.257	4.072	3.797	3.558	3.278	2.933	2.677	2.453
		3	3.286	3.144	2.933	2.750	2.535	2.268	2.071	1.899
		4	2.791	2.670	2.491	2.336	2.153	1.927	1.760	1.613
		5	2.471	2.365	2.206	2.068	1.907	1.707	1.559	1.429
	4	1	5.244	5.015	4.677	4.382	4.037	3.611	3.296	3.020
		2	3.587	3.431	3.200	2.999	2.764	2.473	2.258	2.069
		3	2.805	2.683	2.504	2.347	2.164	1.937	1.768	1.621
		4	2.393	2.290	2.136	2.003	1.846	1.653	1.509	1.383
		5	2.124	2.032	1.896	1.778	1.639	1.467	1.340	1.228
	5	1	4.557	4.359	4.066	3.810	3.512	3.142	2.868	2.629
		2	3.154	3.017	2.815	2.638	2.432	2.176	1.987	1.821
		3	2.486	2.379	2.220	2.081	1.918	1.717	1.568	1.437
		4	2.127	2.035	1.899	1.781	1.642	1.469	1.342	1.230
		5	1.891	1.810	1.688	1.583	1.459	1.306	1.193	1.094
25	2	1	9.240	8.830	8.224	7.698	7.085	6.330	5.774	5.288
		2	5.662	5.418	5.058	4.744	4.376	3.921	3.584	3.288
		3	4.284	4.102	3.832	3.596	3.320	2.977	2.723	2.500
		4	3.611	3.458	3.230	3.032	2.799	2.511	2.297	2.109
		5	3.184	3.050	2.849	2.674	2.469	2.215	2.026	1.861
	3	1	6.577	6.294	5.875	5.509	5.082	4.553	4.161	3.817
		2	4.398	4.211	3.932	3.690	3.406	3.053	2.792	2.563
		3	3.404	3.260	3.045	2.858	2.639	2.367	2.165	1.988
		4	2.893	2.771	2.589	2.430	2.244	2.013	1.841	1.691
		5	2.563	2.455	2.293	2.153	1.988	1.783	1.631	1.498
	4	1	5.410	5.179	4.836	4.538	4.188	3.755	3.433	3.151
		2	3.710	3.553	3.318	3.114	2.875	2.578	2.358	2.165
		3	2.907	2.784	2.601	2.441	2.254	2.022	1.850	1.698
		4	2.482	2.377	2.221	2.084	1.925	1.727	1.580	1.450
		5	2.204	2.110	1.972	1.851	1.709	1.533	1.403	1.288
	5	1	4.709	4.509	4.211	3.952	3.649	3.272	2.992	2.747
		2	3.265	3.127	2.921	2.741	2.531	2.270	2.076	1.906
		3	2.578	2.469	2.307	2.165	1.999	1.793	1.641	1.506
		4	2.207	2.113	1.975	1.854	1.712	1.536	1.405	1.290
		5	1.962	1.879	1.756	1.648	1.522	1.365	1.249	1.147

ALPHA= 0.05

BETA

K	B	N	0.005	0.01	0.025	0.05	0.1	0.2	0.3	0.4
30	2	1	9.396	8.988	8.384	7.859	7.245	6.488	5.928	5.438
		2	5.809	5.564	5.199	4.882	4.510	4.048	3.706	3.404
		3	4.409	4.225	3.951	3.712	3.431	3.082	2.823	2.595
		4	3.719	3.564	3.333	3.132	2.896	2.602	2.383	2.191
		5	3.282	3.145	2.942	2.764	2.555	2.296	2.103	1.934
	3	1	6.740	6.455	6.032	5.663	5.231	4.696	4.298	3.948
		2	4.522	4.332	4.051	3.805	3.516	3.158	2.892	2.658
		3	3.507	3.360	3.143	2.953	2.730	2.453	2.247	2.065
		4	2.982	2.858	2.673	2.512	2.322	2.087	1.911	1.757
		5	2.643	2.532	2.369	2.226	2.058	1.849	1.694	1.557
	4	1	5.557	5.324	4.978	4.675	4.321	3.881	3.553	3.266
		2	3.818	3.659	3.421	3.214	2.971	2.669	2.445	2.247
		3	2.996	2.871	2.685	2.523	2.333	2.096	1.920	1.765
		4	2.559	2.452	2.294	2.155	1.993	1.791	1.640	1.508
		5	2.272	2.178	2.037	1.914	1.770	1.590	1.457	1.339
	5	1	4.843	4.640	4.339	4.076	3.768	3.385	3.100	2.849
		2	3.362	3.222	3.013	2.831	2.617	2.351	2.154	1.980
		3	2.657	2.547	2.382	2.238	2.069	1.860	1.703	1.566
		4	2.276	2.181	2.040	1.917	1.772	1.593	1.459	1.341
		5	2.024	1.939	1.814	1.705	1.576	1.416	1.298	1.193
40	2	1	9.698	9.290	8.684	8.156	7.538	6.772	6.203	5.703
		2	6.064	5.815	5.444	5.120	4.739	4.266	3.913	3.602
		3	4.622	4.433	4.153	3.907	3.619	3.259	2.991	2.755
		4	3.904	3.745	3.508	3.301	3.058	2.754	2.528	2.328
		5	3.447	3.307	3.098	2.915	2.700	2.432	2.233	2.056
	3	1	7.025	6.736	6.307	5.931	5.490	4.941	4.532	4.172
		2	4.734	4.540	4.252	4.000	3.704	3.336	3.061	2.818
		3	3.681	3.531	3.308	3.113	2.883	2.597	2.384	2.195
		4	3.133	3.005	2.816	2.650	2.454	2.211	2.029	1.869
		5	2.777	2.664	2.496	2.349	2.176	1.960	1.799	1.657
	4	1	5.811	5.574	5.220	4.911	4.548	4.095	3.758	3.460
		2	4.003	3.839	3.596	3.384	3.134	2.823	2.590	2.385
		3	3.146	3.018	2.828	2.661	2.465	2.221	2.038	1.877
		4	2.689	2.580	2.417	2.274	2.107	1.898	1.742	1.605
		5	2.389	2.292	2.147	2.021	1.872	1.686	1.548	1.426
	5	1	5.073	4.866	4.558	4.288	3.972	3.577	3.283	3.023
		2	3.527	3.384	3.170	2.983	2.763	2.488	2.284	2.103
		3	2.792	2.678	2.509	2.362	2.188	1.971	1.809	1.666
		4	2.392	2.295	2.150	2.023	1.874	1.689	1.550	1.428
		5	2.128	2.041	1.913	1.800	1.667	1.502	1.379	1.270

ALPHA= 0.05

BETA

K	B	N	0.005	0.01	0.025	0.05	0.1	0.2	0.3	0.4
50	2	1	9.976	9.565	8.955	8.423	7.798	7.020	6.442	5.932
		2	6.282	6.029	5.652	5.322	4.933	4.449	4.087	3.768
		3	4.801	4.609	4.323	4.072	3.776	3.407	3.132	2.888
		4	4.059	3.896	3.655	3.443	3.194	2.882	2.649	2.443
		5	3.585	3.442	3.228	3.041	2.821	2.546	2.340	2.158
	3	1	7.272	6.979	6.542	6.160	5.710	5.150	4.731	4.361
		2	4.913	4.716	4.422	4.165	3.862	3.485	3.202	2.953
		3	3.827	3.674	3.446	3.246	3.011	2.717	2.497	2.303
		4	3.259	3.129	2.935	2.765	2.565	2.314	2.127	1.962
		5	2.890	2.774	2.602	2.452	2.274	2.053	1.887	1.740
	4	1	6.028	5.786	5.426	5.110	4.739	4.275	3.929	3.622
		2	4.158	3.991	3.743	3.526	3.270	2.951	2.712	2.501
		3	3.273	3.142	2.947	2.776	2.575	2.324	2.136	1.970
		4	2.798	2.686	2.520	2.374	2.202	1.987	1.827	1.685
		5	2.486	2.387	2.239	2.109	1.957	1.766	1.623	1.497
	5	1	5.267	5.056	4.742	4.467	4.143	3.738	3.435	3.168
		2	3.666	3.519	3.301	3.110	2.884	2.603	2.392	2.206
		3	2.905	2.789	2.616	2.464	2.286	2.063	1.896	1.749
		4	2.489	2.390	2.242	2.112	1.959	1.768	1.625	1.499
		5	2.215	2.126	1.995	1.879	1.743	1.573	1.446	1.334
60	2	1	10.230	9.816	9.201	8.663	8.030	7.242	6.654	6.134
		2	6.473	6.216	5.833	5.498	5.103	4.608	4.239	3.911
		3	4.957	4.762	4.470	4.214	3.913	3.536	3.253	3.003
		4	4.193	4.028	3.782	3.566	3.311	2.992	2.753	2.542
		5	3.705	3.559	3.342	3.151	2.926	2.644	2.433	2.246
	3	1	7.490	7.193	6.749	6.361	5.904	5.332	4.904	4.525
		2	5.069	4.869	4.570	4.309	4.000	3.614	3.325	3.069
		3	3.953	3.798	3.566	3.362	3.122	2.821	2.596	2.396
		4	3.368	3.236	3.038	2.865	2.660	2.404	2.212	2.042
		5	2.987	2.870	2.695	2.541	2.359	2.132	1.962	1.811
	4	1	6.218	5.972	5.606	5.284	4.906	4.432	4.078	3.764
		2	4.293	4.124	3.871	3.650	3.389	3.062	2.817	2.601
		3	3.382	3.249	3.051	2.876	2.671	2.414	2.221	2.051
		4	2.893	2.779	2.609	2.460	2.284	2.065	1.900	1.754
		5	2.571	2.470	2.319	2.186	2.030	1.835	1.689	1.559
	5	1	5.437	5.222	4.902	4.622	4.291	3.878	3.568	3.293
		2	3.787	3.637	3.415	3.220	2.990	2.702	2.486	2.295
		3	3.003	2.884	2.708	2.554	2.371	2.143	1.972	1.821
		4	2.574	2.473	2.322	2.189	2.033	1.837	1.691	1.561
		5	2.290	2.200	2.066	1.948	1.809	1.635	1.504	1.389

SAMPLE SIZE REQUIREMENT 215

ALPHA= 0.10

BETA

K	B	N	0.005	0.01	0.025	0.05	0.1	0.2	0.3	0.4
2	2	2	3.735	3.503	3.165	2.876	2.546	2.149	1.867	1.627
		3	2.687	2.526	2.291	2.088	1.856	1.574	1.372	1.199
		4	2.246	2.112	1.916	1.748	1.554	1.320	1.151	1.006
		5	1.975	1.858	1.686	1.539	1.368	1.162	1.014	0.887
	3	1	6.037	5.619	5.015	4.504	3.927	3.249	2.777	2.386
		2	2.794	2.625	2.378	2.166	1.923	1.629	1.419	1.239
		3	2.117	1.991	1.807	1.648	1.465	1.244	1.085	0.949
		4	1.794	1.687	1.531	1.397	1.243	1.056	0.921	0.805
		5	1.587	1.494	1.356	1.237	1.100	0.935	0.815	0.713
	4	1	4.131	3.865	3.479	3.151	2.778	2.333	2.018	1.753
		2	2.327	2.188	1.984	1.809	1.607	1.363	1.188	1.039
		3	1.803	1.696	1.539	1.405	1.249	1.061	0.925	0.809
		4	1.537	1.446	1.313	1.198	1.065	0.905	0.789	0.691
		5	1.364	1.284	1.165	1.063	0.946	0.803	0.701	0.613
	5	1	3.341	3.134	2.831	2.572	2.277	1.922	1.670	1.455
		2	2.037	1.915	1.737	1.584	1.408	1.196	1.042	0.911
		3	1.597	1.503	1.364	1.245	1.107	0.940	0.820	0.717
		4	1.366	1.286	1.167	1.065	0.947	0.805	0.702	0.614
		5	1.215	1.143	1.037	0.947	0.842	0.715	0.624	0.546
3	2	1	10.191	9.487	8.466	7.603	6.629	5.485	4.687	4.027
		2	4.032	3.797	3.452	3.157	2.818	2.407	2.111	1.857
		3	2.923	2.757	2.515	2.306	2.064	1.770	1.556	1.373
		4	2.441	2.304	2.102	1.928	1.727	1.482	1.304	1.151
		5	2.145	2.025	1.848	1.695	1.519	1.304	1.147	1.012
	3	1	5.312	4.989	4.518	4.116	3.656	3.105	2.711	2.376
		2	3.036	2.863	2.609	2.390	2.138	1.832	1.610	1.419
		3	2.301	2.172	1.982	1.818	1.628	1.397	1.229	1.085
		4	1.947	1.838	1.677	1.539	1.379	1.184	1.042	0.919
		5	1.722	1.625	1.484	1.361	1.220	1.047	0.922	0.813
	4	1	4.032	3.797	3.452	3.157	2.818	2.407	2.111	1.857
		2	2.531	2.388	2.178	1.997	1.787	1.533	1.348	1.189
		3	1.958	1.848	1.687	1.548	1.387	1.190	1.047	0.924
		4	1.667	1.574	1.437	1.318	1.181	1.014	0.892	0.788
		5	1.479	1.396	1.274	1.169	1.048	0.900	0.792	0.699
	5	1	3.392	3.197	2.912	2.667	2.385	2.042	1.793	1.580
		2	2.215	2.090	1.907	1.749	1.566	1.343	1.182	1.043
		3	1.733	1.636	1.494	1.370	1.228	1.054	0.928	0.819
		4	1.481	1.398	1.276	1.171	1.049	0.901	0.793	0.700
		5	1.316	1.242	1.134	1.041	0.933	0.801	0.705	0.622

ALPHA= 0.10

BETA

K	B	N	0.005	0.01	0.025	0.05	0.1	0.2	0.3	0.4
4	2	1	8.816	8.258	7.446	6.756	5.972	5.040	4.380	3.823
		2	4.182	3.948	3.604	3.308	2.966	2.551	2.250	1.990
		3	3.061	2.894	2.647	2.435	2.189	1.888	1.669	1.479
		4	2.560	2.421	2.216	2.039	1.834	1.583	1.400	1.241
		5	2.251	2.129	1.949	1.794	1.613	1.393	1.232	1.092
	3	1	5.212	4.913	4.475	4.100	3.668	3.146	2.768	2.444
		2	3.172	2.998	2.741	2.520	2.263	1.951	1.723	1.526
		3	2.413	2.282	2.089	1.922	1.729	1.492	1.320	1.170
		4	2.043	1.932	1.769	1.628	1.465	1.265	1.118	0.992
		5	1.807	1.709	1.565	1.440	1.296	1.119	0.990	0.878
	4	1	4.079	3.852	3.519	3.231	2.900	2.496	2.202	1.949
		2	2.651	2.506	2.293	2.109	1.896	1.635	1.445	1.281
		3	2.055	1.943	1.779	1.637	1.473	1.272	1.124	0.997
		4	1.749	1.655	1.515	1.395	1.255	1.083	0.958	0.850
		5	1.552	1.468	1.344	1.237	1.113	0.961	0.850	0.754
	5	1	3.475	3.284	3.002	2.760	2.479	2.137	1.888	1.672
		2	2.321	2.195	2.009	1.848	1.662	1.434	1.268	1.124
		3	1.819	1.721	1.575	1.450	1.304	1.126	0.996	0.883
		4	1.554	1.470	1.346	1.239	1.115	0.963	0.852	0.755
		5	1.381	1.306	1.196	1.101	0.991	0.855	0.757	0.671
5	2	1	8.326	7.826	7.097	6.476	5.767	4.916	4.307	3.789
		2	4.291	4.057	3.713	3.417	3.074	2.656	2.351	2.087
		3	3.163	2.995	2.746	2.531	2.282	1.976	1.753	1.558
		4	2.649	2.509	2.302	2.122	1.914	1.659	1.472	1.309
		5	2.331	2.207	2.025	1.868	1.685	1.460	1.296	1.153
	3	1	5.219	4.930	4.507	4.142	3.721	3.210	2.837	2.516
		2	3.272	3.096	2.838	2.615	2.356	2.039	1.807	1.606
		3	2.498	2.365	2.170	2.001	1.805	1.564	1.387	1.234
		4	2.116	2.004	1.839	1.696	1.530	1.326	1.177	1.047
		5	1.872	1.773	1.627	1.501	1.354	1.173	1.041	0.926
	4	1	4.146	3.922	3.592	3.308	2.978	2.576	2.282	2.027
		2	2.739	2.593	2.378	2.192	1.976	1.712	1.518	1.350
		3	2.128	2.015	1.849	1.705	1.538	1.333	1.183	1.052
		4	1.812	1.717	1.575	1.453	1.311	1.136	1.008	0.897
		5	1.608	1.523	1.398	1.289	1.163	1.008	0.895	0.796
	5	1	3.554	3.364	3.083	2.841	2.560	2.216	1.965	1.746
		2	2.401	2.274	2.086	1.923	1.734	1.502	1.333	1.185
		3	1.884	1.785	1.638	1.510	1.362	1.181	1.048	0.932
		4	1.610	1.525	1.400	1.291	1.165	1.010	0.896	0.797
		5	1.431	1.355	1.244	1.147	1.035	0.897	0.796	0.708

ALPHA= 0.10

BETA

K	B	N	0.005	0.01	0.025	0.05	0.1	0.2	0.3	0.4
6	2	1	8.108	7.640	6.955	6.369	5.698	4.888	4.305	3.805
		2	4.381	4.147	3.803	3.506	3.162	2.741	2.433	2.165
		3	3.247	3.077	2.827	2.610	2.358	2.048	1.821	1.623
		4	2.723	2.581	2.372	2.191	1.980	1.721	1.530	1.364
		5	2.396	2.272	2.088	1.929	1.743	1.516	1.348	1.202
	3	1	5.258	4.975	4.558	4.199	3.783	3.275	2.905	2.584
		2	3.353	3.177	2.917	2.692	2.431	2.111	1.876	1.671
		3	2.567	2.433	2.236	2.065	1.867	1.622	1.443	1.286
		4	2.176	2.063	1.896	1.752	1.583	1.376	1.224	1.092
		5	1.925	1.826	1.678	1.550	1.401	1.218	1.084	0.966
	4	1	4.214	3.992	3.663	3.380	3.050	2.647	2.351	2.094
		2	2.812	2.665	2.448	2.260	2.042	1.774	1.577	1.406
		3	2.188	2.074	1.906	1.761	1.592	1.383	1.231	1.097
		4	1.864	1.768	1.625	1.501	1.357	1.180	1.049	0.936
		5	1.654	1.568	1.442	1.332	1.204	1.047	0.931	0.830
	5	1	3.626	3.436	3.156	2.913	2.631	2.285	2.031	1.810
		2	2.467	2.338	2.149	1.984	1.793	1.558	1.386	1.235
		3	1.938	1.837	1.689	1.560	1.410	1.226	1.090	0.972
		4	1.657	1.571	1.444	1.334	1.206	1.048	0.933	0.832
		5	1.472	1.396	1.283	1.186	1.072	0.932	0.829	0.739
7	2	1	8.006	7.556	6.898	6.333	5.684	4.899	4.330	3.840
		2	4.459	4.225	3.881	3.583	3.238	2.814	2.503	2.232
		3	3.319	3.148	2.896	2.678	2.423	2.110	1.880	1.679
		4	2.786	2.643	2.432	2.249	2.036	1.774	1.581	1.412
		5	2.453	2.328	2.142	1.981	1.794	1.563	1.393	1.244
	3	1	5.308	5.029	4.615	4.259	3.845	3.339	2.968	2.646
		2	3.424	3.247	2.985	2.759	2.496	2.172	1.934	1.727
		3	2.627	2.492	2.293	2.121	1.920	1.673	1.490	1.331
		4	2.228	2.114	1.945	1.799	1.629	1.420	1.265	1.130
		5	1.972	1.871	1.722	1.593	1.442	1.257	1.120	1.001
	4	1	4.280	4.058	3.730	3.446	3.116	2.711	2.413	2.154
		2	2.874	2.726	2.508	2.319	2.098	1.827	1.628	1.454
		3	2.239	2.125	1.956	1.809	1.638	1.427	1.272	1.136
		4	1.909	1.812	1.667	1.542	1.396	1.217	1.085	0.969
		5	1.694	1.608	1.480	1.369	1.239	1.080	0.963	0.860
	5	1	3.693	3.502	3.221	2.978	2.694	2.345	2.089	1.865
		2	2.523	2.394	2.203	2.037	1.844	1.606	1.431	1.278
		3	1.984	1.883	1.733	1.603	1.451	1.265	1.127	1.007
		4	1.697	1.610	1.482	1.371	1.241	1.082	0.964	0.861
		5	1.508	1.431	1.317	1.219	1.103	0.962	0.857	0.766

ALPHA= 0.10

BETA

K	B	N	0.005	0.01	0.025	0.05	0.1	0.2	0.3	0.4
8	2	1	7.961	7.523	6.883	6.332	5.698	4.927	4.367	3.883
		2	4.529	4.295	3.950	3.652	3.305	2.878	2.565	2.292
		3	3.383	3.211	2.957	2.737	2.481	2.164	1.931	1.727
		4	2.842	2.698	2.486	2.301	2.086	1.821	1.625	1.454
		5	2.503	2.377	2.190	2.028	1.838	1.605	1.432	1.282
	3	1	5.362	5.083	4.673	4.318	3.905	3.399	3.028	2.704
		2	3.486	3.308	3.046	2.818	2.553	2.226	1.986	1.775
		3	2.679	2.544	2.344	2.170	1.967	1.717	1.532	1.371
		4	2.273	2.159	1.989	1.842	1.670	1.458	1.301	1.164
		5	2.013	1.911	1.761	1.631	1.478	1.291	1.152	1.031
	4	1	4.343	4.120	3.792	3.508	3.177	2.770	2.470	2.208
		2	2.930	2.781	2.561	2.370	2.148	1.874	1.672	1.496
		3	2.285	2.170	1.999	1.851	1.678	1.465	1.308	1.170
		4	1.949	1.850	1.705	1.579	1.432	1.250	1.116	0.998
		5	1.730	1.642	1.513	1.401	1.271	1.109	0.990	0.886
	5	1	3.754	3.563	3.281	3.036	2.751	2.400	2.141	1.915
		2	2.573	2.443	2.250	2.083	1.888	1.648	1.471	1.315
		3	2.025	1.923	1.772	1.641	1.487	1.299	1.159	1.037
		4	1.732	1.645	1.516	1.404	1.273	1.111	0.992	0.887
		5	1.540	1.462	1.347	1.248	1.131	0.988	0.882	0.789
9	2	1	7.948	7.519	6.891	6.350	5.725	4.964	4.409	3.928
		2	4.594	4.359	4.014	3.714	3.366	2.937	2.621	2.345
		3	3.440	3.268	3.013	2.791	2.532	2.213	1.977	1.771
		4	2.892	2.748	2.534	2.348	2.131	1.863	1.665	1.492
		5	2.549	2.421	2.233	2.069	1.878	1.642	1.468	1.315
	3	1	5.417	5.139	4.730	4.376	3.963	3.456	3.084	2.758
		2	3.542	3.364	3.100	2.871	2.604	2.275	2.032	1.819
		3	2.727	2.591	2.389	2.214	2.009	1.757	1.570	1.406
		4	2.315	2.199	2.028	1.880	1.706	1.492	1.334	1.195
		5	2.050	1.947	1.796	1.665	1.511	1.321	1.181	1.058
	4	1	4.402	4.179	3.851	3.566	3.233	2.824	2.522	2.257
		2	2.980	2.830	2.609	2.417	2.193	1.917	1.713	1.534
		3	2.327	2.210	2.039	1.889	1.715	1.499	1.340	1.201
		4	1.985	1.886	1.739	1.612	1.463	1.279	1.144	1.025
		5	1.762	1.674	1.544	1.431	1.299	1.136	1.015	0.910
	5	1	3.811	3.619	3.336	3.090	2.803	2.450	2.189	1.960
		2	2.618	2.487	2.293	2.125	1.928	1.686	1.506	1.349
		3	2.062	1.959	1.807	1.675	1.520	1.329	1.188	1.064
		4	1.764	1.676	1.546	1.433	1.301	1.138	1.017	0.911
		5	1.568	1.490	1.375	1.274	1.156	1.011	0.904	0.810

ALPHA= 0.10

BETA

K	B	N	0.005	0.01	0.025	0.05	0.1	0.2	0.3	0.4
10	2	1	7.954	7.532	6.912	6.378	5.760	5.005	4.454	3.975
		2	4.653	4.419	4.072	3.772	3.422	2.990	2.672	2.393
		3	3.493	3.320	3.063	2.840	2.580	2.258	2.020	1.811
		4	2.939	2.793	2.578	2.391	2.172	1.902	1.702	1.526
		5	2.590	2.462	2.273	2.108	1.915	1.677	1.501	1.346
	3	1	5.471	5.194	4.785	4.431	4.018	3.510	3.136	2.808
		2	3.594	3.415	3.150	2.920	2.651	2.319	2.074	1.859
		3	2.771	2.634	2.431	2.254	2.048	1.793	1.604	1.439
		4	2.353	2.237	2.064	1.915	1.740	1.523	1.363	1.223
		5	2.084	1.981	1.828	1.696	1.541	1.349	1.208	1.083
	4	1	4.457	4.235	3.905	3.619	3.286	2.874	2.570	2.303
		2	3.025	2.875	2.653	2.460	2.234	1.955	1.749	1.568
		3	2.364	2.248	2.075	1.924	1.748	1.531	1.370	1.228
		4	2.017	1.918	1.770	1.642	1.492	1.306	1.169	1.049
		5	1.791	1.703	1.572	1.458	1.325	1.160	1.038	0.931
	5	1	3.864	3.672	3.387	3.140	2.852	2.496	2.232	2.001
		2	2.659	2.528	2.333	2.163	1.965	1.720	1.539	1.380
		3	2.096	1.993	1.839	1.706	1.550	1.357	1.215	1.089
		4	1.794	1.705	1.574	1.460	1.327	1.162	1.040	0.932
		5	1.595	1.516	1.399	1.298	1.179	1.033	0.924	0.829
11	2	1	7.971	7.554	6.941	6.412	5.799	5.048	4.499	4.021
		2	4.709	4.474	4.127	3.825	3.474	3.040	2.719	2.438
		3	3.542	3.368	3.110	2.886	2.623	2.299	2.059	1.848
		4	2.982	2.835	2.619	2.430	2.210	1.937	1.735	1.558
		5	2.629	2.500	2.309	2.143	1.949	1.709	1.530	1.374
	3	1	5.524	5.248	4.839	4.484	4.071	3.561	3.185	2.855
		2	3.643	3.463	3.196	2.965	2.695	2.360	2.113	1.896
		3	2.811	2.673	2.469	2.291	2.084	1.826	1.636	1.468
		4	2.388	2.271	2.098	1.947	1.771	1.552	1.390	1.248
		5	2.115	2.011	1.858	1.725	1.568	1.375	1.232	1.106
	4	1	4.511	4.287	3.957	3.670	3.335	2.921	2.614	2.346
		2	3.068	2.917	2.693	2.499	2.272	1.991	1.783	1.600
		3	2.400	2.282	2.108	1.956	1.779	1.560	1.397	1.254
		4	2.048	1.948	1.799	1.670	1.519	1.331	1.193	1.071
		5	1.818	1.729	1.597	1.483	1.348	1.182	1.059	0.951
	5	1	3.913	3.721	3.435	3.187	2.897	2.539	2.273	2.040
		2	2.698	2.565	2.369	2.198	1.999	1.752	1.569	1.408
		3	2.127	2.023	1.869	1.735	1.578	1.383	1.239	1.112
		4	1.821	1.732	1.600	1.485	1.350	1.184	1.061	0.952
		5	1.619	1.540	1.422	1.320	1.201	1.053	0.943	0.847

ALPHA= 0.10

BETA

K	B	N	0.005	0.01	0.025	0.05	0.1	0.2	0.3	0.4
13	2	1	8.027	7.617	7.012	6.489	5.882	5.137	4.589	4.110
		2	4.812	4.576	4.226	3.923	3.568	3.130	2.805	2.519
		3	3.631	3.456	3.195	2.968	2.702	2.373	2.129	1.914
		4	3.059	2.912	2.693	2.502	2.278	2.001	1.796	1.614
		5	2.698	2.568	2.375	2.207	2.010	1.766	1.584	1.425
	3	1	5.626	5.350	4.940	4.585	4.169	3.656	3.276	2.942
		2	3.730	3.549	3.280	3.047	2.773	2.434	2.183	1.962
		3	2.884	2.745	2.539	2.359	2.148	1.887	1.693	1.522
		4	2.451	2.333	2.158	2.005	1.826	1.604	1.440	1.294
		5	2.172	2.067	1.912	1.777	1.618	1.422	1.276	1.147
	4	1	4.609	4.385	4.052	3.763	3.425	3.006	2.696	2.423
		2	3.145	2.993	2.767	2.570	2.340	2.055	1.844	1.657
		3	2.463	2.344	2.168	2.014	1.835	1.612	1.446	1.300
		4	2.103	2.001	1.851	1.720	1.567	1.376	1.235	1.111
		5	1.867	1.777	1.644	1.527	1.391	1.222	1.097	0.986
	5	1	4.005	3.811	3.523	3.273	2.980	2.616	2.347	2.110
		2	2.767	2.633	2.435	2.262	2.060	1.809	1.623	1.459
		3	2.184	2.079	1.923	1.787	1.627	1.430	1.283	1.154
		4	1.870	1.780	1.646	1.530	1.393	1.224	1.098	0.988
		5	1.663	1.583	1.464	1.360	1.239	1.089	0.977	0.878
15	2	1	8.097	7.691	7.091	6.572	5.968	5.224	4.676	4.196
		2	4.904	4.667	4.316	4.010	3.653	3.210	2.881	2.591
		3	3.711	3.534	3.270	3.041	2.772	2.439	2.191	1.972
		4	3.128	2.979	2.758	2.565	2.339	2.058	1.849	1.665
		5	2.760	2.628	2.433	2.263	2.064	1.816	1.632	1.469
	3	1	5.722	5.445	5.034	4.677	4.259	3.742	3.358	3.021
		2	3.809	3.626	3.355	3.120	2.843	2.500	2.246	2.021
		3	2.950	2.809	2.600	2.418	2.205	1.940	1.743	1.570
		4	2.508	2.398	2.211	2.057	1.876	1.651	1.483	1.335
		5	2.222	2.116	1.959	1.823	1.662	1.463	1.314	1.184
	4	1	4.699	4.474	4.139	3.848	3.507	3.084	2.769	2.492
		2	3.214	3.060	2.832	2.634	2.401	2.112	1.897	1.708
		3	2.519	2.399	2.221	2.066	1.884	1.658	1.490	1.341
		4	2.152	2.049	1.897	1.765	1.609	1.416	1.273	1.146
		5	1.911	1.820	1.685	1.567	1.429	1.258	1.130	1.018
	5	1	4.088	3.893	3.603	3.350	3.054	2.686	2.413	2.172
		2	2.829	2.694	2.494	2.319	2.114	1.860	1.671	1.505
		3	2.235	2.128	1.970	1.833	1.671	1.471	1.322	1.190
		4	1.914	1.823	1.687	1.570	1.431	1.260	1.132	1.019
		5	1.702	1.621	1.501	1.396	1.273	1.120	1.007	0.907

ALPHA= 0.10

BETA

K	B	N	0.005	0.01	0.025	0.05	0.1	0.2	0.3	0.4
20	2	1	8.290	7.888	7.294	6.777	6.174	5.428	4.875	4.389
		2	5.106	4.866	4.509	4.199	3.834	3.381	3.043	2.745
		3	3.881	3.700	3.432	3.197	2.922	2.579	2.323	2.096
		4	3.276	3.124	2.898	2.700	2.468	2.178	1.962	1.771
		5	2.892	2.758	2.558	2.384	2.179	1.924	1.733	1.564
	3	1	5.938	5.658	5.243	4.882	4.457	3.930	3.537	3.190
		2	3.978	3.792	3.516	3.275	2.992	2.640	2.378	2.145
		3	3.089	2.945	2.732	2.546	2.327	2.054	1.850	1.670
		4	2.628	2.506	2.325	2.166	1.980	1.748	1.575	1.422
		5	2.330	2.222	2.061	1.921	1.756	1.550	1.396	1.260
	4	1	4.896	4.668	4.328	4.031	3.683	3.250	2.926	2.640
		2	3.361	3.204	2.972	2.769	2.530	2.233	2.011	1.815
		3	2.640	2.517	2.335	2.176	1.989	1.756	1.582	1.428
		4	2.256	2.151	1.995	1.860	1.700	1.501	1.352	1.220
		5	2.004	1.911	1.773	1.652	1.510	1.333	1.201	1.084
	5	1	4.268	4.069	3.774	3.516	3.213	2.836	2.554	2.305
		2	2.961	2.823	2.618	2.440	2.230	1.968	1.773	1.600
		3	2.342	2.234	2.072	1.931	1.765	1.558	1.404	1.267
		4	2.007	1.913	1.775	1.654	1.512	1.335	1.203	1.086
		5	1.785	1.702	1.579	1.472	1.345	1.188	1.070	0.966
25	2	1	8.482	8.081	7.487	6.970	6.363	5.611	5.052	4.557
		2	5.277	5.034	4.673	4.357	3.986	3.524	3.178	2.872
		3	4.023	3.839	3.566	3.327	3.046	2.694	2.432	2.198
		4	3.399	3.244	3.014	2.812	2.575	2.278	2.056	1.859
		5	3.001	2.865	2.661	2.484	2.274	2.012	1.816	1.642
	3	1	6.126	5.844	5.424	5.057	4.627	4.090	3.688	3.332
		2	4.119	3.931	3.650	3.405	3.117	2.757	2.487	2.248
		3	3.204	3.058	2.841	2.651	2.427	2.148	1.938	1.753
		4	2.728	2.604	2.419	2.257	2.067	1.829	1.651	1.493
		5	2.419	2.309	2.145	2.002	1.833	1.622	1.464	1.324
	4	1	5.065	4.833	4.488	4.186	3.832	3.389	3.058	2.764
		2	3.484	3.325	3.088	2.881	2.638	2.333	2.106	1.904
		3	2.740	2.615	2.430	2.267	2.076	1.837	1.658	1.499
		4	2.342	2.236	2.077	1.938	1.775	1.571	1.418	1.282
		5	2.081	1.986	1.845	1.722	1.577	1.396	1.260	1.139
	5	1	4.420	4.218	3.918	3.655	3.346	2.960	2.671	2.415
		2	3.071	2.931	2.722	2.540	2.325	2.058	1.857	1.679
		3	2.432	2.321	2.156	2.012	1.842	1.630	1.472	1.331
		4	2.084	1.989	1.848	1.724	1.579	1.397	1.261	1.141
		5	1.854	1.770	1.644	1.534	1.405	1.243	1.122	1.015

ALPHA= 0.10

BETA

K	B	N	0.005	0.01	0.025	0.05	0.1	0.2	0.3	0.4
30	2	1	8.664	8.263	7.666	7.146	6.536	5.776	5.209	4.707
		2	5.427	5.191	4.815	4.495	4.118	3.648	3.295	2.981
		3	4.146	3.960	3.682	3.439	3.153	2.794	2.525	2.286
		4	3.505	3.348	3.114	2.909	2.667	2.364	2.137	1.934
		5	3.096	2.958	2.751	2.570	2.356	2.089	1.888	1.709
	3	1	6.293	6.008	5.584	5.212	4.775	4.229	3.820	3.456
		2	4.243	4.052	3.767	3.518	3.224	2.857	2.582	2.337
		3	3.305	3.157	2.936	2.742	2.514	2.229	2.014	1.824
		4	2.815	2.689	2.501	2.336	2.142	1.899	1.716	1.554
		5	2.496	2.384	2.218	2.072	1.900	1.684	1.522	1.378
	4	1	5.212	4.977	4.628	4.322	3.961	3.510	3.171	2.871
		2	3.591	3.429	3.189	2.978	2.730	2.420	2.187	1.980
		3	2.827	2.700	2.511	2.346	2.151	1.907	1.723	1.560
		4	2.417	2.309	2.147	2.006	1.839	1.631	1.474	1.335
		5	2.148	2.052	1.908	1.783	1.635	1.449	1.310	1.186
	5	1	4.553	4.348	4.043	3.776	3.462	3.068	2.773	2.510
		2	3.166	3.024	2.812	2.627	2.408	2.135	1.929	1.747
		3	2.509	2.397	2.229	2.082	1.909	1.693	1.530	1.385
		4	2.151	2.054	1.911	1.785	1.637	1.451	1.312	1.188
		5	1.914	1.828	1.700	1.588	1.456	1.291	1.167	1.057
40	2	1	8.995	8.590	7.987	7.460	6.839	6.064	5.483	4.966
		2	5.683	5.432	5.058	4.730	4.343	3.857	3.492	3.166
		3	4.355	4.164	3.879	3.629	3.333	2.962	2.683	2.434
		4	3.685	3.524	3.283	3.072	2.822	2.508	2.272	2.061
		5	3.257	3.114	2.902	2.715	2.494	2.217	2.008	1.822
	3	1	6.582	6.292	5.858	5.478	5.029	4.467	4.044	3.666
		2	4.452	4.256	3.965	3.708	3.406	3.026	2.741	2.486
		3	3.475	3.322	3.095	2.896	2.660	2.365	2.142	1.943
		4	2.961	2.832	2.638	2.468	2.268	2.016	1.826	1.656
		5	2.627	2.512	2.340	2.190	2.012	1.788	1.620	1.470
	4	1	5.465	5.225	4.866	4.552	4.180	3.714	3.364	3.051
		2	3.772	3.606	3.359	3.143	2.887	2.565	2.323	2.108
		3	2.973	2.843	2.649	2.478	2.277	2.024	1.833	1.663
		4	2.543	2.432	2.266	2.120	1.948	1.731	1.568	1.423
		5	2.261	2.162	2.014	1.885	1.731	1.539	1.394	1.265
	5	1	4.779	4.569	4.257	3.982	3.658	3.250	2.944	2.670
		2	3.327	3.182	2.964	2.773	2.547	2.264	2.051	1.860
		3	2.640	2.524	2.352	2.201	2.022	1.797	1.628	1.477
		4	2.264	2.165	2.017	1.887	1.734	1.541	1.396	1.266
		5	2.014	1.926	1.795	1.679	1.543	1.371	1.242	1.127

ALPHA= 0.10

BETA

K	B	N	0.005	0.01	0.025	0.05	0.1	0.2	0.3	0.4
50	2	1	9.287	8.877	8.267	7.732	7.101	6.310	5.716	5.185
		2	5.900	5.644	5.262	4.927	4.531	4.032	3.656	3.320
		3	4.530	4.335	4.043	3.787	3.484	3.102	2.814	2.556
		4	3.836	3.671	3.424	3.208	2.951	2.628	2.384	2.166
		5	3.391	3.245	3.028	2.836	2.609	2.324	2.108	1.915
	3	1	6.828	6.532	6.091	5.702	5.243	4.666	4.231	3.842
		2	4.628	4.428	4.130	3.868	3.558	3.167	2.873	2.609
		3	3.617	3.461	3.229	3.024	2.782	2.478	2.248	2.042
		4	3.083	2.951	2.753	2.579	2.372	2.113	1.917	1.741
		5	2.736	2.618	2.443	2.288	2.105	1.875	1.701	1.545
	4	1	5.678	5.433	5.067	4.745	4.365	3.886	3.524	3.201
		2	3.923	3.754	3.502	3.280	3.017	2.686	2.437	2.214
		3	3.096	2.963	2.764	2.589	2.382	2.121	1.924	1.748
		4	2.649	2.535	2.365	2.215	2.038	1.815	1.647	1.496
		5	2.355	2.254	2.102	1.969	1.812	1.614	1.464	1.330
	5	1	4.969	4.755	4.435	4.154	3.821	3.403	3.086	2.804
		2	3.463	3.313	3.091	2.895	2.663	2.372	2.151	1.954
		3	2.749	2.631	2.454	2.299	2.115	1.884	1.709	1.553
		4	2.358	2.256	2.105	1.972	1.814	1.616	1.466	1.332
		5	2.098	2.008	1.873	1.755	1.615	1.438	1.305	1.185
60	2	1	9.548	9.134	8.516	7.973	7.332	6.527	5.920	5.377
		2	6.089	5.829	5.440	5.099	4.694	4.184	3.798	3.453
		3	4.682	4.483	4.186	3.924	3.614	3.223	2.927	2.662
		4	3.967	3.798	3.547	3.325	3.063	2.731	2.481	2.256
		5	3.507	3.359	3.136	2.941	2.708	2.416	2.194	1.995
	3	1	7.044	6.743	6.294	5.898	5.430	4.840	4.394	3.994
		2	4.781	4.578	4.274	4.006	3.689	3.289	2.987	2.716
		3	3.740	3.581	3.344	3.135	2.887	2.575	2.339	2.127
		4	3.189	3.054	2.852	2.674	2.463	2.197	1.995	1.814
		5	2.830	2.710	2.531	2.373	2.186	1.949	1.771	1.610
	4	1	5.864	5.615	5.242	4.913	4.524	4.034	3.663	3.331
		2	4.055	3.883	3.625	3.399	3.130	2.791	2.535	2.305
		3	3.202	3.066	2.863	2.684	2.472	2.205	2.003	1.821
		4	2.740	2.624	2.451	2.298	2.116	1.887	1.714	1.559
		5	2.436	2.333	2.179	2.043	1.882	1.678	1.524	1.386
	5	1	5.135	4.917	4.591	4.304	3.963	3.534	3.210	2.919
		2	3.580	3.428	3.201	3.001	2.764	2.465	2.238	2.036
		3	2.844	2.723	2.543	2.384	2.196	1.959	1.779	1.618
		4	2.439	2.336	2.181	2.045	1.884	1.680	1.526	1.388
		5	2.171	2.079	1.942	1.820	1.677	1.496	1.358	1.235

ALPHA= 0.20

BETA

K	B	N	0.005	0.01	0.025	0.05	0.1	0.2	0.3	0.4
2	2	2	3.105	2.899	2.599	2.341	2.045	1.688	1.432	1.212
		3	2.359	2.206	1.981	1.787	1.564	1.294	1.099	0.932
		4	2.001	1.872	1.681	1.517	1.329	1.100	0.934	0.792
		5	1.773	1.658	1.489	1.344	1.177	0.975	0.828	0.702
	3	1	4.336	4.029	3.583	3.205	2.775	2.266	1.906	1.602
		2	2.413	2.255	2.024	1.825	1.597	1.321	1.121	0.950
		3	1.887	1.765	1.585	1.431	1.253	1.037	0.881	0.747
		4	1.613	1.509	1.355	1.223	1.071	0.887	0.754	0.639
		5	1.434	1.341	1.205	1.088	0.952	0.789	0.670	0.568
	4	1	3.285	3.064	2.740	2.464	2.148	1.769	1.497	1.265
		2	2.043	1.910	1.715	1.548	1.355	1.121	0.952	0.807
		3	1.618	1.513	1.360	1.227	1.075	0.890	0.756	0.641
		4	1.388	1.298	1.166	1.053	0.922	0.763	0.649	0.550
		5	1.236	1.156	1.039	0.938	0.821	0.680	0.578	0.490
	5	1	2.777	2.593	2.324	2.094	1.829	1.510	1.280	1.084
		2	1.805	1.688	1.516	1.368	1.197	0.991	0.842	0.714
		3	1.439	1.346	1.209	1.092	0.956	0.791	0.672	0.570
		4	1.237	1.157	1.040	0.938	0.822	0.680	0.578	0.490
		5	1.103	1.031	0.926	0.836	0.732	0.606	0.515	0.437
3	2	1	7.124	6.620	5.887	5.266	4.560	3.723	3.132	2.633
		2	3.442	3.226	2.909	2.636	2.321	1.936	1.656	1.413
		3	2.597	2.437	2.201	1.998	1.762	1.473	1.262	1.078
		4	2.194	2.059	1.861	1.689	1.490	1.247	1.068	0.913
		5	1.939	1.820	1.645	1.493	1.318	1.103	0.945	0.807
	3	1	4.334	4.055	3.647	3.296	2.894	2.406	2.052	1.746
		2	2.664	2.499	2.256	2.047	1.804	1.508	1.291	1.103
		3	2.068	1.941	1.754	1.593	1.405	1.176	1.007	0.861
		4	1.763	1.655	1.496	1.358	1.198	1.003	0.859	0.734
		5	1.565	1.469	1.327	1.205	1.064	0.890	0.763	0.652
	4	1	3.442	3.226	2.909	2.636	2.321	1.936	1.656	1.413
		2	2.249	2.110	1.906	1.730	1.526	1.276	1.093	0.934
		3	1.770	1.661	1.501	1.363	1.203	1.006	0.863	0.737
		4	1.515	1.422	1.285	1.167	1.030	0.862	0.739	0.631
		5	1.347	1.265	1.143	1.038	0.916	0.766	0.657	0.561
	5	1	2.956	2.773	2.503	2.270	2.001	1.671	1.431	1.222
		2	1.982	1.860	1.680	1.525	1.345	1.125	0.964	0.824
		3	1.572	1.476	1.334	1.211	1.069	0.894	0.766	0.655
		4	1.349	1.266	1.144	1.039	0.917	0.767	0.658	0.562
		5	1.201	1.127	1.019	0.925	0.816	0.683	0.586	0.500

SAMPLE SIZE REQUIREMENT

ALPHA= 0.20

BETA

K	B	N	0.005	0.01	0.025	0.05	0.1	0.2	0.3	0.4
4	2	1	6.780	6.333	5.680	5.123	4.485	3.717	3.165	2.690
		2	3.629	3.409	3.085	2.806	2.482	2.084	1.792	1.537
		3	2.741	2.577	2.336	2.127	1.884	1.586	1.365	1.172
		4	2.314	2.177	1.974	1.798	1.593	1.341	1.155	0.992
		5	2.044	1.923	1.744	1.588	1.408	1.185	1.021	0.877
	3	1	4.422	4.150	3.751	3.406	3.008	2.521	2.165	1.854
		2	2.812	2.643	2.395	2.180	1.930	1.624	1.398	1.199
		3	2.192	2.052	1.861	1.695	1.502	1.264	1.089	0.935
		4	1.858	1.748	1.585	1.444	1.280	1.078	0.928	0.797
		5	1.649	1.551	1.406	1.281	1.136	0.956	0.824	0.707
	4	1	3.566	3.351	3.034	2.760	2.442	2.052	1.765	1.514
		2	2.373	2.232	2.023	1.842	1.632	1.373	1.182	1.015
		3	1.866	1.755	1.592	1.450	1.285	1.082	0.932	0.800
		4	1.596	1.501	1.362	1.241	1.099	0.926	0.798	0.685
		5	1.419	1.335	1.211	1.103	0.977	0.823	0.709	0.609
	5	1	3.080	2.896	2.624	2.388	2.115	1.778	1.531	1.314
		2	2.091	1.966	1.783	1.624	1.439	1.211	1.043	0.895
		3	1.657	1.558	1.413	1.287	1.141	0.961	0.829	0.711
		4	1.421	1.336	1.212	1.104	0.979	0.824	0.710	0.610
		5	1.264	1.189	1.079	0.983	0.871	0.734	0.632	0.543
5	2	1	6.698	6.274	5.654	5.123	4.512	3.770	3.231	2.763
		2	3.763	3.541	3.213	2.929	2.599	2.192	1.892	1.628
		3	2.847	2.682	2.436	2.224	1.976	1.670	1.443	1.243
		4	2.404	2.265	2.058	1.879	1.670	1.412	1.221	1.052
		5	2.124	2.001	1.818	1.660	1.476	1.248	1.079	0.930
	3	1	4.514	4.245	3.848	3.505	3.107	2.618	2.258	1.942
		2	2.920	2.750	2.497	2.279	2.024	1.709	1.477	1.272
		3	2.267	2.135	1.941	1.772	1.575	1.331	1.151	0.992
		4	1.931	1.819	1.653	1.509	1.342	1.134	0.981	0.845
		5	1.712	1.613	1.466	1.339	1.190	1.006	0.870	0.750
	4	1	3.669	3.453	3.135	2.859	2.538	2.143	1.850	1.593
		2	2.466	2.322	2.110	1.926	1.711	1.446	1.250	1.077
		3	1.939	1.826	1.660	1.516	1.347	1.139	0.985	0.849
		4	1.658	1.562	1.420	1.297	1.152	0.975	0.843	0.726
		5	1.474	1.388	1.262	1.152	1.024	0.866	0.749	0.646
	5	1	3.179	2.993	2.719	2.481	2.204	1.862	1.609	1.385
		2	2.172	2.046	1.859	1.698	1.509	1.275	1.102	0.950
		3	1.721	1.621	1.474	1.346	1.196	1.011	0.874	0.754
		4	1.476	1.390	1.264	1.154	1.026	0.867	0.750	0.646
		5	1.313	1.237	1.125	1.027	0.913	0.772	0.667	0.575

ALPHA= 0.20

BETA

K	B	N	0.005	0.01	0.025	0.05	0.1	0.2	0.3	0.4
6	2	1	6.696	6.285	5.683	5.165	4.566	3.836	3.302	2.835
		2	3.870	3.646	3.315	3.027	2.693	2.279	1.973	1.702
		3	2.934	2.766	2.518	2.302	2.050	1.738	1.506	1.301
		4	2.478	2.337	2.128	1.946	1.733	1.470	1.274	1.101
		5	2.189	2.064	1.880	1.719	1.532	1.299	1.126	0.973
	3	1	4.602	4.333	3.937	3.594	3.194	2.702	2.337	2.016
		2	3.008	2.835	2.580	2.358	2.099	1.779	1.541	1.331
		3	2.337	2.203	2.006	1.835	1.634	1.386	1.201	1.038
		4	1.990	1.877	1.709	1.563	1.393	1.181	1.024	0.885
		5	1.765	1.665	1.516	1.387	1.235	1.048	0.908	0.785
	4	1	3.757	3.541	3.221	2.944	2.620	2.219	1.922	1.659
		2	2.541	2.396	2.181	1.994	1.776	1.505	1.305	1.127
		3	1.998	1.885	1.716	1.570	1.398	1.186	1.028	0.888
		4	1.709	1.612	1.468	1.343	1.196	1.015	0.880	0.760
		5	1.519	1.433	1.305	1.193	1.063	0.902	0.782	0.676
	5	1	3.262	3.076	2.799	2.559	2.278	1.931	1.673	1.445
		2	2.239	2.111	1.922	1.758	1.566	1.328	1.151	0.994
		3	1.774	1.673	1.523	1.393	1.241	1.053	0.913	0.789
		4	1.521	1.434	1.306	1.195	1.065	0.903	0.783	0.676
		5	1.353	1.276	1.163	1.063	0.947	0.804	0.697	0.602
7	2	1	6.726	6.323	5.731	5.220	4.629	3.904	3.371	2.903
		2	3.961	3.735	3.401	3.111	2.772	2.353	2.041	1.765
		3	3.008	2.839	2.588	2.369	2.114	1.797	1.560	1.351
		4	2.542	2.399	2.187	2.003	1.788	1.520	1.320	1.143
		5	2.245	2.119	1.932	1.770	1.580	1.343	1.167	1.010
	3	1	4.683	4.415	4.018	3.674	3.272	2.776	2.407	2.080
		2	3.082	2.908	2.650	2.426	2.164	1.838	1.596	1.381
		3	2.396	2.262	2.062	1.889	1.685	1.433	1.245	1.078
		4	2.041	1.926	1.757	1.609	1.436	1.221	1.061	0.918
		5	1.810	1.709	1.558	1.427	1.274	1.083	0.941	0.815
	4	1	3.837	3.619	3.297	3.018	2.691	2.285	1.984	1.716
		2	2.605	2.458	2.241	2.052	1.831	1.556	1.351	1.170
		3	2.049	1.935	1.764	1.616	1.442	1.226	1.065	0.922
		4	1.753	1.655	1.509	1.382	1.234	1.049	0.911	0.789
		5	1.558	1.471	1.341	1.228	1.096	0.932	0.810	0.701
	5	1	3.336	3.148	2.869	2.627	2.343	1.991	1.729	1.496
		2	2.296	2.167	1.976	1.809	1.614	1.372	1.192	1.032
		3	1.819	1.717	1.566	1.434	1.280	1.089	0.946	0.819
		4	1.560	1.472	1.343	1.230	1.098	0.934	0.811	0.702
		5	1.388	1.310	1.195	1.095	0.977	0.831	0.722	0.625

SAMPLE SIZE REQUIREMENT

ALPHA= 0.20

BETA

K	B	N	0.005	0.01	0.025	0.05	0.1	0.2	0.3	0.4
8	2	1	6.771	6.373	5.787	5.281	4.693	3.970	3.436	2.966
		2	4.041	3.813	3.477	3.184	2.842	2.418	2.101	1.820
		3	3.073	2.902	2.649	2.428	2.170	1.848	1.608	1.394
		4	2.597	2.453	2.240	2.054	1.835	1.564	1.361	1.180
		5	2.295	2.167	1.979	1.815	1.622	1.382	1.203	1.043
	3	1	4.759	4.490	4.092	3.747	3.343	2.842	2.469	2.138
		2	3.148	2.972	2.712	2.486	2.220	1.890	1.644	1.425
		3	2.449	2.313	2.112	1.936	1.730	1.474	1.283	1.112
		4	2.086	1.970	1.799	1.650	1.474	1.256	1.093	0.948
		5	1.850	1.748	1.596	1.463	1.308	1.115	0.970	0.841
	4	1	3.908	3.690	3.366	3.084	2.754	2.345	2.039	1.767
		2	2.662	2.514	2.294	2.103	1.879	1.601	1.392	1.207
		3	2.095	1.979	1.806	1.656	1.480	1.262	1.098	0.952
		4	1.792	1.692	1.545	1.417	1.267	1.079	0.939	0.815
		5	1.592	1.504	1.373	1.260	1.126	0.959	0.835	0.724
	5	1	3.402	3.212	2.932	2.687	2.401	2.044	1.778	1.542
		2	2.346	2.216	2.023	1.854	1.657	1.412	1.228	1.065
		3	1.860	1.757	1.604	1.471	1.315	1.120	0.975	0.845
		4	1.594	1.506	1.375	1.261	1.127	0.961	0.836	0.725
		5	1.419	1.340	1.224	1.122	1.003	0.855	0.744	0.645
9	2	1	6.823	6.428	5.846	5.342	4.756	4.034	3.499	3.026
		2	4.112	3.884	3.545	3.250	2.905	2.476	2.155	1.870
		3	3.132	2.960	2.704	2.481	2.220	1.894	1.650	1.433
		4	2.647	2.502	2.287	2.099	1.878	1.603	1.397	1.213
		5	2.339	2.211	2.021	1.855	1.660	1.417	1.235	1.072
	3	1	4.829	4.560	4.161	3.814	3.407	2.903	2.526	2.191
		2	3.207	3.030	2.768	2.539	2.271	1.937	1.687	1.465
		3	2.496	2.359	2.156	1.979	1.771	1.511	1.317	1.144
		4	2.127	2.010	1.837	1.686	1.509	1.288	1.123	0.975
		5	1.886	1.783	1.630	1.496	1.339	1.143	0.996	0.865
	4	1	3.974	3.754	3.428	3.145	2.812	2.398	2.089	1.813
		2	2.712	2.563	2.342	2.149	1.922	1.640	1.429	1.241
		3	2.135	2.018	1.845	1.693	1.515	1.293	1.127	0.979
		4	1.826	1.726	1.578	1.448	1.296	1.107	0.964	0.838
		5	1.623	1.535	1.403	1.287	1.152	0.984	0.857	0.745
	5	1	3.461	3.271	2.988	2.742	2.453	2.093	1.823	1.583
		2	2.391	2.260	2.065	1.895	1.696	1.447	1.261	1.095
		3	1.896	1.792	1.638	1.503	1.345	1.148	1.001	0.869
		4	1.625	1.536	1.404	1.289	1.154	0.985	0.858	0.745
		5	1.447	1.367	1.250	1.147	1.027	0.877	0.764	0.663

ALPHA= 0.20

BETA

K	B	N	0.005	0.01	0.025	0.05	0.1	0.2	0.3	0.4
10	2	1	6.878	6.485	5.906	5.404	4.818	4.095	3.557	3.081
		2	4.178	3.948	3.607	3.310	2.962	2.528	2.204	1.914
		3	3.185	3.012	2.754	2.530	2.266	1.936	1.689	1.468
		4	2.693	2.547	2.330	2.140	1.917	1.639	1.430	1.243
		5	2.380	2.251	2.059	1.891	1.694	1.448	1.264	1.099
	3	1	4.895	4.625	4.225	3.876	3.467	2.959	2.578	2.239
		2	3.260	3.082	2.818	2.588	2.317	1.979	1.726	1.500
		3	2.539	2.401	2.196	2.018	1.807	1.545	1.348	1.172
		4	2.164	2.046	1.872	1.719	1.540	1.317	1.149	0.999
		5	1.919	1.815	1.661	1.525	1.367	1.169	1.020	0.887
	4	1	4.034	3.813	3.486	3.201	2.865	2.448	2.134	1.855
		2	2.758	2.608	2.385	2.191	1.962	1.677	1.463	1.272
		3	2.172	2.055	1.879	1.726	1.547	1.322	1.154	1.003
		4	1.858	1.758	1.608	1.477	1.323	1.131	0.987	0.858
		5	1.652	1.562	1.429	1.313	1.176	1.006	0.878	0.763
	5	1	3.517	3.325	3.040	2.792	2.501	2.137	1.864	1.620
		2	2.432	2.300	2.104	1.932	1.731	1.479	1.291	1.122
		3	1.929	1.824	1.669	1.533	1.373	1.174	1.025	0.891
		4	1.654	1.564	1.431	1.315	1.178	1.007	0.879	0.764
		5	1.472	1.392	1.274	1.170	1.048	0.896	0.782	0.680
11	2	1	6.934	6.543	5.965	5.463	4.878	4.153	3.613	3.134
		2	4.238	4.007	3.664	3.365	3.014	2.577	2.249	1.955
		3	3.234	3.060	2.800	2.574	2.308	1.975	1.725	1.501
		4	2.736	2.588	2.369	2.178	1.953	1.672	1.460	1.271
		5	2.417	2.287	2.094	1.925	1.726	1.478	1.291	1.124
	3	1	4.958	4.687	4.285	3.934	3.523	3.011	2.627	2.284
		2	3.310	3.131	2.865	2.632	2.359	2.018	1.762	1.533
		3	2.579	2.440	2.234	2.053	1.841	1.576	1.377	1.198
		4	2.198	2.080	1.904	1.750	1.569	1.344	1.174	1.022
		5	1.950	1.845	1.689	1.553	1.393	1.192	1.041	0.907
	4	1	4.091	3.869	3.540	3.252	2.915	2.493	2.177	1.894
		2	2.801	2.650	2.425	2.229	1.998	1.710	1.494	1.300
		3	2.207	2.088	1.911	1.757	1.576	1.349	1.178	1.026
		4	1.888	1.786	1.635	1.503	1.348	1.154	1.008	0.878
		5	1.678	1.588	1.454	1.337	1.199	1.026	0.896	0.780
	5	1	3.568	3.375	3.089	2.839	2.545	2.178	1.902	1.655
		2	2.470	2.337	2.139	1.966	1.763	1.509	1.318	1.147
		3	1.959	1.854	1.697	1.560	1.399	1.198	1.046	0.911
		4	1.680	1.590	1.456	1.338	1.200	1.027	0.898	0.781
		5	1.495	1.415	1.295	1.191	1.068	0.914	0.799	0.695

ALPHA= 0.20

BETA

K	B	N	0.005	0.01	0.025	0.05	0.1	0.2	0.3	0.4
13	2	1	7.046	6.656	6.079	5.578	4.991	4.261	3.716	3.231
		2	4.347	4.114	3.767	3.465	3.109	2.664	2.329	2.029
		3	3.323	3.146	2.884	2.654	2.383	2.044	1.788	1.559
		4	2.812	2.663	2.441	2.246	2.018	1.731	1.515	1.321
		5	2.485	2.353	2.157	1.986	1.784	1.530	1.339	1.168
	3	1	5.073	4.800	4.395	4.041	3.625	3.106	2.715	2.365
		2	3.399	3.218	2.948	2.713	2.436	2.088	1.827	1.592
		3	2.651	2.510	2.301	2.118	1.902	1.632	1.428	1.245
		4	2.259	2.140	1.961	1.806	1.622	1.391	1.218	1.062
		5	2.005	1.898	1.740	1.602	1.439	1.235	1.081	0.942
	4	1	4.194	3.970	3.637	3.347	3.004	2.576	2.253	1.964
		2	2.878	2.725	2.497	2.298	2.064	1.770	1.549	1.350
		3	2.269	2.148	1.969	1.813	1.628	1.397	1.223	1.066
		4	1.941	1.838	1.685	1.551	1.393	1.195	1.046	0.912
		5	1.725	1.634	1.498	1.379	1.239	1.063	0.930	0.811
	5	1	3.661	3.466	3.177	2.923	2.625	2.251	1.970	1.717
		2	2.539	2.404	2.203	2.028	1.821	1.562	1.367	1.192
		3	2.014	1.908	1.749	1.610	1.446	1.241	1.086	0.947
		4	1.728	1.636	1.500	1.381	1.240	1.064	0.931	0.812
		5	1.538	1.456	1.335	1.229	1.104	0.947	0.829	0.723
15	2	1	7.155	6.765	6.188	5.685	5.095	4.361	3.810	3.318
		2	4.444	4.209	3.859	3.553	3.193	2.741	2.400	2.094
		3	3.402	3.223	2.957	2.725	2.450	2.105	1.845	1.611
		4	2.879	2.728	2.504	2.307	2.075	1.783	1.563	1.365
		5	2.545	2.412	2.213	2.040	1.834	1.577	1.382	1.207
	3	1	5.177	4.903	4.494	4.137	3.717	3.191	2.794	2.438
		2	3.478	3.295	3.023	2.784	2.503	2.150	1.884	1.645
		3	2.715	2.572	2.361	2.175	1.956	1.681	1.474	1.287
		4	2.314	2.193	2.013	1.855	1.668	1.434	1.257	1.097
		5	2.053	1.946	1.786	1.646	1.480	1.272	1.115	0.974
	4	1	4.287	4.061	3.725	3.431	3.084	2.649	2.321	2.026
		2	2.946	2.792	2.561	2.360	2.122	1.823	1.598	1.395
		3	2.323	2.202	2.021	1.862	1.675	1.439	1.262	1.102
		4	1.988	1.884	1.729	1.593	1.433	1.232	1.080	0.943
		5	1.767	1.675	1.537	1.417	1.274	1.095	0.960	0.838
	5	1	3.745	3.548	3.255	2.999	2.696	2.317	2.030	1.772
		2	2.599	2.463	2.260	2.082	1.873	1.609	1.410	1.232
		3	2.063	1.955	1.794	1.654	1.487	1.278	1.120	0.978
		4	1.770	1.677	1.539	1.418	1.276	1.097	0.961	0.839
		5	1.575	1.493	1.370	1.262	1.135	0.976	0.856	0.747

ALPHA= 0.20

BETA

K	B	N	0.005	0.01	0.025	0.05	0.1	0.2	0.3	0.4
20	2	1	7.405	7.014	6.433	5.925	5.328	4.579	4.015	3.507
		2	4.651	4.411	4.054	3.740	3.370	2.904	2.550	2.232
		3	3.569	3.386	3.114	2.874	2.591	2.235	1.964	1.719
		4	3.023	2.868	2.638	2.435	2.196	1.894	1.664	1.457
		5	2.673	2.536	2.332	2.154	1.942	1.675	1.472	1.289
	3	1	5.404	5.125	4.709	4.345	3.914	3.372	2.962	2.592
		2	3.647	3.459	3.180	2.935	2.646	2.281	2.004	1.755
		3	2.850	2.704	2.487	2.296	2.070	1.785	1.569	1.374
		4	2.430	2.306	2.121	1.958	1.766	1.523	1.339	1.172
		5	2.157	2.047	1.882	1.738	1.567	1.352	1.188	1.040
	4	1	4.486	4.256	3.912	3.611	3.254	2.806	2.465	2.158
		2	3.091	2.933	2.697	2.489	2.244	1.935	1.701	1.489
		3	2.440	2.315	2.129	1.966	1.773	1.529	1.344	1.177
		4	2.088	1.982	1.823	1.683	1.517	1.309	1.150	1.007
		5	1.857	1.762	1.620	1.496	1.349	1.164	1.023	0.896
	5	1	3.923	3.722	3.423	3.159	2.848	2.456	2.158	1.890
		2	2.728	2.589	2.380	2.198	1.981	1.709	1.502	1.315
		3	2.167	2.056	1.891	1.746	1.574	1.358	1.194	1.045
		4	1.859	1.764	1.622	1.498	1.351	1.165	1.024	0.897
		5	1.655	1.570	1.444	1.333	1.202	1.037	0.912	0.798
25	2	1	7.628	7.234	6.647	6.134	5.527	4.765	4.188	3.667
		2	4.824	4.580	4.216	3.895	3.516	3.038	2.674	2.345
		3	3.708	3.522	3.243	2.998	2.708	2.341	2.062	1.808
		4	3.142	2.984	2.749	2.541	2.296	1.985	1.748	1.534
		5	2.779	2.639	2.431	2.248	2.030	1.756	1.546	1.357
	3	1	5.597	5.313	4.890	4.519	4.079	3.524	3.101	2.719
		2	3.786	3.596	3.311	3.061	2.764	2.389	2.103	1.845
		3	2.962	2.813	2.591	2.396	2.164	1.871	1.648	1.446
		4	2.527	2.400	2.211	2.044	1.847	1.597	1.406	1.234
		5	2.243	2.130	1.962	1.814	1.639	1.417	1.248	1.095
	4	1	4.653	4.419	4.069	3.761	3.396	2.935	2.585	2.267
		2	3.211	3.050	2.809	2.597	2.345	2.027	1.785	1.566
		3	2.536	2.409	2.219	2.052	1.854	1.603	1.412	1.238
		4	2.171	2.063	1.900	1.757	1.587	1.372	1.209	1.060
		5	1.931	1.834	1.689	1.562	1.411	1.220	1.075	0.943
	5	1	4.073	3.868	3.562	3.293	2.974	2.571	2.264	1.986
		2	2.835	2.693	2.480	2.293	2.071	1.791	1.577	1.383
		3	2.253	2.140	1.971	1.823	1.647	1.424	1.254	1.100
		4	1.933	1.836	1.691	1.564	1.413	1.222	1.076	0.944
		5	1.721	1.635	1.506	1.392	1.258	1.088	0.958	0.840

SAMPLE SIZE REQUIREMENT

ALPHA= 0.20

BETA

K	B	N	0.005	0.01	0.025	0.05	0.1	0.2	0.3	0.4
30	2	1	7.828	7.431	6.838	6.319	5.704	4.928	4.339	3.806
		2	4.974	4.726	4.356	4.030	3.643	3.154	2.780	2.441
		3	3.828	3.638	3.355	3.105	2.808	2.433	2.146	1.885
		4	3.245	3.084	2.844	2.633	2.381	2.063	1.820	1.599
		5	2.870	2.728	2.516	2.329	2.107	1.825	1.610	1.415
	3	1	5.765	5.478	5.048	4.670	4.222	3.655	3.222	2.829
		2	3.907	3.713	3.424	3.168	2.865	2.482	2.189	1.922
		3	3.059	2.908	2.681	2.482	2.245	1.945	1.716	1.507
		4	2.610	2.481	2.288	2.118	1.916	1.660	1.464	1.287
		5	2.317	2.202	2.031	1.880	1.701	1.474	1.300	1.142
	4	1	4.799	4.561	4.205	3.891	3.519	3.047	2.687	2.361
		2	3.315	3.151	2.905	2.689	2.432	2.107	1.858	1.632
		3	2.620	2.490	2.297	2.126	1.923	1.666	1.470	1.291
		4	2.243	2.132	1.966	1.820	1.647	1.427	1.259	1.106
		5	1.995	1.896	1.749	1.619	1.464	1.269	1.119	0.983
	5	1	4.202	3.994	3.683	3.409	3.083	2.671	2.355	2.069
		2	2.927	2.783	2.566	2.375	2.148	1.861	1.642	1.442
		3	2.327	2.212	2.040	1.889	1.709	1.480	1.306	1.147
		4	1.997	1.898	1.751	1.621	1.466	1.270	1.121	0.985
		5	1.778	1.690	1.559	1.443	1.305	1.131	0.998	0.877
40	2	1	8.178	7.773	7.169	6.637	6.006	5.207	4.596	4.041
		2	5.227	4.973	4.592	4.256	3.856	3.348	2.958	2.604
		3	4.030	3.835	3.543	3.285	2.977	2.586	2.286	2.013
		4	3.418	3.253	3.005	2.786	2.526	2.194	1.940	1.708
		5	3.024	2.878	2.659	2.465	2.235	1.942	1.717	1.511
	3	1	6.052	5.758	5.316	4.927	4.464	3.876	3.425	3.014
		2	4.111	3.912	3.613	3.350	3.036	2.637	2.331	2.052
		3	3.222	3.067	2.833	2.627	2.381	2.069	1.829	1.610
		4	2.750	2.617	2.418	2.242	2.033	1.766	1.561	1.375
		5	2.441	2.324	2.147	1.991	1.805	1.568	1.386	1.221
	4	1	5.046	4.801	4.434	4.111	3.726	3.236	2.860	2.518
		2	3.490	3.321	3.068	2.844	2.578	2.240	1.980	1.743
		3	2.760	2.627	2.427	2.250	2.040	1.772	1.567	1.380
		4	2.364	2.250	2.079	1.927	1.747	1.518	1.342	1.182
		5	2.102	2.001	1.849	1.714	1.554	1.350	1.194	1.051
	5	1	4.422	4.208	3.887	3.604	3.266	2.837	2.508	2.208
		2	3.083	2.934	2.710	2.513	2.278	1.979	1.750	1.540
		3	2.453	2.334	2.156	2.000	1.813	1.575	1.393	1.226
		4	2.105	2.003	1.851	1.716	1.556	1.352	1.195	1.052
		5	1.874	1.783	1.648	1.528	1.385	1.203	1.064	0.937

ALPHA= 0.20

BETA

K	B	N	0.005	0.01	0.025	0.05	0.1	0.2	0.3	0.4
50	2	1	8.477	8.066	7.450	6.908	6.262	5.441	4.812	4.237
		2	5.439	5.179	4.789	4.444	4.033	3.509	3.106	2.738
		3	4.199	3.999	3.699	3.434	3.117	2.714	2.403	2.119
		4	3.562	3.393	3.139	2.914	2.645	2.303	2.039	1.798
		5	3.152	3.002	2.777	2.579	2.341	2.038	1.805	1.592
	3	1	6.294	5.993	5.542	5.142	4.667	4.060	3.594	3.168
		2	4.282	4.078	3.772	3.501	3.178	2.766	2.449	2.159
		3	3.358	3.199	2.959	2.747	2.494	2.171	1.923	1.695
		4	2.867	2.731	2.526	2.345	2.129	1.854	1.642	1.448
		5	2.545	2.425	2.243	2.082	1.891	1.646	1.458	1.285
	4	1	5.252	5.002	4.626	4.294	3.898	3.393	3.004	2.648
		2	3.636	3.463	3.204	2.974	2.700	2.350	2.081	1.835
		3	2.877	2.741	2.535	2.354	2.137	1.861	1.648	1.453
		4	2.465	2.348	2.172	2.016	1.831	1.594	1.412	1.245
		5	2.192	2.088	1.932	1.793	1.628	1.418	1.255	1.107
	5	1	4.605	4.386	4.057	3.766	3.419	2.976	2.635	2.323
		2	3.213	3.060	2.831	2.628	2.386	2.077	1.839	1.622
		3	2.557	2.435	2.253	2.092	1.899	1.653	1.464	1.291
		4	2.195	2.090	1.934	1.795	1.630	1.419	1.257	1.108
		5	1.954	1.861	1.722	1.599	1.451	1.264	1.119	0.987
60	2	1	8.741	8.323	7.697	7.144	6.485	5.645	4.999	4.408
		2	5.624	5.358	4.960	4.607	4.186	3.648	3.234	2.854
		3	4.345	4.141	3.834	3.563	3.238	2.823	2.503	2.210
		4	3.687	3.514	3.254	3.024	2.749	2.397	2.125	1.876
		5	3.263	3.110	2.880	2.676	2.433	2.121	1.881	1.660
	3	1	6.505	6.198	5.737	5.329	4.842	4.220	3.740	3.300
		2	4.430	4.221	3.908	3.631	3.300	2.877	2.551	2.251
		3	3.476	3.313	3.068	2.851	2.592	2.260	2.004	1.769
		4	2.968	2.829	2.620	2.435	2.213	1.930	1.711	1.510
		5	2.635	2.512	2.326	2.162	1.965	1.713	1.519	1.341
	4	1	5.432	5.177	4.793	4.453	4.047	3.528	3.128	2.761
		2	3.763	3.586	3.321	3.086	2.804	2.445	2.168	1.914
		3	2.979	2.839	2.629	2.443	2.221	1.937	1.717	1.516
		4	2.552	2.432	2.252	2.093	1.903	1.659	1.471	1.299
		5	2.270	2.163	2.003	1.862	1.692	1.476	1.309	1.155
	5	1	4.765	4.541	4.205	3.907	3.551	3.096	2.745	2.423
		2	3.325	3.169	2.935	2.727	2.479	2.161	1.916	1.691
		3	2.647	2.523	2.336	2.171	1.974	1.721	1.526	1.347
		4	2.272	2.166	2.006	1.864	1.694	1.477	1.310	1.156
		5	2.023	1.928	1.786	1.660	1.509	1.315	1.166	1.030

Selected Tables in Mathematical Statistics
Volume III, 1975

PASSAGE TIME DISTRIBUTIONS FOR GAUSSIAN MARKOV (ORNSTEIN-UHLENBECK) STATISTICAL PROCESSES

J. Keilson   University of Rochester

H. F. Ross   University of Birmingham

ABSTRACT

Methods and formulae are presented which permit the calculation of the probability distribution functions for the passage times of the Ornstein-Uhlenbeck process with two configurations of absorbing boundary -- a single boundary, and two boundaries symmetrically placed on either side of the origin. The distribution functions are tabulated for a comprehensive range of boundary conditions. Supplementary tables and formulae show the behavior of the first two moments of the passage time distributions. A small collection of graphs is included to give a qualitative impression of the behavior of these functions.

Received by the editors February 1973 and in revised form September 1974
AMS(MOS) Subject Classifications (1970): Primary 62Q05, 62M05; Secondary 60J25, 60J60, 60G99.
Research supported by ONR Research Grant N00014-68-A-0091.

0. INTRODUCTION AND APPLICATIONS

The Ornstein-Uhlenbeck (O.U.) process has many applications to statistics, operations research, engineering and physics. Its importance resides in its structural simplicity. A process known to be Gaussian, stationary, and Markov must be a stationary O.U. process.

In statistics, an important process related to the O.U. process is the following. Let X_i be a sequence of independent identically distributed random variables with $E[X_i] = 0$, $E[X_i^2] = \sigma^2$ and let

$$S_n = \sum_{i=1}^{n} X_i .$$

An observer with a sample sequence $x_i(w)$ stops when $|S_n(w)| \geq k\sigma\sqrt{n}$, for some chosen value of k. When the X_i are normal, the process S_n/σ may be thought of as a Wiener process sampled at discrete epochs. For more general variates, the process behaves as the discrete analogue of the Wiener process when the Central Limit Theorem applies, and the stopping time is the analogue of the passage time to a moving parabolic boundary discussed in Section 4. The statistics of such stopping times is of strong interest to sequential analysis. A discussion of this problem and numerical information for a variety of cases is presented in Armitage, McPherson and Rowe (1969).

H. E. Daniels (1969) has employed the O.U. process to study the statistics of the minimum of stationary Gaussian processes superimposed on "U-shaped trends", as a model, for example, of winter temperatures.

The O.U. process plays an important role in the studies of "goodness of fit" of a set of observations to a distribution function and the related statistics of Kolmogorov, Smirnov, Cramer and von Mises. See, for example, Anderson and Darling (1952).

McNeil and Schach (1973) have shown that several birth-death type models can be approximated by Ornstein-Uhlenbeck processes as certain parameters become large.

In electrical engineering a typical setting for the O.U. process is a model of the response of a simple exponential smoothing device to wide band noise.

A similar model arises in neurophysiology. In the study of neuron firing one is interested in the excursions of the transmembrane potential subject to random additive inputs and exponential decay. The variable most readily observed is the random time between firings. In the simple diffusion approximation to the neuron model that time is the first passage time of an O.U. process. See, for example, Johannesma (1968) and Fienberg (1970).

1. BASIC THEORY, NOTATION AND METHOD OF COMPUTATION

The Ornstein-Uhlenbeck (O.U.) process $X(t)$ is a Markov diffusion process on the real continuum $-\infty < x < \infty$. Its probability density function $f(x,t)$ is governed by the forward diffusion equation

$$(1.1) \quad \frac{\partial}{\partial t} f(x,t) = \frac{\partial^2}{\partial x^2} f(x,t) + \frac{\partial}{\partial x} (xf(x,t)) .$$

A simple discussion of the theory of Markov diffusion processes may be found in Cox and Miller (1965), and Feller (1966), among many others. A basic function describing such processes is the conditional transition density or Green density for the process given by

$$(1.2) \quad g(x_0, x, \tau) = \frac{d}{dx} p\{X(t+\tau) \leq x | X(t) = x_0\} ; \quad \tau > 0 .$$

For the O.U. process, the Green density is

$$(1.3) \quad g(x_0, x, \tau) = \frac{(1 - e^{-2\tau})^{-1/2}}{\sqrt{2\pi}} \exp\{-(x - x_0 e^{-\tau})^2 / 2(1 - e^{-2\tau})\} .$$

Its stationary or ergodic density is

$$(1.4) \quad f_\infty(x) = \frac{e^{-x^2/2}}{\sqrt{2\pi}} .$$

A useful alternative form may be obtained via the classic decomposition (see Magnus, Oberhettinger and Soni (1966), pp. 249-253).

$$(1-z^2)^{-1/2} \exp\{-(x-yz)^2/2(1-z^2)\}$$

$$= e^{-x^2/2} \sum_{0}^{\infty} He_n(x) He_n(y) \frac{z^n}{n!} \qquad |z| < 1$$

where the $He_n(x)$ are the Hermite polynomials associated with weight function $\exp(-x^2/2)$. In particular, from (1.3),

$$(1.5) \qquad g(x_0, x, \tau) = \frac{e^{-x^2/2}}{\sqrt{2\pi}} \sum_{n=0}^{\infty} He_n(x_0) He_n(x) \frac{e^{-n\tau}}{n!}.$$

We devote ourselves to two passage time problems associated with the O.U. process; that for a single absorbing boundary, and that for two absorbing boundaries symmetric about zero.

<u>Single absorbing boundary</u>. One is interested in the random variable $\tau_{x_0, L}$ for the time until a process initially at $x_0 < L$ first reaches the state L. The p.d.f. and c.d.f. for $\tau_{x_0, L}$ will be designated by $s(x_0, L, \tau)$ and $S(x_0, L, \tau)$, and its first and second moments by $\mu_1(x_0, L)$ and $\mu_2(x_0, L)$ respectively.

<u>Two absorbing boundaries at $\pm L$</u>. Here we have for the initial state $-L < x_0 < L$, and we are interested in the random elapsed time $\tau^*_{x_0, L}$ until the process first leaves the interval $(-L, L)$. The p.d.f., the c.d.f., and first and second moments for $\tau^*_{x_0, L}$ will be designated respectively by $s^*(x_0, L, \tau)$, $S^*(x_0, L, \tau)$, $\mu^*_1(x_0, L)$, and $\mu^*_2(x_0, L)$.

The basic method for computing the passage time densities follows that described in Keilson (1964). For the single boundary case, the Laplace transform $\sigma(x_0, L, s)$ of the passage time density $s(x_0, L, \tau)$ is given in terms of the Laplace transform $\gamma(x_0, x, s)$ of the Green density $g(x_0, x, \tau)$ by

$$(1.6) \qquad \sigma(x_0, L, s) = \frac{\gamma(x_0, L, s)}{\gamma(L, L, s)}.$$

It has been shown (ibid.) that $\gamma(x_0, x, s)$ and its reciprocal have a simple meromorphic structure permitting one to calculate the passage time densities from the behavior of $\gamma(x_0, L, s)$ and $\gamma(L, L, s)$ for real non-positive values of s only, by the method of residues. Alternately, (cf. (5.11) et seq. ibid.), one may obtain the zeros and residues from the form of Darling and Siegert (1953),

$$(1.7) \quad \sigma(x_0, L, s) = \frac{D_{-s}(-x_0)}{D_{-s}(-L)} e^{(x_0^2 - L^2)/4}$$

where $D_s(x)$ is the parabolic cylinder (Weber) function of order s (cf. Magnus, Oberhettinger and Soni (1966), p. 323, et seq.). The Weber functions are expressed in terms of the confluent hypergeometric functions on p. 324 of that reference. Key formulae for the computation are given in the Appendix. One thereby finds values $\beta_j(x_0, L)$ and $\lambda_j(x_0, L)$ for the representation

$$(1.8) \quad s(x_0, L, \tau) = \sum_{j=1}^{\infty} \beta_j(x_0, L) \exp(-\lambda_j(x_0, L) \tau) .$$

For the single boundary case a simple explicit analytical expression in real time for $s(x_0, 0, \tau)$ is available from the classical method of images. One has

$$s(x_0, 0, \tau) = \frac{2 x_0 e^{-\tau}}{1 - e^{-2\tau}} \frac{\exp\left[\frac{-x_0^2 e^{-2\tau}}{2(1 - e^{-2\tau})}\right]}{\sqrt{2\pi(1 - e^{-2\tau})}} .$$

The passage-time density $s^*(x_0, L, \tau)$ for the second problem with two absorbing boundaries symmetric about $x = 0$ may be expressed directly in terms of those for the single absorbing boundary. If one takes advantage of the symmetry of the process about $x = 0$, and employs a simple renewal argument, one obtains

$$(1.9) \quad \sigma^*(x_0, L, s) = \frac{\gamma(-x_0, L, s) + \gamma(x_0, L, s)}{\gamma(-L, L, s) + \gamma(L, L, s)} .$$

It then follows from (1.6) that

$$(1.10) \quad \sigma^*(x_0, L, s) = \frac{\sigma(x_0, L, s) + \sigma(-x_0, L, s)}{1 + \sigma(-L, L, s)}$$

and hence that

$$(1.11) \quad s^*(x_0,L,\tau) = \{s(x_0,L,\tau) + s(-x_0,L,\tau)\} * \{\sum_0^\infty (-1)^k s^{(k)}(-L,L,\tau)\}$$

The second expression in curly brackets is well behaved (cf. Th'm. V. 6.4, p. 124 of Keilson (1965b)). When (1.7) is substituted into (1.10), one finds that

$$(1.12) \quad \sigma^*(x_0,L,s) = \frac{D_{-s}(x_0) + D_{-s}(-x_0)}{D_{-s}(L) + D_{-s}(-L)} \exp\left\{\frac{x_0^2 - L^2}{4}\right\}$$

in agreement with known results (Darling and Siegert, 1953). The structural relationship between $s^*(x_0,L,\tau)$ and $s(x_0,L,\tau)$ exhibited in (1.10) and (1.11) will be employed subsequently. As for (1.8) we have

$$(1.13) \quad s^*(x_0,L,\tau) = \sum_1^\infty \beta_j^*(x_0,L) \exp\{-\lambda_j^*(x_0,L)\tau\}$$

and β_j^* and λ_j^* are obtained from (1.12) by a procedure similar to that for $s(x_0,L,\tau)$ above. Details are given in Appendix b.

<u>Asymptotic behavior for x_0 fixed, L large.</u> The underlying O.U. process is ergodic, and every state is positive recurrent. Moreover, for any x_0 fixed, $E[\tau_{x_0,L}] \to \infty$ and $E[\tau^*_{x_0,L}] \to \infty$ as $L \to \infty$. It follows that

$$(1.14) \quad \frac{\tau_{x_0,L}}{E[\tau_{x_0,L}]} \xrightarrow{d} E \;; \quad \frac{\tau^*_{x_0,L}}{E[\tau^*_{x_0,L}]} \xrightarrow{d} E$$

where the notation denotes convergence in distribution to the negative exponential distribution with unit mean. A simple proof of this statement may be found in Keilson (1966) and elsewhere. This convergence may be clearly seen in Figures 4-12.

It has been shown in Keilson (1971) that the passage time density for a Markov diffusion process from a reflecting boundary to any level is log-concave. This implies that $\log s^*(0,L,\tau)$ is a concave function of τ, as is evident in Figure 4. It is somewhat curious that all passage time densities found have been unimodal. No explanation is available.

2. MEANS AND VARIANCES

In deriving expressions for means and variances of the passage time densities we start from the differential equations for the first two moments of their distributions. The required differential equations for a more general type of diffusion process are given in Keilson (1965a) (equations (3.6),(3.7)). In the form for the O.U. process they are

(2.1) $$\frac{d^2}{dx_0^2} \mu_1(x_0,L) - x_0 \frac{d}{dx_0} \mu_1(x_0,L) = -1$$

and

(2.2) $$\frac{d^2}{dx_0^2} \mu_2(x_0,L) - x_0 \frac{d}{dx_0} \mu_2(x_0,L) = -2\mu_1(x_0,L) \ .$$

One boundary condition for these is (ibid.)

(2.3) $$\mu_1(L,L) = \mu_2(L,L) = 0 \ .$$

Equations (2.1), (2.2) and (2.3) also govern $\mu_1^*(x_0,L)$ and $\mu_2^*(x_0,L)$. The other boundary conditions needed are (ibid.)

(2.4) $$\mu_1^{*'}(0,L) = \mu_2^{*'}(0,L) = 0$$

and

(2.5) $$\mu_1'(-\infty,L) = \mu_2'(-\infty,L) = 0$$

where the differentiation is with respect to x_0. For (2.4), the symmetric problem has been replaced by the equivalent problem on $[0,L)$, with the state $x = 0$ reflecting and the boundary condition for reflection has been employed.

Explicit solutions to these equations are obtained as follows. A particular integral for (2.1) is

(2.6) $$\mu_{1p}(x_0,L) = -\int_{x_0}^{L} dw \ e^{w^2/2} [\int_{w}^{L} du \ e^{-u^2/2}] \ .$$

The general solution to the homogeneous equation is

$$\mu_{1H}(x_0,L) = K_1 \int_{x_0}^{L} e^{u^2/2} \, du + K_2$$

so that

(2.7) $\quad \mu_1(x_0,L) = K_2 + \int_{x_0}^{L} dw \, e^{w^2/2} \, [\int_{w}^{L} du \, e^{-u^2/2} + K_1]$.

The constants K_1, K_2 are obtained by application of (2.3) and (2.5). One finds for

(2.8) $\quad \mu_1(x_0,L) = \int_{x_0}^{L} dw \, e^{w^2/2} \int_{-\infty}^{w} du \, e^{-u^2/2} \, ; \quad x_0 < L$

and an almost identical procedure gives

(2.9) $\quad \mu_1^*(x_0,L) = \int_{x_0}^{L} dw \, e^{w^2/2} \int_{0}^{w} du \, e^{-u^2/2}$.

The equations for the second moments are dealt with in similar fashion to give

(2.10) $\quad \mu_2(x_0,L) = \int_{x_0}^{L} dw \, e^{w^2/2} \int_{-\infty}^{w} du \, e^{-u^2/2} \, 2\mu_1(u,L) \, ; \quad x_0 < L$

and

(2.11) $\quad \mu_2^*(x_0,L) = \int_{x_0}^{L} dw \, e^{w^2/2} \int_{0}^{w} du \, e^{-u^2/2} \, 2\mu_1^*(u,L)$.

The computation and display of results is reduced by taking advantage of the symmetry of the process about zero and its Markov character. One then has for the single absorbing boundary,

(2.12) $\quad \tau_{x_0,x_2} = \tau_{x_0,x_1} + \tau_{x_1,x_2} \, ; \quad x_0 \leq x_1 \leq x_2$

and τ_{x_0,x_1} and τ_{x_1,x_2} are independent. Similarly for two symmetric absorbing boundaries

(2.13) $\quad \tau_{0,x_0}^* + \tau_{x_0,x_1}^* = \tau_{0,x_1}^* \, ; \quad 0 \leq x_0 \leq x_1$

and τ^*_{0,x_0} and $\tau^*_{x_0,x_1}$ are independent. Consequently one has for the means and variances, under the conditions stated

(2.14) $\quad \mu_1(x_0,x_2) = \mu_1(x_0,x_1) + \mu_1(x_1,x_2)$

(2.15) $\quad \sigma^2(x_0,x_2) = \sigma^2(x_0,x_1) + \sigma^2(x_1,x_2)$

(2.16) $\quad \mu_1^*(0,x_1) = \mu_1^*(0,x_0) + \mu_1^*(x_0,x_1)$

(2.17) $\quad \sigma^{2*}(0,x_1) = \sigma^{2*}(0,x_0) + \sigma^{2*}(x_0,x_1)$.

It follows that for the single absorbing boundary $\mu_1(x_0,L)$, $\mu_2(x_0,L)$ and $\sigma^2(x_0,L)$ may be obtained directly from $\mu_1(x_0,0)$, $\mu_2(x_0,0)$, $\mu_1(0,L)$ and $\mu_2(0,L)$, where $x_0 < 0 < L$. Similarly, all results for the symmetric absorbing boundaries are obtained from $\mu_1^*(0,L)$ and $\mu_2^*(0,L)$, where $0 < L$.

In Section 5 and the Appendix, the convention $x_0 < L$ will be removed, and τ_{x_0,x_1} will denote the random time from x_0 to x_1 for all ordering. With this new convention we note that:

(2.18) $\quad \tau_{x_0,x_1} = \tau_{-x_0,-x_1}$

The computation of these moments is facilitated by expressing them in terms of the integrals:

(2.19) $\quad A(x) = \int_0^x dw\, e^{w^2/2} = e^{x^2/2} P_A(x)$

(2.20) $\quad B(x) = \int_0^x dw\, e^{w^2/2} \int_w^\infty du\, e^{-u^2/2}$

(2.21) $\quad C(x) = \int_0^x dw\, e^{w^2/2} \int_0^w du\, e^{-u^2/2} A(u) = e^{x^2/2} P_C(x)$

(2.22) $\quad D(x) = \int_0^x dw\, e^{w^2/2} \int_w^\infty du\, e^{-u^2/2} B(u)$

In addition we use the fact that

(2.23) $\int_0^\infty dx\, e^{-x^2/2} \int_0^x dw\, e^{w^2/2} \int_w^\infty du\, e^{-u^2/2} = \sqrt{\frac{\pi}{2}} \log 2$.

We then have for $x > 0$

(2.24) $\mu_1^*(0,x) = \sqrt{\frac{\pi}{2}} A(x) - B(x)$

(2.25) $\mu_1(0,x) = \sqrt{2\pi} A(x) - B(x)$

(2.26) $\mu_1(-x,0) = B(x)$

(2.27) $\mu_2^*(0,x) = 2\{[\mu_1^*(0,x)]^2 - \sqrt{\frac{\pi}{2}} C(x) + \sqrt{\frac{\pi}{2}} \log 2\, A(x) - D(x)\}$

(2.28) $\mu_2(0,x) = 2\{[\mu_1(0,x)]^2 - \sqrt{2\pi} C(x) + \sqrt{2\pi} \log 2\, A(x) - D(x)\}$

(2.29) $\mu_2(0,x) = 2D(x)$.

Numerical values for these quantities are obtained by finding Chebychev polynomial approximations for $P_A(x)$, $B(x)$, $P_C(x)$ and $D(x)$ in the range $0 \le x \le 10$ as shown in the Appendix. For values of x greater than 10 the terms in the above expressions containing the highest power of $e^{x^2/2}$ clearly dominate ($e^{50} \doteq 10^{20}$). Therefore to that degree of approximation we have

(2.30) $\mu_1^*(0,x) = \sqrt{\frac{\pi}{2}} A(x)$

(2.31) $\mu_1(0,x) = 2\mu_1^*(0,x)$

(2.32) $\mu_2^*(0,x) = 2[\mu_1^*(0,x)]^2$

(2.33) $\mu_2(0,x) = 8[\mu_1^*(0,x)]^2$

and $A(x) \sim e^{x^2/2} [\frac{1}{x} + \frac{1}{x^3} + \frac{3}{x^5} + \frac{3.5}{x^7} + \frac{3.5.7}{x^9} + \cdots]$.

Comparison of results using equations (2.30) - (2.33) with the results from the Chebychev approximations at $x = 10$ shows agreement to 8 significant figures.

The remaining 2 moments given by $B(x)$ and $D(x)$ do not involve any $e^{x^2/2}$

factors and no such simple approximation is available. By integrating equations (2.20) and (2.22) by parts, the following results may be obtained.

$$(2.34) \quad B(x) \sim K_B + \log x + \sum_{k=1}^{\infty} b_k/x^{2k}$$

and

$$(2.35) \quad D(x) \sim K_D + K_B \log x + 1/2(\log x)^2 - \sum_{k=1}^{\infty} b_k \frac{\log x}{x^{2k}} + \sum_{k=1}^{\infty} g_k x^{-2k}$$

where $K_B = 0.63518142$ and $K_D = 0.818578$

and
$$a_k = \frac{(-1)^{k-1}(2k-2)!}{(k-1)! 2^{k-1}}$$

$$b_k = -a_{k+1}/2k$$

$$c_k = a_k + b_k$$

$$d_k = c_k - (2k-1)d_{k-1}$$

$$g_k = K_B b_k - a_{k+1}/(4k^2) - d_k/2k .$$

So that for the first few values of k we have

k	b_k	g_k
1	0.5	-0.182409
2	-0.75	0.898614
3	2.5	-4.120380
4	-13.125	25.694494
5	94.5	-207.312858

The values of K_B and K_D were obtained by matching the asymptotic forms above with the versions derived from the Chebychev approximations at $x = 10$. Both forms were then evaluated at $x = 8$, where the agreement was to eight significant figures.

3. COMPUTATION METHODS FOR SMALL TIMES

An expression for the passage time density in the single boundary case, valid for small t, may be obtained by finding an approximate solution to the convolution equation

$$\frac{1}{\sqrt{2\pi(1-2e^{-2t})}} \exp\{-(x-x_0 e^{-t})^2/2(1-e^{-2t})\}$$

(3.1)

$$= s(x_0,x,t) * \frac{1}{\sqrt{2\pi(1-e^{-2t})}} \exp\{-\frac{x^2}{2} \frac{(1-e^{-t})^2}{(1-e^{-2t})}\} \ .$$

Equation 3.1 may be written in the form $a = u*b$ where u is the unknown passage time density. The functions $a(t)t^{1/2} \exp\{\alpha^2/4t\}$ and $b(t)t^{1/2}$ are analytic functions of t in the complex t plane for $|t| < \pi$. Hence $a(t)$ and $b(t)$ have in that domain the power series representations

(3.2) $\quad a(t) = \frac{1}{\sqrt{\pi t}} \exp\{-\frac{\alpha^2}{4t}\}[a_0 + a_1 t + a_2 t^2 + \ldots] \ ,$

where $\alpha^2 = (x-x_0)^2$ and

(3.3) $\quad b(t) = \frac{1}{\sqrt{\pi t}} [b_0 + b_1 t + b_2 t^2 + \ldots] \ .$

To obtain an approximate solution to the given convolution equation the a and b series are truncated at the n-th terms and the exact solution to the equation

(3.4) $\quad a_{Tn} = b_{Tn} * u_{Tn}$

is obtained. (a_{Tn}, b_{Tn} are the truncated expressions for a and b.)

To find u_{Tn} it seems most convenient to use Laplace transforms. The Laplace transform of the m-th term of the b series is

(3.5) $\quad L\left(\frac{(b_m t^{m-1/2})}{\sqrt{\pi}}\right) = b_m \Gamma(m + 1/2) v^{2m+1}$

on writing $v = s^{-1/2}$.

The Laplace transform of the m-th term of the a series is

(3.6) $\quad L\left(\frac{a_m t^m}{\sqrt{\pi t}} \exp\{-\frac{\alpha^2}{4t}\}\right) = a_m (-1)^m \frac{d^m}{ds^m} \frac{1}{\sqrt{s}} e^{-\alpha\sqrt{s}}$

(3.7) $\quad = a_m (g_{m,m+1} v^{m+1} + \ldots g_{m,2m+1} v^{2m+1}) e^{-\alpha/v}$

where the $g_{i,j}$ are evaluated numerically as functions of α by applying the relation

$$(3.8) \qquad -\frac{d}{ds}(s^{-k}e^{-\alpha\sqrt{s}}) = s^{-k}e^{-\alpha\sqrt{s}}\{ks^{-1} + \frac{\alpha}{2}s^{-1/2}\}$$

as often as required.

Since the $g_{i,j}$ are all positive there is no ill-conditioning problem when the $A(v)$ series is derived from the $a(t)$ series. Moreover, the m-th and higher terms of the $a(t)$ series contribute only to higher terms than the m-th of the $A(v)$ series.

The Laplace transform $L\{u_{Tn}(t)\} = U(\frac{1}{\sqrt{s}}) = U(v)$ satisfies $A(v) = B(v) \cdot U(v)$ and will be of the form

$$(3.9) \qquad U(v) = (U_0 + U_1 v + U_2 v^2 + \ldots U_{2n} v^{2n})e^{-\alpha/v}$$

where the coefficients U_j are given by the 2n+1 relations

$$
\begin{aligned}
A_1 &= U_0 B_1 \\
A_2 &= U_1 B_1 + U_0 B_2 \\
&\vdots \\
A_{2n+1} &= U_{2n} B_1 + \ldots + U_0 B_{2n+1}
\end{aligned}
$$
(3.10)

Now if $\{erfc\ z\}_0 = erfc(z)$ and $\{erfc\ z\}_n = \int_x^\infty \{erfc\ u\}_{n-1} du$ then

$$L\left(\frac{\alpha}{2\sqrt{\pi t^3}} \exp\{-\frac{\alpha^2}{4t}\}\right) = e^{-\alpha/v}$$

$$(3.11) \qquad L\left(\frac{\alpha}{\sqrt{\pi t}} \exp\{-\frac{\alpha^2}{4t}\}\right) = ve^{-\alpha/v}$$

$$L\left((4t)^{(k-2)/2} \{erfc\ \frac{\alpha}{2\sqrt{t}}\}_{k-2}\right) = v^k e^{-\alpha/v} \qquad k = 2,3,4,\ldots .$$

Using these relations and (3.9), U_{Tn} takes on the form

(3.12)
$$U_{Tn}(t) = \frac{U_0 \alpha}{2\sqrt{\pi t^3}} \exp\{-\frac{\alpha^2}{4t}\} + \frac{U_1 \alpha}{\sqrt{\pi t}} \exp\{-\frac{\alpha^2}{4t}\}$$
$$+ \sum_{k=2}^{2n} U_k (4t)^{k/2} \{\text{erfc} \frac{\alpha}{2\sqrt{t}}\}_k$$

which may be evaluated by using Clenshaw's algorithm (Clenshaw (1955), Fox and Parker (1968), p. 56) and the recurrence relation

(3.13)
$$(4t)^{n/2} \{\text{erfc} \frac{\alpha}{2\sqrt{t}}\}_n + \frac{\alpha}{n}(4t)^{(n-1)/2} \{\text{erfc} \frac{\alpha}{2\sqrt{t}}\}_{n-1}$$
$$- \frac{2t}{n}(4t)^{(n-2)/2} \{\text{erfc} \frac{\alpha}{2\sqrt{t}}\}_{n-2} = 0 .$$

4. SCALE CHANGES IN SPACE AND TIME AND OTHER TRANSFORMATIONS

(a) <u>Scale changes</u>

In place of the basic equation (1.1) one may encounter a Markov diffusion process $Y(T)$ with density $h(y,T)$ governed by the forward equation valid on $(-\infty, \infty)$

(4.1) $$\frac{\partial h(y,T)}{\partial T} = \sigma^2 \frac{\partial^2}{\partial y^2} h(y,T) + \alpha \frac{\partial}{\partial y} \{y h(y,T)\} .$$

Let $\zeta = \sigma \alpha^{-1/2}$. Under the transformation $x = y/\zeta$, $t = \alpha T$, $h(y,T) = \zeta^{-1/2} f(x,t)$, (4.1) passes over to (1.1). If one is interested in the random passage time τ_Y from an initial state y_0 to the exterior of the interval $(-\infty, M)$ containing y_0, simple reasoning requires that the cumulative distribution function $S_Y(y_0, M, \tau)$ be related to $S_X(x_0, L, \tau)$, the corresponding c.d.f. for the random passage time τ_X, via

(4.2) $$S_Y(y_0, M, \tau) = S_X\left(\frac{y_0}{\zeta}, \frac{M}{\zeta}, \alpha\tau\right) .$$

The corresponding densities satisfy

(4.3) $$s_Y(y_0, M, \tau) = \alpha s_X\left(\frac{y_0}{\zeta}, \frac{M}{\zeta}, \alpha\tau\right) .$$

The first and second moments of τ_Y are related to those for τ_X by

(4.4) $$\mu_{Y1}(y_0,M) = \frac{1}{\alpha} \mu_{X1}\left(\frac{y_0}{\zeta}, \frac{M}{\zeta}\right)$$

and

(4.5) $$\mu_{Y2}(y_0,M) = \frac{1}{\alpha^2} \mu_{X2}\left(\frac{y_0}{\zeta}, \frac{M}{\zeta}\right).$$

These relations are all valid for the symmetric two-boundary problem as well, e.g., $\mu_{Y1}^*(y_0,M) = \frac{1}{\alpha} \mu_{X1}^*\left(\frac{y_0}{\zeta}, \frac{M}{\zeta}\right)$. The tables and graphs, composed for the case $\sigma^2 = 1$, $\alpha = 1$, thereby give immediate information for the scaled process.

(b) The Ornstein-Uhlenbeck process with bias

In place of (1.1) one may have the Markov diffusion equation

(4.6) $$\frac{\partial e}{\partial t}(y,t) = \frac{\partial^2}{\partial y^2} e(y,t) + \frac{\partial}{\partial y}\{(y-\beta)e(y,t)\}$$

for a process $Y(t)$ on $(-\infty, \infty)$. Again the transformation $x = y-\beta$, $e(y,t) = f(x,t)$ casts (4.6) into the form (1.1). The constant β corresponds to a bias in the motion, i.e., one has

$$\frac{d}{dt} E[Y(t)|Y(t) = y_0] = -y_0 + \beta.$$

The random time from y_0 to M for $Y(t)$ corresponds to the random time from $x = x_0 = y_0 - \beta$ to $x = L = M - \beta$ for $X(t)$, and the tables and graphs may be used directly. Two absorbing boundaries are of less interest. In that case the process is transformed into one with two boundaries L_1 and L_2 not in general symmetric about the origin, a case we have not covered.

(c) The Doob transformation

A transformation due to Doob (1942) relates sample paths of the Wiener process to those of the Ornstein-Uhlenbeck process. This transformation has been employed to study the passage time for the Wiener process to a parabolic absorbing boundary via a passage time for the O.U. process to a fixed absorbing boundary.

Let $X(t)$ be a stationary O.U. process with time index t going from $-\infty$ to $+\infty$; let $u = e^{2t}$ and let

(4.7) $\quad Z(u) = \sqrt{u}\, X(t) = \sqrt{u}\, X(1/2 \log u)$.

If $X(t)$ has the covariance function $E[X(t)X(t')] = \exp\{-|t-t'|\}$, then $Z(u)$ will be a Wiener process with index u varying over $(0,\infty)$. Consider the subset of sample paths with $u_0 = 1$, $Z(1) = x_0 < L$. Let τ_Z be the random elapsed time until $Z(u)$ meets the parabolic boundary $Z(u) = L\sqrt{u}$. Then τ_Z has the cumulative distribution function

(4.8) $\quad G(x_0, L, \tau) = P\{\tau_Z \leq \tau\} = P\{Z(u) \leq L\sqrt{u},\ 1 \leq u \leq 1+\tau \,|\, Z(1) = x_0\}$.

By virtue of Doob's transformation, (4.7), the random time τ_Z and the random time for the O.U. process from x_0 to L are equivalent (cf. Daniels, (1969), p. 402), and one has from (4.8), in terms of our tabulated $S(x_0, L, \tau)$,

(4.9) $\quad G(x_0, L, \tau) = S(x_0, L, 1/2 \log(1+\tau))$.

Anderson and Darling (1952) have employed the same transformation to study the time spent by a stationary O.U. process in an interval symmetric about the origin, and related Wiener process behavior.

5. GUIDE TO THE TABLES AND GRAPHS

(a) <u>Description of material covered.</u>

The tabulated material consists of three tables of means and variances and two tables of passage time distribution functions.

Table 1 lists the first and second moment, variance and standard deviation respectively of $\tau^*_{0,x}$ for the two boundary case. For this case we have $x_0 = 0$ (SOURCE) and the absorbing boundary at x (SINK). With relations (2.16), (2.17) and Table 1, the moments of $\tau^*_{x_0,x}$ may be easily calculated. The range of the table is $x = 0.0(0.1)3.0(0.5)10.0$, i.e., SINK runs from 0.0 to 3.0 with increments of magnitude 0.1 and from 3.0 to 10.0 in steps of 0.5.

Tables 2 and 3 correspond to the one boundary case. Table 2 lists the moments of $\tau_{0,x}$, Table 3 those of $\tau_{x,0}$. Again, with Tables 2 and 3 and the relations (2.14), (2.15), the moments of the passage time for other values of SOURCE and SINK may be easily found. The ranges of the parameters are SINK = 0.0(0.1)3.0(0.5)10.0 in Table 2 and SOURCE = 0.0(0.1)3.0(0.5)10.0 in Table 3.

Tables 4 and 5 give respectively the c.d.f. of the passage times in the double and single boundary cases. In both cases the time variable has the values

$$t = 0.02(0.01)0.1(0.05)1.0(0.2)4.0(0.5)5.0 \ .$$

In Table 4 the ranges for SOURCE and SINK are

SINK = 0.1(0.1)1.0(0.2)3.0

SOURCE = [SINK-0.1](0.1)[SINK-1.0](0.2)0.0

and in Table 5 the ranges are

SINK = -2.5(0.5)3.0

SOURCE = [SINK-0.1](0.1)[SINK-1.0](0.5)-3.0 .

The additional (SINK, SOURCE) combinations (0.2,0.05), (0.3,0.05), (0.3,0.15), (0.4,0.05), (0.4,0.15), (0.4,0.25) are included in Table 4 to improve interpolability in that area.

The range of all the passage time distribution tables may be extended beyond t = 5 by use of the formula

(5.1) $\text{c.d.f.} = 1 - \beta_1 e^{-\lambda_1 t} - \beta_2 e^{-\lambda_2 t} \ .$

Values of λ_1, β_1, λ_2 and β_2 are included at the foot of the table for each SINK, SOURCE combination for that purpose.

For values of t < 0.02 in Table 5 use must be made of the first two terms of the short time approximation of Section 3. For these small values of t a two-term series gives four decimal place accuracy. The form to be used is

(5.2) $S(\text{SOURCE},\text{SINK},\tau) = A \ \text{erfc}\left(\frac{k}{2\sqrt{\tau}}\right) + B\{2\sqrt{\frac{\tau}{\pi}} \exp\left(-\frac{k^2}{4\tau}\right) - k \ \text{erfc} \ \frac{k}{2\sqrt{\tau}}\}$

where k = SINK-SOURCE and the values of A and B for each SINK, SOURCE combination appear below the λ and β values in Table 5.

The situation for Table 4 is somewhat more complicated. Use may be made of the first term of equation (1.11) to give

(5.3)   S*(SOURCE,SINK,τ) = S(SOURCE,SINK,τ) + S(-SOURCE,SINK,τ)

which gives four decimal place accuracy in the range t ≤ 0.02 and SINK ≥ 0.5.

Figures 1-3 of the graphs show on a log scale the material contained in the correspondingly numbered tables for the ranges 0 ≤ SINK ≤ 3.0 (Figs. 1,2) and 0.0 ≤ SOURCE ≤ 3.0 (Fig. 3).

Figures 4-6 show various density functions plotted on a log scale so that the tendency towards exponentiality for large SINK values and the log-concavity of the two boundary density functions with SOURCE = 0 may be seen. For each curve the time scale has been normalized so that the time unit is the mean passage time. In Figure 4 the graphs are for the two boundary case. The SOURCE, SINK combinations and the mean times used for normalization are (0.0, 1.0,0.595749), (0.0,2.0,4.5016), (1.0,2.0,3.905851). Figures 5 and 6 show six single boundary curves described by the SOURCE, SINK, mean time combinations (0.0,1.0,2.09341), (0.0,2.0,10.4284), (0.0,3.0,86.9314), (-3.0,-1.0,0.880442), (-1.0,1.0,2.995318) and (1.0,3.0,84.83799).

(b) Accuracy.

All computations were done using double precision arithmetic (sixteen significant figures). All subroutines used to compute the basic functions (Gamma, Weber, Hypergeometric, etc.) were checked against available tabulated values. Zeros and residues were stored to eight significant figure accuracy, and the coefficients for the short time approximation to sixteen figures. The most convincing check on the accuracy of the tables was obtained by computing values of the single-sided density function in the vicinity of t = 0.7 by both the zeros and residues algorithm and the short-time approximation method. The agreement between the two methods is to better than six decimal places. The accuracy of the method of computation should therefore be at least as good as that throughout the range of the tables. The printed values are rounded to four decimal places and should be accurate to within one part in the fourth decimal place.

(c) Interpolation.

Since the density functions corresponding to the tabulated distribution functions tend to delta functions as the source and sink approach one another interpolation is unreliable in such areas. Therefore there are no tabular entries for sources and sinks separated by less than 0.1 units, since the behavior of the cumulative distribution function changes rapidly in these areas as a function of its parameters. This is not a serious limitation since in most applications the O.U. process is an idealized description of questionable validity when source and sink get too close.

Parameter values and time points for the tables were chosen so as to give approximate uniformity of interpolability throughout the range of the tables. In all cases where a six point Lagrange interpolation formula may be used, interpolated values are accurate to three digits and in the great majority of cases to the full four figure accuracy of the table. More detailed information is presented under separate headings below.

Interpolation with respect to the time variable should not be attempted for values of t less than 0.02. Formulae based on equations (5.2) and (5.3) should be used instead. Elsewhere six point Lagrangian interpolation gives four decimal place accuracy almost everywhere. Exceptions are at a few places just beyond where the step size increases, specifically around 0.1-0.2 and 1.0-1.2, where errors as great as five units in the fourth decimal place may arise.

Interpolation with respect to the source variable is good to four decimal places where there are sufficient tabular entries to permit use of the six point Lagrangian formula. This is not possible for the first two pages of Table 4 where lower order interpolation formulae must be used, but the accuracy available is at least three decimal places in all cases with the possible exception of the small area SINK = 0.2, t < 0.03.

In interpolating with respect to SINK, the SINK-SOURCE distance should be kept constant rather than keeping the SOURCE constant. For example, to deal with the case (SINK,SOURCE) = (1.25,0.75) one should interpolate using the series of (SINK,SOURCE) pairs (0.5,0.0), (1.0,0.5), (1.5,1.0), (2.0,1.5), (2.5, 2,0) and (3.0,2.5). For t = 1 that would give the value 0.6200.

In many cases interpolation with respect to SINK can be done to full tabular accuracy using lower order interpolation formulae, but the situation is complicated and depends on the other two variables, SOURCE and t. Examination of successive differences will provide some guidance, and near either end of the time scale formulae (5.1), (5.2) and (5.3) may be more convenient and give sufficient accuracy.

(d) Examples.

Since the O.U. process is generally used as a limiting form of some more naturally occurring process, realistic examples of the use of the tables would involve a lengthy justification of these limiting procedures. The reader is therefore urged to consult the various references cited in Section 0 and Section 4 describing applications of the O.U. process.

ACKNOWLEDGMENT

Our thanks are extended to Professor H. E. Daniels for his early encouragement and suggestions. We also thank Lorraine Ziegenfuss for her loyalty and editorial assistance.

REFERENCES

[1] ANDERSON, T. W. and DARLING, D. A. (1952). Asymptotic theory of certain goodness of fit criteria based on stochastic processes. *Ann. Math. Stat.*, 23, 193-212.

[2] ARMITAGE, P., MC PHERSON, C. K., and ROWE, B. C. (1969). Repeated significance tests on accumulating data. *J. Roy. Statist. Soc. Ser. A*, 132, 235-244.

[3] CLENSHAW, C. W. (1955). A note on the summation of Chebyshev series. *Math. Tables and Other Aids to Computation*, 9, 118-120.

[4] COX, D. R. and MILLER, H. D. (1965). *The Theory of Stochastic Processes*. Wiley, New York.

[5] DANIELS, H. E. (1969). The minimum of a stationary Markov process superimposed on a U-shaped trend. *J. Appl. Prob.*, 6, 399-408.

[6] DARLING, D. A. and SIEGERT, J. F. (1953). The first passage problem for a continuous Markov process. *Ann. Math. Stat.*, 24, 624-639.

[7] DOOB, J. L. (1942). The Brownian motion and stochastic equations. *Ann. Math.*, 2, 351-369.

[8] FIENBERG, S. W. (1970). A note on the diffusion approximation for single neuron firing problems. *Kybernetic*, 7, 227-229.

[9] FELLER, W. (1966). *An Introduction to Probability Theory and Its Applications, Vol. II*. Wiley, New York.

[10] FOX, L. and PARKER, I. B. (1968). *Chebyshev Polynomials in Numerical Analysis*. Oxford University Press.

[11] JOHANNESMA, P.I.M. (1968). Diffusion models for the stochastic activity of neurons. In *Neural Networks*, E. R. Caianello (ed.). Springer-Verlag, Berlin, 116-144.

[12] KEILSON, J. (1964). A review of transient behavior in regular diffusion and birth-death processes. *J. Appl. Prob.*, 1, 247-266.

[13] KEILSON, J. (1965a). A review of transient behavior in regular diffusion and birth-death processes, Part II. *J. Appl. Prob.*, 2, 405-428.

[14] KEILSON, J. (1965b). *Green's Function Methods in Probability Theory*. Charles Griffin, London.

[15] KEILSON, J. (1966). A limit theorem for passage times in ergodic regenerative processes. *Ann. Math. Stat.*, 37, 866-870.

[16] KEILSON, J. (1971). Log-concavity and log-convexity in passage time densities of diffusion and birth-death processes. *J. Appl. Prob.*, 8, 391-398.

[17] MC NEIL, D. R. and SCHACH, S. (1973). Central limit analogues for Markov population processes. *J. Roy. Statist. Soc. Ser. B*, 35, 1-23.

[18] MAGNUS, W. OBERHETTINGER, F. and SONI, R. P. (1966). *Formulas and Theorems for the Special Functions of Mathematical Physics*. Springer-Verlag, New York.

APPENDIX

The programs which produce the numerical results here presented are conveniently divided into three groups:

(a) Those which compute means and variances.

(b) Those which compute distribution functions and density functions using the zeros and residues approach.

(c) Those which compute distribution functions and density functions using the small time method.

(a) <u>Means and variances</u>.

The general approach is to obtain Chebychev polynomial approximations to the functions $P_A(x)$, $P_C(x)$, $B(x)$ and $D(x)$ defined in (2.19) - (2.22) for $0 \leq x \leq 10$. These approximations can then be used in (2.24) - (2.29) to give the desired moments. The Chebychev polynomials are derived from their differential equations which, in turn, are easily obtained from the defining integrals (2.19) - (2.22). We have

(A1) $\qquad P_A'(x) + xP_A(x) = 1 \qquad\qquad P_A(0) = 0$

(A2) $\qquad P_C'(x) + xP_C(x) = \int_0^x du\, P_A(u) \qquad\qquad P_C(0) = 0$

Now define

(A3) $\qquad P_B(x) = e^{x^2/2} \int_x^\infty e^{-u^2/2}\, du$

and

(A4) $\qquad P_D(x) = e^{x^2/2} \int_x^\infty e^{-u^2/2}\, B(u)\, du$

then we have

(A5) $\qquad B(x) = \int_0^x dw\, P_B(w) \qquad\qquad D(x) = \int_0^x dw\, P_D(w)$

and

(A6) $P'_B(x) - xP_B(x) = -1$ $P_B(0) = \sqrt{\pi/2}$

(A7) $P'_D(x) - xP_D(x) = -B(x)$ $P_D(0) = \sqrt{\pi/2}\, \log 2$.

The equations (A1), (A2), (A6) and (A7) are solved as described by Fox and Parker [10], Chapter 5. The polynomials are stored in the computer as arrays of 35 coefficients and the manipulative operations such as integration and multiplication were done on these arrays by appropriate subroutines.

(b) <u>Computations based on zeros and residues</u>.

To compute either density or distribution functions requires computation of the variables β_j and λ_j which appear in (1.8) and in the analogous form (1.13) for the two boundary problem. The following result (cf. [18], p. 324) is applied on (1.12)

(A8) $D_{-s}(x) = 2^{-s/2} e^{-x^2/4} \left\{ \dfrac{\Gamma(1/2)}{\Gamma\left(\frac{1+s}{2}\right)} {}_1F_1\left(\dfrac{s}{2};\dfrac{1}{2};\dfrac{x^2}{2}\right) + \dfrac{x}{\sqrt{2}} \dfrac{\Gamma(-1/2)}{\Gamma(s/2)} {}_1F_1\left(\dfrac{1+s}{2};\dfrac{3}{2};\dfrac{x^2}{2}\right) \right\}$

which gives

(A9) $\gamma^*(x_0, L, s) = \dfrac{{}_1F_1\left(\dfrac{s}{2};\dfrac{1}{2};\dfrac{x_0^2}{2}\right)}{{}_1F_1\left(\dfrac{s}{2};\dfrac{1}{2};\dfrac{L^2}{2}\right)}$.

By considering the inverse Laplace transform, it is seen that $\lambda_j^*(x_0, L)$ is the j-th zero of the denominator. It is determined as follows. ${}_1F_1\left(\dfrac{s}{2};\dfrac{1}{2};\dfrac{L^2}{2}\right)$ is evaluated at successive negative integers until a sign change is detected in which case a zero is known to be within an interval of length one. The location of the zero can then be established to any degree of accuracy by using a bisecting search.

The evaluation of the confluent hypergeometric function ${}_1F_1(a;c;z)$ is done in two stages. First the recurrence relation (cf. [18], p. 267)

$(c-a)\,{}_1F_1(a-1;c;z) + (2a-c+z)\,{}_1F_1(a;c;z) - a\,{}_1F_1(a+1;c;z) = 0$

is used to move the value of a into the range $0.1 \leq a \leq 2.1$. Next the function is evaluated by using the series representation (cf. [18], p. 262)

$$(A10) \qquad {}_1F_1(a;c;z) = \frac{\Gamma(c)}{\Gamma(a)} \sum_{n=0}^{\infty} \frac{\Gamma(a+n)}{\Gamma(c+n)} \frac{z^n}{n!} .$$

Once a set of zeros λ_j^* has been obtained for a given value of L, the corresponding values of β_j^* are found by the formula:

$$\beta_j^* = \lim_{s \to \lambda_j^*} \frac{{}_1F_1(\frac{s}{2};\frac{1}{2};\frac{x_0^2}{2})}{\frac{\partial}{\partial s}\left[{}_1F_1(\frac{s}{2};\frac{1}{2};\frac{L^2}{2})\right]} .$$

For the single boundary case a similar procedure is employed starting from equation (1.7). λ_j is the j-th zero of $D_{-s}(-L)$ and

$$\beta_j = \lim_{s \to \lambda_j} \frac{D_{-s}(-x_0)}{\frac{\partial}{\partial s}\left[D_{-s}(-L)\right]} .$$

In evaluating these quantities the recurrence relation (cf. [18], p. 327)

$$D_{s+1}(x) = xD_s(x) + sD_{s-1}(x) = 0$$

is used to move the value of s into the range $0.1 \leq s \leq 2.1$, and (A8) and (A10) are again employed to evaluate the resulting expressions.

(c) <u>Computations based on the short time approximation.</u>

The coefficients a_k and b_k required in (3.2) and (3.3) are evaluated numerically using a series of subroutines which operate on vectors representing the first 25 coefficients of the power series. From these the coefficients A_k and B_k in the series for $A(v)$ and $B(v)$ are readily computed using (3.5), (3.7) and (3.8) and the coefficients U_k are obtained by repeated substitution in (3.10). Since the distribution function rather than the density function is required for the tables the series for $U(v)$ is multiplied by v^2

before the relations (3.11) are applied.

For the two-sided case the zeros and residues method is adequate to compute all tabulated values and no special short time approximation was used. For the density functions plotted in the graphs the short time approximation was obtained by using the first term of the series (1.11) in conjunction with the short time results from the one-sided case.

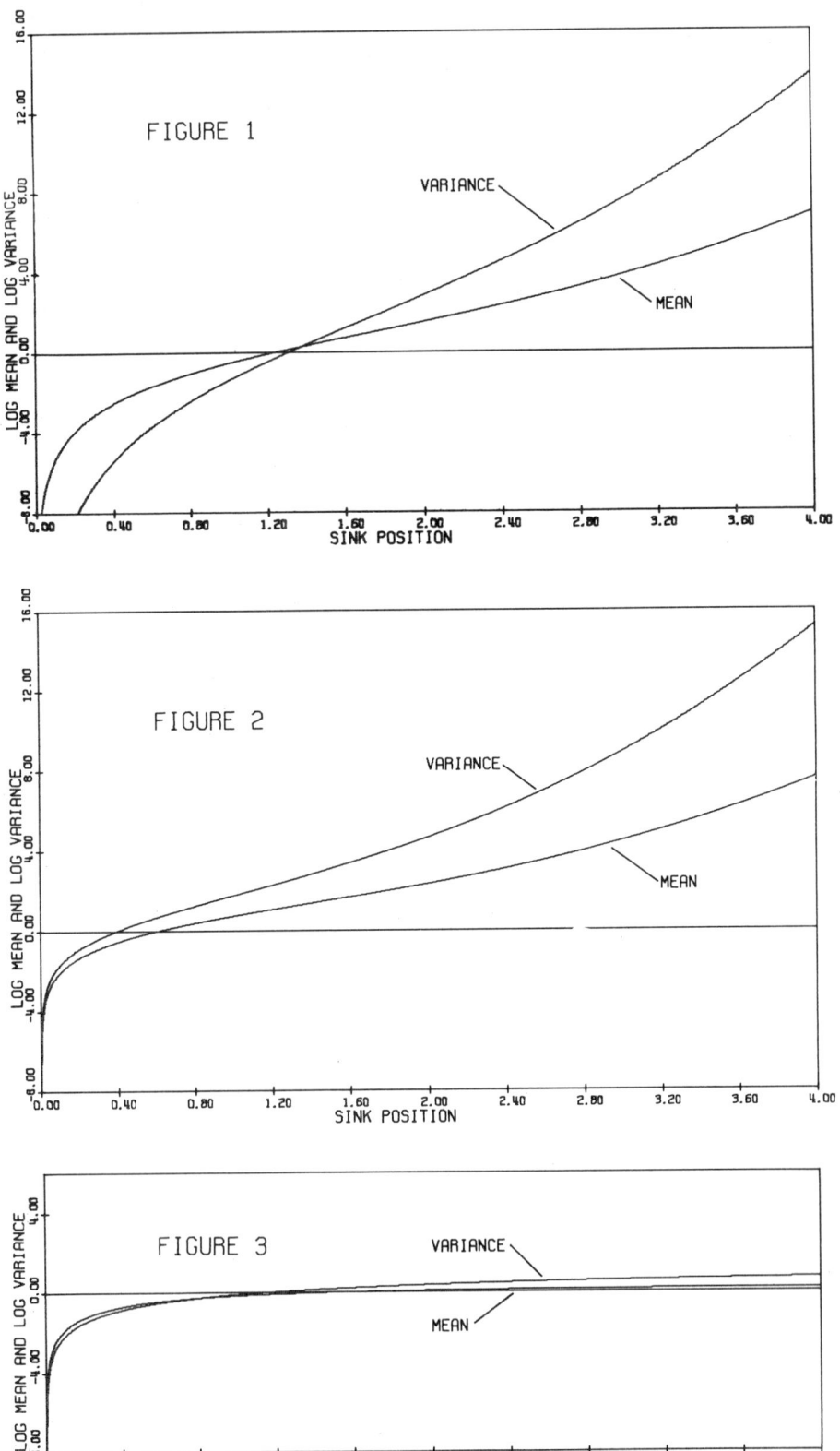

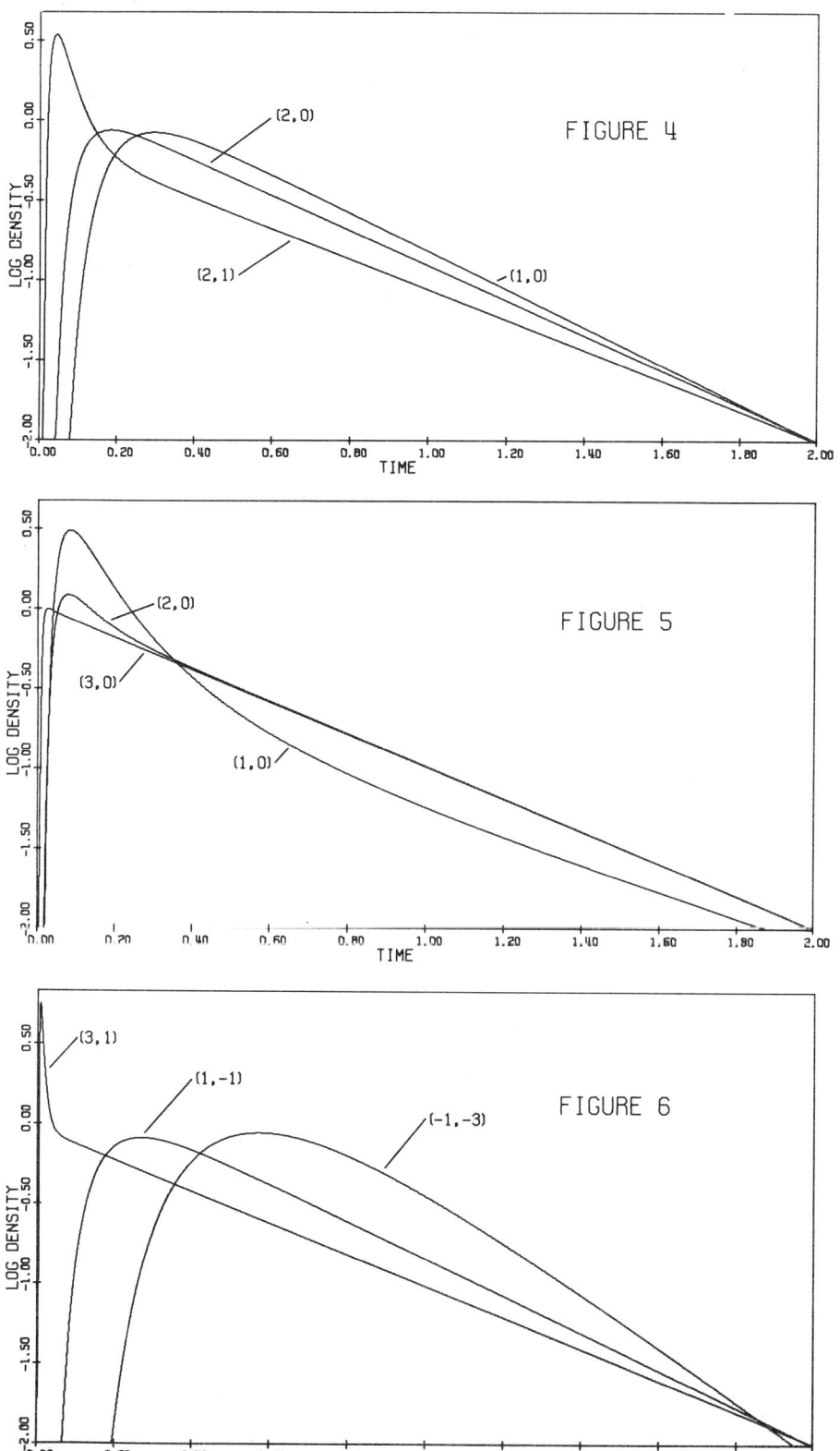

TABLE 1

SINK	MU1		MU2		VARIANCE		STD. DEV.	
0.00	0.000000	00	0.000000	00	0.000000	00	0.000000	00
0.10	0.500834	-02	0.4182	-04	0.1673	-04	0.409061	-02
0.20	0.201340	-01	0.67635	-03	0.27097	-03	0.164613	-01
0.30	0.456831	-01	0.343661	-02	0.139966	-02	0.374120	-01
0.40	0.821796	-01	0.113039	-01	0.455043	-02	0.674569	-01
0.50	0.130387	00	0.285238	-01	0.115232	-01	0.107346	00
0.60	0.191339	00	0.616055	-01	0.249950	-01	0.158098	00
0.70	0.266387	00	0.119823	00	0.488606	-01	0.221044	00
0.80	0.357257	00	0.216372	00	0.887394	-01	0.297892	00
0.90	0.466131	00	0.370003	00	0.152724	00	0.390799	00
1.00	0.595749	00	0.607411	00	0.252494	00	0.502488	00
1.10	0.749545	00	0.966789	00	0.404971	00	0.636373	00
1.20	0.931830	00	0.150312	01	0.634810	00	0.796749	00
1.30	0.114802	01	0.229611	01	0.978165	00	0.989022	00
1.40	0.140494	01	0.346232	01	0.148846	01	0.122002	01
1.50	0.171127	01	0.517368	01	0.224525	01	0.149842	01
1.60	0.207801	01	0.768629	01	0.336815	01	0.183525	01
1.70	0.251932	01	0.113856	02	0.503865	01	0.224469	01
1.80	0.305339	01	0.168582	02	0.753507	01	0.274501	01
1.90	0.370386	01	0.250075	02	0.112889	02	0.335990	01
2.00	0.450160	01	0.372414	02	0.169770	02	0.412032	01
2.10	0.548721	01	0.557840	02	0.256745	02	0.506700	01
2.20	0.671449	01	0.841956	02	0.391112	02	0.625389	01
2.30	0.825527	01	0.128258	03	0.601085	02	0.775297	01
2.40	0.102061	02	0.197500	03	0.933351	02	0.966101	01
2.50	0.126980	02	0.307870	03	0.146631	03	0.121091	02
2.60	0.159096	02	0.486484	03	0.233368	03	0.152764	02
2.70	0.200872	02	0.780214	03	0.376717	03	0.194092	02
2.80	0.255725	02	0.127145	04	0.617497	03	0.248495	02
2.90	0.328434	02	0.210753	04	0.102884	04	0.320755	02
3.00	0.425745	02	0.355666	04	0.174407	04	0.417620	02
3.50	0.181217	03	0.653089	05	0.324695	05	0.180193	03
4.00	0.100817	04	0.203039	07	0.101398	07	0.100697	04
4.50	0.736507	04	0.108468	09	0.542243	08	0.736371	04
5.00	0.703694	05	0.990349	10	0.495164	10	0.703679	05
5.50	0.875402	06	0.153265	13	0.766325	12	0.875400	06
6.00	0.141338	08	0.399526	15	0.199763	15	0.141337	08
6.50	0.295523	09	0.174668	18	0.873340	17	0.295523	09
7.00	0.798998	10	0.127680	21	0.638398	20	0.798998	10
7.50	0.279016	12	0.155700	24	0.778501	23	0.279016	12
8.00	0.125738	14	0.316202	27	0.158101	27	0.125738	14
8.50	0.730742	15	0.106797	31	0.533984	30	0.730742	15
9.00	0.547371	17	0.599231	34	0.299616	34	0.547371	17
9.50	0.528236	19	0.558067	38	0.279034	38	0.528236	19
10.00	0.656510	21	0.862011	42	0.431005	42	0.656510	21

TABLE 2

SINK	MU1		MU2		VARIANCE		STD. DEV.	
0.00	0.000000	00	0.000000	00	0.000000	00	0.000000	00
0.10	0.130549	00	0.207695	00	0.190652	00	0.436637	00
0.20	0.272478	00	0.494808	00	0.420564	00	0.648509	00
0.30	0.427394	00	0.882323	00	0.699657	00	0.836455	00
0.40	0.597201	00	0.139745	01	0.104080	01	0.102020	01
0.50	0.784163	00	0.207575	01	0.146084	01	0.120865	01
0.60	0.990991	00	0.296400	01	0.198193	01	0.140781	01
0.70	0.122094	01	0.412427	01	0.263356	01	0.162283	01
0.80	0.147796	01	0.563960	01	0.345524	01	0.185883	01
0.90	0.176683	01	0.762208	01	0.450040	01	0.212141	01
1.00	0.209341	01	0.102244	02	0.584202	01	0.241703	01
1.10	0.246490	01	0.136564	02	0.758073	01	0.275331	01
1.20	0.289021	01	0.182100	02	0.985674	01	0.313954	01
1.30	0.338044	01	0.242948	02	0.128675	02	0.358712	01
1.40	0.394948	01	0.324925	02	0.168940	02	0.411024	01
1.50	0.461487	01	0.436385	02	0.223415	02	0.472668	01
1.60	0.539884	01	0.589479	02	0.298004	02	0.545897	01
1.70	0.632983	01	0.802094	02	0.401427	02	0.633582	01
1.80	0.744441	01	0.110092	03	0.546730	02	0.739412	01
1.90	0.878998	01	0.152633	03	0.753695	02	0.868156	01
2.00	0.104284	02	0.214026	03	0.105275	03	0.102604	02
2.10	0.124410	02	0.303916	03	0.149137	03	0.122122	02
2.20	0.149355	02	0.437547	03	0.214479	03	0.146451	02
2.30	0.180555	02	0.639407	03	0.313405	03	0.177032	02
2.40	0.219945	02	0.949464	03	0.465707	03	0.215802	02
2.50	0.270142	02	0.143405	04	0.704284	03	0.265383	02
2.60	0.334723	02	0.220515	04	0.108476	04	0.329356	02
2.70	0.418613	02	0.345516	04	0.170279	04	0.412648	02
2.80	0.528646	02	0.552052	04	0.272585	04	0.522097	02
2.90	0.674383	02	0.900036	04	0.445243	04	0.667266	02
3.00	0.869314	02	0.149814	05	0.742434	04	0.861646	02
3.50	0.364358	03	0.264778	06	0.132022	06	0.363348	03
4.00	0.201839	04	0.814297	07	0.406906	07	0.201719	04
4.50	0.147323	05	0.434041	09	0.217001	09	0.147309	05
5.00	0.140741	06	0.396156	11	0.198076	11	0.140740	06
5.50	0.175081	07	0.613064	13	0.306532	13	0.175080	07
6.00	0.282675	08	0.159810	16	0.799052	15	0.282675	08
6.50	0.591047	09	0.698672	18	0.349336	18	0.591046	09
7.00	0.159800	11	0.510719	21	0.255359	21	0.159800	11
7.50	0.558033	12	0.622801	24	0.311400	24	0.558033	12
8.00	0.251477	14	0.126481	28	0.632404	27	0.251477	14
8.50	0.146148	16	0.427187	31	0.213593	31	0.146148	16
9.00	0.109474	18	0.239692	35	0.119846	35	0.109474	18
9.50	0.105647	20	0.223227	39	0.111613	39	0.105647	20
10.00	0.131302	22	0.344804	43	0.172402	43	0.131302	22

TABLE 3

SOURCE	MU1		MU2		VARIANCE		STD. DEV.	
0.00	0.000000	00	0.000000	00	0.000000	00	0.000000	00
0.10	0.120532	00	0.173626	00	0.159098	00	0.398871	00
0.20	0.232210	00	0.346588	00	0.292667	00	0.540987	00
0.30	0.336028	00	0.518366	00	0.405451	00	0.636750	00
0.40	0.432842	00	0.688562	00	0.501210	00	0.707962	00
0.50	0.523390	00	0.856880	00	0.582943	00	0.763507	00
0.60	0.608313	00	0.102310	01	0.653055	00	0.808118	00
0.70	0.688169	00	0.118707	01	0.713489	00	0.844683	00
0.80	0.763444	00	0.134867	01	0.765819	00	0.875111	00
0.90	0.834565	00	0.150783	01	0.811333	00	0.900740	00
1.00	0.901908	00	0.166452	01	0.851084	00	0.922542	00
1.10	0.965804	00	0.181872	01	0.885941	00	0.941244	00
1.20	0.102655	01	0.197043	01	0.916625	00	0.957405	00
1.30	0.108440	01	0.211966	01	0.943734	00	0.971460	00
1.40	0.113960	01	0.226645	01	0.967770	00	0.983753	00
1.50	0.119234	01	0.241082	01	0.989153	00	0.994562	00
1.60	0.124282	01	0.255283	01	0.100824	01	0.100411	01
1.70	0.129120	01	0.269252	01	0.102532	01	0.101258	01
1.80	0.133764	01	0.282993	01	0.104066	01	0.102013	01
1.90	0.138226	01	0.296512	01	0.105447	01	0.102688	01
2.00	0.142520	01	0.309815	01	0.106695	01	0.103293	01
2.10	0.146657	01	0.322907	01	0.107824	01	0.103838	01
2.20	0.150647	01	0.335793	01	0.108848	01	0.104330	01
2.30	0.154499	01	0.348479	01	0.109780	01	0.104776	01
2.40	0.158221	01	0.360970	01	0.110630	01	0.105181	01
2.50	0.161822	01	0.373271	01	0.111407	01	0.105549	01
2.60	0.165309	01	0.385388	01	0.112118	01	0.105886	01
2.70	0.168688	01	0.397326	01	0.112770	01	0.106193	01
2.80	0.171965	01	0.409089	01	0.113371	01	0.106476	01
2.90	0.175145	01	0.420683	01	0.113923	01	0.106735	01
3.00	0.178235	01	0.432111	01	0.114433	01	0.106974	01
3.50	0.192474	01	0.486937	01	0.116473	01	0.107923	01
4.00	0.205027	01	0.538263	01	0.117904	01	0.108584	01
4.50	0.216236	01	0.586523	01	0.118941	01	0.109060	01
5.00	0.226355	01	0.632082	01	0.119715	01	0.109414	01
5.50	0.235572	01	0.675245	01	0.120305	01	0.109684	01
6.00	0.244030	01	0.716271	01	0.120766	01	0.109893	01
6.50	0.251843	01	0.755378	01	0.121131	01	0.110059	01
7.00	0.259100	01	0.792755	01	0.121425	01	0.110193	01
7.50	0.265875	01	0.828561	01	0.121666	01	0.110302	01
8.00	0.272226	01	0.862935	01	0.121865	01	0.110392	01
8.50	0.278203	01	0.896001	01	0.122031	01	0.110468	01
9.00	0.283847	01	0.927862	01	0.122172	01	0.110531	01
9.50	0.289192	01	0.958614	01	0.122291	01	0.110585	01
10.00	0.294269	01	0.988339	01	0.122394	01	0.110632	01

TABLE 4

SINK	0.10	0.20	0.20	0.20	0.30	0.30
SOURCE	0.00	0.10	0.05	0.00	0.20	0.15
TIME						
0.00	0.0000	0.0000	0.0000	0.0000	0.0000	0.0000
0.02	0.9908	0.7350	0.6544	0.6262	0.6232	0.4716
0.03	0.9992	0.8563	0.8126	0.7973	0.7142	0.5978
0.04	0.9999	0.9221	0.8984	0.8901	0.7818	0.6928
0.05	1.0000	0.9577	0.9449	0.9404	0.8333	0.7653
0.06	1.0000	0.9771	0.9701	0.9677	0.8727	0.8207
0.07	1.0000	0.9876	0.9838	0.9825	0.9027	0.8630
0.08	1.0000	0.9933	0.9912	0.9905	0.9257	0.8954
0.09	1.0000	0.9963	0.9952	0.9948	0.9432	0.9200
0.10	1.0000	0.9980	0.9974	0.9972	0.9566	0.9389
0.15	1.0000	0.9999	0.9999	0.9999	0.9887	0.9841
0.20	1.0000	1.0000	1.0000	1.0000	0.9971	0.9959
0.25	1.0000	1.0000	1.0000	1.0000	0.9992	0.9989
0.30	1.0000	1.0000	1.0000	1.0000	0.9998	0.9997
0.35	1.0000	1.0000	1.0000	1.0000	0.9999	0.9999
0.40	1.0000	1.0000	1.0000	1.0000	1.0000	1.0000
0.45	1.0000	1.0000	1.0000	1.0000	1.0000	1.0000
0.50	1.0000	1.0000	1.0000	1.0000	1.0000	1.0000
0.55	1.0000	1.0000	1.0000	1.0000	1.0000	1.0000
0.60	1.0000	1.0000	1.0000	1.0000	1.0000	1.0000
0.65	1.0000	1.0000	1.0000	1.0000	1.0000	1.0000
0.70	1.0000	1.0000	1.0000	1.0000	1.0000	1.0000
0.75	1.0000	1.0000	1.0000	1.0000	1.0000	1.0000
0.80	1.0000	1.0000	1.0000	1.0000	1.0000	1.0000
0.85	1.0000	1.0000	1.0000	1.0000	1.0000	1.0000
0.90	1.0000	1.0000	1.0000	1.0000	1.0000	1.0000
0.95	1.0000	1.0000	1.0000	1.0000	1.0000	1.0000
1.00	1.0000	1.0000	1.0000	1.0000	1.0000	1.0000
1.20	1.0000	1.0000	1.0000	1.0000	1.0000	1.0000
1.40	1.0000	1.0000	1.0000	1.0000	1.0000	1.0000
1.60	1.0000	1.0000	1.0000	1.0000	1.0000	1.0000
1.80	1.0000	1.0000	1.0000	1.0000	1.0000	1.0000
2.00	1.0000	1.0000	1.0000	1.0000	1.0000	1.0000
2.20	1.0000	1.0000	1.0000	1.0000	1.0000	1.0000
2.40	1.0000	1.0000	1.0000	1.0000	1.0000	1.0000
2.60	1.0000	1.0000	1.0000	1.0000	1.0000	1.0000
2.80	1.0000	1.0000	1.0000	1.0000	1.0000	1.0000
3.00	1.0000	1.0000	1.0000	1.0000	1.0000	1.0000
3.20	1.0000	1.0000	1.0000	1.0000	1.0000	1.0000
3.40	1.0000	1.0000	1.0000	1.0000	1.0000	1.0000
3.60	1.0000	1.0000	1.0000	1.0000	1.0000	1.0000
3.80	1.0000	1.0000	1.0000	1.0000	1.0000	1.0000
4.00	1.0000	1.0000	1.0000	1.0000	1.0000	1.0000
4.50	1.0000	1.0000	1.0000	1.0000	1.0000	1.0000
5.00	1.0000	1.0000	1.0000	1.0000	1.0000	1.0000
LAMBDA1	246.2404	61.1863	61.1863	61.1863	26.9185	26.9185
BETA1	313.3745	55.1203	71.8836	77.7577	17.2350	24.2680
LAMBDA2	-0.0000	-0.0000	-0.0000	-0.0000	246.2471	246.2471
BETA2	0.0000	0.0000	0.0000	0.0000	103.4178	72.8098

TABLE 4

SINK	0.30	0.30	0.30	0.40	0.40	0.40
SOURCE	0.10	0.05	0.00	0.30	0.25	0.20
TIME						
0.00	0.0000	0.0000	0.0000	0.0000	0.0000	0.0000
0.02	0.3575	0.2869	0.2630	0.6087	0.4453	0.3121
0.03	0.5091	0.4537	0.4349	0.6779	0.5379	0.4187
0.04	0.6250	0.5825	0.5681	0.7263	0.6059	0.5021
0.05	0.7135	0.6810	0.6700	0.7652	0.6615	0.5718
0.06	0.7811	0.7563	0.7479	0.7980	0.7087	0.6314
0.07	0.8328	0.8138	0.8074	0.8260	0.7492	0.6825
0.08	0.8722	0.8578	0.8528	0.8502	0.7840	0.7266
0.09	0.9024	0.8913	0.8876	0.8709	0.8139	0.7645
0.10	0.9254	0.9170	0.9141	0.8888	0.8397	0.7971
0.15	0.9806	0.9784	0.9776	0.9473	0.9240	0.9038
0.20	0.9949	0.9944	0.9942	0.9750	0.9640	0.9544
0.25	0.9987	0.9985	0.9985	0.9882	0.9829	0.9784
0.30	0.9997	0.9996	0.9996	0.9944	0.9919	0.9898
0.35	0.9999	0.9999	0.9999	0.9973	0.9962	0.9951
0.40	1.0000	1.0000	1.0000	0.9987	0.9982	0.9977
0.45	1.0000	1.0000	1.0000	0.9994	0.9991	0.9989
0.50	1.0000	1.0000	1.0000	0.9997	0.9996	0.9995
0.55	1.0000	1.0000	1.0000	0.9999	0.9998	0.9998
0.60	1.0000	1.0000	1.0000	0.9999	0.9999	0.9999
0.65	1.0000	1.0000	1.0000	1.0000	1.0000	0.9999
0.70	1.0000	1.0000	1.0000	1.0000	1.0000	1.0000
0.75	1.0000	1.0000	1.0000	1.0000	1.0000	1.0000
0.80	1.0000	1.0000	1.0000	1.0000	1.0000	1.0000
0.85	1.0000	1.0000	1.0000	1.0000	1.0000	1.0000
0.90	1.0000	1.0000	1.0000	1.0000	1.0000	1.0000
0.95	1.0000	1.0000	1.0000	1.0000	1.0000	1.0000
1.00	1.0000	1.0000	1.0000	1.0000	1.0000	1.0000
1.20	1.0000	1.0000	1.0000	1.0000	1.0000	1.0000
1.40	1.0000	1.0000	1.0000	1.0000	1.0000	1.0000
1.60	1.0000	1.0000	1.0000	1.0000	1.0000	1.0000
1.80	1.0000	1.0000	1.0000	1.0000	1.0000	1.0000
2.00	1.0000	1.0000	1.0000	1.0000	1.0000	1.0000
2.20	1.0000	1.0000	1.0000	1.0000	1.0000	1.0000
2.40	1.0000	1.0000	1.0000	1.0000	1.0000	1.0000
2.60	1.0000	1.0000	1.0000	1.0000	1.0000	1.0000
2.80	1.0000	1.0000	1.0000	1.0000	1.0000	1.0000
3.00	1.0000	1.0000	1.0000	1.0000	1.0000	1.0000
3.20	1.0000	1.0000	1.0000	1.0000	1.0000	1.0000
3.40	1.0000	1.0000	1.0000	1.0000	1.0000	1.0000
3.60	1.0000	1.0000	1.0000	1.0000	1.0000	1.0000
3.80	1.0000	1.0000	1.0000	1.0000	1.0000	1.0000
4.00	1.0000	1.0000	1.0000	1.0000	1.0000	1.0000
4.50	1.0000	1.0000	1.0000	1.0000	1.0000	1.0000
5.00	1.0000	1.0000	1.0000	1.0000	1.0000	1.0000
LAMBDA1	26.9185	26.9185	26.9185	14.9265	14.9265	14.9265
BETA1	29.6298	32.9862	34.1286	7.3814	10.6432	13.4708
LAMBDA2	246.2471	246.2471	246.2471	138.3037	138.3037	138.3037
BETA2	0.0022	-72.4435	-102.3877	53.4739	56.3807	40.4225

TABLE 4

SINK	0.40	0.40	0.40	0.40	0.50	0.50
SOURCE	0.15	0.10	0.05	0.00	0.40	0.30
TIME						
0.00	0.0000	0.0000	0.0000	0.0000	0.0000	0.0000
0.02	0.2112	0.1416	0.1012	0.0881	0.6051	0.3064
0.03	0.3235	0.2545	0.2128	0.1989	0.6707	0.4016
0.04	0.4181	0.3564	0.3187	0.3060	0.7121	0.4689
0.05	0.4990	0.4453	0.4124	0.4013	0.7428	0.5221
0.06	0.5685	0.5221	0.4936	0.4840	0.7678	0.5672
0.07	0.6283	0.5883	0.5638	0.5555	0.7895	0.6069
0.08	0.6799	0.6454	0.6243	0.6171	0.8086	0.6425
0.09	0.7243	0.6946	0.6764	0.6702	0.8259	0.6747
0.10	0.7625	0.7369	0.7212	0.7159	0.8416	0.7039
0.15	0.8874	0.8753	0.8678	0.8653	0.9009	0.8147
0.20	0.9466	0.9409	0.9373	0.9362	0.9380	0.8841
0.25	0.9747	0.9720	0.9703	0.9697	0.9612	0.9275
0.30	0.9880	0.9867	0.9859	0.9856	0.9757	0.9546
0.35	0.9943	0.9937	0.9933	0.9932	0.9848	0.9716
0.40	0.9973	0.9970	0.9968	0.9968	0.9905	0.9822
0.45	0.9987	0.9986	0.9985	0.9985	0.9941	0.9889
0.50	0.9994	0.9993	0.9993	0.9993	0.9963	0.9930
0.55	0.9997	0.9997	0.9997	0.9997	0.9977	0.9956
0.60	0.9999	0.9998	0.9998	0.9998	0.9985	0.9973
0.65	0.9999	0.9999	0.9999	0.9999	0.9991	0.9983
0.70	1.0000	1.0000	1.0000	1.0000	0.9994	0.9989
0.75	1.0000	1.0000	1.0000	1.0000	0.9996	0.9993
0.80	1.0000	1.0000	1.0000	1.0000	0.9998	0.9996
0.85	1.0000	1.0000	1.0000	1.0000	0.9999	0.9997
0.90	1.0000	1.0000	1.0000	1.0000	0.9999	0.9998
0.95	1.0000	1.0000	1.0000	1.0000	0.9999	0.9999
1.00	1.0000	1.0000	1.0000	1.0000	1.0000	0.9999
1.20	1.0000	1.0000	1.0000	1.0000	1.0000	1.0000
1.40	1.0000	1.0000	1.0000	1.0000	1.0000	1.0000
1.60	1.0000	1.0000	1.0000	1.0000	1.0000	1.0000
1.80	1.0000	1.0000	1.0000	1.0000	1.0000	1.0000
2.00	1.0000	1.0000	1.0000	1.0000	1.0000	1.0000
2.20	1.0000	1.0000	1.0000	1.0000	1.0000	1.0000
2.40	1.0000	1.0000	1.0000	1.0000	1.0000	1.0000
2.60	1.0000	1.0000	1.0000	1.0000	1.0000	1.0000
2.80	1.0000	1.0000	1.0000	1.0000	1.0000	1.0000
3.00	1.0000	1.0000	1.0000	1.0000	1.0000	1.0000
3.20	1.0000	1.0000	1.0000	1.0000	1.0000	1.0000
3.40	1.0000	1.0000	1.0000	1.0000	1.0000	1.0000
3.60	1.0000	1.0000	1.0000	1.0000	1.0000	1.0000
3.80	1.0000	1.0000	1.0000	1.0000	1.0000	1.0000
4.00	1.0000	1.0000	1.0000	1.0000	1.0000	1.0000
4.50	1.0000	1.0000	1.0000	1.0000	1.0000	1.0000
5.00	1.0000	1.0000	1.0000	1.0000	1.0000	1.0000
LAMBDA1	14.9265	14.9265	14.9265	14.9265	9.3778	9.3778
BETA1	15.7714	17.4701	18.5117	18.8627	3.7940	7.0924
LAMBDA2	138.3037	138.3037	138.3037	138.3037	88.3459	88.3459
BETA2	11.1069	-21.7081	-47.0827	-56.5914	29.8158	34.4472

TABLE 4

SINK	0.50	0.50	0.50	0.60	0.60	0.60
SOURCE	0.20	0.10	0.00	0.50	0.40	0.30
TIME						
0.00	0.0000	0.0000	0.0000	0.0000	0.0000	0.0000
0.02	0.1280	0.0457	0.0235	0.6020	0.3033	0.1257
0.03	0.2153	0.1111	0.0783	0.6670	0.3965	0.2082
0.04	0.2898	0.1824	0.1469	0.7072	0.4600	0.2741
0.05	0.3552	0.2521	0.2174	0.7355	0.5073	0.3284
0.06	0.4136	0.3177	0.2851	0.7573	0.5452	0.3751
0.07	0.4664	0.3782	0.3481	0.7752	0.5774	0.4164
0.08	0.5143	0.4336	0.4060	0.7907	0.6057	0.4540
0.09	0.5578	0.4842	0.4590	0.8045	0.6312	0.4885
0.10	0.5975	0.5303	0.5074	0.8170	0.6546	0.5205
0.15	0.7481	0.7061	0.6917	0.8673	0.7494	0.6516
0.20	0.8424	0.8161	0.8071	0.9035	0.8177	0.7466
0.25	0.9014	0.8849	0.8793	0.9298	0.8674	0.8157
0.30	0.9383	0.9280	0.9245	0.9490	0.9036	0.8659
0.35	0.9614	0.9550	0.9528	0.9629	0.9298	0.9025
0.40	0.9758	0.9718	0.9704	0.9730	0.9490	0.9291
0.45	0.9849	0.9824	0.9815	0.9804	0.9629	0.9484
0.50	0.9905	0.9890	0.9884	0.9857	0.9730	0.9625
0.55	0.9941	0.9931	0.9928	0.9896	0.9804	0.9727
0.60	0.9963	0.9957	0.9955	0.9924	0.9857	0.9801
0.65	0.9977	0.9973	0.9972	0.9945	0.9896	0.9856
0.70	0.9986	0.9983	0.9982	0.9960	0.9924	0.9895
0.75	0.9991	0.9989	0.9989	0.9971	0.9945	0.9924
0.80	0.9994	0.9993	0.9993	0.9979	0.9960	0.9944
0.85	0.9996	0.9996	0.9996	0.9985	0.9971	0.9960
0.90	0.9998	0.9997	0.9997	0.9989	0.9979	0.9971
0.95	0.9999	0.9998	0.9998	0.9992	0.9985	0.9979
1.00	0.9999	0.9999	0.9999	0.9994	0.9989	0.9984
1.20	1.0000	1.0000	1.0000	0.9998	0.9997	0.9996
1.40	1.0000	1.0000	1.0000	1.0000	0.9999	0.9999
1.60	1.0000	1.0000	1.0000	1.0000	1.0000	1.0000
1.80	1.0000	1.0000	1.0000	1.0000	1.0000	1.0000
2.00	1.0000	1.0000	1.0000	1.0000	1.0000	1.0000
2.20	1.0000	1.0000	1.0000	1.0000	1.0000	1.0000
2.40	1.0000	1.0000	1.0000	1.0000	1.0000	1.0000
2.60	1.0000	1.0000	1.0000	1.0000	1.0000	1.0000
2.80	1.0000	1.0000	1.0000	1.0000	1.0000	1.0000
3.00	1.0000	1.0000	1.0000	1.0000	1.0000	1.0000
3.20	1.0000	1.0000	1.0000	1.0000	1.0000	1.0000
3.40	1.0000	1.0000	1.0000	1.0000	1.0000	1.0000
3.60	1.0000	1.0000	1.0000	1.0000	1.0000	1.0000
3.80	1.0000	1.0000	1.0000	1.0000	1.0000	1.0000
4.00	1.0000	1.0000	1.0000	1.0000	1.0000	1.0000
4.50	1.0000	1.0000	1.0000	1.0000	1.0000	1.0000
5.00	1.0000	1.0000	1.0000	1.0000	1.0000	1.0000
LAMBDA1	9.3778	9.3778	9.3778	6.3657	6.3657	6.3657
BETA1	9.6421	11.2515	11.8015	2.1938	4.1448	5.7616
LAMBDA2	88.3459	88.3459	88.3459	61.2130	61.2130	61.2130
BETA2	11.0587	-20.8623	-35.4094	18.0032	24.8989	17.3069

TABLE 4

SINK	0.60	0.60	0.60	0.70	0.70	0.70
SOURCE	0.20	0.10	0.00	0.60	0.50	0.40
TIME						
0.00	0.0000	0.0000	0.0000	0.0000	0.0000	0.0000
0.02	0.0424	0.0119	0.0050	0.5989	0.3002	0.1237
0.03	0.0965	0.0421	0.0264	0.6635	0.3924	0.2048
0.04	0.1513	0.0840	0.0629	0.7034	0.4548	0.2686
0.05	0.2035	0.1311	0.1075	0.7312	0.5007	0.3197
0.06	0.2526	0.1795	0.1553	0.7521	0.5364	0.3618
0.07	0.2987	0.2273	0.2035	0.7688	0.5655	0.3979
0.08	0.3419	0.2735	0.2505	0.7827	0.5913	0.4295
0.09	0.3825	0.3175	0.2955	0.7946	0.6119	0.4580
0.10	0.4206	0.3591	0.3383	0.8052	0.6314	0.4841
0.15	0.5786	0.5334	0.5181	0.8469	0.7095	0.5919
0.20	0.6934	0.6606	0.6495	0.8782	0.7689	0.6753
0.25	0.7770	0.7531	0.7450	0.9030	0.8160	0.7414
0.30	0.8378	0.8204	0.8145	0.9228	0.8535	0.7940
0.35	0.8820	0.8694	0.8651	0.9385	0.8833	0.8359
0.40	0.9142	0.9050	0.9019	0.9510	0.9070	0.8693
0.45	0.9376	0.9309	0.9286	0.9610	0.9260	0.8959
0.50	0.9546	0.9497	0.9481	0.9689	0.9410	0.9171
0.55	0.9670	0.9634	0.9622	0.9753	0.9530	0.9340
0.60	0.9760	0.9734	0.9725	0.9803	0.9626	0.9474
0.65	0.9825	0.9806	0.9800	0.9843	0.9702	0.9581
0.70	0.9873	0.9859	0.9855	0.9875	0.9763	0.9666
0.75	0.9908	0.9898	0.9894	0.9900	0.9811	0.9734
0.80	0.9933	0.9926	0.9923	0.9921	0.9849	0.9788
0.85	0.9951	0.9946	0.9944	0.9937	0.9880	0.9831
0.90	0.9964	0.9961	0.9959	0.9950	0.9905	0.9866
0.95	0.9974	0.9971	0.9970	0.9960	0.9924	0.9893
1.00	0.9981	0.9979	0.9978	0.9968	0.9939	0.9915
1.20	0.9995	0.9994	0.9994	0.9987	0.9976	0.9966
1.40	0.9999	0.9998	0.9998	0.9995	0.9990	0.9986
1.60	1.0000	1.0000	1.0000	0.9998	0.9996	0.9994
1.80	1.0000	1.0000	1.0000	0.9999	0.9998	0.9998
2.00	1.0000	1.0000	1.0000	1.0000	0.9999	0.9999
2.20	1.0000	1.0000	1.0000	1.0000	1.0000	1.0000
2.40	1.0000	1.0000	1.0000	1.0000	1.0000	1.0000
2.60	1.0000	1.0000	1.0000	1.0000	1.0000	1.0000
2.80	1.0000	1.0000	1.0000	1.0000	1.0000	1.0000
3.00	1.0000	1.0000	1.0000	1.0000	1.0000	1.0000
3.20	1.0000	1.0000	1.0000	1.0000	1.0000	1.0000
3.40	1.0000	1.0000	1.0000	1.0000	1.0000	1.0000
3.60	1.0000	1.0000	1.0000	1.0000	1.0000	1.0000
3.80	1.0000	1.0000	1.0000	1.0000	1.0000	1.0000
4.00	1.0000	1.0000	1.0000	1.0000	1.0000	1.0000
4.50	1.0000	1.0000	1.0000	1.0000	1.0000	1.0000
5.00	1.0000	1.0000	1.0000	1.0000	1.0000	1.0000
LAMBDA1	6.3657	6.3657	6.3657	4.5515	4.5515	4.5515
BETA1	6.9706	7.7178	7.9706	1.3769	2.6128	3.6727
LAMBDA2	61.2130	61.2130	61.2130	44.8577	44.8577	44.8577
BETA2	0.0082	−16.9524	−23.9187	11.6005	17.6522	15.9571

TABLE 4

SINK	0.70	0.70	0.70	0.70	0.80	0.80
SOURCE	0.30	0.20	0.10	0.00	0.70	0.60
TIME						
0.00	0.0000	0.0000	0.0000	0.0000	0.0000	0.0000
0.02	0.0414	0.0112	0.0025	0.0008	0.5958	0.2971
0.03	0.0936	0.0374	0.0138	0.0076	0.6600	0.3883
0.04	0.1443	0.0711	0.0347	0.0239	0.6996	0.4501
0.05	0.1903	0.1073	0.0624	0.0484	0.7273	0.4953
0.06	0.2317	0.1440	0.0943	0.0783	0.7480	0.5302
0.07	0.2694	0.1802	0.1282	0.1112	0.7643	0.5584
0.08	0.3042	0.2155	0.1630	0.1456	0.7776	0.5819
0.09	0.3367	0.2497	0.1976	0.1803	0.7889	0.6020
0.10	0.3671	0.2826	0.2316	0.2146	0.7986	0.6196
0.15	0.4972	0.4280	0.3857	0.3715	0.8349	0.6867
0.20	0.5997	0.5443	0.5105	0.4991	0.8614	0.7368
0.25	0.6812	0.6371	0.6101	0.6011	0.8831	0.7779
0.30	0.7461	0.7109	0.6895	0.6822	0.9013	0.8125
0.35	0.7978	0.7698	0.7527	0.7469	0.9166	0.8416
0.40	0.8389	0.8166	0.8030	0.7984	0.9296	0.8662
0.45	0.8717	0.8539	0.8431	0.8395	0.9405	0.8870
0.50	0.8978	0.8837	0.8750	0.8721	0.9498	0.9045
0.55	0.9186	0.9074	0.9005	0.8982	0.9576	0.9194
0.60	0.9352	0.9262	0.9207	0.9189	0.9642	0.9319
0.65	0.9484	0.9412	0.9369	0.9354	0.9697	0.9425
0.70	0.9589	0.9532	0.9497	0.9485	0.9744	0.9514
0.75	0.9673	0.9627	0.9600	0.9590	0.9784	0.9590
0.80	0.9739	0.9703	0.9681	0.9674	0.9818	0.9653
0.85	0.9792	0.9764	0.9746	0.9740	0.9846	0.9707
0.90	0.9835	0.9812	0.9798	0.9793	0.9870	0.9753
0.95	0.9868	0.9850	0.9839	0.9835	0.9890	0.9791
1.00	0.9895	0.9881	0.9872	0.9869	0.9907	0.9824
1.20	0.9958	0.9952	0.9948	0.9947	0.9953	0.9910
1.40	0.9983	0.9981	0.9979	0.9979	0.9976	0.9954
1.60	0.9993	0.9992	0.9992	0.9991	0.9988	0.9977
1.80	0.9997	0.9997	0.9997	0.9997	0.9994	0.9988
2.00	0.9999	0.9999	0.9999	0.9999	0.9997	0.9994
2.20	1.0000	0.9999	0.9999	0.9999	0.9998	0.9997
2.40	1.0000	1.0000	1.0000	1.0000	0.9999	0.9998
2.60	1.0000	1.0000	1.0000	1.0000	1.0000	0.9999
2.80	1.0000	1.0000	1.0000	1.0000	1.0000	1.0000
3.00	1.0000	1.0000	1.0000	1.0000	1.0000	1.0000
3.20	1.0000	1.0000	1.0000	1.0000	1.0000	1.0000
3.40	1.0000	1.0000	1.0000	1.0000	1.0000	1.0000
3.60	1.0000	1.0000	1.0000	1.0000	1.0000	1.0000
3.80	1.0000	1.0000	1.0000	1.0000	1.0000	1.0000
4.00	1.0000	1.0000	1.0000	1.0000	1.0000	1.0000
4.50	1.0000	1.0000	1.0000	1.0000	1.0000	1.0000
5.00	1.0000	1.0000	1.0000	1.0000	1.0000	1.0000
LAMBDA1	4.5515	4.5515	4.5515	4.5515	3.3762	3.3762
BETA1	4.5274	5.1543	5.5370	5.6657	0.9176	1.7432
LAMBDA2	44.8577	44.8577	44.8577	44.8577	34.2476	34.2476
BETA2	7.5592	-3.8131	-13.3263	-17.0062	7.8702	12.6741

7   TABLE 4

SINK	0.80	0.80	0.80	0.80	0.80	0.80
SOURCE	0.50	0.40	0.30	0.20	0.10	0.00
TIME						
0.00	0.0000	0.0000	0.0000	0.0000	0.0000	0.0000
0.02	0.1218	0.0406	0.0109	0.0023	0.0004	0.0001
0.03	0.2016	0.0917	0.0363	0.0125	0.0039	0.0019
0.04	0.2644	0.1410	0.0681	0.0299	0.0128	0.0081
0.05	0.3143	0.1851	0.1011	0.0519	0.0272	0.0198
0.06	0.3550	0.2239	0.1333	0.0765	0.0459	0.0364
0.07	0.3890	0.2582	0.1641	0.1023	0.0678	0.0568
0.08	0.4183	0.2890	0.1934	0.1288	0.0917	0.0797
0.09	0.4440	0.3171	0.2214	0.1553	0.1168	0.1042
0.10	0.4669	0.3429	0.2481	0.1817	0.1426	0.1297
0.15	0.5580	0.4508	0.3664	0.3057	0.2692	0.2570
0.20	0.6281	0.5372	0.4651	0.4130	0.3815	0.3710
0.25	0.6862	0.6092	0.5483	0.5041	0.4774	0.4684
0.30	0.7350	0.6700	0.6184	0.5811	0.5585	0.5509
0.35	0.7761	0.7212	0.6777	0.6462	0.6271	0.6207
0.40	0.8109	0.7645	0.7278	0.7011	0.6850	0.6796
0.45	0.8403	0.8011	0.7701	0.7476	0.7339	0.7294
0.50	0.8651	0.8320	0.8058	0.7868	0.7753	0.7714
0.55	0.8861	0.8581	0.8359	0.8199	0.8102	0.8069
0.60	0.9038	0.8801	0.8614	0.8479	0.8397	0.8369
0.65	0.9187	0.8988	0.8830	0.8715	0.8646	0.8622
0.70	0.9313	0.9145	0.9011	0.8915	0.8856	0.8836
0.75	0.9420	0.9278	0.9165	0.9083	0.9034	0.9017
0.80	0.9510	0.9390	0.9295	0.9226	0.9184	0.9170
0.85	0.9586	0.9485	0.9404	0.9346	0.9311	0.9299
0.90	0.9650	0.9565	0.9497	0.9447	0.9418	0.9408
0.95	0.9705	0.9632	0.9575	0.9533	0.9508	0.9500
1.00	0.9751	0.9689	0.9641	0.9606	0.9585	0.9577
1.20	0.9873	0.9842	0.9817	0.9799	0.9789	0.9785
1.40	0.9935	0.9920	0.9907	0.9898	0.9892	0.9890
1.60	0.9967	0.9959	0.9953	0.9948	0.9945	0.9944
1.80	0.9983	0.9979	0.9976	0.9974	0.9972	0.9972
2.00	0.9991	0.9989	0.9988	0.9987	0.9986	0.9986
2.20	0.9996	0.9995	0.9994	0.9993	0.9993	0.9993
2.40	0.9998	0.9997	0.9997	0.9997	0.9996	0.9996
2.60	0.9999	0.9999	0.9998	0.9998	0.9998	0.9998
2.80	0.9999	0.9999	0.9999	0.9999	0.9999	0.9999
3.00	1.0000	1.0000	1.0000	1.0000	1.0000	1.0000
3.20	1.0000	1.0000	1.0000	1.0000	1.0000	1.0000
3.40	1.0000	1.0000	1.0000	1.0000	1.0000	1.0000
3.60	1.0000	1.0000	1.0000	1.0000	1.0000	1.0000
3.80	1.0000	1.0000	1.0000	1.0000	1.0000	1.0000
4.00	1.0000	1.0000	1.0000	1.0000	1.0000	1.0000
4.50	1.0000	1.0000	1.0000	1.0000	1.0000	1.0000
5.00	1.0000	1.0000	1.0000	1.0000	1.0000	1.0000
LAMBDA1	3.3762	3.3762	3.3762	3.3762	3.3762	3.3762
BETA1	2.4637	3.0679	3.5470	3.8941	4.1043	4.1747
LAMBDA2	34.2476	34.2476	34.2476	34.2476	34.2476	34.2476
BETA2	13.0972	9.2410	2.5163	-4.8358	-10.4462	-12.5357

8   TABLE 4

SINK	0.90	0.90	0.90	0.90	0.90	0.90
SOURCE	0.80	0.70	0.60	0.50	0.40	0.30
TIME						
0.00	0.0000	0.0000	0.0000	0.0000	0.0000	0.0000
0.02	0.5927	0.2940	0.1200	0.0398	0.0106	0.0023
0.03	0.6565	0.3843	0.1985	0.0898	0.0354	0.0121
0.04	0.6959	0.4453	0.2603	0.1381	0.0663	0.0287
0.05	0.7234	0.4900	0.3093	0.1812	0.0981	0.0491
0.06	0.7439	0.5245	0.3492	0.2188	0.1288	0.0712
0.07	0.7601	0.5523	0.3825	0.2518	0.1575	0.0939
0.08	0.7732	0.5752	0.4107	0.2810	0.1842	0.1164
0.09	0.7842	0.5947	0.4352	0.3071	0.2092	0.1387
0.10	0.7937	0.6115	0.4568	0.3307	0.2326	0.1605
0.15	0.8272	0.6729	0.5385	0.4250	0.3328	0.2617
0.20	0.8503	0.7161	0.5984	0.4979	0.4153	0.3509
0.25	0.8690	0.7513	0.6479	0.5594	0.4864	0.4292
0.30	0.8849	0.7816	0.6907	0.6128	0.5485	0.4981
0.35	0.8989	0.8080	0.7281	0.6596	0.6030	0.5587
0.40	0.9111	0.8312	0.7609	0.7007	0.6510	0.6120
0.45	0.9218	0.8516	0.7898	0.7369	0.6931	0.6588
0.50	0.9313	0.8695	0.8152	0.7686	0.7301	0.7000
0.55	0.9396	0.8853	0.8375	0.7965	0.7627	0.7362
0.60	0.9469	0.8991	0.8571	0.8211	0.7914	0.7680
0.65	0.9533	0.9113	0.8743	0.8427	0.8165	0.7960
0.70	0.9589	0.9220	0.8895	0.8617	0.8387	0.8206
0.75	0.9639	0.9314	0.9028	0.8784	0.8582	0.8423
0.80	0.9682	0.9397	0.9146	0.8931	0.8753	0.8613
0.85	0.9721	0.9470	0.9249	0.9060	0.8903	0.8781
0.90	0.9754	0.9534	0.9340	0.9173	0.9036	0.8928
0.95	0.9784	0.9590	0.9419	0.9273	0.9152	0.9057
1.00	0.9810	0.9639	0.9489	0.9361	0.9254	0.9171
1.20	0.9886	0.9784	0.9695	0.9618	0.9554	0.9504
1.40	0.9932	0.9871	0.9818	0.9772	0.9734	0.9704
1.60	0.9959	0.9923	0.9891	0.9863	0.9841	0.9823
1.80	0.9976	0.9954	0.9935	0.9918	0.9905	0.9894
2.00	0.9986	0.9972	0.9961	0.9951	0.9943	0.9937
2.20	0.9991	0.9984	0.9977	0.9971	0.9966	0.9962
2.40	0.9995	0.9990	0.9986	0.9983	0.9980	0.9977
2.60	0.9997	0.9994	0.9992	0.9990	0.9988	0.9986
2.80	0.9998	0.9996	0.9995	0.9994	0.9993	0.9992
3.00	0.9999	0.9998	0.9997	0.9996	0.9996	0.9995
3.20	0.9999	0.9999	0.9998	0.9998	0.9997	0.9997
3.40	1.0000	0.9999	0.9999	0.9999	0.9998	0.9998
3.60	1.0000	1.0000	0.9999	0.9999	0.9999	0.9999
3.80	1.0000	1.0000	1.0000	1.0000	0.9999	0.9999
4.00	1.0000	1.0000	1.0000	1.0000	1.0000	1.0000
4.50	1.0000	1.0000	1.0000	1.0000	1.0000	1.0000
5.00	1.0000	1.0000	1.0000	1.0000	1.0000	1.0000
LAMBDA1	2.5726	2.5726	2.5726	2.5726	2.5726	2.5726
BETA1	0.6401	1.2150	1.7210	2.1544	2.5127	2.7936
LAMBDA2	26.9785	26.9785	26.9785	26.9785	26.9785	26.9785
BETA2	5.5640	9.2871	10.3885	8.7617	4.9564	0.0167

TABLE 4

SINK	0.90	0.90	0.90	1.00	1.00	1.00
SOURCE	0.20	0.10	0.00	0.90	0.80	0.70
TIME						
0.00	0.0000	0.0000	0.0000	0.0000	0.0000	0.0000
0.02	0.0004	0.0001	0.0000	0.5896	0.2910	0.1181
0.03	0.0036	0.0009	0.0004	0.6530	0.3803	0.1954
0.04	0.0112	0.0042	0.0024	0.6922	0.4406	0.2562
0.05	0.0229	0.0108	0.0074	0.7194	0.4848	0.3044
0.06	0.0377	0.0207	0.0156	0.7398	0.5189	0.3436
0.07	0.0545	0.0336	0.0271	0.7559	0.5463	0.3763
0.08	0.0728	0.0487	0.0411	0.7689	0.5689	0.4040
0.09	0.0920	0.0656	0.0571	0.7798	0.5880	0.4279
0.10	0.1117	0.0837	0.0746	0.7891	0.6045	0.4488
0.15	0.2115	0.1816	0.1717	0.8215	0.6631	0.5257
0.20	0.3048	0.2771	0.2679	0.8425	0.7021	0.5790
0.25	0.3882	0.3635	0.3553	0.8589	0.7328	0.6218
0.30	0.4619	0.4401	0.4328	0.8728	0.7590	0.6587
0.35	0.5268	0.5076	0.5012	0.8850	0.7822	0.6915
0.40	0.5839	0.5670	0.5614	0.8960	0.8030	0.7209
0.45	0.6341	0.6193	0.6143	0.9059	0.8218	0.7475
0.50	0.6783	0.6652	0.6609	0.9149	0.8388	0.7716
0.55	0.7171	0.7057	0.7018	0.9230	0.8541	0.7933
0.60	0.7513	0.7412	0.7378	0.9303	0.8680	0.8130
0.65	0.7813	0.7724	0.7695	0.9370	0.8806	0.8308
0.70	0.8077	0.7999	0.7973	0.9430	0.8919	0.8469
0.75	0.8309	0.8240	0.8217	0.9484	0.9022	0.8615
0.80	0.8513	0.8453	0.8433	0.9533	0.9115	0.8746
0.85	0.8693	0.8640	0.8622	0.9577	0.9199	0.8866
0.90	0.8850	0.8804	0.8788	0.9618	0.9276	0.8974
0.95	0.8989	0.8948	0.8934	0.9654	0.9344	0.9071
1.00	0.9111	0.9075	0.9063	0.9687	0.9407	0.9160
1.20	0.9469	0.9447	0.9440	0.9790	0.9602	0.9437
1.40	0.9682	0.9669	0.9665	0.9859	0.9733	0.9622
1.60	0.9810	0.9802	0.9800	0.9906	0.9821	0.9747
1.80	0.9886	0.9882	0.9880	0.9937	0.9880	0.9830
2.00	0.9932	0.9929	0.9928	0.9958	0.9920	0.9886
2.20	0.9959	0.9958	0.9957	0.9972	0.9946	0.9924
2.40	0.9976	0.9975	0.9974	0.9981	0.9964	0.9949
2.60	0.9986	0.9985	0.9985	0.9987	0.9976	0.9966
2.80	0.9991	0.9991	0.9991	0.9991	0.9984	0.9977
3.00	0.9995	0.9995	0.9995	0.9994	0.9989	0.9985
3.20	0.9997	0.9997	0.9997	0.9996	0.9993	0.9990
3.40	0.9998	0.9998	0.9998	0.9997	0.9995	0.9993
3.60	0.9999	0.9999	0.9999	0.9998	0.9997	0.9995
3.80	0.9999	0.9999	0.9999	0.9999	0.9998	0.9997
4.00	1.0000	1.0000	1.0000	0.9999	0.9999	0.9998
4.50	1.0000	1.0000	1.0000	1.0000	0.9999	0.9999
5.00	1.0000	1.0000	1.0000	1.0000	1.0000	1.0000
LAMBDA1	2.5726	2.5726	2.5726	2.0000	2.0000	2.0000
BETA1	2.9954	3.1170	3.1576	0.4626	0.8766	1.2418
LAMBDA2	26.9785	26.9785	26.9785	21.7843	21.7843	21.7843
BETA2	-4.7812	-8.2334	-9.4866	4.0670	6.9503	8.1806

TABLE 4

SINK	1.00	1.00	1.00	1.00	1.00	1.00
SOURCE	0.60	0.50	0.40	0.30	0.20	0.10
TIME						
0.00	0.0000	0.0000	0.0000	0.0000	0.0000	0.0000
0.02	0.0390	0.0104	0.0022	0.0004	0.0001	0.0000
0.03	0.0880	0.0345	0.0117	0.0034	0.0009	0.0002
0.04	0.1353	0.0646	0.0278	0.0108	0.0037	0.0012
0.05	0.1774	0.0956	0.0475	0.0218	0.0092	0.0039
0.06	0.2142	0.1253	0.0687	0.0353	0.0172	0.0087
0.07	0.2464	0.1530	0.0900	0.0503	0.0272	0.0155
0.08	0.2747	0.1786	0.1110	0.0662	0.0389	0.0244
0.09	0.2998	0.2022	0.1313	0.0826	0.0518	0.0349
0.10	0.3224	0.2240	0.1508	0.0992	0.0656	0.0468
0.15	0.4094	0.3139	0.2382	0.1813	0.1417	0.1185
0.20	0.4732	0.3847	0.3131	0.2580	0.2191	0.1959
0.25	0.5259	0.4451	0.3792	0.3283	0.2920	0.2702
0.30	0.5719	0.4985	0.4386	0.3920	0.3589	0.3390
0.35	0.6129	0.5464	0.4921	0.4499	0.4197	0.4016
0.40	0.6498	0.5897	0.5405	0.5022	0.4749	0.4585
0.45	0.6832	0.6287	0.5842	0.5496	0.5248	0.5100
0.50	0.7133	0.6641	0.6238	0.5924	0.5700	0.5566
0.55	0.7406	0.6961	0.6596	0.6312	0.6109	0.5988
0.60	0.7653	0.7250	0.6920	0.6663	0.6480	0.6370
0.65	0.7876	0.7511	0.7213	0.6981	0.6815	0.6715
0.70	0.8079	0.7748	0.7478	0.7268	0.7118	0.7028
0.75	0.8261	0.7963	0.7718	0.7528	0.7392	0.7311
0.80	0.8427	0.8156	0.7935	0.7763	0.7640	0.7567
0.85	0.8577	0.8332	0.8132	0.7976	0.7865	0.7798
0.90	0.8712	0.8491	0.8310	0.8169	0.8068	0.8008
0.95	0.8835	0.8634	0.8470	0.8343	0.8252	0.8197
1.00	0.8945	0.8764	0.8616	0.8501	0.8418	0.8369
1.20	0.9293	0.9172	0.9072	0.8995	0.8940	0.8907
1.40	0.9526	0.9445	0.9378	0.9326	0.9289	0.9267
1.60	0.9682	0.9628	0.9583	0.9548	0.9524	0.9509
1.80	0.9787	0.9751	0.9721	0.9697	0.9681	0.9671
2.00	0.9857	0.9833	0.9813	0.9797	0.9786	0.9779
2.20	0.9904	0.9888	0.9874	0.9864	0.9857	0.9852
2.40	0.9936	0.9925	0.9916	0.9909	0.9904	0.9901
2.60	0.9957	0.9950	0.9944	0.9939	0.9936	0.9934
2.80	0.9971	0.9966	0.9962	0.9959	0.9957	0.9955
3.00	0.9981	0.9977	0.9975	0.9973	0.9971	0.9970
3.20	0.9987	0.9985	0.9983	0.9982	0.9981	0.9980
3.40	0.9991	0.9990	0.9989	0.9988	0.9987	0.9987
3.60	0.9994	0.9993	0.9992	0.9992	0.9991	0.9991
3.80	0.9996	0.9995	0.9995	0.9994	0.9994	0.9994
4.00	0.9997	0.9997	0.9997	0.9996	0.9996	0.9996
4.50	0.9999	0.9999	0.9999	0.9999	0.9999	0.9999
5.00	1.0000	1.0000	1.0000	0.9999	0.9999	0.9999
LAMBDA1	2.0000	2.0000	2.0000	2.0000	2.0000	2.0000
BETA1	1.5584	1.8262	2.0454	2.2158	2.3376	2.4106
LAMBDA2	21.7843	21.7843	21.7843	21.7843	21.7843	21.7843
BETA2	7.6347	5.5329	2.3773	-1.1538	-4.3369	-6.5369

TABLE 4

SINK	1.00	1.20	1.20	1.20	1.20	1.20
SOURCE	0.00	1.10	1.00	0.90	0.80	0.70
TIME						
0.00	0.0000	0.0000	0.0000	0.0000	0.0000	0.0000
0.02	0.0000	0.5833	0.2849	0.1145	0.0374	0.0098
0.03	0.0001	0.6460	0.3722	0.1893	0.0844	0.0327
0.04	0.0006	0.6846	0.4312	0.2481	0.1297	0.0613
0.05	0.0025	0.7115	0.4743	0.2948	0.1700	0.0907
0.06	0.0062	0.7316	0.5076	0.3327	0.2052	0.1188
0.07	0.0120	0.7474	0.5343	0.3642	0.2359	0.1450
0.08	0.0199	0.7602	0.5564	0.3909	0.2630	0.1691
0.09	0.0296	0.7709	0.5750	0.4138	0.2869	0.1912
0.10	0.0408	0.7801	0.5910	0.4339	0.3082	0.2115
0.15	0.1109	0.8115	0.6471	0.5064	0.3887	0.2923
0.20	0.1882	0.8309	0.6824	0.5536	0.4436	0.3510
0.25	0.2630	0.8448	0.7082	0.5888	0.4858	0.3980
0.30	0.3323	0.8560	0.7290	0.6177	0.5211	0.4382
0.35	0.3956	0.8656	0.7469	0.6428	0.5521	0.4741
0.40	0.4530	0.8742	0.7631	0.6654	0.5804	0.5070
0.45	0.5050	0.8821	0.7778	0.6862	0.6064	0.5375
0.50	0.5521	0.8893	0.7916	0.7056	0.6306	0.5659
0.55	0.5947	0.8961	0.8044	0.7237	0.6533	0.5925
0.60	0.6333	0.9025	0.8163	0.7406	0.6745	0.6174
0.65	0.6682	0.9085	0.8276	0.7564	0.6944	0.6408
0.70	0.6998	0.9141	0.8381	0.7713	0.7131	0.6628
0.75	0.7283	0.9193	0.8480	0.7853	0.7306	0.6834
0.80	0.7542	0.9242	0.8573	0.7984	0.7470	0.7027
0.85	0.7776	0.9289	0.8660	0.8107	0.7625	0.7208
0.90	0.7988	0.9332	0.8742	0.8223	0.7770	0.7379
0.95	0.8179	0.9373	0.8819	0.8331	0.7906	0.7539
1.00	0.8352	0.9411	0.8891	0.8433	0.8034	0.7689
1.20	0.8896	0.9542	0.9138	0.8782	0.8472	0.8204
1.40	0.9260	0.9644	0.9330	0.9054	0.8812	0.8604
1.60	0.9504	0.9724	0.9479	0.9264	0.9077	0.8915
1.80	0.9667	0.9785	0.9595	0.9428	0.9283	0.9157
2.00	0.9777	0.9833	0.9685	0.9556	0.9443	0.9345
2.20	0.9851	0.9870	0.9756	0.9655	0.9567	0.9491
2.40	0.9900	0.9899	0.9810	0.9732	0.9663	0.9604
2.60	0.9933	0.9922	0.9852	0.9791	0.9738	0.9692
2.80	0.9955	0.9939	0.9885	0.9838	0.9797	0.9761
3.00	0.9970	0.9953	0.9911	0.9874	0.9842	0.9814
3.20	0.9980	0.9963	0.9931	0.9902	0.9877	0.9856
3.40	0.9986	0.9971	0.9946	0.9924	0.9905	0.9888
3.60	0.9991	0.9978	0.9958	0.9941	0.9926	0.9913
3.80	0.9994	0.9983	0.9967	0.9954	0.9942	0.9932
4.00	0.9996	0.9987	0.9975	0.9964	0.9955	0.9947
4.50	0.9998	0.9993	0.9987	0.9981	0.9976	0.9972
5.00	0.9999	0.9996	0.9993	0.9990	0.9987	0.9985
LAMBDA1	2.0000	1.2603	1.2603	1.2603	1.2603	1.2603
BETA1	2.4349	0.2617	0.4930	0.6963	0.8738	1.0270
LAMBDA2	21.7843	15.0332	15.0332	15.0332	15.0332	15.0332
BETA2	−7.3212	2.3484	4.1213	5.1421	5.3438	4.7663

TABLE 4

SINK	1.20	1.20	1.20	1.20	1.20	1.20
SOURCE	0.60	0.50	0.40	0.30	0.20	0.00
TIME						
0.00	0.0000	0.0000	0.0000	0.0000	0.0000	0.0000
0.02	0.0021	0.0003	0.0000	0.0000	0.0000	0.0000
0.03	0.0110	0.0032	0.0008	0.0002	0.0000	0.0000
0.04	0.0261	0.0100	0.0034	0.0011	0.0003	0.0000
0.05	0.0446	0.0202	0.0084	0.0032	0.0011	0.0002
0.06	0.0644	0.0326	0.0154	0.0068	0.0028	0.0008
0.07	0.0843	0.0464	0.0241	0.0118	0.0056	0.0019
0.08	0.1038	0.0607	0.0338	0.0180	0.0093	0.0039
0.09	0.1224	0.0751	0.0442	0.0251	0.0140	0.0067
0.10	0.1401	0.0894	0.0551	0.0330	0.0197	0.0105
0.15	0.2154	0.1558	0.1111	0.0791	0.0577	0.0416
0.20	0.2747	0.2132	0.1653	0.1295	0.1048	0.0856
0.25	0.3244	0.2641	0.2163	0.1799	0.1545	0.1345
0.30	0.3682	0.3104	0.2641	0.2287	0.2038	0.1840
0.35	0.4080	0.3532	0.3091	0.2752	0.2513	0.2323
0.40	0.4448	0.3930	0.3513	0.3192	0.2965	0.2785
0.45	0.4789	0.4302	0.3909	0.3607	0.3392	0.3222
0.50	0.5109	0.4651	0.4281	0.3996	0.3795	0.3634
0.55	0.5408	0.4978	0.4630	0.4363	0.4173	0.4022
0.60	0.5689	0.5285	0.4958	0.4707	0.4529	0.4387
0.65	0.5952	0.5573	0.5266	0.5030	0.4863	0.4730
0.70	0.6200	0.5843	0.5555	0.5334	0.5176	0.5051
0.75	0.6432	0.6097	0.5827	0.5618	0.5471	0.5354
0.80	0.6650	0.6335	0.6082	0.5886	0.5747	0.5637
0.85	0.6854	0.6559	0.6321	0.6137	0.6007	0.5904
0.90	0.7046	0.6769	0.6546	0.6373	0.6251	0.6154
0.95	0.7227	0.6967	0.6756	0.6595	0.6480	0.6389
1.00	0.7396	0.7152	0.6955	0.6803	0.6695	0.6609
1.20	0.7976	0.7786	0.7633	0.7515	0.7431	0.7365
1.40	0.8427	0.8280	0.8160	0.8069	0.8004	0.7952
1.60	0.8778	0.8663	0.8570	0.8499	0.8448	0.8408
1.80	0.9050	0.8961	0.8889	0.8833	0.8794	0.8763
2.00	0.9262	0.9192	0.9136	0.9093	0.9063	0.9038
2.20	0.9426	0.9372	0.9329	0.9295	0.9272	0.9253
2.40	0.9554	0.9512	0.9478	0.9452	0.9434	0.9419
2.60	0.9653	0.9621	0.9595	0.9574	0.9560	0.9549
2.80	0.9731	0.9705	0.9685	0.9669	0.9658	0.9649
3.00	0.9791	0.9771	0.9755	0.9743	0.9734	0.9727
3.20	0.9837	0.9822	0.9810	0.9800	0.9793	0.9788
3.40	0.9874	0.9862	0.9852	0.9845	0.9839	0.9835
3.60	0.9902	0.9892	0.9885	0.9879	0.9875	0.9872
3.80	0.9924	0.9916	0.9911	0.9906	0.9903	0.9901
4.00	0.9941	0.9935	0.9931	0.9927	0.9925	0.9923
4.50	0.9968	0.9965	0.9963	0.9961	0.9960	0.9959
5.00	0.9983	0.9982	0.9980	0.9979	0.9979	0.9978
LAMBDA1	1.2603	1.2603	1.2603	1.2603	1.2603	1.2603
BETA1	1.1573	1.2658	1.3535	1.4210	1.4689	1.5070
LAMBDA2	15.0332	15.0332	15.0332	15.0332	15.0332	15.0332
BETA2	3.5434	1.8803	0.0257	-1.7599	-3.2349	-4.5421

13

TABLE 4

SINK	1.40	1.40	1.40	1.40	1.40	1.40
SOURCE	1.30	1.20	1.10	1.00	0.90	0.80
TIME						
0.00	0.0000	0.0000	0.0000	0.0000	0.0000	0.0000
0.02	0.5771	0.2789	0.1110	0.0359	0.0093	0.0019
0.03	0.6390	0.3643	0.1834	0.0809	0.0311	0.0103
0.04	0.6771	0.4219	0.2402	0.1243	0.0582	0.0245
0.05	0.7035	0.4640	0.2853	0.1628	0.0860	0.0419
0.06	0.7233	0.4964	0.3218	0.1965	0.1126	0.0604
0.07	0.7388	0.5224	0.3522	0.2258	0.1373	0.0791
0.08	0.7514	0.5438	0.3779	0.2516	0.1601	0.0972
0.09	0.7620	0.5619	0.4000	0.2744	0.1810	0.1146
0.10	0.7709	0.5774	0.4193	0.2947	0.2001	0.1311
0.15	0.8016	0.6317	0.4888	0.3709	0.2757	0.2007
0.20	0.8203	0.6654	0.5333	0.4219	0.3293	0.2535
0.25	0.8334	0.6893	0.5653	0.4596	0.3702	0.2955
0.30	0.8435	0.7077	0.5904	0.4896	0.4036	0.3309
0.35	0.8517	0.7228	0.6112	0.5149	0.4322	0.3618
0.40	0.8587	0.7359	0.6294	0.5372	0.4578	0.3899
0.45	0.8651	0.7477	0.6457	0.5574	0.4811	0.4158
0.50	0.8709	0.7585	0.6608	0.5761	0.5029	0.4401
0.55	0.8763	0.7686	0.6750	0.5937	0.5235	0.4631
0.60	0.8814	0.7782	0.6884	0.6104	0.5430	0.4850
0.65	0.8862	0.7872	0.7011	0.6263	0.5615	0.5059
0.70	0.8908	0.7959	0.7132	0.6414	0.5793	0.5259
0.75	0.8953	0.8041	0.7248	0.6559	0.5963	0.5450
0.80	0.8995	0.8120	0.7359	0.6698	0.6126	0.5634
0.85	0.9036	0.8196	0.7466	0.6831	0.6282	0.5810
0.90	0.9074	0.8269	0.7568	0.6959	0.6432	0.5979
0.95	0.9112	0.8339	0.7666	0.7082	0.6576	0.6141
1.00	0.9148	0.8406	0.7760	0.7199	0.6714	0.6296
1.20	0.9277	0.8648	0.8100	0.7624	0.7212	0.6858
1.40	0.9387	0.8853	0.8388	0.7984	0.7635	0.7334
1.60	0.9480	0.9027	0.8633	0.8290	0.7994	0.7739
1.80	0.9558	0.9174	0.8840	0.8549	0.8298	0.8082
2.00	0.9625	0.9299	0.9016	0.8769	0.8556	0.8373
2.20	0.9682	0.9406	0.9165	0.8956	0.8775	0.8619
2.40	0.9730	0.9496	0.9292	0.9114	0.8961	0.8829
2.60	0.9771	0.9572	0.9399	0.9249	0.9118	0.9006
2.80	0.9806	0.9637	0.9490	0.9363	0.9252	0.9157
3.00	0.9835	0.9692	0.9568	0.9459	0.9366	0.9285
3.20	0.9860	0.9739	0.9633	0.9541	0.9462	0.9393
3.40	0.9882	0.9778	0.9689	0.9611	0.9543	0.9485
3.60	0.9900	0.9812	0.9736	0.9670	0.9613	0.9563
3.80	0.9915	0.9841	0.9776	0.9720	0.9671	0.9630
4.00	0.9928	0.9865	0.9810	0.9762	0.9721	0.9686
4.50	0.9952	0.9910	0.9874	0.9843	0.9815	0.9792
5.00	0.9968	0.9941	0.9917	0.9896	0.9878	0.9862
LAMBDA1	0.8224	0.8224	0.8224	0.8224	0.8224	0.8224
BETA1	0.1595	0.2984	0.4192	0.5242	0.6150	0.6932
LAMBDA2	10.9823	10.9823	10.9823	10.9823	10.9823	10.9823
BETA2	1.4653	2.6020	3.3428	3.6614	3.5698	3.1140

TABLE 4

SINK	1.40	1.40	1.40	1.40	1.40	1.40
SOURCE	0.70	0.60	0.50	0.40	0.20	0.00
TIME						
0.00	0.0000	0.0000	0.0000	0.0000	0.0000	0.0000
0.02	0.0003	0.0000	0.0000	0.0000	0.0000	0.0000
0.03	0.0030	0.0007	0.0002	0.0000	0.0000	0.0000
0.04	0.0093	0.0032	0.0010	0.0003	0.0000	0.0000
0.05	0.0188	0.0077	0.0029	0.0010	0.0001	0.0000
0.06	0.0303	0.0142	0.0062	0.0025	0.0003	0.0001
0.07	0.0430	0.0221	0.0107	0.0049	0.0009	0.0002
0.08	0.0563	0.0310	0.0162	0.0081	0.0017	0.0006
0.09	0.0696	0.0405	0.0226	0.0120	0.0031	0.0012
0.10	0.0828	0.0503	0.0295	0.0166	0.0049	0.0022
0.15	0.1429	0.0995	0.0679	0.0455	0.0206	0.0136
0.20	0.1924	0.1442	0.1069	0.0789	0.0451	0.0348
0.25	0.2339	0.1839	0.1441	0.1133	0.0748	0.0627
0.30	0.2700	0.2199	0.1794	0.1475	0.1070	0.0940
0.35	0.3025	0.2531	0.2129	0.1810	0.1400	0.1267
0.40	0.3323	0.2843	0.2449	0.2135	0.1729	0.1597
0.45	0.3603	0.3137	0.2755	0.2449	0.2053	0.1923
0.50	0.3866	0.3417	0.3048	0.2752	0.2367	0.2241
0.55	0.4117	0.3684	0.3328	0.3043	0.2671	0.2550
0.60	0.4356	0.3940	0.3597	0.3323	0.2965	0.2847
0.65	0.4584	0.4185	0.3855	0.3591	0.3247	0.3134
0.70	0.4803	0.4419	0.4103	0.3849	0.3518	0.3410
0.75	0.5013	0.4645	0.4341	0.4097	0.3779	0.3675
0.80	0.5214	0.4860	0.4569	0.4335	0.4029	0.3929
0.85	0.5407	0.5068	0.4787	0.4563	0.4270	0.4174
0.90	0.5592	0.5266	0.4997	0.4782	0.4501	0.4408
0.95	0.5769	0.5457	0.5199	0.4992	0.4722	0.4634
1.00	0.5940	0.5640	0.5392	0.5194	0.4935	0.4850
1.20	0.6556	0.6301	0.6091	0.5923	0.5703	0.5631
1.40	0.7078	0.6862	0.6684	0.6541	0.6355	0.6293
1.60	0.7521	0.7338	0.7187	0.7066	0.6907	0.6856
1.80	0.7897	0.7742	0.7614	0.7511	0.7376	0.7332
2.00	0.8216	0.8084	0.7975	0.7888	0.7774	0.7737
2.20	0.8487	0.8375	0.8283	0.8209	0.8112	0.8080
2.40	0.8716	0.8621	0.8543	0.8480	0.8398	0.8371
2.60	0.8911	0.8830	0.8764	0.8711	0.8641	0.8618
2.80	0.9076	0.9008	0.8951	0.8906	0.8847	0.8828
3.00	0.9216	0.9158	0.9110	0.9072	0.9022	0.9006
3.20	0.9335	0.9286	0.9245	0.9213	0.9170	0.9156
3.40	0.9436	0.9394	0.9360	0.9332	0.9296	0.9284
3.60	0.9521	0.9486	0.9457	0.9433	0.9403	0.9393
3.80	0.9594	0.9564	0.9539	0.9519	0.9493	0.9485
4.00	0.9656	0.9630	0.9609	0.9592	0.9570	0.9563
4.50	0.9772	0.9755	0.9741	0.9730	0.9715	0.9710
5.00	0.9849	0.9837	0.9828	0.9821	0.9811	0.9808
LAMBDA1	0.8224	0.8224	0.8224	0.8224	0.8224	0.8224
BETA1	0.7599	0.8160	0.8624	0.8995	0.9480	0.9639
LAMBDA2	10.9823	10.9823	10.9823	10.9823	10.9823	10.9823
BETA2	2.3671	1.4216	0.3807	-0.6498	-2.2953	-2.9159

15

TABLE 4

SINK	1.60	1.60	1.60	1.60	1.60	1.60
SOURCE	1.50	1.40	1.30	1.20	1.10	1.00
TIME						
0.00	0.0000	0.0000	0.0000	0.0000	0.0000	0.0000
0.02	0.5708	0.2730	0.1075	0.0344	0.0089	0.0018
0.03	0.6319	0.3564	0.1776	0.0775	0.0295	0.0097
0.04	0.6694	0.4126	0.2325	0.1190	0.0551	0.0230
0.05	0.6955	0.4536	0.2759	0.1559	0.0814	0.0393
0.06	0.7149	0.4852	0.3112	0.1880	0.1066	0.0566
0.07	0.7302	0.5105	0.3404	0.2159	0.1300	0.0741
0.08	0.7426	0.5313	0.3652	0.2405	0.1514	0.0910
0.09	0.7528	0.5488	0.3864	0.2622	0.1711	0.1073
0.10	0.7616	0.5639	0.4049	0.2815	0.1891	0.1226
0.15	0.7916	0.6163	0.4714	0.3537	0.2601	0.1873
0.20	0.8097	0.6487	0.5137	0.4017	0.3099	0.2358
0.25	0.8223	0.6714	0.5438	0.4367	0.3475	0.2737
0.30	0.8318	0.6886	0.5669	0.4640	0.3772	0.3047
0.35	0.8393	0.7023	0.5856	0.4862	0.4020	0.3308
0.40	0.8456	0.7138	0.6013	0.5052	0.4233	0.3537
0.45	0.8511	0.7238	0.6150	0.5219	0.4423	0.3744
0.50	0.8559	0.7328	0.6273	0.5370	0.4595	0.3933
0.55	0.8604	0.7410	0.6387	0.5509	0.4756	0.4111
0.60	0.8645	0.7486	0.6492	0.5639	0.4907	0.4279
0.65	0.8684	0.7558	0.6593	0.5763	0.5050	0.4439
0.70	0.8721	0.7627	0.6688	0.5881	0.5188	0.4593
0.75	0.8756	0.7692	0.6780	0.5995	0.5320	0.4741
0.80	0.8790	0.7756	0.6868	0.6105	0.5448	0.4884
0.85	0.8823	0.7817	0.6953	0.6211	0.5572	0.5023
0.90	0.8855	0.7876	0.7036	0.6314	0.5692	0.5158
0.95	0.8887	0.7934	0.7116	0.6414	0.5809	0.5289
1.00	0.8917	0.7990	0.7194	0.6511	0.5922	0.5416
1.20	0.9029	0.8198	0.7485	0.6872	0.6345	0.5891
1.40	0.9129	0.8385	0.7746	0.7196	0.6723	0.6316
1.60	0.9220	0.8552	0.7979	0.7486	0.7062	0.6698
1.80	0.9300	0.8702	0.8188	0.7746	0.7366	0.7039
2.00	0.9373	0.8836	0.8376	0.7980	0.7639	0.7346
2.20	0.9438	0.8957	0.8544	0.8189	0.7883	0.7621
2.40	0.9496	0.9065	0.8694	0.8376	0.8102	0.7867
2.60	0.9548	0.9161	0.8830	0.8544	0.8299	0.8088
2.80	0.9595	0.9248	0.8951	0.8695	0.8475	0.8285
3.00	0.9637	0.9326	0.9059	0.8830	0.8633	0.8463
3.20	0.9674	0.9396	0.9157	0.8951	0.8774	0.8622
3.40	0.9708	0.9458	0.9244	0.9060	0.8901	0.8765
3.60	0.9738	0.9514	0.9322	0.9157	0.9015	0.8892
3.80	0.9765	0.9565	0.9392	0.9244	0.9117	0.9007
4.00	0.9790	0.9610	0.9455	0.9322	0.9208	0.9110
4.50	0.9840	0.9703	0.9585	0.9484	0.9397	0.9323
5.00	0.9878	0.9774	0.9685	0.9608	0.9541	0.9484
LAMBDA1	0.5462	0.5462	0.5462	0.5462	0.5462	0.5462
BETA1	0.1022	0.1896	0.2646	0.3291	0.3846	0.4323
LAMBDA2	8.3736	8.3736	8.3736	8.3736	8.3736	8.3736
BETA2	0.9669	1.7242	2.2485	2.5333	2.5870	2.4310

TABLE 4

SINK	1.60	1.60	1.60	1.60	1.60	1.60
SOURCE	0.90	0.80	0.70	0.60	0.40	0.20
TIME						
0.00	0.0000	0.0000	0.0000	0.0000	0.0000	0.0000
0.02	0.0003	0.0000	0.0000	0.0000	0.0000	0.0000
0.03	0.0028	0.0007	0.0001	0.0000	0.0000	0.0000
0.04	0.0086	0.0029	0.0009	0.0002	0.0000	0.0000
0.05	0.0174	0.0071	0.0027	0.0009	0.0001	0.0000
0.06	0.0281	0.0130	0.0056	0.0023	0.0003	0.0000
0.07	0.0399	0.0203	0.0097	0.0044	0.0007	0.0001
0.08	0.0521	0.0284	0.0147	0.0073	0.0015	0.0003
0.09	0.0645	0.0371	0.0205	0.0108	0.0026	0.0005
0.10	0.0766	0.0461	0.0267	0.0149	0.0041	0.0010
0.15	0.1319	0.0908	0.0611	0.0402	0.0162	0.0064
0.20	0.1768	0.1306	0.0950	0.0681	0.0339	0.0175
0.25	0.2135	0.1648	0.1260	0.0956	0.0544	0.0331
0.30	0.2443	0.1947	0.1542	0.1217	0.0764	0.0519
0.35	0.2711	0.2213	0.1802	0.1467	0.0990	0.0726
0.40	0.2949	0.2455	0.2044	0.1706	0.1218	0.0944
0.45	0.3167	0.2680	0.2272	0.1935	0.1445	0.1167
0.50	0.3369	0.2891	0.2489	0.2156	0.1669	0.1391
0.55	0.3560	0.3092	0.2698	0.2370	0.1889	0.1614
0.60	0.3741	0.3284	0.2899	0.2577	0.2105	0.1834
0.65	0.3915	0.3469	0.3093	0.2778	0.2316	0.2050
0.70	0.4082	0.3648	0.3280	0.2974	0.2522	0.2262
0.75	0.4244	0.3821	0.3463	0.3163	0.2722	0.2468
0.80	0.4401	0.3988	0.3639	0.3348	0.2918	0.2670
0.85	0.4553	0.4151	0.3811	0.3527	0.3108	0.2867
0.90	0.4700	0.4309	0.3978	0.3702	0.3294	0.3059
0.95	0.4843	0.4463	0.4141	0.3872	0.3474	0.3245
1.00	0.4982	0.4612	0.4299	0.4037	0.3650	0.3427
1.20	0.5502	0.5170	0.4889	0.4654	0.4307	0.4107
1.40	0.5968	0.5670	0.5418	0.5207	0.4896	0.4717
1.60	0.6385	0.6118	0.5892	0.5703	0.5424	0.5264
1.80	0.6759	0.6520	0.6317	0.6148	0.5898	0.5754
2.00	0.7095	0.6880	0.6699	0.6547	0.6323	0.6193
2.20	0.7395	0.7203	0.7040	0.6904	0.6703	0.6587
2.40	0.7665	0.7492	0.7347	0.7224	0.7044	0.6940
2.60	0.7906	0.7752	0.7621	0.7512	0.7350	0.7257
2.80	0.8123	0.7985	0.7867	0.7769	0.7624	0.7541
3.00	0.8317	0.8193	0.8088	0.8000	0.7870	0.7795
3.20	0.8492	0.8380	0.8286	0.8207	0.8091	0.8024
3.40	0.8648	0.8548	0.8463	0.8393	0.8288	0.8228
3.60	0.8788	0.8698	0.8622	0.8559	0.8465	0.8412
3.80	0.8913	0.8833	0.8765	0.8708	0.8624	0.8576
4.00	0.9026	0.8954	0.8893	0.8842	0.8767	0.8723
4.50	0.9258	0.9204	0.9157	0.9119	0.9061	0.9028
5.00	0.9436	0.9394	0.9359	0.9329	0.9286	0.9261
LAMBDA1	0.5462	0.5462	0.5462	0.5462	0.5462	0.5462
BETA1	0.4732	0.5082	0.5377	0.5625	0.5990	0.6200
LAMBDA2	8.3736	8.3736	8.3736	8.3736	8.3736	8.3736
BETA2	2.0972	1.6252	1.0593	0.4466	-0.7363	-1.5959

17   TABLE 4

SINK	1.60	1.80	1.80	1.80	1.80	1.80
SOURCE	0.00	1.70	1.60	1.50	1.40	1.30
TIME						
0.00	0.0000	0.0000	0.0000	0.0000	0.0000	0.0000
0.02	0.0000	0.5646	0.2672	0.1041	0.0330	0.0084
0.03	0.0000	0.6248	0.3486	0.1719	0.0742	0.0279
0.04	0.0000	0.6618	0.4034	0.2249	0.1139	0.0522
0.05	0.0000	0.6874	0.4433	0.2668	0.1491	0.0771
0.06	0.0000	0.7065	0.4740	0.3007	0.1797	0.1009
0.07	0.0000	0.7214	0.4986	0.3288	0.2064	0.1229
0.08	0.0001	0.7336	0.5188	0.3526	0.2297	0.1431
0.09	0.0002	0.7436	0.5358	0.3730	0.2503	0.1616
0.10	0.0004	0.7522	0.5503	0.3907	0.2686	0.1785
0.15	0.0038	0.7814	0.6009	0.4541	0.3369	0.2450
0.20	0.0127	0.7989	0.6319	0.4943	0.3820	0.2914
0.25	0.0266	0.8110	0.6535	0.5227	0.4147	0.3260
0.30	0.0442	0.8201	0.6697	0.5443	0.4399	0.3533
0.35	0.0642	0.8272	0.6826	0.5615	0.4602	0.3755
0.40	0.0856	0.8330	0.6931	0.5757	0.4771	0.3943
0.45	0.1077	0.8379	0.7021	0.5879	0.4917	0.4106
0.50	0.1301	0.8422	0.7099	0.5985	0.5045	0.4251
0.55	0.1524	0.8461	0.7169	0.6081	0.5161	0.4382
0.60	0.1746	0.8496	0.7233	0.6168	0.5267	0.4504
0.65	0.1963	0.8528	0.7292	0.6249	0.5366	0.4617
0.70	0.2177	0.8558	0.7347	0.6325	0.5460	0.4725
0.75	0.2385	0.8587	0.7400	0.6398	0.5549	0.4827
0.80	0.2589	0.8614	0.7450	0.6467	0.5634	0.4926
0.85	0.2788	0.8641	0.7499	0.6534	0.5717	0.5022
0.90	0.2982	0.8666	0.7546	0.6599	0.5797	0.5114
0.95	0.3170	0.8691	0.7591	0.6663	0.5875	0.5205
1.00	0.3354	0.8715	0.7636	0.6724	0.5951	0.5293
1.20	0.4042	0.8806	0.7804	0.6957	0.6238	0.5627
1.40	0.4658	0.8891	0.7959	0.7172	0.6504	0.5935
1.60	0.5211	0.8969	0.8103	0.7371	0.6750	0.6221
1.80	0.5707	0.9041	0.8236	0.7556	0.6979	0.6487
2.00	0.6151	0.9109	0.8360	0.7728	0.7191	0.6735
2.20	0.6549	0.9172	0.8476	0.7888	0.7389	0.6965
2.40	0.6906	0.9230	0.8583	0.8037	0.7573	0.7178
2.60	0.7227	0.9284	0.8683	0.8175	0.7744	0.7377
2.80	0.7514	0.9335	0.8775	0.8303	0.7903	0.7561
3.00	0.7771	0.9381	0.8862	0.8423	0.8050	0.7733
3.20	0.8002	0.9425	0.8942	0.8534	0.8187	0.7893
3.40	0.8208	0.9465	0.9016	0.8637	0.8315	0.8041
3.60	0.8394	0.9503	0.9086	0.8733	0.8434	0.8179
3.80	0.8560	0.9538	0.9150	0.8822	0.8544	0.8307
4.00	0.8709	0.9571	0.9210	0.8905	0.8646	0.8426
4.50	0.9018	0.9642	0.9342	0.9088	0.8872	0.8689
5.00	0.9252	0.9702	0.9451	0.9240	0.9060	0.8907
LAMBDA1	0.5462	0.3650	0.3650	0.3650	0.3650	0.3650
BETA1	0.6269	0.0675	0.1242	0.1720	0.2127	0.2473
LAMBDA2	8.3736	6.6061	6.6061	6.6061	6.6061	6.6061
BETA2	-1.9088	0.6649	1.1856	1.5571	1.7816	1.8675

TABLE 4

SINK	1.80	1.80	1.80	1.80	1.80	1.80
SOURCE	1.20	1.10	1.00	0.90	0.80	0.60
TIME						
0.00	0.0000	0.0000	0.0000	0.0000	0.0000	0.0000
0.02	0.0017	0.0003	0.0000	0.0000	0.0000	0.0000
0.03	0.0091	0.0026	0.0006	0.0001	0.0000	0.0000
0.04	0.0216	0.0080	0.0027	0.0008	0.0002	0.0000
0.05	0.0368	0.0162	0.0065	0.0024	0.0008	0.0001
0.06	0.0530	0.0261	0.0120	0.0051	0.0020	0.0003
0.07	0.0693	0.0370	0.0186	0.0088	0.0039	0.0007
0.08	0.0851	0.0483	0.0261	0.0134	0.0065	0.0013
0.09	0.1002	0.0596	0.0340	0.0186	0.0097	0.0023
0.10	0.1146	0.0709	0.0422	0.0242	0.0133	0.0036
0.15	0.1745	0.1216	0.0829	0.0552	0.0359	0.0141
0.20	0.2192	0.1626	0.1188	0.0854	0.0605	0.0289
0.25	0.2539	0.1958	0.1493	0.1127	0.0841	0.0454
0.30	0.2818	0.2232	0.1755	0.1369	0.1060	0.0624
0.35	0.3050	0.2465	0.1982	0.1585	0.1262	0.0793
0.40	0.3249	0.2668	0.2183	0.1781	0.1450	0.0960
0.45	0.3423	0.2848	0.2365	0.1962	0.1627	0.1124
0.50	0.3579	0.3012	0.2533	0.2130	0.1794	0.1286
0.55	0.3722	0.3163	0.2689	0.2289	0.1954	0.1444
0.60	0.3855	0.3304	0.2836	0.2441	0.2107	0.1599
0.65	0.3980	0.3438	0.2977	0.2586	0.2256	0.1751
0.70	0.4099	0.3565	0.3112	0.2726	0.2400	0.1900
0.75	0.4212	0.3688	0.3242	0.2862	0.2541	0.2047
0.80	0.4322	0.3807	0.3368	0.2994	0.2678	0.2191
0.85	0.4429	0.3923	0.3491	0.3123	0.2812	0.2332
0.90	0.4532	0.4035	0.3611	0.3249	0.2943	0.2471
0.95	0.4633	0.4144	0.3728	0.3373	0.3071	0.2607
1.00	0.4731	0.4252	0.3842	0.3493	0.3197	0.2741
1.20	0.5105	0.4659	0.4278	0.3953	0.3677	0.3252
1.40	0.5450	0.5035	0.4681	0.4379	0.4123	0.3727
1.60	0.5770	0.5385	0.5055	0.4775	0.4536	0.4168
1.80	0.6068	0.5710	0.5404	0.5143	0.4921	0.4579
2.00	0.6345	0.6012	0.5727	0.5484	0.5278	0.4960
2.20	0.6602	0.6292	0.6028	0.5802	0.5611	0.5315
2.40	0.6841	0.6553	0.6307	0.6098	0.5920	0.5645
2.60	0.7064	0.6796	0.6567	0.6372	0.6207	0.5951
2.80	0.7270	0.7022	0.6809	0.6628	0.6474	0.6236
3.00	0.7462	0.7231	0.7034	0.6865	0.6722	0.6501
3.20	0.7641	0.7426	0.7242	0.7086	0.6953	0.6748
3.40	0.7807	0.7607	0.7437	0.7291	0.7167	0.6977
3.60	0.7961	0.7776	0.7617	0.7482	0.7367	0.7189
3.80	0.8105	0.7932	0.7785	0.7659	0.7552	0.7387
4.00	0.8238	0.8078	0.7941	0.7824	0.7724	0.7571
4.50	0.8532	0.8398	0.8284	0.8187	0.8104	0.7976
5.00	0.8777	0.8666	0.8570	0.8489	0.8420	0.8314
LAMBDA1	0.3650	0.3650	0.3650	0.3650	0.3650	0.3650
BETA1	0.2768	0.3020	0.3236	0.3419	0.3575	0.3816
LAMBDA2	6.6061	6.6061	6.6061	6.6061	6.6061	6.6061
BETA2	1.8276	1.6789	1.4410	1.1356	0.7851	0.0377

TABLE 4

SINK	1.80	1.80	1.80	2.00	2.00	2.00
SOURCE	0.40	0.20	0.00	1.90	1.80	1.70
TIME						
0.00	0.0000	0.0000	0.0000	0.0000	0.0000	0.0000
0.02	0.0000	0.0000	0.0000	0.5583	0.2614	0.1008
0.03	0.0000	0.0000	0.0000	0.6177	0.3409	0.1663
0.04	0.0000	0.0000	0.0000	0.6541	0.3943	0.2174
0.05	0.0000	0.0000	0.0000	0.6792	0.4331	0.2578
0.06	0.0000	0.0000	0.0000	0.6980	0.4629	0.2904
0.07	0.0001	0.0000	0.0000	0.7126	0.4867	0.3174
0.08	0.0002	0.0000	0.0000	0.7245	0.5063	0.3402
0.09	0.0005	0.0001	0.0000	0.7343	0.5227	0.3597
0.10	0.0008	0.0002	0.0001	0.7426	0.5368	0.3767
0.15	0.0051	0.0017	0.0009	0.7710	0.5854	0.4371
0.20	0.0131	0.0061	0.0041	0.7879	0.6150	0.4751
0.25	0.0239	0.0134	0.0103	0.7995	0.6355	0.5018
0.30	0.0366	0.0232	0.0191	0.8081	0.6508	0.5219
0.35	0.0505	0.0350	0.0302	0.8148	0.6628	0.5378
0.40	0.0652	0.0482	0.0429	0.8203	0.6726	0.5509
0.45	0.0803	0.0624	0.0566	0.8249	0.6808	0.5619
0.50	0.0956	0.0771	0.0711	0.8288	0.6879	0.5714
0.55	0.1110	0.0922	0.0861	0.8322	0.6941	0.5797
0.60	0.1264	0.1074	0.1013	0.8353	0.6996	0.5872
0.65	0.1417	0.1227	0.1166	0.8380	0.7046	0.5941
0.70	0.1569	0.1380	0.1319	0.8406	0.7093	0.6004
0.75	0.1719	0.1532	0.1471	0.8430	0.7136	0.6063
0.80	0.1867	0.1682	0.1621	0.8452	0.7177	0.6119
0.85	0.2013	0.1830	0.1770	0.8474	0.7216	0.6172
0.90	0.2156	0.1976	0.1917	0.8494	0.7253	0.6223
0.95	0.2297	0.2120	0.2062	0.8514	0.7289	0.6272
1.00	0.2436	0.2262	0.2205	0.8533	0.7324	0.6320
1.20	0.2968	0.2805	0.2752	0.8605	0.7455	0.6501
1.40	0.3463	0.3311	0.3262	0.8672	0.7577	0.6669
1.60	0.3923	0.3782	0.3736	0.8736	0.7693	0.6827
1.80	0.4350	0.4219	0.4177	0.8796	0.7803	0.6978
2.00	0.4748	0.4626	0.4587	0.8853	0.7907	0.7121
2.20	0.5118	0.5005	0.4968	0.8907	0.8006	0.7258
2.40	0.5461	0.5356	0.5322	0.8959	0.8101	0.7388
2.60	0.5781	0.5683	0.5651	0.9008	0.8191	0.7512
2.80	0.6078	0.5987	0.5957	0.9055	0.8277	0.7630
3.00	0.6354	0.6269	0.6242	0.9100	0.8358	0.7742
3.20	0.6611	0.6532	0.6506	0.9143	0.8436	0.7850
3.40	0.6849	0.6776	0.6752	0.9184	0.8510	0.7952
3.60	0.7071	0.7003	0.6981	0.9222	0.8581	0.8049
3.80	0.7277	0.7214	0.7193	0.9259	0.8648	0.8141
4.00	0.7469	0.7410	0.7391	0.9294	0.8713	0.8229
4.50	0.7891	0.7842	0.7826	0.9375	0.8860	0.8432
5.00	0.8243	0.8202	0.8189	0.9447	0.8990	0.8611
LAMBDA1	0.3650	0.3650	0.3650	0.2430	0.2430	0.2430
BETA1	0.3977	0.4069	0.4099	0.0453	0.0827	0.1137
LAMBDA2	6.6061	6.6061	6.6061	5.3632	5.3632	5.3632
BETA2	-0.6342	-1.0957	-1.2595	0.4713	0.8381	1.1034

20

TABLE 4

SINK	2.00	2.00	2.00	2.00	2.00	2.00
SOURCE	1.60	1.50	1.40	1.30	1.20	1.10
TIME						
0.00	0.0000	0.0000	0.0000	0.0000	0.0000	0.0000
0.02	0.0316	0.0080	0.0016	0.0003	0.0000	0.0000
0.03	0.0711	0.0265	0.0085	0.0024	0.0006	0.0001
0.04	0.1090	0.0495	0.0202	0.0074	0.0025	0.0007
0.05	0.1426	0.0730	0.0345	0.0150	0.0060	0.0022
0.06	0.1717	0.0954	0.0496	0.0242	0.0110	0.0046
0.07	0.1970	0.1161	0.0648	0.0342	0.0170	0.0080
0.08	0.2192	0.1351	0.0795	0.0446	0.0238	0.0121
0.09	0.2387	0.1525	0.0936	0.0551	0.0311	0.0168
0.10	0.2561	0.1684	0.1069	0.0654	0.0386	0.0219
0.15	0.3205	0.2304	0.1623	0.1119	0.0755	0.0497
0.20	0.3627	0.2735	0.2034	0.1492	0.1079	0.0768
0.25	0.3931	0.3054	0.2351	0.1792	0.1352	0.1009
0.30	0.4164	0.3303	0.2604	0.2039	0.1584	0.1221
0.35	0.4350	0.3505	0.2812	0.2245	0.1783	0.1408
0.40	0.4504	0.3674	0.2988	0.2423	0.1957	0.1575
0.45	0.4634	0.3818	0.3140	0.2578	0.2111	0.1725
0.50	0.4748	0.3944	0.3274	0.2716	0.2250	0.1862
0.55	0.4848	0.4056	0.3395	0.2841	0.2377	0.1989
0.60	0.4938	0.4158	0.3504	0.2955	0.2495	0.2107
0.65	0.5020	0.4251	0.3605	0.3062	0.2605	0.2219
0.70	0.5097	0.4337	0.3700	0.3162	0.2709	0.2326
0.75	0.5168	0.4419	0.3789	0.3258	0.2808	0.2428
0.80	0.5236	0.4497	0.3874	0.3349	0.2904	0.2527
0.85	0.5301	0.4571	0.3956	0.3436	0.2996	0.2623
0.90	0.5363	0.4642	0.4035	0.3521	0.3086	0.2717
0.95	0.5424	0.4711	0.4111	0.3604	0.3173	0.2808
1.00	0.5482	0.4779	0.4186	0.3684	0.3259	0.2897
1.20	0.5703	0.5034	0.4469	0.3991	0.3585	0.3240
1.40	0.5909	0.5272	0.4734	0.4278	0.3891	0.3562
1.60	0.6104	0.5497	0.4984	0.4550	0.4182	0.3868
1.80	0.6289	0.5711	0.5223	0.4809	0.4458	0.4159
2.00	0.6465	0.5914	0.5449	0.5055	0.4721	0.4436
2.20	0.6633	0.6108	0.5665	0.5290	0.4971	0.4700
2.40	0.6793	0.6293	0.5871	0.5514	0.5210	0.4952
2.60	0.6945	0.6469	0.6067	0.5726	0.5437	0.5191
2.80	0.7090	0.6636	0.6253	0.5929	0.5654	0.5419
3.00	0.7228	0.6796	0.6431	0.6122	0.5860	0.5637
3.20	0.7359	0.6948	0.6600	0.6306	0.6056	0.5844
3.40	0.7485	0.7093	0.6762	0.6481	0.6243	0.6041
3.60	0.7604	0.7230	0.6915	0.6648	0.6422	0.6229
3.80	0.7718	0.7362	0.7062	0.6807	0.6591	0.6408
4.00	0.7826	0.7487	0.7201	0.6959	0.6753	0.6578
4.50	0.8075	0.7774	0.7521	0.7307	0.7124	0.6969
5.00	0.8295	0.8029	0.7805	0.7615	0.7453	0.7316
LAMBDA1	0.2430	0.2430	0.2430	0.2430	0.2430	0.2430
BETA1	0.1396	0.1614	0.1798	0.1953	0.2085	0.2198
LAMBDA2	5.3632	5.3632	5.3632	5.3632	5.3632	5.3632
BETA2	1.2729	1.3544	1.3573	1.2921	1.1700	1.0028

TABLE 4

SINK	2.00	2.00	2.00	2.00	2.00	2.00
SOURCE	1.00	0.80	0.60	0.40	0.20	0.00
TIME						
0.00	0.0000	0.0000	0.0000	0.0000	0.0000	0.0000
0.02	0.0000	0.0000	0.0000	0.0000	0.0000	0.0000
0.03	0.0000	0.0000	0.0000	0.0000	0.0000	0.0000
0.04	0.0002	0.0000	0.0000	0.0000	0.0000	0.0000
0.05	0.0007	0.0001	0.0000	0.0000	0.0000	0.0000
0.06	0.0018	0.0002	0.0000	0.0000	0.0000	0.0000
0.07	0.0035	0.0006	0.0001	0.0000	0.0000	0.0000
0.08	0.0059	0.0012	0.0002	0.0000	0.0000	0.0000
0.09	0.0087	0.0020	0.0004	0.0001	0.0000	0.0000
0.10	0.0119	0.0032	0.0007	0.0001	0.0000	0.0000
0.15	0.0320	0.0123	0.0043	0.0014	0.0004	0.0002
0.20	0.0538	0.0251	0.0110	0.0045	0.0019	0.0012
0.25	0.0745	0.0392	0.0197	0.0096	0.0049	0.0036
0.30	0.0934	0.0533	0.0295	0.0162	0.0096	0.0076
0.35	0.1106	0.0671	0.0400	0.0240	0.0157	0.0132
0.40	0.1262	0.0803	0.0507	0.0327	0.0230	0.0200
0.45	0.1406	0.0929	0.0615	0.0420	0.0313	0.0279
0.50	0.1539	0.1051	0.0724	0.0517	0.0403	0.0366
0.55	0.1664	0.1169	0.0833	0.0618	0.0498	0.0459
0.60	0.1782	0.1283	0.0941	0.0720	0.0596	0.0556
0.65	0.1895	0.1394	0.1049	0.0824	0.0697	0.0657
0.70	0.2003	0.1502	0.1155	0.0929	0.0800	0.0759
0.75	0.2107	0.1608	0.1261	0.1033	0.0904	0.0862
0.80	0.2208	0.1712	0.1366	0.1138	0.1008	0.0966
0.85	0.2307	0.1814	0.1470	0.1242	0.1113	0.1071
0.90	0.2403	0.1915	0.1572	0.1346	0.1217	0.1175
0.95	0.2498	0.2013	0.1673	0.1449	0.1320	0.1279
1.00	0.2590	0.2111	0.1774	0.1551	0.1423	0.1382
1.20	0.2946	0.2487	0.2163	0.1949	0.1826	0.1786
1.40	0.3282	0.2844	0.2535	0.2330	0.2213	0.2174
1.60	0.3601	0.3183	0.2889	0.2693	0.2582	0.2545
1.80	0.3905	0.3507	0.3226	0.3040	0.2933	0.2899
2.00	0.4194	0.3815	0.3548	0.3370	0.3269	0.3235
2.20	0.4470	0.4108	0.3854	0.3685	0.3588	0.3556
2.40	0.4732	0.4388	0.4145	0.3984	0.3892	0.3862
2.60	0.4982	0.4654	0.4423	0.4270	0.4182	0.4153
2.80	0.5220	0.4908	0.4688	0.4541	0.4458	0.4430
3.00	0.5447	0.5149	0.4940	0.4800	0.4721	0.4695
3.20	0.5663	0.5379	0.5180	0.5047	0.4971	0.4946
3.40	0.5869	0.5598	0.5408	0.5282	0.5210	0.5186
3.60	0.6065	0.5807	0.5626	0.5506	0.5437	0.5414
3.80	0.6251	0.6006	0.5834	0.5719	0.5653	0.5632
4.00	0.6429	0.6196	0.6031	0.5922	0.5860	0.5839
4.50	0.6838	0.6631	0.6485	0.6389	0.6333	0.6315
5.00	0.7199	0.7016	0.6887	0.6802	0.6753	0.6737
LAMBDA1	0.2430	0.2430	0.2430	0.2430	0.2430	0.2430
BETA1	0.2294	0.2443	0.2549	0.2619	0.2659	0.2672
LAMBDA2	5.3632	5.3632	5.3632	5.3632	5.3632	5.3632
BETA2	0.8023	0.3472	-0.1085	-0.4907	-0.7435	-0.8317

22   TABLE 4

SINK	2.20	2.20	2.20	2.20	2.20	2.20
SOURCE	2.10	2.00	1.90	1.80	1.70	1.60
TIME						
0.00	0.0000	0.0000	0.0000	0.0000	0.0000	0.0000
0.02	0.5521	0.2557	0.0976	0.0303	0.0076	0.0015
0.03	0.6105	0.3333	0.1608	0.0680	0.0251	0.0080
0.04	0.6463	0.3853	0.2101	0.1042	0.0468	0.0190
0.05	0.6711	0.4230	0.2490	0.1362	0.0690	0.0323
0.06	0.6894	0.4519	0.2803	0.1639	0.0901	0.0464
0.07	0.7037	0.4750	0.3062	0.1880	0.1096	0.0605
0.08	0.7153	0.4939	0.3280	0.2090	0.1275	0.0742
0.09	0.7249	0.5097	0.3467	0.2275	0.1437	0.0873
0.10	0.7330	0.5233	0.3629	0.2439	0.1586	0.0996
0.15	0.7604	0.5699	0.4203	0.3044	0.2164	0.1507
0.20	0.7767	0.5981	0.4560	0.3439	0.2562	0.1884
0.25	0.7878	0.6175	0.4810	0.3721	0.2855	0.2172
0.30	0.7959	0.6318	0.4997	0.3935	0.3082	0.2400
0.35	0.8022	0.6430	0.5144	0.4105	0.3265	0.2587
0.40	0.8073	0.6520	0.5264	0.4244	0.3417	0.2744
0.45	0.8116	0.6595	0.5364	0.4362	0.3545	0.2878
0.50	0.8152	0.6660	0.5449	0.4462	0.3656	0.2994
0.55	0.8183	0.6715	0.5523	0.4550	0.3753	0.3097
0.60	0.8210	0.6764	0.5589	0.4629	0.3840	0.3190
0.65	0.8235	0.6808	0.5648	0.4699	0.3919	0.3274
0.70	0.8257	0.6848	0.5702	0.4763	0.3991	0.3352
0.75	0.8277	0.6885	0.5751	0.4822	0.4057	0.3424
0.80	0.8296	0.6919	0.5797	0.4878	0.4120	0.3491
0.85	0.8314	0.6951	0.5840	0.4930	0.4178	0.3555
0.90	0.8331	0.6981	0.5881	0.4979	0.4234	0.3617
0.95	0.8347	0.7009	0.5920	0.5026	0.4288	0.3675
1.00	0.8362	0.7037	0.5957	0.5071	0.4340	0.3732
1.20	0.8418	0.7139	0.6096	0.5240	0.4532	0.3944
1.40	0.8470	0.7233	0.6224	0.5395	0.4710	0.4140
1.60	0.8519	0.7321	0.6345	0.5543	0.4879	0.4327
1.80	0.8566	0.7406	0.6461	0.5684	0.5042	0.4507
2.00	0.8612	0.7488	0.6572	0.5820	0.5198	0.4680
2.20	0.8655	0.7567	0.6681	0.5952	0.5350	0.4848
2.40	0.8698	0.7644	0.6785	0.6080	0.5496	0.5010
2.60	0.8739	0.7718	0.6886	0.6203	0.5638	0.5168
2.80	0.8778	0.7790	0.6984	0.6323	0.5775	0.5320
3.00	0.8817	0.7860	0.7079	0.6439	0.5908	0.5467
3.20	0.8854	0.7927	0.7171	0.6551	0.6037	0.5610
3.40	0.8890	0.7993	0.7261	0.6659	0.6162	0.5748
3.60	0.8925	0.8056	0.7347	0.6765	0.6283	0.5882
3.80	0.8959	0.8117	0.7430	0.6866	0.6400	0.6012
4.00	0.8992	0.8176	0.7511	0.6965	0.6513	0.6138
4.50	0.9069	0.8317	0.7703	0.7199	0.6782	0.6435
5.00	0.9141	0.8446	0.7879	0.7414	0.7029	0.6709
LAMBDA1	0.1600	0.1600	0.1600	0.1600	0.1600	0.1600
BETA1	0.0306	0.0553	0.0755	0.0921	0.1058	0.1172
LAMBDA2	4.4654	4.4654	4.4654	4.4654	4.4654	4.4654
BETA2	0.3415	0.6045	0.7954	0.9210	0.9883	1.0046

TABLE 4

SINK	2.20	2.20	2.20	2.20	2.20	2.20
SOURCE	1.50	1.40	1.30	1.20	1.00	0.80
TIME						
0.00	0.0000	0.0000	0.0000	0.0000	0.0000	0.0000
0.02	0.0002	0.0000	0.0000	0.0000	0.0000	0.0000
0.03	0.0022	0.0005	0.0001	0.0000	0.0000	0.0000
0.04	0.0069	0.0023	0.0007	0.0002	0.0000	0.0000
0.05	0.0139	0.0055	0.0020	0.0007	0.0001	0.0000
0.06	0.0223	0.0101	0.0042	0.0016	0.0002	0.0000
0.07	0.0316	0.0156	0.0073	0.0032	0.0005	0.0001
0.08	0.0412	0.0218	0.0110	0.0052	0.0010	0.0002
0.09	0.0509	0.0284	0.0152	0.0078	0.0018	0.0003
0.10	0.0603	0.0352	0.0198	0.0107	0.0028	0.0006
0.15	0.1028	0.0686	0.0447	0.0285	0.0108	0.0037
0.20	0.1367	0.0977	0.0688	0.0477	0.0218	0.0094
0.25	0.1637	0.1221	0.0902	0.0658	0.0339	0.0166
0.30	0.1857	0.1427	0.1088	0.0823	0.0459	0.0247
0.35	0.2041	0.1602	0.1251	0.0971	0.0574	0.0331
0.40	0.2197	0.1753	0.1394	0.1104	0.0683	0.0416
0.45	0.2332	0.1886	0.1522	0.1224	0.0786	0.0499
0.50	0.2451	0.2004	0.1636	0.1334	0.0882	0.0581
0.55	0.2557	0.2110	0.1741	0.1435	0.0974	0.0662
0.60	0.2653	0.2207	0.1837	0.1529	0.1061	0.0741
0.65	0.2740	0.2296	0.1926	0.1617	0.1145	0.0818
0.70	0.2821	0.2379	0.2010	0.1701	0.1226	0.0894
0.75	0.2897	0.2457	0.2089	0.1780	0.1303	0.0969
0.80	0.2968	0.2531	0.2164	0.1856	0.1379	0.1043
0.85	0.3036	0.2602	0.2237	0.1930	0.1453	0.1116
0.90	0.3101	0.2669	0.2306	0.2001	0.1525	0.1188
0.95	0.3164	0.2735	0.2374	0.2070	0.1596	0.1260
1.00	0.3224	0.2798	0.2440	0.2137	0.1666	0.1330
1.20	0.3452	0.3038	0.2690	0.2395	0.1934	0.1605
1.40	0.3664	0.3263	0.2925	0.2639	0.2191	0.1870
1.60	0.3866	0.3477	0.3150	0.2872	0.2438	0.2127
1.80	0.4060	0.3684	0.3366	0.3098	0.2677	0.2375
2.00	0.4247	0.3883	0.3576	0.3315	0.2907	0.2615
2.20	0.4429	0.4076	0.3778	0.3526	0.3131	0.2848
2.40	0.4604	0.4263	0.3974	0.3730	0.3347	0.3073
2.60	0.4774	0.4443	0.4164	0.3927	0.3557	0.3291
2.80	0.4939	0.4618	0.4348	0.4119	0.3760	0.3502
3.00	0.5098	0.4788	0.4526	0.4304	0.3956	0.3707
3.20	0.5253	0.4952	0.4698	0.4483	0.4147	0.3905
3.40	0.5402	0.5111	0.4865	0.4657	0.4331	0.4097
3.60	0.5547	0.5265	0.5027	0.4825	0.4510	0.4283
3.80	0.5687	0.5414	0.5184	0.4988	0.4683	0.4463
4.00	0.5823	0.5559	0.5335	0.5146	0.4850	0.4638
4.50	0.6144	0.5900	0.5694	0.5520	0.5246	0.5050
5.00	0.6441	0.6215	0.6025	0.5864	0.5612	0.5431
LAMBDA1	0.1600	0.1600	0.1600	0.1600	0.1600	0.1600
BETA1	0.1268	0.1348	0.1416	0.1473	0.1563	0.1627
LAMBDA2	4.4654	4.4654	4.4654	4.4654	4.4654	4.4654
BETA2	0.9771	0.9130	0.8193	0.7028	0.4270	0.1328

TABLE 4

TIME	SINK 2.20 SOURCE 0.60	SINK 2.20 SOURCE 0.40	SINK 2.20 SOURCE 0.20	SINK 2.20 SOURCE 0.00	SINK 2.40 SOURCE 2.30	SINK 2.40 SOURCE 2.20
0.00	0.0000	0.0000	0.0000	0.0000	0.0000	0.0000
0.02	0.0000	0.0000	0.0000	0.0000	0.5458	0.2501
0.03	0.0000	0.0000	0.0000	0.0000	0.6034	0.3257
0.04	0.0000	0.0000	0.0000	0.0000	0.6386	0.3763
0.05	0.0000	0.0000	0.0000	0.0000	0.6628	0.4129
0.06	0.0000	0.0000	0.0000	0.0000	0.6808	0.4410
0.07	0.0000	0.0000	0.0000	0.0000	0.6948	0.4633
0.08	0.0000	0.0000	0.0000	0.0000	0.7061	0.4815
0.09	0.0001	0.0000	0.0000	0.0000	0.7154	0.4968
0.10	0.0001	0.0000	0.0000	0.0000	0.7232	0.5098
0.15	0.0011	0.0003	0.0001	0.0000	0.7498	0.5545
0.20	0.0037	0.0014	0.0005	0.0003	0.7654	0.5812
0.25	0.0078	0.0035	0.0017	0.0011	0.7759	0.5994
0.30	0.0129	0.0066	0.0037	0.0028	0.7835	0.6128
0.35	0.0187	0.0106	0.0066	0.0053	0.7894	0.6231
0.40	0.0250	0.0153	0.0103	0.0087	0.7942	0.6314
0.45	0.0317	0.0206	0.0148	0.0129	0.7981	0.6383
0.50	0.0385	0.0264	0.0198	0.0177	0.8013	0.6441
0.55	0.0455	0.0325	0.0254	0.0231	0.8042	0.6490
0.60	0.0526	0.0389	0.0313	0.0289	0.8066	0.6534
0.65	0.0597	0.0455	0.0376	0.0351	0.8088	0.6573
0.70	0.0669	0.0523	0.0441	0.0415	0.8107	0.6607
0.75	0.0740	0.0591	0.0508	0.0481	0.8125	0.6639
0.80	0.0812	0.0661	0.0576	0.0548	0.8141	0.6667
0.85	0.0883	0.0731	0.0645	0.0617	0.8156	0.6694
0.90	0.0955	0.0802	0.0715	0.0687	0.8170	0.6719
0.95	0.1026	0.0872	0.0785	0.0757	0.8183	0.6742
1.00	0.1096	0.0943	0.0855	0.0827	0.8196	0.6764
1.20	0.1375	0.1223	0.1136	0.1108	0.8240	0.6844
1.40	0.1646	0.1497	0.1412	0.1385	0.8280	0.6915
1.60	0.1908	0.1764	0.1682	0.1655	0.8317	0.6981
1.80	0.2163	0.2023	0.1943	0.1917	0.8352	0.7044
2.00	0.2410	0.2274	0.2197	0.2172	0.8386	0.7105
2.20	0.2649	0.2518	0.2442	0.2418	0.8419	0.7165
2.40	0.2881	0.2753	0.2680	0.2657	0.8452	0.7223
2.60	0.3105	0.2981	0.2911	0.2888	0.8484	0.7280
2.80	0.3322	0.3202	0.3134	0.3112	0.8515	0.7336
3.00	0.3532	0.3417	0.3351	0.3329	0.8545	0.7391
3.20	0.3736	0.3624	0.3560	0.3539	0.8575	0.7444
3.40	0.3933	0.3825	0.3763	0.3743	0.8604	0.7497
3.60	0.4124	0.4019	0.3959	0.3940	0.8633	0.7548
3.80	0.4309	0.4208	0.4150	0.4131	0.8661	0.7598
4.00	0.4489	0.4390	0.4334	0.4316	0.8688	0.7647
4.50	0.4913	0.4821	0.4770	0.4753	0.8754	0.7766
5.00	0.5304	0.5220	0.5172	0.5156	0.8817	0.7879
LAMBDA1	0.1600	0.1600	0.1600	0.1600	0.1036	0.1036
BETA1	0.1673	0.1703	0.1720	0.1725	0.0206	0.0369
LAMBDA2	4.4654	4.4654	4.4654	4.4654	3.8046	3.8046
BETA2	-0.1395	-0.3577	-0.4981	-0.5465	0.2510	0.4419

TABLE 4

TIME	SINK 2.40 SOURCE 2.10	SINK 2.40 SOURCE 2.00	SINK 2.40 SOURCE 1.90	SINK 2.40 SOURCE 1.80	SINK 2.40 SOURCE 1.70	SINK 2.40 SOURCE 1.60
0.00	0.0000	0.0000	0.0000	0.0000	0.0000	0.0000
0.02	0.0944	0.0290	0.0072	0.0014	0.0002	0.0000
0.03	0.1555	0.0651	0.0238	0.0075	0.0021	0.0005
0.04	0.2030	0.0996	0.0443	0.0177	0.0064	0.0021
0.05	0.2404	0.1301	0.0652	0.0302	0.0128	0.0050
0.06	0.2705	0.1564	0.0850	0.0433	0.0207	0.0092
0.07	0.2953	0.1792	0.1034	0.0565	0.0292	0.0143
0.08	0.3161	0.1991	0.1201	0.0692	0.0380	0.0199
0.09	0.3339	0.2166	0.1353	0.0813	0.0469	0.0259
0.10	0.3493	0.2321	0.1492	0.0927	0.0555	0.0321
0.15	0.4037	0.2889	0.2029	0.1398	0.0943	0.0622
0.20	0.4373	0.3256	0.2396	0.1741	0.1249	0.0883
0.25	0.4605	0.3516	0.2664	0.2002	0.1491	0.1100
0.30	0.4778	0.3712	0.2870	0.2207	0.1687	0.1281
0.35	0.4913	0.3866	0.3034	0.2374	0.1850	0.1435
0.40	0.5022	0.3992	0.3170	0.2512	0.1986	0.1566
0.45	0.5112	0.4097	0.3283	0.2630	0.2104	0.1680
0.50	0.5188	0.4186	0.3381	0.2731	0.2206	0.1781
0.55	0.5254	0.4263	0.3465	0.2820	0.2297	0.1871
0.60	0.5312	0.4331	0.3540	0.2899	0.2377	0.1951
0.65	0.5363	0.4392	0.3607	0.2970	0.2450	0.2025
0.70	0.5409	0.4447	0.3668	0.3035	0.2517	0.2092
0.75	0.5451	0.4496	0.3723	0.3094	0.2578	0.2155
0.80	0.5490	0.4542	0.3774	0.3149	0.2635	0.2213
0.85	0.5525	0.4585	0.3822	0.3200	0.2689	0.2268
0.90	0.5559	0.4624	0.3866	0.3248	0.2740	0.2320
0.95	0.5590	0.4662	0.3909	0.3293	0.2788	0.2370
1.00	0.5620	0.4697	0.3949	0.3337	0.2834	0.2417
1.20	0.5727	0.4826	0.4094	0.3496	0.3002	0.2594
1.40	0.5823	0.4942	0.4226	0.3639	0.3156	0.2755
1.60	0.5912	0.5050	0.4349	0.3775	0.3301	0.2908
1.80	0.5998	0.5153	0.4467	0.3905	0.3441	0.3056
2.00	0.6081	0.5254	0.4581	0.4031	0.3576	0.3199
2.20	0.6161	0.5351	0.4693	0.4153	0.3708	0.3339
2.40	0.6240	0.5447	0.4802	0.4273	0.3838	0.3476
2.60	0.6317	0.5540	0.4909	0.4391	0.3964	0.3610
2.80	0.6393	0.5632	0.5013	0.4506	0.4088	0.3741
3.00	0.6467	0.5721	0.5115	0.4619	0.4209	0.3869
3.20	0.6539	0.5809	0.5215	0.4729	0.4328	0.3995
3.40	0.6610	0.5895	0.5313	0.4837	0.4444	0.4118
3.60	0.6680	0.5979	0.5409	0.4943	0.4558	0.4238
3.80	0.6748	0.6062	0.5504	0.5046	0.4669	0.4356
4.00	0.6814	0.6142	0.5596	0.5148	0.4779	0.4472
4.50	0.6975	0.6337	0.5818	0.5393	0.5042	0.4751
5.00	0.7128	0.6522	0.6029	0.5625	0.5292	0.5016
LAMBDA1	0.1036	0.1036	0.1036	0.1036	0.1036	0.1036
BETA1	0.0499	0.0604	0.0690	0.0760	0.0818	0.0866
LAMBDA2	3.8046	3.8046	3.8046	3.8046	3.8046	3.8046
BETA2	0.5800	0.6721	0.7243	0.7424	0.7317	0.6972

TABLE 4

SINK	2.40	2.40	2.40	2.40	2.40	2.40
SOURCE	1.50	1.40	1.20	1.00	0.80	0.60
TIME						
0.00	0.0000	0.0000	0.0000	0.0000	0.0000	0.0000
0.02	0.0000	0.0000	0.0000	0.0000	0.0000	0.0000
0.03	0.0001	0.0000	0.0000	0.0000	0.0000	0.0000
0.04	0.0006	0.0002	0.0000	0.0000	0.0000	0.0000
0.05	0.0018	0.0006	0.0000	0.0000	0.0000	0.0000
0.06	0.0038	0.0015	0.0002	0.0000	0.0000	0.0000
0.07	0.0066	0.0028	0.0004	0.0001	0.0000	0.0000
0.08	0.0099	0.0047	0.0009	0.0001	0.0000	0.0000
0.09	0.0137	0.0069	0.0016	0.0003	0.0000	0.0000
0.10	0.0178	0.0095	0.0024	0.0005	0.0001	0.0000
0.15	0.0402	0.0253	0.0094	0.0031	0.0010	0.0003
0.20	0.0615	0.0422	0.0189	0.0079	0.0031	0.0011
0.25	0.0803	0.0580	0.0293	0.0141	0.0064	0.0028
0.30	0.0966	0.0723	0.0395	0.0208	0.0106	0.0052
0.35	0.1107	0.0850	0.0492	0.0277	0.0152	0.0082
0.40	0.1230	0.0963	0.0583	0.0346	0.0201	0.0116
0.45	0.1339	0.1065	0.0667	0.0413	0.0252	0.0153
0.50	0.1436	0.1156	0.0746	0.0477	0.0303	0.0193
0.55	0.1523	0.1240	0.0819	0.0539	0.0354	0.0235
0.60	0.1602	0.1316	0.0888	0.0599	0.0405	0.0278
0.65	0.1675	0.1387	0.0953	0.0657	0.0456	0.0323
0.70	0.1742	0.1453	0.1015	0.0713	0.0507	0.0368
0.75	0.1805	0.1515	0.1073	0.0768	0.0557	0.0414
0.80	0.1863	0.1573	0.1130	0.0821	0.0606	0.0460
0.85	0.1919	0.1629	0.1184	0.0873	0.0655	0.0507
0.90	0.1972	0.1682	0.1237	0.0924	0.0704	0.0554
0.95	0.2023	0.1733	0.1288	0.0974	0.0753	0.0601
1.00	0.2071	0.1783	0.1337	0.1023	0.0801	0.0648
1.20	0.2253	0.1968	0.1527	0.1213	0.0990	0.0836
1.40	0.2421	0.2141	0.1706	0.1396	0.1176	0.1022
1.60	0.2581	0.2306	0.1879	0.1574	0.1357	0.1205
1.80	0.2735	0.2465	0.2047	0.1748	0.1534	0.1385
2.00	0.2884	0.2620	0.2210	0.1917	0.1708	0.1561
2.20	0.3031	0.2772	0.2370	0.2083	0.1878	0.1734
2.40	0.3174	0.2920	0.2527	0.2245	0.2044	0.1903
2.60	0.3314	0.3066	0.2680	0.2404	0.2207	0.2069
2.80	0.3451	0.3208	0.2830	0.2560	0.2367	0.2232
3.00	0.3585	0.3347	0.2977	0.2712	0.2523	0.2391
3.20	0.3717	0.3483	0.3121	0.2862	0.2677	0.2547
3.40	0.3845	0.3617	0.3262	0.3008	0.2827	0.2700
3.60	0.3972	0.3748	0.3400	0.3151	0.2974	0.2850
3.80	0.4095	0.3876	0.3536	0.3292	0.3118	0.2996
4.00	0.4216	0.4002	0.3668	0.3429	0.3259	0.3140
4.50	0.4508	0.4304	0.3988	0.3761	0.3599	0.3486
5.00	0.4785	0.4592	0.4291	0.4076	0.3922	0.3815
LAMBDA1	0.1036	0.1036	0.1036	0.1036	0.1036	0.1036
BETA1	0.0906	0.0940	0.0992	0.1030	0.1056	0.1075
LAMBDA2	3.8046	3.8046	3.8046	3.8046	3.8046	3.8046
BETA2	0.6432	0.5741	0.4055	0.2185	0.0355	-0.1253

27

TABLE 4

SINK	2.40	2.40	2.40	2.60	2.60	2.60
SOURCE	0.40	0.20	0.00	2.50	2.40	2.30
TIME						
0.00	0.0000	0.0000	0.0000	0.0000	0.0000	0.0000
0.02	0.0000	0.0000	0.0000	0.5395	0.2445	0.0914
0.03	0.0000	0.0000	0.0000	0.5962	0.3182	0.1503
0.04	0.0000	0.0000	0.0000	0.6308	0.3674	0.1960
0.05	0.0000	0.0000	0.0000	0.6545	0.4030	0.2319
0.06	0.0000	0.0000	0.0000	0.6721	0.4301	0.2608
0.07	0.0000	0.0000	0.0000	0.6858	0.4517	0.2845
0.08	0.0000	0.0000	0.0000	0.6967	0.4693	0.3044
0.09	0.0000	0.0000	0.0000	0.7058	0.4839	0.3213
0.10	0.0000	0.0000	0.0000	0.7134	0.4964	0.3360
0.15	0.0001	0.0000	0.0000	0.7390	0.5391	0.3874
0.20	0.0004	0.0001	0.0001	0.7539	0.5643	0.4188
0.25	0.0012	0.0005	0.0003	0.7638	0.5814	0.4404
0.30	0.0025	0.0013	0.0009	0.7710	0.5938	0.4563
0.35	0.0044	0.0025	0.0020	0.7765	0.6033	0.4685
0.40	0.0067	0.0043	0.0036	0.7808	0.6108	0.4784
0.45	0.0095	0.0065	0.0056	0.7844	0.6170	0.4864
0.50	0.0127	0.0092	0.0081	0.7873	0.6222	0.4932
0.55	0.0162	0.0122	0.0110	0.7899	0.6267	0.4990
0.60	0.0199	0.0156	0.0142	0.7921	0.6305	0.5041
0.65	0.0239	0.0192	0.0178	0.7940	0.6339	0.5085
0.70	0.0280	0.0231	0.0215	0.7957	0.6369	0.5125
0.75	0.0322	0.0271	0.0255	0.7972	0.6396	0.5161
0.80	0.0366	0.0313	0.0296	0.7986	0.6420	0.5193
0.85	0.0410	0.0356	0.0339	0.7999	0.6442	0.5222
0.90	0.0456	0.0401	0.0383	0.8010	0.6463	0.5250
0.95	0.0501	0.0445	0.0427	0.8021	0.6482	0.5275
1.00	0.0547	0.0491	0.0472	0.8031	0.6500	0.5299
1.20	0.0734	0.0676	0.0657	0.8067	0.6563	0.5382
1.40	0.0920	0.0862	0.0844	0.8097	0.6616	0.5454
1.60	0.1105	0.1048	0.1029	0.8124	0.6664	0.5519
1.80	0.1286	0.1230	0.1212	0.8150	0.6710	0.5580
2.00	0.1464	0.1409	0.1391	0.8174	0.6754	0.5639
2.20	0.1639	0.1585	0.1568	0.8199	0.6797	0.5697
2.40	0.1811	0.1758	0.1740	0.8222	0.6839	0.5753
2.60	0.1978	0.1926	0.1910	0.8245	0.6880	0.5808
2.80	0.2143	0.2092	0.2075	0.8268	0.6921	0.5863
3.00	0.2304	0.2254	0.2238	0.8291	0.6961	0.5917
3.20	0.2462	0.2413	0.2397	0.8313	0.7001	0.5970
3.40	0.2616	0.2568	0.2553	0.8335	0.7040	0.6023
3.60	0.2767	0.2721	0.2705	0.8357	0.7078	0.6074
3.80	0.2916	0.2870	0.2855	0.8378	0.7116	0.6125
4.00	0.3061	0.3016	0.3001	0.8399	0.7154	0.6176
4.50	0.3411	0.3368	0.3355	0.8451	0.7245	0.6299
5.00	0.3744	0.3703	0.3690	0.8501	0.7334	0.6418
LAMBDA1	0.1036	0.1036	0.1036	0.0655	0.0655	0.0655
BETA1	0.1087	0.1094	0.1097	0.0136	0.0242	0.0325
LAMBDA2	3.8046	3.8046	3.8046	3.3125	3.3125	3.3125
BETA2	−0.2500	−0.3287	−0.3556	0.1860	0.3254	0.4255

TABLE 4

SINK	2.60	2.60	2.60	2.60	2.60	2.60
SOURCE	2.20	2.10	2.00	1.90	1.80	1.70
TIME						
0.00	0.0000	0.0000	0.0000	0.0000	0.0000	0.0000
0.02	0.0273	0.0068	0.0013	0.0002	0.0000	0.0000
0.03	0.0623	0.0225	0.0070	0.0019	0.0004	0.0001
0.04	0.0952	0.0419	0.0166	0.0059	0.0019	0.0005
0.05	0.1241	0.0615	0.0282	0.0119	0.0046	0.0016
0.06	0.1491	0.0802	0.0404	0.0191	0.0084	0.0035
0.07	0.1708	0.0974	0.0527	0.0269	0.0130	0.0059
0.08	0.1896	0.1131	0.0645	0.0350	0.0182	0.0089
0.09	0.2061	0.1273	0.0756	0.0431	0.0236	0.0124
0.10	0.2206	0.1402	0.0862	0.0511	0.0292	0.0161
0.15	0.2738	0.1900	0.1294	0.0863	0.0563	0.0360
0.20	0.3078	0.2237	0.1607	0.1139	0.0796	0.0549
0.25	0.3317	0.2481	0.1841	0.1355	0.0988	0.0713
0.30	0.3495	0.2667	0.2025	0.1529	0.1147	0.0855
0.35	0.3635	0.2814	0.2172	0.1671	0.1280	0.0977
0.40	0.3747	0.2933	0.2294	0.1790	0.1394	0.1082
0.45	0.3840	0.3033	0.2396	0.1892	0.1492	0.1174
0.50	0.3919	0.3118	0.2484	0.1979	0.1577	0.1256
0.55	0.3986	0.3192	0.2560	0.2056	0.1653	0.1329
0.60	0.4045	0.3256	0.2627	0.2124	0.1720	0.1394
0.65	0.4097	0.3313	0.2687	0.2185	0.1780	0.1453
0.70	0.4143	0.3364	0.2741	0.2240	0.1835	0.1507
0.75	0.4185	0.3410	0.2790	0.2290	0.1886	0.1557
0.80	0.4223	0.3452	0.2834	0.2336	0.1932	0.1603
0.85	0.4258	0.3491	0.2875	0.2379	0.1976	0.1647
0.90	0.4291	0.3527	0.2914	0.2418	0.2016	0.1687
0.95	0.4321	0.3560	0.2949	0.2456	0.2054	0.1726
1.00	0.4349	0.3591	0.2983	0.2491	0.2091	0.1762
1.20	0.4448	0.3702	0.3103	0.2617	0.2221	0.1895
1.40	0.4533	0.3799	0.3207	0.2728	0.2336	0.2014
1.60	0.4611	0.3887	0.3303	0.2830	0.2443	0.2124
1.80	0.4685	0.3970	0.3394	0.2927	0.2545	0.2230
2.00	0.4756	0.4050	0.3482	0.3021	0.2644	0.2333
2.20	0.4825	0.4129	0.3568	0.3113	0.2740	0.2434
2.40	0.4893	0.4206	0.3652	0.3203	0.2835	0.2533
2.60	0.4959	0.4281	0.3735	0.3292	0.2929	0.2630
2.80	0.5025	0.4356	0.3817	0.3379	0.3021	0.2726
3.00	0.5090	0.4429	0.3897	0.3465	0.3112	0.2821
3.20	0.5154	0.4502	0.3977	0.3550	0.3202	0.2914
3.40	0.5217	0.4573	0.4055	0.3634	0.3290	0.3007
3.60	0.5279	0.4644	0.4132	0.3717	0.3377	0.3098
3.80	0.5341	0.4714	0.4209	0.3799	0.3463	0.3187
4.00	0.5401	0.4782	0.4284	0.3879	0.3549	0.3276
4.50	0.5549	0.4950	0.4468	0.4077	0.3756	0.3493
5.00	0.5693	0.5113	0.4646	0.4267	0.3957	0.3702
LAMBDA1	0.0655	0.0655	0.0655	0.0655	0.0655	0.0655
BETA1	0.0391	0.0444	0.0486	0.0521	0.0549	0.0572
LAMBDA2	3.3125	3.3125	3.3125	3.3125	3.3125	3.3125
BETA2	0.4924	0.5315	0.5473	0.5438	0.5245	0.4926

TABLE 4

SINK	2.60	2.60	2.60	2.60	2.60	2.60
SOURCE	1.60	1.40	1.20	1.00	0.80	0.60
TIME						
0.00	0.0000	0.0000	0.0000	0.0000	0.0000	0.0000
0.02	0.0000	0.0000	0.0000	0.0000	0.0000	0.0000
0.03	0.0000	0.0000	0.0000	0.0000	0.0000	0.0000
0.04	0.0001	0.0000	0.0000	0.0000	0.0000	0.0000
0.05	0.0005	0.0000	0.0000	0.0000	0.0000	0.0000
0.06	0.0013	0.0002	0.0000	0.0000	0.0000	0.0000
0.07	0.0025	0.0004	0.0000	0.0000	0.0000	0.0000
0.08	0.0042	0.0008	0.0001	0.0000	0.0000	0.0000
0.09	0.0062	0.0014	0.0002	0.0000	0.0000	0.0000
0.10	0.0085	0.0021	0.0004	0.0001	0.0000	0.0000
0.15	0.0225	0.0081	0.0027	0.0008	0.0002	0.0001
0.20	0.0372	0.0164	0.0067	0.0026	0.0009	0.0003
0.25	0.0510	0.0252	0.0119	0.0053	0.0023	0.0009
0.30	0.0632	0.0338	0.0175	0.0087	0.0042	0.0019
0.35	0.0741	0.0420	0.0232	0.0124	0.0065	0.0033
0.40	0.0837	0.0495	0.0288	0.0164	0.0091	0.0050
0.45	0.0923	0.0565	0.0341	0.0203	0.0120	0.0070
0.50	0.0999	0.0629	0.0393	0.0243	0.0149	0.0091
0.55	0.1068	0.0688	0.0442	0.0282	0.0179	0.0115
0.60	0.1130	0.0743	0.0488	0.0320	0.0210	0.0140
0.65	0.1187	0.0795	0.0533	0.0358	0.0242	0.0166
0.70	0.1240	0.0843	0.0575	0.0394	0.0273	0.0193
0.75	0.1289	0.0888	0.0616	0.0430	0.0304	0.0220
0.80	0.1334	0.0930	0.0655	0.0465	0.0336	0.0249
0.85	0.1377	0.0971	0.0692	0.0500	0.0367	0.0277
0.90	0.1417	0.1010	0.0729	0.0534	0.0398	0.0306
0.95	0.1456	0.1047	0.0764	0.0567	0.0430	0.0336
1.00	0.1492	0.1083	0.0799	0.0600	0.0461	0.0366
1.20	0.1626	0.1217	0.0930	0.0728	0.0585	0.0486
1.40	0.1747	0.1340	0.1054	0.0851	0.0707	0.0607
1.60	0.1861	0.1458	0.1174	0.0972	0.0828	0.0728
1.80	0.1970	0.1572	0.1290	0.1090	0.0947	0.0848
2.00	0.2076	0.1682	0.1404	0.1206	0.1065	0.0967
2.20	0.2180	0.1791	0.1517	0.1321	0.1181	0.1084
2.40	0.2282	0.1898	0.1627	0.1434	0.1296	0.1200
2.60	0.2383	0.2004	0.1736	0.1545	0.1409	0.1314
2.80	0.2482	0.2108	0.1844	0.1655	0.1521	0.1427
3.00	0.2580	0.2211	0.1950	0.1764	0.1631	0.1539
3.20	0.2677	0.2312	0.2055	0.1871	0.1740	0.1649
3.40	0.2772	0.2412	0.2158	0.1977	0.1848	0.1757
3.60	0.2866	0.2511	0.2260	0.2081	0.1954	0.1865
3.80	0.2959	0.2608	0.2361	0.2184	0.2058	0.1970
4.00	0.3050	0.2705	0.2460	0.2286	0.2162	0.2075
4.50	0.3274	0.2940	0.2703	0.2534	0.2414	0.2330
5.00	0.3491	0.3167	0.2938	0.2775	0.2658	0.2577
LAMBDA1	0.0655	0.0655	0.0655	0.0655	0.0655	0.0655
BETA1	0.0591	0.0621	0.0641	0.0656	0.0667	0.0674
LAMBDA2	3.3125	3.3125	3.3125	3.3125	3.3125	3.3125
BETA2	0.4506	0.3461	0.2275	0.1075	-0.0035	-0.0976

TABLE 4

SINK	2.60	2.60	2.60	2.80	2.80	2.80
SOURCE	0.40	0.20	0.00	2.70	2.60	2.50
TIME						
0.00	0.0000	0.0000	0.0000	0.0000	0.0000	0.0000
0.02	0.0000	0.0000	0.0000	0.5333	0.2390	0.0884
0.03	0.0000	0.0000	0.0000	0.5891	0.3108	0.1452
0.04	0.0000	0.0000	0.0000	0.6230	0.3586	0.1892
0.05	0.0000	0.0000	0.0000	0.6462	0.3931	0.2237
0.06	0.0000	0.0000	0.0000	0.6634	0.4194	0.2513
0.07	0.0000	0.0000	0.0000	0.6767	0.4401	0.2740
0.08	0.0000	0.0000	0.0000	0.6874	0.4571	0.2929
0.09	0.0000	0.0000	0.0000	0.6961	0.4712	0.3090
0.10	0.0000	0.0000	0.0000	0.7035	0.4832	0.3229
0.15	0.0000	0.0000	0.0000	0.7281	0.5237	0.3714
0.20	0.0001	0.0000	0.0000	0.7423	0.5475	0.4007
0.25	0.0004	0.0001	0.0001	0.7516	0.5634	0.4206
0.30	0.0009	0.0004	0.0003	0.7583	0.5748	0.4351
0.35	0.0017	0.0009	0.0007	0.7634	0.5835	0.4462
0.40	0.0028	0.0017	0.0014	0.7673	0.5904	0.4550
0.45	0.0041	0.0027	0.0023	0.7705	0.5959	0.4622
0.50	0.0058	0.0040	0.0035	0.7732	0.6005	0.4682
0.55	0.0076	0.0056	0.0049	0.7755	0.6045	0.4733
0.60	0.0097	0.0074	0.0066	0.7774	0.6078	0.4776
0.65	0.0119	0.0093	0.0085	0.7791	0.6107	0.4814
0.70	0.0142	0.0115	0.0106	0.7805	0.6133	0.4848
0.75	0.0167	0.0138	0.0129	0.7819	0.6156	0.4878
0.80	0.0193	0.0162	0.0152	0.7830	0.6177	0.4905
0.85	0.0220	0.0188	0.0177	0.7841	0.6195	0.4929
0.90	0.0247	0.0214	0.0203	0.7851	0.6212	0.4952
0.95	0.0275	0.0241	0.0230	0.7860	0.6229	0.4972
1.00	0.0304	0.0269	0.0258	0.7868	0.6242	0.4991
1.20	0.0421	0.0385	0.0373	0.7896	0.6291	0.5056
1.40	0.0541	0.0504	0.0492	0.7919	0.6332	0.5110
1.60	0.0662	0.0625	0.0612	0.7939	0.6367	0.5156
1.80	0.0782	0.0745	0.0733	0.7957	0.6399	0.5199
2.00	0.0902	0.0865	0.0853	0.7975	0.6430	0.5240
2.20	0.1020	0.0983	0.0971	0.7992	0.6459	0.5279
2.40	0.1136	0.1100	0.1088	0.8008	0.6488	0.5318
2.60	0.1252	0.1216	0.1204	0.8024	0.6517	0.5356
2.80	0.1365	0.1330	0.1319	0.8040	0.6545	0.5393
3.00	0.1478	0.1443	0.1432	0.8056	0.6573	0.5430
3.20	0.1589	0.1554	0.1543	0.8071	0.6600	0.5467
3.40	0.1698	0.1664	0.1653	0.8087	0.6627	0.5504
3.60	0.1806	0.1773	0.1762	0.8102	0.6654	0.5540
3.80	0.1913	0.1880	0.1869	0.8117	0.6681	0.5575
4.00	0.2018	0.1985	0.1975	0.8133	0.6708	0.5611
4.50	0.2275	0.2243	0.2233	0.8170	0.6774	0.5698
5.00	0.2524	0.2493	0.2483	0.8206	0.6838	0.5784
LAMBDA1	0.0655	0.0655	0.0655	0.0402	0.0402	0.0402
BETA1	0.0679	0.0682	0.0683	0.0088	0.0156	0.0208
LAMBDA2	3.3125	3.3125	3.3125	2.9440	2.9440	2.9440
BETA2	-0.1639	-0.2133	-0.2284	0.1381	0.2400	0.3123

TABLE 4

SINK	2.80	2.80	2.80	2.80	2.80	2.80
SOURCE	2.40	2.30	2.20	2.10	2.00	1.90
TIME						
0.00	0.0000	0.0000	0.0000	0.0000	0.0000	0.0000
0.02	0.0266	0.0064	0.0013	0.0002	0.0000	0.0000
0.03	0.0595	0.0213	0.0066	0.0018	0.0004	0.0001
0.04	0.0909	0.0395	0.0155	0.0055	0.0017	0.0005
0.05	0.1184	0.0581	0.0263	0.0110	0.0042	0.0015
0.06	0.1421	0.0756	0.0377	0.0176	0.0077	0.0031
0.07	0.1626	0.0917	0.0491	0.0248	0.0119	0.0054
0.08	0.1803	0.1064	0.0600	0.0323	0.0165	0.0081
0.09	0.1958	0.1196	0.0703	0.0397	0.0215	0.0111
0.10	0.2095	0.1317	0.0800	0.0469	0.0265	0.0144
0.15	0.2592	0.1777	0.1196	0.0789	0.0509	0.0322
0.20	0.2906	0.2085	0.1479	0.1036	0.0716	0.0488
0.25	0.3124	0.2306	0.1690	0.1229	0.0885	0.0632
0.30	0.3286	0.2473	0.1853	0.1381	0.1024	0.0754
0.35	0.3411	0.2603	0.1983	0.1506	0.1139	0.0858
0.40	0.3510	0.2709	0.2089	0.1609	0.1236	0.0948
0.45	0.3592	0.2796	0.2177	0.1696	0.1320	0.1026
0.50	0.3661	0.2869	0.2252	0.1770	0.1391	0.1094
0.55	0.3719	0.2932	0.2317	0.1835	0.1454	0.1154
0.60	0.3770	0.2987	0.2374	0.1891	0.1510	0.1207
0.65	0.3814	0.3035	0.2424	0.1942	0.1560	0.1256
0.70	0.3853	0.3077	0.2468	0.1987	0.1604	0.1299
0.75	0.3888	0.3115	0.2508	0.2027	0.1645	0.1339
0.80	0.3920	0.3150	0.2544	0.2064	0.1682	0.1375
0.85	0.3948	0.3181	0.2577	0.2098	0.1716	0.1409
0.90	0.3974	0.3210	0.2608	0.2130	0.1748	0.1441
0.95	0.3998	0.3236	0.2636	0.2159	0.1777	0.1470
1.00	0.4021	0.3261	0.2662	0.2186	0.1805	0.1497
1.20	0.4097	0.3346	0.2752	0.2280	0.1901	0.1595
1.40	0.4160	0.3416	0.2828	0.2359	0.1983	0.1678
1.60	0.4216	0.3478	0.2895	0.2430	0.2056	0.1754
1.80	0.4267	0.3536	0.2958	0.2496	0.2125	0.1825
2.00	0.4315	0.3590	0.3017	0.2559	0.2191	0.1893
2.20	0.4363	0.3643	0.3075	0.2621	0.2256	0.1960
2.40	0.4409	0.3695	0.3131	0.2681	0.2319	0.2025
2.60	0.4454	0.3746	0.3187	0.2740	0.2381	0.2089
2.80	0.4499	0.3797	0.3242	0.2798	0.2442	0.2153
3.00	0.4543	0.3847	0.3296	0.2856	0.2503	0.2216
3.20	0.4587	0.3896	0.3350	0.2914	0.2563	0.2279
3.40	0.4630	0.3945	0.3403	0.2971	0.2623	0.2340
3.60	0.4673	0.3994	0.3456	0.3027	0.2682	0.2402
3.80	0.4716	0.4042	0.3508	0.3083	0.2740	0.2463
4.00	0.4758	0.4090	0.3560	0.3138	0.2799	0.2523
4.50	0.4863	0.4207	0.3689	0.3275	0.2942	0.2672
5.00	0.4965	0.4323	0.3815	0.3409	0.3083	0.2818
LAMBDA1	0.0402	0.0402	0.0402	0.0402	0.0402	0.0402
BETA1	0.0248	0.0279	0.0304	0.0324	0.0340	0.0353
LAMBDA2	2.9440	2.9440	2.9440	2.9440	2.9440	2.9440
BETA2	0.3604	0.3889	0.4013	0.4006	0.3895	0.3699

32

TABLE 4

SINK	2.80	2.80	2.80	2.80	2.80	2.80
SOURCE	1.80	1.60	1.40	1.20	1.00	0.80
TIME						
0.00	0.0000	0.0000	0.0000	0.0000	0.0000	0.0000
0.02	0.0000	0.0000	0.0000	0.0000	0.0000	0.0000
0.03	0.0000	0.0000	0.0000	0.0000	0.0000	0.0000
0.04	0.0001	0.0000	0.0000	0.0000	0.0000	0.0000
0.05	0.0005	0.0000	0.0000	0.0000	0.0000	0.0000
0.06	0.0012	0.0001	0.0000	0.0000	0.0000	0.0000
0.07	0.0023	0.0003	0.0000	0.0000	0.0000	0.0000
0.08	0.0037	0.0007	0.0001	0.0000	0.0000	0.0000
0.09	0.0055	0.0012	0.0002	0.0000	0.0000	0.0000
0.10	0.0076	0.0018	0.0004	0.0001	0.0000	0.0000
0.15	0.0199	0.0071	0.0023	0.0007	0.0002	0.0000
0.20	0.0328	0.0141	0.0057	0.0021	0.0008	0.0002
0.25	0.0446	0.0216	0.0100	0.0044	0.0018	0.0007
0.30	0.0552	0.0288	0.0146	0.0071	0.0033	0.0015
0.35	0.0644	0.0356	0.0193	0.0101	0.0052	0.0026
0.40	0.0725	0.0419	0.0238	0.0133	0.0072	0.0039
0.45	0.0796	0.0476	0.0281	0.0164	0.0094	0.0053
0.50	0.0859	0.0528	0.0323	0.0195	0.0117	0.0069
0.55	0.0916	0.0576	0.0361	0.0225	0.0139	0.0086
0.60	0.0966	0.0620	0.0398	0.0254	0.0162	0.0103
0.65	0.1012	0.0661	0.0432	0.0283	0.0185	0.0121
0.70	0.1054	0.0698	0.0464	0.0310	0.0207	0.0140
0.75	0.1093	0.0733	0.0495	0.0336	0.0229	0.0158
0.80	0.1128	0.0765	0.0524	0.0361	0.0251	0.0177
0.85	0.1161	0.0796	0.0552	0.0386	0.0273	0.0196
0.90	0.1192	0.0825	0.0578	0.0410	0.0294	0.0215
0.95	0.1221	0.0852	0.0603	0.0433	0.0315	0.0234
1.00	0.1248	0.0879	0.0628	0.0456	0.0336	0.0253
1.20	0.1345	0.0973	0.0719	0.0542	0.0417	0.0330
1.40	0.1430	0.1058	0.0802	0.0623	0.0496	0.0407
1.60	0.1507	0.1136	0.0881	0.0701	0.0574	0.0484
1.80	0.1579	0.1211	0.0956	0.0777	0.0650	0.0560
2.00	0.1649	0.1284	0.1030	0.0852	0.0725	0.0635
2.20	0.1718	0.1355	0.1103	0.0926	0.0800	0.0710
2.40	0.1785	0.1425	0.1175	0.0999	0.0874	0.0785
2.60	0.1851	0.1494	0.1246	0.1071	0.0947	0.0859
2.80	0.1917	0.1562	0.1316	0.1143	0.1020	0.0932
3.00	0.1982	0.1630	0.1386	0.1214	0.1092	0.1005
3.20	0.2046	0.1697	0.1455	0.1285	0.1163	0.1077
3.40	0.2110	0.1764	0.1524	0.1354	0.1234	0.1148
3.60	0.2173	0.1830	0.1592	0.1424	0.1304	0.1219
3.80	0.2236	0.1895	0.1659	0.1493	0.1374	0.1290
4.00	0.2298	0.1960	0.1726	0.1561	0.1443	0.1359
4.50	0.2452	0.2120	0.1891	0.1729	0.1614	0.1532
5.00	0.2602	0.2277	0.2052	0.1894	0.1781	0.1700
LAMBDA1	0.0402	0.0402	0.0402	0.0402	0.0402	0.0402
BETA1	0.0364	0.0380	0.0391	0.0399	0.0405	0.0408
LAMBDA2	2.9440	2.9440	2.9440	2.9440	2.9440	2.9440
BETA2	0.3439	0.2783	0.2027	0.1249	0.0507	-0.0153

33

TABLE 4

SINK	2.80	2.80	2.80	2.80	3.00	3.00
SOURCE	0.60	0.40	0.20	0.00	2.90	2.80
TIME						
0.00	0.0000	0.0000	0.0000	0.0000	0.0000	0.0000
0.02	0.0000	0.0000	0.0000	0.0000	0.5270	0.2336
0.03	0.0000	0.0000	0.0000	0.0000	0.5819	0.3035
0.04	0.0000	0.0000	0.0000	0.0000	0.6151	0.3500
0.05	0.0000	0.0000	0.0000	0.0000	0.6379	0.3833
0.06	0.0000	0.0000	0.0000	0.0000	0.6546	0.4087
0.07	0.0000	0.0000	0.0000	0.0000	0.6676	0.4287
0.08	0.0000	0.0000	0.0000	0.0000	0.6779	0.4450
0.09	0.0000	0.0000	0.0000	0.0000	0.6864	0.4585
0.10	0.0000	0.0000	0.0000	0.0000	0.6936	0.4700
0.15	0.0000	0.0000	0.0000	0.0000	0.7172	0.5085
0.20	0.0001	0.0000	0.0000	0.0000	0.7306	0.5308
0.25	0.0003	0.0001	0.0000	0.0000	0.7393	0.5456
0.30	0.0007	0.0003	0.0001	0.0001	0.7455	0.5561
0.35	0.0012	0.0006	0.0003	0.0002	0.7502	0.5639
0.40	0.0020	0.0011	0.0006	0.0005	0.7538	0.5701
0.45	0.0030	0.0017	0.0011	0.0009	0.7566	0.5750
0.50	0.0041	0.0025	0.0017	0.0014	0.7590	0.5791
0.55	0.0053	0.0034	0.0024	0.0021	0.7610	0.5825
0.60	0.0067	0.0044	0.0033	0.0029	0.7627	0.5854
0.65	0.0081	0.0056	0.0043	0.0039	0.7641	0.5879
0.70	0.0096	0.0069	0.0054	0.0050	0.7654	0.5901
0.75	0.0112	0.0083	0.0067	0.0062	0.7665	0.5920
0.80	0.0128	0.0097	0.0080	0.0075	0.7675	0.5937
0.85	0.0145	0.0112	0.0094	0.0088	0.7684	0.5953
0.90	0.0162	0.0128	0.0109	0.0103	0.7692	0.5967
0.95	0.0179	0.0144	0.0125	0.0118	0.7699	0.5979
1.00	0.0197	0.0161	0.0141	0.0134	0.7706	0.5991
1.20	0.0270	0.0231	0.0209	0.0202	0.7728	0.6029
1.40	0.0345	0.0305	0.0282	0.0275	0.7745	0.6059
1.60	0.0421	0.0380	0.0357	0.0349	0.7760	0.6085
1.80	0.0497	0.0456	0.0432	0.0424	0.7773	0.6107
2.00	0.0573	0.0531	0.0508	0.0500	0.7785	0.6128
2.20	0.0648	0.0607	0.0583	0.0576	0.7796	0.6148
2.40	0.0723	0.0682	0.0659	0.0651	0.7807	0.6167
2.60	0.0797	0.0756	0.0733	0.0726	0.7818	0.6186
2.80	0.0871	0.0830	0.0807	0.0800	0.7828	0.6204
3.00	0.0944	0.0904	0.0881	0.0874	0.7839	0.6222
3.20	0.1016	0.0977	0.0954	0.0947	0.7849	0.6240
3.40	0.1088	0.1049	0.1027	0.1019	0.7859	0.6259
3.60	0.1160	0.1121	0.1099	0.1091	0.7870	0.6276
3.80	0.1231	0.1192	0.1170	0.1163	0.7880	0.6294
4.00	0.1301	0.1263	0.1241	0.1234	0.7890	0.6312
4.50	0.1474	0.1437	0.1415	0.1408	0.7915	0.6356
5.00	0.1644	0.1607	0.1586	0.1579	0.7940	0.6399
LAMBDA1	0.0402	0.0402	0.0402	0.0402	0.0239	0.0239
BETA1	0.0411	0.0413	0.0414	0.0414	0.0056	0.0097
LAMBDA2	2.9440	2.9440	2.9440	2.9440	2.6684	2.6684
BETA2	-0.0700	-0.1107	-0.1357	-0.1442	0.1021	0.1761

TABLE 4

SINK	3.00	3.00	3.00	3.00	3.00	3.00
SOURCE	2.70	2.60	2.50	2.40	2.30	2.20
TIME						
0.00	0.0000	0.0000	0.0000	0.0000	0.0000	0.0000
0.02	0.0855	0.0254	0.0061	0.0012	0.0002	0.0000
0.03	0.1402	0.0569	0.0201	0.0062	0.0016	0.0004
0.04	0.1825	0.0867	0.0373	0.0145	0.0051	0.0016
0.05	0.2156	0.1129	0.0548	0.0246	0.0101	0.0039
0.06	0.2420	0.1353	0.0712	0.0351	0.0162	0.0070
0.07	0.2636	0.1547	0.0863	0.0456	0.0229	0.0108
0.08	0.2817	0.1714	0.0999	0.0557	0.0297	0.0150
0.09	0.2970	0.1860	0.1123	0.0653	0.0364	0.0195
0.10	0.3101	0.1988	0.1235	0.0742	0.0430	0.0241
0.15	0.3557	0.2451	0.1660	0.1104	0.0719	0.0459
0.20	0.3830	0.2740	0.1941	0.1360	0.0941	0.0643
0.25	0.4013	0.2939	0.2140	0.1548	0.1111	0.0791
0.30	0.4145	0.3084	0.2288	0.1692	0.1245	0.0911
0.35	0.4244	0.3195	0.2403	0.1805	0.1353	0.1010
0.40	0.4323	0.3283	0.2496	0.1897	0.1441	0.1093
0.45	0.4386	0.3355	0.2571	0.1973	0.1515	0.1163
0.50	0.4438	0.3414	0.2634	0.2037	0.1577	0.1223
0.55	0.4482	0.3464	0.2687	0.2091	0.1631	0.1275
0.60	0.4519	0.3507	0.2733	0.2138	0.1678	0.1321
0.65	0.4552	0.3544	0.2773	0.2179	0.1719	0.1361
0.70	0.4580	0.3576	0.2808	0.2216	0.1756	0.1397
0.75	0.4605	0.3605	0.2839	0.2248	0.1789	0.1429
0.80	0.4627	0.3631	0.2867	0.2277	0.1818	0.1458
0.85	0.4647	0.3654	0.2892	0.2304	0.1845	0.1485
0.90	0.4665	0.3675	0.2915	0.2328	0.1869	0.1510
0.95	0.4682	0.3694	0.2936	0.2349	0.1892	0.1532
1.00	0.4697	0.3712	0.2955	0.2370	0.1913	0.1553
1.20	0.4747	0.3770	0.3020	0.2438	0.1983	0.1624
1.40	0.4786	0.3817	0.3071	0.2492	0.2039	0.1682
1.60	0.4820	0.3856	0.3114	0.2539	0.2088	0.1732
1.80	0.4849	0.3891	0.3153	0.2581	0.2132	0.1778
2.00	0.4877	0.3923	0.3190	0.2620	0.2173	0.1821
2.20	0.4903	0.3954	0.3224	0.2657	0.2213	0.1862
2.40	0.4928	0.3984	0.3258	0.2694	0.2251	0.1902
2.60	0.4953	0.4014	0.3291	0.2729	0.2289	0.1941
2.80	0.4978	0.4043	0.3323	0.2764	0.2326	0.1980
3.00	0.5002	0.4071	0.3355	0.2799	0.2363	0.2019
3.20	0.5026	0.4100	0.3387	0.2834	0.2400	0.2057
3.40	0.5050	0.4128	0.3419	0.2868	0.2436	0.2095
3.60	0.5073	0.4156	0.3450	0.2902	0.2473	0.2133
3.80	0.5097	0.4184	0.3482	0.2936	0.2509	0.2171
4.00	0.5120	0.4212	0.3513	0.2970	0.2544	0.2208
4.50	0.5178	0.4281	0.3590	0.3054	0.2633	0.2301
5.00	0.5236	0.4349	0.3666	0.3136	0.2721	0.2392
LAMBDA1	0.0239	0.0239	0.0239	0.0239	0.0239	0.0239
BETA1	0.0129	0.0153	0.0171	0.0185	0.0196	0.0205
LAMBDA2	2.6684	2.6684	2.6684	2.6684	2.6684	2.6684
BETA2	0.2230	0.2622	0.2824	0.2915	0.2918	0.2850

TABLE 4

SINK	3.00	3.00	3.00	3.00	3.00	3.00
SOURCE	2.10	2.00	1.80	1.60	1.40	1.20
TIME						
0.00	0.0000	0.0000	0.0000	0.0000	0.0000	0.0000
0.02	0.0000	0.0000	0.0000	0.0000	0.0000	0.0000
0.03	0.0001	0.0000	0.0000	0.0000	0.0000	0.0000
0.04	0.0004	0.0001	0.0000	0.0000	0.0000	0.0000
0.05	0.0013	0.0004	0.0000	0.0000	0.0000	0.0000
0.06	0.0028	0.0011	0.0001	0.0000	0.0000	0.0000
0.07	0.0048	0.0020	0.0003	0.0000	0.0000	0.0000
0.08	0.0073	0.0033	0.0006	0.0001	0.0000	0.0000
0.09	0.0100	0.0049	0.0010	0.0002	0.0000	0.0000
0.10	0.0130	0.0067	0.0016	0.0003	0.0001	0.0000
0.15	0.0287	0.0175	0.0061	0.0019	0.0006	0.0001
0.20	0.0433	0.0288	0.0121	0.0048	0.0018	0.0006
0.25	0.0558	0.0390	0.0184	0.0083	0.0036	0.0015
0.30	0.0663	0.0479	0.0245	0.0121	0.0058	0.0027
0.35	0.0752	0.0557	0.0302	0.0159	0.0082	0.0041
0.40	0.0827	0.0625	0.0353	0.0196	0.0107	0.0057
0.45	0.0892	0.0684	0.0399	0.0231	0.0132	0.0074
0.50	0.0949	0.0736	0.0442	0.0263	0.0156	0.0091
0.55	0.0998	0.0782	0.0480	0.0294	0.0179	0.0108
0.60	0.1041	0.0822	0.0514	0.0322	0.0201	0.0125
0.65	0.1080	0.0859	0.0546	0.0349	0.0223	0.0142
0.70	0.1115	0.0892	0.0575	0.0373	0.0243	0.0158
0.75	0.1146	0.0922	0.0602	0.0396	0.0262	0.0174
0.80	0.1175	0.0950	0.0627	0.0418	0.0281	0.0190
0.85	0.1201	0.0975	0.0650	0.0438	0.0298	0.0205
0.90	0.1225	0.0999	0.0672	0.0458	0.0315	0.0220
0.95	0.1247	0.1020	0.0692	0.0476	0.0332	0.0234
1.00	0.1268	0.1041	0.0711	0.0493	0.0347	0.0248
1.20	0.1339	0.1111	0.0773	0.0556	0.0406	0.0302
1.40	0.1398	0.1170	0.0836	0.0612	0.0459	0.0352
1.60	0.1449	0.1221	0.0887	0.0663	0.0509	0.0401
1.80	0.1495	0.1269	0.0935	0.0711	0.0556	0.0448
2.00	0.1539	0.1314	0.0981	0.0757	0.0603	0.0494
2.20	0.1582	0.1357	0.1026	0.0803	0.0649	0.0540
2.40	0.1623	0.1399	0.1070	0.0848	0.0694	0.0586
2.60	0.1664	0.1441	0.1113	0.0892	0.0739	0.0631
2.80	0.1704	0.1482	0.1156	0.0935	0.0783	0.0676
3.00	0.1744	0.1523	0.1198	0.0979	0.0827	0.0720
3.20	0.1784	0.1564	0.1240	0.1022	0.0871	0.0765
3.40	0.1823	0.1604	0.1282	0.1065	0.0915	0.0809
3.60	0.1862	0.1644	0.1324	0.1108	0.0958	0.0853
3.80	0.1901	0.1684	0.1365	0.1150	0.1001	0.0897
4.00	0.1940	0.1724	0.1407	0.1193	0.1044	0.0940
4.50	0.2036	0.1823	0.1509	0.1297	0.1151	0.1048
5.00	0.2131	0.1920	0.1610	0.1401	0.1256	0.1154
LAMBDA1	0.0239	0.0239	0.0239	0.0239	0.0239	0.0239
BETA1	0.0212	0.0218	0.0226	0.0232	0.0236	0.0239
LAMBDA2	2.6684	2.6684	2.6684	2.6684	2.6684	2.6684
BETA2	0.2728	0.2563	0.2146	0.1663	0.1162	0.0675

TABLE 4

SINK	3.00	3.00	3.00	3.00	3.00	3.00
SOURCE	1.00	0.80	0.60	0.40	0.20	0.00
TIME						
0.00	0.0000	0.0000	0.0000	0.0000	0.0000	0.0000
0.02	0.0000	0.0000	0.0000	0.0000	0.0000	0.0000
0.03	0.0000	0.0000	0.0000	0.0000	0.0000	0.0000
0.04	0.0000	0.0000	0.0000	0.0000	0.0000	0.0000
0.05	0.0000	0.0000	0.0000	0.0000	0.0000	0.0000
0.06	0.0000	0.0000	0.0000	0.0000	0.0000	0.0000
0.07	0.0000	0.0000	0.0000	0.0000	0.0000	0.0000
0.08	0.0000	0.0000	0.0000	0.0000	0.0000	0.0000
0.09	0.0000	0.0000	0.0000	0.0000	0.0000	0.0000
0.10	0.0000	0.0000	0.0000	0.0000	0.0000	0.0000
0.15	0.0000	0.0000	0.0000	0.0000	0.0000	0.0000
0.20	0.0002	0.0001	0.0000	0.0000	0.0000	0.0000
0.25	0.0006	0.0002	0.0001	0.0000	0.0000	0.0000
0.30	0.0012	0.0005	0.0002	0.0001	0.0000	0.0000
0.35	0.0020	0.0009	0.0004	0.0002	0.0001	0.0001
0.40	0.0030	0.0015	0.0008	0.0004	0.0002	0.0002
0.45	0.0041	0.0022	0.0012	0.0006	0.0004	0.0003
0.50	0.0053	0.0030	0.0017	0.0010	0.0006	0.0005
0.55	0.0065	0.0039	0.0023	0.0014	0.0010	0.0008
0.60	0.0078	0.0048	0.0030	0.0019	0.0014	0.0012
0.65	0.0091	0.0058	0.0037	0.0025	0.0019	0.0017
0.70	0.0104	0.0068	0.0045	0.0032	0.0024	0.0022
0.75	0.0116	0.0078	0.0054	0.0039	0.0031	0.0028
0.80	0.0129	0.0089	0.0063	0.0047	0.0038	0.0035
0.85	0.0142	0.0100	0.0072	0.0055	0.0045	0.0042
0.90	0.0155	0.0111	0.0082	0.0063	0.0053	0.0050
0.95	0.0167	0.0122	0.0092	0.0072	0.0062	0.0058
1.00	0.0180	0.0133	0.0102	0.0082	0.0070	0.0067
1.20	0.0229	0.0179	0.0144	0.0122	0.0109	0.0105
1.40	0.0277	0.0224	0.0188	0.0164	0.0151	0.0147
1.60	0.0324	0.0271	0.0233	0.0209	0.0195	0.0191
1.80	0.0371	0.0317	0.0279	0.0254	0.0240	0.0235
2.00	0.0417	0.0363	0.0325	0.0300	0.0286	0.0281
2.20	0.0463	0.0409	0.0371	0.0346	0.0331	0.0327
2.40	0.0509	0.0454	0.0416	0.0391	0.0377	0.0373
2.60	0.0554	0.0500	0.0462	0.0437	0.0423	0.0418
2.80	0.0600	0.0545	0.0508	0.0483	0.0469	0.0464
3.00	0.0645	0.0591	0.0553	0.0528	0.0514	0.0510
3.20	0.0689	0.0635	0.0598	0.0573	0.0559	0.0555
3.40	0.0734	0.0680	0.0643	0.0618	0.0604	0.0600
3.60	0.0778	0.0725	0.0688	0.0663	0.0649	0.0645
3.80	0.0822	0.0769	0.0732	0.0708	0.0694	0.0690
4.00	0.0866	0.0813	0.0776	0.0752	0.0738	0.0734
4.50	0.0975	0.0922	0.0886	0.0862	0.0849	0.0844
5.00	0.1082	0.1031	0.0995	0.0971	0.0958	0.0953
LAMBDA1	0.0239	0.0239	0.0239	0.0239	0.0239	0.0239
BETA1	0.0241	0.0242	0.0243	0.0244	0.0244	0.0244
LAMBDA2	2.6684	2.6684	2.6684	2.6684	2.6684	2.6684
BETA2	0.0229	-0.0158	-0.0473	-0.0704	-0.0845	-0.0893

TABLE 5

SINK	-2.50	-2.50	-2.50	-2.50	-2.50	-2.50
SOURCE	-2.60	-2.70	-2.80	-2.90	-3.00	-3.10
TIME						
0.0	0.0	0.0	0.0	0.0	0.0	0.0
0.02	0.6957	0.4062	0.1954	0.0765	0.0241	0.0061
0.03	0.7684	0.5279	0.3207	0.1709	0.0793	0.0319
0.04	0.8125	0.6088	0.4175	0.2604	0.1471	0.0749
0.05	0.8426	0.6669	0.4929	0.3386	0.2154	0.1265
0.06	0.8648	0.7109	0.5531	0.4056	0.2796	0.1806
0.07	0.8818	0.7456	0.6022	0.4630	0.3381	0.2340
0.08	0.8955	0.7737	0.6430	0.5125	0.3910	0.2849
0.09	0.9066	0.7970	0.6774	0.5555	0.4385	0.3327
0.10	0.9160	0.8166	0.7069	0.5930	0.4812	0.3772
0.15	0.9463	0.8816	0.8073	0.7260	0.6403	0.5533
0.20	0.9630	0.9178	0.8651	0.8057	0.7408	0.6721
0.25	0.9733	0.9406	0.9019	0.8576	0.8082	0.7545
0.30	0.9802	0.9559	0.9269	0.8934	0.8555	0.8135
0.35	0.9851	0.9667	0.9446	0.9189	0.8895	0.8566
0.40	0.9886	0.9745	0.9575	0.9376	0.9147	0.8888
0.45	0.9912	0.9803	0.9671	0.9516	0.9336	0.9132
0.50	0.9931	0.9846	0.9743	0.9622	0.9480	0.9319
0.55	0.9946	0.9879	0.9799	0.9703	0.9591	0.9463
0.60	0.9958	0.9905	0.9841	0.9765	0.9677	0.9575
0.65	0.9967	0.9925	0.9874	0.9814	0.9744	0.9662
0.70	0.9973	0.9940	0.9900	0.9852	0.9796	0.9731
0.75	0.9979	0.9953	0.9921	0.9883	0.9838	0.9786
0.80	0.9983	0.9962	0.9937	0.9906	0.9870	0.9829
0.85	0.9987	0.9970	0.9949	0.9925	0.9896	0.9863
0.90	0.9989	0.9976	0.9960	0.9940	0.9917	0.9890
0.95	0.9991	0.9981	0.9968	0.9952	0.9934	0.9912
1.00	0.9993	0.9985	0.9974	0.9962	0.9947	0.9929
1.20	0.9997	0.9994	0.9989	0.9984	0.9978	0.9971
1.40	0.9999	0.9997	0.9995	0.9993	0.9991	0.9988
1.60	0.9999	0.9999	0.9998	0.9997	0.9996	0.9995
1.80	1.0000	1.0000	0.9999	0.9999	0.9998	0.9998
2.00	1.0000	1.0000	1.0000	0.9999	0.9999	0.9999
2.20	1.0000	1.0000	1.0000	1.0000	1.0000	1.0000
2.40	1.0000	1.0000	1.0000	1.0000	1.0000	1.0000
2.60	1.0000	1.0000	1.0000	1.0000	1.0000	1.0000
2.80	1.0000	1.0000	1.0000	1.0000	1.0000	1.0000
3.00	1.0000	1.0000	1.0000	1.0000	1.0000	1.0000
3.20	1.0000	1.0000	1.0000	1.0000	1.0000	1.0000
3.40	1.0000	1.0000	1.0000	1.0000	1.0000	1.0000
3.60	1.0000	1.0000	1.0000	1.0000	1.0000	1.0000
3.80	1.0000	1.0000	1.0000	1.0000	1.0000	1.0000
4.00	1.0000	1.0000	1.0000	1.0000	1.0000	1.0000
4.50	1.0000	1.0000	1.0000	1.0000	1.0000	1.0000
5.00	1.0000	1.0000	1.0000	1.0000	1.0000	1.0000
LAMBDA1	4.3035	4.3035	4.3035	4.3035	4.3035	4.3035
BETA1	0.2113	0.4751	0.7972	1.1841	1.6422	2.1784
LAMBDA2	7.2969	7.2969	7.2969	7.2969	7.2969	7.2969
BETA2	0.2538	0.5620	0.9189	1.3143	1.7320	2.1492
A	1.1360	1.2969	1.4881	1.7160	1.9887	2.3164
B	-0.0639	-0.1544	-0.2807	-0.4550	-0.6940	-1.0198

TABLE 5

SINK	-2.00	-2.00	-2.00	-2.00	-2.00	-2.00
SOURCE	-2.10	-2.20	-2.30	-2.40	-2.50	-2.60
TIME						
0.0	0.0	0.0	0.0	0.0	0.0	0.0
0.02	0.6810	0.3888	0.1828	0.0699	0.0215	0.0053
0.03	0.7530	0.5063	0.3008	0.1566	0.0710	0.0279
0.04	0.7969	0.5849	0.3925	0.2394	0.1322	0.0658
0.05	0.8271	0.6417	0.4645	0.3122	0.1942	0.1115
0.06	0.8495	0.6851	0.5223	0.3750	0.2529	0.1598
0.07	0.8668	0.7194	0.5697	0.4292	0.3068	0.2077
0.08	0.8808	0.7474	0.6094	0.4761	0.3558	0.2538
0.09	0.8922	0.7708	0.6431	0.5172	0.4001	0.2973
0.10	0.9019	0.7906	0.6722	0.5533	0.4402	0.3381
0.15	0.9339	0.8575	0.7731	0.6838	0.5926	0.5028
0.20	0.9521	0.8962	0.8332	0.7647	0.6923	0.6179
0.25	0.9638	0.9213	0.8730	0.8195	0.7617	0.7008
0.30	0.9720	0.9389	0.9010	0.8585	0.8121	0.7623
0.35	0.9779	0.9517	0.9215	0.8875	0.8499	0.8091
0.40	0.9823	0.9613	0.9371	0.9095	0.8789	0.8454
0.45	0.9857	0.9687	0.9491	0.9266	0.9016	0.8739
0.50	0.9884	0.9746	0.9585	0.9401	0.9195	0.8966
0.55	0.9905	0.9792	0.9660	0.9509	0.9338	0.9148
0.60	0.9922	0.9829	0.9720	0.9595	0.9454	0.9296
0.65	0.9935	0.9858	0.9768	0.9665	0.9548	0.9417
0.70	0.9947	0.9883	0.9808	0.9722	0.9625	0.9515
0.75	0.9956	0.9903	0.9841	0.9769	0.9688	0.9596
0.80	0.9963	0.9919	0.9867	0.9808	0.9740	0.9663
0.85	0.9969	0.9932	0.9889	0.9840	0.9783	0.9719
0.90	0.9974	0.9944	0.9908	0.9866	0.9818	0.9765
0.95	0.9978	0.9953	0.9923	0.9888	0.9848	0.9803
1.00	0.9982	0.9960	0.9935	0.9906	0.9873	0.9835
1.20	0.9991	0.9980	0.9968	0.9953	0.9937	0.9918
1.40	0.9996	0.9990	0.9984	0.9977	0.9968	0.9959
1.60	0.9998	0.9995	0.9992	0.9988	0.9984	0.9979
1.80	0.9999	0.9998	0.9996	0.9994	0.9992	0.9990
2.00	0.9999	0.9999	0.9998	0.9997	0.9996	0.9995
2.20	1.0000	0.9999	0.9999	0.9999	0.9998	0.9997
2.40	1.0000	1.0000	0.9999	0.9999	0.9999	0.9999
2.60	1.0000	1.0000	1.0000	1.0000	0.9999	0.9999
2.80	1.0000	1.0000	1.0000	1.0000	1.0000	1.0000
3.00	1.0000	1.0000	1.0000	1.0000	1.0000	1.0000
3.20	1.0000	1.0000	1.0000	1.0000	1.0000	1.0000
3.40	1.0000	1.0000	1.0000	1.0000	1.0000	1.0000
3.60	1.0000	1.0000	1.0000	1.0000	1.0000	1.0000
3.80	1.0000	1.0000	1.0000	1.0000	1.0000	1.0000
4.00	1.0000	1.0000	1.0000	1.0000	1.0000	1.0000
4.50	1.0000	1.0000	1.0000	1.0000	1.0000	1.0000
5.00	1.0000	1.0000	1.0000	1.0000	1.0000	1.0000
LAMBDA1	3.4248	3.4248	3.4248	3.4248	3.4248	3.4248
BETA1	0.1814	0.3983	0.6534	0.9494	1.2890	1.6751
LAMBDA2	6.2232	6.2232	6.2232	6.2232	6.2232	6.2232
BETA2	0.2237	0.4842	0.7753	1.0877	1.4087	1.7216
A	1.1079	1.2337	1.3806	1.5527	1.7551	1.9937
B	-0.0305	-0.0744	-0.1362	-0.2215	-0.3382	-0.4964

TABLE 5

SINK	-2.00	-2.00	-2.00	-2.00	-2.00	-1.50
SOURCE	-2.70	-2.80	-2.90	-3.00	-3.10	-1.60
TIME						
0.0	0.0	0.0	0.0	0.0	0.0	0.0
0.02	0.0010	0.0002	0.0000	0.0000	0.0000	0.6662
0.03	0.0095	0.0028	0.0007	0.0002	0.0000	0.7372
0.04	0.0294	0.0118	0.0042	0.0014	0.0004	0.7808
0.05	0.0589	0.0286	0.0127	0.0052	0.0019	0.8109
0.06	0.0944	0.0521	0.0268	0.0128	0.0057	0.8333
0.07	0.1330	0.0804	0.0458	0.0246	0.0124	0.8507
0.08	0.1726	0.1117	0.0688	0.0402	0.0223	0.8649
0.09	0.2119	0.1447	0.0946	0.0592	0.0354	0.8765
0.10	0.2503	0.1785	0.1224	0.0808	0.0512	0.8864
0.15	0.4174	0.3388	0.2687	0.2081	0.1573	0.9197
0.20	0.5435	0.4707	0.4013	0.3367	0.2779	0.9391
0.25	0.6380	0.5744	0.5112	0.4497	0.3909	0.9520
0.30	0.7099	0.6556	0.6002	0.5447	0.4899	0.9613
0.35	0.7655	0.7196	0.6720	0.6232	0.5739	0.9682
0.40	0.8091	0.7706	0.7300	0.6877	0.6444	0.9735
0.45	0.8438	0.8114	0.7770	0.7408	0.7031	0.9778
0.50	0.8715	0.8444	0.8153	0.7845	0.7520	0.9812
0.55	0.8940	0.8712	0.8467	0.8205	0.7927	0.9840
0.60	0.9122	0.8931	0.8725	0.8503	0.8266	0.9864
0.65	0.9271	0.9111	0.8937	0.8750	0.8548	0.9883
0.70	0.9394	0.9260	0.9113	0.8955	0.8784	0.9899
0.75	0.9494	0.9382	0.9259	0.9125	0.8980	0.9913
0.80	0.9578	0.9484	0.9380	0.9267	0.9145	0.9925
0.85	0.9647	0.9568	0.9481	0.9385	0.9282	0.9935
0.90	0.9705	0.9638	0.9565	0.9484	0.9397	0.9944
0.95	0.9753	0.9697	0.9635	0.9567	0.9493	0.9951
1.00	0.9793	0.9746	0.9694	0.9637	0.9574	0.9958
1.20	0.9897	0.9873	0.9847	0.9818	0.9787	0.9976
1.40	0.9948	0.9937	0.9923	0.9909	0.9893	0.9986
1.60	0.9974	0.9968	0.9962	0.9954	0.9946	0.9992
1.80	0.9987	0.9984	0.9981	0.9977	0.9973	0.9995
2.00	0.9993	0.9992	0.9990	0.9988	0.9986	0.9997
2.20	0.9997	0.9996	0.9995	0.9994	0.9993	0.9998
2.40	0.9998	0.9998	0.9998	0.9997	0.9997	0.9999
2.60	0.9999	0.9999	0.9999	0.9999	0.9998	0.9999
2.80	1.0000	0.9999	0.9999	0.9999	0.9999	1.0000
3.00	1.0000	1.0000	1.0000	1.0000	1.0000	1.0000
3.20	1.0000	1.0000	1.0000	1.0000	1.0000	1.0000
3.40	1.0000	1.0000	1.0000	1.0000	1.0000	1.0000
3.60	1.0000	1.0000	1.0000	1.0000	1.0000	1.0000
3.80	1.0000	1.0000	1.0000	1.0000	1.0000	1.0000
4.00	1.0000	1.0000	1.0000	1.0000	1.0000	1.0000
4.50	1.0000	1.0000	1.0000	1.0000	1.0000	1.0000
5.00	1.0000	1.0000	1.0000	1.0000	1.0000	1.0000
LAMBDA1	3.4248	3.4248	3.4248	3.4248	3.4248	2.6577
BETA1	2.1105	2.5981	3.1409	3.7417	4.4037	0.1532
LAMBDA2	6.2232	6.2232	6.2232	6.2232	6.2232	5.2585
BETA2	2.0057	2.2350	2.3786	2.3994	2.2540	0.1951
A	2.2762	2.6117	3.0117	3.4903	4.0654	1.0806
B	-0.7097	-0.9959	-1.3790	-1.8906	-2.5732	-0.0054

4 TABLE 5

SINK	-1.50	-1.50	-1.50	-1.50	-1.50	-1.50
SOURCE	-1.70	-1.80	-1.90	-2.00	-2.10	-2.20
TIME						
0.0	0.0	0.0	0.0	0.0	0.0	0.0
0.02	0.3717	0.1707	0.0637	0.0191	0.0046	0.0009
0.03	0.4848	0.2815	0.1432	0.0634	0.0243	0.0081
0.04	0.5608	0.3681	0.2194	0.1183	0.0575	0.0251
0.05	0.6161	0.4363	0.2868	0.1744	0.0978	0.0505
0.06	0.6585	0.4914	0.3453	0.2277	0.1406	0.0812
0.07	0.6922	0.5369	0.3959	0.2769	0.1833	0.1147
0.08	0.7199	0.5752	0.4401	0.3219	0.2246	0.1494
0.09	0.7431	0.6079	0.4789	0.3628	0.2638	0.1840
0.10	0.7629	0.6362	0.5133	0.4000	0.3008	0.2179
0.15	0.8307	0.7361	0.6393	0.5437	0.4525	0.3683
0.20	0.8710	0.7973	0.7198	0.6406	0.5617	0.4851
0.25	0.8981	0.8390	0.7759	0.7101	0.6428	0.5753
0.30	0.9175	0.8692	0.8172	0.7621	0.7048	0.6462
0.35	0.9321	0.8922	0.8487	0.8023	0.7535	0.7028
0.40	0.9435	0.9101	0.8735	0.8342	0.7924	0.7487
0.45	0.9525	0.9243	0.8934	0.8599	0.8241	0.7863
0.50	0.9598	0.9359	0.9096	0.8809	0.8502	0.8175
0.55	0.9658	0.9454	0.9229	0.8983	0.8718	0.8435
0.60	0.9708	0.9533	0.9340	0.9129	0.8900	0.8654
0.65	0.9749	0.9600	0.9433	0.9251	0.9053	0.8840
0.70	0.9784	0.9655	0.9512	0.9354	0.9183	0.8998
0.75	0.9814	0.9703	0.9579	0.9442	0.9293	0.9132
0.80	0.9839	0.9743	0.9635	0.9517	0.9388	0.9248
0.85	0.9861	0.9777	0.9684	0.9581	0.9469	0.9347
0.90	0.9879	0.9807	0.9726	0.9637	0.9539	0.9433
0.95	0.9895	0.9832	0.9762	0.9684	0.9599	0.9506
1.00	0.9909	0.9854	0.9793	0.9725	0.9651	0.9570
1.20	0.9948	0.9916	0.9881	0.9841	0.9798	0.9751
1.40	0.9970	0.9951	0.9931	0.9908	0.9883	0.9855
1.60	0.9982	0.9972	0.9959	0.9946	0.9931	0.9915
1.80	0.9990	0.9983	0.9976	0.9968	0.9960	0.9950
2.00	0.9994	0.9990	0.9986	0.9982	0.9976	0.9971
2.20	0.9996	0.9994	0.9992	0.9989	0.9986	0.9983
2.40	0.9998	0.9997	0.9995	0.9994	0.9992	0.9990
2.60	0.9999	0.9998	0.9997	0.9996	0.9995	0.9994
2.80	0.9999	0.9999	0.9998	0.9998	0.9997	0.9997
3.00	1.0000	0.9999	0.9999	0.9999	0.9998	0.9998
3.20	1.0000	1.0000	0.9999	0.9999	0.9999	0.9999
3.40	1.0000	1.0000	1.0000	1.0000	0.9999	0.9999
3.60	1.0000	1.0000	1.0000	1.0000	1.0000	1.0000
3.80	1.0000	1.0000	1.0000	1.0000	1.0000	1.0000
4.00	1.0000	1.0000	1.0000	1.0000	1.0000	1.0000
4.50	1.0000	1.0000	1.0000	1.0000	1.0000	1.0000
5.00	1.0000	1.0000	1.0000	1.0000	1.0000	1.0000
LAMBDA1	2.6577	2.6577	2.6577	2.6577	2.6577	2.6577
BETA1	0.3286	0.5271	0.7493	0.9962	1.2685	1.5670
LAMBDA2	5.2585	5.2585	5.2585	5.2585	5.2585	5.2585
BETA2	0.4131	0.6478	0.8916	1.1350	1.3665	1.5723
A	1.1735	1.2808	1.4049	1.5488	1.7160	1.9108
B	-0.0165	-0.0351	-0.0635	-0.1049	-0.1634	-0.2447

TABLE 5

SINK	-1.50	-1.50	-1.50	-1.50	-1.50	-1.00
SOURCE	-2.30	-2.40	-2.50	-2.60	-3.00	-1.10
TIME						
0.0	0.0	0.0	0.0	0.0	0.0	0.0
0.02	0.0001	0.0000	0.0000	0.0000	0.0000	0.6512
0.03	0.0023	0.0006	0.0001	0.0000	0.0000	0.7210
0.04	0.0099	0.0035	0.0011	0.0003	0.0000	0.7640
0.05	0.0240	0.0104	0.0042	0.0015	0.0000	0.7939
0.06	0.0438	0.0220	0.0103	0.0045	0.0001	0.8162
0.07	0.0678	0.0377	0.0198	0.0098	0.0003	0.8336
0.08	0.0945	0.0569	0.0325	0.0176	0.0009	0.8478
0.09	0.1229	0.0786	0.0480	0.0281	0.0021	0.8595
0.10	0.1520	0.1020	0.0658	0.0408	0.0040	0.8695
0.15	0.2929	0.2276	0.1726	0.1277	0.0298	0.9036
0.20	0.4123	0.3449	0.2837	0.2295	0.0827	0.9239
0.25	0.5091	0.4452	0.3846	0.3281	0.1531	0.9377
0.30	0.5873	0.5290	0.4720	0.4172	0.2309	0.9478
0.35	0.6511	0.5988	0.5467	0.4955	0.3093	0.9556
0.40	0.7034	0.6571	0.6102	0.5633	0.3843	0.9618
0.45	0.7468	0.7060	0.6642	0.6218	0.4539	0.9668
0.50	0.7831	0.7472	0.7102	0.6722	0.5174	0.9710
0.55	0.8136	0.7821	0.7494	0.7157	0.5745	0.9745
0.60	0.8394	0.8118	0.7830	0.7531	0.6256	0.9775
0.65	0.8613	0.8372	0.8119	0.7854	0.6709	0.9801
0.70	0.8800	0.8589	0.8367	0.8134	0.7110	0.9823
0.75	0.8960	0.8776	0.8581	0.8375	0.7464	0.9842
0.80	0.9097	0.8936	0.8765	0.8585	0.7776	0.9859
0.85	0.9216	0.9075	0.8925	0.8766	0.8050	0.9874
0.90	0.9318	0.9195	0.9064	0.8924	0.8291	0.9887
0.95	0.9406	0.9299	0.9184	0.9061	0.8502	0.9899
1.00	0.9483	0.9389	0.9288	0.9181	0.8688	0.9909
1.20	0.9700	0.9645	0.9586	0.9523	0.9228	0.9940
1.40	0.9825	0.9793	0.9758	0.9721	0.9546	0.9961
1.60	0.9898	0.9879	0.9859	0.9837	0.9733	0.9974
1.80	0.9940	0.9929	0.9917	0.9904	0.9843	0.9983
2.00	0.9965	0.9958	0.9951	0.9944	0.9908	0.9988
2.20	0.9979	0.9976	0.9971	0.9967	0.9946	0.9992
2.40	0.9988	0.9986	0.9983	0.9981	0.9968	0.9995
2.60	0.9993	0.9992	0.9990	0.9989	0.9981	0.9996
2.80	0.9996	0.9995	0.9994	0.9993	0.9989	0.9998
3.00	0.9998	0.9997	0.9997	0.9996	0.9994	0.9998
3.20	0.9999	0.9998	0.9998	0.9998	0.9996	0.9999
3.40	0.9999	0.9999	0.9999	0.9999	0.9998	0.9999
3.60	1.0000	0.9999	0.9999	0.9999	0.9999	1.0000
3.80	1.0000	1.0000	1.0000	1.0000	0.9999	1.0000
4.00	1.0000	1.0000	1.0000	1.0000	1.0000	1.0000
4.50	1.0000	1.0000	1.0000	1.0000	1.0000	1.0000
5.00	1.0000	1.0000	1.0000	1.0000	1.0000	1.0000
LAMBDA1	2.6577	2.6577	2.6577	2.6577	2.6577	2.0000
BETA1	1.8925	2.2456	2.6273	3.0381	4.9879	0.1268
LAMBDA2	5.2585	5.2585	5.2585	5.2585	5.2585	4.4011
BETA2	1.7366	1.8410	1.8647	1.7839	-0.1583	0.1682
A	2.1383	2.4049	2.7183	3.0879	5.4059	1.0539
B	-0.3557	-0.5059	-0.7079	-0.9780	-3.2942	0.0118

304 KEILSON and ROSS

6   TABLE 5

SINK	-1.00	-1.00	-1.00	-1.00	-1.00	-1.00
SOURCE	-1.20	-1.30	-1.40	-1.50	-1.60	-1.70
TIME						
0.0	0.0	0.0	0.0	0.0	0.0	0.0
0.02	0.3548	0.1591	0.0579	0.0170	0.0040	0.0007
0.03	0.4634	0.2629	0.1306	0.0564	0.0212	0.0068
0.04	0.5366	0.3442	0.2005	0.1056	0.0501	0.0214
0.05	0.5901	0.4086	0.2625	0.1560	0.0854	0.0431
0.06	0.6312	0.4608	0.3165	0.2040	0.1231	0.0694
0.07	0.6641	0.5041	0.3635	0.2486	0.1609	0.0984
0.08	0.6912	0.5406	0.4047	0.2895	0.1975	0.1284
0.09	0.7140	0.5720	0.4411	0.3269	0.2325	0.1585
0.10	0.7335	0.5992	0.4734	0.3610	0.2655	0.1882
0.15	0.8012	0.6966	0.5932	0.4945	0.4032	0.3214
0.20	0.8424	0.7576	0.6716	0.5866	0.5046	0.4273
0.25	0.8707	0.8001	0.7275	0.6542	0.5816	0.5111
0.30	0.8915	0.8317	0.7696	0.7060	0.6421	0.5787
0.35	0.9075	0.8563	0.8026	0.7472	0.6907	0.6340
0.40	0.9203	0.8760	0.8293	0.7807	0.7307	0.6800
0.45	0.9307	0.8921	0.8512	0.8084	0.7641	0.7188
0.50	0.9394	0.9055	0.8695	0.8316	0.7923	0.7518
0.55	0.9467	0.9168	0.8850	0.8514	0.8164	0.7801
0.60	0.9529	0.9265	0.8983	0.8684	0.8372	0.8047
0.65	0.9583	0.9348	0.9097	0.8831	0.8552	0.8260
0.70	0.9629	0.9420	0.9197	0.8959	0.8709	0.8447
0.75	0.9670	0.9483	0.9283	0.9071	0.8847	0.8612
0.80	0.9705	0.9538	0.9360	0.9169	0.8968	0.8757
0.85	0.9736	0.9587	0.9427	0.9256	0.9075	0.8885
0.90	0.9764	0.9630	0.9486	0.9333	0.9171	0.8999
0.95	0.9788	0.9668	0.9539	0.9401	0.9255	0.9101
1.00	0.9810	0.9702	0.9586	0.9462	0.9330	0.9191
1.20	0.9875	0.9804	0.9728	0.9647	0.9560	0.9468
1.40	0.9917	0.9871	0.9820	0.9766	0.9708	0.9647
1.60	0.9945	0.9914	0.9880	0.9844	0.9806	0.9765
1.80	0.9963	0.9943	0.9920	0.9896	0.9870	0.9843
2.00	0.9976	0.9962	0.9947	0.9931	0.9913	0.9895
2.20	0.9984	0.9974	0.9964	0.9954	0.9942	0.9930
2.40	0.9989	0.9983	0.9976	0.9969	0.9961	0.9953
2.60	0.9993	0.9988	0.9984	0.9979	0.9974	0.9968
2.80	0.9995	0.9992	0.9989	0.9986	0.9983	0.9979
3.00	0.9997	0.9995	0.9993	0.9991	0.9988	0.9986
3.20	0.9998	0.9997	0.9995	0.9994	0.9992	0.9991
3.40	0.9999	0.9998	0.9997	0.9996	0.9995	0.9994
3.60	0.9999	0.9998	0.9998	0.9997	0.9996	0.9996
3.80	0.9999	0.9999	0.9999	0.9998	0.9998	0.9997
4.00	1.0000	0.9999	0.9999	0.9999	0.9998	0.9998
4.50	1.0000	1.0000	1.0000	1.0000	0.9999	0.9999
5.00	1.0000	1.0000	1.0000	1.0000	1.0000	1.0000
LAMBDA1	2.0000	2.0000	2.0000	2.0000	2.0000	2.0000
BETA1	0.2658	0.4167	0.5798	0.7550	0.9422	1.1415
LAMBDA2	4.4011	4.4011	4.4011	4.4011	4.4011	4.4011
BETA2	0.3482	0.5350	0.7225	0.9043	1.0726	1.2190
A	1.1163	1.1883	1.2712	1.3668	1.4770	1.6040
B	0.0220	0.0299	0.0347	0.0356	0.0310	0.0192

7

TABLE 5

SINK	-1.00	-1.00	-1.00	-1.00	-1.00	-1.00
SOURCE	-1.80	-1.90	-2.00	-2.10	-2.50	-3.00
TIME						
0.0	0.0	0.0	0.0	0.0	0.0	0.0
0.02	0.0001	0.0000	0.0000	0.0000	0.0000	0.0000
0.03	0.0019	0.0005	0.0001	0.0000	0.0000	0.0000
0.04	0.0082	0.0028	0.0009	0.0002	0.0000	0.0000
0.05	0.0199	0.0085	0.0033	0.0012	0.0000	0.0000
0.06	0.0366	0.0179	0.0082	0.0035	0.0001	0.0000
0.07	0.0568	0.0309	0.0158	0.0076	0.0002	0.0000
0.08	0.0794	0.0467	0.0261	0.0138	0.0006	0.0000
0.09	0.1035	0.0647	0.0386	0.0220	0.0015	0.0000
0.10	0.1283	0.0842	0.0531	0.0321	0.0029	0.0001
0.15	0.2503	0.1903	0.1413	0.1023	0.0219	0.0018
0.20	0.3560	0.2918	0.2353	0.1864	0.0617	0.0103
0.25	0.4439	0.3808	0.3227	0.2700	0.1163	0.0300
0.30	0.5168	0.4572	0.4006	0.3476	0.1783	0.0612
0.35	0.5776	0.5224	0.4688	0.4175	0.2425	0.1020
0.40	0.6290	0.5784	0.5285	0.4799	0.3058	0.1496
0.45	0.6728	0.6266	0.5806	0.5352	0.3663	0.2011
0.50	0.7103	0.6684	0.6262	0.5842	0.4230	0.2544
0.55	0.7428	0.7048	0.6663	0.6276	0.4757	0.3079
0.60	0.7711	0.7367	0.7016	0.6662	0.5242	0.3602
0.65	0.7958	0.7647	0.7328	0.7004	0.5686	0.4106
0.70	0.8175	0.7894	0.7605	0.7309	0.6091	0.4586
0.75	0.8367	0.8112	0.7850	0.7581	0.6460	0.5038
0.80	0.8536	0.8306	0.8069	0.7824	0.6795	0.5461
0.85	0.8686	0.8479	0.8264	0.8041	0.7099	0.5855
0.90	0.8820	0.8632	0.8438	0.8236	0.7374	0.6219
0.95	0.8939	0.8769	0.8593	0.8410	0.7624	0.6555
1.00	0.9045	0.8892	0.8733	0.8567	0.7850	0.6864
1.20	0.9370	0.9268	0.9161	0.9050	0.8559	0.7862
1.40	0.9582	0.9514	0.9442	0.9367	0.9035	0.8553
1.60	0.9722	0.9676	0.9628	0.9577	0.9353	0.9024
1.80	0.9814	0.9783	0.9751	0.9717	0.9567	0.9344
2.00	0.9876	0.9855	0.9834	0.9811	0.9710	0.9559
2.20	0.9917	0.9903	0.9889	0.9873	0.9805	0.9704
2.40	0.9944	0.9935	0.9925	0.9915	0.9870	0.9801
2.60	0.9963	0.9956	0.9950	0.9943	0.9913	0.9867
2.80	0.9975	0.9971	0.9966	0.9962	0.9941	0.9911
3.00	0.9983	0.9980	0.9978	0.9974	0.9961	0.9940
3.20	0.9989	0.9987	0.9985	0.9983	0.9974	0.9960
3.40	0.9992	0.9991	0.9990	0.9989	0.9982	0.9973
3.60	0.9995	0.9994	0.9993	0.9992	0.9988	0.9982
3.80	0.9997	0.9996	0.9995	0.9995	0.9992	0.9988
4.00	0.9998	0.9997	0.9997	0.9997	0.9995	0.9992
4.50	0.9999	0.9999	0.9999	0.9999	0.9998	0.9997
5.00	1.0000	1.0000	1.0000	1.0000	0.9999	0.9999
LAMBDA1	2.0000	2.0000	2.0000	2.0000	2.0000	2.0000
BETA1	1.3529	1.5764	1.8119	2.0596	3.1709	4.8319
LAMBDA2	4.4011	4.4011	4.4011	4.4011	4.4011	4.4011
BETA2	1.3342	1.4080	1.4291	1.3854	0.2848	-4.4248
	1.7507	1.9203	2.1170	2.3455	3.7155	7.3891
	-0.0023	-0.0367	-0.0882	-0.1623	-0.8708	-4.3103

8

TABLE 5

TIME	SINK SOURCE	-0.50 -0.60	-0.50 -0.70	-0.50 -0.80	-0.50 -0.90	-0.50 -1.00	-0.50 -1.10
0.0		0.0	0.0	0.0	0.0	0.0	0.0
0.02		0.6359	0.3383	0.1480	0.0526	0.0151	0.0035
0.03		0.7045	0.4422	0.2449	0.1187	0.0501	0.0183
0.04		0.7467	0.5124	0.3210	0.1826	0.0939	0.0435
0.05		0.7762	0.5638	0.3814	0.2394	0.1389	0.0743
0.06		0.7982	0.6035	0.4305	0.2889	0.1819	0.1072
0.07		0.8155	0.6353	0.4713	0.3322	0.2220	0.1403
0.08		0.8295	0.6615	0.5059	0.3702	0.2588	0.1725
0.09		0.8413	0.6837	0.5357	0.4039	0.2926	0.2034
0.10		0.8513	0.7027	0.5616	0.4339	0.3236	0.2327
0.15		0.8856	0.7693	0.6550	0.5462	0.4457	0.3556
0.20		0.9064	0.8105	0.7145	0.6208	0.5313	0.4477
0.25		0.9208	0.8392	0.7567	0.6749	0.5953	0.5189
0.30		0.9315	0.8607	0.7887	0.7165	0.6453	0.5759
0.35		0.9399	0.8776	0.8140	0.7497	0.6857	0.6226
0.40		0.9467	0.8914	0.8346	0.7770	0.7192	0.6618
0.45		0.9523	0.9028	0.8518	0.7999	0.7475	0.6951
0.50		0.9571	0.9125	0.8665	0.8195	0.7718	0.7239
0.55		0.9612	0.9208	0.8791	0.8364	0.7929	0.7490
0.60		0.9648	0.9281	0.8901	0.8512	0.8114	0.7711
0.65		0.9679	0.9345	0.8998	0.8642	0.8278	0.7908
0.70		0.9707	0.9401	0.9084	0.8758	0.8423	0.8083
0.75		0.9732	0.9452	0.9161	0.8861	0.8554	0.8240
0.80		0.9754	0.9497	0.9230	0.8954	0.8671	0.8382
0.85		0.9774	0.9537	0.9292	0.9038	0.8777	0.8510
0.90		0.9792	0.9574	0.9348	0.9114	0.8873	0.8626
0.95		0.9808	0.9607	0.9399	0.9183	0.8961	0.8732
1.00		0.9823	0.9638	0.9445	0.9246	0.9040	0.8829
1.20		0.9871	0.9735	0.9594	0.9448	0.9297	0.9142
1.40		0.9905	0.9805	0.9701	0.9593	0.9481	0.9366
1.60		0.9929	0.9855	0.9778	0.9698	0.9615	0.9529
1.80		0.9947	0.9892	0.9835	0.9775	0.9713	0.9649
2.00		0.9961	0.9920	0.9877	0.9832	0.9786	0.9738
2.20		0.9971	0.9940	0.9908	0.9875	0.9840	0.9805
2.40		0.9978	0.9955	0.9931	0.9906	0.9881	0.9854
2.60		0.9984	0.9966	0.9949	0.9930	0.9911	0.9891
2.80		0.9988	0.9975	0.9962	0.9948	0.9933	0.9918
3.00		0.9991	0.9981	0.9971	0.9961	0.9950	0.9939
3.20		0.9993	0.9986	0.9978	0.9971	0.9963	0.9954
3.40		0.9995	0.9990	0.9984	0.9978	0.9972	0.9966
3.60		0.9996	0.9992	0.9988	0.9984	0.9979	0.9974
3.80		0.9997	0.9994	0.9991	0.9988	0.9984	0.9981
4.00		0.9998	0.9996	0.9993	0.9991	0.9988	0.9986
4.50		0.9999	0.9998	0.9997	0.9996	0.9994	0.9993
5.00		0.9999	0.9999	0.9998	0.9998	0.9997	0.9997
LAMBDA1		1.4487	1.4487	1.4487	1.4487	1.4487	1.4487
BETA1		0.1023	0.2094	0.3212	0.4374	0.5580	0.6827
LAMBDA2		3.6491	3.6491	3.6491	3.6491	3.6491	3.6491
BETA2		0.1430	0.2894	0.4355	0.5773	0.7105	0.8304
A		1.0279	1.0618	1.1024	1.1503	1.2062	1.2712
B		0.0218	0.0434	0.0649	0.0861	0.1068	0.1268

9   TABLE 5

SINK	-0.50	-0.50	-0.50	-0.50	-0.50	-0.50
SOURCE	-1.20	-1.30	-1.40	-1.50	-2.00	-2.50
TIME						
0.0	0.0	0.0	0.0	0.0	0.0	0.0
0.02	0.0006	0.0001	0.0000	0.0000	0.0000	0.0000
0.03	0.0058	0.0016	0.0004	0.0001	0.0000	0.0000
0.04	0.0181	0.0068	0.0023	0.0007	0.0000	0.0000
0.05	0.0366	0.0165	0.0069	0.0026	0.0000	0.0000
0.06	0.0591	0.0304	0.0145	0.0065	0.0000	0.0000
0.07	0.0838	0.0472	0.0251	0.0126	0.0002	0.0000
0.08	0.1096	0.0662	0.0380	0.0207	0.0005	0.0000
0.09	0.1355	0.0865	0.0528	0.0308	0.0010	0.0000
0.10	0.1611	0.1074	0.0689	0.0424	0.0020	0.0000
0.15	0.2773	0.2113	0.1572	0.1141	0.0158	0.0011
0.20	0.3713	0.3030	0.2431	0.1919	0.0452	0.0068
0.25	0.4471	0.3805	0.3199	0.2656	0.0863	0.0200
0.30	0.5092	0.4461	0.3871	0.3326	0.1340	0.0416
0.35	0.5612	0.5020	0.4456	0.3926	0.1846	0.0704
0.40	0.6052	0.5501	0.4969	0.4460	0.2355	0.1049
0.45	0.6431	0.5920	0.5421	0.4937	0.2854	0.1432
0.50	0.6761	0.6287	0.5820	0.5365	0.3333	0.1839
0.55	0.7050	0.6611	0.6176	0.5748	0.3788	0.2257
0.60	0.7306	0.6899	0.6495	0.6094	0.4217	0.2677
0.65	0.7533	0.7157	0.6781	0.6407	0.4619	0.3092
0.70	0.7738	0.7389	0.7040	0.6690	0.4996	0.3498
0.75	0.7921	0.7599	0.7274	0.6948	0.5348	0.3891
0.80	0.8087	0.7788	0.7486	0.7183	0.5675	0.4269
0.85	0.8237	0.7960	0.7680	0.7398	0.5980	0.4629
0.90	0.8374	0.8117	0.7857	0.7594	0.6263	0.4973
0.95	0.8499	0.8261	0.8019	0.7774	0.6527	0.5298
1.00	0.8613	0.8392	0.8167	0.7940	0.6772	0.5605
1.20	0.8982	0.8818	0.8651	0.8480	0.7590	0.6665
1.40	0.9247	0.9125	0.9000	0.8873	0.8199	0.7483
1.60	0.9441	0.9350	0.9257	0.9161	0.8654	0.8106
1.80	0.9583	0.9516	0.9446	0.9375	0.8993	0.8578
2.00	0.9689	0.9639	0.9586	0.9533	0.9247	0.8934
2.20	0.9768	0.9730	0.9691	0.9651	0.9437	0.9201
2.40	0.9826	0.9798	0.9769	0.9739	0.9578	0.9401
2.60	0.9870	0.9849	0.9827	0.9805	0.9685	0.9552
2.80	0.9903	0.9887	0.9871	0.9854	0.9764	0.9664
3.00	0.9927	0.9915	0.9903	0.9891	0.9823	0.9749
3.20	0.9946	0.9937	0.9928	0.9918	0.9868	0.9812
3.40	0.9959	0.9953	0.9946	0.9939	0.9901	0.9859
3.60	0.9970	0.9965	0.9959	0.9954	0.9926	0.9895
3.80	0.9977	0.9973	0.9970	0.9966	0.9945	0.9921
4.00	0.9983	0.9980	0.9977	0.9974	0.9959	0.9941
4.50	0.9992	0.9990	0.9989	0.9988	0.9980	0.9971
5.00	0.9996	0.9995	0.9995	0.9994	0.9990	0.9986
LAMBDA1	1.4487	1.4487	1.4487	1.4487	1.4487	1.4487
BETA1	0.8115	0.9442	1.0807	1.2210	1.9750	2.8098
LAMBDA2	3.6491	3.6491	3.6491	3.6491	3.6491	3.6491
BETA2	0.9323	1.0111	1.0616	1.0780	0.4411	-2.0053
A	1.3465	1.4333	1.5334	1.6487	2.5536	4.4817
B	0.1457	0.1629	0.1777	0.1889	0.1197	-0.6536

TABLE 5

SINK	-0.50	0.0	0.0	0.0	0.0	0.0
SOURCE	-3.00	-0.10	-0.20	-0.30	-0.40	-0.50
TIME						
0.0	0.0	0.0	0.0	0.0	0.0	0.0
0.02	0.0000	0.6206	0.3222	0.1375	0.0477	0.0133
0.03	0.0000	0.6876	0.4212	0.2277	0.1077	0.0444
0.04	0.0000	0.7290	0.4883	0.2986	0.1657	0.0832
0.05	0.0000	0.7578	0.5374	0.3549	0.2174	0.1231
0.06	0.0000	0.7794	0.5754	0.4008	0.2626	0.1614
0.07	0.0000	0.7964	0.6059	0.4390	0.3021	0.1971
0.08	0.0000	0.8103	0.6311	0.4714	0.3369	0.2300
0.09	0.0000	0.8218	0.6525	0.4993	0.3677	0.2602
0.10	0.0000	0.8317	0.6708	0.5238	0.3953	0.2880
0.15	0.0000	0.8657	0.7353	0.6120	0.4989	0.3979
0.20	0.0006	0.8866	0.7755	0.6688	0.5684	0.4759
0.25	0.0033	0.9012	0.8039	0.7095	0.6195	0.5347
0.30	0.0098	0.9122	0.8254	0.7407	0.6591	0.5813
0.35	0.0216	0.9209	0.8425	0.7657	0.6912	0.6195
0.40	0.0391	0.9280	0.8566	0.7864	0.7179	0.6515
0.45	0.0620	0.9340	0.8685	0.8039	0.7406	0.6790
0.50	0.0896	0.9392	0.8787	0.8190	0.7603	0.7029
0.55	0.1211	0.9437	0.8877	0.8322	0.7775	0.7239
0.60	0.1554	0.9477	0.8955	0.8439	0.7929	0.7427
0.65	0.1916	0.9512	0.9026	0.8543	0.8066	0.7596
0.70	0.2291	0.9544	0.9089	0.8637	0.8190	0.7748
0.75	0.2672	0.9573	0.9146	0.8723	0.8303	0.7887
0.80	0.3052	0.9599	0.9199	0.8801	0.8406	0.8014
0.85	0.3428	0.9623	0.9247	0.8872	0.8500	0.8131
0.90	0.3796	0.9645	0.9291	0.8938	0.8587	0.8239
0.95	0.4154	0.9665	0.9332	0.8999	0.8668	0.8339
1.00	0.4500	0.9684	0.9369	0.9055	0.8743	0.8432
1.20	0.5741	0.9748	0.9496	0.9245	0.8995	0.8745
1.40	0.6744	0.9797	0.9594	0.9392	0.9189	0.8988
1.60	0.7531	0.9836	0.9671	0.9507	0.9343	0.9179
1.80	0.8136	0.9866	0.9733	0.9599	0.9465	0.9332
2.00	0.8598	0.9891	0.9782	0.9673	0.9564	0.9456
2.20	0.8947	0.9911	0.9822	0.9733	0.9644	0.9555
2.40	0.9210	0.9927	0.9855	0.9782	0.9709	0.9637
2.60	0.9408	0.9941	0.9881	0.9822	0.9762	0.9703
2.80	0.9556	0.9951	0.9903	0.9854	0.9806	0.9757
3.00	0.9668	0.9960	0.9920	0.9881	0.9841	0.9801
3.20	0.9751	0.9967	0.9935	0.9902	0.9870	0.9837
3.40	0.9814	0.9973	0.9947	0.9920	0.9893	0.9867
3.60	0.9861	0.9978	0.9956	0.9935	0.9913	0.9891
3.80	0.9896	0.9982	0.9964	0.9946	0.9929	0.9911
4.00	0.9922	0.9985	0.9971	0.9956	0.9942	0.9927
4.50	0.9962	0.9991	0.9982	0.9973	0.9965	0.9956
5.00	0.9982	0.9995	0.9989	0.9984	0.9978	0.9973
LAMBDA1	1.4487	1.0000	1.0000	1.0000	1.0000	1.0000
BETA 1	3.7176	0.0798	0.1596	0.2394	0.3192	0.3989
LAMBDA2	3.6491	3.0000	3.0000	3.0000	3.0000	3.0000
BETA2	-7.1994	0.1193	0.2362	0.3483	0.4532	0.5485
A	3.9129	1.0025	1.0100	1.0228	1.0408	1.0645
B	-4.4100	0.0250	0.0502	0.0756	0.1013	0.1275

TABLE 5

SINK	0.0	0.0	0.0	0.0	0.0	0.0
SOURCE	-0.60	-0.70	-0.80	-0.90	-1.00	-1.50
TIME						
0.0	0.0	0.0	0.0	0.0	0.0	0.0
0.02	0.0030	0.0005	0.0001	0.0000	0.0000	0.0000
0.03	0.0158	0.0049	0.0013	0.0003	0.0001	0.0000
0.04	0.0376	0.0153	0.0056	0.0018	0.0005	0.0000
0.05	0.0643	0.0309	0.0136	0.0055	0.0020	0.0000
0.06	0.0929	0.0499	0.0251	0.0117	0.0051	0.0000
0.07	0.1217	0.0710	0.0390	0.0203	0.0099	0.0001
0.08	0.1497	0.0929	0.0548	0.0307	0.0164	0.0003
0.09	0.1767	0.1150	0.0716	0.0427	0.0243	0.0007
0.10	0.2023	0.1368	0.0891	0.0558	0.0336	0.0014
0.15	0.3104	0.2366	0.1762	0.1281	0.0909	0.0112
0.20	0.3922	0.3182	0.2540	0.1994	0.1539	0.0324
0.25	0.4563	0.3848	0.3206	0.2638	0.2144	0.0626
0.30	0.5081	0.4401	0.3776	0.3209	0.2701	0.0981
0.35	0.5512	0.4869	0.4269	0.3714	0.3206	0.1363
0.40	0.5878	0.5272	0.4699	0.4162	0.3664	0.1754
0.45	0.6194	0.5623	0.5079	0.4563	0.4078	0.2144
0.50	0.6472	0.5933	0.5417	0.4923	0.4455	0.2525
0.55	0.6717	0.6210	0.5720	0.5249	0.4800	0.2893
0.60	0.6936	0.6458	0.5994	0.5546	0.5115	0.3247
0.65	0.7134	0.6683	0.6244	0.5817	0.5405	0.3586
0.70	0.7314	0.6888	0.6472	0.6066	0.5672	0.3908
0.75	0.7478	0.7076	0.6681	0.6296	0.5920	0.4215
0.80	0.7628	0.7248	0.6874	0.6508	0.6150	0.4506
0.85	0.7767	0.7407	0.7053	0.6705	0.6364	0.4782
0.90	0.7895	0.7554	0.7218	0.6888	0.6563	0.5044
0.95	0.8013	0.7691	0.7372	0.7058	0.6749	0.5293
1.00	0.8124	0.7818	0.7516	0.7218	0.6924	0.5529
1.20	0.8497	0.8250	0.8005	0.7762	0.7521	0.6356
1.40	0.8787	0.8586	0.8387	0.8189	0.7991	0.7027
1.60	0.9016	0.8853	0.8690	0.8528	0.8367	0.7572
1.80	0.9199	0.9066	0.8933	0.8801	0.8669	0.8015
2.00	0.9347	0.9238	0.9130	0.9022	0.8914	0.8377
2.20	0.9467	0.9378	0.9289	0.9201	0.9112	0.8672
2.40	0.9564	0.9492	0.9419	0.9347	0.9274	0.8913
2.60	0.9644	0.9584	0.9525	0.9466	0.9406	0.9110
2.80	0.9708	0.9660	0.9611	0.9563	0.9514	0.9272
3.00	0.9761	0.9722	0.9682	0.9642	0.9602	0.9404
3.20	0.9805	0.9772	0.9740	0.9707	0.9675	0.9512
3.40	0.9840	0.9814	0.9787	0.9760	0.9734	0.9601
3.60	0.9869	0.9847	0.9826	0.9804	0.9782	0.9673
3.80	0.9893	0.9875	0.9857	0.9839	0.9821	0.9732
4.00	0.9912	0.9898	0.9883	0.9868	0.9854	0.9781
4.50	0.9947	0.9938	0.9929	0.9920	0.9911	0.9867
5.00	0.9968	0.9962	0.9957	0.9952	0.9946	0.9919
LAMBDA1	1.0000	1.0000	1.0000	1.0000	1.0000	1.0000
BETA1	0.4787	0.5585	0.6383	0.7181	0.7979	1.1968
LAMBDA2	3.0000	3.0000	3.0000	3.0000	3.0000	3.0000
BETA2	0.6319	0.7009	0.7532	0.7863	0.7979	0.4488
A	1.0942	1.1303	1.1735	1.2245	1.2840	1.7551
B	0.1543	0.1817	0.2097	0.2383	0.2675	0.4113

TABLE 5

SINK	0.0	0.0	0.0	0.50	0.50	0.50
SOURCE	-2.00	-2.50	-3.00	0.40	0.30	0.20
TIME						
0.0	0.0	0.0	0.0	0.0	0.0	0.0
0.02	0.0000	0.0000	0.0000	0.6051	0.3064	0.1276
0.03	0.0000	0.0000	0.0000	0.6704	0.4006	0.2112
0.04	0.0000	0.0000	0.0000	0.7108	0.4643	0.2769
0.05	0.0000	0.0000	0.0000	0.7389	0.5110	0.3292
0.06	0.0000	0.0000	0.0000	0.7600	0.5472	0.3718
0.07	0.0000	0.0000	0.0000	0.7765	0.5762	0.4072
0.08	0.0000	0.0000	0.0000	0.7900	0.6002	0.4373
0.09	0.0000	0.0000	0.0000	0.8013	0.6205	0.4633
0.10	0.0000	0.0000	0.0000	0.8109	0.6379	0.4860
0.15	0.0007	0.0000	0.0000	0.8442	0.6994	0.5681
0.20	0.0043	0.0004	0.0000	0.8647	0.7379	0.6212
0.25	0.0130	0.0019	0.0002	0.8790	0.7652	0.6594
0.30	0.0274	0.0058	0.0009	0.8899	0.7860	0.6888
0.35	0.0470	0.0130	0.0029	0.8986	0.8027	0.7126
0.40	0.0708	0.0239	0.0067	0.9057	0.8165	0.7323
0.45	0.0978	0.0385	0.0130	0.9118	0.8282	0.7491
0.50	0.1271	0.0565	0.0221	0.9171	0.8383	0.7638
0.55	0.1577	0.0774	0.0341	0.9217	0.8473	0.7767
0.60	0.1892	0.1007	0.0489	0.9258	0.8552	0.7883
0.65	0.2209	0.1260	0.0663	0.9295	0.8624	0.7987
0.70	0.2525	0.1526	0.0861	0.9328	0.8690	0.8082
0.75	0.2838	0.1803	0.1079	0.9359	0.8749	0.8169
0.80	0.3145	0.2086	0.1313	0.9388	0.8804	0.8249
0.85	0.3444	0.2372	0.1561	0.9414	0.8856	0.8324
0.90	0.3735	0.2659	0.1819	0.9438	0.8903	0.8393
0.95	0.4016	0.2944	0.2083	0.9461	0.8948	0.8458
1.00	0.4288	0.3226	0.2353	0.9482	0.8989	0.8519
1.20	0.5276	0.4297	0.3433	0.9557	0.9134	0.8730
1.40	0.6108	0.5247	0.4452	0.9617	0.9252	0.8903
1.60	0.6801	0.6063	0.5363	0.9667	0.9350	0.9047
1.80	0.7375	0.6752	0.6151	0.9710	0.9434	0.9169
2.00	0.7847	0.7327	0.6820	0.9747	0.9505	0.9274
2.20	0.8236	0.7805	0.7380	0.9778	0.9567	0.9364
2.40	0.8554	0.8199	0.7846	0.9806	0.9621	0.9443
2.60	0.8816	0.8523	0.8232	0.9830	0.9667	0.9512
2.80	0.9030	0.8789	0.8550	0.9851	0.9708	0.9572
3.00	0.9206	0.9008	0.8811	0.9869	0.9744	0.9624
3.20	0.9350	0.9188	0.9026	0.9885	0.9775	0.9670
3.40	0.9468	0.9335	0.9202	0.9899	0.9803	0.9710
3.60	0.9564	0.9455	0.9346	0.9911	0.9827	0.9746
3.80	0.9643	0.9554	0.9465	0.9922	0.9848	0.9777
4.00	0.9708	0.9635	0.9562	0.9932	0.9866	0.9804
4.50	0.9823	0.9778	0.9734	0.9951	0.9903	0.9858
5.00	0.9892	0.9866	0.9839	0.9964	0.9930	0.9898
LAMBDA1	1.0000	1.0000	1.0000	0.6488	0.6488	0.6488
BETA1	1.5958	1.9947	2.3937	0.0594	0.1162	0.1705
LAMBDA2	3.0000	3.0000	3.0000	2.4513	2.4513	2.4513
BETA2	-0.7979	-3.2414	-7.1810	0.0972	0.1883	0.2721
A	2.7183	4.7707	9.4877	0.9778	0.9608	0.9489
B	0.4530	-0.1242	-3.5579	0.0220	0.0441	0.0665

13

TABLE 5

SINK	0.50	0.50	0.50	0.50	0.50	0.50
SOURCE	0.10	0.0	-0.10	-0.20	-0.30	-0.40
TIME						
0.0	0.0	0.0	0.0	0.0	0.0	0.0
0.02	0.0432	0.0118	0.0026	0.0004	0.0001	0.0000
0.03	0.0975	0.0392	0.0136	0.0041	0.0011	0.0002
0.04	0.1500	0.0734	0.0324	0.0128	0.0046	0.0015
0.05	0.1968	0.1087	0.0554	0.0260	0.0112	0.0044
0.06	0.2377	0.1426	0.0800	0.0420	0.0206	0.0094
0.07	0.2735	0.1741	0.1049	0.0597	0.0321	0.0162
0.08	0.3050	0.2032	0.1291	0.0781	0.0450	0.0246
0.09	0.3329	0.2299	0.1524	0.0968	0.0589	0.0343
0.10	0.3579	0.2545	0.1745	0.1152	0.0732	0.0448
0.15	0.4520	0.3520	0.2681	0.1996	0.1452	0.1031
0.20	0.5155	0.4214	0.3393	0.2689	0.2097	0.1609
0.25	0.5622	0.4741	0.3953	0.3258	0.2653	0.2135
0.30	0.5987	0.5161	0.4409	0.3734	0.3133	0.2604
0.35	0.6285	0.5506	0.4791	0.4139	0.3550	0.3022
0.40	0.6534	0.5799	0.5117	0.4490	0.3917	0.3396
0.45	0.6748	0.6051	0.5402	0.4799	0.4244	0.3734
0.50	0.6935	0.6273	0.5653	0.5075	0.4537	0.4040
0.55	0.7100	0.6470	0.5878	0.5322	0.4803	0.4320
0.60	0.7248	0.6647	0.6081	0.5547	0.5046	0.4577
0.65	0.7382	0.6808	0.6265	0.5753	0.5269	0.4815
0.70	0.7504	0.6955	0.6435	0.5942	0.5476	0.5035
0.75	0.7616	0.7091	0.6591	0.6117	0.5667	0.5241
0.80	0.7720	0.7216	0.6736	0.6280	0.5846	0.5434
0.85	0.7816	0.7333	0.6871	0.6432	0.6013	0.5614
0.90	0.7906	0.7441	0.6998	0.6574	0.6170	0.5785
0.95	0.7990	0.7543	0.7116	0.6708	0.6318	0.5946
1.00	0.8069	0.7639	0.7228	0.6835	0.6458	0.6098
1.20	0.8344	0.7974	0.7618	0.7277	0.6950	0.6634
1.40	0.8568	0.8247	0.7939	0.7642	0.7356	0.7080
1.60	0.8756	0.8476	0.8208	0.7949	0.7698	0.7457
1.80	0.8915	0.8671	0.8436	0.8210	0.7991	0.7779
2.00	0.9052	0.8839	0.8633	0.8435	0.8243	0.8057
2.20	0.9170	0.8983	0.8803	0.8630	0.8461	0.8298
2.40	0.9273	0.9109	0.8951	0.8799	0.8651	0.8508
2.60	0.9363	0.9219	0.9080	0.8947	0.8817	0.8692
2.80	0.9441	0.9315	0.9193	0.9076	0.8962	0.8852
3.00	0.9509	0.9399	0.9292	0.9189	0.9089	0.8992
3.20	0.9569	0.9472	0.9378	0.9288	0.9200	0.9115
3.40	0.9622	0.9537	0.9454	0.9375	0.9298	0.9223
3.60	0.9668	0.9593	0.9521	0.9451	0.9383	0.9318
3.80	0.9708	0.9643	0.9579	0.9518	0.9459	0.9401
4.00	0.9744	0.9686	0.9630	0.9577	0.9525	0.9474
4.50	0.9815	0.9773	0.9733	0.9694	0.9656	0.9620
5.00	0.9866	0.9836	0.9807	0.9779	0.9752	0.9725
LAMBDA1	0.6488	0.6488	0.6488	0.6488	0.6488	0.6488
BETA1	0.2226	0.2728	0.3212	0.3680	0.4133	0.4573
LAMBDA2	2.4513	2.4513	2.4513	2.4513	2.4513	2.4513
BETA2	0.3476	0.4139	0.4701	0.5153	0.5486	0.5693
A	0.9418	0.9394	0.9418	0.9489	0.9608	0.9778
B	0.0893	0.1125	0.1363	0.1608	0.1861	0.2123

TABLE 5

SINK	0.50	0.50	0.50	0.50	0.50	0.50
SOURCE	−0.50	−1.00	−1.50	−2.00	−2.50	−3.00
TIME						
0.0	0.0	0.0	0.0	0.0	0.0	0.0
0.02	0.0000	0.0000	0.0000	0.0000	0.0000	0.0000
0.03	0.0000	0.0000	0.0000	0.0000	0.0000	0.0000
0.04	0.0004	0.0000	0.0000	0.0000	0.0000	0.0000
0.05	0.0016	0.0000	0.0000	0.0000	0.0000	0.0000
0.06	0.0040	0.0000	0.0000	0.0000	0.0000	0.0000
0.07	0.0077	0.0001	0.0000	0.0000	0.0000	0.0000
0.08	0.0128	0.0002	0.0000	0.0000	0.0000	0.0000
0.09	0.0191	0.0005	0.0000	0.0000	0.0000	0.0000
0.10	0.0263	0.0010	0.0000	0.0000	0.0000	0.0000
0.15	0.0715	0.0078	0.0004	0.0000	0.0000	0.0000
0.20	0.1214	0.0228	0.0027	0.0002	0.0000	0.0000
0.25	0.1696	0.0443	0.0083	0.0011	0.0001	0.0000
0.30	0.2144	0.0698	0.0175	0.0033	0.0005	0.0001
0.35	0.2553	0.0975	0.0303	0.0076	0.0015	0.0002
0.40	0.2926	0.1263	0.0460	0.0141	0.0036	0.0008
0.45	0.3268	0.1552	0.0641	0.0229	0.0070	0.0018
0.50	0.3582	0.1838	0.0839	0.0339	0.0121	0.0038
0.55	0.3871	0.2117	0.1050	0.0470	0.0189	0.0068
0.60	0.4139	0.2389	0.1269	0.0617	0.0274	0.0111
0.65	0.4388	0.2652	0.1494	0.0780	0.0376	0.0168
0.70	0.4621	0.2906	0.1721	0.0955	0.0495	0.0239
0.75	0.4838	0.3151	0.1948	0.1139	0.0628	0.0326
0.80	0.5043	0.3387	0.2175	0.1331	0.0774	0.0427
0.85	0.5235	0.3613	0.2400	0.1528	0.0931	0.0542
0.90	0.5417	0.3832	0.2621	0.1729	0.1097	0.0669
0.95	0.5589	0.4041	0.2839	0.1933	0.1272	0.0808
1.00	0.5753	0.4243	0.3053	0.2137	0.1453	0.0957
1.20	0.6331	0.4977	0.3861	0.2949	0.2214	0.1632
1.40	0.6814	0.5610	0.4589	0.3722	0.2989	0.2374
1.60	0.7223	0.6158	0.5237	0.4435	0.3736	0.3127
1.80	0.7574	0.6633	0.5810	0.5082	0.4433	0.3854
2.00	0.7877	0.7048	0.6317	0.5662	0.5070	0.4534
2.20	0.8140	0.7410	0.6763	0.6178	0.5646	0.5157
2.40	0.8369	0.7728	0.7156	0.6637	0.6161	0.5720
2.60	0.8570	0.8005	0.7501	0.7042	0.6619	0.6225
2.80	0.8745	0.8249	0.7805	0.7399	0.7025	0.6675
3.00	0.8898	0.8462	0.8072	0.7714	0.7383	0.7073
3.20	0.9033	0.8650	0.8306	0.7992	0.7700	0.7426
3.40	0.9151	0.8814	0.8512	0.8235	0.7978	0.7737
3.60	0.9254	0.8959	0.8693	0.8450	0.8223	0.8011
3.80	0.9345	0.9085	0.8852	0.8638	0.8439	0.8252
4.00	0.9425	0.9197	0.8992	0.8804	0.8629	0.8464
4.50	0.9584	0.9419	0.9271	0.9135	0.9008	0.8889
5.00	0.9699	0.9580	0.9473	0.9375	0.9283	0.9197
LAMBDA1	0.6488	0.6488	0.6488	0.6488	0.6488	0.6488
BETA1	0.5001	0.6984	0.8767	1.0404	1.1928	1.3364
LAMBDA2	2.4513	2.4513	2.4513	2.4513	2.4513	2.4513
BETA2	0.5766	0.3879	−0.2340	−1.3587	−3.0471	−5.3542
A	1.0000	1.2062	1.6487	2.5536	4.4817	8.9129
B	0.2396	0.3958	0.5839	0.7315	0.4202	−2.2746

TABLE 5

SINK	1.00	1.00	1.00	1.00	1.00	1.00
SOURCE	0.90	0.80	0.70	0.60	0.50	0.40
TIME						
0.0	0.0	0.0	0.0	0.0	0.0	0.0
0.02	0.5896	0.2910	0.1181	0.0390	0.0104	0.0022
0.03	0.6530	0.3803	0.1954	0.0880	0.0345	0.0117
0.04	0.6922	0.4406	0.2562	0.1353	0.0646	0.0278
0.05	0.7194	0.4848	0.3044	0.1774	0.0956	0.0475
0.06	0.7398	0.5189	0.3436	0.2142	0.1253	0.0686
0.07	0.7559	0.5463	0.3763	0.2463	0.1529	0.0899
0.08	0.7689	0.5689	0.4040	0.2746	0.1784	0.1106
0.09	0.7798	0.5880	0.4278	0.2997	0.2018	0.1304
0.10	0.7891	0.6045	0.4486	0.3221	0.2233	0.1493
0.15	0.8211	0.6622	0.5239	0.4063	0.3085	0.2292
0.20	0.8407	0.6983	0.5724	0.4629	0.3690	0.2898
0.25	0.8545	0.7238	0.6073	0.5046	0.4148	0.3374
0.30	0.8649	0.7432	0.6341	0.5371	0.4513	0.3762
0.35	0.8732	0.7587	0.6558	0.5636	0.4814	0.4086
0.40	0.8800	0.7716	0.6738	0.5858	0.5069	0.4364
0.45	0.8858	0.7826	0.6892	0.6049	0.5289	0.4607
0.50	0.8909	0.7921	0.7026	0.6216	0.5483	0.4822
0.55	0.8953	0.8005	0.7144	0.6364	0.5656	0.5015
0.60	0.8993	0.8080	0.7251	0.6497	0.5812	0.5189
0.65	0.9029	0.8148	0.7347	0.6618	0.5954	0.5349
0.70	0.9061	0.8210	0.7435	0.6729	0.6085	0.5496
0.75	0.9091	0.8267	0.7516	0.6831	0.6205	0.5633
0.80	0.9119	0.8320	0.7591	0.6926	0.6317	0.5760
0.85	0.9145	0.8369	0.7661	0.7015	0.6422	0.5879
0.90	0.9169	0.8415	0.7727	0.7098	0.6521	0.5991
0.95	0.9192	0.8458	0.7789	0.7176	0.6614	0.6097
1.00	0.9214	0.8499	0.7847	0.7250	0.6702	0.6198
1.20	0.9289	0.8643	0.8053	0.7512	0.7015	0.6555
1.40	0.9353	0.8765	0.8227	0.7734	0.7279	0.6858
1.60	0.9408	0.8870	0.8378	0.7925	0.7508	0.7122
1.80	0.9457	0.8962	0.8510	0.8095	0.7712	0.7356
2.00	0.9500	0.9045	0.8629	0.8247	0.7894	0.7566
2.20	0.9539	0.9120	0.8737	0.8384	0.8058	0.7756
2.40	0.9575	0.9188	0.8834	0.8509	0.8208	0.7929
2.60	0.9608	0.9250	0.8924	0.8623	0.8345	0.8088
2.80	0.9637	0.9308	0.9006	0.8728	0.8471	0.8233
3.00	0.9665	0.9360	0.9081	0.8824	0.8587	0.8367
3.20	0.9690	0.9408	0.9150	0.8913	0.8693	0.8490
3.40	0.9713	0.9453	0.9214	0.8995	0.8792	0.8603
3.60	0.9735	0.9494	0.9273	0.9070	0.8882	0.8708
3.80	0.9755	0.9532	0.9328	0.9140	0.8966	0.8805
4.00	0.9773	0.9567	0.9378	0.9204	0.9044	0.8894
4.50	0.9813	0.9643	0.9489	0.9345	0.9213	0.9090
5.00	0.9846	0.9706	0.9578	0.9461	0.9352	0.9250
LAMBDA1	0.3882	0.3882	0.3882	0.3882	0.3882	0.3882
BETA1	0.0416	0.0794	0.1140	0.1459	0.1754	0.2027
LAMBDA2	2.0000	2.0000	2.0000	2.0000	2.0000	2.0000
BETA2	0.0767	0.1453	0.2059	0.2584	0.3028	0.3391
A	0.9536	0.9139	0.8803	0.8521	0.8290	0.8106
B	0.0131	0.0271	0.0419	0.0574	0.0734	0.0900

TABLE 5

SINK	1.00	1.00	1.00	1.00	1.00	1.00
SOURCE	0.30	0.20	0.10	0.0	-0.50	-1.00
TIME						
0.0	0.0	0.0	0.0	0.0	0.0	0.0
0.02	0.0004	0.0001	0.0000	0.0000	0.0000	0.0000
0.03	0.0034	0.0009	0.0002	0.0000	0.0000	0.0000
0.04	0.0108	0.0037	0.0012	0.0003	0.0000	0.0000
0.05	0.0217	0.0091	0.0035	0.0012	0.0000	0.0000
0.06	0.0351	0.0168	0.0075	0.0031	0.0000	0.0000
0.07	0.0499	0.0261	0.0129	0.0060	0.0001	0.0000
0.08	0.0653	0.0367	0.0196	0.0099	0.0002	0.0000
0.09	0.0808	0.0480	0.0272	0.0148	0.0003	0.0000
0.10	0.0962	0.0597	0.0356	0.0204	0.0007	0.0000
0.15	0.1665	0.1182	0.0819	0.0554	0.0054	0.0003
0.20	0.2241	0.1706	0.1278	0.0941	0.0158	0.0017
0.25	0.2714	0.2157	0.1695	0.1315	0.0306	0.0051
0.30	0.3109	0.2547	0.2067	0.1663	0.0483	0.0109
0.35	0.3446	0.2886	0.2400	0.1981	0.0677	0.0189
0.40	0.3738	0.3185	0.2698	0.2272	0.0878	0.0288
0.45	0.3996	0.3452	0.2968	0.2539	0.1081	0.0403
0.50	0.4227	0.3692	0.3213	0.2786	0.1284	0.0529
0.55	0.4435	0.3911	0.3438	0.3014	0.1483	0.0665
0.60	0.4624	0.4111	0.3646	0.3226	0.1677	0.0807
0.65	0.4798	0.4296	0.3839	0.3424	0.1867	0.0954
0.70	0.4959	0.4467	0.4019	0.3610	0.2051	0.1104
0.75	0.5108	0.4628	0.4188	0.3785	0.2230	0.1256
0.80	0.5248	0.4778	0.4347	0.3950	0.2403	0.1409
0.85	0.5379	0.4920	0.4497	0.4107	0.2572	0.1561
0.90	0.5503	0.5054	0.4639	0.4256	0.2735	0.1713
0.95	0.5621	0.5181	0.4774	0.4398	0.2893	0.1864
1.00	0.5732	0.5302	0.4903	0.4534	0.3046	0.2014
1.20	0.6129	0.5734	0.5367	0.5025	0.3618	0.2595
1.40	0.6468	0.6105	0.5766	0.5449	0.4130	0.3141
1.60	0.6763	0.6429	0.6116	0.5823	0.4592	0.3650
1.80	0.7026	0.6717	0.6428	0.6157	0.5012	0.4123
2.00	0.7261	0.6977	0.6710	0.6459	0.5395	0.4561
2.20	0.7475	0.7212	0.6965	0.6733	0.5746	0.4967
2.40	0.7670	0.7426	0.7198	0.6984	0.6069	0.5343
2.60	0.7848	0.7623	0.7412	0.7213	0.6366	0.5691
2.80	0.8011	0.7803	0.7608	0.7424	0.6639	0.6013
3.00	0.8161	0.7969	0.7789	0.7619	0.6892	0.6311
3.20	0.8300	0.8122	0.7955	0.7798	0.7125	0.6586
3.40	0.8428	0.8263	0.8109	0.7963	0.7340	0.6841
3.60	0.8546	0.8394	0.8251	0.8116	0.7539	0.7077
3.80	0.8655	0.8514	0.8382	0.8257	0.7724	0.7296
4.00	0.8755	0.8625	0.8503	0.8388	0.7894	0.7498
4.50	0.8975	0.8868	0.8767	0.8672	0.8266	0.7939
5.00	0.9156	0.9068	0.8985	0.8907	0.8572	0.8303
LAMBDA1	0.3882	0.3882	0.3882	0.3882	0.3882	0.3882
BETA1	0.2282	0.2521	0.2745	0.2957	0.3863	0.4591
LAMBDA2	2.0000	2.0000	2.0000	2.0000	2.0000	2.0000
BETA2	0.3674	0.3876	0.3997	0.4037	0.3028	-0.0000
A	0.7965	0.7866	0.7808	0.7788	0.8290	1.0000
B	0.1071	0.1248	0.1432	0.1623	0.2720	0.4167

TABLE 5

SINK	1.00	1.00	1.00	1.00	1.50	1.50
SOURCE	-1.50	-2.00	-2.50	-3.00	1.40	1.30
TIME						
0.0	0.0	0.0	0.0	0.0	0.0	0.0
0.02	0.0000	0.0000	0.0000	0.0000	0.5740	0.2760
0.03	0.0000	0.0000	0.0000	0.0000	0.6354	0.3603
0.04	0.0000	0.0000	0.0000	0.0000	0.6732	0.4172
0.05	0.0000	0.0000	0.0000	0.0000	0.6995	0.4588
0.06	0.0000	0.0000	0.0000	0.0000	0.7191	0.4908
0.07	0.0000	0.0000	0.0000	0.0000	0.7345	0.5164
0.08	0.0000	0.0000	0.0000	0.0000	0.7470	0.5375
0.09	0.0000	0.0000	0.0000	0.0000	0.7574	0.5554
0.10	0.0000	0.0000	0.0000	0.0000	0.7663	0.5706
0.15	0.0000	0.0000	0.0000	0.0000	0.7966	0.6240
0.20	0.0001	0.0000	0.0000	0.0000	0.8151	0.6571
0.25	0.0006	0.0000	0.0000	0.0000	0.8279	0.6803
0.30	0.0019	0.0002	0.0000	0.0000	0.8375	0.6978
0.35	0.0042	0.0008	0.0001	0.0000	0.8451	0.7117
0.40	0.0079	0.0018	0.0003	0.0001	0.8514	0.7232
0.45	0.0130	0.0036	0.0009	0.0002	0.8566	0.7329
0.50	0.0194	0.0063	0.0018	0.0004	0.8612	0.7413
0.55	0.0270	0.0099	0.0032	0.0009	0.8652	0.7487
0.60	0.0357	0.0145	0.0053	0.0018	0.8688	0.7553
0.65	0.0454	0.0200	0.0082	0.0031	0.8720	0.7612
0.70	0.0560	0.0266	0.0118	0.0049	0.8749	0.7667
0.75	0.0672	0.0340	0.0162	0.0073	0.8776	0.7716
0.80	0.0790	0.0423	0.0215	0.0104	0.8800	0.7762
0.85	0.0913	0.0513	0.0276	0.0141	0.8824	0.7805
0.90	0.1040	0.0610	0.0344	0.0187	0.8845	0.7845
0.95	0.1170	0.0713	0.0420	0.0239	0.8865	0.7883
1.00	0.1303	0.0821	0.0503	0.0299	0.8885	0.7918
1.20	0.1843	0.1292	0.0892	0.0605	0.8952	0.8044
1.40	0.2384	0.1799	0.1348	0.1000	0.9010	0.8151
1.60	0.2909	0.2316	0.1839	0.1454	0.9060	0.8245
1.80	0.3410	0.2826	0.2343	0.1940	0.9105	0.8330
2.00	0.3883	0.3320	0.2843	0.2437	0.9147	0.8407
2.20	0.4328	0.3790	0.3329	0.2930	0.9185	0.8478
2.40	0.4744	0.4235	0.3795	0.3409	0.9221	0.8545
2.60	0.5131	0.4653	0.4237	0.3868	0.9254	0.8607
2.80	0.5491	0.5044	0.4652	0.4304	0.9286	0.8666
3.00	0.5826	0.5409	0.5042	0.4715	0.9316	0.8723
3.20	0.6136	0.5748	0.5406	0.5099	0.9344	0.8776
3.40	0.6423	0.6063	0.5744	0.5459	0.9372	0.8827
3.60	0.6690	0.6355	0.6059	0.5793	0.9398	0.8875
3.80	0.6937	0.6626	0.6352	0.6105	0.9423	0.8922
4.00	0.7165	0.6878	0.6623	0.6394	0.9446	0.8966
4.50	0.7665	0.7428	0.7217	0.7027	0.9501	0.9069
5.00	0.8077	0.7881	0.7708	0.7551	0.9551	0.9161
LAMBDA1	0.3882	0.3882	0.3882	0.3882	0.2087	0.2087
BETA1	0.5202	0.5732	0.6202	0.6626	0.0266	0.0497
LAMBDA2	2.0000	2.0000	2.0000	2.0000	1.6427	1.6427
BETA2	-0.5046	-1.2111	-2.1195	-3.2296	0.0578	0.1072
A	1.3668	2.1170	3.7155	7.3891	0.9301	0.8694
B	0.6051	0.7939	0.6773	-1.2315	-0.0012	0.0008

TABLE 5

SINK	1.50	1.50	1.50	1.50	1.50	1.50
SOURCE	1.20	1.10	1.00	0.90	0.80	0.70
TIME						
0.0	0.0	0.0	0.0	0.0	0.0	0.0
0.02	0.1092	0.0351	0.0091	0.0019	0.0003	0.0000
0.03	0.1805	0.0792	0.0303	0.0100	0.0029	0.0007
0.04	0.2363	0.1216	0.0566	0.0238	0.0090	0.0030
0.05	0.2806	0.1593	0.0837	0.0406	0.0181	0.0074
0.06	0.3165	0.1922	0.1096	0.0585	0.0292	0.0136
0.07	0.3463	0.2208	0.1336	0.0765	0.0414	0.0212
0.08	0.3715	0.2460	0.1557	0.0941	0.0542	0.0297
0.09	0.3932	0.2682	0.1760	0.1109	0.0670	0.0388
0.10	0.4121	0.2881	0.1946	0.1268	0.0797	0.0482
0.15	0.4801	0.3623	0.2678	0.1939	0.1373	0.0950
0.20	0.5235	0.4117	0.3194	0.2443	0.1841	0.1367
0.25	0.5544	0.4478	0.3582	0.2837	0.2223	0.1723
0.30	0.5780	0.4758	0.3889	0.3156	0.2541	0.2029
0.35	0.5970	0.4984	0.4141	0.3421	0.2810	0.2293
0.40	0.6127	0.5173	0.4352	0.3647	0.3042	0.2526
0.45	0.6260	0.5335	0.4535	0.3843	0.3246	0.2733
0.50	0.6376	0.5476	0.4695	0.4017	0.3428	0.2918
0.55	0.6478	0.5600	0.4837	0.4172	0.3592	0.3086
0.60	0.6569	0.5712	0.4965	0.4312	0.3740	0.3240
0.65	0.6651	0.5813	0.5081	0.4439	0.3877	0.3382
0.70	0.6726	0.5905	0.5187	0.4557	0.4002	0.3514
0.75	0.6795	0.5991	0.5285	0.4666	0.4119	0.3636
0.80	0.6859	0.6070	0.5377	0.4767	0.4228	0.3752
0.85	0.6919	0.6143	0.5462	0.4862	0.4331	0.3860
0.90	0.6974	0.6212	0.5543	0.4951	0.4428	0.3963
0.95	0.7027	0.6278	0.5618	0.5036	0.4519	0.4060
1.00	0.7077	0.6339	0.5690	0.5116	0.4607	0.4153
1.20	0.7253	0.6558	0.5946	0.5403	0.4919	0.4487
1.40	0.7403	0.6745	0.6164	0.5649	0.5188	0.4776
1.60	0.7534	0.6909	0.6357	0.5866	0.5427	0.5033
1.80	0.7652	0.7057	0.6531	0.6062	0.5643	0.5266
2.00	0.7761	0.7192	0.6690	0.6242	0.5841	0.5481
2.20	0.7861	0.7318	0.6837	0.6409	0.6026	0.5680
2.40	0.7954	0.7435	0.6975	0.6566	0.6198	0.5868
2.60	0.8042	0.7545	0.7105	0.6713	0.6361	0.6044
2.80	0.8125	0.7649	0.7228	0.6852	0.6515	0.6211
3.00	0.8204	0.7748	0.7344	0.6984	0.6661	0.6370
3.20	0.8279	0.7842	0.7455	0.7110	0.6800	0.6521
3.40	0.8351	0.7932	0.7561	0.7230	0.6933	0.6665
3.60	0.8419	0.8017	0.7662	0.7344	0.7060	0.6803
3.80	0.8484	0.8099	0.7758	0.7454	0.7181	0.6935
4.00	0.8547	0.8177	0.7850	0.7559	0.7297	0.7061
4.50	0.8691	0.8359	0.8064	0.7801	0.7566	0.7353
5.00	0.8821	0.8522	0.8256	0.8020	0.7807	0.7616
LAMBDA1	0.2087	0.2087	0.2087	0.2087	0.2087	0.2087
BETA1	0.0698	0.0876	0.1033	0.1173	0.1299	0.1412
LAMBDA2	1.6427	1.6427	1.6427	1.6427	1.6427	1.6427
BETA2	0.1489	0.1835	0.2117	0.2340	0.2506	0.2619
A	0.8167	0.7711	0.7316	0.6977	0.6686	0.6440
B	0.0052	0.0114	0.0191	0.0277	0.0372	0.0474

TABLE 5

SINK	1.50	1.50	1.50	1.50	1.50	1.50
SOURCE	0.60	0.50	0.0	-0.50	-1.00	-1.50
TIME						
0.0	0.0	0.0	0.0	0.0	0.0	0.0
0.02	0.0000	0.0000	0.0000	0.0000	0.0000	0.0000
0.03	0.0001	0.0000	0.0000	0.0000	0.0000	0.0000
0.04	0.0009	0.0002	0.0000	0.0000	0.0000	0.0000
0.05	0.0028	0.0010	0.0000	0.0000	0.0000	0.0000
0.06	0.0059	0.0024	0.0000	0.0000	0.0000	0.0000
0.07	0.0102	0.0046	0.0000	0.0000	0.0000	0.0000
0.08	0.0155	0.0077	0.0001	0.0000	0.0000	0.0000
0.09	0.0215	0.0114	0.0002	0.0000	0.0000	0.0000
0.10	0.0280	0.0157	0.0005	0.0000	0.0000	0.0000
0.15	0.0642	0.0424	0.0037	0.0002	0.0000	0.0000
0.20	0.0998	0.0717	0.0107	0.0010	0.0001	0.0000
0.25	0.1320	0.1000	0.0206	0.0031	0.0003	0.0000
0.30	0.1606	0.1260	0.0325	0.0065	0.0010	0.0001
0.35	0.1860	0.1498	0.0455	0.0113	0.0023	0.0004
0.40	0.2087	0.1715	0.0590	0.0173	0.0043	0.0009
0.45	0.2291	0.1913	0.0725	0.0242	0.0070	0.0018
0.50	0.2477	0.2095	0.0860	0.0319	0.0105	0.0031
0.55	0.2646	0.2264	0.0993	0.0401	0.0147	0.0049
0.60	0.2803	0.2420	0.1123	0.0487	0.0195	0.0072
0.65	0.2948	0.2566	0.1249	0.0576	0.0249	0.0100
0.70	0.3083	0.2702	0.1372	0.0667	0.0307	0.0133
0.75	0.3209	0.2831	0.1492	0.0760	0.0370	0.0171
0.80	0.3329	0.2953	0.1608	0.0853	0.0437	0.0214
0.85	0.3441	0.3068	0.1721	0.0947	0.0506	0.0261
0.90	0.3548	0.3178	0.1831	0.1041	0.0578	0.0312
0.95	0.3650	0.3283	0.1937	0.1135	0.0652	0.0366
1.00	0.3747	0.3383	0.2041	0.1228	0.0728	0.0424
1.20	0.4098	0.3748	0.2431	0.1594	0.1045	0.0680
1.40	0.4404	0.4068	0.2787	0.1946	0.1370	0.0966
1.60	0.4677	0.4354	0.3114	0.2283	0.1696	0.1268
1.80	0.4925	0.4616	0.3419	0.2604	0.2017	0.1577
2.00	0.5154	0.4858	0.3705	0.2911	0.2330	0.1887
2.20	0.5368	0.5083	0.3974	0.3205	0.2635	0.2195
2.40	0.5568	0.5295	0.4229	0.3485	0.2930	0.2496
2.60	0.5757	0.5495	0.4471	0.3753	0.3215	0.2791
2.80	0.5936	0.5685	0.4702	0.4010	0.3489	0.3076
3.00	0.6106	0.5866	0.4921	0.4256	0.3753	0.3353
3.20	0.6268	0.6037	0.5131	0.4492	0.4007	0.3620
3.40	0.6423	0.6201	0.5332	0.4717	0.4251	0.3878
3.60	0.6570	0.6358	0.5524	0.4934	0.4485	0.4126
3.80	0.6712	0.6508	0.5708	0.5141	0.4710	0.4364
4.00	0.6847	0.6652	0.5884	0.5340	0.4925	0.4593
4.50	0.7160	0.6984	0.6293	0.5802	0.5428	0.5127
5.00	0.7442	0.7284	0.6660	0.6218	0.5880	0.5609
LAMBDA1	0.2087	0.2087	0.2087	0.2087	0.2087	0.2087
BETA1	0.1515	0.1609	0.1978	0.2240	0.2440	0.2601
LAMBDA2	1.6427	1.6427	1.6427	1.6427	1.6427	1.6427
BETA2	0.2684	0.2702	0.2168	0.0737	-0.1458	-0.4328
A	0.6234	0.6065	0.5698	0.6065	0.7316	1.0000
B	0.0582	0.0695	0.1335	0.2148	0.3239	0.4688

20   TABLE 5

SINK	1.50	1.50	1.50	2.00	2.00	2.00
SOURCE	-2.00	-2.50	-3.00	1.90	1.80	1.70
TIME						
0.0	0.0	0.0	0.0	0.0	0.0	0.0
0.02	0.0000	0.0000	0.0000	0.5583	0.2614	0.1008
0.03	0.0000	0.0000	0.0000	0.6177	0.3409	0.1663
0.04	0.0000	0.0000	0.0000	0.6541	0.3943	0.2174
0.05	0.0000	0.0000	0.0000	0.6792	0.4331	0.2578
0.06	0.0000	0.0000	0.0000	0.6980	0.4629	0.2904
0.07	0.0000	0.0000	0.0000	0.7126	0.4867	0.3174
0.08	0.0000	0.0000	0.0000	0.7245	0.5063	0.3402
0.09	0.0000	0.0000	0.0000	0.7343	0.5227	0.3597
0.10	0.0000	0.0000	0.0000	0.7426	0.5368	0.3767
0.15	0.0000	0.0000	0.0000	0.7710	0.5854	0.4371
0.20	0.0000	0.0000	0.0000	0.7879	0.6150	0.4751
0.25	0.0000	0.0000	0.0000	0.7995	0.6355	0.5018
0.30	0.0000	0.0000	0.0000	0.8081	0.6508	0.5219
0.35	0.0000	0.0000	0.0000	0.8148	0.6628	0.5378
0.40	0.0002	0.0000	0.0000	0.8203	0.6726	0.5509
0.45	0.0004	0.0001	0.0000	0.8248	0.6808	0.5618
0.50	0.0008	0.0002	0.0000	0.8287	0.6878	0.5712
0.55	0.0014	0.0004	0.0001	0.8321	0.6938	0.5794
0.60	0.0024	0.0007	0.0002	0.8351	0.6992	0.5867
0.65	0.0037	0.0013	0.0004	0.8377	0.7040	0.5932
0.70	0.0054	0.0020	0.0007	0.8401	0.7084	0.5991
0.75	0.0075	0.0031	0.0012	0.8423	0.7123	0.6045
0.80	0.0100	0.0044	0.0019	0.8443	0.7160	0.6094
0.85	0.0129	0.0061	0.0028	0.8462	0.7193	0.6140
0.90	0.0162	0.0081	0.0039	0.8479	0.7225	0.6183
0.95	0.0199	0.0105	0.0053	0.8495	0.7254	0.6223
1.00	0.0240	0.0132	0.0071	0.8510	0.7282	0.6260
1.20	0.0438	0.0278	0.0173	0.8564	0.7378	0.6392
1.40	0.0679	0.0474	0.0329	0.8608	0.7459	0.6502
1.60	0.0950	0.0711	0.0531	0.8646	0.7529	0.6599
1.80	0.1240	0.0977	0.0770	0.8681	0.7592	0.6685
2.00	0.1540	0.1261	0.1036	0.8713	0.7649	0.6764
2.20	0.1843	0.1557	0.1320	0.8742	0.7703	0.6838
2.40	0.2146	0.1857	0.1614	0.8770	0.7753	0.6907
2.60	0.2445	0.2157	0.1912	0.8796	0.7801	0.6973
2.80	0.2738	0.2454	0.2211	0.8821	0.7847	0.7036
3.00	0.3024	0.2745	0.2505	0.8845	0.7891	0.7097
3.20	0.3301	0.3030	0.2795	0.8868	0.7934	0.7155
3.40	0.3569	0.3306	0.3077	0.8891	0.7975	0.7212
3.60	0.3827	0.3573	0.3351	0.8913	0.8015	0.7267
3.80	0.4076	0.3831	0.3616	0.8934	0.8054	0.7321
4.00	0.4316	0.4080	0.3873	0.8955	0.8092	0.7373
4.50	0.4876	0.4662	0.4473	0.9005	0.8184	0.7500
5.00	0.5383	0.5188	0.5018	0.9053	0.8271	0.7619
LAMBDA1	0.2087	0.2087	0.2087	0.0973	0.0973	0.0973
BETA1	0.2736	0.2851	0.2953	0.0150	0.0274	0.0377
LAMBDA2	1.6427	1.6427	1.6427	1.3751	1.3751	1.3751
BETA2	-0.7812	-1.1863	-1.6444	0.0406	0.0737	0.1005
A	1.5488	2.7183	5.4059	0.9071	0.8270	0.7577
B	0.6211	0.5663	-0.7602	-0.0204	-0.0334	-0.0406

TABLE 5

SINK	2.00	2.00	2.00	2.00	2.00	2.00
SOURCE	1.60	1.50	1.40	1.30	1.20	1.10
TIME						
0.0	0.0	0.0	0.0	0.0	0.0	0.0
0.02	0.0316	0.0080	0.0016	0.0003	0.0000	0.0000
0.03	0.0711	0.0265	0.0085	0.0024	0.0006	0.0001
0.04	0.1090	0.0495	0.0202	0.0074	0.0025	0.0007
0.05	0.1426	0.0730	0.0345	0.0150	0.0060	0.0022
0.06	0.1717	0.0954	0.0496	0.0242	0.0110	0.0046
0.07	0.1970	0.1161	0.0648	0.0342	0.0170	0.0080
0.08	0.2192	0.1351	0.0795	0.0446	0.0238	0.0121
0.09	0.2387	0.1525	0.0936	0.0551	0.0311	0.0168
0.10	0.2561	0.1684	0.1069	0.0654	0.0386	0.0219
0.15	0.3205	0.2304	0.1623	0.1119	0.0755	0.0497
0.20	0.3627	0.2735	0.2034	0.1492	0.1079	0.0768
0.25	0.3931	0.3054	0.2351	0.1792	0.1352	0.1009
0.30	0.4164	0.3303	0.2604	0.2038	0.1584	0.1221
0.35	0.4350	0.3505	0.2812	0.2245	0.1783	0.1407
0.40	0.4504	0.3673	0.2987	0.2421	0.1955	0.1572
0.45	0.4633	0.3816	0.3138	0.2575	0.2107	0.1719
0.50	0.4745	0.3941	0.3270	0.2710	0.2242	0.1851
0.55	0.4843	0.4050	0.3387	0.2830	0.2363	0.1971
0.60	0.4930	0.4148	0.3491	0.2939	0.2474	0.2081
0.65	0.5009	0.4236	0.3586	0.3038	0.2574	0.2182
0.70	0.5080	0.4315	0.3672	0.3128	0.2667	0.2275
0.75	0.5144	0.4389	0.3751	0.3212	0.2753	0.2362
0.80	0.5204	0.4456	0.3825	0.3289	0.2833	0.2443
0.85	0.5260	0.4519	0.3893	0.3362	0.2908	0.2520
0.90	0.5311	0.4578	0.3957	0.3430	0.2979	0.2592
0.95	0.5360	0.4633	0.4018	0.3494	0.3045	0.2660
1.00	0.5405	0.4685	0.4075	0.3554	0.3109	0.2725
1.20	0.5566	0.4868	0.4276	0.3770	0.3334	0.2958
1.40	0.5700	0.5023	0.4446	0.3953	0.3527	0.3159
1.60	0.5818	0.5158	0.4596	0.4114	0.3698	0.3337
1.80	0.5924	0.5280	0.4731	0.4260	0.3854	0.3500
2.00	0.6021	0.5392	0.4856	0.4395	0.3997	0.3650
2.20	0.6111	0.5496	0.4971	0.4521	0.4131	0.3791
2.40	0.6196	0.5594	0.5081	0.4639	0.4257	0.3924
2.60	0.6277	0.5688	0.5185	0.4753	0.4378	0.4052
2.80	0.6354	0.5777	0.5285	0.4861	0.4494	0.4174
3.00	0.6429	0.5864	0.5381	0.4966	0.4606	0.4292
3.20	0.6501	0.5947	0.5474	0.5067	0.4714	0.4407
3.40	0.6571	0.6028	0.5564	0.5165	0.4820	0.4518
3.60	0.6639	0.6106	0.5652	0.5261	0.4922	0.4626
3.80	0.6705	0.6183	0.5737	0.5354	0.5022	0.4732
4.00	0.6769	0.6258	0.5821	0.5445	0.5119	0.4835
4.50	0.6924	0.6437	0.6021	0.5663	0.5353	0.5082
5.00	0.7071	0.6607	0.6211	0.5870	0.5575	0.5317
LAMBDA1	0.0973	0.0973	0.0973	0.0973	0.0973	0.0973
BETA1	0.0463	0.0537	0.0599	0.0653	0.0700	0.0741
LAMBDA2	1.3751	1.3751	1.3751	1.3751	1.3751	1.3751
BETA2	0.1217	0.1383	0.1508	0.1597	0.1655	0.1685
A	0.6977	0.6456	0.6005	0.5613	0.5273	0.4978
B	-0.0437	-0.0437	-0.0414	-0.0375	-0.0323	-0.0263

TABLE 5

SINK	2.00	2.00	2.00	2.00	2.00	2.00
SOURCE	1.00	0.50	0.0	-0.50	-1.00	-1.50
TIME						
0.0	0.0	0.0	0.0	0.0	0.0	0.0
0.02	0.0000	0.0000	0.0000	0.0000	0.0000	0.0000
0.03	0.0000	0.0000	0.0000	0.0000	0.0000	0.0000
0.04	0.0002	0.0000	0.0000	0.0000	0.0000	0.0000
0.05	0.0007	0.0000	0.0000	0.0000	0.0000	0.0000
0.06	0.0018	0.0000	0.0000	0.0000	0.0000	0.0000
0.07	0.0035	0.0000	0.0000	0.0000	0.0000	0.0000
0.08	0.0059	0.0001	0.0000	0.0000	0.0000	0.0000
0.09	0.0087	0.0002	0.0000	0.0000	0.0000	0.0000
0.10	0.0119	0.0003	0.0000	0.0000	0.0000	0.0000
0.15	0.0320	0.0024	0.0001	0.0000	0.0000	0.0000
0.20	0.0538	0.0071	0.0006	0.0000	0.0000	0.0000
0.25	0.0745	0.0136	0.0018	0.0002	0.0000	0.0000
0.30	0.0934	0.0213	0.0038	0.0005	0.0001	0.0000
0.35	0.1104	0.0297	0.0066	0.0012	0.0002	0.0000
0.40	0.1258	0.0382	0.0100	0.0022	0.0004	0.0001
0.45	0.1398	0.0468	0.0140	0.0036	0.0008	0.0002
0.50	0.1525	0.0553	0.0183	0.0054	0.0014	0.0003
0.55	0.1641	0.0636	0.0230	0.0076	0.0023	0.0006
0.60	0.1749	0.0717	0.0278	0.0101	0.0033	0.0010
0.65	0.1848	0.0795	0.0328	0.0128	0.0047	0.0016
0.70	0.1941	0.0871	0.0379	0.0158	0.0062	0.0023
0.75	0.2027	0.0944	0.0431	0.0190	0.0080	0.0032
0.80	0.2109	0.1015	0.0483	0.0224	0.0100	0.0043
0.85	0.2186	0.1083	0.0535	0.0260	0.0122	0.0055
0.90	0.2258	0.1150	0.0588	0.0296	0.0146	0.0070
0.95	0.2327	0.1214	0.0639	0.0334	0.0172	0.0086
1.00	0.2393	0.1276	0.0691	0.0373	0.0199	0.0104
1.20	0.2631	0.1510	0.0894	0.0536	0.0322	0.0192
1.40	0.2837	0.1722	0.1089	0.0704	0.0461	0.0302
1.60	0.3022	0.1917	0.1276	0.0875	0.0610	0.0429
1.80	0.3190	0.2100	0.1457	0.1045	0.0765	0.0567
2.00	0.3346	0.2272	0.1631	0.1214	0.0924	0.0714
2.20	0.3493	0.2436	0.1800	0.1381	0.1085	0.0866
2.40	0.3632	0.2593	0.1964	0.1545	0.1246	0.1022
2.60	0.3765	0.2744	0.2123	0.1707	0.1407	0.1180
2.80	0.3893	0.2890	0.2278	0.1866	0.1567	0.1338
3.00	0.4017	0.3032	0.2430	0.2022	0.1725	0.1496
3.20	0.4137	0.3170	0.2578	0.2175	0.1881	0.1653
3.40	0.4253	0.3304	0.2722	0.2325	0.2035	0.1809
3.60	0.4366	0.3436	0.2863	0.2473	0.2186	0.1963
3.80	0.4477	0.3564	0.3002	0.2618	0.2335	0.2115
4.00	0.4585	0.3689	0.3137	0.2760	0.2482	0.2265
4.50	0.4844	0.3990	0.3464	0.3104	0.2837	0.2629
5.00	0.5090	0.4277	0.3775	0.3431	0.3176	0.2977
LAMBDA1	0.0973	0.0973	0.0973	0.0973	0.0973	0.0973
BETA1	0.0777	0.0905	0.0985	0.1039	0.1080	0.1111
LAMBDA2	1.3751	1.3751	1.3751	1.3751	1.3751	1.3751
BETA2	0.1689	0.1412	0.0764	-0.0151	-0.1272	-0.2562
A	0.4724	0.3916	0.3679	0.3916	0.4724	0.6456
B	-0.0197	0.0184	0.0613	0.1122	0.1771	0.2589

TABLE 5

SINK	2.00	2.00	2.00	2.50	2.50	2.50
SOURCE	-2.00	-2.50	-3.00	2.40	2.30	2.20
TIME						
0.0	0.0	0.0	0.0	0.0	0.0	0.0
0.02	0.0000	0.0000	0.0000	0.5427	0.2473	0.0929
0.03	0.0000	0.0000	0.0000	0.5998	0.3219	0.1529
0.04	0.0000	0.0000	0.0000	0.6347	0.3718	0.1995
0.05	0.0000	0.0000	0.0000	0.6587	0.4080	0.2361
0.06	0.0000	0.0000	0.0000	0.6765	0.4355	0.2656
0.07	0.0000	0.0000	0.0000	0.6903	0.4575	0.2898
0.08	0.0000	0.0000	0.0000	0.7014	0.4754	0.3102
0.09	0.0000	0.0000	0.0000	0.7106	0.4904	0.3276
0.10	0.0000	0.0000	0.0000	0.7183	0.5031	0.3426
0.15	0.0000	0.0000	0.0000	0.7444	0.5468	0.3955
0.20	0.0000	0.0000	0.0000	0.7596	0.5728	0.4280
0.25	0.0000	0.0000	0.0000	0.7699	0.5904	0.4504
0.30	0.0000	0.0000	0.0000	0.7773	0.6032	0.4670
0.35	0.0000	0.0000	0.0000	0.7830	0.6132	0.4799
0.40	0.0000	0.0000	0.0000	0.7875	0.6211	0.4902
0.45	0.0000	0.0000	0.0000	0.7912	0.6276	0.4987
0.50	0.0001	0.0000	0.0000	0.7944	0.6331	0.5060
0.55	0.0001	0.0000	0.0000	0.7970	0.6378	0.5122
0.60	0.0003	0.0001	0.0000	0.7993	0.6419	0.5176
0.65	0.0005	0.0001	0.0000	0.8014	0.6455	0.5223
0.70	0.0008	0.0003	0.0001	0.8032	0.6487	0.5266
0.75	0.0012	0.0004	0.0001	0.8048	0.6516	0.5304
0.80	0.0017	0.0007	0.0002	0.8063	0.6542	0.5339
0.85	0.0024	0.0010	0.0004	0.8077	0.6566	0.5371
0.90	0.0032	0.0014	0.0006	0.8089	0.6588	0.5400
0.95	0.0042	0.0020	0.0009	0.8101	0.6609	0.5427
1.00	0.0053	0.0026	0.0013	0.8111	0.6628	0.5452
1.20	0.0114	0.0066	0.0038	0.8148	0.6692	0.5538
1.40	0.0198	0.0129	0.0084	0.8177	0.6744	0.5608
1.60	0.0303	0.0214	0.0151	0.8202	0.6788	0.5667
1.80	0.0423	0.0318	0.0239	0.8223	0.6827	0.5719
2.00	0.0557	0.0437	0.0345	0.8243	0.6861	0.5766
2.20	0.0699	0.0569	0.0465	0.8260	0.6893	0.5808
2.40	0.0848	0.0710	0.0598	0.8277	0.6923	0.5848
2.60	0.1001	0.0858	0.0739	0.8293	0.6951	0.5886
2.80	0.1157	0.1010	0.0887	0.8308	0.6977	0.5922
3.00	0.1314	0.1164	0.1039	0.8322	0.7003	0.5956
3.20	0.1471	0.1320	0.1193	0.8336	0.7028	0.5990
3.40	0.1628	0.1477	0.1349	0.8349	0.7052	0.6022
3.60	0.1783	0.1633	0.1505	0.8363	0.7075	0.6054
3.80	0.1937	0.1788	0.1660	0.8375	0.7098	0.6085
4.00	0.2089	0.1941	0.1815	0.8388	0.7121	0.6115
4.50	0.2459	0.2316	0.2194	0.8419	0.7176	0.6190
5.00	0.2814	0.2677	0.2560	0.8449	0.7230	0.6262
LAMBDA1	0.0973	0.0973	0.0973	0.0377	0.0377	0.0377
BETA1	0.1137	0.1159	0.1178	0.0071	0.0126	0.0170
LAMBDA2	1.3751	1.3751	1.3751	1.1913	1.1913	1.1913
BETA2	-0.3995	-0.5554	-0.7226	0.0256	0.0455	0.0608
A	1.0000	1.7551	3.4903	0.8847	0.7866	0.7029
B	0.3333	0.2468	-0.7272	-0.0443	-0.0740	-0.0931

TABLE 5

TIME	SINK SOURCE	2.50 2.10	2.50 2.00	2.50 1.90	2.50 1.80	2.50 1.70	2.50 1.60
0.0		0.0	0.0	0.0	0.0	0.0	0.0
0.02		0.0284	0.0070	0.0014	0.0002	0.0000	0.0000
0.03		0.0637	0.0231	0.0073	0.0020	0.0005	0.0001
0.04		0.0974	0.0430	0.0172	0.0062	0.0020	0.0006
0.05		0.1271	0.0633	0.0292	0.0124	0.0048	0.0017
0.06		0.1528	0.0826	0.0419	0.0199	0.0088	0.0036
0.07		0.1750	0.1004	0.0545	0.0281	0.0136	0.0062
0.08		0.1943	0.1165	0.0668	0.0365	0.0190	0.0094
0.09		0.2113	0.1313	0.0784	0.0450	0.0247	0.0130
0.10		0.2263	0.1447	0.0894	0.0533	0.0306	0.0169
0.15		0.2813	0.1964	0.1345	0.0902	0.0592	0.0380
0.20		0.3166	0.2316	0.1673	0.1193	0.0839	0.0581
0.25		0.3416	0.2572	0.1921	0.1422	0.1043	0.0757
0.30		0.3603	0.2767	0.2115	0.1607	0.1213	0.0909
0.35		0.3749	0.2923	0.2271	0.1759	0.1356	0.1040
0.40		0.3868	0.3050	0.2401	0.1887	0.1478	0.1154
0.45		0.3967	0.3157	0.2511	0.1996	0.1584	0.1255
0.50		0.4051	0.3248	0.2606	0.2091	0.1677	0.1343
0.55		0.4123	0.3327	0.2688	0.2174	0.1759	0.1423
0.60		0.4187	0.3396	0.2761	0.2248	0.1832	0.1494
0.65		0.4243	0.3458	0.2826	0.2314	0.1899	0.1559
0.70		0.4293	0.3513	0.2884	0.2374	0.1959	0.1619
0.75		0.4338	0.3563	0.2937	0.2429	0.2014	0.1673
0.80		0.4379	0.3608	0.2985	0.2479	0.2064	0.1724
0.85		0.4417	0.3650	0.3030	0.2525	0.2111	0.1771
0.90		0.4451	0.3689	0.3071	0.2568	0.2155	0.1815
0.95		0.4484	0.3725	0.3110	0.2608	0.2196	0.1856
1.00		0.4514	0.3758	0.3145	0.2645	0.2234	0.1894
1.20		0.4616	0.3873	0.3269	0.2775	0.2368	0.2030
1.40		0.4700	0.3967	0.3371	0.2882	0.2478	0.2143
1.60		0.4770	0.4046	0.3457	0.2974	0.2574	0.2241
1.80		0.4833	0.4117	0.3534	0.3055	0.2659	0.2328
2.00		0.4888	0.4180	0.3603	0.3128	0.2736	0.2408
2.20		0.4940	0.4238	0.3666	0.3196	0.2807	0.2481
2.40		0.4988	0.4293	0.3726	0.3260	0.2874	0.2551
2.60		0.5033	0.4344	0.3782	0.3320	0.2937	0.2617
2.80		0.5076	0.4393	0.3836	0.3378	0.2998	0.2680
3.00		0.5118	0.4440	0.3888	0.3433	0.3056	0.2741
3.20		0.5158	0.4486	0.3938	0.3487	0.3113	0.2800
3.40		0.5197	0.4531	0.3987	0.3540	0.3168	0.2858
3.60		0.5236	0.4574	0.4035	0.3591	0.3222	0.2914
3.80		0.5273	0.4617	0.4082	0.3641	0.3276	0.2970
4.00		0.5310	0.4659	0.4128	0.3691	0.3328	0.3024
4.50		0.5400	0.4761	0.4240	0.3811	0.3455	0.3157
5.00		0.5487	0.4860	0.4349	0.3928	0.3579	0.3287
LAMBDA1		0.0377	0.0377	0.0377	0.0377	0.0377	0.0377
BETA1		0.0205	0.0234	0.0257	0.0276	0.0292	0.0305
LAMBDA2		1.1913	1.1913	1.1913	1.1913	1.1913	1.1913
BETA2		0.0724	0.0811	0.0873	0.0915	0.0939	0.0950
A		0.6313	0.5698	0.5169	0.4712	0.4317	0.3975
B		-0.1043	-0.1098	-0.1113	-0.1098	-0.1063	-0.1015

TABLE 5

TIME	SINK 2.50 SOURCE 1.50	SINK 2.50 SOURCE 1.00	SINK 2.50 SOURCE 0.50	SINK 2.50 SOURCE 0.0	SINK 2.50 SOURCE -0.50	SINK 2.50 SOURCE -1.00
0.0	0.0	0.0	0.0	0.0	0.0	0.0
0.02	0.0000	0.0000	0.0000	0.0000	0.0000	0.0000
0.03	0.0000	0.0000	0.0000	0.0000	0.0000	0.0000
0.04	0.0001	0.0000	0.0000	0.0000	0.0000	0.0000
0.05	0.0006	0.0000	0.0000	0.0000	0.0000	0.0000
0.06	0.0014	0.0000	0.0000	0.0000	0.0000	0.0000
0.07	0.0027	0.0000	0.0000	0.0000	0.0000	0.0000
0.08	0.0044	0.0000	0.0000	0.0000	0.0000	0.0000
0.09	0.0066	0.0001	0.0000	0.0000	0.0000	0.0000
0.10	0.0090	0.0002	0.0000	0.0000	0.0000	0.0000
0.15	0.0239	0.0016	0.0001	0.0000	0.0000	0.0000
0.20	0.0397	0.0046	0.0003	0.0000	0.0000	0.0000
0.25	0.0544	0.0088	0.0010	0.0001	0.0000	0.0000
0.30	0.0676	0.0136	0.0022	0.0003	0.0000	0.0000
0.35	0.0794	0.0187	0.0037	0.0006	0.0001	0.0000
0.40	0.0898	0.0240	0.0056	0.0011	0.0002	0.0000
0.45	0.0992	0.0291	0.0077	0.0018	0.0004	0.0001
0.50	0.1075	0.0342	0.0100	0.0027	0.0006	0.0001
0.55	0.1151	0.0390	0.0125	0.0037	0.0010	0.0002
0.60	0.1219	0.0437	0.0151	0.0049	0.0015	0.0004
0.65	0.1282	0.0482	0.0177	0.0062	0.0020	0.0006
0.70	0.1340	0.0525	0.0203	0.0076	0.0027	0.0009
0.75	0.1393	0.0565	0.0230	0.0091	0.0035	0.0013
0.80	0.1443	0.0605	0.0256	0.0107	0.0043	0.0017
0.85	0.1489	0.0642	0.0282	0.0123	0.0053	0.0022
0.90	0.1532	0.0679	0.0308	0.0140	0.0063	0.0028
0.95	0.1573	0.0713	0.0334	0.0158	0.0074	0.0034
1.00	0.1612	0.0747	0.0360	0.0176	0.0085	0.0041
1.20	0.1747	0.0869	0.0458	0.0249	0.0137	0.0076
1.40	0.1862	0.0978	0.0551	0.0324	0.0195	0.0119
1.60	0.1961	0.1076	0.0639	0.0399	0.0257	0.0169
1.80	0.2050	0.1166	0.0723	0.0474	0.0322	0.0224
2.00	0.2132	0.1250	0.0803	0.0548	0.0388	0.0282
2.20	0.2207	0.1329	0.0881	0.0621	0.0456	0.0344
2.40	0.2279	0.1405	0.0956	0.0693	0.0524	0.0408
2.60	0.2347	0.1478	0.1029	0.0765	0.0593	0.0473
2.80	0.2412	0.1548	0.1101	0.0835	0.0661	0.0539
3.00	0.2475	0.1617	0.1171	0.0905	0.0730	0.0606
3.20	0.2536	0.1684	0.1240	0.0974	0.0798	0.0673
3.40	0.2596	0.1749	0.1308	0.1043	0.0867	0.0740
3.60	0.2654	0.1814	0.1375	0.1111	0.0934	0.0808
3.80	0.2711	0.1877	0.1441	0.1178	0.1002	0.0875
4.00	0.2768	0.1940	0.1506	0.1244	0.1069	0.0942
4.50	0.2906	0.2093	0.1666	0.1408	0.1235	0.1109
5.00	0.3040	0.2242	0.1822	0.1569	0.1398	0.1274
LAMBDA1	0.0377	0.0377	0.0377	0.0377	0.0377	0.0377
BETA1	0.0317	0.0353	0.0372	0.0383	0.0391	0.0397
LAMBDA2	1.1913	1.1913	1.1913	1.1913	1.1913	1.1913
BETA2	0.0949	0.0812	0.0538	0.0181	-0.0230	-0.0682
A	0.3679	0.2691	0.2231	0.2096	0.2231	0.2691
B	-0.0958	-0.0631	-0.0325	-0.0055	0.0209	0.0491

TABLE 5

SINK	2.50	2.50	2.50	2.50	3.00	3.00
SOURCE	-1.50	-2.00	-2.50	-3.00	2.90	2.80
TIME						
0.0	0.0	0.0	0.0	0.0	0.0	0.0
0.02	0.0000	0.0000	0.0000	0.0000	0.5270	0.2336
0.03	0.0000	0.0000	0.0000	0.0000	0.5819	0.3035
0.04	0.0000	0.0000	0.0000	0.0000	0.6151	0.3500
0.05	0.0000	0.0000	0.0000	0.0000	0.6379	0.3833
0.06	0.0000	0.0000	0.0000	0.0000	0.6546	0.4087
0.07	0.0000	0.0000	0.0000	0.0000	0.6676	0.4287
0.08	0.0000	0.0000	0.0000	0.0000	0.6779	0.4450
0.09	0.0000	0.0000	0.0000	0.0000	0.6864	0.4585
0.10	0.0000	0.0000	0.0000	0.0000	0.6936	0.4700
0.15	0.0000	0.0000	0.0000	0.0000	0.7172	0.5085
0.20	0.0000	0.0000	0.0000	0.0000	0.7306	0.5308
0.25	0.0000	0.0000	0.0000	0.0000	0.7393	0.5456
0.30	0.0000	0.0000	0.0000	0.0000	0.7455	0.5561
0.35	0.0000	0.0000	0.0000	0.0000	0.7502	0.5639
0.40	0.0000	0.0000	0.0000	0.0000	0.7538	0.5701
0.45	0.0000	0.0000	0.0000	0.0000	0.7566	0.5750
0.50	0.0000	0.0000	0.0000	0.0000	0.7590	0.5791
0.55	0.0001	0.0000	0.0000	0.0000	0.7610	0.5825
0.60	0.0001	0.0000	0.0000	0.0000	0.7627	0.5854
0.65	0.0002	0.0000	0.0000	0.0000	0.7641	0.5879
0.70	0.0003	0.0001	0.0000	0.0000	0.7654	0.5901
0.75	0.0004	0.0001	0.0000	0.0000	0.7665	0.5920
0.80	0.0006	0.0002	0.0001	0.0000	0.7675	0.5937
0.85	0.0009	0.0003	0.0001	0.0000	0.7684	0.5953
0.90	0.0012	0.0005	0.0002	0.0001	0.7692	0.5967
0.95	0.0015	0.0007	0.0003	0.0001	0.7699	0.5979
1.00	0.0019	0.0009	0.0004	0.0002	0.7706	0.5991
1.20	0.0042	0.0023	0.0012	0.0006	0.7728	0.6028
1.40	0.0073	0.0044	0.0027	0.0016	0.7744	0.6057
1.60	0.0112	0.0075	0.0050	0.0033	0.7757	0.6080
1.80	0.0158	0.0112	0.0080	0.0057	0.7769	0.6100
2.00	0.0209	0.0156	0.0118	0.0089	0.7778	0.6117
2.20	0.0264	0.0206	0.0161	0.0128	0.7787	0.6132
2.40	0.0323	0.0259	0.0211	0.0172	0.7795	0.6145
2.60	0.0384	0.0317	0.0264	0.0222	0.7802	0.6158
2.80	0.0448	0.0377	0.0321	0.0276	0.7808	0.6169
3.00	0.0512	0.0439	0.0381	0.0333	0.7815	0.6180
3.20	0.0578	0.0503	0.0443	0.0393	0.7821	0.6191
3.40	0.0644	0.0568	0.0507	0.0455	0.7827	0.6201
3.60	0.0711	0.0634	0.0571	0.0519	0.7832	0.6211
3.80	0.0778	0.0701	0.0637	0.0584	0.7838	0.6221
4.00	0.0845	0.0767	0.0703	0.0649	0.7843	0.6230
4.50	0.1012	0.0935	0.0870	0.0815	0.7857	0.6253
5.00	0.1178	0.1101	0.1037	0.0982	0.7869	0.6276
LAMBDA1	0.0377	0.0377	0.0377	0.0377	0.0116	0.0116
BETA1	0.0401	0.0405	0.0408	0.0410	0.0026	0.0046
LAMBDA2	1.1913	1.1913	1.1913	1.1913	1.0810	1.0810
BETA2	-0.1165	-0.1673	-0.2204	-0.2753	0.0136	0.0237
A	0.3679	0.5698	1.0000	1.9887	0.8629	0.7483
B	0.0766	0.0801	-0.0521	-0.7976	-0.0723	-0.1200

TABLE 5

SINK	3.00	3.00	3.00	3.00	3.00	3.00
SOURCE	2.70	2.60	2.50	2.40	2.30	2.20
TIME						
0.0	0.0	0.0	0.0	0.0	0.0	0.0
0.02	0.0855	0.0254	0.0061	0.0012	0.0002	0.0000
0.03	0.1402	0.0569	0.0201	0.0062	0.0016	0.0004
0.04	0.1825	0.0867	0.0373	0.0145	0.0051	0.0016
0.05	0.2156	0.1129	0.0548	0.0246	0.0101	0.0039
0.06	0.2420	0.1353	0.0712	0.0351	0.0162	0.0070
0.07	0.2636	0.1547	0.0863	0.0456	0.0229	0.0108
0.08	0.2817	0.1714	0.0999	0.0557	0.0297	0.0150
0.09	0.2970	0.1860	0.1123	0.0653	0.0364	0.0195
0.10	0.3101	0.1988	0.1235	0.0742	0.0430	0.0241
0.15	0.3557	0.2451	0.1660	0.1104	0.0719	0.0459
0.20	0.3830	0.2740	0.1941	0.1360	0.0941	0.0643
0.25	0.4013	0.2939	0.2140	0.1548	0.1111	0.0791
0.30	0.4145	0.3084	0.2288	0.1692	0.1245	0.0911
0.35	0.4244	0.3195	0.2403	0.1805	0.1353	0.1010
0.40	0.4323	0.3283	0.2496	0.1897	0.1441	0.1093
0.45	0.4386	0.3355	0.2571	0.1973	0.1515	0.1163
0.50	0.4438	0.3414	0.2634	0.2037	0.1577	0.1223
0.55	0.4482	0.3464	0.2687	0.2091	0.1631	0.1275
0.60	0.4519	0.3507	0.2733	0.2138	0.1678	0.1321
0.65	0.4552	0.3544	0.2773	0.2179	0.1719	0.1361
0.70	0.4580	0.3576	0.2808	0.2216	0.1756	0.1397
0.75	0.4605	0.3605	0.2839	0.2248	0.1789	0.1429
0.80	0.4627	0.3631	0.2867	0.2277	0.1818	0.1458
0.85	0.4647	0.3654	0.2892	0.2303	0.1845	0.1485
0.90	0.4665	0.3675	0.2915	0.2327	0.1869	0.1509
0.95	0.4682	0.3694	0.2936	0.2349	0.1891	0.1532
1.00	0.4697	0.3711	0.2955	0.2369	0.1912	0.1552
1.20	0.4746	0.3769	0.3018	0.2436	0.1981	0.1622
1.40	0.4784	0.3813	0.3067	0.2488	0.2034	0.1676
1.60	0.4814	0.3849	0.3106	0.2530	0.2078	0.1721
1.80	0.4840	0.3879	0.3140	0.2565	0.2115	0.1759
2.00	0.4862	0.3905	0.3168	0.2596	0.2147	0.1792
2.20	0.4881	0.3928	0.3194	0.2624	0.2176	0.1822
2.40	0.4899	0.3949	0.3218	0.2649	0.2203	0.1850
2.60	0.4916	0.3969	0.3239	0.2673	0.2228	0.1875
2.80	0.4931	0.3987	0.3260	0.2695	0.2251	0.1900
3.00	0.4946	0.4004	0.3279	0.2715	0.2273	0.1922
3.20	0.4960	0.4021	0.3298	0.2735	0.2294	0.1944
3.40	0.4973	0.4037	0.3316	0.2755	0.2315	0.1966
3.60	0.4986	0.4052	0.3333	0.2774	0.2334	0.1987
3.80	0.4999	0.4068	0.3350	0.2792	0.2354	0.2007
4.00	0.5012	0.4082	0.3367	0.2810	0.2373	0.2027
4.50	0.5042	0.4118	0.3407	0.2854	0.2419	0.2075
5.00	0.5072	0.4154	0.3446	0.2896	0.2465	0.2122
LAMBDA1	0.0116	0.0116	0.0116	0.0116	0.0116	0.0116
BETA1	0.0061	0.0072	0.0081	0.0087	0.0093	0.0097
LAMBDA2	1.0810	1.0810	1.0810	1.0810	1.0810	1.0810
BETA2	0.0310	0.0364	0.0401	0.0427	0.0443	0.0451
A	0.6521	0.5712	0.5028	0.4449	0.3955	0.3535
B	−0.1499	−0.1672	−0.1755	−0.1775	−0.1752	−0.1701

TABLE 5

SINK	3.00	3.00	3.00	3.00	3.00	3.00
SOURCE	2.10	2.00	1.50	1.00	0.50	0.0
TIME						
0.0	0.0	0.0	0.0	0.0	0.0	0.0
0.02	0.0000	0.0000	0.0000	0.0000	0.0000	0.0000
0.03	0.0001	0.0000	0.0000	0.0000	0.0000	0.0000
0.04	0.0004	0.0001	0.0000	0.0000	0.0000	0.0000
0.05	0.0013	0.0004	0.0000	0.0000	0.0000	0.0000
0.06	0.0028	0.0011	0.0000	0.0000	0.0000	0.0000
0.07	0.0048	0.0020	0.0000	0.0000	0.0000	0.0000
0.08	0.0073	0.0033	0.0000	0.0000	0.0000	0.0000
0.09	0.0100	0.0049	0.0001	0.0000	0.0000	0.0000
0.10	0.0130	0.0067	0.0001	0.0000	0.0000	0.0000
0.15	0.0287	0.0175	0.0010	0.0000	0.0000	0.0000
0.20	0.0433	0.0288	0.0029	0.0002	0.0000	0.0000
0.25	0.0558	0.0390	0.0055	0.0006	0.0000	0.0000
0.30	0.0663	0.0479	0.0084	0.0012	0.0001	0.0000
0.35	0.0752	0.0557	0.0115	0.0020	0.0003	0.0000
0.40	0.0827	0.0625	0.0145	0.0030	0.0005	0.0001
0.45	0.0892	0.0684	0.0175	0.0041	0.0009	0.0002
0.50	0.0949	0.0736	0.0203	0.0053	0.0013	0.0003
0.55	0.0998	0.0782	0.0230	0.0065	0.0017	0.0004
0.60	0.1041	0.0822	0.0255	0.0077	0.0022	0.0006
0.65	0.1080	0.0859	0.0278	0.0090	0.0028	0.0008
0.70	0.1115	0.0892	0.0301	0.0103	0.0034	0.0011
0.75	0.1146	0.0922	0.0322	0.0115	0.0041	0.0014
0.80	0.1175	0.0950	0.0342	0.0127	0.0047	0.0017
0.85	0.1201	0.0975	0.0360	0.0139	0.0054	0.0021
0.90	0.1225	0.0998	0.0378	0.0151	0.0061	0.0025
0.95	0.1247	0.1020	0.0395	0.0162	0.0069	0.0029
1.00	0.1267	0.1040	0.0411	0.0174	0.0076	0.0033
1.20	0.1336	0.1108	0.0467	0.0216	0.0105	0.0052
1.40	0.1391	0.1162	0.0515	0.0254	0.0134	0.0073
1.60	0.1436	0.1207	0.0556	0.0289	0.0162	0.0095
1.80	0.1475	0.1246	0.0593	0.0321	0.0189	0.0118
2.00	0.1509	0.1280	0.0626	0.0351	0.0216	0.0141
2.20	0.1539	0.1311	0.0657	0.0380	0.0241	0.0163
2.40	0.1568	0.1340	0.0686	0.0407	0.0266	0.0186
2.60	0.1594	0.1367	0.0713	0.0433	0.0291	0.0209
2.80	0.1619	0.1392	0.0739	0.0458	0.0315	0.0232
3.00	0.1642	0.1416	0.0764	0.0483	0.0339	0.0255
3.20	0.1665	0.1439	0.0788	0.0507	0.0363	0.0278
3.40	0.1687	0.1462	0.0812	0.0531	0.0386	0.0300
3.60	0.1708	0.1484	0.0835	0.0554	0.0409	0.0323
3.80	0.1729	0.1505	0.0858	0.0577	0.0432	0.0345
4.00	0.1750	0.1526	0.0880	0.0600	0.0454	0.0368
4.50	0.1800	0.1577	0.0935	0.0655	0.0510	0.0424
5.00	0.1849	0.1628	0.0988	0.0710	0.0566	0.0479
LAMBDA1	0.0116	0.0116	0.0116	0.0116	0.0116	0.0116
BETA1	0.0100	0.0103	0.0111	0.0114	0.0116	0.0117
LAMBDA2	1.0810	1.0810	1.0810	1.0810	1.0810	1.0810
BETA2	0.0453	0.0451	0.0391	0.0288	0.0164	0.0028
A	0.3174	0.2865	0.1850	0.1353	0.1122	0.1054
B	-0.1632	-0.1552	-0.1127	-0.0789	-0.0555	-0.0395

TABLE 5

SINK	3.00	3.00	3.00	3.00	3.00	3.00
SOURCE	-0.50	-1.00	-1.50	-2.00	-2.50	-3.00
TIME						
0.0	0.0	0.0	0.0	0.0	0.0	0.0
0.02	0.0000	0.0000	0.0000	0.0000	0.0000	0.0000
0.03	0.0000	0.0000	0.0000	0.0000	0.0000	0.0000
0.04	0.0000	0.0000	0.0000	0.0000	0.0000	0.0000
0.05	0.0000	0.0000	0.0000	0.0000	0.0000	0.0000
0.06	0.0000	0.0000	0.0000	0.0000	0.0000	0.0000
0.07	0.0000	0.0000	0.0000	0.0000	0.0000	0.0000
0.08	0.0000	0.0000	0.0000	0.0000	0.0000	0.0000
0.09	0.0000	0.0000	0.0000	0.0000	0.0000	0.0000
0.10	0.0000	0.0000	0.0000	0.0000	0.0000	0.0000
0.15	0.0000	0.0000	0.0000	0.0000	0.0000	0.0000
0.20	0.0000	0.0000	0.0000	0.0000	0.0000	0.0000
0.25	0.0000	0.0000	0.0000	0.0000	0.0000	0.0000
0.30	0.0000	0.0000	0.0000	0.0000	0.0000	0.0000
0.35	0.0000	0.0000	0.0000	0.0000	0.0000	0.0000
0.40	0.0000	0.0000	0.0000	0.0000	0.0000	0.0000
0.45	0.0000	0.0000	0.0000	0.0000	0.0000	0.0000
0.50	0.0001	0.0000	0.0000	0.0000	0.0000	0.0000
0.55	0.0001	0.0000	0.0000	0.0000	0.0000	0.0000
0.60	0.0002	0.0000	0.0000	0.0000	0.0000	0.0000
0.65	0.0002	0.0001	0.0000	0.0000	0.0000	0.0000
0.70	0.0003	0.0001	0.0000	0.0000	0.0000	0.0000
0.75	0.0005	0.0001	0.0000	0.0000	0.0000	0.0000
0.80	0.0006	0.0002	0.0001	0.0000	0.0000	0.0000
0.85	0.0008	0.0003	0.0001	0.0000	0.0000	0.0000
0.90	0.0010	0.0004	0.0001	0.0001	0.0000	0.0000
0.95	0.0012	0.0005	0.0002	0.0001	0.0000	0.0000
1.00	0.0015	0.0006	0.0003	0.0001	0.0000	0.0000
1.20	0.0027	0.0014	0.0007	0.0003	0.0002	0.0001
1.40	0.0041	0.0023	0.0013	0.0008	0.0004	0.0002
1.60	0.0058	0.0036	0.0022	0.0014	0.0009	0.0006
1.80	0.0076	0.0050	0.0034	0.0023	0.0016	0.0011
2.00	0.0095	0.0066	0.0047	0.0034	0.0025	0.0018
2.20	0.0115	0.0084	0.0062	0.0047	0.0035	0.0027
2.40	0.0136	0.0102	0.0079	0.0061	0.0048	0.0038
2.60	0.0157	0.0122	0.0096	0.0077	0.0063	0.0051
2.80	0.0179	0.0142	0.0115	0.0095	0.0079	0.0066
3.00	0.0200	0.0162	0.0134	0.0113	0.0096	0.0082
3.20	0.0222	0.0183	0.0154	0.0132	0.0114	0.0100
3.40	0.0244	0.0205	0.0175	0.0152	0.0133	0.0118
3.60	0.0266	0.0226	0.0196	0.0172	0.0153	0.0137
3.80	0.0288	0.0248	0.0217	0.0193	0.0173	0.0157
4.00	0.0311	0.0270	0.0238	0.0214	0.0194	0.0177
4.50	0.0366	0.0325	0.0293	0.0268	0.0247	0.0229
5.00	0.0421	0.0380	0.0348	0.0322	0.0301	0.0283
LAMBDA1	0.0116	0.0116	0.0116	0.0116	0.0116	0.0116
BETA1	0.0118	0.0118	0.0119	0.0119	0.0119	0.0120
LAMBDA2	1.0810	1.0810	1.0810	1.0810	1.0810	1.0810
BETA2	-0.0116	-0.0265	-0.0418	-0.0574	-0.0733	-0.0895
A	0.1122	0.1353	0.1850	0.2865	0.5028	1.0000
B	-0.0286	-0.0226	-0.0260	-0.0597	-0.2017	-0.7500

Selected Tables in Mathematical Statistics
Volume III, 1975

EXACT PROBABILITY LEVELS FOR THE KRUSKAL-WALLIS TEST

Ronald L. Iman*
Dana Quade**
Douglas A. Alexander***

*The Upjohn Company, Kalamazoo, Michigan 49001
**Department of Biostatistics, University of North Carolina
***Computing Centre, University of Victoria

ABSTRACT

These tables give the upper 10% of the exact distribution of the Kruskal-Wallis test statistic for selected small sample sizes when the number of samples is either 3, 4 or 5. An example demonstrates the use of the tables. Computational methods for generating the tables are discussed.

INTRODUCTION

Let there be given k independent random samples of sizes $n_1, n_2, \ldots, n_k$, where $n_1 + n_2 + \ldots + n_k = N$; and denote the observations in the ith sample by $X_{i1}, X_{i2}, \ldots, X_{in_i}$. Suppose it is desired to test the null hypothesis that the samples all come from the same population.

Kruskal and Wallis (1952) proposed the following test procedure based on ranks. Let the combined sample of N observations be ranked together, with $R(X_{ij})$ the rank assigned to X_{ij}, and let R_i be the sum of the ranks assigned to the ith sample:

Received by the editors October 1974 and in revised form February and May 1975.
AMS(MOS) Subject Classifications (1970): Primary 62Q05; Secondary 62G10.

$$R_i = \sum_{j=1}^{n_i} R(X_{ij}).$$

The Kruskal-Wallis test statistic is then given by

$$H = \frac{12}{N(N + 1)} \sum_{i=1}^{k} \left(R_i - \frac{n_i(N + 1)}{2}\right)^2 \Big/ n_i$$

$$= \frac{12}{N(N + 1)} \sum_{i=1}^{k} R_i^2/n_i - 3(N + 1).$$

Under the null hypothesis R_i has expected value $n_i(N + 1)/2$ and variance $n_i(N - n_i)(N + 1)/12$, whence H has expected value $(k - 1)$.

The Kruskal-Wallis procedure is entirely equivalent to an analysis of variance of the ranks. The usual analysis of variance test statistic is the variance ratio

$$VR = \frac{\sum_{i=1}^{k} n_i(\bar{R}_i - \bar{\bar{R}})^2/(k - 1)}{\sum_{i=1}^{k} \sum_{j=1}^{n_i} (R_{ij} - \bar{R}_i)^2/(N - k)},$$

where $\bar{R}_i = R_i/n_i$ is the mean of the ranks assigned to the ith sample and $\bar{\bar{R}} = (N + 1)/2$ is the overall mean; there is then a one-to-one relationship between VR and H:

$$VR = \frac{H(N - k)}{(k - 1)(N - 1 - H)}, \quad H = \frac{(N - 1)(k - 1)VR}{(N - k) + (k - 1)VR}.$$

Thus, it is seen that computer programs which perform ordinary one-way analysis of variance can also be used for the Kruskal-Wallis test after a preliminary ranking.

The analysis of variance computation is particularly useful when there are ties among the observations. Let the method of average ranks be used; that is, let each member of a set of tied observations be assigned the mean of the ranks which the members of the set would receive if the tie could be resolved. Then

EXACT PROBABILITY LEVELS FOR THE KRUSKAL-WALLIS TEST

the value of H derived from analysis of variance automatically incorporates the adjustment for ties derived by Kruskal and Wallis (1952).

EXACT TABLES

In their original paper Kruskal and Wallis (1952) published the values of H (to 4 DP) which give true upper tail probabilities nearest above and nearest below α = .01, .05, .10, together with the actual values of the corresponding probabilities (to 3 DP) for all cases of k = 3 samples such that $\max(n_1, n_2, n_3) \leq 5$. Their table, based on more complete unpublished work produced essentially by hand, has been widely reprinted, appearing for example in Siegel (1956), Owen (1962), Beyer (1966) and Conover (1971).

Having used a computer to repeat the calculations, Kraft and Van Eeden (1968) published upper tail probabilities (to 3 DP) corresponding to all possible values of H (to 3 DP) for exactly the same cases. Their table has also been reprinted, for example, by Hollander and Wolfe (1973).

For his master's thesis Alexander tabulated the complete distribution of H for k = 3 samples and all combinations of sample sizes such that $n_1 + n_2 + n_3 \leq 26$. The results are available on microfilm from the Department of Biostatistics, University of North Carolina at Chapel Hill. Portions were published in Alexander and Quade (1968) as follows: Upper tail probabilities (to 6 DP) are given for all possible values of H (to 5 DP) for those cases where $n_1 + n_2 + n_3 \leq 12$ and also for $n_1 = n_2 = n_3$ = 5, 6, 7 and 8; and those values of H (to 4 DP) which give tail probabilities nearest above and nearest below α = .01, .05, .10, together with the actual probabilities (to 5 DP), are given for all cases where $n_1 + n_2 + n_3 \leq 26$ and $\min(n_1, n_2, n_3) \geq 2$.

Finally, Mosteller and Rourke (1973) present the values of H (to 2 DP) which give upper tail probabilities nearest (above or below, not both) to .01, .05, .10, .25, .50, .75, .90, .95, .99, together with the actual probabilities (to 3 DP), for k = 3 samples with $n_1 + n_2 + n_3 \leq 13$ and for k = 4 samples with $n_1 + n_2 + n_3 + n_4 \leq 9$.

The tables presented here show the complete upper tail of the distribution of H, starting with the largest value of H for which the tail probability equals or exceeds .10; the values of H are given to 3 DP and the corresponding probabilities to 5 DP. The cases covered are: k = 3 samples with $\max(n_1, n_2, n_3) \leq 6$, also $n_1 = n_2 = n_3 = 7$ and 8; k = 4 samples with $\max(n_1, n_2, n_3, n_4) \leq 4$; and k = 5 samples with $\max(n_1, n_2, n_3, n_4, n_5) \leq 3$.

For samples beyond the scope of exact tables, approximations to the distribution will be required. Kruskal (1952) showed that asymptotically as $N \to \infty$ and each $n_i/N \to \lambda_i > 0$ the distribution of H becomes that of χ^2 with (k - 1) degrees of freedom. The approximation which this asymptotic result affords for finite samples is in general conservative; that is, it indicates upper-tail probabilities or upper-critical values which are larger than the true ones. An alternative simple approximation -- the B_2-III approximation of Wallace (1959) -- refers VR to the F-distribution with (k - 1, N - k) degrees of freedom. This approximation is generally closer than the preceding one, but it tends to be anticonservative unless the sample sizes are quite disparate, in which case it becomes conservative also. For detailed discussion of these approximations and also for more precise -- but more complicated -- approximations, see Kruskal and Wallis (1952), Wallace (1959), Alexander and Quade (1968) and Iman and Quade (1975).

EXAMPLE

The data of the following example, drawn from Alexander and Quade (1968), are entirely fictitious and used solely for the purpose of illustration. Suppose, in a randomized experiment, a certain response has been measured on three groups of patients, each group having been treated with a different drug, and it is desired to test whether there is a difference in the responses to the various drugs. Also, suppose the responses have been ranked overall and the results are as shown.

RANKED RESPONSES OF PATIENTS TO DRUGS
A, B AND C IN A RANDOMIZED EXPERIMENT

	Drug		
	A	B	C
Sample size, n_i	3	4	5
Ranks	1 4 2	8 3 10 7	12 5 9 11 6
Rank sum, R_i	7	28	43

We have $\Sigma R_i^2/n_i = 49/3 + 784/4 + 1849/5 = 8732/15$ and hence

$$H = \frac{12}{(12)(13)}\left(\frac{8732}{15}\right) - 3(13) = \frac{1127}{195} \text{ or } 5.779.$$

On consulting the table provided herewith, we find that the probability of this or a more extreme result is .04300 if indeed the drugs are all alike.

It may be noted that the χ^2-approximation gives the conservative result

$$P\{\chi^2(2) \geq H\} = e^{-H/2} = .05595.$$

For the simple F-approximation we must calculate

$$VR = \frac{9H}{2(11 - H)} = \frac{10143}{2036} \text{ or } 4.98183,$$

and thence

$$P\{F(2,9) > VR\} = (1 + VR/4.5)^{-4.5} = .03495,$$

which is closer but anticonservative.

COMPUTATIONAL METHODS

Two general techniques are available for computing the exact distribution of the Kruskal-Wallis test statistic.

Procedure 1. The total number of ways of assigning ranks to the k populations is given by the multinomial coefficient

$$C = \frac{N!}{n_1! n_2! \cdots n_k!} \, .$$

An algorithm given by Chase (1970) will generate all C configurations of the ranks. The value of H is calculated for each configuration. Since the number of distinct values of H for given $n_1, n_2, \ldots, n_k$ is relatively small, frequencies of occurrence of the distinct values of H are easily maintained. Division of these frequencies by C gives the required probabilities. This procedure has the advantage of requiring a negligible amount of computer storage, but the disadvantage of requiring a great deal of computer time.

Procedure 2. For fixed sample sizes the distribution of H depends only on R_i, $i = 1, 2, \ldots, k$. Hence, determination of the distribution of the R_i leads to the distribution of H. To explain the technique, we consider the case where $k = 3$. Suppose we have the distribution of the possible rank totals for all combinations of sample sizes where $n_1 + n_2 + n_3 = N - 1$. Now consider the case where $n_1 + n_2 + n_3 = N$, and suppose we have rank totals R_1, R_2 and R_3. We want to find the number of ways of forming these totals with the N ranks available. Note that the rank N can occur in any one (but only one) of the samples. Suppose it occurs in sample S_1. If we omit it, we then have sample sizes $n_1 - 1$, n_2 and n_3 with totals $R_1 - N$, R_2 and R_3, respectively. But we already have the number of ways of forming the totals $R_1 - N$, R_2 and R_3 with sample sizes $n_1 - 1$, n_2 and n_3. Similarly, we have the number of ways of forming the same totals R_1, R_2 and R_3 when the rank N is in sample S_2 or in S_3, and this exhausts all possible cases. We thus have the following recursion formula:

$$(R_1, R_2, R_3) W(n_1, n_2, n_3) = (R_1 - N, R_2, R_3) W(n_1 - 1, n_2, n_3)$$
$$+ (R_1, R_2 - N, R_3) W(n_1, n_2 - 1, n_3)$$
$$+ (R_1, R_2, R_3 - N) W(n_1, n_2, n_3 - 1),$$

where $(R_1, R_2, R_3)W(n_1, n_2, n_3)$ denotes the number of ways of forming the rank totals R_1, R_2 and R_3 with samples of sizes n_1, n_2 and n_3. When the number of ways of forming each possible combination of rank totals has been determined, the H-statistic can then be calculated for each; and, interpreting the number of ways as frequencies, the true distribution of H is thus determined. This procedure has the advantage of requiring less computer time than the first procedure but the disadvantage of requiring enormous amounts of computer storage.

Integer arithmetic should be used in both of the above procedures to determine the frequencies associated with the H-values and the one-time-only division required to convert these frequencies to probabilities should be carried out using double precision. This will avoid any problem with rounding error when generating the tables.

The tables presented below, except for the two cases of $k = 3$ samples with equal sizes $n_1 = n_2 = n_3 = 7$ and 8, were computed at Western Michigan University on a PDP-10 using Procedure 1 as programmed by Iman. All of the distributions for $k = 3$ had previously been independently computed at the University of North Carolina on an IBM 360-75 using Procedure 2 as programmed by Alexander; these were included in part in the tables of Alexander and Quade (1968). The two cases not covered by Iman have been extracted for presentation here, and the others have been checked for discrepancies against Iman's calculations. One misprint in Alexander and Quade (1968) was found -- on page 27, for sample sizes 3, 4, 6, read .05042 for .05942.

Thanks are due to the personnel of the Computing Center of Western Michigan University and to The Upjohn Company, Kalamazoo, Michigan, for aid in computation and formating of the tables.

REFERENCES

Alexander, D. A. and Quade, Dana (1968). On the Kruskal-Wallis three sample H-statistic. (North Carolina) Institute of Statistics Mimeo Series No. 602.

Beyer, W. H. (Ed.) (1966). Handbook of Tables for Probability and Statistics. Chemical Rubber Co.

Chase, P. J. (1970). Permutation of a set with repetition (Algorithm 383). Comm. Assoc. Comput. Mach. 13 368-369.

Conover, W. J. (1971). Practical Nonparametric Statistics. Wiley, New York.

Hollander, M. and Wolfe, D. A. (1973). Nonparametric Statistical Methods. Wiley, New York.

Iman, R. L. and Quade, Dana (1975). New approximations to the exact distribution of the Kruskal-Wallis test statistic. (in preparation)

Kraft, C. H. and Van Eeden, C. (1968). A Nonparametric Introduction to Statistics. MacMillan, New York.

Kruskal, W. H. and Wallis, W. A. (1952). Use of ranks in one-criterion variance analysis. J. Amer. Statis. Assoc. 47 583-621; errata (1953) 48 907-911.

Mosteller, F. and Rourke, R. E. K. (1973). Sturdy Statistics. Addison-Wesley, Reading.

Owen, D. B. (1962). Handbook of Statistical Tables. Addison-Wesley, Reading.

Siegel, S. (1956). Nonparametric Statistics for the Behavioral Sciences. McGraw-Hill, New York.

Wallace, D. L. (1959). Simplified beta-approximations to the Kruskal-Wallis H-test. J. Amer. Statis. Assoc. 54 225-230.

EXACT PROBABILITY LEVELS FOR THE KRUSKAL-WALLIS TEST

The upper 10% of the exact probability distribution of the Kruskal-Wallis test statistic is given for the following cases involving k samples.

$$k = 3, n_i \leq 6$$
$$n_1 = n_2 = n_3 = 7$$
$$n_1 = n_2 = n_3 = 8$$
$$k = 4, n_i \leq 4$$
$$k = 5, n_i \leq 3$$

h	P(H≥h)	h	P(H≥h)	h	P(H≥h)	h	P(H≥h)
2	2	2		4	3	1		4	3	3		4	4	3

h	P(H≥h)	h	P(H≥h)	h	P(H≥h)	h	P(H≥h)
3.714	.20000	3.889	.12857	6.564	.01714	4.598	.09333
4.571	.06667	4.056	.09286	6.664	.01381	4.712	.09022
		4.097	.08571	6.709	.01286	4.750	.08745
3	2	1	4.208	.07857	6.745	.01000	4.894	.08364
		4.764	.07143	7.000	.00619	5.053	.07810
4.286	.10000	5.000	.05714	7.318	.00429	5.144	.07290
		5.208	.05000	7.436	.00238	5.182	.06840
3	2	2	5.389	.03571	8.018	.00143	5.212	.06563
		5.833	.02143			5.295	.06320
4.464	.10476			4	4	1	5.303	.06078
4.500	.06667	4	3	2			5.326	.05801
4.714	.04762			4.067	.10159	5.386	.05385
5.357	.02857	4.444	.10159	4.167	.08254	5.500	.05177
		4.511	.09841	4.267	.06984	5.576	.05074
3	3	1	4.544	.08571	4.800	.06667	5.598	.04866
		4.611	.08254	4.867	.05397	5.667	.04693
4.571	.10000	4.711	.07937	4.967	.04762	5.803	.04485
5.143	.04286	4.811	.07619	5.100	.04127	5.932	.04312
		4.878	.07302	5.667	.03492	5.962	.04139
3	3	2	4.900	.07143	6.000	.02857	6.000	.04000
		4.978	.05873	6.167	.02222	6.045	.03861
4.556	.10000	5.078	.05714	6.667	.00952	6.053	.03481
4.694	.09286	5.144	.05397			6.144	.03203
5.000	.07500	5.378	.05238	4	4	2	6.167	.03065
5.139	.06071	5.400	.05079			6.182	.02961
5.361	.03214	5.444	.04603	4.445	.10286	6.348	.02719
5.556	.02500	5.500	.03968	4.555	.09778	6.386	.02615
6.250	.01071	5.611	.03175	4.582	.09397	6.394	.02476
		5.800	.03016	4.691	.08000	6.409	.02338
3	3	3	6.000	.02381	4.773	.07492	6.417	.02165
		6.111	.02063	4.855	.07111	6.545	.02061
4.622	.10000	6.144	.01429	4.991	.06476	6.659	.02009
5.067	.08571	6.300	.01111	5.127	.05714	6.712	.01905
5.422	.07143	6.444	.00794	5.236	.05206	6.727	.01835
5.600	.05000	7.000	.00476	5.455	.04571	6.962	.01662
5.689	.02857			5.509	.04444	7.000	.01593
5.956	.02500	4	3	3	5.536	.04190	7.053	.01420
6.489	.01071			5.645	.03937	7.076	.01143
7.200	.00357	4.700	.10095	5.727	.03429	7.136	.01074
		4.709	.09238	5.945	.02794	7.144	.00970
4	2	1	4.818	.08476	6.082	.02540	7.212	.00900
		4.845	.08095	6.327	.02413	7.477	.00623
4.018	.11429	5.000	.07429	6.409	.02159	7.598	.00416
4.500	.07619	5.064	.07048	6.545	.02032	7.636	.00381
4.821	.05714	5.109	.06762	6.600	.01651	7.682	.00312
		5.255	.06381	6.627	.01587	7.848	.00294
4	2	2	5.436	.06190	6.873	.01079	8.227	.00156
		5.500	.05619	7.036	.00571	8.326	.00121
4.458	.10000	5.573	.05333	7.282	.00444	8.909	.00052
4.500	.09048	5.727	.05048	7.855	.00190		
5.125	.05238	5.791	.04571			4	4	4
5.333	.03333	5.936	.03619	4	4	3		
5.500	.02381	5.982	.03429			4.500	.10424
6.000	.01429	6.018	.02667	4.477	.10216	4.654	.09662
		6.155	.02476	4.545	.09905	4.769	.09351
		6.300	.02286	4.576	.09714	4.885	.08589

EXACT PROBABILITY LEVELS FOR THE KRUSKAL-WALLIS TEST

4 4 4

h	P(H≥h)
4.962	.08000
5.115	.07411
5.346	.06268
5.538	.05749
5.654	.05455
5.692	.04866
5.808	.04416
6.000	.04035
6.038	.03654
6.269	.03273
6.500	.02996
6.577	.02632
6.615	.02424
6.731	.02147
6.962	.01939
7.038	.01766
7.269	.01593
7.385	.01455
7.423	.01316
7.538	.01074
7.654	.00762
7.731	.00658
8.000	.00485
8.115	.00312
8.346	.00242
8.654	.00139
8.769	.00121
9.269	.00052
9.846	.00017

5 2 1

h	P(H≥h)
4.050	.11905
4.200	.09524
4.450	.07143
5.000	.04762
5.250	.03571

5 2 2

h	P(H≥h)
4.293	.12169
4.373	.08995
4.573	.08466
4.800	.06349
4.893	.06085
5.040	.05556
5.160	.03439
5.693	.02910
6.000	.01852
6.133	.01323
6.533	.00794

5 3 1

h	P(H≥h)
3.840	.12302
4.018	.09524
4.284	.08333
4.338	.07937
4.551	.07540
4.711	.05556
4.871	.05159
4.960	.04762
5.404	.04365
5.440	.03571
5.760	.02778
6.044	.01984
6.400	.01190

5 3 2

h	P(H≥h)
4.495	.10079
4.651	.09127
4.695	.08889
4.724	.08730
4.727	.08492
4.815	.07143
4.869	.06667
4.913	.06349
4.942	.06190
5.076	.05952
5.087	.05317
5.105	.05159
5.251	.04921
5.349	.04603
5.513	.04444
5.524	.04286
5.542	.04127
5.727	.03651
5.742	.03413
5.785	.03333
5.804	.03254
5.949	.02619
6.004	.02460
6.033	.02381
6.091	.02063
6.124	.01984
6.295	.01667
6.385	.01587
6.415	.01508
6.818	.01190
6.822	.01032
6.909	.00873
6.949	.00556
7.182	.00397
7.636	.00238

5 3 3

h	P(H≥h)
4.412	.10909
4.533	.09697
4.679	.09351
4.776	.09004
4.800	.08658
4.848	.08528
4.861	.08182
4.909	.07922
5.042	.07749
5.079	.06926
5.103	.06710
5.212	.06494
5.261	.06234
5.345	.05758
5.442	.05498
5.503	.05325
5.515	.05065
5.648	.04892
5.770	.04675
5.867	.04156
6.012	.03983
6.061	.03290
6.109	.03203
6.194	.02684
6.303	.02554
6.315	.02121
6.376	.02035
6.533	.01905
6.594	.01861
6.715	.01385
6.776	.01299
6.861	.01212
6.982	.01126
7.079	.00866
7.333	.00779
7.467	.00758
7.503	.00584
7.515	.00541
7.636	.00411
7.879	.00281
8.048	.00195
8.242	.00108
8.727	.00065

5 4 1

h	P(H≥h)
3.960	.10159
3.987	.09841
4.205	.09524
4.222	.08730
4.287	.07143
4.549	.06667
4.636	.06349
4.724	.06032
4.833	.05873
4.860	.05556
4.985	.04444
5.078	.04127
5.160	.03810
5.515	.03651
5.558	.03492
5.596	.03333
5.733	.02698
5.776	.02540
5.858	.02381
5.864	.02222
5.967	.02063
6.431	.01905
6.578	.01587
6.818	.01270
6.840	.01111
6.955	.00794
7.364	.00476

5 4 2

h	P(H≥h)
4.518	.10072
4.541	.09841
4.614	.09004
4.664	.08831
4.768	.07937
4.791	.07792
4.800	.07561
4.818	.07417
4.841	.07244
4.868	.07100
4.950	.06263
5.073	.06147
5.155	.05916
5.164	.05310
5.255	.05195
5.268	.05051
5.273	.04877
5.300	.04762
5.314	.04618
5.414	.04502
5.518	.04271
5.523	.04156
5.564	.03810
5.641	.03694
5.664	.03608
5.755	.03492
5.823	.03377
5.891	.03203
5.955	.03030
5.973	.02915
6.005	.02626
6.041	.02540
6.068	.02482
6.118	.02395
6.141	.02280
6.223	.02193
6.368	.02136
6.391	.02078
6.473	.02020
6.505	.01962

h	P(H≥h)		h	P(H≥h)		h	P(H≥h)		h	P(H≥h)	
5	4	2	5	4	3	5	4	3	5	4	4
6.541	.01732		5.619	.05115		7.568	.00722		5.476	.05741	
6.550	.01674		5.631	.05036		7.641	.00707		5.486	.05617	
6.564	.01616		5.656	.04863		7.708	.00635		5.489	.05550	
6.655	.01558		5.660	.04791		7.753	.00613		5.519	.05426	
6.723	.01501		5.677	.04719		7.810	.00599		5.568	.05195	
6.905	.01385		5.718	.04574		7.876	.00584		5.571	.05084	
6.914	.01328		5.722	.04502		7.887	.00570		5.618	.05031	
7.000	.01299		5.753	.04430		7.906	.00512		5.657	.04906	
7.018	.01212		5.779	.04300		7.927	.00498		5.687	.04773	
7.064	.01183		5.804	.04113		8.029	.00455		5.756	.04658	
7.118	.01010		5.814	.04033		8.060	.00440		5.782	.04555	
7.205	.00895		5.862	.03961		8.077	.00426		5.815	.04458	
7.255	.00866		5.876	.03889		8.118	.00390		5.819	.04342	
7.291	.00750		5.964	.03831		8.122	.00375		5.914	.04245	
7.450	.00722		6.026	.03773		8.215	.00317		6.003	.04151	
7.500	.00693		6.029	.03716		8.256	.00274		6.013	.04063	
7.568	.00606		6.060	.03658		8.429	.00216		6.030	.03965	
7.573	.00491		6.087	.03550		8.446	.00209		6.096	.03867	
7.773	.00375		6.164	.03492		8.481	.00180		6.119	.03783	
7.814	.00260		6.173	.03369		8.503	.00137		6.132	.03694	
8.018	.00202		6.231	.03312		8.573	.00130		6.201	.03601	
8.114	.00144		6.265	.03167		8.626	.00123		6.214	.03357	
8.591	.00087		6.272	.03009		8.795	.00094		6.227	.03263	
			6.337	.02951		9.035	.00065		6.267	.03183	
5	4	3	6.368	.02900		9.118	.00051		6.310	.03108	
			6.369	.02864		9.199	.00036		6.343	.02957	
4.523	.10332		6.395	.02597		9.692	.00022		6.382	.02877	
4.549	.09892		6.410	.02496					6.399	.02802	
4.564	.09747		6.491	.02453		5	4	4	6.462	.02731	
4.645	.09466		6.522	.02367					6.544	.02686	
4.676	.09329		6.542	.02330		4.619	.10003		6.547	.02620	
4.754	.09076		6.579	.02078		4.668	.09817		6.597	.02557	
4.788	.08939		6.635	.02035		4.685	.09608		6.673	.02429	
4.810	.08831		6.676	.01991		4.701	.09417		6.676	.02353	
4.829	.08326		6.703	.01912		4.711	.09244		6.804	.02291	
4.856	.08225		6.779	.01869		4.727	.09053		6.860	.02229	
4.881	.08102		6.785	.01789		4.747	.08880		6.870	.02180	
4.891	.07763		6.799	.01631		4.760	.08782		6.887	.02122	
4.938	.07540		6.829	.01595		4.813	.08587		6.890	.02073	
4.953	.07424		6.891	.01537		4.830	.08392		6.943	.02029	
4.983	.07330		7.004	.01508		4.833	.08232		6.953	.01958	
5.041	.07229		7.010	.01472		4.896	.08076		6.976	.01851	
5.045	.07121		7.096	.01443		4.975	.07739		7.058	.01794	
5.106	.07013		7.106	.01356		5.014	.07575		7.075	.01749	
5.137	.06825		7.188	.01299		5.024	.07428		7.101	.01661	
5.158	.06732		7.195	.01241		5.027	.07264		7.124	.01612	
5.179	.06530		7.256	.01212		5.090	.07108		7.190	.01567	
5.291	.06320		7.260	.01183		5.173	.06935		7.203	.01518	
5.308	.06241		7.272	.01162		5.196	.06793		7.233	.01474	
5.342	.06140		7.291	.01133		5.225	.06633		7.240	.01439	
5.349	.06061		7.318	.01111		5.344	.06496		7.256	.01390	
5.353	.05880		7.395	.01089		5.360	.06349		7.418	.01354	
5.414	.05808		7.445	.00974		5.370	.06225		7.467	.01336	
5.426	.05657		7.465	.00952		5.387	.06101		7.470	.01301	
5.549	.05390		7.477	.00931		5.410	.05985		7.497	.01265	
5.568	.05245		7.523	.00743		5.440	.05861		7.503	.01234	

EXACT PROBABILITY LEVELS FOR THE KRUSKAL-WALLIS TEST

h			P(H≥h)	h			P(H≥h)	h			P(H≥h)	h			P(H≥h)
5	4	4		5	5	1		5	5	2		5	5	3	
7.586			.01194	5.782			.02742	7.762			.00673	6.488			.02542
7.596			.01163	6.000			.02165	7.923			.00625	6.549			.02436
7.714			.01128	6.145			.01876	8.008			.00601	6.593			.02381
7.744			.01074	6.509			.01804	8.077			.00553	6.655			.02220
7.760			.00946	6.545			.01515	8.131			.00481	6.734			.02159
7.767			.00924	6.582			.01371	8.169			.00337	6.752			.02092
7.797			.00888	6.727			.01227	8.292			.00313	6.866			.01901
7.810			.00861	6.836			.01082	8.377			.00216	6.892			.01845
7.833			.00835	7.309			.00938	8.562			.00204	6.945			.01795
7.942			.00737	7.527			.00794	8.685			.00108	6.963			.01684
7.981			.00684	7.745			.00505	8.938			.00084	6.998			.01546
8.047			.00604	8.182			.00216	9.423			.00036	7.051			.01490
8.113			.00582									7.121			.01440
8.130			.00559	5	5	2		5	5	3		7.209			.01385
8.140			.00537									7.226			.01246
8.156			.00515	4.508			.10017	4.536			.10198	7.288			.01185
8.189			.00497	4.623			.09704	4.545			.09965	7.305			.01152
8.403			.00426	4.685			.09223	4.571			.09771	7.314			.01107
8.440			.00408	4.754			.08381	4.695			.09360	7.437			.01063
8.456			.00400	4.808			.08117	4.774			.09155	7.543			.01018
8.525			.00346	4.846			.07299	4.826			.08949	7.578			.00968
8.558			.00333	4.877			.06842	4.835			.08777	7.622			.00930
8.571			.00315	4.992			.06602	4.888			.08239	7.736			.00913
8.575			.00297	5.054			.06000	4.914			.07878	7.763			.00785
8.604			.00284	5.177			.05736	4.941			.07723	7.780			.00758
8.703			.00253	5.238			.05447	4.993			.07545	7.859			.00730
8.733			.00222	5.246			.05111	5.020			.07201	7.895			.00697
8.782			.00209	5.338			.04726	5.064			.07046	7.912			.00669
8.868			.00164	5.546			.04533	5.152			.06713	8.026			.00597
8.997			.00142	5.585			.04101	5.169			.06546	8.079			.00574
9.053			.00133	5.608			.03956	5.222			.06471	8.105			.00552
9.099			.00124	5.615			.03860	5.284			.06310	8.237			.00530
9.129			.00102	5.708			.03716	5.363			.06188	8.264			.00513
9.168			.00093	5.731			.03571	5.407			.05894	8.316			.00491
9.396			.00067	5.792			.03187	5.486			.05750	8.334			.00469
9.527			.00053	5.915			.03042	5.495			.05622	8.545			.00419
9.590			.00051	5.985			.02826	5.521			.05495	8.571			.00411
9.613			.00047	6.077			.02706	5.574			.05250	8.580			.00394
9.758			.00029	6.231			.02609	5.600			.05134	8.651			.00327
10.118			.00020	6.346			.02489	5.626			.05084	8.659			.00261
10.187			.00011	6.354			.02056	5.705			.04612	8.791			.00250
10.681			.00007	6.446			.01960	5.802			.04518	8.809			.00183
				6.469			.01864	5.837			.04168	8.949			.00167
5	5	1		6.654			.01708	5.934			.03957	9.002			.00155
				6.692			.01611	5.943			.03907	9.055			.00111
4.036			.10462	6.815			.01515	6.022			.03802	9.284			.00100
4.109			.08586	6.838			.01443	6.048			.03724	9.336			.00067
4.182			.08153	6.969			.01323	6.198			.03530	9.398			.00056
4.400			.07576	7.023			.01251	6.207			.03447	9.521			.00050
4.545			.07359	7.185			.01154	6.251			.03363	9.635			.00047
4.800			.05628	7.208			.01106	6.259			.03269	9.916			.00025
4.909			.05339	7.269			.01034	6.286			.03125	10.057			.00019
5.127			.04618	7.338			.00962	6.312			.03047	10.549			.00008
5.236			.03896	7.392			.00914	6.365			.02958				
5.636			.03319	7.462			.00818	6.391			.02797				
5.709			.03030	7.577			.00722	6.435			.02731				

h	P(H≥h)	h	P(H≥h)	h	P(H≥h)	h	P(H≥h)
5 5 4		5 5 4		5 5 4		5 5 5	
4.520	.10093	6.406	.03053	8.280	.00621	4.940	.08067
4.523	.09935	6.440	.02988	8.340	.00578	5.040	.07461
4.531	.09785	6.451	.02926	8.363	.00564	5.120	.07179
4.591	.09617	6.486	.02865	8.371	.00548	5.180	.07039
4.611	.09473	6.531	.02809	8.386	.00532	5.360	.06495
4.660	.09311	6.543	.02754	8.431	.00518	5.420	.06259
4.706	.09172	6.603	.02697	8.463	.00502	5.460	.06015
4.806	.08894	6.623	.02644	8.523	.00480	5.540	.05539
4.843	.08825	6.626	.02593	8.543	.00467	5.580	.05312
4.851	.08558	6.671	.02543	8.546	.00440	5.660	.05092
4.866	.08419	6.760	.02490	8.683	.00427	5.780	.04878
4.886	.08293	6.763	.02443	8.691	.00418	5.820	.04775
4.911	.07894	6.771	.02398	8.726	.00381	5.840	.04580
4.943	.07765	6.786	.02300	8.751	.00368	6.000	.04398
4.980	.07637	6.806	.02210	8.771	.00357	6.020	.04312
5.023	.07512	6.831	.02165	8.966	.00344	6.080	.03963
5.071	.07383	6.900	.02122	8.980	.00330	6.140	.03800
5.126	.07267	6.943	.02040	9.000	.00322	6.180	.03640
5.163	.07020	7.000	.01910	9.011	.00293	6.260	.03480
5.171	.06911	7.046	.01889	9.026	.00284	6.320	.03326
5.186	.06785	7.080	.01847	9.071	.00249	6.480	.03182
5.206	.06673	7.106	.01806	9.103	.00232	6.500	.03118
5.231	.06552	7.171	.01770	9.163	.00197	6.540	.02981
5.263	.06446	7.183	.01733	9.231	.00189	6.620	.02846
5.323	.06327	7.220	.01690	9.286	.00160	6.660	.02718
5.400	.06122	7.243	.01676	9.323	.00141	6.720	.02593
5.446	.05905	7.266	.01578	9.411	.00135	6.740	.02475
5.460	.05807	7.311	.01543	9.503	.00109	6.860	.02356
5.483	.05715	7.320	.01516	9.506	.00103	6.980	.02141
5.491	.05621	7.426	.01484	9.606	.00098	7.020	.02038
5.526	.05576	7.446	.01424	9.643	.00095	7.220	.01935
5.571	.05486	7.471	.01394	9.651	.00071	7.260	.01799
5.583	.05205	7.491	.01364	9.686	.00063	7.280	.01759
5.620	.05102	7.503	.01302	9.926	.00059	7.340	.01598
5.643	.05016	7.563	.01269	9.986	.00043	7.440	.01521
5.666	.04931	7.586	.01238	10.051	.00040	7.460	.01450
5.711	.04845	7.631	.01161	10.063	.00036	7.580	.01371
5.780	.04761	7.640	.01134	10.100	.00032	7.620	.01304
5.803	.04721	7.686	.01102	10.260	.00029	7.740	.01233
5.811	.04642	7.720	.01074	10.511	.00019	7.760	.01168
5.871	.04473	7.766	.01047	10.520	.00017	7.940	.01109
5.903	.04322	7.791	.01021	10.566	.00014	7.980	.01054
5.963	.04241	7.823	.00978	10.646	.00013	8.000	.00946
5.983	.04173	7.860	.00965	11.023	.00007	8.060	.00918
5.986	.04094	7.903	.00941	11.083	.00006	8.180	.00813
6.031	.04022	7.906	.00919	11.571	.00002	8.240	.00766
6.086	.03951	8.006	.00897			8.340	.00725
6.100	.03797	8.043	.00865	5 5 5		8.420	.00682
6.123	.03729	8.051	.00849			8.540	.00639
6.146	.03661	8.066	.00819	4.500	.10150	8.640	.00568
6.166	.03527	8.086	.00798	4.560	.09952	8.660	.00553
6.211	.03458	8.131	.00776	4.580	.09582	8.720	.00523
6.223	.03388	8.143	.00757	4.740	.09211	8.780	.00496
6.283	.03355	8.223	.00687	4.820	.08863	8.820	.00466
6.303	.03291	8.226	.00670	4.860	.08530	8.880	.00423
6.351	.03229	8.271	.00654	4.880	.08373	8.960	.00396

EXACT PROBABILITY LEVELS FOR THE KRUSKAL-WALLIS TEST

h	P(H≥h)	h	P(H≥h)	h	P(H≥h)	h	P(H≥h)
5 5 5		6 3 1		6 3 2		6 3 3	
9.060	.00374	3.818	.11905	7.045	.00693	8.628	.00141
9.140	.00349	3.909	.09524	7.409	.00649	8.692	.00097
9.260	.00328	3.964	.09048	7.500	.00563	8.936	.00054
9.360	.00308	4.127	.08571	7.515	.00476	9.346	.00032
9.380	.00292	4.418	.08333	7.576	.00390		
9.420	.00241	4.545	.06429	7.803	.00216	6 4 1	
9.500	.00211	4.691	.06190	8.182	.00130		
9.620	.00182	4.782	.05238			3.864	.10996
9.680	.00143	4.855	.05000	6 3 3		4.038	.09437
9.740	.00136	5.127	.04762			4.106	.09177
9.780	.00122	5.273	.03571	4.538	.10335	4.197	.08831
9.920	.00100	5.509	.03333	4.590	.09773	4.273	.08571
9.980	.00090	5.582	.03095	4.628	.09491	4.341	.08139
10.140	.00073	5.727	.02857	4.731	.09037	4.356	.07879
10.220	.00063	5.855	.02619	4.795	.08193	4.402	.06667
10.260	.00049	5.945	.02143	4.949	.07695	4.538	.06320
10.500	.00041	6.236	.01667	5.038	.07478	4.583	.06061
10.580	.00030	6.582	.01190	5.141	.06981	4.818	.05887
10.640	.00027	6.873	.00714	5.154	.06786	4.841	.05714
10.820	.00022			5.244	.06331	4.924	.05541
11.060	.00014	6 3 2		5.346	.06115	4.947	.04675
11.180	.00011			5.359	.05768	5.023	.04416
11.520	.00006	4.545	.10087	5.410	.05422	5.091	.04242
11.580	.00006	4.682	.08528	5.449	.05271	5.152	.03983
12.020	.00002	4.742	.07922	5.551	.05119	5.197	.03810
12.500	.00001	4.803	.07662	5.615	.04968	5.318	.03636
		4.848	.07489	5.654	.04665	5.455	.03463
6 1 1		4.909	.07186	5.756	.04394	5.568	.03377
		5.015	.06061	5.779	.04221	5.652	.02857
4.083	.10714	5.045	.05887	5.821	.04026	5.674	.02684
		5.076	.05628	5.859	.03896	5.697	.02597
6 2 1		5.136	.05498	5.974	.03766	5.856	.02424
		5.167	.05368	6.064	.03636	5.924	.02251
3.822	.12698	5.227	.05195	6.179	.03398	6.038	.02165
4.200	.09524	5.348	.04632	6.231	.03312	6.114	.02078
4.289	.08730	5.379	.04502	6.269	.02879	6.174	.01991
4.356	.07937	5.394	.04372	6.385	.02532	6.288	.01905
4.622	.06349	5.500	.04069	6.436	.02229	6.402	.01558
4.822	.04762	5.576	.03983	6.577	.02143	6.523	.01472
5.400	.03175	5.636	.03896	6.590	.01645	6.538	.01385
5.600	.02381	5.682	.03420	6.679	.01558	6.606	.01299
		5.742	.03247	6.782	.01472	6.697	.01212
6 2 2		5.879	.03117	6.846	.01429	7.000	.01126
		5.894	.02987	6.885	.01212	7.083	.01039
4.436	.10794	6.000	.02900	7.051	.01061	7.106	.00866
4.545	.08889	6.061	.02554	7.192	.01017	7.424	.00693
4.655	.08571	6.136	.02294	7.410	.00779	7.500	.00519
4.982	.05397	6.227	.01948	7.462	.00714	7.614	.00433
5.018	.05079	6.242	.01861	7.603	.00649	7.955	.00260
5.345	.03810	6.409	.01602	7.615	.00606		
5.527	.03651	6.545	.01558	7.872	.00433	6 4 2	
5.745	.02063	6.561	.01342	8.013	.00390		
6.182	.01746	6.682	.01255	8.115	.00379	4.436	.10361
6.545	.01111	6.712	.01169	8.231	.00292	4.494	.09986
6.655	.00794	6.727	.01126	8.321	.00271	4.615	.09812
6.982	.00476	6.970	.00909	8.423	.00206	4.647	.09004

h	P(H≥h)	h	P(H≥h)	h	P(H≥h)	h	P(H≥h)
6 4 2		6 4 2		6 4 3		6 4 3	
4.673	.08413	8.051	.00375	5.654	.04809	7.247	.01222
4.744	.08268	8.186	.00361	5.670	.04649	7.319	.01202
4.878	.07547	8.205	.00346	5.725	.04599	7.324	.01179
4.904	.07446	8.308	.00289	5.753	.04532	7.368	.01159
4.955	.06753	8.365	.00245	5.758	.04472	7.396	.01136
4.974	.06638	8.494	.00188	5.786	.04422	7.418	.01109
5.032	.06407	8.538	.00159	5.797	.04309	7.467	.01006
5.051	.06205	8.667	.00101	5.885	.04259	7.500	.00966
5.109	.05974	8.827	.00072	5.901	.04049	7.538	.00929
5.128	.05830	9.231	.00043	5.918	.03993	7.544	.00912
5.135	.05325			5.956	.03903	7.560	.00892
5.186	.05108	6 4 3		5.962	.03859	7.599	.00872
5.263	.05022			5.989	.03756	7.632	.00859
5.340	.04906	4.599	.10220	6.011	.03696	7.681	.00846
5.417	.04805	4.604	.09997	6.099	.03643	7.687	.00826
5.436	.04430	4.615	.09890	6.110	.03493	7.714	.00809
5.494	.04170	4.643	.09584	6.132	.03447	7.747	.00783
5.590	.04084	4.654	.09494	6.154	.03360	7.775	.00709
5.596	.03997	4.670	.09391	6.181	.03317	7.819	.00669
5.667	.03911	4.681	.09184	6.187	.03150	7.846	.00656
5.769	.03636	4.687	.09088	6.242	.03104	7.868	.00609
5.801	.03146	4.725	.08988	6.253	.03057	7.940	.00596
5.827	.03088	4.742	.08881	6.275	.03007	8.011	.00566
5.974	.02929	4.747	.08781	6.313	.02964	8.027	.00519
6.000	.02785	4.758	.08678	6.330	.02927	8.033	.00496
6.032	.02597	4.819	.08575	6.401	.02887	8.132	.00483
6.109	.02511	4.830	.08485	6.429	.02854	8.170	.00473
6.186	.02453	4.846	.08388	6.440	.02751	8.176	.00460
6.282	.02280	4.857	.08075	6.456	.02704	8.187	.00446
6.288	.02165	4.868	.07969	6.462	.02597	8.203	.00413
6.494	.02049	4.901	.07869	6.500	.02534	8.242	.00403
6.519	.02006	4.918	.07782	6.538	.02498	8.258	.00356
6.571	.01962	4.962	.07689	6.544	.02351	8.275	.00346
6.590	.01833	5.033	.07443	6.604	.02281	8.346	.00333
6.647	.01775	5.038	.07353	6.615	.02244	8.385	.00326
6.667	.01732	5.044	.07263	6.632	.02211	8.390	.00316
6.692	.01530	5.082	.06986	6.676	.02181	8.418	.00306
6.724	.01385	5.110	.06830	6.714	.02018	8.538	.00293
6.750	.01342	5.170	.06657	6.725	.01985	8.571	.00266
6.878	.01299	5.225	.06573	6.753	.01928	8.615	.00260
6.974	.01227	5.253	.06424	6.797	.01891	8.654	.00250
7.032	.01169	5.275	.06354	6.813	.01865	8.687	.00216
7.205	.01140	5.286	.06284	6.868	.01805	8.819	.00210
7.212	.01082	5.313	.06194	6.885	.01718	8.901	.00203
7.340	.00967	5.346	.06121	6.896	.01692	8.918	.00183
7.385	.00938	5.357	.06054	6.940	.01642	8.967	.00176
7.417	.00880	5.385	.05927	6.956	.01618	9.000	.00170
7.436	.00823	5.390	.05784	6.973	.01585	9.038	.00153
7.513	.00707	5.396	.05651	7.027	.01505	9.154	.00127
7.571	.00678	5.401	.05574	7.033	.01479	9.170	.00100
7.590	.00649	5.462	.05508	7.060	.01452	9.176	.00097
7.647	.00563	5.489	.05431	7.104	.01429	9.297	.00083
7.724	.00548	5.538	.05245	7.115	.01409	9.330	.00080
7.821	.00519	5.571	.05108	7.143	.01322	9.346	.00067
7.846	.00447	5.604	.05042	7.154	.01295	9.357	.00047
7.904	.00390	5.610	.04862	7.187	.01242	9.615	.00043

EXACT PROBABILITY LEVELS FOR THE KRUSKAL-WALLIS TEST

h	P(H≥h)	h	P(H≥h)	h	P(H≥h)	h	P(H≥h)
6 4 3		6 4 4		6 4 4		6 5 1	
9.753	.00030	6.367	.03208	8.557	.00388	5.336	.04040
9.824	.00023	6.424	.03149	8.595	.00375	5.359	.03932
9.962	.00017	6.429	.03027	8.767	.00325	5.400	.03427
10.385	.00010	6.481	.02944	8.781	.00314	5.459	.03247
		6.495	.02889	8.824	.00299	5.562	.03066
6 4 4		6.514	.02761	8.857	.00285	5.574	.02958
		6.557	.02704	8.881	.00251	5.728	.02886
4.524	.10312	6.581	.02651	8.900	.00240	5.767	.02778
4.595	.09847	6.595	.02599	8.957	.00230	5.769	.02706
4.614	.09549	6.667	.02495	8.981	.00221	5.862	.02633
4.667	.09240	6.695	.02413	8.995	.00213	5.951	.02453
4.714	.09082	6.724	.02316	9.095	.00202	6.074	.02092
4.724	.08808	6.781	.02264	9.167	.00192	6.138	.01984
4.824	.08650	6.800	.02211	9.257	.00160	6.344	.01804
4.829	.08515	6.824	.02154	9.324	.00156	6.382	.01732
4.881	.08448	6.881	.02108	9.395	.00150	6.485	.01659
4.895	.08060	6.900	.01977	9.414	.00143	6.567	.01587
4.957	.07911	6.924	.01935	9.467	.00137	6.600	.01515
4.981	.07780	7.014	.01893	9.524	.00129	6.628	.01263
4.995	.07656	7.029	.01850	9.600	.00110	6.690	.01190
5.095	.07532	7.124	.01806	9.629	.00103	6.805	.01154
5.124	.07304	7.224	.01726	9.681	.00089	6.874	.01082
5.129	.07173	7.229	.01655	9.714	.00084	6.997	.01010
5.167	.07047	7.267	.01587	9.795	.00070	7.182	.00974
5.181	.06809	7.281	.01558	9.857	.00067	7.246	.00938
5.224	.06676	7.314	.01496	9.895	.00057	7.297	.00902
5.257	.06558	7.357	.01474	9.929	.00053	7.305	.00866
5.281	.06431	7.381	.01413	10.024	.00042	7.421	.00722
5.295	.06313	7.395	.01323	10.057	.00038	7.451	.00685
5.357	.06199	7.414	.01293	10.314	.00029	7.490	.00649
5.395	.05995	7.495	.01261	10.381	.00022	7.574	.00613
5.400	.05788	7.529	.01236	10.424	.00014	7.592	.00577
5.429	.05736	7.581	.01181	10.629	.00012	7.667	.00541
5.514	.05510	7.624	.01150	10.881	.00009	8.067	.00505
5.581	.05411	7.681	.01124	11.000	.00005	8.077	.00433
5.600	.05306	7.695	.01101	11.429	.00003	8.167	.00397
5.624	.05254	7.700	.01068			8.331	.00325
5.657	.05151	7.714	.01040	6 5 1		8.436	.00253
5.667	.05052	7.724	.01011			8.515	.00180
5.681	.04881	7.795	.00990	3.921	.10426	8.885	.00108
5.781	.04793	7.914	.00964	4.128	.09271		
5.795	.04713	7.929	.00945	4.167	.09091	6 5 2	
5.814	.04633	7.967	.00903	4.221	.08874		
5.857	.04464	8.000	.00886	4.269	.08550	4.475	.10046
5.867	.04304	8.024	.00852	4.344	.08009	4.596	.09807
5.895	.04207	8.067	.00791	4.374	.06962	4.613	.09707
5.967	.04131	8.081	.00758	4.385	.06782	4.615	.09596
6.024	.04059	8.095	.00739	4.497	.06566	4.640	.09357
6.081	.03771	8.181	.00654	4.590	.06349	4.668	.09241
6.095	.03703	8.195	.00633	4.782	.06205	4.714	.08958
6.114	.03623	8.214	.00617	4.823	.05952	4.727	.08780
6.124	.03543	8.257	.00543	4.836	.05087	4.738	.08675
6.157	.03477	8.324	.00519	4.990	.04726	4.811	.07842
6.195	.03400	8.381	.00480	5.028	.04618	4.824	.07509
6.200	.03334	8.495	.00430	5.090	.04293	4.833	.07420
6.329	.03267	8.524	.00415	5.151	.04185	4.846	.07332

h	P(H≥h)		h	P(H≥h)		h	P(H≥h)		h	P(H≥h)	
6	5	2	6	5	2	6	5	2	6	5	3
4.890	.07237		6.987	.01371		9.738	.00028		5.808	.04574	
4.903	.07132		6.989	.01349		10.154	.00017		5.829	.04529	
4.932	.07032		7.042	.01321					5.830	.04350	
4.956	.06494		7.068	.01260		6	5	3	5.869	.04315	
5.044	.06416		7.119	.01210					5.874	.04198	
5.075	.06327		7.132	.01182		4.497	.10022		5.884	.04117	
5.090	.06205		7.185	.01104		4.535	.09932		5.950	.04070	
5.101	.06022		7.218	.01071		4.550	.09838		5.960	.03996	
5.154	.05744		7.299	.01016		4.564	.09757		5.981	.03922	
5.229	.05556		7.376	.00982		4.589	.09665		6.021	.03840	
5.233	.05467		7.382	.00955		4.640	.09502		6.029	.03803	
5.240	.05384		7.404	.00932		4.655	.09259		6.067	.03766	
5.273	.05234		7.462	.00916		4.695	.09006		6.074	.03724	
5.286	.05150		7.481	.00894		4.762	.08921		6.088	.03657	
5.319	.05056		7.640	.00821		4.802	.08838		6.097	.03546	
5.338	.04729		7.646	.00744		4.808	.08766		6.135	.03439	
5.440	.04662		7.673	.00727		4.817	.08695		6.150	.03401	
5.486	.04595		7.701	.00705		4.840	.08540		6.164	.03363	
5.497	.04529		7.738	.00688		4.855	.08402		6.189	.03326	
5.530	.04446		7.760	.00672		4.869	.08333		6.227	.03293	
5.585	.04135		7.804	.00655		4.884	.08031		6.240	.03261	
5.615	.03924		7.833	.00638		4.893	.07878		6.255	.03122	
5.618	.03857		7.870	.00599		4.924	.07814		6.257	.03085	
5.624	.03757		7.910	.00583		4.954	.07747		6.288	.03028	
5.662	.03691		7.956	.00566		5.008	.07547		6.362	.02997	
5.767	.03513		7.958	.00544		5.021	.07479		6.364	.02964	
5.813	.03452		8.068	.00527		5.069	.07406		6.402	.02895	
5.881	.03397		8.167	.00516		5.084	.07277		6.408	.02863	
5.899	.03269		8.187	.00505		5.097	.07139		6.417	.02792	
5.932	.03030		8.196	.00488		5.114	.06944		6.448	.02766	
5.958	.02980		8.200	.00455		5.122	.06816		6.469	.02741	
6.033	.02925		8.240	.00444		5.173	.06748		6.590	.02654	
6.057	.02853		8.273	.00427		5.189	.06680		6.600	.02626	
6.099	.02753		8.299	.00405		5.190	.06499		6.621	.02561	
6.110	.02697		8.332	.00394		5.267	.06436		6.667	.02452	
6.130	.02636		8.354	.00383		5.274	.06370		6.669	.02425	
6.189	.02570		8.404	.00372		5.297	.06256		6.684	.02369	
6.196	.02481		8.503	.00361		5.335	.06083		6.697	.02298	
6.218	.02442		8.530	.00350		5.341	.06025		6.707	.02224	
6.262	.02392		8.571	.00339		5.402	.05962		6.714	.02199	
6.275	.02214		8.615	.00316		5.417	.05907		6.722	.02172	
6.327	.02176		8.662	.00283		5.448	.05678		6.760	.02151	
6.354	.02137		8.727	.00272		5.457	.05516		6.789	.02101	
6.415	.02092		8.747	.00266		5.493	.05467		6.829	.01904	
6.525	.02054		8.800	.00233		5.495	.05412		6.874	.01879	
6.538	.02009		8.947	.00205		5.524	.05364		6.897	.01835	
6.585	.01970		8.967	.00200		5.541	.05313		6.935	.01786	
6.613	.01837		9.000	.00178		5.554	.05265		6.941	.01727	
6.646	.01798		9.011	.00161		5.600	.05001		6.981	.01678	
6.657	.01765		9.046	.00155		5.602	.04956		6.989	.01657	
6.673	.01732		9.185	.00122		5.617	.04903		7.002	.01639	
6.690	.01587		9.189	.00100		5.630	.04857		7.017	.01615	
6.771	.01537		9.275	.00094		5.640	.04808		7.124	.01558	
6.811	.01499		9.415	.00072		5.648	.04706		7.154	.01481	
6.824	.01465		9.453	.00050		5.722	.04658		7.217	.01418	
6.954	.01432		9.670	.00039		5.762	.04614		7.230	.01381	

EXACT PROBABILITY LEVELS FOR THE KRUSKAL-WALLIS TEST

h	P(H≥h)	h	P(H≥h)	h	P(H≥h)	h	P(H≥h)
6 5 3		6 5 3		6 5 4		6 5 4	
7.255	.01338	8.954	.00285	4.698	.09152	5.548	.05549
7.322	.01318	9.000	.00279	4.702	.09089	5.556	.05507
7.354	.01303	9.008	.00270	4.708	.08912	5.561	.05433
7.362	.01211	9.028	.00265	4.747	.08787	5.573	.05396
7.408	.01193	9.031	.00246	4.773	.08729	5.583	.05360
7.429	.01177	9.069	.00241	4.781	.08669	5.602	.05282
7.430	.01143	9.074	.00237	4.815	.08613	5.610	.05210
7.474	.01126	9.114	.00228	4.860	.08555	5.618	.05170
7.484	.01079	9.122	.00207	4.861	.08444	5.636	.05131
7.522	.01062	9.135	.00203	4.873	.08392	5.647	.05096
7.550	.01032	9.150	.00187	4.890	.08283	5.656	.05061
7.560	.01016	9.257	.00182	4.898	.08231	5.661	.04991
7.590	.00999	9.274	.00161	4.927	.08175	5.668	.04957
7.621	.00984	9.335	.00156	4.936	.08073	5.681	.04917
7.627	.00967	9.364	.00151	4.948	.08023	5.685	.04882
7.674	.00913	9.455	.00147	4.956	.07968	5.708	.04846
7.697	.00885	9.457	.00144	4.961	.07868	5.736	.04769
7.733	.00861	9.488	.00132	4.965	.07819	5.743	.04735
7.750	.00849	9.541	.00130	4.981	.07763	5.756	.04702
7.764	.00836	9.608	.00126	5.018	.07664	5.760	.04670
7.789	.00808	9.617	.00112	5.021	.07612	5.773	.04633
7.855	.00771	9.669	.00100	5.023	.07513	5.790	.04600
7.933	.00756	9.714	.00083	5.036	.07463	5.818	.04563
7.941	.00744	9.754	.00074	5.043	.07415	5.823	.04528
8.002	.00716	9.790	.00071	5.061	.07364	5.843	.04495
8.008	.00704	9.869	.00059	5.063	.07314	5.856	.04459
8.069	.00692	9.897	.00057	5.068	.07119	5.896	.04428
8.084	.00668	9.960	.00055	5.073	.07067	5.936	.04367
8.093	.00655	9.973	.00052	5.085	.07020	5.940	.04337
8.114	.00645	10.029	.00043	5.122	.06968	5.948	.04275
8.154	.00624	10.141	.00036	5.136	.06922	5.981	.04209
8.160	.00617	10.202	.00031	5.148	.06874	6.000	.04179
8.221	.00576	10.217	.00030	5.161	.06824	6.015	.04149
8.230	.00554	10.257	.00023	5.181	.06732	6.021	.04116
8.269	.00536	10.364	.00021	5.193	.06688	6.022	.04030
8.284	.00528	10.400	.00020	5.227	.06640	6.068	.04000
8.297	.00519	10.522	.00015	5.261	.06596	6.083	.03971
8.314	.00477	10.707	.00011	5.281	.06510	6.093	.03914
8.373	.00467	10.829	.00008	5.298	.06467	6.098	.03887
8.389	.00459	10.888	.00006	5.310	.06377	6.128	.03856
8.421	.00440	11.314	.00004	5.333	.06290	6.135	.03801
8.495	.00433			5.336	.06246	6.143	.03771
8.535	.00423	6 5 4		5.340	.06205	6.156	.03712
8.573	.00416			5.381	.06163	6.161	.03686
8.589	.00410	4.500	.10111	5.415	.06121	6.165	.03660
8.602	.00396	4.522	.09974	5.418	.06077	6.181	.03631
8.617	.00389	4.536	.09843	5.422	.06035	6.188	.03605
8.688	.00367	4.548	.09779	5.423	.05995	6.202	.03498
8.695	.00360	4.560	.09713	5.436	.05956	6.223	.03473
8.741	.00344	4.590	.09646	5.456	.05917	6.247	.03444
8.754	.00337	4.618	.09517	5.458	.05877	6.256	.03418
8.817	.00323	4.623	.09452	5.468	.05793	6.261	.03392
8.840	.00316	4.636	.09389	5.481	.05752	6.268	.03368
8.855	.00306	4.681	.09329	5.523	.05712	6.281	.03340
8.907	.00300	4.688	.09269	5.527	.05671	6.285	.03315
8.924	.00293	4.693	.09210	5.535	.05633	6.298	.03288

h	P(H≥h)	h	P(H≥h)	h	P(H≥h)	h	P(H≥h)
	6 5 4		6 5 4		6 5 4		6 5 4
6.322	.03260	7.236	.01749	8.061	.00891	8.898	.00369
6.333	.03212	7.256	.01734	8.063	.00883	8.902	.00358
6.336	.03163	7.260	.01720	8.081	.00867	8.910	.00354
6.361	.03139	7.261	.01706	8.083	.00861	8.956	.00337
6.375	.03115	7.268	.01693	8.085	.00843	9.000	.00333
6.396	.03061	7.273	.01677	8.098	.00833	9.015	.00324
6.427	.03015	7.290	.01663	8.122	.00815	9.021	.00320
6.468	.02991	7.293	.01634	8.148	.00798	9.023	.00315
6.473	.02965	7.327	.01621	8.156	.00790	9.043	.00310
6.503	.02941	7.333	.01608	8.160	.00782	9.061	.00307
6.521	.02896	7.335	.01579	8.218	.00774	9.073	.00302
6.547	.02852	7.336	.01564	8.223	.00766	9.081	.00298
6.556	.02807	7.348	.01550	8.227	.00759	9.148	.00291
6.615	.02785	7.361	.01535	8.236	.00751	9.156	.00281
6.618	.02761	7.381	.01509	8.243	.00743	9.188	.00278
6.622	.02718	7.418	.01495	8.250	.00735	9.202	.00275
6.623	.02697	7.423	.01481	8.268	.00716	9.210	.00271
6.643	.02677	7.436	.01455	8.273	.00696	9.218	.00267
6.656	.02654	7.447	.01442	8.281	.00689	9.247	.00263
6.661	.02634	7.458	.01429	8.302	.00683	9.261	.00259
6.668	.02614	7.468	.01402	8.323	.00663	9.268	.00256
6.681	.02592	7.473	.01389	8.333	.00644	9.293	.00252
6.693	.02572	7.498	.01364	8.340	.00638	9.322	.00249
6.723	.02551	7.521	.01352	8.381	.00630	9.336	.00245
6.735	.02532	7.522	.01318	8.415	.00624	9.375	.00242
6.736	.02511	7.556	.01296	8.422	.00598	9.393	.00237
6.750	.02473	7.561	.01286	8.456	.00591	9.396	.00233
6.756	.02412	7.581	.01266	8.490	.00584	9.418	.00220
6.765	.02373	7.593	.01254	8.498	.00578	9.423	.00217
6.793	.02353	7.628	.01242	8.521	.00572	9.427	.00209
6.818	.02334	7.636	.01221	8.527	.00559	9.436	.00206
6.833	.02316	7.668	.01213	8.535	.00553	9.443	.00203
6.840	.02279	7.688	.01187	8.536	.00545	9.458	.00199
6.847	.02261	7.693	.01165	8.543	.00541	9.461	.00189
6.856	.02242	7.736	.01154	8.561	.00525	9.493	.00186
6.861	.02223	7.740	.01146	8.618	.00520	9.498	.00184
6.885	.02206	7.747	.01126	8.636	.00514	9.521	.00181
6.896	.02148	7.748	.01118	8.640	.00503	9.523	.00175
6.898	.02113	7.756	.01106	8.643	.00497	9.536	.00172
6.948	.02096	7.761	.01086	8.647	.00492	9.547	.00169
6.956	.02076	7.815	.01076	8.661	.00487	9.548	.00167
6.961	.02042	7.818	.01064	8.681	.00482	9.556	.00164
6.973	.02026	7.823	.01052	8.685	.00471	9.563	.00162
6.993	.02009	7.856	.01042	8.693	.00466	9.656	.00150
7.018	.01993	7.861	.01033	8.698	.00461	9.673	.00148
7.021	.01975	7.881	.01022	8.708	.00454	9.690	.00145
7.027	.01942	7.896	.01015	8.722	.00427	9.698	.00143
7.036	.01925	7.936	.00998	8.736	.00421	9.708	.00140
7.043	.01910	7.948	.00989	8.760	.00416	9.735	.00132
7.056	.01894	7.961	.00979	8.761	.00412	9.748	.00126
7.068	.01877	7.965	.00962	8.781	.00406	9.781	.00123
7.098	.01858	8.002	.00943	8.827	.00395	9.818	.00121
7.123	.01842	8.010	.00925	8.856	.00392	9.833	.00119
7.125	.01826	8.018	.00917	8.868	.00388	9.843	.00116
7.147	.01792	8.036	.00908	8.873	.00377	9.856	.00114
7.222	.01777	8.040	.00899	8.881	.00373	9.873	.00112

EXACT PROBABILITY LEVELS FOR THE KRUSKAL-WALLIS TEST

h	P(H≥h)		h	P(H≥h)		h	P(H≥h)		h	P(H≥h)	
6	5	4	6	5	5	6	5	5	6	5	5
9.896	.00110		4.529	.10250		5.828	.04590		7.134	.01972	
9.922	.00104		4.547	.09835		5.910	.04538		7.141	.01919	
9.936	.00102		4.557	.09732		5.934	.04487		7.165	.01894	
9.960	.00100		4.604	.09625		5.941	.04436		7.216	.01843	
9.961	.00098		4.624	.09523		5.959	.04338		7.229	.01818	
10.056	.00097		4.640	.09422		5.981	.04288		7.251	.01795	
10.081	.00095		4.663	.09323		6.012	.04190		7.287	.01771	
10.083	.00093		4.688	.09225		6.016	.04095		7.310	.01748	
10.103	.00087		4.710	.09130		6.040	.04047		7.324	.01723	
10.110	.00085		4.746	.09031		6.051	.04023		7.353	.01677	
10.125	.00084		4.782	.08934		6.053	.03975		7.371	.01622	
10.147	.00074		4.804	.08844		6.087	.03880		7.416	.01579	
10.161	.00067		4.812	.08705		6.106	.03832		7.424	.01569	
10.181	.00066		4.816	.08614		6.146	.03786		7.463	.01548	
10.215	.00064		4.829	.08521		6.157	.03743		7.512	.01483	
10.323	.00057		4.851	.08430		6.224	.03697		7.522	.01463	
10.328	.00056		4.882	.08338		6.228	.03677		7.604	.01421	
10.356	.00050		4.887	.08164		6.241	.03549		7.635	.01401	
10.361	.00049		4.910	.08075		6.294	.03508		7.640	.01364	
10.365	.00048		4.922	.07987		6.299	.03427		7.653	.01345	
10.396	.00047		4.924	.07899		6.318	.03385		7.706	.01327	
10.402	.00043		4.957	.07813		6.382	.03345		7.710	.01293	
10.458	.00042		4.971	.07728		6.440	.03192		7.729	.01276	
10.468	.00041		4.993	.07645		6.463	.03153		7.734	.01259	
10.481	.00037		5.063	.07479		6.476	.03114		7.747	.01243	
10.485	.00036		5.087	.07316		6.499	.03078		7.769	.01226	
10.548	.00031		5.094	.07235		6.506	.03041		7.794	.01207	
10.560	.00030		5.112	.07156		6.524	.02971		7.816	.01158	
10.636	.00029		5.165	.07002		6.546	.02935		7.840	.01142	
10.673	.00028		5.188	.06928		6.569	.02901		7.887	.01125	
10.688	.00027		5.206	.06817		6.581	.02864		7.888	.01110	
10.708	.00023		5.228	.06668		6.618	.02829		7.918	.01093	
10.836	.00020		5.240	.06594		6.651	.02762		7.922	.01079	
10.881	.00020		5.259	.06519		6.665	.02729		7.957	.01063	
10.890	.00019		5.346	.06448		6.671	.02663		7.988	.01047	
10.893	.00017		5.347	.06378		6.687	.02630		7.993	.01017	
10.935	.00016		5.376	.06309		6.710	.02597		8.012	.01002	
10.981	.00013		5.394	.06242		6.722	.02580		8.028	.00988	
10.993	.00013		5.404	.06110		6.757	.02548		8.051	.00973	
11.036	.00012		5.416	.05943		6.781	.02517		8.063	.00944	
11.063	.00011		5.447	.05879		6.788	.02484		8.076	.00930	
11.228	.00010		5.451	.05817		6.793	.02453		8.157	.00915	
11.348	.00008		5.471	.05687		6.816	.02423		8.169	.00908	
11.348	.00007		5.522	.05561		6.859	.02390		8.171	.00882	
11.396	.00006		5.535	.05501		6.887	.02332		8.204	.00868	
11.443	.00006		5.557	.05440		6.899	.02301		8.218	.00855	
11.458	.00005		5.593	.05379		6.947	.02271		8.310	.00831	
11.565	.00004		5.629	.05317		6.953	.02242		8.346	.00818	
11.843	.00003		5.676	.05202		6.969	.02215		8.359	.00793	
11.896	.00002		5.699	.05090		6.993	.02187		8.365	.00759	
11.948	.00002		5.729	.04973		7.028	.02157		8.369	.00748	
12.375	.00001		5.734	.04917		7.040	.02130		8.404	.00735	
			5.757	.04860		7.071	.02102		8.416	.00724	
			5.769	.04803		7.088	.02076		8.451	.00703	
			5.804	.04751		7.099	.02025		8.482	.00691	
			5.824	.04696		7.110	.01998		8.487	.00670	

h	P(H≥h)	h	P(H≥h)	h	P(H≥h)	h	P(H≥h)
6 5 5		6 5 5		6 5 5		6 6 1	
8.500	.00659	9.912	.00163	12.393	.00002	8.516	.00283
8.553	.00649	9.934	.00156	12.435	.00002	8.923	.00250
8.576	.00638	9.965	.00150	12.440	.00002	9.000	.00216
8.581	.00633	9.969	.00137	12.534	.00001	9.077	.00183
8.593	.00624	9.993	.00133	12.876	.00001	9.308	.00117
8.594	.00614	10.006	.00129	12.922	.00000	9.692	.00050
8.616	.00604	10.053	.00126	13.346	.00000		
8.647	.00594	10.110	.00123			6 6 2	
8.699	.00566	10.169	.00113	6 6 1			
8.722	.00556	10.176	.00111			4.419	.10670
8.735	.00546	10.194	.00106	3.978	.10706	4.438	.09824
8.765	.00529	10.216	.00103	4.000	.09774	4.552	.09586
8.782	.00511	10.271	.00100	4.077	.09441	4.610	.09319
8.835	.00502	10.287	.00098	4.209	.08775	4.800	.08786
8.859	.00494	10.288	.00095	4.308	.08208	4.819	.08477
8.910	.00486	10.335	.00088	4.352	.07676	4.838	.08063
8.934	.00471	10.341	.00083	4.593	.06943	4.876	.07749
8.946	.00467	10.459	.00080	4.648	.06677	4.933	.06829
8.981	.00451	10.487	.00078	4.692	.06377	4.971	.06667
9.016	.00443	10.499	.00076	4.769	.05711	5.010	.06425
9.018	.00437	10.529	.00067	4.857	.05112	5.105	.06287
9.047	.00423	10.593	.00066	4.945	.04779	5.219	.05782
9.051	.00418	10.628	.00061	5.220	.04679	5.238	.05525
9.110	.00412	10.640	.00057	5.231	.04346	5.276	.05340
9.118	.00398	10.699	.00055	5.264	.03746	5.352	.05140
9.122	.00379	10.710	.00051	5.352	.03546	5.410	.04993
9.159	.00373	10.712	.00050	5.451	.03380	5.486	.04631
9.206	.00367	10.741	.00048	5.626	.03180	5.505	.04212
9.212	.00356	10.759	.00043	5.736	.03114	5.638	.04158
9.216	.00349	10.781	.00041	5.791	.02747	5.676	.03777
9.228	.00344	10.804	.00040	5.912	.02514	5.733	.03673
9.263	.00330	10.812	.00037	5.923	.02381	5.752	.03520
9.334	.00323	10.816	.00036	6.055	.02248	5.867	.03420
9.347	.00312	10.946	.00034	6.088	.02148	6.019	.03216
9.357	.00302	11.016	.00031	6.286	.01981	6.038	.03007
9.404	.00296	11.024	.00027	6.352	.01748	6.076	.02926
9.440	.00291	11.041	.00026	6.407	.01698	6.133	.02721
9.441	.00285	11.118	.00025	6.626	.01532	6.171	.02574
9.488	.00275	11.122	.00024	6.637	.01432	6.210	.02443
9.494	.00269	11.135	.00021	6.769	.01365	6.305	.02367
9.510	.00265	11.169	.00020	6.802	.01265	6.343	.02305
9.534	.00261	11.324	.00018	6.879	.01199	6.419	.02200
9.546	.00256	11.334	.00014	7.066	.01032	6.552	.02119
9.581	.00251	11.475	.00013	7.121	.00932	6.667	.01905
9.629	.00245	11.522	.00012	7.374	.00899	6.705	.01848
9.682	.00241	11.557	.00012	7.407	.00833	6.819	.01577
9.687	.00237	11.559	.00011	7.495	.00766	6.876	.01477
9.706	.00233	11.581	.00010	7.516	.00699	7.010	.01453
9.722	.00219	11.659	.00009	7.593	.00599	7.067	.01296
9.746	.00206	11.663	.00008	7.769	.00566	7.105	.01234
9.757	.00204	11.863	.00006	7.934	.00500	7.276	.01173
9.771	.00200	11.941	.00005	8.165	.00483	7.352	.01097
9.793	.00188	11.981	.00005	8.198	.00450	7.371	.01063
9.851	.00184	12.029	.00005	8.220	.00383	7.410	.01020
9.894	.00172	12.035	.00004	8.264	.00350	7.467	.00982
9.899	.00167	12.181	.00003	8.429	.00316	7.505	.00949

EXACT PROBABILITY LEVELS FOR THE KRUSKAL-WALLIS TEST

h	P(H≥h)	h	P(H≥h)	h	P(H≥h)	h	P(H≥h)
6 6 2		6 6 3		6 6 3		6 6 3	
7.543	.00916	5.292	.06419	7.350	.01426	9.858	.00130
7.619	.00830	5.333	.06329	7.358	.01277	9.933	.00125
7.638	.00764	5.350	.06280	7.392	.01249	10.017	.00121
7.752	.00725	5.358	.06085	7.417	.01219	10.025	.00117
7.886	.00697	5.392	.05993	7.433	.01189	10.100	.00110
8.019	.00668	5.400	.05894	7.483	.01166	10.125	.00106
8.038	.00635	5.433	.05662	7.525	.01136	10.150	.00098
8.076	.00592	5.483	.05570	7.567	.01065	10.192	.00079
8.152	.00540	5.558	.05395	7.625	.01034	10.225	.00076
8.210	.00488	5.567	.05237	7.683	.01009	10.350	.00062
8.305	.00459	5.600	.05160	7.725	.00985	10.392	.00049
8.400	.00411	5.625	.04999	7.733	.00934	10.417	.00046
8.533	.00404	5.692	.04836	7.817	.00911	10.500	.00045
8.610	.00343	5.725	.04760	7.833	.00859	10.525	.00040
8.819	.00328	5.733	.04613	7.858	.00837	10.558	.00030
8.838	.00314	5.750	.04546	7.892	.00821	10.733	.00029
8.876	.00266	5.817	.04386	8.000	.00801	10.750	.00027
8.933	.00252	5.833	.04306	8.025	.00782	10.858	.00019
9.010	.00238	5.892	.04238	8.058	.00744	11.017	.00017
9.086	.00224	5.933	.04100	8.067	.00725	11.025	.00015
9.105	.00209	6.017	.04031	8.100	.00716	11.125	.00010
9.219	.00200	6.025	.03998	8.150	.00660	11.267	.00009
9.352	.00176	6.058	.03885	8.192	.00622	11.350	.00008
9.505	.00167	6.100	.03835	8.225	.00604	11.567	.00004
9.600	.00157	6.125	.03715	8.350	.00560	11.725	.00003
9.638	.00138	6.150	.03545	8.400	.00543	12.150	.00001
9.676	.00109	6.192	.03356	8.417	.00514		
9.752	.00095	6.225	.03291	8.458	.00497	6 6 4	
9.867	.00067	6.267	.03130	8.600	.00483		
9.943	.00062	6.350	.03070	8.625	.00471	4.518	.10088
10.076	.00043	6.358	.02961	8.683	.00437	4.548	.09982
10.210	.00040	6.400	.02873	8.692	.00423	4.603	.09878
10.305	.00021	6.483	.02820	8.725	.00397	4.636	.09774
10.552	.00017	6.525	.02765	8.750	.00384	4.662	.09575
10.971	.00007	6.558	.02576	8.767	.00371	4.695	.09469
		6.667	.02529	8.817	.00359	4.706	.09372
6 6 3		6.683	.02509	8.858	.00341	4.724	.09164
		6.725	.02462	8.900	.00330	4.765	.08968
4.525	.10221	6.733	.02388	8.958	.00310	4.779	.08869
4.558	.09948	6.750	.02349	9.017	.00300	4.783	.08572
4.600	.09822	6.767	.02230	9.058	.00289	4.824	.08479
4.667	.09560	6.792	.02139	9.083	.00282	4.871	.08295
4.683	.09420	6.817	.02098	9.150	.00273	4.897	.08026
4.692	.09280	6.858	.02046	9.225	.00253	4.930	.07930
4.725	.09138	6.892	.02009	9.392	.00228	4.956	.07842
4.792	.08489	6.900	.01966	9.400	.00213	5.000	.07753
4.817	.08354	6.958	.01839	9.433	.00206	5.048	.07403
4.892	.08295	7.000	.01811	9.458	.00199	5.077	.07324
4.900	.08165	7.017	.01741	9.483	.00193	5.132	.07244
5.017	.07820	7.025	.01695	9.525	.00185	5.165	.07160
5.025	.07589	7.058	.01622	9.567	.00174	5.191	.07006
5.058	.07254	7.167	.01587	9.600	.00161	5.195	.06930
5.083	.07152	7.192	.01547	9.667	.00153	5.224	.06855
5.125	.07046	7.225	.01518	9.683	.00147	5.235	.06781
5.150	.06846	7.267	.01493	9.725	.00141	5.254	.06626
5.192	.06632	7.292	.01459	9.792	.00136	5.294	.06554

h	P(H≥h)	h	P(H≥h)	h	P(H≥h)	h	P(H≥h)
6 6 4		6 6 4		6 6 4		6 6 4	
5.309	.06406	6.824	.02396	8.529	.00652	10.250	.00108
5.313	.06372	6.842	.02328	8.577	.00605	10.283	.00102
5.342	.06163	6.882	.02298	8.588	.00595	10.342	.00100
5.368	.06096	6.901	.02233	8.603	.00576	10.426	.00094
5.401	.05951	6.930	.02203	8.607	.00554	10.430	.00092
5.426	.05819	6.989	.02090	8.636	.00546	10.460	.00090
5.485	.05750	7.015	.02060	8.665	.00537	10.471	.00086
5.489	.05680	7.074	.02031	8.706	.00527	10.489	.00083
5.544	.05618	7.107	.01974	8.721	.00506	10.588	.00081
5.577	.05491	7.118	.01949	8.754	.00497	10.607	.00074
5.607	.05367	7.132	.01924	8.765	.00487	10.647	.00067
5.695	.05188	7.165	.01870	8.783	.00467	10.662	.00062
5.706	.05130	7.176	.01844	8.838	.00459	10.695	.00055
5.721	.05009	7.250	.01797	8.842	.00449	10.721	.00053
5.724	.04950	7.254	.01747	8.897	.00418	10.754	.00052
5.754	.04894	7.313	.01724	8.901	.00410	10.779	.00045
5.765	.04785	7.342	.01676	8.960	.00401	10.871	.00044
5.783	.04728	7.353	.01654	9.000	.00394	10.882	.00042
5.838	.04673	7.371	.01561	9.015	.00377	10.901	.00035
5.871	.04617	7.426	.01518	9.074	.00369	10.956	.00033
5.882	.04565	7.460	.01475	9.107	.00361	10.989	.00030
5.897	.04396	7.485	.01455	9.165	.00356	11.048	.00029
5.930	.04340	7.518	.01435	9.191	.00349	11.136	.00024
5.941	.04290	7.529	.01396	9.195	.00331	11.191	.00023
5.956	.04185	7.548	.01372	9.224	.00325	11.250	.00022
5.960	.04129	7.577	.01353	9.235	.00318	11.254	.00017
5.989	.04080	7.607	.01333	9.250	.00305	11.313	.00016
6.015	.04030	7.647	.01314	9.283	.00290	11.353	.00016
6.018	.03977	7.662	.01240	9.313	.00278	11.368	.00015
6.118	.03928	7.779	.01219	9.368	.00265	11.489	.00014
6.136	.03829	7.783	.01211	9.401	.00259	11.518	.00011
6.191	.03786	7.813	.01179	9.412	.00255	11.529	.00010
6.195	.03738	7.838	.01117	9.426	.00242	11.588	.00010
6.224	.03650	7.871	.01083	9.489	.00236	11.765	.00009
6.235	.03609	7.956	.01071	9.529	.00231	11.779	.00006
6.250	.03521	7.960	.01054	9.548	.00225	11.783	.00006
6.283	.03388	7.989	.01027	9.577	.00220	11.882	.00005
6.312	.03347	8.000	.00998	9.603	.00211	11.960	.00005
6.368	.03269	8.015	.00964	9.647	.00206	12.077	.00004
6.371	.03228	8.059	.00934	9.662	.00195	12.235	.00003
6.401	.03189	8.074	.00904	9.695	.00190	12.283	.00002
6.412	.03149	8.077	.00887	9.721	.00185	12.368	.00002
6.485	.03068	8.107	.00862	9.724	.00180	12.426	.00002
6.489	.03050	8.136	.00849	9.812	.00177	12.721	.00001
6.518	.02978	8.165	.00835	9.842	.00173	12.812	.00001
6.544	.02942	8.191	.00821	9.897	.00169	13.235	.00000
6.548	.02866	8.224	.00807	9.901	.00165		
6.577	.02795	8.254	.00797	9.930	.00161	6 6 5	
6.603	.02761	8.309	.00772	9.941	.00154		
6.636	.02723	8.342	.00747	10.000	.00144	4.541	.10077
6.647	.02690	8.368	.00734	10.018	.00134	4.542	.09987
6.665	.02618	8.401	.00721	10.074	.00127	4.548	.09900
6.721	.02585	8.430	.00700	10.077	.00124	4.562	.09813
6.779	.02555	8.471	.00690	10.107	.00121	4.563	.09726
6.783	.02521	8.485	.00676	10.132	.00118	4.574	.09641
6.812	.02458	8.489	.00663	10.176	.00112	4.626	.09556

EXACT PROBABILITY LEVELS FOR THE KRUSKAL-WALLIS TEST

h	P(H≥h)	h	P(H≥h)	h	P(H≥h)	h	P(H≥h)
6 6 5		6 6 5		6 6 5		6 6 5	
4.635	.09472	5.641	.05182	6.654	.02754	7.587	.01443
4.652	.09387	5.705	.05133	6.685	.02725	7.607	.01426
4.654	.09304	5.740	.05086	6.718	.02696	7.626	.01411
4.659	.09222	5.752	.05039	6.727	.02669	7.629	.01394
4.719	.09139	5.765	.04993	6.759	.02615	7.648	.01378
4.727	.09099	5.771	.04970	6.770	.02589	7.680	.01363
4.740	.09020	5.786	.04924	6.822	.02562	7.685	.01348
4.746	.08939	5.809	.04878	6.829	.02538	7.707	.01331
4.752	.08861	5.818	.04790	6.838	.02514	7.720	.01302
4.763	.08783	5.830	.04746	6.848	.02489	7.763	.01287
4.771	.08707	5.835	.04702	6.871	.02465	7.791	.01272
4.882	.08628	5.844	.04659	6.876	.02441	7.835	.01258
4.889	.08554	5.848	.04615	6.895	.02417	7.838	.01243
4.897	.08481	5.871	.04571	6.897	.02393	7.858	.01229
4.903	.08407	5.881	.04528	6.915	.02370	7.889	.01215
4.907	.08192	5.907	.04445	6.942	.02357	7.920	.01202
4.915	.08118	5.940	.04404	6.946	.02311	7.927	.01176
4.929	.08046	5.942	.04363	6.948	.02286	7.929	.01163
4.940	.07976	5.956	.04321	6.959	.02263	7.940	.01149
4.946	.07905	5.959	.04281	6.974	.02217	7.942	.01136
4.956	.07765	6.018	.04200	7.007	.02172	7.946	.01123
4.982	.07695	6.026	.04160	7.026	.02149	7.962	.01110
5.018	.07558	6.038	.04119	7.038	.02127	7.982	.01098
5.054	.07423	6.054	.04042	7.041	.02106	7.993	.01072
5.060	.07354	6.059	.03964	7.058	.02083	8.014	.01060
5.071	.07288	6.080	.03925	7.080	.02061	8.026	.01047
5.085	.07222	6.142	.03887	7.093	.02040	8.041	.01035
5.119	.07155	6.162	.03814	7.105	.02017	8.073	.01023
5.165	.07027	6.165	.03776	7.152	.01996	8.103	.01011
5.182	.06965	6.191	.03740	7.162	.01975	8.119	.01001
5.191	.06902	6.214	.03704	7.209	.01955	8.124	.00990
5.229	.06840	6.273	.03668	7.214	.01935	8.129	.00966
5.248	.06810	6.315	.03634	7.230	.01916	8.152	.00956
5.254	.06689	6.319	.03600	7.237	.01896	8.170	.00944
5.273	.06629	6.320	.03566	7.260	.01876	8.182	.00939
5.281	.06568	6.327	.03533	7.282	.01855	8.214	.00918
5.295	.06508	6.340	.03483	7.315	.01836	8.222	.00907
5.346	.06450	6.341	.03449	7.319	.01818	8.241	.00895
5.348	.06392	6.352	.03415	7.340	.01781	8.260	.00885
5.374	.06334	6.371	.03349	7.365	.01763	8.282	.00865
5.378	.06277	6.393	.03315	7.371	.01743	8.319	.00854
5.391	.06191	6.400	.03250	7.378	.01724	8.348	.00834
5.407	.06136	6.413	.03234	7.386	.01706	8.365	.00813
5.430	.06025	6.430	.03169	7.387	.01687	8.386	.00804
5.437	.05914	6.437	.03139	7.407	.01668	8.391	.00794
5.452	.05859	6.452	.03107	7.438	.01649	8.459	.00784
5.482	.05752	6.476	.03076	7.459	.01630	8.485	.00774
5.495	.05696	6.503	.03045	7.471	.01612	8.495	.00765
5.503	.05644	6.505	.03014	7.497	.01594	8.505	.00748
5.505	.05590	6.518	.02984	7.511	.01560	8.511	.00738
5.515	.05538	6.541	.02954	7.518	.01552	8.515	.00730
5.524	.05486	6.587	.02924	7.524	.01534	8.542	.00720
5.587	.05432	6.609	.02895	7.529	.01518	8.563	.00711
5.593	.05381	6.613	.02867	7.563	.01510	8.570	.00702
5.629	.05281	6.622	.02839	7.570	.01475	8.600	.00685
5.635	.05231	6.629	.02810	7.574	.01459	8.609	.00677

h	P(H≥h)	h	P(H≥h)	h	P(H≥h)	h	P(H≥h)
6 6 5		6 6 5		6 6 5		6 6 5	
8.626	.00659	9.673	.00279	10.635	.00089	12.171	.00007
8.641	.00651	9.693	.00275	10.641	.00088	12.209	.00006
8.652	.00642	9.707	.00271	10.648	.00084	12.230	.00006
8.673	.00635	9.719	.00262	10.718	.00082	12.260	.00005
8.680	.00627	9.720	.00258	10.771	.00080	12.438	.00005
8.705	.00619	9.724	.00255	10.786	.00079	12.485	.00004
8.711	.00611	9.740	.00247	10.837	.00076	12.489	.00004
8.724	.00607	9.746	.00244	10.848	.00074	12.562	.00003
8.746	.00591	9.759	.00240	10.858	.00071	12.574	.00003
8.763	.00583	9.770	.00236	10.895	.00069	12.607	.00003
8.778	.00576	9.829	.00229	10.920	.00068	12.740	.00003
8.818	.00569	9.844	.00222	10.942	.00067	12.903	.00002
8.829	.00561	9.871	.00219	10.948	.00065	12.941	.00002
8.835	.00547	9.881	.00215	10.959	.00064	12.946	.00002
8.837	.00540	9.897	.00212	10.993	.00063	12.982	.00001
8.881	.00537	9.927	.00206	11.000	.00062	13.071	.00001
8.903	.00522	9.929	.00202	11.014	.00060	13.346	.00001
8.920	.00515	9.948	.00199	11.038	.00055	13.348	.00001
8.962	.00508	9.986	.00196	11.058	.00054	13.386	.00001
8.982	.00502	10.000	.00193	11.059	.00050	13.430	.00001
8.987	.00495	10.013	.00191	11.073	.00048	13.778	.00000
9.014	.00488	10.018	.00187	11.119	.00048	13.818	.00000
9.018	.00482	10.052	.00184	11.129	.00046	14.235	.00000
9.038	.00475	10.054	.00180	11.142	.00042		
9.044	.00470	10.073	.00177	11.162	.00041	6 6 6	
9.093	.00458	10.080	.00174	11.171	.00040		
9.097	.00446	10.085	.00169	11.230	.00039	4.538	.10096
9.118	.00440	10.097	.00166	11.241	.00035	4.643	.09874
9.129	.00434	10.118	.00163	11.273	.00034	4.667	.09669
9.156	.00429	10.142	.00160	11.289	.00034	4.678	.09264
9.163	.00423	10.163	.00157	11.307	.00033	4.713	.09160
9.171	.00416	10.178	.00155	11.359	.00031	4.784	.08764
9.182	.00411	10.209	.00152	11.371	.00028	4.819	.08573
9.191	.00406	10.241	.00145	11.387	.00027	4.877	.08381
9.237	.00395	10.248	.00143	11.393	.00026	4.924	.08199
9.254	.00389	10.289	.00142	11.418	.00025	4.994	.08019
9.280	.00384	10.293	.00140	11.476	.00024	5.053	.07676
9.281	.00373	10.327	.00135	11.518	.00023	5.064	.07589
9.327	.00368	10.346	.00132	11.582	.00020	5.099	.07420
9.341	.00363	10.348	.00130	11.629	.00020	5.135	.07251
9.348	.00358	10.352	.00128	11.652	.00019	5.158	.07092
9.352	.00354	10.374	.00125	11.654	.00018	5.193	.06852
9.365	.00349	10.378	.00123	11.659	.00017	5.240	.06693
9.374	.00344	10.393	.00121	11.705	.00017	5.298	.06536
9.393	.00335	10.426	.00119	11.727	.00015	5.345	.06391
9.400	.00330	10.430	.00117	11.746	.00014	5.415	.06246
9.426	.00326	10.437	.00113	11.765	.00013	5.474	.06107
9.437	.00322	10.452	.00111	11.809	.C0013	5.485	.05968
9.458	.00317	10.471	.00109	11.882	.00013	5.509	.05704
9.505	.00313	10.482	.00106	11.915	.00012	5.556	.05575
9.529	.00305	10.503	.00104	11.920	.00011	5.626	.05448
9.541	.00302	10.515	.00102	11.942	.00010	5.661	.05200
9.548	.00298	10.524	.00100	12.058	.00009	5.696	.05138
9.574	.00290	10.593	.00097	12.093	.00009	5.719	.05021
9.609	.00286	10.607	.00095	12.103	.00008	5.801	.04905
9.613	.00283	10.629	.00093	12.165	.00008	5.836	.04789

EXACT PROBABILITY LEVELS FOR THE KRUSKAL-WALLIS TEST

h	P(H≥h)	h	P(H≥h)	h	P(H≥h)	h	P(H≥h)
6 6 6		6 6 6		6 6 6		7 7 7	
5.930	.04679	8.456	.00839	10.959	.00085	4.683	.09476
5.942	.04523	8.468	.00817	10.982	.00082	4.698	.09349
5.977	.04417	8.503	.00792	11.088	.00079	4.727	.09223
6.000	.04214	8.526	.00770	11.099	.00075	4.772	.08850
6.035	.04112	8.561	.00758	11.240	.00069	4.831	.08728
6.117	.04011	8.573	.00735	11.275	.00065	4.839	.08492
6.140	.03916	8.643	.00714	11.310	.00062	4.876	.08375
6.187	.03824	8.667	.00692	11.368	.00059	4.905	.08260
6.222	.03779	8.784	.00652	11.380	.00057	4.965	.08146
6.327	.03596	8.842	.00634	11.404	.00051	4.994	.08036
6.351	.03513	8.854	.00613	11.415	.00049	5.010	.07928
6.398	.03430	8.924	.00595	11.474	.00045	5.017	.07874
6.421	.03350	8.982	.00560	11.556	.00041	5.039	.07715
6.468	.03272	8.994	.00552	11.591	.00036	5.076	.07503
6.503	.03117	9.029	.00535	11.614	.00034	5.098	.07399
6.538	.03039	9.064	.00519	11.661	.00032	5.106	.07297
6.632	.02891	9.088	.00502	11.684	.00029	5.128	.07195
6.678	.02821	9.170	.00471	11.789	.00027	5.195	.07094
6.737	.02752	9.205	.00448	11.801	.00024	5.217	.06997
6.749	.02717	9.275	.00434	11.825	.00023	5.262	.06803
6.772	.02652	9.310	.00407	11.942	.00021	5.276	.06709
6.877	.02588	9.404	.00392	11.977	.00019	5.351	.06616
6.889	.02493	9.485	.00379	12.012	.00018	5.365	.06435
6.924	.02372	9.509	.00368	12.035	.00017	5.373	.06346
6.982	.02311	9.556	.00356	12.117	.00015	5.395	.06257
7.029	.02253	9.579	.00334	12.292	.00012	5.410	.06169
7.053	.02196	9.626	.00312	12.316	.00011	5.432	.06125
7.064	.02141	9.696	.00302	12.363	.00010	5.440	.06039
7.099	.02085	9.719	.00293	12.433	.00009	5.484	.05953
7.170	.02030	9.731	.00283	12.538	.00008	5.499	.05869
7.240	.01979	9.789	.00272	12.573	.00006	5.573	.05702
7.298	.01929	9.836	.00263	12.737	.00006	5.610	.05622
7.310	.01880	9.871	.00259	12.772	.00005	5.618	.05544
7.345	.01856	9.906	.00249	12.784	.00005	5.662	.05466
7.380	.01807	9.930	.00241	12.877	.00004	5.699	.05312
7.404	.01763	9.977	.00232	13.053	.00003	5.707	.05275
7.450	.01720	10.047	.00224	13.135	.00003	5.729	.05201
7.520	.01590	10.140	.00217	13.205	.00002	5.751	.05128
7.614	.01549	10.152	.00213	13.345	.00002	5.766	.05055
7.626	.01471	10.187	.00198	13.520	.00001	5.819	.04911
7.684	.01430	10.211	.00184	13.556	.00001	5.840	.04806
7.731	.01391	10.246	.00177	13.661	.00001	5.885	.04736
7.825	.01355	10.257	.00170	13.930	.00001	5.907	.04601
7.871	.01320	10.327	.00164	14.000	.00000	5.967	.04534
7.895	.01287	10.398	.00157	14.327	.00000	6.019	.04470
7.906	.01269	10.433	.00146	14.363	.00000	6.033	.04406
7.942	.01217	10.526	.00140	14.749	.00000	6.063	.04343
8.000	.01151	10.561	.00137	15.158	.00000	6.078	.04220
8.035	.01117	10.608	.00127			6.108	.04098
8.047	.01087	10.667	.00122	7 7 7		6.152	.04038
8.082	.01055	10.713	.00117			6.167	.03979
8.187	.01024	10.749	.00112	4.549	.10069	6.174	.03921
8.222	.00994	10.772	.00108	4.594	.09933	6.212	.03863
8.292	.00940	10.819	.00104	4.631	.09800	6.241	.03806
8.316	.00913	10.842	.00101	4.638	.09670	6.263	.03778
8.433	.00886	10.889	.00097	4.660	.09604	6.286	.03723

h	P(H≥h)	h	P(H≥h)	h	P(H≥h)	h	P(H≥h)
7 7 7		7 7 7		7 7 7		7 7 7	
6.301	.03669	7.978	.01290	9.647	.00392	11.421	.00090
6.330	.03614	8.037	.01270	9.670	.00385	11.451	.00088
6.375	.03561	8.045	.01240	9.707	.00378	11.488	.00085
6.434	.03509	8.067	.01220	9.774	.00371	11.495	.00083
6.442	.03484	8.082	.01201	9.803	.00364	11.518	.00082
6.454	.03384	8.104	.01191	9.818	.00358	11.584	.00080
6.479	.03286	8.111	.01153	9.826	.00348	11.629	.00076
6.501	.03236	8.156	.01134	9.848	.00342	11.644	.00074
6.509	.03188	8.171	.01097	9.885	.00335	11.673	.00072
6.553	.03140	8.223	.01078	9.892	.00329	11.688	.00071
6.597	.03093	8.282	.01061	9.937	.00317	11.718	.00069
6.620	.03001	8.289	.01043	9.974	.00305	11.777	.00068
6.679	.02956	8.304	.01026	10.004	.00299	11.785	.00067
6.701	.02934	8.334	.01009	10.026	.00293	11.807	.00065
6.731	.02847	8.378	.00992	10.085	.00282	11.844	.00063
6.768	.02804	8.401	.00976	10.160	.00277	11.852	.00060
6.798	.02763	8.438	.00960	10.174	.00269	11.874	.00058
6.820	.02722	8.468	.00944	10.182	.00264	11.896	.00058
6.835	.02681	8.482	.00914	10.249	.00254	11.941	.00055
6.865	.02641	8.512	.00898	10.293	.00249	11.963	.00053
6.879	.02601	8.557	.00869	10.308	.00239	12.030	.00051
6.909	.02562	8.579	.00854	10.338	.00234	12.045	.00050
6.954	.02446	8.601	.00847	10.360	.00225	12.074	.00049
6.968	.02408	8.616	.00818	10.382	.00221	12.089	.00047
7.035	.02371	8.638	.00804	10.419	.00216	12.141	.00046
7.043	.02335	8.668	.00790	10.442	.00212	12.178	.00045
7.132	.02263	8.690	.00777	10.486	.00203	12.223	.00044
7.154	.02212	8.779	.00763	10.516	.00199	12.230	.00043
7.176	.02179	8.839	.00725	10.560	.00191	12.252	.00042
7.213	.02145	8.883	.00713	10.575	.00187	12.297	.00040
7.221	.02129	8.905	.00689	10.605	.00183	12.312	.00039
7.236	.02065	8.913	.00683	10.709	.00179	12.341	.00037
7.243	.02033	8.935	.00672	10.716	.00172	12.378	.00036
7.280	.02001	8.972	.00649	10.738	.00167	12.386	.00035
7.332	.01970	9.002	.00627	10.776	.00164	12.430	.00034
7.354	.01910	9.024	.00615	10.783	.00162	12.445	.00033
7.369	.01880	9.091	.00605	10.805	.00159	12.475	.00031
7.399	.01850	9.106	.00589	10.828	.00153	12.497	.00031
7.414	.01821	9.113	.00579	10.842	.00149	12.519	.00030
7.481	.01792	9.135	.00569	10.887	.00146	12.564	.00029
7.488	.01765	9.173	.00558	10.894	.00143	12.609	.00028
7.503	.01737	9.180	.00549	10.917	.00140	12.623	.00027
7.577	.01709	9.269	.00539	10.961	.00137	12.675	.00026
7.599	.01683	9.284	.00529	11.006	.00132	12.712	.00025
7.622	.01670	9.291	.00520	11.043	.00129	12.787	.00024
7.636	.01619	9.358	.00511	11.050	.00126	12.824	.00023
7.666	.01568	9.373	.00493	11.072	.00123	12.831	.00023
7.688	.01543	9.380	.00485	11.109	.00121	12.846	.00021
7.711	.01494	9.403	.00476	11.139	.00118	12.853	.00020
7.770	.01470	9.447	.00459	11.250	.00113	12.891	.00020
7.800	.01446	9.492	.00442	11.273	.00111	12.920	.00019
7.814	.01423	9.506	.00434	11.288	.00104	12.942	.00019
7.844	.01400	9.581	.00418	11.310	.00100	12.965	.00018
7.884	.01355	9.618	.00411	11.317	.00098	13.009	.00018
7.933	.01333	9.625	.00407	11.362	.00096	13.032	.00017
7.955	.01311	9.640	.00400	11.377	.00094	13.054	.00017

EXACT PROBABILITY LEVELS FOR THE KRUSKAL-WALLIS TEST

h	P(H≥h)	h	P(H≥h)	h	P(H≥h)	h	P(H≥h)
7 7 7		7 7 7		8 8 8		8 8 8	
13.091	.00016	15.414	.00000	5.255	.06865	6.395	.03557
13.113	.00016	15.503	.00000	5.265	.06802	6.405	.03523
13.180	.00015	15.636	.00000	5.285	.06739	6.455	.03454
13.187	.00014	15.703	.00000	5.315	.06615	6.480	.03421
13.232	.00014	15.725	.00000	5.345	.06554	6.485	.03404
13.276	.00013	15.792	.00000	5.360	.06494	6.495	.03372
13.291	.00013	15.904	.00000	5.375	.06434	6.500	.03339
13.299	.00013	16.052	.00000	5.415	.06374	6.515	.03306
13.365	.00012	16.096	.00000	5.420	.06267	6.540	.03274
13.380	.00012	16.186	.00000	5.435	.06229	6.585	.03242
13.410	.00011	16.393	.00000	5.445	.06172	6.605	.03211
13.425	.00010	16.416	.00000	5.460	.06143	6.615	.03180
13.447	.00010	16.482	.00000	5.465	.06030	6.620	.03135
13.455	.00010	16.750	.00000	5.495	.05973	6.635	.03104
13.514	.00009	16.794	.00000	5.505	.05862	6.660	.03074
13.544	.00008	17.098	.00000	5.540	.05807	6.665	.03044
13.566	.00008	17.121	.00000	5.580	.05752	6.695	.02984
13.588	.00007	17.462	.00000	5.585	.05699	6.720	.02926
13.647	.00007	17.818	.00000	5.595	.05646	6.740	.02897
13.677	.00007			5.615	.05593	6.755	.02868
13.722	.00006	8 8 8		5.645	.05540	6.795	.02812
13.744	.00006			5.660	.05489	6.845	.02784
13.781	.00005	4.580	.10023	5.685	.05438	6.855	.02743
13.811	.00005	4.595	.09933	5.705	.05388	6.860	.02717
13.855	.00005	4.605	.09845	5.715	.05268	6.905	.02663
13.892	.00005	4.625	.09757	5.735	.05239	6.935	.02637
13.900	.00004	4.635	.09670	5.765	.05141	6.945	.02586
13.922	.00004	4.655	.09583	5.780	.05092	6.965	.02561
14.033	.00004	4.685	.09326	5.795	.05068	6.980	.02510
14.048	.00004	4.695	.09241	5.805	.04973	6.995	.02485
14.078	.00004	4.740	.09157	5.820	.04926	7.020	.02460
14.093	.00003	4.745	.09075	5.840	.04879	7.035	.02436
14.182	.00003	4.805	.08911	5.855	.04833	7.065	.02387
14.278	.00003	4.820	.08792	5.915	.04787	7.085	.02364
14.315	.00002	4.835	.08712	5.955	.04653	7.115	.02317
14.345	.00002	4.860	.08634	5.985	.04609	7.125	.02293
14.367	.00002	4.865	.08595	6.000	.04523	7.145	.02270
14.390	.00002	4.875	.08441	6.005	.04502	7.215	.02247
14.456	.00002	4.880	.08364	6.020	.04460	7.220	.02204
14.494	.00002	4.905	.08288	6.045	.04375	7.235	.02171
14.523	.00002	4.940	.08212	6.065	.04292	7.260	.02149
14.568	.00002	4.955	.08063	6.080	.04251	7.265	.02138
14.701	.00001	4.965	.07990	6.125	.04210	7.280	.02117
14.716	.00001	4.995	.07916	6.135	.04150	7.295	.02075
14.774	.00001	4.995	.07844	6.140	.04110	7.305	.02054
14.746	.00001	5.040	.07771	6.155	.04070	7.335	.02033
14.835	.00001	5.045	.07701	6.180	.04031	7.340	.02012
14.924	.00001	5.055	.07631	6.185	.03993	7.355	.01992
14.968	.00001	5.105	.07561	6.245	.03954	7.385	.01972
15.028	.00001	5.120	.07492	6.255	.03917	7.415	.01932
15.050	.00001	5.135	.07458	6.260	.03879	7.440	.01912
15.117	.00001	5.145	.07324	6.305	.03842	7.445	.01893
15.147	.00001	5.165	.07191	6.315	.03770	7.460	.01873
15.228	.00001	5.180	.07125	6.320	.03734	7.485	.01855
15.369	.00000	5.195	.06993	6.335	.03698	7.505	.01835
15.384	.00000	5.235	.06928	6.365	.03627	7.580	.01798

h	P(H≥h)	h	P(H≥h)	h	P(H≥h)	h	P(H≥h)
8	8 8	8	8 8	8	8 8	8	8 8
7.595	.01780	8.705	.00847	9.905	.00381	11.045	.00163
7.605	.01727	8.720	.00838	9.915	.00373	11.060	.00162
7.620	.01701	8.735	.00829	9.920	.00368	11.085	.00158
7.625	.01683	8.765	.00820	9.935	.00364	11.105	.00156
7.655	.01666	8.780	.00811	9.965	.00359	11.115	.00154
7.665	.01649	8.795	.00802	9.980	.00355	11.120	.00150
7.695	.01615	8.820	.00793	9.995	.00351	11.179	.00148
7.715	.01599	8.835	.00780	10.035	.00347	11.195	.00144
7.740	.01562	8.880	.00763	10.055	.00343	11.255	.00142
7.745	.01566	8.885	.00755	10.085	.00339	11.265	.00141
7.760	.01550	8.915	.00747	10.095	.00335	11.285	.00139
7.805	.01534	8.945	.00738	10.115	.00331	11.315	.00135
7.835	.01502	8.955	.00730	10.125	.00327	11.340	.00132
7.845	.01487	8.960	.00723	10.140	.00325	11.345	.00130
7.865	.01471	9.005	.00715	10.145	.00320	11.355	.00129
7.875	.01456	9.015	.00707	10.160	.00316	11.375	.00127
7.895	.01441	9.035	.00699	10.185	.00312	11.405	.00124
7.935	.01426	9.045	.00684	10.205	.00305	11.420	.00122
7.940	.01419	9.060	.00677	10.220	.00298	11.435	.00121
7.955	.01405	9.065	.00669	10.260	.00291	11.445	.00119
7.980	.01376	9.105	.00647	10.265	.00287	11.465	.00116
7.985	.01347	9.125	.00640	10.305	.00283	11.495	.00114
8.000	.01333	9.140	.00633	10.320	.00280	11.520	.00113
8.015	.01326	9.155	.00626	10.355	.00277	11.535	.00112
8.045	.01298	9.195	.00619	10.365	.00270	11.540	.00111
8.060	.01285	9.215	.00612	10.385	.00267	11.555	.00110
8.105	.01258	9.245	.00598	10.415	.00260	11.580	.00108
8.115	.01244	9.260	.00588	10.445	.00257	11.585	.00106
8.135	.01231	9.285	.00582	10.460	.00254	11.625	.00103
8.145	.01218	9.305	.00575	10.500	.00251	11.655	.00102
8.180	.01206	9.335	.00589	10.535	.00248	11.705	.00099
8.205	.01193	9.360	.00562	10.545	.00239	11.735	.00098
8.235	.01181	9.365	.00556	10.565	.00234	11.760	.00097
8.240	.01168	9.375	.00550	10.580	.00231	11.765	.00095
8.255	.01156	9.380	.00547	10.595	.00230	11.780	.00092
8.285	.01132	9.395	.00535	10.635	.00224	11.795	.00090
8.295	.01120	9.420	.00529	10.640	.00221	11.805	.00088
8.315	.01097	9.455	.00523	10.655	.00216	11.840	.00086
8.340	.01085	9.465	.00511	10.665	.00213	11.855	.00085
8.345	.01074	9.485	.00505	10.685	.00211	11.885	.00084
8.375	.01062	9.495	.00494	10.715	.00208	11.895	.00083
8.385	.01051	9.500	.00488	10.745	.00205	11.915	.00081
8.405	.01029	9.555	.00483	10.805	.00200	11.940	.00080
8.420	.01023	9.620	.00466	10.815	.00198	11.945	.00078
8.435	.01012	9.645	.00456	10.820	.00193	12.005	.00077
8.465	.00991	9.665	.00450	10.845	.00191	12.020	.00075
8.495	.00980	9.680	.00445	10.860	.00188	12.060	.00074
8.505	.00970	9.695	.00443	10.895	.00186	12.065	.00073
8.540	.00959	9.740	.00433	10.905	.00184	12.080	.00071
8.565	.00939	9.755	.00428	10.935	.00181	12.125	.00070
8.615	.00929	9.765	.00423	10.940	.00180	12.140	.00069
8.640	.00919	9.780	.00413	10.955	.00178	12.165	.00068
8.645	.00914	9.785	.00409	10.980	.00174	12.185	.00067
8.655	.00876	9.815	.00399	10.985	.00172	12.195	.00066
8.660	.00866	9.855	.00390	10.995	.00167	12.215	.00065
8.685	.00857	9.875	.00366	11.015	.00165	12.245	.00063

… EXACT PROBABILITY LEVELS FOR THE KRUSKAL-WALLIS TEST

h	P(H≥h)	h	P(H≥h)	h	P(H≥h)	h	P(H≥h)
8 8 8		8 8 8		8 8 8		8 8 8	
12.255	.00062	13.460	.00021	14.640	.00006	15.935	.00001
12.260	.00060	13.500	.00021	14.660	.00005	15.965	.00001
12.285	.00059	13.505	.00020	14.715	.00005	15.995	.00001
12.335	.00057	13.520	.00020	14.735	.00005	16.035	.00001
12.345	.00056	13.535	.00019	14.765	.00005	16.055	.00001
12.365	.00056	13.545	.00019	14.780	.00005	16.080	.00001
12.380	.00055	13.565	.00018	14.820	.00005	16.085	.00001
12.395	.00054	13.580	.00018	14.855	.00005	16.145	.00001
12.435	.00053	13.595	.00017	14.865	.00005	16.205	.00001
12.465	.00052	13.605	.00017	14.885	.00005	16.220	.00001
12.480	.00051	13.625	.00017	14.895	.00004	16.245	.00001
12.500	.00050	13.655	.00017	14.915	.00004	16.260	.00001
12.515	.00050	13.680	.00016	14.945	.00004	16.265	.00001
12.545	.00049	13.715	.00016	14.955	.00004	16.305	.00001
12.555	.00048	13.740	.00016	14.985	.00004	16.340	.00001
12.560	.00047	13.745	.00015	15.005	.00004	16.380	.00001
12.605	.00046	13.760	.00015	15.020	.00004	16.415	.00000
12.615	.00046	13.785	.00015	15.035	.00004	16.485	.00000
12.620	.00045	13.815	.00014	15.095	.00003	16.535	.00000
12.635	.00045	13.820	.00014	15.120	.00003	16.565	.00000
12.660	.00043	13.835	.00014	15.125	.00003	16.595	.00000
12.695	.00042	13.875	.00014	15.135	.00003	16.620	.00000
12.705	.00042	13.895	.00014	15.140	.00003	16.625	.00000
12.735	.00041	13.905	.00013	15.155	.00003	16.640	.00000
12.740	.00040	13.955	.00013	15.165	.00003	16.715	.00000
12.755	.00039	13.965	.00013	15.185	.00003	16.785	.00000
12.785	.00038	13.985	.00012	15.245	.00003	16.805	.00000
12.795	.00037	14.000	.00012	15.260	.00003	16.820	.00000
12.845	.00037	14.015	.00012	15.305	.00003	16.835	.00000
12.860	.00036	14.045	.00011	15.315	.00003	16.880	.00000
12.875	.00035	14.055	.00011	15.335	.00003	16.955	.00000
12.885	.00035	14.060	.00011	15.360	.00003	16.980	.00000
12.935	.00034	14.085	.00011	15.365	.00003	16.985	.00000
12.965	.00033	14.105	.00011	15.380	.00002	17.060	.00000
13.005	.00033	14.165	.00010	15.395	.00002	17.115	.00000
13.020	.00032	14.180	.00010	15.405	.00002	17.145	.00000
13.040	.00031	14.220	.00009	15.435	.00002	17.165	.00000
13.055	.00031	14.235	.00009	15.440	.00002	17.195	.00000
13.065	.00030	14.255	.00009	15.485	.00002	17.205	.00000
13.085	.00029	14.285	.00009	15.495	.00002	17.295	.00000
13.095	.00029	14.315	.00009	15.500	.00002	17.360	.00000
13.115	.00028	14.345	.00008	15.540	.00002	17.405	.00000
13.140	.00027	14.405	.00008	15.545	.00002	17.415	.00000
13.155	.00027	14.475	.00008	15.585	.00002	17.420	.00000
13.205	.00027	14.420	.00008	15.605	.00002	17.465	.00000
13.220	.00026	14.435	.00007	15.665	.00002	17.540	.00000
13.235	.00025	14.460	.00007	15.680	.00001	17.565	.00000
13.245	.00025	14.480	.00007	15.695	.00001	17.645	.00000
13.265	.00025	14.495	.00007	15.705	.00001	17.705	.00000
13.295	.00024	14.505	.00007	15.740	.00001	17.735	.00000
13.335	.00023	14.540	.00007	15.765	.00001	17.780	.00000
13.355	.00023	14.580	.00006	15.795	.00001	17.795	.00000
13.380	.00022	14.585	.00006	15.815	.00001	17.885	.00000
13.385	.00022	14.595	.00006	15.855	.00001	18.000	.00000
13.415	.00022	14.615	.00006	15.860	.00001	18.005	.00000
13.445	.00021	14.625	.00006	15.920	.00001	18.015	.00000

h	P(H≥h)	h	P(H≥h)	h	P(H≥h)	h	P(H≥h)
8 8 8		3 2 2 1		3 3 2 1		3 3 2 2	
18.060	.00000	5.583	.06190	6.511	.02897	7.564	.01063
18.135	.00000	5.806	.05714	6.689	.01786	7.636	.01000
18.240	.00000	5.833	.04286	6.844	.01548	7.727	.00810
18.305	.00000	6.000	.03571	7.044	.01071	7.873	.00429
18.335	.00000	6.056	.02857	7.200	.00595	8.000	.00381
18.395	.00000	6.250	.02143	7.400	.00476	8.018	.00190
18.485	.00000	6.500	.01429			8.127	.00143
18.605	.00000			3 3 2 2		8.455	.00095
18.620	.00000	3 2 2 2					
18.665	.00000			5.727	.10016	3 3 3 1	
18.740	.00000	5.644	.10000	5.745	.09921		
18.915	.00000	5.711	.09841	5.800	.09762	5.582	.11286
18.945	.00000	5.733	.09524	5.818	.09698	5.655	.09786
19.005	.00000	5.800	.08889	5.836	.09127	5.727	.09571
19.220	.00000	5.911	.08413	5.873	.08841	5.800	.09429
19.235	.00000	5.933	.07619	5.964	.08746	5.873	.09143
19.280	.00000	5.978	.07302	5.982	.08556	5.945	.08571
19.535	.00000	6.000	.06984	6.018	.07984	6.018	.08357
19.565	.00000	6.111	.06667	6.036	.07921	6.164	.07000
19.845	.00000	6.133	.06032	6.091	.07571	6.236	.06643
19.860	.00000	6.178	.05714	6.127	.07317	6.309	.06071
20.165	.00000	6.244	.05397	6.164	.07000	6.382	.05357
20.480	.00000	6.333	.04762	6.182	.06905	6.527	.05214
		6.444	.04286	6.236	.06492	6.600	.04929
2 2 1 1		6.533	.03651	6.255	.06444	6.673	.04143
		6.578	.03175	6.309	.06063	6.745	.04071
4.714	.13333	6.600	.02857	6.327	.06032	6.891	.03429
		6.644	.02698	6.400	.05841	7.036	.02429
2 2 2 1		6.978	.01746	6.418	.05746	7.109	.01500
		7.000	.01270	6.455	.05302	7.327	.01429
5.036	.12381	7.133	.00794	6.473	.05238	7.400	.00857
5.357	.06667	7.533	.00317	6.527	.04921	7.473	.00714
5.679	.03810			6.545	.04889	7.764	.00571
		3 3 1 1		6.564	.04698	8.055	.00357
2 2 2 2				6.618	.04460	8.345	.00143
		5.222	.11071	6.673	.04429		
5.500	.11429	5.333	.09643	6.691	.04333	3 3 3 2	
5.667	.07619	5.444	.08929	6.709	.04302		
6.000	.06667	5.889	.06429	6.745	.04111	5.818	.10234
6.167	.03810	6.333	.02143	6.818	.04048	5.879	.09974
6.667	.00952			6.836	.03873	5.894	.09727
		3 3 2 1		6.855	.03683	5.939	.09532
3 1 1 1				6.909	.03429	5.955	.09455
		5.622	.10079	6.964	.03111	6.000	.09416
4.429	.20000	5.689	.08571	6.982	.03048	6.015	.09390
		5.711	.08373	7.000	.02921	6.061	.08844
3 2 1 1		5.778	.08214	7.055	.02317	6.121	.08584
		5.800	.08056	7.109	.02254	6.136	.08273
4.893	.14285	5.956	.06865	7.127	.02190	6.197	.07805
5.143	.08571	5.978	.06706	7.145	.02063	6.242	.07545
5.464	.05714	6.044	.06230	7.182	.01921	6.258	.07377
		6.156	.05595	7.273	.01730	6.303	.07091
3 2 2 1		6.244	.04246	7.345	.01476	6.318	.06870
		6.311	.04087	7.436	.01349	6.364	.06831
5.389	.10952	6.400	.03929	7.473	.01190	6.379	.06688
5.556	.07143	6.489	.03294	7.545	.01159	6.424	.06091

EXACT PROBABILITY LEVELS FOR THE KRUSKAL-WALLIS TEST

h	P(H≥h)	h	P(H≥h)	h	P(H≥h)	h	P(H≥h)
3 3 3 2		3 3 3 2		3 3 3 3		4 2 2 2	
6.439	.05974	8.727	.00221	9.513	.00084	6.409	.05556
6.485	.05922	8.803	.00182	9.564	.00071	6.436	.05238
6.545	.05857	8.924	.00104	9.667	.00065	6.545	.04921
6.561	.05740	9.030	.00065	9.974	.00026	6.627	.04667
6.606	.05688	9.409	.00026	10.385	.00006	6.655	.04095
6.621	.05338					6.736	.03714
6.682	.05078	3 3 3 3		4 1 1 1		6.764	.03460
6.727	.04948					6.845	.03333
6.742	.04883	5.974	.10273	4.929	.11429	6.873	.03270
6.788	.04506	6.026	.09779			6.982	.02889
6.803	.04312	6.077	.09649	4 2 1 1		7.064	.02222
6.848	.04260	6.179	.09182			7.091	.01714
6.864	.04221	6.231	.08773	5.208	.11429	7.282	.01651
6.909	.04039	6.282	.08500	5.250	.09048	7.309	.01397
6.924	.03987	6.385	.07883	5.417	.07619	7.391	.00889
6.970	.03935	6.436	.07455	5.458	.07143	7.527	.00762
6.985	.03818	6.487	.06935	5.833	.04286	7.718	.00698
7.030	.03584	6.590	.06805	6.083	.02857	7.855	.00508
7.045	.03468	6.641	.06169			7.964	.00317
7.091	.03455	6.692	.05987	4 2 2 1		8.291	.00127
7.106	.03312	6.795	.05364				
7.152	.02974	6.846	.05149	5.500	.10317	4 3 1 1	
7.212	.02961	6.897	.05019	5.533	.09788		
7.227	.02935	7.000	.04351	5.600	.09577	4.978	.10635
7.273	.02818	7.051	.04182	5.633	.08624	5.067	.09524
7.288	.02792	7.103	.03935	5.700	.08519	5.111	.09365
7.333	.02766	7.205	.03825	5.733	.06825	5.144	.09206
7.348	.02753	7.256	.03331	5.800	.06720	5.200	.08889
7.409	.02649	7.308	.03279	5.933	.06085	5.411	.08730
7.455	.02610	7.410	.02994	5.967	.05873	5.467	.08413
7.470	.02584	7.462	.02929	6.000	.05661	5.511	.08254
7.515	.02390	7.513	.02838	6.133	.04180	5.644	.06984
7.530	.02195	7.615	.02571	6.167	.03968	5.678	.06667
7.576	.02169	7.667	.02338	6.200	.03545	5.767	.06349
7.591	.02013	7.718	.02104	6.300	.03333	5.867	.05714
7.636	.01831	7.821	.02052	6.467	.02910	6.000	.05397
7.652	.01740	7.872	.01844	6.500	.02698	6.044	.05238
7.697	.01662	7.923	.01792	6.533	.02063	6.178	.04921
7.712	.01649	8.026	.01662	6.667	.01905	6.211	.04603
7.758	.01416	8.077	.01649	6.700	.01587	6.267	.03492
7.818	.01364	8.128	.01519	6.800	.01270	6.400	.03333
7.833	.01286	8.231	.01370	7.000	.00952	6.567	.02857
7.879	.01260	8.282	.01214	7.200	.00635	6.711	.01905
7.939	.01208	8.333	.01175			7.067	.00952
7.955	.01117	8.436	.01084	4 2 2 2			
8.015	.00961	8.538	.00838			4 3 2 1	
8.061	.00948	8.641	.00779	5.673	.10190		
8.076	.00870	8.692	.00688	5.755	.09302	5.573	.10032
8.182	.00818	8.744	.00636	5.782	.08222	5.591	.09857
8.197	.00766	8.897	.00442	5.891	.08095	5.600	.09746
8.242	.00597	8.949	.00390	5.973	.07905	5.618	.09508
8.318	.00545	9.051	.00325	6.082	.07143	5.645	.09476
8.379	.00377	9.154	.00279	6.109	.07016	5.655	.09444
8.485	.00364	9.256	.00227	6.191	.06698	5.709	.09333
8.545	.00338	9.359	.00201	6.218	.06254	5.727	.09175
8.561	.00312	9.462	.00143	6.327	.06000	5.736	.08794

h	P(H≥h)	h	P(H≥h)	h	P(H≥h)	h	P(H≥h)
4 3 2 1		4 3 2 1		4 3 2 2		4 3 2 2	
5.764	.08651	7.291	.01333	6.295	.06364	7.098	.03224
5.791	.08635	7.318	.01302	6.326	.06335	7.121	.03154
5.809	.08302	7.336	.01143	6.348	.06317	7.144	.03120
5.864	.08095	7.364	.01111	6.364	.06271	7.159	.03056
5.873	.07984	7.455	.00984	6.371	.06208	7.167	.02981
5.891	.07952	7.482	.00762	6.386	.06104	7.205	.02918
5.955	.07429	7.609	.00667	6.394	.06087	7.212	.02906
5.982	.06762	7.636	.00571	6.409	.05977	7.227	.02773
6.000	.06556	7.727	.00524	6.417	.05861	7.235	.02704
6.009	.06460	7.773	.00429	6.432	.05804	7.258	.02681
6.027	.06413	7.891	.00333	6.439	.05758	7.280	.02646
6.036	.06349	8.018	.00238	6.477	.05723	7.303	.02595
6.055	.06206	8.182	.00190	6.485	.05711	7.318	.02508
6.082	.06175			6.500	.05550	7.326	.02496
6.091	.06143	4 3 2 2		6.508	.05515	7.341	.02485
6.145	.06016			6.530	.05423	7.348	.02439
6.164	.05540	5.712	.10118	6.545	.05411	7.364	.02427
6.173	.05524	5.750	.09980	6.553	.05354	7.417	.02332
6.200	.05397	5.758	.09922	6.568	.05267	7.439	.02228
6.227	.05381	5.773	.09749	6.576	.05244	7.455	.02193
6.245	.05238	5.780	.09680	6.591	.05232	7.462	.02165
6.273	.05175	5.803	.09622	6.598	.05186	7.477	.02159
6.300	.05111	5.818	.09582	6.614	.05152	7.485	.02113
6.309	.04937	5.826	.09573	6.621	.04949	7.500	.02084
6.327	.04873	5.848	.09319	6.636	.04869	7.508	.02026
6.382	.04841	5.864	.09290	6.659	.04834	7.523	.02014
6.391	.04762	5.871	.09227	6.667	.04811	7.530	.01991
6.418	.04619	5.886	.09152	6.682	.04776	7.545	.01962
6.436	.04603	5.894	.09123	6.689	.04736	7.568	.01939
6.445	.04540	5.909	.09053	6.712	.04713	7.576	.01859
6.464	.04476	5.932	.09019	6.727	.04603	7.598	.01685
6.473	.04032	5.939	.08955	6.735	.04569	7.621	.01645
6.491	.03921	5.955	.08903	6.750	.04442	7.636	.01616
6.527	.03889	5.962	.08863	6.758	.04297	7.644	.01582
6.582	.03857	5.985	.08724	6.780	.04216	7.682	.01460
6.609	.03667	6.000	.08649	6.795	.04193	7.705	.01426
6.636	.03587	6.008	.08372	6.803	.04176	7.712	.01397
6.664	.03556	6.023	.08176	6.818	.04153	7.727	.01374
6.682	.03381	6.030	.08147	6.848	.04107	7.773	.01345
6.709	.03286	6.053	.07934	6.864	.04049	7.780	.01299
6.745	.03222	6.068	.07882	6.871	.04032	7.803	.01276
6.764	.03159	6.076	.07726	6.894	.03945	7.818	.01229
6.818	.03127	6.091	.07685	6.909	.03934	7.826	.01212
6.827	.03063	6.114	.07657	6.917	.03928	7.841	.01201
6.855	.03032	6.121	.07633	6.932	.03789	7.848	.01126
6.873	.02968	6.136	.07478	6.955	.03766	7.871	.00999
6.909	.02730	6.144	.07385	6.962	.03720	7.886	.00952
6.955	.02317	6.167	.07229	6.977	.03709	7.894	.00918
7.018	.02000	6.182	.07079	6.985	.03662	7.939	.00906
7.036	.01873	6.189	.07045	7.000	.03616	7.962	.00860
7.045	.01841	6.205	.06952	7.023	.03512	8.000	.00831
7.073	.01651	6.227	.06756	7.030	.03501	8.008	.00820
7.118	.01619	6.235	.06722	7.045	.03495	8.030	.00808
7.145	.01587	6.250	.06693	7.053	.03483	8.045	.00797
7.182	.01556	6.258	.06566	7.076	.03391	8.076	.00773
7.200	.01524	6.273	.06433	7.091	.03333	8.114	.00727

EXACT PROBABILITY LEVELS FOR THE KRUSKAL-WALLIS TEST

h	$P(H \geq h)$	h	$P(H \geq h)$	h	$P(H \geq h)$	h	$P(H \geq h)$
4 3 2 2		4 3 3 1		4 3 3 1		4 3 3 2	
8.167	.00704	6.485	.05290	8.212	.00420	6.436	.06632
8.182	.00670	6.515	.05273	8.235	.00403	6.462	.06584
8.189	.00618	6.538	.05152	8.242	.00385	6.474	.06488
8.212	.00571	6.545	.04952	8.295	.00377	6.487	.06426
8.250	.00525	6.598	.04944	8.333	.00359	6.494	.06358
8.273	.00433	6.606	.04857	8.356	.00290	6.532	.06244
8.326	.00427	6.659	.04814	8.394	.00238	6.545	.06201
8.348	.00404	6.667	.04701	8.598	.00221	6.577	.06098
8.417	.00392	6.697	.04398	8.697	.00169	6.583	.06027
8.432	.00358	6.720	.04390	8.727	.00143	6.590	.05925
8.455	.00346	6.727	.04294	8.841	.00130	6.603	.05889
8.530	.00271	6.758	.04268	8.939	.00104	6.635	.05818
8.591	.00260	6.780	.04000	9.182	.00052	6.641	.05709
8.667	.00225	6.788	.03879			6.647	.05700
8.689	.00156	6.848	.03870	4 3 3 2		6.667	.05638
8.795	.00139	6.879	.03853			6.679	.05592
8.894	.00104	6.902	.03784	5.859	.10025	6.686	.05447
8.909	.00069	6.939	.03766	5.872	.09929	6.692	.05400
9.000	.00052	6.962	.03749	5.878	.09872	6.699	.05391
9.273	.00035	6.970	.03688	5.885	.09681	6.705	.05286
		7.000	.03680	5.917	.09554	6.737	.05183
4 3 3 1		7.023	.03567	5.929	.09453	6.744	.05157
		7.030	.03532	5.968	.09310	6.750	.05123
5.667	.10043	7.061	.03325	5.974	.09235	6.782	.05014
5.689	.09602	7.083	.03307	5.987	.09203	6.795	.04925
5.697	.09541	7.121	.03030	6.000	.09089	6.801	.04880
5.758	.09212	7.144	.02978	6.026	.09045	6.808	.04824
5.788	.09152	7.152	.02848	6.032	.08993	6.821	.04714
5.811	.08996	7.205	.02805	6.051	.08895	6.840	.04678
5.871	.08580	7.212	.02771	6.064	.08815	6.853	.04615
5.909	.08329	7.242	.02753	6.071	.08778	6.872	.04558
5.932	.08268	7.265	.02537	6.083	.08670	6.891	.04485
5.939	.08251	7.273	.02511	6.090	.08615	6.897	.04414
5.970	.08139	7.326	.02329	6.122	.08462	6.910	.04387
5.992	.08069	7.333	.02052	6.128	.08369	6.949	.04290
6.000	.07939	7.424	.02048	6.167	.08359	6.955	.04257
6.030	.07922	7.447	.02030	6.173	.08190	6.987	.04219
6.053	.07801	7.485	.01987	6.179	.08154	6.994	.04130
6.061	.07593	7.508	.01658	6.186	.08121	7.006	.04095
6.114	.07333	7.515	.01528	6.205	.08013	7.013	.04030
6.121	.07117	7.545	.01468	6.224	.07941	7.026	.03994
6.152	.07056	7.576	.01450	6.231	.07877	7.045	.03962
6.174	.06892	7.606	.01442	6.237	.07825	7.051	.03898
6.182	.06745	7.629	.01433	6.256	.07667	7.090	.03880
6.212	.06693	7.636	.01329	6.276	.07602	7.096	.03851
6.235	.06641	7.667	.01286	6.282	.07550	7.103	.03794
6.242	.06424	7.689	.01234	6.288	.07488	7.109	.03776
6.273	.06407	7.750	.01190	6.295	.07407	7.147	.03726
6.303	.06338	7.758	.00974	6.333	.07257	7.154	.03698
6.333	.06095	7.848	.00922	6.340	.07218	7.160	.03664
6.356	.06087	7.879	.00905	6.372	.07154	7.199	.03597
6.394	.06043	7.970	.00818	6.378	.07061	7.205	.03525
6.417	.05965	7.992	.00688	6.391	.07001	7.212	.03508
6.424	.05567	8.053	.00654	6.397	.06880	7.218	.03468
6.455	.05377	8.091	.00619	6.410	.06789	7.256	.03405
6.477	.05342	8.121	.00541	6.429	.06711	7.263	.03372

h	P(H≥h)	h	P(H≥h)	h	P(H≥h)	h	P(H≥h)
4 3	3 2	4 3	3 2	4 3	3 2	4 3	3 3
7.282	.03319	8.083	.01471	8.955	.00292	6.324	.08131
7.295	.03297	8.103	.01461	8.994	.00286	6.330	.08032
7.301	.03192	8.122	.01445	9.006	.00281	6.352	.08009
7.314	.03165	8.128	.01398	9.045	.00272	6.368	.07932
7.321	.03120	8.135	.01395	9.051	.00269	6.374	.07908
7.353	.03055	8.141	.01372	9.058	.00258	6.412	.07790
7.359	.02991	8.179	.01310	9.103	.00226	6.418	.07709
7.397	.02977	8.186	.01308	9.128	.00223	6.440	.07684
7.410	.02944	8.218	.01234	9.141	.00214	6.456	.07558
7.417	.02931	8.224	.01185	9.147	.00209	6.462	.07408
7.436	.02863	8.237	.01181	9.160	.00203	6.484	.07346
7.455	.02823	8.244	.01158	9.167	.00197	6.500	.07300
7.468	.02804	8.256	.01146	9.199	.00191	6.505	.07121
7.487	.02732	8.276	.01109	9.244	.00183	6.527	.07087
7.500	.02674	8.282	.01090	9.263	.00162	6.544	.06963
7.506	.02599	8.308	.01084	9.282	.00151	6.549	.06890
7.513	.02566	8.321	.01061	9.314	.00148	6.588	.06781
7.526	.02541	8.333	.00985	9.333	.00145	6.615	.06682
7.558	.02504	8.340	.00968	9.346	.00142	6.632	.06625
7.564	.02494	8.378	.00965	9.372	.00123	6.637	.06560
7.571	.02475	8.391	.00918	9.404	.00105	6.659	.06400
7.603	.02447	8.423	.00913	9.455	.00094	6.676	.06367
7.609	.02375	8.429	.00895	9.468	.00085	6.703	.06231
7.615	.02356	8.449	.00881	9.487	.00082	6.720	.06119
7.622	.02335	8.481	.00855	9.551	.00079	6.725	.05948
7.628	.02290	8.487	.00820	9.577	.00069	6.764	.05892
7.641	.02255	8.494	.00812	9.692	.00061	6.769	.05867
7.660	.02203	8.513	.00797	9.756	.00052	6.791	.05820
7.667	.02173	8.526	.00770	9.776	.00035	6.808	.05756
7.673	.02170	8.532	.00744	9.859	.00026	6.813	.05693
7.705	.02098	8.538	.00740	9.865	.00022	6.835	.05599
7.718	.02035	8.545	.00722	9.949	.00017	6.852	.05568
7.724	.02025	8.551	.00676	10.269	.00009	6.857	.05372
7.731	.02013	8.583	.00656			6.879	.05317
7.763	.01999	8.596	.00649	4 3	3 3	6.896	.05243
7.776	.01986	8.628	.00646			6.901	.05176
7.814	.01962	8.641	.00626	6.000	.10009	6.940	.05107
7.821	.01958	8.647	.00624	6.016	.09779	6.945	.05044
7.833	.01949	8.654	.00621	6.022	.09675	6.967	.05025
7.846	.01896	8.667	.00574	6.060	.09640	6.984	.04897
7.872	.01861	8.686	.00563	6.066	.09367	6.989	.04802
7.878	.01853	8.699	.00549	6.088	.09349	7.011	.04747
7.897	.01830	8.718	.00500	6.104	.09288	7.027	.04727
7.910	.01789	8.737	.00477	6.110	.09259	7.033	.04683
7.917	.01752	8.756	.00458	6.132	.09134	7.055	.04676
7.929	.01736	8.795	.00452	6.148	.09094	7.071	.04646
7.936	.01688	8.801	.00435	6.154	.09047	7.077	.04445
7.968	.01661	8.833	.00429	6.176	.09011	7.115	.04382
7.974	.01641	8.840	.00386	6.192	.08900	7.121	.04320
8.013	.01626	8.853	.00377	6.198	.08714	7.143	.04292
8.019	.01597	8.859	.00372	6.236	.08608	7.159	.04209
8.026	.01569	8.872	.00331	6.242	.08560	7.165	.04109
8.032	.01551	8.891	.00323	6.264	.08520	7.187	.04062
8.051	.01516	8.936	.00317	6.280	.08464	7.203	.04032
8.071	.01500	8.942	.00308	6.286	.08327	7.209	.03992
8.077	.01490	8.949	.00298	6.308	.08217	7.231	.03960

EXACT PROBABILITY LEVELS FOR THE KRUSKAL-WALLIS TEST

h	P(H≥h)	h	P(H≥h)	h	P(H≥h)	h	P(H≥h)
4 3 3 3		4 3 3 3		4 3 3 3		4 4 1 1	
7.247	.03917	8.258	.01554	9.231	.00501	5.127	.10349
7.253	.03874	8.264	.01517	9.253	.00499	5.182	.09968
7.291	.03833	8.286	.01509	9.269	.00475	5.209	.09587
7.319	.03739	8.302	.01412	9.275	.00454	5.291	.08698
7.335	.03664	8.308	.01384	9.297	.00425	5.345	.07746
7.341	.03628	8.346	.01346	9.313	.00418	5.427	.07619
7.363	.03600	8.352	.01336	9.319	.00398	5.564	.07492
7.379	.03576	8.374	.01328	9.341	.00395	5.618	.07365
7.407	.03488	8.390	.01320	9.357	.00374	5.645	.06857
7.423	.03434	8.396	.01300	9.363	.00336	5.755	.06603
7.429	.03406	8.418	.01274	9.401	.00332	5.782	.06476
7.467	.03246	8.434	.01249	9.429	.00329	5.864	.05714
7.495	.03201	8.462	.01228	9.445	.00305	5.945	.04952
7.511	.03157	8.478	.01200	9.451	.00286	5.973	.04762
7.516	.03049	8.484	.01171	9.473	.00278	6.000	.04635
7.538	.02973	8.522	.01159	9.489	.00276	6.055	.04381
7.555	.02943	8.527	.01151	9.516	.00270	6.164	.04254
7.560	.02900	8.549	.01145	9.533	.00262	6.382	.04190
7.582	.02886	8.566	.01117	9.538	.00260	6.436	.03810
7.599	.02853	8.571	.01093	9.577	.00255	6.518	.03556
7.604	.02816	8.593	.01072	9.604	.00245	6.600	.03302
7.643	.02805	8.610	.01064	9.621	.00233	6.627	.03175
7.670	.02707	8.615	.01048	9.626	.00219	6.818	.02921
7.687	.02691	8.637	.01039	9.670	.00207	6.845	.02857
7.692	.02678	8.654	.01009	9.692	.00205	6.927	.02603
7.714	.02599	8.659	.00990	9.709	.00195	6.955	.02349
7.731	.02569	8.698	.00975	9.714	.00193	7.036	.02095
7.736	.02533	8.725	.00934	9.753	.00169	7.091	.01968
7.758	.02522	8.742	.00902	9.797	.00161	7.364	.01524
7.775	.02437	8.747	.00898	9.824	.00155	7.500	.01143
7.780	.02361	8.769	.00879	9.868	.00153	7.909	.00381
7.819	.02349	8.786	.00876	9.885	.00144		
7.824	.02282	8.791	.00863	9.890	.00138	4 4 2 1	
7.846	.02269	8.813	.00857	9.929	.00123		
7.863	.02232	8.830	.00837	9.973	.00107	5.545	.10026
7.868	.02191	8.835	.00794	10.000	.00101	5.568	.09980
7.890	.02161	8.874	.00790	10.016	.00096	5.591	.09703
7.907	.02139	8.879	.00774	10.044	.00092	5.614	.09633
7.912	.02122	8.901	.00770	10.060	.00080	5.636	.09576
7.934	.02108	8.918	.00757	10.066	.00073	5.659	.09091
7.951	.02087	8.923	.00747	10.148	.00069	5.682	.09056
7.956	.02043	8.945	.00743	10.154	.00065	5.705	.08733
7.995	.01985	8.962	.00727	10.220	.00061	5.727	.08433
8.022	.01973	8.967	.00711	10.236	.00057	5.773	.08364
8.038	.01922	9.011	.00707	10.396	.00044	5.795	.08317
8.044	.01853	9.049	.00668	10.456	.00034	5.818	.08294
8.082	.01822	9.077	.00626	10.484	.00032	5.841	.08225
8.110	.01794	9.093	.00602	10.500	.00023	5.864	.07867
8.126	.01771	9.099	.00591	10.505	.00021	5.886	.07775
8.132	.01747	9.121	.00576	10.527	.00015	5.909	.07694
8.170	.01735	9.137	.00572	10.659	.00014	5.932	.07648
8.176	.01699	9.143	.00548	10.852	.00008	5.955	.07544
8.198	.01689	9.165	.00544	10.923	.00005	5.977	.07475
8.214	.01647	9.181	.00516	11.275	.00002	6.000	.07198
8.220	.01594	9.187	.00514			6.023	.07152
8.242	.01573	9.225	.00504			6.045	.07117

h	P(H≥h)	h	P(H≥h)	h	P(H≥h)	h	P(H≥h)
4 4 2 1		4 4 2 1		4 4 2 2		4 4 2 2	
6.068	.06805	7.523	.01709	6.442	.06082	7.981	.01445
6.114	.06690	7.545	.01697	6.500	.06020	8.000	.01406
6.136	.06609	7.568	.01651	6.519	.05884	8.038	.01364
6.159	.06390	7.591	.01582	6.577	.05684	8.058	.01328
6.182	.06343	7.614	.01535	6.596	.05595	8.077	.01312
6.205	.05732	7.636	.01374	6.615	.05437	8.115	.01254
6.227	.05628	7.682	.01351	6.654	.05376	8.135	.01247
6.295	.05582	7.773	.01253	6.673	.05360	8.154	.01162
6.318	.05478	7.795	.01137	6.692	.05191	8.192	.01154
6.341	.05143	7.818	.01091	6.731	.04872	8.212	.01139
6.364	.05004	7.841	.01068	6.750	.04825	8.231	.01101
6.386	.04981	7.864	.01045	6.769	.04571	8.288	.01037
6.409	.04947	7.886	.01022	6.808	.04487	8.308	.01018
6.432	.04704	7.909	.00906	6.827	.04412	8.346	.00941
6.455	.04635	7.955	.00883	6.846	.04342	8.365	.00922
6.477	.04612	7.977	.00779	6.885	.04333	8.423	.00829
6.523	.04519	8.000	.00756	6.904	.04287	8.462	.00779
6.545	.04392	8.023	.00745	6.923	.04229	8.500	.00768
6.568	.04121	8.091	.00583	6.962	.04106	8.519	.00745
6.591	.04075	8.114	.00560	6.981	.04033	8.538	.00706
6.614	.04017	8.182	.00537	7.000	.03810	8.596	.00660
6.636	.03971	8.227	.00514	7.038	.03779	8.615	.00564
6.659	.03925	8.341	.00317	7.058	.03721	8.654	.00548
6.682	.03740	8.364	.00294	7.077	.03636	8.673	.00514
6.705	.03729	8.568	.00260	7.115	.03575	8.692	.00494
6.727	.03706	8.591	.00190	7.135	.03556	8.769	.00477
6.773	.03521	8.705	.00156	7.192	.03502	8.808	.00416
6.795	.03394	8.909	.00087	7.212	.03477	8.827	.00400
6.818	.03244	9.045	.00069	7.231	.03269	8.846	.00354
6.841	.03221			7.269	.03242	8.885	.00331
6.864	.03209	4 4 2 2		7.288	.03119	8.904	.00300
6.886	.03036			7.308	.03069	8.962	.00292
6.909	.02990	5.769	.10195	7.346	.02980	8.981	.00291
6.932	.02967	5.808	.09882	7.365	.02949	9.058	.00275
6.977	.02955	5.827	.09812	7.385	.02911	9.077	.00244
7.000	.02909	5.846	.09131	7.423	.02857	9.135	.00225
7.023	.02874	5.885	.09054	7.442	.02807	9.231	.00217
7.045	.02863	5.904	.08910	7.462	.02584	9.269	.00183
7.068	.02840	5.962	.08760	7.500	.02542	9.288	.00175
7.091	.02771	5.981	.08733	7.519	.02503	9.308	.00121
7.114	.02701	6.000	.08637	7.538	.02453	9.346	.00117
7.136	.02609	6.038	.08217	7.577	.02376	9.442	.00106
7.159	.02459	6.058	.08152	7.596	.02349	9.462	.00098
7.182	.02424	6.077	.07767	7.615	.02295	9.577	.00052
7.205	.02413	6.115	.07617	7.654	.02161	9.750	.00046
7.227	.02297	6.135	.07521	7.673	.02138	9.846	.00023
7.273	.02251	6.192	.07405	7.692	.02095	9.923	.00017
7.295	.02078	6.212	.07302	7.731	.02053	10.154	.00012
7.318	.02043	6.231	.07136	7.750	.01901		
7.341	.02020	6.269	.07038	7.808	.01801	4 4 3 1	
7.364	.01974	6.288	.06990	7.827	.01778		
7.409	.01962	6.308	.06686	7.846	.01709	5.660	.10020
7.432	.01951	6.346	.06597	7.885	.01587	5.692	.09853
7.455	.01905	6.365	.06293	7.904	.01572	5.712	.09625
7.477	.01789	6.385	.06263	7.923	.01499	5.718	.09550
7.500	.01743	6.423	.06101	7.962	.01460	5.737	.09509

EXACT PROBABILITY LEVELS FOR THE KRUSKAL-WALLIS TEST

h	P(H≥h)	h	P(H≥h)	h	P(H≥h)	h	P(H≥h)
4 4 3 1		4 4 3 1		4 4 3 1		4 4 3 2	
5.756	.09411	6.987	.03850	8.231	.00955	5.956	.09514
5.769	.09169	7.019	.03804	8.250	.00877	5.967	.09477
5.795	.09091	7.026	.03671	8.256	.00866	5.973	.09460
5.808	.08848	7.038	.03596	8.276	.00837	5.984	.09421
5.814	.08768	7.045	.03584	8.353	.00834	5.989	.09302
5.865	.08592	7.096	.03469	8.372	.00776	6.005	.09262
5.891	.08392	7.122	.03351	8.404	.00759	6.016	.09214
5.910	.08245	7.141	.03333	8.429	.00747	6.022	.09205
5.923	.08144	7.192	.03255	8.462	.00733	6.033	.09043
5.942	.08078	7.199	.03160	8.481	.00661	6.038	.09020
5.968	.08035	7.250	.03131	8.506	.00638	6.049	.08940
6.000	.07928	7.256	.03068	8.526	.00554	6.055	.08912
6.026	.07899	7.276	.02999	8.564	.00537	6.066	.08871
6.045	.07827	7.295	.02918	8.577	.00534	6.082	.08849
6.064	.07694	7.327	.02877	8.583	.00470	6.088	.08820
6.096	.07556	7.333	.02848	8.635	.00459	6.099	.08801
6.103	.07518	7.353	.02785	8.641	.00444	6.104	.08735
6.115	.07319	7.410	.02745	8.660	.00361	6.115	.08685
6.122	.07296	7.429	.02675	8.679	.00352	6.121	.08664
6.173	.07212	7.449	.02635	8.692	.00349	6.132	.08615
6.179	.07128	7.481	.02548	8.712	.00346	6.137	.08597
6.199	.07004	7.500	.02462	8.769	.00341	6.148	.08493
6.218	.06843	7.506	.02439	8.795	.00335	6.154	.08476
6.231	.06681	7.538	.02424	8.814	.00312	6.165	.08371
6.269	.06644	7.558	.02358	8.865	.00300	6.170	.08357
6.276	.06496	7.564	.02326	8.872	.00248	6.181	.08309
6.327	.06436	7.583	.02271	8.891	.00231	6.187	.08280
6.333	.06280	7.603	.02202	8.968	.00208	6.198	.08154
6.353	.06219	7.615	.02199	9.000	.00202	6.203	.08139
6.372	.06173	7.641	.02121	9.038	.00185	6.214	.08027
6.385	.06101	7.654	.02052	9.096	.00176	6.220	.08015
6.404	.06014	7.660	.01954	9.122	.00170	6.231	.08000
6.410	.05957	7.712	.01893	9.173	.00165	6.236	.07938
6.429	.05769	7.737	.01861	9.179	.00159	6.247	.07866
6.506	.05665	7.756	.01804	9.199	.00118	6.253	.07849
6.526	.05582	7.769	.01740	9.256	.00113	6.264	.07814
6.558	.05463	7.788	.01665	9.276	.00107	6.269	.07804
6.577	.05255	7.814	.01625	9.295	.00101	6.280	.07673
6.583	.05201	7.846	.01602	9.327	.00084	6.286	.07614
6.615	.05094	7.872	.01593	9.500	.00078	6.297	.07607
6.635	.04978	7.891	.01590	9.583	.00069	6.302	.07599
6.641	.04949	7.910	.01567	9.692	.00052	6.313	.07565
6.660	.04898	7.942	.01541	9.788	.00043	6.319	.07512
6.679	.04877	7.949	.01483	9.872	.00026	6.330	.07450
6.718	.04724	7.962	.01414	10.077	.00017	6.335	.07350
6.731	.04652	7.968	.01359			6.346	.07326
6.737	.04557	8.026	.01339	4 4 3 2		6.352	.07310
6.788	.04494	8.045	.01253			6.363	.07278
6.795	.04401	8.064	.01224	5.890	.10070	6.368	.07258
6.814	.04361	8.077	.01209	5.901	.09950	6.379	.07213
6.833	.04228	8.115	.01186	5.907	.09932	6.385	.07142
6.846	.04196	8.122	.01177	5.918	.09835	6.401	.07087
6.891	.04156	8.173	.01131	5.923	.09808	6.412	.07016
6.923	.04029	8.179	.01056	5.934	.09684	6.418	.07008
6.949	.03945	8.199	.01051	5.940	.09566	6.429	.06974
6.968	.03896	8.218	.01027	5.951	.09523	6.434	.06965

h		P(H≥h)		h		P(H≥h)		h		P(H≥h)		h		P(H≥h)	
4	4	3	2	4	4	3	2	4	4	3	2	4	4	3	2
6.445			.06897	6.923			.04812	7.407			.03295	7.918			.02060
6.451			.06880	6.940			.04801	7.418			.03281	7.934			.02045
6.462			.06737	6.945			.04783	7.423			.03224	7.945			.02025
6.467			.06696	6.956			.04690	7.434			.03191	7.951			.01998
6.478			.06625	6.962			.04672	7.440			.03187	7.962			.01982
6.484			.06587	6.973			.04641	7.456			.03176	7.967			.01955
6.495			.06568	6.978			.04616	7.467			.03160	7.984			.01944
6.500			.06557	6.989			.04563	7.473			.03109	8.011			.01928
6.511			.06550	6.995			.04542	7.484			.03069	8.016			.01910
6.516			.06530	7.005			.04510	7.489			.03062	8.027			.01887
6.527			.06494	7.011			.04496	7.505			.03050	8.033			.01879
6.533			.06478	7.022			.04461	7.516			.02967	8.044			.01845
6.544			.06446	7.027			.04422	7.522			.02938	8.049			.01828
6.549			.06411	7.038			.04388	7.533			.02911	8.060			.01795
6.560			.06343	7.044			.04373	7.538			.02891	8.066			.01769
6.566			.06311	7.055			.04349	7.549			.02878	8.077			.01765
6.577			.06286	7.060			.04336	7.555			.02866	8.082			.01760
6.582			.06260	7.077			.04295	7.566			.02852	8.093			.01740
6.593			.06231	7.088			.04255	7.582			.02829	8.099			.01737
6.599			.06214	7.093			.04240	7.588			.02821	8.110			.01721
6.610			.06123	7.104			.04198	7.599			.02776	8.115			.01712
6.615			.06116	7.110			.04190	7.604			.02773	8.126			.01689
6.626			.06101	7.121			.04156	7.615			.02750	8.132			.01677
6.632			.05996	7.126			.04094	7.621			.02727	8.148			.01654
6.648			.05944	7.137			.04065	7.632			.02713	8.159			.01648
6.659			.05896	7.143			.04048	7.637			.02708	8.165			.01625
6.665			.05891	7.154			.04042	7.648			.02686	8.176			.01613
6.676			.05858	7.159			.04014	7.654			.02677	8.181			.01608
6.681			.05801	7.170			.03985	7.665			.02671	8.192			.01594
6.692			.05698	7.176			.03936	7.670			.02641	8.198			.01582
6.698			.05680	7.187			.03904	7.681			.02636	8.209			.01568
6.709			.05627	7.192			.03899	7.687			.02624	8.225			.01518
6.714			.05609	7.203			.03848	7.698			.02592	8.231			.01514
6.725			.05597	7.209			.03822	7.703			.02578	8.247			.01506
6.731			.05522	7.220			.03792	7.714			.02561	8.258			.01491
6.742			.05472	7.225			.03776	7.720			.02554	8.264			.01479
6.747			.05460	7.236			.03757	7.736			.02535	8.275			.01438
6.758			.05451	7.242			.03737	7.747			.02500	8.280			.01430
6.764			.05444	7.253			.03683	7.753			.02493	8.291			.01423
6.775			.05408	7.258			.03659	7.764			.02466	8.297			.01410
6.780			.05372	7.269			.03619	7.769			.02438	8.308			.01387
6.791			.05332	7.275			.03600	7.780			.02371	8.313			.01378
6.797			.05312	7.291			.03592	7.797			.02360	8.324			.01364
6.808			.05289	7.302			.03566	7.802			.02349	8.330			.01357
6.813			.05269	7.308			.03554	7.813			.02343	8.341			.01340
6.824			.05173	7.319			.03532	7.819			.02333	8.346			.01339
6.830			.05156	7.324			.03514	7.830			.02314	8.363			.01328
6.841			.05126	7.335			.03480	7.835			.02295	8.379			.01324
6.846			.05100	7.341			.03477	7.846			.02267	8.390			.01292
6.863			.05070	7.352			.03440	7.852			.02261	8.396			.01290
6.874			.04983	7.357			.03434	7.863			.02212	8.407			.01273
6.879			.04925	7.368			.03429	7.868			.02191	8.412			.01270
6.890			.04913	7.374			.03386	7.885			.02144	8.423			.01254
6.896			.04872	7.385			.03364	7.896			.02121	8.429			.01247
6.907			.04840	7.390			.03330	7.901			.02116	8.440			.01245
6.912			.04826	7.401			.03301	7.912			.02106	8.445			.01230

EXACT PROBABILITY LEVELS FOR THE KRUSKAL-WALLIS TEST

h	P(H≥h)	h	P(H≥h)	h	P(H≥h)	h	P(H≥h)
4 4 3 2		4 4 3 2		4 4 3 2		4 4 3 2	
8.456	.01215	8.989	.00642	9.582	.00221	10.582	.00020
8.473	.01186	9.000	.00638	9.593	.00218	10.681	.00015
8.478	.01174	9.005	.00631	9.599	.00211	10.736	.00012
8.489	.01165	9.016	.00626	9.610	.00201	10.753	.00009
8.495	.01160	9.038	.00621	9.615	.00200	10.830	.00007
8.505	.01151	9.049	.00605	9.626	.00188	10.901	.00004
8.511	.01142	9.055	.00593	9.632	.00187	11.176	.00003
8.522	.01120	9.066	.00587	9.648	.00186		
8.527	.01110	9.082	.00582	9.665	.00184	4 4 3 3	
8.538	.01099	9.088	.00580	9.681	.00177		
8.544	.01095	9.099	.00554	9.692	.00174	6.005	.10028
8.555	.01083	9.104	.00523	9.698	.00168	6.019	.09948
8.560	.01071	9.115	.00512	9.709	.00167	6.024	.09897
8.571	.01047	9.121	.00508	9.725	.00167	6.029	.09826
8.577	.01043	9.132	.00507	9.731	.00166	6.043	.09803
8.593	.01024	9.137	.00506	9.747	.00164	6.048	.09788
8.604	.01014	9.148	.00503	9.758	.00163	6.062	.09736
8.610	.01004	9.154	.00501	9.764	.00160	6.067	.09660
8.621	.00999	9.165	.00476	9.775	.00158	6.081	.09613
8.626	.00991	9.170	.00475	9.791	.00156	6.095	.09546
8.637	.00974	9.181	.00464	9.813	.00142	6.105	.09488
8.654	.00968	9.187	.00462	9.830	.00131	6.119	.09453
8.659	.00955	9.198	.00457	9.841	.00119	6.124	.09387
8.676	.00931	9.203	.00436	9.846	.00115	6.133	.09322
8.687	.00913	9.220	.00417	9.879	.00111	6.138	.09156
8.692	.00910	9.231	.00416	9.890	.00109	6.157	.09136
8.703	.00906	9.236	.00415	9.896	.00103	6.171	.09105
8.709	.00883	9.247	.00396	9.907	.00102	6.176	.09099
8.720	.00880	9.253	.00389	9.912	.00101	6.181	.09032
8.725	.00876	9.264	.00385	9.945	.00099	6.195	.09006
8.736	.00874	9.269	.00382	9.962	.00088	6.200	.08956
8.742	.00862	9.280	.00380	9.978	.00083	6.210	.08883
8.753	.00856	9.302	.00379	9.995	.00081	6.214	.08839
8.758	.00849	9.313	.00378	10.011	.00079	6.219	.08825
8.769	.00832	9.319	.00375	10.022	.00076	6.233	.08807
8.775	.00830	9.335	.00361	10.044	.00074	6.248	.08705
8.791	.00816	9.346	.00355	10.060	.00072	6.252	.08649
8.802	.00801	9.352	.00337	10.093	.00068	6.257	.08574
8.808	.00788	9.363	.00314	10.104	.00067	6.276	.08568
8.824	.00782	9.368	.00307	10.126	.00066	6.286	.08509
8.835	.00758	9.379	.00301	10.137	.00065	6.290	.08487
8.841	.00757	9.385	.00301	10.159	.00055	6.295	.08439
8.852	.00747	9.396	.00300	10.176	.00052	6.310	.08398
8.868	.00736	9.418	.00286	10.187	.00051	6.324	.08328
8.874	.00728	9.434	.00283	10.225	.00050	6.329	.08268
8.885	.00726	9.445	.00278	10.242	.00047	6.333	.08251
8.890	.00724	9.451	.00267	10.253	.00045	6.348	.08162
8.901	.00718	9.462	.00262	10.258	.00043	6.352	.08118
8.907	.00713	9.467	.00260	10.286	.00042	6.362	.08070
8.923	.00704	9.484	.00254	10.302	.00041	6.367	.08029
8.934	.00671	9.495	.00245	10.374	.00040	6.371	.07880
8.940	.00670	9.500	.00241	10.385	.00040	6.386	.07862
8.951	.00665	9.516	.00240	10.407	.00036	6.405	.07850
8.956	.00650	9.527	.00239	10.418	.00028	6.410	.07798
8.967	.00646	9.544	.00235	10.434	.00027	6.424	.07775
8.973	.00643	9.566	.00222	10.489	.00021	6.429	.07735

h	$P(H \geq h)$	h	$P(H \geq h)$	h	$P(H \geq h)$	h	$P(H \geq h)$
4 4 3 3		4 4 3 3		4 4 3 3		4 4 3 3	
6.438	.07723	6.976	.05311	7.529	.03426	8.062	.02213
6.448	.07651	6.981	.05236	7.543	.03415	8.076	.02172
6.462	.07639	6.995	.05216	7.548	.03408	8.081	.02159
6.476	.07576	7.010	.05200	7.552	.03381	8.086	.02145
6.481	.07535	7.014	.05166	7.567	.03368	8.105	.02136
6.500	.07465	7.019	.05122	7.571	.03313	8.119	.02096
6.505	.07417	7.033	.05093	7.581	.03285	8.124	.02079
6.514	.07361	7.038	.04990	7.586	.03261	8.138	.02069
6.519	.07341	7.048	.04932	7.590	.03255	8.152	.02058
6.524	.07299	7.052	.04884	7.605	.03238	8.162	.02032
6.538	.07271	7.057	.04843	7.619	.03204	8.176	.02022
6.552	.07214	7.090	.04824	7.624	.03172	8.181	.01999
6.557	.07180	7.095	.04801	7.629	.03152	8.190	.01967
6.562	.07175	7.110	.04793	7.648	.03144	8.195	.01953
6.576	.07146	7.114	.04756	7.657	.03126	8.214	.01938
6.581	.07103	7.124	.04740	7.662	.03098	8.233	.01922
6.590	.07024	7.133	.04716	7.667	.03071	8.238	.01884
6.595	.06995	7.148	.04642	7.681	.03052	8.252	.01872
6.600	.06959	7.162	.04626	7.695	.03016	8.257	.01838
6.629	.06942	7.167	.04580	7.700	.02997	8.267	.01824
6.633	.06898	7.186	.04528	7.705	.02951	8.271	.01804
6.638	.06752	7.190	.04493	7.719	.02938	8.276	.01793
6.652	.06741	7.200	.04479	7.724	.02923	8.290	.01777
6.667	.06706	7.205	.04466	7.733	.02896	8.305	.01763
6.671	.06601	7.210	.04414	7.738	.02848	8.310	.01746
6.676	.06591	7.224	.04393	7.743	.02825	8.314	.01727
6.690	.06555	7.238	.04347	7.757	.02822	8.333	.01724
6.705	.06486	7.243	.04313	7.776	.02816	8.343	.01681
6.710	.06427	7.248	.04298	7.781	.02794	8.348	.01670
6.714	.06392	7.262	.04274	7.795	.02782	8.352	.01657
6.729	.06379	7.267	.04231	7.800	.02753	8.367	.01651
6.733	.06361	7.276	.04162	7.810	.02730	8.381	.01619
6.748	.06259	7.281	.04106	7.819	.02714	8.386	.01605
6.752	.06209	7.286	.04088	7.833	.02697	8.390	.01601
6.767	.06183	7.314	.04082	7.848	.02629	8.405	.01582
6.781	.06080	7.319	.04060	7.852	.02593	8.410	.01565
6.790	.06055	7.324	.04006	7.871	.02579	8.419	.01551
6.805	.06033	7.338	.03982	7.876	.02568	8.424	.01531
6.810	.05982	7.352	.03970	7.890	.02558	8.429	.01520
6.819	.05928	7.357	.03946	7.895	.02523	8.443	.01516
6.824	.05865	7.362	.03933	7.910	.02511	8.462	.01504
6.843	.05830	7.376	.03913	7.924	.02502	8.467	.01477
6.857	.05796	7.390	.03882	7.929	.02487	8.481	.01455
6.862	.05769	7.395	.03853	7.933	.02479	8.486	.01443
6.867	.05740	7.400	.03812	7.948	.02460	8.495	.01440
6.881	.05686	7.414	.03798	7.952	.02445	8.505	.01429
6.886	.05660	7.419	.03779	7.962	.02426	8.519	.01425
6.895	.05639	7.433	.03735	7.967	.02405	8.533	.01422
6.900	.05602	7.438	.03681	7.971	.02357	8.538	.01377
6.905	.05568	7.452	.03666	8.000	.02354	8.557	.01363
6.919	.05547	7.467	.03649	8.005	.02322	8.562	.01349
6.933	.05500	7.476	.03576	8.010	.02306	8.571	.01321
6.938	.05433	7.490	.03552	8.024	.02288	8.576	.01313
6.943	.05386	7.495	.03501	8.038	.02267	8.581	.01305
6.962	.05384	7.505	.03483	8.043	.02249	8.595	.01298
6.971	.05327	7.510	.03464	8.048	.02233	8.610	.01280

EXACT PROBABILITY LEVELS FOR THE KRUSKAL-WALLIS TEST

h	$P(H \geq h)$	h	$P(H \geq h)$	h	$P(H \geq h)$	h	$P(H \geq h)$
4 4 3 3		4 4 3 3		4 4 3 3		4 4 3 3	
8.619	.01271	9.181	.00709	9.738	.00377	10.329	.00137
8.633	.01255	9.190	.00705	9.752	.00373	10.333	.00135
8.638	.01233	9.205	.00703	9.757	.00371	10.348	.00131
8.648	.01224	9.219	.00683	9.762	.00370	10.362	.00130
8.652	.01215	9.224	.00673	9.776	.00367	10.367	.00129
8.657	.01201	9.243	.00666	9.781	.00357	10.371	.00121
8.686	.01198	9.248	.00661	9.790	.00356	10.390	.00120
8.690	.01195	9.257	.00644	9.795	.00355	10.400	.00117
8.695	.01177	9.262	.00643	9.800	.00351	10.405	.00108
8.710	.01175	9.267	.00640	9.833	.00344	10.410	.00105
8.724	.01169	9.281	.00634	9.838	.00328	10.424	.00104
8.729	.01158	9.295	.00632	9.852	.00325	10.443	.00104
8.733	.01149	9.300	.00627	9.857	.00324	10.462	.00103
8.748	.01135	9.305	.00619	9.867	.00321	10.467	.00098
8.762	.01112	9.319	.00611	9.876	.00305	10.476	.00089
8.767	.01104	9.324	.00599	9.890	.00303	10.486	.00087
8.771	.01095	9.333	.00588	9.905	.00298	10.524	.00085
8.786	.01089	9.338	.00575	9.910	.00296	10.538	.00083
8.790	.01079	9.343	.00570	9.929	.00295	10.552	.00080
8.805	.01068	9.371	.00569	9.933	.00291	10.576	.00078
8.810	.01060	9.376	.00563	9.943	.00276	10.590	.00078
8.824	.01056	9.381	.00562	9.948	.00273	10.614	.00077
8.838	.01043	9.395	.00559	9.952	.00268	10.619	.00075
8.848	.01031	9.410	.00554	9.967	.00264	10.629	.00072
8.862	.01016	9.414	.00546	9.981	.00246	10.633	.00071
8.867	.01003	9.419	.00540	9.986	.00244	10.638	.00063
8.876	.00974	9.433	.00536	9.990	.00242	10.652	.00062
8.881	.00966	9.448	.00529	10.005	.00236	10.667	.00060
8.900	.00955	9.452	.00526	10.010	.00234	10.676	.00057
8.914	.00935	9.457	.00520	10.019	.00231	10.695	.00055
8.919	.00930	9.476	.00516	10.024	.00230	10.705	.00055
8.924	.00918	9.490	.00503	10.029	.00228	10.714	.00054
8.938	.00916	9.495	.00497	10.057	.00227	10.748	.00053
8.943	.00902	9.510	.00497	10.062	.00225	10.752	.00052
8.952	.00889	9.524	.00488	10.067	.00222	10.767	.00051
8.957	.00885	9.533	.00483	10.081	.00212	10.781	.00048
8.962	.00884	9.548	.00475	10.095	.00207	10.786	.00047
8.976	.00880	9.552	.00466	10.100	.00202	10.819	.00046
8.990	.00870	9.562	.00463	10.105	.00196	10.829	.00045
8.995	.00855	9.567	.00456	10.119	.00193	10.848	.00044
9.019	.00849	9.586	.00451	10.133	.00188	10.867	.00042
9.029	.00840	9.605	.00443	10.138	.00176	10.881	.00039
9.033	.00836	9.610	.00439	10.143	.00175	10.919	.00038
9.038	.00820	9.624	.00431	10.162	.00171	10.933	.00037
9.052	.00816	9.629	.00429	10.176	.00169	10.976	.00035
9.067	.00809	9.638	.00424	10.181	.00168	10.981	.00034
9.071	.00806	9.643	.00417	10.195	.00166	11.000	.00034
9.076	.00800	9.648	.00416	10.219	.00165	11.010	.00031
9.090	.00797	9.662	.00415	10.233	.00164	11.033	.00030
9.095	.00782	9.676	.00413	10.238	.00155	11.048	.00025
9.105	.00767	9.681	.00404	10.248	.00152	11.086	.00024
9.110	.00759	9.686	.00400	10.271	.00149	11.090	.00022
9.148	.00750	9.705	.00398	10.290	.00146	11.095	.00022
9.152	.00743	9.714	.00393	10.295	.00145	11.110	.00021
9.167	.00733	9.719	.00389	10.310	.00141	11.133	.00021
9.171	.00711	9.724	.00383	10.324	.00140	11.152	.00016

h	P(H≥h)	h	P(H≥h)	h	P(H≥h)	h	P(H≥h)
4 4 3 3		4 4 4 1		4 4 4 1		4 4 4 1	
11.167	.00015	6.396	.06204	7.599	.02579	8.802	.00682
11.224	.00014	6.412	.06178	7.615	.02541	8.835	.00661
11.238	.00013	6.429	.06053	7.632	.02517	8.852	.00639
11.300	.00013	6.462	.05821	7.648	.02470	8.868	.00631
11.376	.00009	6.478	.05757	7.665	.02454	8.901	.00618
11.400	.00009	6.495	.05674	7.681	.02443	8.934	.00578
11.429	.00008	6.544	.05648	7.714	.02432	8.951	.00522
11.438	.00008	6.560	.05552	7.731	.02350	9.000	.00496
11.467	.00007	6.577	.05461	7.747	.02334	9.033	.00490
11.490	.00006	6.593	.05405	7.764	.02227	9.049	.00424
11.514	.00006	6.610	.05379	7.780	.02219	9.066	.00400
11.533	.00005	6.626	.05288	7.797	.02198	9.082	.00394
11.667	.00003	6.659	.05219	7.813	.02089	9.099	.00392
11.771	.00002	6.676	.05102	7.846	.02065	9.115	.00378
11.833	.00002	6.709	.05032	7.863	.02049	9.132	.00373
11.895	.00001	6.725	.04979	7.879	.01966	9.181	.00352
12.200	.00001	6.742	.04944	7.896	.01947	9.198	.00309
		6.758	.04931	7.929	.01934	9.214	.00258
4 4 4 1		6.791	.04737	7.945	.01897	9.247	.00253
		6.808	.04707	7.978	.01828	9.264	.00248
5.637	.10086	6.824	.04646	7.995	.01817	9.330	.00245
5.654	.09801	6.857	.04555	8.011	.01758	9.379	.00240
5.670	.09772	6.874	.04534	8.027	.01732	9.396	.00224
5.687	.09673	6.890	.04446	8.044	.01721	9.429	.00216
5.736	.09598	6.923	.04412	8.060	.01684	9.478	.00176
5.753	.09556	6.940	.04393	8.077	.01652	9.527	.00160
5.769	.09455	6.956	.04321	8.126	.01644	9.593	.00148
5.786	.09183	6.973	.04095	8.143	.01622	9.610	.00145
5.819	.09002	6.989	.04065	8.159	.01497	9.626	.00143
5.835	.08818	7.005	.04007	8.192	.01487	9.643	.00132
5.868	.08733	7.022	.03921	8.209	.01447	9.709	.00124
5.885	.08605	7.071	.03903	8.242	.01396	9.725	.00121
5.901	.08530	7.088	.03799	8.258	.01343	9.758	.00097
5.918	.08416	7.104	.03756	8.275	.01316	9.775	.00092
5.934	.08352	7.137	.03692	8.291	.01308	9.824	.00081
5.951	.08304	7.154	.03642	8.308	.01295	9.841	.00079
5.967	.08250	7.187	.03498	8.324	.01268	9.989	.00068
6.016	.08045	7.203	.03482	8.341	.01257	10.088	.00065
6.033	.07947	7.220	.03442	8.390	.01217	10.121	.00049
6.049	.07893	7.236	.03373	8.407	.01180	10.170	.00044
6.066	.07845	7.253	.03330	8.423	.01169	10.187	.00039
6.082	.07798	7.269	.03301	8.440	.01162	10.236	.00036
6.099	.07771	7.286	.03247	8.456	.01156	10.269	.00031
6.132	.07758	7.319	.03173	8.522	.01092	10.516	.00025
6.148	.07608	7.335	.03128	8.538	.01076	10.681	.00017
6.165	.07504	7.352	.03117	8.555	.01012	10.764	.00013
6.181	.07329	7.368	.03082	8.571	.01007	11.011	.00005
6.214	.07286	7.401	.03061	8.588	.00986		
6.231	.07028	7.418	.03002	8.604	.00943	4 4 4 2	
6.264	.06828	7.451	.02893	8.654	.00892		
6.280	.06679	7.467	.02808	8.687	.00871	5.900	.10136
6.297	.06575	7.484	.02795	8.703	.00826	5.914	.09940
6.313	.06466	7.500	.02773	8.720	.00807	5.929	.09799
6.330	.06367	7.516	.02731	8.736	.00797	5.943	.09759
6.346	.06351	7.533	.02712	8.769	.00783	5.971	.09719
6.363	.06324	7.549	.02661	8.786	.00778	5.986	.09602

EXACT PROBABILITY LEVELS FOR THE KRUSKAL-WALLIS TEST

h	P(H≥h)	h	P(H≥h)	h	P(H≥h)	h	P(H≥h)
4 4 4 2		4 4 4 2		4 4 4 2		4 4 4 2	
6.014	.09515	6.957	.04960	7.929	.02428	8.886	.00983
6.029	.09478	6.971	.04902	7.943	.02393	8.900	.00975
6.043	.09241	7.000	.04807	7.957	.02388	8.914	.00911
6.057	.09087	7.014	.04728	7.971	.02367	8.943	.00905
6.086	.09060	7.029	.04680	7.986	.02310	8.957	.00883
6.100	.08999	7.043	.04647	8.000	.02305	8.971	.00866
6.114	.08832	7.057	.04626	8.029	.02265	8.986	.00862
6.129	.08729	7.071	.04557	8.043	.02242	9.000	.00857
6.143	.08713	7.086	.04516	8.057	.02203	9.014	.00816
6.157	.08632	7.114	.04500	8.071	.02188	9.029	.00803
6.171	.08515	7.129	.04436	8.086	.02174	9.057	.00778
6.200	.08457	7.143	.04403	8.100	.02131	9.071	.00770
6.214	.08143	7.157	.04368	8.114	.02050	9.086	.00748
6.229	.08087	7.171	.04347	8.143	.02029	9.100	.00742
6.243	.08059	7.186	.04299	8.157	.01992	9.114	.00732
6.257	.07964	7.200	.04233	8.171	.01975	9.129	.00711
6.271	.07873	7.229	.04149	8.186	.01937	9.171	.00701
6.286	.07838	7.243	.04086	8.200	.01915	9.186	.00684
6.314	.07732	7.257	.04027	8.214	.01876	9.214	.00668
6.329	.07669	7.271	.04010	8.257	.01825	9.229	.00664
6.343	.07551	7.286	.03968	8.271	.01760	9.243	.00659
6.357	.07505	7.300	.03940	8.300	.01751	9.257	.00635
6.371	.07473	7.314	.03883	8.314	.01710	9.286	.00622
6.386	.07406	7.343	.03876	8.329	.01684	9.300	.00592
6.400	.07321	7.357	.03842	8.343	.01653	9.314	.00583
6.429	.07297	7.386	.03756	8.371	.01622	9.329	.00573
6.443	.07149	7.400	.03732	8.386	.01610	9.343	.00565
6.471	.07102	7.414	.03539	8.400	.01555	9.357	.00558
6.486	.07044	7.429	.03512	8.414	.01509	9.400	.00553
6.500	.06995	7.457	.03488	8.429	.01502	9.414	.00526
6.514	.06773	7.471	.03390	8.443	.01472	9.429	.00521
6.543	.06739	7.486	.03367	8.457	.01453	9.443	.00518
6.557	.06608	7.500	.03342	8.486	.01445	9.457	.00517
6.571	.06567	7.514	.03295	8.500	.01420	9.471	.00502
6.586	.06539	7.529	.03268	8.514	.01391	9.486	.00487
6.600	.06498	7.571	.03199	8.529	.01385	9.514	.00484
6.614	.06274	7.586	.03139	8.543	.01378	9.529	.00481
6.629	.06217	7.600	.03088	8.557	.01359	9.543	.00474
6.657	.06193	7.614	.03061	8.571	.01340	9.557	.00456
6.671	.06139	7.629	.03022	8.600	.01322	9.571	.00455
6.686	.06044	7.643	.02998	8.614	.01229	9.586	.00451
6.700	.06011	7.657	.02982	8.629	.01198	9.600	.00444
6.714	.05972	7.686	.02961	8.643	.01184	9.629	.00433
6.729	.05853	7.700	.02927	8.657	.01167	9.643	.00412
6.743	.05787	7.714	.02842	8.671	.01154	9.671	.00395
6.771	.05763	7.729	.02811	8.686	.01135	9.686	.00383
6.786	.05706	7.743	.02797	8.714	.01121	9.700	.00376
6.800	.05667	7.757	.02716	8.729	.01111	9.714	.00370
6.814	.05555	7.771	.02696	8.757	.01100	9.743	.00356
6.829	.05495	7.800	.02684	8.771	.01089	9.757	.00348
6.843	.05439	7.814	.02636	8.786	.01066	9.771	.00324
6.857	.05385	7.843	.02609	8.800	.01054	9.786	.00315
6.886	.05366	7.857	.02601	8.829	.01039	9.800	.00314
6.900	.05247	7.871	.02570	8.843	.01014	9.814	.00292
6.929	.05099	7.886	.02527	8.857	.01006	9.829	.00286
6.943	.05040	7.914	.02499	8.871	.00987	9.857	.00283

h	P(H≥h)	h	P(H≥h)	h	P(H≥h)	h	P(H≥h)
4 4	4 2	4 4	4 2	4 4	4 3	4 4	4 3
9.871	.00277	11.186	.00015	6.429	.07975	6.992	.05517
9.886	.00275	11.229	.00014	6.442	.07902	7.013	.05460
9.900	.00264	11.314	.00014	6.450	.07812	7.017	.05408
9.914	.00255	11.357	.00011	6.454	.07787	7.029	.05389
9.929	.00250	11.386	.00010	6.475	.07759	7.050	.05348
9.943	.00241	11.429	.00010	6.479	.07692	7.054	.05319
9.971	.00240	11.457	.00008	6.488	.07671	7.067	.05286
9.986	.00225	11.471	.00008	6.492	.07640	7.075	.05269
10.000	.00220	11.600	.00005	6.513	.07589	7.079	.05223
10.014	.00214	11.686	.00003	6.517	.07543	7.092	.05168
10.029	.00208	11.814	.00002	6.529	.07495	7.113	.05123
10.043	.00194	12.114	.00001	6.542	.07415	7.117	.05057
10.057	.00191			6.554	.07401	7.129	.05022
10.100	.00185	4 4	4 3	6.563	.07348	7.142	.04954
10.129	.00158			6.567	.07335	7.150	.04902
10.143	.00157	6.029	.10084	6.579	.07312	7.154	.04882
10.157	.00156	6.042	.09980	6.588	.07262	7.163	.04860
10.200	.00155	6.054	.09966	6.592	.07199	7.167	.04831
10.229	.00150	6.063	.09922	6.600	.07136	7.179	.04822
10.243	.00142	6.067	.09893	6.617	.07124	7.188	.04778
10.257	.00139	6.075	.09879	6.629	.07094	7.192	.04770
10.271	.00136	6.079	.09872	6.642	.07037	7.225	.04720
10.286	.00135	6.092	.09795	6.654	.06955	7.242	.04647
10.314	.00131	6.100	.09677	6.663	.06914	7.254	.04605
10.329	.00114	6.113	.09631	6.675	.06828	7.263	.04579
10.357	.00110	6.117	.09574	6.679	.06777	7.267	.04534
10.371	.00105	6.129	.09537	6.692	.06716	7.275	.04527
10.386	.00104	6.142	.09460	6.700	.06630	7.279	.04489
10.400	.00102	6.154	.09381	6.713	.06595	7.292	.04446
10.429	.00089	6.167	.09332	6.717	.06564	7.300	.04443
10.443	.00088	6.175	.09311	6.742	.06530	7.313	.04418
10.457	.00084	6.179	.09207	6.750	.06488	7.317	.04409
10.471	.00081	6.192	.09133	6.754	.06486	7.329	.04379
10.486	.00080	6.213	.09084	6.767	.06459	7.342	.04334
10.500	.00072	6.217	.09004	6.775	.06427	7.367	.04288
10.543	.00069	6.225	.08981	6.779	.06365	7.375	.04265
10.600	.00062	6.229	.08930	6.788	.06302	7.379	.04243
10.614	.00061	6.242	.08906	6.792	.06282	7.388	.04204
10.629	.00057	6.254	.08806	6.825	.06254	7.392	.04184
10.657	.00055	6.263	.08763	6.829	.06215	7.413	.04125
10.671	.00054	6.267	.08698	6.842	.06173	7.417	.04090
10.686	.00051	6.279	.08672	6.850	.06127	7.425	.04086
10.700	.00048	6.288	.08615	6.854	.06095	7.429	.04078
10.729	.00045	6.300	.08580	6.867	.06079	7.442	.04015
10.743	.00045	6.317	.08567	6.879	.06066	7.450	.03976
10.800	.00039	6.325	.08539	6.888	.05987	7.454	.03945
10.829	.00036	6.329	.08465	6.892	.05953	7.463	.03917
10.857	.00034	6.342	.08383	6.900	.05911	7.467	.03889
10.886	.00034	6.354	.08296	6.925	.05889	7.479	.03886
10.900	.00032	6.363	.08286	6.929	.05805	7.488	.03867
10.957	.00030	6.367	.08214	6.942	.05761	7.492	.03843
11.000	.00027	6.375	.08174	6.954	.05701	7.500	.03800
11.014	.00021	6.379	.08164	6.963	.05655	7.517	.03796
11.043	.00019	6.392	.08060	6.967	.05581	7.525	.03776
11.114	.00018	6.400	.08006	6.975	.05543	7.529	.03726
11.171	.00016	6.413	.07999	6.979	.05525	7.554	.03699

EXACT PROBABILITY LEVELS FOR THE KRUSKAL-WALLIS TEST

h	$P(H \geq h)$	h	$P(H \geq h)$	h	$P(H \geq h)$	h	$P(H \geq h)$
4 4 4 3		4 4 4 3		4 4 4 3		4 4 4 3	
7.567	.03678	8.125	.02398	8.663	.01452	9.267	.00808
7.575	.03657	8.129	.02395	8.667	.01446	9.279	.00806
7.579	.03620	8.142	.02369	8.679	.01444	9.288	.00798
7.592	.03594	8.154	.02340	8.692	.01431	9.292	.00791
7.600	.03560	8.163	.02322	8.700	.01408	9.300	.00787
7.613	.03554	8.175	.02294	8.717	.01400	9.317	.00779
7.629	.03529	8.179	.02281	8.725	.01386	9.325	.00769
7.642	.03502	8.192	.02250	8.729	.01370	9.329	.00758
7.650	.03470	8.200	.02227	8.742	.01364	9.342	.00743
7.654	.03462	8.217	.02218	8.754	.01341	9.354	.00732
7.675	.03441	8.229	.02207	8.763	.01335	9.363	.00730
7.679	.03412	8.242	.02204	8.767	.01309	9.367	.00725
7.688	.03386	8.250	.02181	8.775	.01302	9.379	.00719
7.692	.03381	8.254	.02176	8.779	.01297	9.392	.00706
7.713	.03351	8.267	.02156	8.829	.01274	9.400	.00697
7.717	.03310	8.275	.02151	8.842	.01248	9.413	.00695
7.725	.03287	8.279	.02114	8.850	.01233	9.429	.00689
7.729	.03247	8.288	.02078	8.867	.01224	9.442	.00679
7.742	.03238	8.313	.02071	8.875	.01222	9.450	.00672
7.754	.03197	8.317	.02064	8.879	.01216	9.454	.00670
7.763	.03174	8.325	.02052	8.892	.01200	9.467	.00665
7.767	.03169	8.329	.02040	8.913	.01177	9.475	.00662
7.779	.03151	8.342	.02020	8.925	.01161	9.479	.00644
7.788	.03099	8.350	.01991	8.929	.01152	9.488	.00642
7.792	.03069	8.354	.01976	8.942	.01137	9.492	.00639
7.800	.03060	8.363	.01973	8.954	.01127	9.513	.00632
7.817	.03054	8.367	.01953	8.963	.01121	9.517	.00620
7.825	.03041	8.379	.01934	8.967	.01105	9.525	.00613
7.829	.03003	8.388	.01919	8.979	.01093	9.529	.00607
7.842	.02958	8.392	.01905	8.988	.01087	9.550	.00597
7.863	.02929	8.400	.01889	8.992	.01077	9.554	.00592
7.867	.02887	8.425	.01885	9.017	.01061	9.567	.00588
7.879	.02874	8.429	.01851	9.025	.01051	9.579	.00580
7.892	.02849	8.442	.01819	9.029	.01031	9.588	.00566
7.900	.02826	8.454	.01794	9.042	.01019	9.592	.00559
7.913	.02802	8.463	.01786	9.054	.01016	9.629	.00554
7.917	.02782	8.467	.01762	9.063	.01008	9.642	.00547
7.929	.02777	8.475	.01759	9.067	.01003	9.654	.00544
7.942	.02748	8.492	.01744	9.075	.01000	9.663	.00541
7.950	.02722	8.513	.01728	9.079	.00988	9.675	.00536
7.954	.02715	8.517	.01706	9.092	.00975	9.679	.00532
7.967	.02693	8.529	.01694	9.100	.00965	9.692	.00521
7.975	.02676	8.542	.01670	9.117	.00953	9.700	.00516
7.988	.02644	8.554	.01667	9.129	.00945	9.713	.00510
7.992	.02635	8.567	.01654	9.142	.00930	9.717	.00504
8.013	.02611	8.575	.01634	9.150	.00919	9.742	.00498
8.025	.02581	8.579	.01608	9.154	.00913	9.754	.00489
8.029	.02563	8.588	.01585	9.175	.00903	9.767	.00486
8.042	.02541	8.592	.01574	9.179	.00882	9.775	.00481
8.050	.02528	8.613	.01560	9.188	.00870	9.779	.00475
8.054	.02505	8.617	.01537	9.192	.00869	9.788	.00467
8.079	.02494	8.625	.01528	9.213	.00860	9.792	.00466
8.088	.02469	8.629	.01521	9.242	.00840	9.813	.00464
8.092	.02457	8.642	.01503	9.250	.00823	9.817	.00463
8.100	.02414	8.650	.01480	9.254	.00820	9.825	.00459
8.117	.02411	8.654	.01465	9.263	.00813	9.829	.00454

h	P(H≥h)	h	P(H≥h)	h	P(H≥h)	h	P(H≥h)
4 4 4 3		4 4 4 3		4 4 4 3		4 4 4 3	
9.842	.00446	10.429	.00226	11.050	.00077	11.754	.00016
9.850	.00437	10.442	.00223	11.054	.00075	11.763	.00015
9.863	.00429	10.450	.00220	11.067	.00074	11.767	.00014
9.879	.00424	10.454	.00217	11.079	.00072	11.775	.00014
9.888	.00416	10.463	.00215	11.088	.00070	11.779	.00013
9.892	.00412	10.467	.00214	11.092	.00069	11.842	.00012
9.917	.00407	10.488	.00213	11.100	.00069	11.850	.00011
9.925	.00406	10.492	.00213	11.117	.00068	11.854	.00011
9.929	.00400	10.500	.00211	11.125	.00066	11.867	.00011
9.942	.00395	10.517	.00209	11.129	.00064	11.913	.00010
9.954	.00385	10.525	.00209	11.142	.00063	11.942	.00010
9.963	.00382	10.529	.00203	11.154	.00063	11.950	.00009
9.967	.00377	10.542	.00196	11.163	.00061	11.988	.00008
9.975	.00374	10.554	.00195	11.167	.00057	12.025	.00008
9.979	.00367	10.567	.00190	11.175	.00056	12.029	.00007
9.992	.00364	10.579	.00187	11.179	.00055	12.075	.00007
10.000	.00356	10.592	.00184	11.192	.00053	12.079	.00007
10.013	.00356	10.600	.00182	11.213	.00051	12.100	.00007
10.029	.00354	10.613	.00180	11.229	.00051	12.129	.00006
10.050	.00351	10.617	.00177	11.242	.00050	12.142	.00005
10.054	.00349	10.629	.00173	11.254	.00048	12.175	.00005
10.075	.00346	10.642	.00166	11.275	.00046	12.179	.00004
10.079	.00338	10.650	.00157	11.279	.00045	12.192	.00004
10.088	.00332	10.654	.00155	11.288	.00045	12.217	.00004
10.092	.00331	10.675	.00154	11.317	.00045	12.363	.00003
10.113	.00326	10.679	.00149	11.325	.00044	12.375	.00002
10.117	.00318	10.692	.00148	11.329	.00043	12.429	.00002
10.129	.00314	10.713	.00146	11.342	.00041	12.450	.00002
10.142	.00309	10.717	.00141	11.363	.00040	12.454	.00001
10.154	.00305	10.725	.00137	11.367	.00040	12.475	.00001
10.163	.00303	10.729	.00134	11.379	.00038	12.567	.00001
10.179	.00298	10.742	.00134	11.388	.00037	12.775	.00001
10.188	.00294	10.750	.00134	11.392	.00036	12.829	.00000
10.192	.00293	10.754	.00133	11.400	.00036	13.150	.00000
10.217	.00290	10.763	.00129	11.425	.00035		
10.225	.00287	10.767	.00127	11.429	.00034	4 4 4 4	
10.229	.00283	10.779	.00126	11.442	.00033		
10.242	.00281	10.788	.00123	11.454	.00032	6.066	.10033
10.254	.00277	10.825	.00119	11.475	.00031	6.088	.09900
10.263	.00276	10.829	.00116	11.492	.00031	6.110	.09814
10.267	.00267	10.842	.00115	11.513	.00030	6.132	.09601
10.275	.00266	10.863	.00110	11.517	.00029	6.154	.09548
10.279	.00263	10.879	.00104	11.529	.00028	6.176	.09320
10.292	.00259	10.892	.00103	11.542	.00028	6.199	.09279
10.300	.00257	10.900	.00102	11.550	.00028	6.221	.09205
10.313	.00254	10.929	.00100	11.575	.00027	6.243	.09138
10.317	.00253	10.942	.00096	11.579	.00024	6.265	.08864
10.329	.00252	10.954	.00093	11.592	.00023	6.287	.08825
10.342	.00250	10.967	.00093	11.629	.00022	6.331	.08687
10.350	.00245	10.975	.00091	11.642	.00021	6.353	.08548
10.367	.00244	10.988	.00089	11.650	.00020	6.375	.08523
10.379	.00241	10.992	.00086	11.654	.00019	6.397	.08374
10.388	.00236	11.013	.00083	11.663	.00018	6.419	.08312
10.392	.00235	11.017	.00083	11.679	.00017	6.441	.08179
10.413	.00233	11.025	.00080	11.725	.00017	6.463	.08034
10.425	.00229	11.029	.00079	11.742	.00016	6.485	.07891

EXACT PROBABILITY LEVELS FOR THE KRUSKAL-WALLIS TEST

h	$P(H \geq h)$	h	$P(H \geq h)$	h	$P(H \geq h)$	h	$P(H \geq h)$
4 4 4 4		4 4 4 4		4 4 4 4		4 4 4 4	
6.507	.07855	7.853	.03242	9.199	.01073	10.522	.00271
6.529	.07702	7.875	.03207	9.221	.01052	10.566	.00258
6.551	.07684	7.897	.03125	9.243	.01027	10.610	.00249
6.574	.07436	7.919	.03091	9.265	.01013	10.632	.00239
6.596	.07338	7.941	.03053	9.287	.00999	10.654	.00236
6.618	.07280	7.963	.03032	9.309	.00964	10.676	.00227
6.640	.07197	7.985	.02967	9.331	.00960	10.699	.00220
6.684	.07025	8.007	.02939	9.353	.00908	10.721	.00217
6.706	.06941	8.029	.02866	9.375	.00898	10.743	.00215
6.728	.06890	8.051	.02821	9.397	.00877	10.765	.00202
6.750	.06806	8.096	.02787	9.419	.00871	10.787	.00202
6.772	.06730	8.118	.02662	9.441	.00816	10.809	.00196
6.794	.06498	8.140	.02645	9.463	.00806	10.831	.00192
6.816	.06436	8.162	.02587	9.507	.00789	10.853	.00189
6.838	.06354	8.184	.02544	9.529	.00785	10.875	.00185
6.860	.06307	8.206	.02517	9.551	.00771	10.919	.00172
6.904	.06229	8.228	.02476	9.574	.00720	10.941	.00161
6.926	.05999	8.250	.02402	9.596	.00717	10.963	.00157
6.949	.05962	8.272	.02392	9.618	.00699	10.985	.00154
6.971	.05842	8.316	.02327	9.640	.00684	11.007	.00153
6.993	.05788	8.338	.02274	9.662	.00666	11.029	.00149
7.037	.05700	8.360	.02235	9.684	.00660	11.051	.00145
7.059	.05581	8.382	.02176	9.728	.00643	11.074	.00140
7.081	.05567	8.404	.02166	9.750	.00617	11.096	.00137
7.103	.05475	8.449	.02134	9.772	.00606	11.140	.00134
7.125	.05390	8.471	.02078	9.794	.00592	11.184	.00128
7.147	.05301	8.493	.02075	9.816	.00578	11.206	.00124
7.169	.05244	8.515	.01997	9.860	.00553	11.228	.00119
7.191	.05080	8.537	.01989	9.882	.00534	11.272	.00117
7.213	.05071	8.559	.01916	9.904	.00529	11.294	.00110
7.235	.04922	8.581	.01859	9.926	.00522	11.316	.00110
7.257	.04875	8.603	.01828	9.949	.00514	11.338	.00100
7.279	.04833	8.625	.01813	9.971	.00491	11.360	.00098
7.301	.04797	8.647	.01752	9.993	.00484	11.382	.00096
7.324	.04687	8.669	.01741	10.015	.00466	11.404	.00094
7.346	.04632	8.691	.01705	10.037	.00461	11.426	.00084
7.390	.04486	8.713	.01686	10.059	.00450	11.449	.00083
7.412	.04431	8.735	.01656	10.081	.00448	11.471	.00081
7.434	.04409	8.757	.01628	10.103	.00422	11.493	.00079
7.456	.04295	8.801	.01538	10.125	.00418	11.515	.00077
7.478	.04264	8.824	.01507	10.147	.00409	11.537	.00073
7.500	.04170	8.846	.01488	10.169	.00392	11.559	.00067
7.522	.04109	8.868	.01462	10.213	.00389	11.581	.00066
7.544	.04054	8.890	.01441	10.235	.00362	11.625	.00062
7.566	.04013	8.912	.01387	10.257	.00360	11.647	.00061
7.588	.03873	8.934	.01375	10.279	.00347	11.669	.00059
7.610	.03865	8.956	.01310	10.301	.00341	11.691	.00055
7.632	.03796	8.978	.01297	10.324	.00330	11.713	.00053
7.654	.03740	9.000	.01276	10.346	.00319	11.735	.00050
7.676	.03699	9.022	.01267	10.368	.00312	11.757	.00045
7.699	.03643	9.044	.01216	10.390	.00308	11.801	.00044
7.743	.03536	9.066	.01205	10.412	.00305	11.846	.00041
7.765	.03474	9.088	.01172	10.434	.00303	11.868	.00037
7.787	.03463	9.110	.01130	10.456	.00300	11.890	.00035
7.809	.03372	9.154	.01111	10.478	.00296	11.912	.00034
7.831	.03358	9.176	.01077	10.500	.00274	11.934	.00032

h	P(H≥h)	h	P(H≥h)	h	P(H≥h)	h	P(H≥h)
4 4 4 4		2 2 2 1 1		3 2 2 1 1		3 2 2 2 2	
11.978	.00029	6.500	.05238	7.200	.02460	7.030	.09449
12.000	.00028	6.750	.02381	7.244	.02063	7.045	.09414
12.022	.00027			7.400	.01429	7.076	.09322
12.044	.00026	2 2 2 2 1		7.600	.00794	7.091	.08906
12.066	.00025					7.121	.08768
12.088	.00024	6.533	.10476	3 2 2 2 1		7.136	.08560
12.110	.00023	6.600	.08889			7.167	.08537
12.132	.00021	6.667	.08254	6.691	.10111	7.182	.08341
12.176	.00021	6.733	.07619	6.709	.09873	7.212	.08144
12.199	.00020	6.800	.06984	6.745	.09238	7.227	.07948
12.221	.00017	6.933	.05714	6.818	.09143	7.258	.07856
12.243	.00017	7.000	.05397	6.855	.09000	7.303	.07671
12.265	.00016	7.133	.04127	6.873	.08667	7.318	.07290
12.287	.00015	7.200	.03492	6.909	.08286	7.348	.07082
12.331	.00013	7.333	.02222	6.927	.07905	7.364	.06967
12.375	.00013	7.533	.00952	6.964	.07794	7.394	.06753
12.397	.00012	7.733	.00529	6.982	.07730	7.409	.06684
12.419	.00011			7.018	.07349	7.439	.06661
12.441	.00011	2 2 2 2 2		7.073	.06698	7.455	.06361
12.463	.00010			7.127	.06365	7.485	.06153
12.507	.00009	6.873	.10159	7.145	.06079	7.500	.05980
12.574	.00008	6.982	.09101	7.182	.05698	7.530	.05887
12.640	.00007	7.091	.07937	7.200	.05603	7.545	.05795
12.706	.00006	7.309	.06349	7.291	.05381	7.576	.05726
12.728	.00006	7.418	.04868	7.309	.04889	7.591	.05460
12.750	.00005	7.527	.03810	7.345	.04651	7.621	.05322
12.772	.00005	7.636	.03386	7.364	.04365	7.636	.05102
12.794	.00004	7.745	.03175	7.400	.04143	7.667	.05079
12.860	.00003	7.855	.02540	7.455	.04111	7.682	.04745
12.882	.00003	7.964	.02222	7.473	.03714	7.712	.04652
12.904	.00003	8.073	.01270	7.509	.03556	7.727	.04560
12.926	.00002	8.291	.00952	7.564	.03413	7.773	.04421
13.059	.00002	8.400	.00529	7.582	.03063	7.803	.04283
13.081	.00001	8.727	.00106	7.636	.03032	7.818	.04121
13.125	.00001			7.727	.02746	7.848	.04063
13.169	.00001	3 1 1 1 1		7.745	.02317	7.864	.03867
13.257	.00001			7.800	.02270	7.894	.03706
13.434	.00000	5.571	.14286	7.836	.01937	7.909	.03636
13.456	.00000			7.855	.01841	7.939	.03532
13.500	.00000	3 2 1 1 1		7.891	.01794	7.985	.03267
13.787	.00000			8.000	.01270	8.000	.03117
14.118	.00000	6.139	.10000	8.018	.01079	8.030	.03094
		6.333	.05714	8.127	.00937	8.045	.02978
2 1 1 1 1		6.583	.03571	8.164	.00889	8.076	.02782
				8.182	.00698	8.091	.02713
4.857	.33333	3 2 2 1 1		8.291	.00508	8.121	.02672
				8.327	.00317	8.136	.02649
2 2 1 1 1		6.511	.10000	8.455	.00254	8.167	.02557
		6.533	.08466	8.618	.00159	8.182	.02384
5.464	.20952	6.600	.08254			8.212	.02297
5.786	.09524	6.711	.06984	3 2 2 2 2		8.258	.02124
		6.800	.04921			8.273	.02078
2 2 2 1 1		6.844	.04841	6.939	.10257	8.303	.01962
		6.867	.04206	6.955	.09922	8.318	.01870
6.083	.12381	7.044	.03889	6.985	.09680	8.348	.01847
6.250	.08810	7.067	.02937	7.000	.09553	8.394	.01801

EXACT PROBABILITY LEVELS FOR THE KRUSKAL-WALLIS TEST

h	P(H≥h)	h	P(H≥h)	h	P(H≥h)	h	P(H≥h)
3 2 2 2 2		3 3 2 1 1		3 3 2 2 1		3 3 2 2 1	
8.409	.01720	7.400	.03841	7.591	.04919	9.167	.00199
8.439	.01651	7.418	.03349	7.606	.04908	9.182	.00130
8.455	.01582	7.491	.03317	7.636	.04658	9.273	.00113
8.530	.01455	7.564	.02548	7.652	.04571	9.303	.00095
8.545	.01339	7.618	.02452	7.667	.04364	9.409	.00061
8.576	.01258	7.691	.02357	7.697	.04315	9.545	.00043
8.591	.01224	7.764	.02071	7.712	.04302		
8.621	.01154	7.782	.01833	7.727	.04019	3 3 2 2 2	
8.636	.01108	7.855	.01262	7.758	.03993		
8.667	.01097	7.927	.01214	7.773	.03924	7.013	.10045
8.682	.00958	8.055	.01024	7.788	.03811	7.026	.09897
8.712	.00889	8.073	.00738	7.818	.03785	7.051	.09706
8.758	.00854	8.218	.00714	7.833	.03768	7.064	.09685
8.818	.00716	8.345	.00333	7.848	.03646	7.090	.09494
8.894	.00629	8.509	.00238	7.879	.03349	7.103	.09363
8.909	.00525			7.894	.03309	7.115	.09321
8.955	.00508	3 3 2 2 1		7.909	.03159	7.128	.09214
8.985	.00462			7.939	.03139	7.154	.09069
9.000	.00392	6.758	.10316	7.955	.03087	7.167	.09043
9.030	.00323	6.788	.09892	7.970	.02997	7.179	.08936
9.091	.00231	6.803	.09794	8.015	.02789	7.205	.08708
9.258	.00214	6.818	.09577	8.030	.02723	7.218	.08690
9.273	.00167	6.848	.09511	8.061	.02685	7.231	.08559
9.364	.00098	6.864	.09447	8.076	.02605	7.256	.08468
9.636	.00029	6.879	.09352	8.091	.02501	7.269	.08442
		6.924	.09100	8.121	.02437	7.282	.08405
3 3 1 1 1		6.939	.08889	8.182	.02391	7.295	.08244
		6.970	.08817	8.197	.02333	7.321	.08084
6.222	.11905	6.985	.08742	8.212	.02140	7.333	.07973
6.311	.09286	7.000	.08407	8.242	.02004	7.359	.07856
6.578	.08095	7.030	.08346	8.258	.01973	7.372	.07830
6.667	.06667	7.045	.08205	8.303	.01817	7.385	.07639
6.756	.05952	7.061	.08185	8.318	.01794	7.397	.07605
7.111	.04048	7.091	.08141	8.333	.01687	7.410	.07452
7.467	.01190	7.106	.08069	8.379	.01452	7.436	.07439
		7.121	.07789	8.394	.01414	7.462	.07255
3 3 2 1 1		7.152	.07362	8.424	.01397	7.474	.07243
		7.167	.07319	8.439	.01362	7.487	.07149
6.545	.10119	7.212	.07137	8.455	.01304	7.500	.06952
6.600	.09929	7.227	.07074	8.485	.01201	7.513	.06873
6.618	.09865	7.242	.06909	8.500	.01114	7.526	.06823
6.673	.09310	7.273	.06646	8.561	.01102	7.564	.06709
6.691	.09103	7.288	.06600	8.576	.00984	7.577	.06642
6.745	.08754	7.303	.06436	8.621	.00926	7.590	.06569
6.764	.08532	7.333	.06421	8.697	.00840	7.603	.06437
6.891	.08365	7.348	.06338	8.727	.00710	7.615	.06297
6.909	.07873	7.364	.06038	8.758	.00680	7.628	.06289
6.964	.07206	7.394	.05921	8.788	.00671	7.641	.06190
7.036	.06952	7.409	.05880	8.803	.00645	7.667	.06038
7.055	.06524	7.424	.05863	8.818	.00576	7.679	.06028
7.109	.05444	7.470	.05823	8.864	.00571	7.692	.05898
7.127	.05317	7.485	.05707	8.924	.00476	7.705	.05802
7.182	.05159	7.515	.05387	8.939	.00433	7.718	.05667
7.200	.05000	7.530	.05317	9.030	.00260	7.731	.05618
7.327	.04413	7.545	.05124	9.045	.00225	7.744	.05602
7.345	.04159	7.576	.05107	9.061	.00216	7.782	.05514

h	P(H≥h)	h	P(H≥h)	h	P(H≥h)	h	P(H≥h)
3 3 2 2 2		3 3 2 2 2		3 3 2 2 2		3 3 3 1 1	
7.795	.05423	8.718	.01903	9.744	.00250	9.455	.00065
7.808	.05280	8.731	.01772	9.756	.00215		
7.821	.05218	8.744	.01725	9.769	.00198	3 3 3 2 1	
7.833	.05206	8.756	.01716	9.795	.00189		
7.846	.05117	8.769	.01677	9.833	.00176	6.897	.10229
7.872	.05058	8.795	.01663	9.859	.00159	6.910	.09916
7.897	.05048	8.821	.01631	9.885	.00146	6.949	.09694
7.910	.04934	8.833	.01592	9.936	.00138	6.962	.09596
7.923	.04788	8.846	.01503	9.949	.00125	7.000	.09495
7.936	.04771	8.859	.01497	10.000	.00108	7.013	.09395
7.949	.04710	8.872	.01448	10.026	.00090	7.051	.08937
7.974	.04564	8.910	.01379	10.038	.00082	7.064	.08800
7.987	.04519	8.936	.01312	10.064	.00079	7.103	.08725
8.013	.04440	8.949	.01250	10.167	.00045	7.115	.08576
8.026	.04291	8.962	.01236	10.256	.00042	7.154	.08384
8.038	.04279	8.974	.01198	10.269	.00025	7.167	.08232
8.051	.04240	9.000	.01164	10.346	.00016	7.205	.08136
8.077	.04155	9.013	.01161	10.577	.00007	7.218	.07948
8.090	.04145	9.026	.01135			7.256	.07721
8.103	.04084	9.051	.01063	3 3 3 1 1		7.269	.07641
8.128	.03974	9.064	.01057			7.308	.07548
8.141	.03951	9.077	.01034	6.727	.10156	7.321	.07451
8.154	.03828	9.103	.01005	6.788	.09779	7.359	.07106
8.179	.03766	9.115	.00996	6.848	.08753	7.372	.06979
8.192	.03753	9.128	.00990	6.909	.08623	7.410	.06930
8.205	.03717	9.141	.00938	6.970	.08247	7.423	.06835
8.218	.03551	9.167	.00887	7.030	.08156	7.462	.06584
8.244	.03413	9.179	.00861	7.091	.07753	7.474	.06475
8.256	.03377	9.205	.00817	7.152	.07597	7.513	.06394
8.282	.03294	9.218	.00802	7.212	.06688	7.526	.06199
8.295	.03284	9.231	.00771	7.273	.06545	7.564	.06018
8.308	.03193	9.244	.00739	7.333	.06091	7.577	.05972
8.321	.03150	9.256	.00705	7.394	.05896	7.615	.05938
8.333	.03050	9.282	.00702	7.455	.05506	7.628	.05868
8.359	.03002	9.308	.00685	7.515	.05377	7.667	.05561
8.385	.02910	9.321	.00682	7.576	.04545	7.679	.05341
8.397	.02881	9.333	.00649	7.636	.04481	7.718	.05301
8.410	.02775	9.346	.00637	7.697	.04247	7.731	.05166
8.423	.02701	9.359	.00609	7.758	.03812	7.769	.04885
8.436	.02684	9.372	.00600	7.818	.03227	7.782	.04867
8.449	.02681	9.423	.00577	7.879	.03104	7.821	.04767
8.487	.02622	9.436	.00547	7.939	.03000	7.833	.04693
8.500	.02618	9.449	.00522	8.000	.02844	7.872	.04532
8.513	.02579	9.474	.00496	8.061	.02325	7.885	.04427
8.526	.02514	9.487	.00488	8.121	.02273	7.923	.04405
8.538	.02408	9.526	.00442	8.242	.01909	7.936	.04298
8.551	.02400	9.538	.00433	8.303	.01416	7.974	.03985
8.564	.02346	9.551	.00416	8.364	.01390	7.987	.03922
8.590	.02266	9.564	.00352	8.424	.00909	8.026	.03878
8.603	.02245	9.577	.00346	8.606	.00825	8.038	.03832
8.615	.02182	9.590	.00339	8.667	.00591	8.077	.03748
8.628	.02139	9.628	.00335	8.727	.00513	8.090	.03640
8.641	.02046	9.641	.00317	8.848	.00435	8.128	.03597
8.654	.02036	9.654	.00297	8.909	.00396	8.141	.03435
8.667	.01991	9.679	.00284	8.970	.00377	8.179	.03324
8.705	.01931	9.692	.00258	9.212	.00221	8.192	.03281

EXACT PROBABILITY LEVELS FOR THE KRUSKAL-WALLIS TEST

h	P(H≥h)	h	P(H≥h)	h	P(H≥h)	h	P(H≥h)
3 3 3 2 1		3 3 3 2 1		3 3 3 2 2		3 3 3 2 2	
8.231	.03209	9.718	.00221	7.670	.06658	8.495	.03357
8.244	.03181	9.769	.00198	7.692	.06579	8.505	.03308
8.282	.02929	9.782	.00192	7.703	.06511	8.527	.03285
8.295	.02828	9.833	.00130	7.714	.06446	8.538	.03266
8.333	.02798	9.872	.00123	7.736	.06427	8.549	.03229
8.346	.02752	9.885	.00120	7.747	.06398	8.571	.03128
8.385	.02618	9.923	.00114	7.758	.06309	8.582	.03108
8.397	.02587	9.974	.00097	7.780	.06186	8.593	.03060
8.436	.02566	9.987	.00081	7.791	.06141	8.615	.03043
8.449	.02471	10.090	.00052	7.802	.06012	8.626	.03007
8.487	.02357	10.179	.00039	7.824	.05974	8.637	.02943
8.500	.02284	10.295	.00026	7.835	.05923	8.659	.02880
8.538	.02265	10.385	.00013	7.846	.05834	8.670	.02856
8.551	.02169	10.500	.00011	7.868	.05749	8.681	.02795
8.590	.01950			7.879	.05730	8.703	.02773
8.603	.01927	3 3 3 2 2		7.890	.05630	8.714	.02760
8.641	.01908			7.912	.05594	8.725	.02671
8.654	.01870	7.099	.10016	7.923	.05558	8.747	.02616
8.692	.01764	7.121	.09979	7.934	.05419	8.758	.02599
8.705	.01722	7.132	.09923	7.956	.05344	8.769	.02566
8.744	.01676	7.143	.09749	7.967	.05288	8.791	.02548
8.756	.01592	7.165	.09627	7.978	.05218	8.802	.02517
8.795	.01495	7.176	.09576	8.000	.05202	8.813	.02472
8.808	.01474	7.187	.09488	8.011	.05178	8.835	.02397
8.846	.01463	7.209	.09447	8.022	.05088	8.846	.02384
8.859	.01448	7.220	.09400	8.044	.04915	8.857	.02286
8.897	.01323	7.231	.09252	8.055	.04899	8.879	.02274
8.910	.01225	7.253	.09037	8.066	.04793	8.890	.02243
8.949	.01214	7.264	.08983	8.088	.04783	8.901	.02206
8.962	.01155	7.275	.08822	8.099	.04737	8.923	.02134
9.000	.01049	7.297	.08798	8.110	.04687	8.934	.02125
9.013	.01013	7.308	.08739	8.132	.04589	8.945	.02099
9.051	.00976	7.319	.08587	8.143	.04566	8.967	.02086
9.064	.00956	7.341	.08473	8.154	.04516	8.978	.02071
9.103	.00846	7.352	.08446	8.176	.04488	8.989	.02009
9.115	.00831	7.363	.08334	8.187	.04454	9.011	.01981
9.154	.00820	7.385	.08275	8.198	.04333	9.022	.01931
9.167	.00766	7.396	.08229	8.220	.04277	9.033	.01901
9.205	.00732	7.407	.08053	8.231	.04247	9.055	.01895
9.218	.00701	7.429	.07943	8.242	.04184	9.066	.01882
9.256	.00684	7.440	.07872	8.264	.04163	9.077	.01803
9.269	.00656	7.451	.07794	8.275	.04144	9.099	.01722
9.308	.00567	7.473	.07767	8.286	.04078	9.110	.01714
9.321	.00561	7.484	.07725	8.308	.03957	9.121	.01668
9.359	.00548	7.495	.07593	8.319	.03925	9.143	.01666
9.372	.00514	7.516	.07449	8.330	.03856	9.154	.01650
9.410	.00466	7.527	.07406	8.352	.03840	9.165	.01606
9.462	.00461	7.538	.07265	8.363	.03791	9.187	.01551
9.474	.00423	7.560	.07241	8.374	.03733	9.198	.01541
9.513	.00353	7.571	.07200	8.396	.03663	9.209	.01509
9.526	.00327	7.582	.07108	8.407	.03648	9.231	.01494
9.564	.00323	7.604	.06979	8.418	.03584	9.242	.01468
9.577	.00319	7.615	.06945	8.440	.03560	9.253	.01430
9.628	.00240	7.626	.06874	8.451	.03546	9.275	.01394
9.667	.00237	7.648	.06838	8.462	.03446	9.286	.01379
9.679	.00231	7.659	.06808	8.484	.03390	9.297	.01329

h	P(H≥h)	h	P(H≥h)	h	P(H≥h)	h	P(H≥h)
3 3 3 2 2		3 3 3 2 2		3 3 3 3 1		3 3 3 3 1	
9.319	.01323	10.132	.00335	7.033	.10030	9.495	.00921
9.330	.01307	10.154	.00316	7.077	.09836	9.538	.00865
9.341	.01283	10.165	.00311	7.121	.09482	9.582	.00803
9.363	.01191	10.176	.00290	7.165	.09279	9.626	.00782
9.374	.01170	10.198	.00288	7.209	.08807	9.670	.00687
9.385	.01129	10.209	.00286	7.253	.08597	9.714	.00674
9.407	.01123	10.220	.00271	7.297	.08332	9.758	.00609
9.418	.01110	10.242	.00250	7.341	.08207	9.802	.00590
9.429	.01082	10.253	.00249	7.385	.07880	9.846	.00493
9.451	.01053	10.264	.00235	7.429	.07692	9.890	.00481
9.462	.01045	10.286	.00231	7.473	.07342	9.934	.00432
9.473	.01015	10.297	.00225	7.516	.07269	9.978	.00423
9.495	.01008	10.308	.00219	7.560	.06848	10.022	.00374
9.505	.00999	10.330	.00196	7.604	.06660	10.066	.00342
9.516	.00940	10.341	.00194	7.648	.06388	10.110	.00273
9.538	.00905	10.374	.00187	7.692	.06257	10.154	.00266
9.549	.00893	10.385	.00185	7.736	.06034	10.198	.00254
9.560	.00876	10.396	.00171	7.780	.05919	10.242	.00235
9.582	.00868	10.418	.00164	7.824	.05555	10.286	.00188
9.593	.00861	10.429	.00162	7.868	.05471	10.330	.00180
9.604	.00835	10.462	.00154	7.912	.05217	10.374	.00171
9.626	.00790	10.473	.00151	7.956	.05051	10.418	.00165
9.637	.00785	10.484	.00144	8.000	.04792	10.462	.00133
9.648	.00759	10.505	.00128	8.044	.04722	10.505	.00131
9.670	.00755	10.516	.00127	8.088	.04395	10.549	.00100
9.681	.00744	10.527	.00126	8.132	.04226	10.593	.00096
9.692	.00732	10.549	.00125	8.176	.04097	10.681	.00071
9.714	.00699	10.560	.00120	8.220	.04049	10.725	.00041
9.725	.00684	10.571	.00114	8.264	.03779	10.769	.00038
9.736	.00666	10.593	.00108	8.308	.03654	10.857	.00036
9.758	.00662	10.604	.00106	8.352	.03333	10.901	.00021
9.769	.00656	10.637	.00097	8.396	.03284	10.945	.00018
9.780	.00610	10.648	.00096	8.440	.03153	11.121	.00012
9.802	.00580	10.659	.00088	8.484	.03047	11.297	.00006
9.813	.00576	10.692	.00068	8.527	.02792	11.473	.00002
9.824	.00562	10.725	.00064	8.571	.02755		
9.846	.00560	10.736	.00062	8.615	.02627	3 3 3 3 2	
9.857	.00553	10.747	.00060	8.659	.02539		
9.868	.00529	10.769	.00050	8.703	.02396	7.181	.10196
9.890	.00495	10.791	.00045	8.747	.02336	7.210	.09965
9.901	.00485	10.824	.00044	8.791	.02140	7.219	.09880
9.912	.00471	10.868	.00036	8.835	.02105	7.248	.09849
9.934	.00470	10.912	.00033	8.879	.01939	7.257	.09735
9.945	.00456	10.923	.00031	8.923	.01905	7.286	.09442
9.956	.00439	10.945	.00025	8.967	.01829	7.295	.09348
9.978	.00421	10.989	.00025	9.011	.01753	7.324	.09275
9.989	.00417	11.000	.00022	9.055	.01664	7.333	.09150
10.000	.00411	11.044	.00021	9.099	.01638	7.362	.09020
10.022	.00407	11.099	.00017	9.143	.01490	7.371	.08914
10.033	.00406	11.187	.00009	9.187	.01411	7.400	.08851
10.044	.00392	11.264	.00007	9.231	.01342	7.410	.08720
10.066	.00378	11.275	.00003	9.275	.01328	7.438	.08554
10.077	.00368	11.341	.00002	9.319	.01216	7.448	.08484
10.088	.00356	11.538	.00002	9.363	.01166	7.476	.08426
10.110	.00355			9.407	.01030	7.486	.08372
10.121	.00350			9.451	.00997	7.514	.08176

EXACT PROBABILITY LEVELS FOR THE KRUSKAL-WALLIS TEST

h	P(H≥h)	h	P(H≥h)	h	P(H≥h)	h	P(H≥h)
3 3 3 3 2		3 3 3 3 2		3 3 3 3 2		3 3 3 3 2	
7.524	.08049	8.590	.03587	9.657	.01297	10.724	.00240
7.552	.08004	8.619	.03560	9.686	.01282	10.752	.00237
7.562	.07930	8.629	.03528	9.695	.01248	10.762	.00229
7.590	.07745	8.657	.03400	9.724	.01186	10.790	.00216
7.600	.07653	8.667	.03339	9.733	.01159	10.800	.00212
7.629	.07588	8.695	.03312	9.762	.01144	10.829	.00206
7.638	.07451	8.705	.03263	9.771	.01128	10.838	.00198
7.667	.07293	8.733	.03195	9.800	.01064	10.867	.00187
7.676	.07229	8.743	.03159	9.810	.01036	10.876	.00180
7.705	.07190	8.771	.03137	9.838	.01028	10.905	.00178
7.714	.07115	8.781	.03093	9.848	.01010	10.914	.00174
7.743	.06907	8.810	.02985	9.876	.00966	10.943	.00158
7.752	.06823	8.819	.02959	9.886	.00951	10.952	.00155
7.781	.06771	8.848	.02939	9.914	.00937	10.981	.00153
7.790	.06677	8.857	.02901	9.924	.00912	10.990	.00147
7.819	.06512	8.886	.02811	9.952	.00859	11.019	.00135
7.829	.06463	8.895	.02766	9.962	.00850	11.029	.00130
7.857	.06400	8.924	.02738	9.990	.00843	11.057	.00127
7.867	.06323	8.933	.02689	10.000	.00817	11.067	.00120
7.895	.06170	8.962	.02621	10.029	.00780	11.095	.00106
7.905	.06082	8.971	.02585	10.038	.00754	11.133	.00104
7.933	.06060	9.000	.02556	10.067	.00744	11.143	.00102
7.943	.05990	9.010	.02515	10.076	.00721	11.171	.00096
7.971	.05845	9.038	.02452	10.105	.00691	11.181	.00091
7.981	.05763	9.048	.02419	10.114	.00683	11.210	.00091
8.010	.05713	9.076	.02402	10.143	.00666	11.219	.00091
8.019	.05642	9.086	.02376	10.152	.00653	11.248	.00082
8.048	.05530	9.114	.02292	10.181	.00625	11.257	.00080
8.057	.05483	9.124	.02251	10.190	.00609	11.286	.00079
8.086	.05416	9.152	.02224	10.219	.00604	11.295	.00078
8.095	.05345	9.162	.02189	10.229	.00590	11.324	.00070
8.124	.05221	9.190	.02117	10.257	.00547	11.333	.00065
8.133	.05147	9.200	.02093	10.267	.00529	11.362	.00064
8.162	.05113	9.229	.02069	10.295	.00526	11.371	.00060
8.171	.05044	9.238	.02022	10.305	.00513	11.400	.00054
8.200	.04940	9.267	.01975	10.333	.00487	11.410	.00050
8.210	.04870	9.276	.01934	10.343	.00478	11.438	.00048
8.238	.04841	9.305	.01916	10.371	.00474	11.448	.00047
8.248	.04797	9.314	.01889	10.381	.00462	11.476	.00038
8.276	.04673	9.343	.01799	10.410	.00437	11.486	.00037
8.286	.04626	9.352	.01762	10.419	.00427	11.514	.00036
8.314	.04592	9.381	.01749	10.448	.00422	11.524	.00034
8.324	.04499	9.390	.01724	10.457	.00412	11.552	.00032
8.352	.04362	9.419	.01664	10.486	.00375	11.590	.00030
8.362	.04312	9.429	.01649	10.495	.00368	11.600	.00027
8.390	.04273	9.457	.01634	10.524	.00358	11.629	.00022
8.400	.04221	9.467	.01592	10.533	.00351	11.638	.00021
8.429	.04056	9.495	.01537	10.562	.00328	11.667	.00021
8.438	.04002	9.505	.01501	10.571	.00318	11.676	.00020
8.467	.03985	9.533	.01486	10.600	.00315	11.743	.00018
8.476	.03926	9.543	.01467	10.610	.00302	11.752	.00016
8.505	.03854	9.571	.01407	10.638	.00283	11.781	.00013
8.514	.03809	9.581	.01396	10.648	.00274	11.829	.00012
8.543	.03773	9.610	.01372	10.676	.00272	11.867	.00007
8.552	.03732	9.619	.01352	10.686	.00261	11.905	.00007
8.581	.03639	9.648	.01324	10.714	.00245	11.933	.00007

h	P(H≥h)	h	P(H≥h)	h	P(H≥h)	h	P(H≥h)
3 3 3 3 2		3 3 3 3 3		3 3 3 3 3		3 3 3 3 3	
11.971	.00006	8.833	.03408	10.700	.00510	12.667	.00005
11.981	.00005	8.867	.03263	10.733	.00492	12.700	.00005
12.086	.00003	8.900	.03227	10.767	.00478	12.767	.00004
12.133	.00003	8.933	.03119	10.800	.00437	12.833	.00003
12.210	.00002	8.967	.03015	10.833	.00426	12.900	.00002
12.276	.00001	9.000	.02922	10.867	.00387	12.933	.00001
12.514	.00000	9.033	.02884	10.900	.00382	12.967	.00001
		9.067	.02787	10.933	.00355	13.033	.00001
3 3 3 3 3		9.100	.02715	10.967	.00338	13.233	.00000
		9.133	.02641	11.000	.00319	13.500	.00000
7.300	.10075	9.167	.02608	11.033	.00313		
7.333	.09922	9.200	.02500	11.067	.00288		
7.367	.09692	9.233	.02463	11.100	.00273		
7.400	.09488	9.267	.02330	11.133	.00252		
7.433	.09383	9.300	.02291	11.167	.00246		
7.467	.09020	9.333	.02220	11.200	.00226		
7.500	.08902	9.367	.02169	11.233	.00222		
7.533	.08670	9.400	.02102	11.267	.00196		
7.567	.08576	9.433	.02078	11.300	.00190		
7.600	.08256	9.467	.01970	11.333	.00183		
7.633	.08100	9.500	.01931	11.367	.00173		
7.667	.07882	9.533	.01866	11.400	.00160		
7.700	.07791	9.567	.01840	11.433	.00155		
7.733	.07665	9.600	.01762	11.467	.00135		
7.767	.07487	9.633	.01713	11.500	.00132		
7.800	.07202	9.667	.01647	11.533	.00122		
7.833	.07139	9.700	.01617	11.567	.00119		
7.867	.06882	9.733	.01579	11.600	.00107		
7.900	.06763	9.767	.01521	11.633	.00104		
7.933	.06573	9.800	.01435	11.667	.00093		
7.967	.06479	9.833	.01426	11.700	.00092		
8.000	.06311	9.867	.01357	11.733	.00086		
8.033	.06220	9.900	.01334	11.767	.00080		
8.067	.06039	9.933	.01266	11.800	.00071		
8.100	.05933	9.967	.01235	11.833	.00070		
8.133	.05741	10.000	.01198	11.867	.00060		
8.167	.05623	10.033	.01170	11.900	.00057		
8.200	.05453	10.067	.01130	11.933	.00054		
8.233	.05410	10.100	.01111	11.967	.00051		
8.267	.05178	10.133	.01065	12.000	.00047		
8.300	.05054	10.167	.01036	12.033	.00045		
8.333	.04955	10.200	.00986	12.067	.00041		
8.367	.04872	10.233	.00973	12.100	.00039		
8.400	.04737	10.267	.00903	12.133	.00034		
8.433	.04641	10.300	.00868	12.167	.00033		
8.467	.04413	10.333	.00842	12.233	.00029		
8.500	.04369	10.367	.00822	12.267	.00022		
8.533	.04269	10.400	.00779	12.300	.00021		
8.567	.04193	10.433	.00761	12.333	.00019		
8.600	.04017	10.467	.00697	12.367	.00019		
8.633	.03967	10.500	.00684	12.400	.00016		
8.667	.03865	10.533	.00651	12.433	.00015		
8.700	.03778	10.567	.00627	12.467	.00010		
8.733	.03681	10.600	.00576	12.533	.00009		
8.767	.03602	10.633	.00565	12.567	.00008		
8.800	.03451	10.667	.00526	12.633	.00006		

Selected Tables in Mathematical Statistics
Volume III, 1975

TABLES OF CONFIDENCE LIMITS FOR LINEAR FUNCTIONS OF THE NORMAL MEAN AND VARIANCE

C.E. LAND

Radiation Effects Research Foundation
Hiroshima, Japan

ABSTRACT

Standardized tables of confidence limits for linear functions of the normal mean μ and variance σ^2 are presented. A method is given, with examples, by which the tables define approximate confidence limits for regular functions of μ and σ^2, including the expectations of variates that can be transformed to normality, and arbitrary normal quantiles.

INTRODUCTION

These tables define exact confidence intervals for linear functions of the normal mean and variance, and approximate confidence intervals for nonlinear functions. In particular, they can be used to construct confidence intervals for the mean of a variate having a known normalizing transformation.

Statistical data analyses are often performed in which transformed data values are assumed to satisfy the requirements of a normal-theory linear model. Some examples include the square root, cube root, or logarithmic transformation of measured rainfall in analyses of weather control experiments [11, 12], the normal-theory analysis of the arcsines of the square roots of observed proportions [5, sec. 8.5], and the use of the lognormal distribution as a model for the time taken to repair a defective electronic component [2].

Although the technique of data transformation allows inferences to be made

---

Received by the editors March 1973 and in revised form November 1974, January 1975, June 1975, and August 1975.
AMS (MOS) Subject Classifications (1970) : Primary 62Q05; Secondary 62F25.

© 1975, American Mathematical Society

easily in terms of means in the transformed (normal) scale, inferences about means in the original, untransformed scale present special difficulties because the means of the original variates are functions of both the means and variances of their normal transforms. Suppose $Y = f(X)$ is distributed as $N(\mu,\sigma^2)$. Then, if $g(y) \equiv f^{-1}(y)$ has a Taylor's series expansion $g(y) = \sum_{k=0}^{\infty} g^{(k)}(\mu)(y-\mu)^k/k!$ about $y = \mu$, EX can be obtained as the sum of the term by term expectations of this series, viz. $EX = \sum_{k=0}^{\infty} g^{(2k)}(\mu)\sigma^{2k}E[Z^{2k}]/(2k)!$, where Z is $N(0,1)$. In particular $EX = \exp(\mu + \frac{1}{2}\sigma^2)$ when $\log X$ is normally distributed, while when $X^{\frac{1}{2}}$, $X^{\frac{1}{3}}$, arcsin $X^{\frac{1}{2}}$ and arcsinh $X^{\frac{1}{2}}$ are normally distributed,

$EX = \mu^2 + \sigma^2$, $\mu^3 + 3\mu\sigma^2$, $\frac{1}{2}\{1 - \cos(2\mu)\exp(-2\sigma^2)\}$, and $\frac{1}{2}\{\cosh(2\mu)\exp(2\sigma^2) - 1\}$, respectively.

It is not always necessary to make inferences in terms of means in the original scale; for example, medians and other quantiles are invariant under monotone transformations, and inferences in the transformed scale are easily translated back into the original scale. Often, however, it is inconvenient not to be able to make inferences in terms of means; for example, if X is linearly related to a monetary value or cost (e.g., let X be the weight of a steer [17]) then the total value or cost associated with a number of repetitions of the experiment giving rise to X is more closely related to EX than to any quantile of X.

Expressions for the minimum variance unbiased estimator of EX have been derived by Neyman and Scott [12] for a wide class of transformations, and Hoyle [3] has done the same for Var X and for the variance of the estimate of EX. No such general solution is known to the problem of confidence interval estimation for EX, although approximate solutions have been proposed [3, 10, 14]. The present tables correspond to an exact and optimal solution when X is lognormal, and an approximate, but asymptotically exact and optimal, solution for the general case where $f(X)$ is $N(\mu,\sigma^2)$ for a known, one-to-one, differentiable function f.

EXACT PROCEDURE FOR LINEAR FUNCTIONS

The tabled values are factors C such that $\hat{\mu} + \frac{1}{2}\hat{\sigma}^2 + \hat{\sigma}\nu^{-\frac{1}{2}}C$ is an exact one-sided confidence limit for $\mu + \frac{1}{2}\sigma^2$ based on the mean $\hat{\mu}$ and variance $\hat{\sigma}^2$ from a normal (μ,σ^2) random sample of size $\nu + 1$. For example, if $\hat{\mu}$ and $\hat{\sigma}^2$ are the sample mean and variance of the logarithms of a random sample on a lognormal variate X, then the exponential of this limit is an exact one-sided confidence limit for $EX = \exp(\mu + \frac{1}{2}\sigma^2)$. More generally, exact confidence limits for a linear function $\mu + \lambda\sigma^2$ ($\lambda \neq 0$) can be obtained, based on a $N(\mu, \sigma^2/\gamma^2)$ estimate $\hat{\mu}$ of μ and a statistically independent $\sigma^2\chi^2(\nu)/\nu$ estimate $\hat{\sigma}^2$ of σ^2.

The arguments of the factors $C = C(S;\nu,1-\alpha)$ are $S = \hat{\sigma}$ times an appropriate multiplier, the number ν of degrees of freedom for $\hat{\sigma}^2$, and the confidence level $1-\alpha$. In the case of the general sampling model given above for $\hat{\mu}$ and $\hat{\sigma}^2$, and a general linear function $\mu + \lambda\sigma^2$, we define

(1) $$S = (2\lambda\hat{\sigma}^2/k)^{\frac{1}{2}},$$

where

(2) $$k = \frac{1}{2}(\nu+1)/(\lambda\gamma^2).$$

An exact and optimal (see the statistical section) one-sided upper confidence limit of level $1-\alpha$ for $\mu+\lambda\sigma^2$ is

(3) $$Q_\lambda = \hat{\mu} + \lambda\hat{\sigma}^2 + kS\nu^{-\frac{1}{2}}C(S;\nu,1-\alpha^*),$$

where $\alpha^* = \alpha$ if $\lambda > 0$ and $\alpha^* = 1 - \alpha$ if $\lambda < 0$. This limit is also an exact and optimal one-sided lower confidence limit, of level α, for $\mu+\lambda\sigma^2$. Two-sided limits corresponding to equal tail probabilities can be obtained in pairs as the lower and upper one-sided limits, respectively, of level $1 - \frac{1}{2}\alpha$. This procedure is only asymptotically optimal, since the optimal 2-sided procedure is only asymptotically equi-tailed [6], but for most purposes an equi-tailed procedure should be acceptable.

For values of S and/or ν intermediate to those corresponding to tabled values, the limits $C(S;\nu,1-\alpha)$ must be obtained by interpolation. Cubic interpolation, or four-point Lagrangian interpolation, appears to be generally adequate with these tables. For easy reference, the general Lagrangian formula [1, 25.2.1-2] for finding the function value $f(x)$ corresponding to an argument x, given arguments x_i with known function values $f_i = f(x_i)$, $i=0, \ldots, k$, is

$$f(x) = \sum_{i=0}^{k} \ell_i(x) f_i,$$

where

$$\ell_i(x) = \frac{(x-x_0)\cdots(x-x_{i-1})(x-x_{i+1})\cdots(x-x_k)}{(x_i-x_0)\cdots(x_i-x_{i-1})(x_i-x_{i+1})\cdots(x_i-x_k)}.$$

EXAMPLE 1. CONFIDENCE LIMITS FOR A LOGNORMAL MEAN

Let $\hat{\mu} = 1.6$ and $\hat{\sigma}^2 = .81$ be the sample estimates of μ and σ^2, respectively, corresponding to a lognormal variate X. Consider first the simplest sampling model, in which $\hat{\sigma}^2$ has 15 degrees of freedom and $\text{Var } \hat{\mu} = \sigma^2/16$. For this simple case $\lambda = \frac{1}{2}$, $k = 1$ (from (2)) and $S = .9$ (from (1)). The standard limits $C(.9;15,1-\alpha)$ are given in the tables and we note that $C(.9;15,.95) = 2.554$. From (3), the one-sided upper confidence limit of level .95 for $\mu + \frac{1}{2}\sigma^2$ is $1.6 + \frac{1}{2}(.81) + (.9/15^{\frac{1}{2}})(2.554) = 2.598$, whose exponential, 13.44, is the corresponding confidence limit for $EX = \exp(\mu + \frac{1}{2}\sigma^2)$. Also, $C(.9;15,.05) = -1.686$, from which we obtain the one-sided lower limit of level .95 for $\mu + \frac{1}{2}\sigma^2$, $1.6 + \frac{1}{2}(.81) + (.9/15^{\frac{1}{2}})(-1.686) = 1.613$, and its exponential, 5.019, the corresponding limit for EX. Finally, we note that the equi-tailed two-sided confidence interval of level .90 for $\mu + \frac{1}{2}\sigma^2$ is (1.631, 2.598), and the interval formed by taking exponentials of the endpoints is the corresponding confidence interval for EX, (5.019, 13.44).

Now suppose that $\hat{\mu}$ and $\hat{\sigma}^2$ were obtained from a linear regression of log X on an independent variable w, and that $\hat{\sigma}^2$ has 30 degrees of freedom. Let $\mu = E(\log X | w = w_0) = a + bw_0$, and suppose that $\text{Var } \hat{\mu} = \text{Var}(\hat{a} + \hat{b}w_0) = \sigma^2/16.53$ for this particular value of w. (These and other intermediate results are given to three or four significant digits, but are carried to ten digits precision when used in subsequent calculations.) By (2), $k = 31/16.53 = 1.875$ and by (1), $S = (.81/1.875)^{\frac{1}{2}} = .6572$. In order to obtain the one-sided upper confidence limit of level .95 for $\mu + \frac{1}{2}\sigma^2$, we first note that interpolation with respect to S is necessary. The tabled values $C(S;30,.95)$ are 1.928, 2.010, 2.102, and 2.202 for $S = .5, .6, .7,$ and .8 respectively. Cubic interpolation gives $C(.6572;30,.95) = 2.062$, from which (3) gives

$$Q_{\frac{1}{2}} = 1.6 + \tfrac{1}{2}(.81) + (1.875)(.6572/30^{\frac{1}{2}})(2.062) = 2.469.$$

The exponential of this value, 11.81, is the corresponding confidence limit for EX.

Finally, suppose that $\hat{\sigma}^2$ has 33 degrees of freedom instead of 30, but that $\gamma^2 = 34/1.875$ so that k and S remain unchanged. The principal difference from the preceding paragraph is that interpolation now is necessary with respect to ν as well as S, since the standard limits are not tabled for $\nu = 33$. We already have $C(.6572;30,.95) = 2.062$, and we similarly obtain $C(.6572; 27,.95) = 2.080$, $C(.6572;35,.95) = 2.037$, and $C(.6572;40,.95) = 2.018$. Cubic interpolation with respect to ν gives $C(.6572;33,.95) = 2.046$, from which, by (3), we have

$$Q_{\frac{1}{2}} = 1.6 + \tfrac{1}{2}(.81) + (1.875)(.6572/33^{\frac{1}{2}})(2.046) = 2.444.$$

The exponential of this value is 11.52, the one-sided upper confidence limit of level .95 for EX.

APPROXIMATE PROCEDURE FOR NONLINEAR FUNCTIONS

In general, if $f(X)$ is $N(\mu,\sigma^2)$, EX cannot be expressed as the transform of a linear function of μ and σ^2. Let $f(X)$ be $N(\mu,\sigma^2)$ for some nonlinear, invertible, and twice-differentiable function f. If it exists, EX must depend nontrivially on both μ and σ^2, and it is a function of a linear combination of μ and σ^2 if and only if X is lognormal [6]. The application of the tables to the general case is motivated by the fact that a smooth nonlinear function of μ and σ^2 can be approximated locally by a linear function, and that as the region of approximation becomes smaller the linear approximation steadily improves.

Figure 1 illustrates the application of the tables to the parametric function $\theta(\mu,\sigma^2) = \tfrac{1}{2}\{1-\cos(2\mu)\exp(-2\sigma^2)\}$, that is, to EX when $\arcsin X^{\frac{1}{2}}$ is $N(\mu,\sigma^2)$. The contours of this function in the (μ,σ^2) half-plane form the background of the figure. The contours of any linear function $\mu + \lambda\sigma^2$, by contrast, are a family of evenly spaced, parallel lines. Within a sufficiently small region of the half-plane, however, the contours of EX look much like parallel lines. As the size of a random sample on X increases without limit

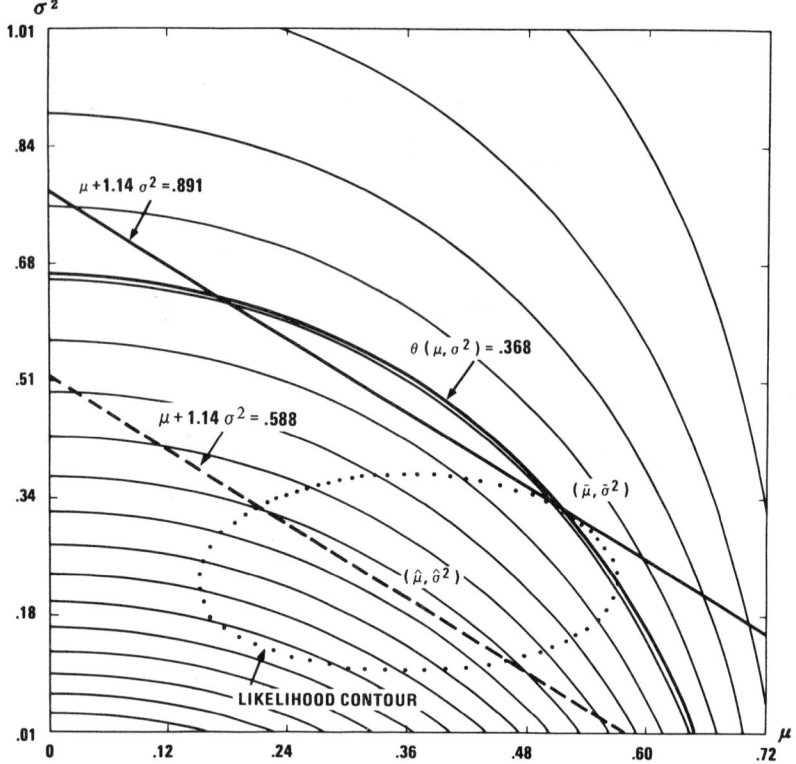

FIG. 1. Construction of an approximate confidence limit for a nonlinear function $\theta(\mu,\sigma^2)$. Reproduced from [10], with modifications, by permission of the American Statistical Association.

any reasonably defined region of non-negligible likelihood shrinks to a point located at the true parameter values. As this happens, the family of contours of EX within the region can be increasingly well approximated by a family of parallel lines, corresponding to $\mu + \lambda\sigma^2$, for some fixed λ. Now consider a confidence interval for EX. Such an interval corresponds to the region to one side of a particular contour of EX, say $EX = \theta_0$, or to the region between two such contours, in the case of a two-sided interval. A confidence interval for $\mu + \lambda\sigma^2$ corresponds to the region to one side of a line, say the line $\mu + \lambda\sigma^2 = m_0$, or to the region between two lines. If there is a λ such that the family of lines $\mu + \lambda\sigma^2 = m$ approximates the contours of EX within the region of non-negligible likelihood, then the region corresponding to, say, a one-sided left-infinite confidence interval of level $1 - \alpha$ for EX should be nearly congruent with the region corresponding to a similar confidence interval for $\mu + \lambda\sigma^2$, within the region of non-negligible likelihood. Thus a procedure that selects a confidence region in the (μ,σ^2) half-plane that is nearly congruent, at least where the likelihood is not extremely small, to a confidence region for $\mu + \lambda\sigma^2$ should be an approximate confidence interval procedure for EX. In terms of coverage probabilities, the agreement, or lack of it, outside the region of non-negligible likelihood is of little importance.

The example illustrated in Figure 1 is one for which the contours of EX are noticeably nonlinear within the region of non-negligible likelihood. Let $\hat{\mu} = .36$ and $\hat{\sigma}^2 = .20$ be the sample mean and variance, respectively, obtained from a random sample of size 11 on $Y = \arcsin X^{\frac{1}{2}}$. Assuming Y to be $N(\mu,\sigma^2)$, EX = $\frac{1}{2}\{1 - \cos(2\mu)\exp(-2\sigma^2)\}$. At the point $(\hat{\mu},\hat{\sigma}^2)$, the tangent line to the contour of EX is the line $\mu + \lambda\sigma^2 = m_0$, where $\lambda = \cot(2\hat{\mu}) = 1.14$ and $m_0 = .36 + (1.14)(.20) = .588$.

The tables can be used to obtain the level-.90 one-sided upper confidence limit (.891) for $\mu + 1.14\sigma^2$, corresponding to $\hat{\mu}$ and $\hat{\sigma}^2$. The area below and to the left of the line $\mu + 1.14\sigma^2 = .891$ corresponds to a level-.90 one-sided left-infinite confidence interval for $\mu + 1.14\sigma^2$. The point of maximum likelihood on the line $\mu + 1.14\sigma^2 = .891$ is the point $(.519, .326)$. We take the value at this point of EX $(= \frac{1}{2}\{1-\cos((2)(.519))\exp((-2)(.326))\} = .368)$ as an approximate upper limit for EX. The region in the (μ,σ^2) half-plane thus selected satisfies the somewhat imprecise requirement of congruence mentioned above.

Figure 1 illustrates a graphical method of constructing an approximate confidence limit for a parametric function $\theta(\mu,\sigma^2)$ (such as EX when $f(X)$ is $N(\mu,\sigma^2)$). The computational details are given here for the general sampling model described earlier for $(\hat{\mu},\hat{\sigma}^2)$: First approximate the function by $\mu + \lambda\sigma^2$, where λ is the ratio of partial derivatives of θ evaluated at $(\hat{\mu},\hat{\sigma}^2)$,

(4)
$$\lambda = \theta_{\sigma^2}(\hat{\mu},\hat{\sigma}^2)/\theta_{\mu}(\hat{\mu},\hat{\sigma}^2).$$

Then use (1) - (3) and the tables to obtain a confidence limit Q_λ for $\mu + \lambda\sigma^2$, and find the point on the line $\mu + \lambda\sigma^2 = Q_\lambda$ at which the likelihood function is greatest. Maximization of the restricted likelihood function gives the point $(\tilde{\mu},\tilde{\sigma}^2)$, where $\tilde{\mu} = Q_\lambda - \lambda\tilde{\sigma}^2$ and

(5) $$\tilde{\sigma}^2 = \{-|k| + [k^2 + (\hat{\mu}-Q_\lambda)^2 + v\hat{\sigma}^2/\gamma^2]^{\frac{1}{2}}\}/|\lambda|.$$

The approximate confidence limit for $\theta(\mu,\sigma^2)$ is $\theta(\tilde{\mu},\tilde{\sigma}^2)$.

EXAMPLE 2. CONFIDENCE LIMIT FOR EX WHEN ARCSIN $X^{\frac{1}{2}}$ IS $N(\mu,\sigma^2)$

Consider the example of Figure 1, with $\hat{\mu} = .36$, $\hat{\sigma}^2 = .20$, $\nu = 10$, and $\gamma^2 = 11$. The ratio of partial derivatives of $EX = \frac{1}{2}\{1 - \cos(2\mu)\exp(-2\sigma^2)\}$ is

$$\cos(2\mu)\exp(-2\sigma^2)/\sin(2\mu)\exp(-2\sigma^2) = \cot(2\mu),$$

which, evaluated at $\mu = \hat{\mu}$, $\sigma^2 = \hat{\sigma}^2$ gives, by (4), $\lambda = \cot(.72) = 1.140$. By (2), $k = \frac{1}{2}/1.140 = .4386$, and by (1) $S = \{(2)(1.140)(.20)/.4386\}^{\frac{1}{2}} = 1.020$. From the tables we obtain $C(S;10,.90) = 1.992, 2.115, 2.448$, and 2.806 for $S = .9, 1.0, 1.25$, and 1.5, respectively, and by cubic interpolation we obtain $C(1.020,10,.90) = 2.140$. By (3) the level-.90 one-sided upper confidence limit for $\mu + 1.140\sigma^2$ is

$$Q_{1.14} = .36 + (1.14)(.20) + (.4386)(1.020/10^{\frac{1}{2}})(2.140) = .8907.$$

The next step is to define the approximate confidence limit for EX corresponding to $Q_{1.14}$. The likelihood function on the line $\mu + 1.14\sigma^2 = .8907$ is maximized at the point $(\tilde{\mu},\tilde{\sigma}^2)$, where

$$\tilde{\sigma}^2 = \{-.4386 + [(.4386)^2 + (.36 - .8907)^2 + 10(.20)/11]^{\frac{1}{2}}\}/1.14 = .3256,$$

by (5), and

$$\tilde{\mu} = .8907 - (1.14)(.3256) = .5194.$$

The approximate upper confidence limit of level .90 for EX is the value of the parametric function EX evaluated at $(\tilde{\mu},\tilde{\sigma}^2)$,

$$EX_{.90} = \frac{1}{2}\{1 - \cos((2)(.5194))\exp((-2)(.3256))\} = .3678.$$

Suppose that we have the same sample, but that $\hat{\mu} = \pi/2 - .36$ instead of .36. Then $\lambda = \cot(-.72) = -1.140$, $k = \frac{1}{2}/(-1.140) = -.4386$, and $S = 1.020$ as before. By (3), in order to obtain the level-.90 one-sided upper confidence limit for $\mu - 1.14\sigma^2$, we must first obtain the standard limit $C(1.02;10,.10)$, which we find to be -1.334 by cubic interpolation among the values -1.307, -1.329, -1.396, and -1.477 corresponding to S = .9, 1.0, 1.25, and 1.5 respectively. Applying (3) to this limit, we obtain

$$Q_{-1.14} = \tfrac{1}{2}\pi - .36 + (-1.140)(.20) + (-.4386)(1.020/10^{\tfrac{1}{2}})(-1.334) = 1.171.$$

By (5), the point of maximum likelihood on the line $\mu - 1.14\sigma^2 = 1.171$ has coordinates $(\tilde{\mu}, \tilde{\sigma}^2)$, where

$$\tilde{\sigma}^2 = \{-.4386 + [(-.4386)^2 + (\pi/2 - .36 - 1.171)^2 + 10(.20)/11]^{\tfrac{1}{2}}\}/1.14 = .1530$$

and

$$\tilde{\mu} = 1.171 - (-1.14)(.1530) = 1.346$$

Thus the approximate one-sided upper confidence limit of level .90 for EX is

$$EX_{.90} = \tfrac{1}{2}\{1 - \cos((2)(1.346))\exp(-2)(.1530))\} = .8316.$$

STATISTICAL AND COMPUTATIONAL CONSIDERATIONS

The one-sided (lower and upper) confidence interval procedures corresponding to these tables are uniformly most accurate unbiased of their respective levels, among procedures based upon $\hat{\mu}$ and $\hat{\sigma}^2$ [6]. They are defined in terms of the uniformly most powerful unbiased tests of level α for $\mu + \lambda\sigma^2$ against one-sided alternatives. These tests depend on the statistics

(6)
$$T_m = \gamma(\hat{\mu} - m)/\hat{\sigma},$$
$$\xi_{m,\lambda} = -\lambda\gamma\hat{\sigma}(\nu + T_m^2)^{\tfrac{1}{2}}/(\nu+1)$$

where the arbitrary value m corresponds to the null hypothesis $H_m: \mu + \lambda\sigma^2 = m$. The tests obviously reduce to the case m = 0, by a translation of $\hat{\mu}$. The critical values for tests of H_0 against one-sided alternatives are the quantiles $t(\nu, \xi, \alpha)$ of the conditional distribution, under H_0, of T_0 given $\xi_{0,\lambda} = \xi$, which has probability density function proportional to

(7)
$$f_\nu(t|\xi) = (\nu+t^2)^{-\tfrac{1}{2}(\nu+1)}\exp\{(\nu+1)\xi t/(\nu+t^2)^{\tfrac{1}{2}}\}$$

for $-\infty < t < \infty$, $-\infty < \xi < \infty$ and $\nu = 1, 2, \ldots$.

A one-sided upper confidence limit of level $1-\alpha$ for $\mu + \lambda\sigma^2$ is defined as that number m satisfying the relation

(8)
$$T_m = t(\nu, \xi_{m,\lambda}, \alpha)$$

where T_m and $\xi_{m,\lambda}$ are defined in (6). Symmetry relationships obtainable from (6) and (7) lead to expression (3), which reduces everything to the case $\lambda = \frac{1}{2}$, $\gamma^2 = \nu+1$ [8].

Except for the case $\nu = 2$, the critical values $t(\nu,\xi,\alpha)$ do not have closed-form expressions and must be obtained by integration of (7). Tables of critical values [6, 7, 9] were computed for a wide range of values of $\nu \geq 2$, $\xi \geq 0$, and α, by a method used by Johnson et al. to compute quantiles of certain Pearson distributions [4]. The case $\nu = 1$ was not treated, being computationally very difficult. Next, equation (8) was solved for m for values of $\hat{\sigma}^2$ corresponding to the squares of the values S in the present tables, with $\hat{\mu} = -\frac{1}{2}S^2$ and $\gamma^2 = \nu+1$. The solution was obtained using a search procedure starting from a convenient initial value such as zero or an adjacent table value. For $\nu = 2$ the critical value $t(\nu,\xi_{m,\frac{1}{2}},\alpha)$ was computed directly for each value of m, while for $\nu \geq 3$ it was obtained by cubic interpolation on ξ from the tables of critical values. Consequently the solutions for $\nu = 2$ were more accurate than those for larger values of ν.

Finally, the above solutions were refined by computing the difference

$$(9) \qquad 1 - \alpha - \int_{-\infty}^{T_m} f_\nu(t|\xi_{m,\frac{1}{2}})dt / \int_{-\infty}^{\infty} f_\nu(t|\xi_{m,\frac{1}{2}})dt$$

and adjusting m until four-digit accuracy was obtained for

$$C(S;\nu,1-\alpha) = m\nu^{\frac{1}{2}}/S.$$

The integrals in (9) are directly computable for even ν, but except for small even ν, rounding errors cause a serious loss of precision. Accordingly, except for these cases, numerical integration was employed, Simpson's Rule for $\nu = 3$ and 5, and the Runge-Kutta-Gill method [15, Vol. 1, page 110] for the remainder.

The final results of the above computations are claimed to be accurate within ±1 in the fourth significant digit. In terms of coverage probability, the tabled values correspond to a deviation from zero in (9) of within ±.005 times the minimum of α and $1-\alpha$.

The confidence interval method outlined above is exact and uniformly most accurate unbiased for linear functions of the normal mean and variance, and therefore for lognormal means. A linear contrast in several lognormal means, which might be of interest if the logarithms of sample observations corresponded to an analysis of variance model, cannot be treated exactly since such a contrast cannot be represented as a function of a linear combination of the mean and variance of a normal variate. On the other hand, a "geometric" contrast, such as $EX_1/(EX_2)^{\frac{1}{2}}$, where $\log X_1$ is $N(\mu_1, \sigma^2)$ and $\log X_2$ is $N(\mu_2, \sigma^2)$, can be represented in this way, as $\exp\{\mu_1 - \frac{1}{2}\mu_2 + (3/8)\sigma^2\}$.

For non-logarithmic data transformations the method provides only approximate confidence limits which, however, are asymptotically exact and optimal. For an idea of how the method may be expected to perform for finite sample sizes, a Monte Carlo evaluation was performed for the square-root, cube root, arcsin, and arcsinh transformations, over a fairly wide range of values of σ^2, and assuming a random sample model with $\nu = 10$, 100, and 1000 [10]. Based on a binomial (1600, 1-α) model for the frequency of coverage of the true mean, the observed coverage rates were almost uniformly within 2 standard deviations of 1-α. The exceptions occurred for 1-α near zero, large σ^2 (=.2), and $\nu = 10$ in the case of the arcsin transformation. From the lower left-hand corner of Figure 1, which corresponds roughly to this situation, it can be seen that the contours of EX are far from being parallel lines, which would seem to explain the partial failure of the method in this case. On the other hand, the Monte Carlo results corresponding most closely to the example illustrated in Figure 1, in which the contours near the middle are of interest, were satisfactory.

By contrast, the Monte Carlo results for other approximate methods defined in terms of an initial confidence interval for μ, which is then adjusted in order to take account of the dependence of EX on σ^2, or in terms of an asymptotic distribution for a point estimate of EX, were found to vary considerably according to the data transformation employed, the sample size, and the parameter values used to generate the pseudo-random data.

To summarize, the Monte Carlo analysis has shown the method of the present paper to be superior to other ad hoc methods, and to have coverage probabilities that do not differ greatly from nominal confidence levels, for dissimilar data transformations and for a wide range of sample sizes and parameter values. The coverage probabilities differ most from nominal levels when the contours in the (μ,σ^2) half-plane of the parametric function EX are markedly different from parallel lines in a region of non-negligible likelihood, that is, when ν is small and σ^2 is large, how small and how large depending upon the data transformation employed. In an actual application not covered by the Monte Carlo studies, the user would be well advised to construct a plot of the contours of EX and superimpose a few likelihood contours upon it.

It should be pointed out that standard statistical procedures assuming a normal linear model, such as linear regression and analysis of variance, are robust under non-normality [16], while the functional form of EX as a function of μ and σ^2, on which the present method depends heavily, is obtained by assuming normality in the transformed scale. Therefore the present method, and other methods that depend upon knowing the functional form of EX, may not be applicable in all situations for which a normal-theory analysis of transformed data is appropriate, simply because normality in the transformed scale may not have been achieved.

APPLICATIONS OTHER THAN DATA TRANSFORMATIONS

Functions of μ and σ^2 are of interest in applications other than those involving data transformations or the lognormal distribution. For example, confidence interval estimation for the noncentral normal moment $E(Y - m)^p$, where m and p are arbitrary and Y is $N(\mu,\sigma^2)$, is conceptually the same as the problem of confidence interval estimation for the mean of a variate that can be transformed to normality. Another class of functions of μ and σ^2 is the class of normal quantiles $\mu + z\sigma$, where z is arbitrary. The present tables can be used to define useful approximate normal tolerance limits, that is, approximate confidence limits for normal quantiles.

The normal quantile $\mu + z\sigma$ can be expressed approximately as a linear function of μ and σ^2, $\mu + \frac{1}{2}(z/\hat{\sigma})\sigma^2 + \frac{1}{2}z\hat{\sigma}$. That is, the family of contours in the (μ,σ^2) half-plane of the function $\mu + z\sigma$ can be approximated locally by contours of the linear function $\mu + \lambda\sigma^2$, where $\lambda = \frac{1}{2}z/\hat{\sigma}$, from (4). By (2), $k = w\hat{\sigma}/z$, and by (1), $S = |z|/w^{\frac{1}{2}}$, where $w = (\nu+1)/\gamma^2$. According to (3), the one-sided upper (or lower) confidence limit of level $1-\alpha$ for $\mu + \lambda\sigma^2$ is $Q_\lambda = \hat{\mu} + \hat{\sigma}A$, where $A = \frac{1}{2}z + \text{sgn}(z)(w/\nu)^{\frac{1}{2}}C(|z|/w^{\frac{1}{2}};\nu,1-\alpha^*)$, and $\alpha^* = \alpha$ if z is positive and an upper limit is sought or if z is negative and a lower limit is sought, and $\alpha^* = 1-\alpha$ otherwise. From (5) we have

$$\tilde{\sigma}^2 = \{-w\hat{\sigma}/|z| + [w^2\hat{\sigma}^2/z^2 + (\hat{\mu} - Q_\lambda)^2 + \nu\hat{\sigma}^2/\gamma^2]^{\frac{1}{2}}\}(2\hat{\sigma})/|z| = \hat{\sigma}^2(2w/z^2)B,$$

where $B = 1 + [1 + z^2A^2/w^2 + z^2\nu/(\gamma^2w^2)]^{\frac{1}{2}}$, and

$$\tilde{\mu} = Q_\lambda - \frac{1}{2}(z/\hat{\sigma})\tilde{\sigma}^2 = \hat{\mu} + \hat{\sigma}A - \hat{\sigma}(w/z)B.$$

The approximate confidence limit for $\mu + z\sigma$, $\tilde{\mu} + z\tilde{\sigma}$, can be written in the form $\hat{\mu} + \tilde{k}^*\hat{\sigma}$, where

$$\tilde{k}^* = A - (w/z)B + (2w)^{\frac{1}{2}}B^{\frac{1}{2}}.$$

Note that $\tilde{k}^*$ does not depend in any way upon $\hat{\mu}$ or $\hat{\sigma}^2$.

Normal tolerance limits are of the form $\hat{\mu} + k^*\hat{\sigma}$, where k^* is obtained from a table such as [13]. A comparison of values of $\tilde{k}^*$ with values of k^* from that source is given in Table 1 for the random-sample model (for which $w = 1$) for increasing values of ν. The values of $\tilde{k}^*$ and k^* correspond to one-sided upper confidence limits of level .95 for the .95th normal quantile, $\mu + 1.64485\sigma$. The fourth column is the approximate coverage probability corresponding to $\tilde{k}^*$, as obtained by cubic interpolation from the tables [13]. The coefficients k^* are given to six digits precision in [13]; it is appropriate to give the values calculated from the present tables to only four digits, but when used as intermediate values in the calculation they were carried to greater precision.

The approximate tolerance limits are of useful accuracy even for small sample sizes, and they are conservative. By symmetry, the same table, but with negative signs for $\tilde{k}^*$ and k^*, corresponds to one-sided lower confidence limits of level .95 for $\mu - 1.64485\sigma$.

TABLE 1

Approximate and exact coefficients for normal tolerance limits (one-sided upper confidence limits of level .95 for $\mu + 1.64485\sigma$, based on a simple random sample of size $\nu + 1$)

ν	exact coeff.	approx. coeff.	approx. conf. level
10	2.78189	2.811	.9532
20	2.35468	2.367	.9524
30	2.19707	2.204	.9519
60	2.01328	2.016	.9513
100	1.92190	1.924	.9509
200	1.83521	1.836	.9506
300	1.79838	1.799	.9505
600	1.75172	1.752	.9504
1000	1.72693	1.727	.9501

While the limits obtained by the method of the present paper are approximate, the method can be applied to estimates $\hat{\mu}$ and $\hat{\sigma}^2$ obtained under sampling models other than the random-sample model, such as regression or analysis of variance models. For example, in the case of a one-way analysis of variance with two cells and (say) 16 observations per cell, we have $\nu = 30$ but the variance of the sample mean for the first cell is $\sigma^2/16$. Thus $w = 31/16$, $k = (31/16)\hat{\sigma}/z$, and $S = |z|(16/31)^{\frac{1}{2}}$. For $z = 1.64485$ and $1-\alpha = .95$, we have $C(1.64485(16/31)^{\frac{1}{2}}; 30, .95) = 2.648$ and $\tilde{k}* = 2.288$. Also, limits can be obtained for any quantile, and not just those corresponding to tabled tolerance limits.

ACKNOWLEDGEMENT

The accuracy of the present tables owes much to a series of checks run by Mr. S.E. Lamacchia of Aerospace Research Laboratories, Wright-Patterson AFB. Mr. Lamacchia used Simpson's Rule numerical integration to compute the integrals in (9) as functions of ξ in the Muller iteration method [15, Vol. 2, pg 190], converging when T_m equalled the critical value $t(\nu, \xi_{m,\frac{1}{2}}, \alpha)$, using selected tabled confidence limits as starting values. His checks showed that the limits obtained by cubic interpolation on the tables of critical values [7, 9] were sometimes inaccurate in the fourth significant digit, most noticeably for large ν and large S, when the limits were less than 10 in absolute magnitude. Accordingly, the final step of computations was performed in which the tabled limits were adjusted in order to make (9) as close as possible to zero using four significant digits for $C(S;\nu,1-\alpha)$. Mr. Lamacchia also performed these calculations for the cases $\nu = 3$ and $\nu = 5$, which would have required excessive computer time using the computer programs and computational equipment available to the author at that time.

REFERENCES

[1] Abramowitz, M. and Stegun, I.A. (1964). Handbook of Mathematical Functions. National Bureau of Standards Applied Mathematics Series 55. U.S. Govt. Printing Office, Washington, D.C.

[2] Cox, P.C. (1972). Modified propagation of errors with applications to maintainability and availability. Quality Assurance Office Technical Report 114, White Sands Missile Range, New Mexico.

[3] Hoyle, M.H. (1968). The estimation of variances after using a Gaussianating transformation. Ann. Math. Statist. 39 1125-1143.

[4] Johnson, N.L., Nixon, E., Amos, D.E., and Pearson, D.S. (1963). Tables of percentage points of Pearson curves, for given $(\beta_1)^{\frac{1}{2}}$ and β_2 expressed in standard measure. Biometrika 50 459-498.

[5] Kempthorne, O. (1952). The Design and Analysis of Experiments. Wiley, New York.

[6] Land, C.E. (1971). Confidence intervals for linear functions of the normal mean and variance. Ann. Math. Statist. 42 1187-1205.

[7] Land, C.E. (1971). Critical values for hypothesis tests about linear functions of the normal mean and variance. Unpublished Mathematical Tables File, Math. of Computation 25 44.

[8] Land, C.E. (1973). Standard confidence limits for linear functions of the normal mean and variance. J. Amer. Statist. Assn. 68 960-963.

[9] Land, C.E. (1974). Tables of critical values for hypothesis tests about linear functions of the normal mean and variance. Unpublished Mathematical Tables File, Math. of Computation 28 127.

[10] Land, C.E. (1974). Confidence interval estimation for means after data transformations to normality. J. Amer. Statist. Assn. 69 795-802.

[11] National Academy of Sciences (1973). Weather and Climate Modification, Problems and Progress. Printing and Publishing Office, National Academy of Sciences, Washington, D.C.

[12] Neyman, J. and Scott. E.R. (1960). Correction for bias introduced by a transformation of variables. Ann. Math. Statist. 31 643-655.

[13] Owen, D.B. (1958). Tables of Factors for One-sided Tolerance Limits for a Normal Distribution. Sandia Corporation Monograph, available from the Office of Technical Services, Dept. of Commerce, Washington, D.C.

[14] Patterson, R.L. (1966). Difficulties involved in the estimation of a population mean using transformed sample data. Technometrics 8 535-537.

[15] Ralston, A. and Wilf, H.S. (1967). Mathematical Methods for Digital Computers. Wiley, New York.

[16] Scheffé, H. (1959). The Analysis of Variance. Wiley, New York.

[17] Young, D. (1972). The estimation of liveweight from heart girth within specified age/sex groups of Kenya range cattle. East African Agriculture and Forestry Journal, 38 193-200.

CONFIDENCE LIMITS FOR $\mu + \lambda\sigma^2$

2 DEGREES OF FREEDOM.

ONE-SIDED (UPPER) CONFIDENCE LEVELS

S	.0025	.005	.01	.025	.05	.10	.90	.95	.975	.99	.995	.9975
.10	-7.418	-5.803	-4.435	-2.988	-2.130	-1.431	1.686	2.750	4.367	8.328	14.66	28.24
.20	-5.712	-4.665	-3.720	-2.639	-1.949	-1.350	1.885	3.295	5.849	13.94	28.06	56.35
.30	-4.759	-3.983	-3.260	-2.396	-1.816	-1.289	2.156	4.109	8.166	20.88	42.10	84.53
.40	-4.149	-3.531	-2.943	-2.220	-1.717	-1.245	2.521	5.220	10.86	27.85	56.14	112.7
.50	-3.727	-3.211	-2.714	-2.090	-1.644	-1.213	2.990	6.495	13.59	34.82	70.18	140.9
.60	-3.421	-2.976	-2.544	-1.992	-1.589	-1.190	3.542	7.807	16.31	41.78	84.21	169.1
.70	-3.191	-2.800	-2.415	-1.919	-1.549	-1.176	4.136	9.120	19.04	48.75	98.25	197.2
.80	-3.015	-2.664	-2.317	-1.864	-1.521	-1.168	4.742	10.43	21.76	55.71	112.3	225.4
.90	-2.879	-2.560	-2.242	-1.823	-1.502	-1.165	5.349	11.74	24.49	62.68	126.3	253.6
1.00	-2.773	-2.479	-2.185	-1.794	-1.490	-1.166	5.955	13.05	27.21	69.65	140.4	281.8
1.25	-2.597	-2.350	-2.099	-1.759	-1.486	-1.184	7.466	16.33	34.02	87.06	175.4	352.2
1.50	-2.508	-2.291	-2.069	-1.761	-1.508	-1.217	8.973	19.60	40.83	104.5	210.5	422.7
1.75	-2.473	-2.277	-2.075	-1.789	-1.547	-1.260	10.48	22.87	47.63	121.9	245.6	493.1
2.00	-2.475	-2.294	-2.106	-1.834	-1.598	-1.310	11.98	26.14	54.44	139.3	280.7	563.6
2.50	-2.550	-2.389	-2.217	-1.960	-1.727	-1.426	14.99	32.69	68.05	174.1	350.9	704.5
3.00	-2.686	-2.535	-2.371	-2.118	-1.880	-1.560	18.00	39.23	81.66	208.9	421.1	845.3
3.50	-2.859	-2.714	-2.553	-2.299	-2.051	-1.710	21.00	45.77	95.27	243.8	491.3	986.2
4.00	-3.059	-2.917	-2.756	-2.496	-2.237	-1.871	24.00	52.31	108.9	278.6	561.4	1127.
4.50	-3.277	-3.136	-2.973	-2.706	-2.434	-2.041	27.01	58.85	122.5	313.4	631.6	1268.
5.00	-3.510	-3.368	-3.202	-2.925	-2.638	-2.217	30.01	65.39	136.1	348.2	701.8	1409.
6.00	-4.005	-3.858	-3.683	-3.382	-3.062	-2.581	36.02	78.47	163.3	417.9	842.2	1691.
7.00	-4.527	-4.372	-4.185	-3.856	-3.499	-2.955	42.02	91.55	190.6	487.5	982.5	1972.
8.00	-5.066	-4.901	-4.700	-4.341	-3.945	-3.336	48.03	104.6	217.8	557.2	1123.	2254.
9.00	-5.616	-5.440	-5.223	-4.832	-4.397	-3.721	54.03	117.7	245.0	626.9	1263.	2536.
10.00	-6.173	-5.986	-5.753	-5.328	-4.852	-4.109	60.04	130.8	272.2	696.5	1404.	2818.

3 DEGREES OF FREEDOM.

ONE-SIDED (UPPER) CONFIDENCE LEVELS

S	.0025	.005	.01	.025	.05	.10	.90	.95	.975	.99	.995	.9975
.10	-5.221	-4.26	-3.437	-2.504	-1.898	-1.351	1.506	2.222	3.100	4.665	6.334	8.677
.20	-4.464	-3.743	-3.089	-2.316	-1.791	-1.299	1.620	2.463	3.571	5.768	8.428	12.64
.30	-3.957	-3.377	-2.836	-2.176	-1.710	-1.260	1.763	2.777	4.210	7.336	11.37	17.82
.40	-3.598	-3.112	-2.649	-2.070	-1.650	-1.233	1.942	3.175	5.031	9.244	14.68	23.32
.50	-3.335	-2.915	-2.508	-1.989	-1.605	-1.214	2.160	3.658	5.989	11.29	18.10	28.90
.60	-3.138	-2.766	-2.402	-1.929	-1.572	-1.202	2.417	4.209	7.019	13.39	21.56	34.52
.70	-2.987	-2.652	-2.321	-1.885	-1.550	-1.197	2.708	4.801	8.083	15.52	25.04	40.16
.80	-2.872	-2.566	-2.260	-1.854	-1.537	-1.197	3.023	5.414	9.164	17.65	28.54	45.82
.90	-2.783	-2.500	-2.216	-1.833	-1.530	-1.201	3.353	6.038	10.25	19.80	32.05	51.48
1.00	-2.715	-2.451	-2.184	-1.820	-1.530	-1.208	3.691	6.669	11.35	21.95	35.56	57.15
1.25	-2.611	-2.382	-2.147	-1.819	-1.549	-1.240	4.558	8.265	14.11	27.35	44.36	71.35
1.50	-2.574	-2.368	-2.153	-1.849	-1.590	-1.285	5.436	9.874	16.88	32.77	53.18	85.56
1.75	-2.581	-2.390	-2.190	-1.899	-1.647	-1.341	6.319	11.49	19.65	38.19	61.99	99.77
2.00	-2.619	-2.439	-2.247	-1.965	-1.714	-1.403	7.206	13.11	22.43	43.61	70.82	114.0
2.50	-2.756	-2.589	-2.408	-2.132	-1.877	-1.547	8.986	16.35	28.00	54.47	88.48	142.4
3.00	-2.948	-2.788	-2.610	-2.331	-2.065	-1.712	10.77	19.60	33.58	65.34	106.1	170.9
3.50	-3.178	-3.019	-2.839	-2.552	-2.272	-1.889	12.56	22.85	39.16	76.21	123.8	199.4
4.00	-3.430	-3.271	-3.087	-2.789	-2.491	-2.078	14.34	26.11	44.74	87.08	141.5	227.8
4.50	-3.700	-3.538	-3.349	-3.037	-2.720	-2.274	16.13	29.36	50.32	97.96	159.2	256.3
5.00	-3.983	-3.817	-3.622	-3.294	-2.957	-2.475	17.92	32.62	55.90	108.8	176.8	284.8
6.00	-4.578	-4.401	-4.189	-3.826	-3.444	-2.889	21.49	39.13	67.07	130.6	212.2	341.7
7.00	-5.199	-5.007	-4.775	-4.372	-3.943	-3.314	25.07	45.65	78.24	152.3	247.5	398.6
8.00	-5.833	-5.627	-5.374	-4.929	-4.451	-3.744	28.65	52.16	89.41	174.1	282.9	455.6
9.00	-6.478	-6.254	-5.980	-5.492	-4.965	-4.180	32.23	58.68	100.6	195.9	318.2	512.5
10.00	-7.132	-6.891	-6.593	-6.061	-5.483	-4.618	35.81	65.20	111.8	217.6	353.6	569.5

4 DEGREES OF FREEDOM.

ONE-SIDED (UPPER) CONFIDENCE LEVELS

S	.0025	.005	.01	.025	.05	.10	.90	.95	.975	.99	.995	.9975
.10	-4.354	-3.667	-3.047	-2.314	-1.806	-1.320	1.438	2.035	2.703	3.760	4.750	5.968
.20	-3.896	-3.338	-2.819	-2.183	-1.729	-1.281	1.522	2.198	2.987	4.310	5.637	7.389
.30	-3.565	-3.094	-2.646	-2.083	-1.669	-1.252	1.627	2.402	3.348	5.035	6.833	9.329
.40	-3.319	-2.910	-2.514	-2.007	-1.625	-1.233	1.755	2.651	3.794	5.934	8.296	11.62
.50	-3.133	-2.770	-2.414	-1.950	-1.594	-1.221	1.907	2.947	4.322	6.966	9.916	14.07
.60	-2.991	-2.663	-2.338	-1.908	-1.573	-1.215	2.084	3.287	4.914	8.077	11.61	16.60
.70	-2.883	-2.582	-2.282	-1.879	-1.560	-1.215	2.284	3.662	5.548	9.231	13.35	19.17
.80	-2.800	-2.522	-2.242	-1.860	-1.555	-1.219	2.503	4.062	6.208	10.41	15.12	21.76
.90	-2.738	-2.478	-2.214	-1.850	-1.556	-1.227	2.736	4.478	6.885	11.60	16.90	24.37
1.00	-2.693	-2.448	-2.196	-1.848	-1.562	-1.239	2.980	4.905	7.572	12.81	18.69	26.99
1.25	-2.635	-2.416	-2.189	-1.867	-1.596	-1.280	3.617	6.001	9.320	15.85	23.20	33.56
1.50	-2.632	-2.431	-2.220	-1.914	-1.650	-1.334	4.276	7.120	11.09	18.92	27.73	40.17
1.75	-2.668	-2.479	-2.277	-1.981	-1.719	-1.398	4.944	8.250	12.88	22.01	32.27	46.78
2.00	-2.731	-2.550	-2.355	-2.062	-1.799	-1.470	5.619	9.387	14.67	25.10	36.83	53.41
2.50	-2.914	-2.742	-2.552	-2.259	-1.986	-1.634	6.979	11.67	18.27	31.29	45.96	66.68
3.00	-3.148	-2.979	-2.788	-2.487	-2.199	-1.817	8.346	13.97	21.87	37.50	55.09	79.96
3.50	-3.417	-3.246	-3.050	-2.736	-2.429	-2.014	9.717	16.27	25.49	43.72	64.24	93.25
4.00	-3.708	-3.533	-3.331	-3.001	-2.672	-2.221	11.09	18.58	29.11	49.94	73.39	106.5
4.50	-4.017	-3.836	-3.626	-3.276	-2.924	-2.435	12.47	20.88	32.73	56.16	82.54	119.8
5.00	-4.338	-4.151	-3.930	-3.560	-3.183	-2.654	13.84	23.19	36.35	62.38	91.70	133.1
6.00	-5.007	-4.803	-4.559	-4.145	-3.715	-3.104	16.60	27.81	43.59	74.84	110.0	159.7
7.00	-5.699	-5.476	-5.208	-4.744	-4.260	-3.564	19.35	32.43	50.84	87.29	128.3	186.3
8.00	-6.407	-6.163	-5.868	-5.354	-4.812	-4.030	22.11	37.06	58.10	99.75	146.6	212.9
9.00	-7.125	-6.860	-6.536	-5.971	-5.371	-4.500	24.87	41.68	65.35	112.2	165.0	239.5
10.00	-7.850	-7.563	-7.211	-6.592	-5.933	-4.973	27.63	46.31	72.60	124.7	183.3	266.2

5 DEGREES OF FREEDOM.

ONE-SIDED (UPPER) CONFIDENCE LEVELS

S	.0025	.005	.01	.025	.05	.10	.90	.95	.975	.99	.995	.9975
.10	-3.918	-3.364	-2.849	-2.215	-1.759	-1.305	1.403	1.942	2.513	3.360	4.100	4.955
.20	-3.592	-3.122	-2.677	-2.113	-1.697	-1.273	1.472	2.069	2.723	3.731	4.652	5.766
.30	-3.346	-2.939	-2.544	-2.034	-1.650	-1.251	1.558	2.226	2.982	4.199	5.363	6.827
.40	-3.160	-2.798	-2.442	-1.975	-1.615	-1.236	1.662	2.415	3.296	4.771	6.232	8.116
.50	-3.017	-2.690	-2.364	-1.932	-1.592	-1.228	1.785	2.638	3.664	5.434	7.225	9.558
.60	-2.909	-2.609	-2.307	-1.901	-1.578	-1.226	1.926	2.892	4.081	6.167	8.298	11.09
.70	-2.826	-2.548	-2.266	-1.882	-1.572	-1.229	2.085	3.173	4.534	6.947	9.423	12.67
.80	-2.764	-2.504	-2.238	-1.871	-1.572	-1.237	2.260	3.477	5.014	7.757	10.58	14.28
.90	-2.720	-2.474	-2.221	-1.869	-1.577	-1.248	2.447	3.796	5.512	8.856	11.76	15.92
1.00	-2.690	-2.456	-2.214	-1.873	-1.588	-1.262	2.644	4.127	6.024	9.430	12.95	17.57
1.25	-2.663	-2.450	-2.227	-1.907	-1.632	-1.310	3.167	4.990	7.339	11.58	15.96	21.73
1.50	-2.684	-2.486	-2.275	-1.966	-1.696	-1.371	3.713	5.880	8.684	13.76	19.01	25.93
1.75	-2.741	-2.551	-2.348	-2.045	-1.774	-1.442	4.273	6.786	10.05	15.95	22.08	30.15
2.00	-2.823	-2.639	-2.440	-2.138	-1.864	-1.521	4.842	7.701	11.42	18.16	25.16	34.38
2.50	-3.040	-2.862	-2.665	-2.357	-2.070	-1.700	5.990	9.546	14.18	22.60	31.34	42.86
3.00	-3.308	-3.129	-2.927	-2.607	-2.301	-1.897	7.147	11.40	16.96	27.05	37.54	51.36
3.50	-3.608	-3.425	-3.216	-2.879	-2.550	-2.108	8.312	13.27	19.74	31.52	43.74	59.86
4.00	-3.930	-3.742	-3.523	-3.164	-2.810	-2.329	9.480	15.14	22.53	35.98	49.96	68.38
4.50	-4.269	-4.072	-3.842	-3.461	-3.080	-2.557	10.65	17.01	25.32	40.45	56.17	76.89
5.00	-4.621	-4.413	-4.171	-3.766	-3.356	-2.789	11.82	18.88	28.12	44.93	62.39	85.41
6.00	-5.347	-5.120	-4.850	-4.393	-3.923	-3.267	14.17	22.63	33.71	53.88	74.83	102.5
7.00	-6.098	-5.848	-5.548	-5.033	-4.502	-3.753	16.51	26.39	39.31	62.84	87.28	119.5
8.00	-6.865	-6.590	-6.258	-5.685	-5.090	-4.246	18.86	30.14	44.91	71.79	99.73	136.6
9.00	-7.640	-7.340	-6.975	-6.343	-5.684	-4.742	21.21	33.90	50.51	80.75	112.2	153.6
10.00	-8.423	-8.096	-7.698	-7.006	-6.280	-5.243	23.56	37.66	56.11	89.72	124.6	170.7

CONFIDENCE LIMITS FOR $\mu + \lambda\sigma^2$ 403

6 DEGREES OF FREEDOM.

ONE-SIDED (UPPER) CONFIDENCE LEVELS

S	.0025	.005	.01	.025	.05	.10	.90	.95	.975	.99	.995	.9975
.10	-3.663	-3.184	-2.730	-2.157	-1.731	-1.296	1.381	1.886	2.403	3.137	3.751	4.433
.20	-3.408	-2.992	-2.590	-2.071	-1.678	-1.268	1.442	1.992	2.573	3.422	4.157	5.000
.30	-3.212	-2.844	-2.482	-2.006	-1.639	-1.250	1.517	2.125	2.781	3.775	4.665	5.719
.40	-3.062	-2.729	-2.399	-1.958	-1.611	-1.239	1.607	2.282	3.030	4.199	5.279	6.588
.50	-2.946	-2.642	-2.337	-1.923	-1.594	-1.234	1.712	2.465	3.319	4.691	5.986	7.579
.60	-2.859	-2.577	-2.292	-1.900	-1.584	-1.235	1.834	2.673	3.647	5.240	6.764	8.654
.70	-2.794	-2.530	-2.261	-1.887	-1.582	-1.241	1.970	2.904	4.005	5.831	7.591	9.783
.80	-2.747	-2.498	-2.241	-1.883	-1.586	-1.251	2.119	3.155	4.389	6.452	8.451	10.95
.90	-2.715	-2.478	-2.232	-1.885	-1.595	-1.264	2.280	3.420	4.791	7.095	9.335	12.13
1.00	-2.696	-2.469	-2.232	-1.894	-1.610	-1.281	2.450	3.698	5.206	7.753	10.23	13.34
1.25	-2.690	-2.481	-2.260	-1.939	-1.662	-1.334	2.904	4.426	6.285	9.442	12.53	16.40
1.50	-2.731	-2.533	-2.322	-2.009	-1.733	-1.400	3.383	5.184	7.397	11.17	14.86	19.50
1.75	-2.804	-2.613	-2.407	-2.097	-1.819	-1.477	3.877	5.960	8.528	12.92	17.22	22.63
2.00	-2.901	-2.715	-2.511	-2.200	-1.917	-1.562	4.380	6.747	9.671	14.68	19.59	25.77
2.50	-3.147	-2.963	-2.758	-2.438	-2.138	-1.751	5.401	8.339	11.98	18.22	24.36	32.07
3.00	-3.441	-3.254	-3.042	-2.706	-2.384	-1.960	6.434	9.945	14.30	21.79	29.14	38.39
3.50	-3.767	-3.574	-3.352	-2.994	-2.647	-2.183	7.473	11.56	16.64	25.36	33.94	44.73
4.00	-4.115	-3.913	-3.680	-3.298	-2.922	-2.415	8.516	13.18	18.98	28.94	38.75	51.07
4.50	-4.478	-4.267	-4.020	-3.612	-3.206	-2.653	9.562	14.80	21.32	32.53	43.56	57.42
5.00	-4.854	-4.632	-4.370	-3.934	-3.497	-2.897	10.61	16.43	23.67	36.12	48.37	63.78
6.00	-5.631	-5.383	-5.089	-4.594	-4.092	-3.396	12.71	19.68	28.37	43.30	58.00	76.49
7.00	-6.430	-6.156	-5.827	-5.269	-4.699	-3.904	14.81	22.94	33.07	50.49	67.63	89.20
8.00	-7.244	-6.941	-6.577	-5.955	-5.315	-4.418	16.91	26.20	37.77	57.68	77.27	101.9
9.00	-8.068	-7.736	-7.334	-6.646	-5.936	-4.937	19.02	29.46	42.48	64.87	86.91	114.6
10.00	-8.899	-8.537	-8.098	-7.343	-6.560	-5.459	21.12	32.73	47.19	72.07	95.56	127.4

7 DEGREES OF FREEDOM.

ONE-SIDED (UPPER) CONFIDENCE LEVELS

S	.0025	.005	.01	.025	.05	.10	.90	.95	.975	.99	.995	.9975
.10	-3.498	-3.068	-2.653	-2.117	-1.712	-1.291	1.367	1.849	2.330	2.994	3.534	4.117
.20	-3.286	-2.906	-2.534	-2.044	-1.667	-1.267	1.422	1.943	2.476	3.231	3.861	4.558
.30	-3.122	-2.781	-2.441	-1.988	-1.633	-1.251	1.489	2.058	2.653	3.519	4.261	5.105
.40	-2.996	-2.684	-2.371	-1.948	-1.610	-1.243	1.569	2.195	2.864	3.862	4.741	5.761
.50	-2.900	-2.612	-2.320	-1.919	-1.596	-1.240	1.664	2.354	3.107	4.258	5.292	6.513
.60	-2.828	-2.558	-2.283	-1.902	-1.591	-1.243	1.773	2.534	3.382	4.702	5.904	7.338
.70	-2.775	-2.521	-2.260	-1.894	-1.592	-1.251	1.894	2.735	3.684	5.183	6.563	8.216
.80	-2.739	-2.498	-2.247	-1.894	-1.599	-1.262	2.027	2.952	4.009	5.693	7.253	9.130
.90	-2.716	-2.486	-2.244	-1.901	-1.611	-1.277	2.171	3.184	4.351	6.225	7.968	10.07
1.00	-2.705	-2.483	-2.249	-1.913	-1.628	-1.296	2.324	3.426	4.707	6.772	8.699	11.03
1.25	-2.718	-2.510	-2.290	-1.967	-1.687	-1.353	2.732	4.068	5.636	8.186	10.58	13.47
1.50	-2.772	-2.575	-2.362	-2.045	-1.764	-1.424	3.166	4.741	6.602	9.641	12.50	15.96
1.75	-2.859	-2.667	-2.457	-2.141	-1.857	-1.505	3.615	5.432	7.588	11.12	14.45	18.48
2.00	-2.969	-2.779	-2.571	-2.252	-1.960	-1.595	4.075	6.135	8.588	12.61	16.41	21.01
2.50	-3.239	-3.049	-2.836	-2.505	-2.193	-1.794	5.010	7.563	10.61	15.63	20.36	26.11
3.00	-3.555	-3.361	-3.140	-2.788	-2.452	-2.013	5.958	9.006	12.65	18.66	24.33	31.23
3.50	-3.903	-3.700	-3.467	-3.091	-2.727	-2.244	6.913	10.46	14.71	21.71	28.32	36.36
4.00	-4.272	-4.059	-3.812	-3.409	-3.015	-2.485	7.873	11.92	16.77	24.76	32.32	41.50
4.50	-4.656	-4.432	-4.170	-3.738	-3.310	-2.733	8.836	13.38	18.83	27.82	36.32	46.65
5.00	-5.053	-4.816	-4.537	-4.074	-3.613	-2.986	9.800	14.84	20.89	30.88	40.32	51.80
6.00	-5.872	-5.606	-5.291	-4.763	-4.231	-3.503	11.74	17.78	25.03	37.01	48.34	61.11
7.00	-6.713	-6.416	-6.064	-5.467	-4.862	-4.029	13.67	20.72	29.18	43.14	56.36	72.43
8.00	-7.567	-7.240	-6.847	-6.181	-5.502	-4.561	15.61	23.66	33.33	49.28	64.39	82.75
9.00	-8.433	-8.073	-7.639	-6.901	-6.146	-5.098	17.55	26.60	37.47	55.43	72.41	93.07
10.00	-9.305	-8.912	-8.437	-7.626	-6.795	-5.638	19.49	29.54	41.62	61.57	80.45	103.4

8 DEGREES OF FREEDOM.

ONE-SIDED (UPPER) CONFIDENCE LEVELS

S	.0025	.005	.01	.025	.05	.10	.90	.95	.975	.99	.995	.9975
.10	-3.382	-2.986	-2.598	-2.090	-1.699	-1.287	1.356	1.822	2.879	2.897	3.386	3.905
.20	-3.201	-2.846	-2.494	-2.025	-1.658	-1.266	1.407	1.908	2.409	3.101	3.662	4.270
.30	-3.059	-2.737	-2.413	-1.976	-1.629	-1.253	1.469	2.011	2.565	3.348	3.998	4.717
.40	-2.950	-2.654	-2.353	-1.941	-1.610	-1.246	1.543	2.134	2.750	3.640	4.396	5.248
.50	-2.868	-2.592	-2.309	-1.918	-1.599	-1.245	1.630	2.277	2.963	3.976	4.854	5.857
.60	-2.807	-2.547	-2.279	-1.905	-1.597	-1.250	1.729	2.439	3.204	4.353	5.363	6.530
.70	-2.764	-2.518	-2.262	-1.901	-1.600	-1.259	1.840	2.618	3.469	4.764	5.914	7.252
.80	-2.736	-2.501	-2.255	-1.904	-1.610	-1.272	1.962	2.813	3.754	5.201	6.496	8.009
.90	-2.721	-2.494	-2.256	-1.915	-1.625	-1.289	2.094	3.021	4.056	5.659	7.101	8.791
1.00	-2.716	-2.497	-2.265	-1.931	-1.644	-1.309	2.234	3.239	4.371	6.133	7.724	9.592
1.25	-2.742	-2.536	-2.316	-1.992	-1.708	-1.370	2.610	3.820	5.199	7.365	9.333	11.65
1.50	-2.810	-2.612	-2.397	-2.076	-1.791	-1.444	3.012	4.433	6.064	8.640	10.99	13.76
1.75	-2.907	-2.713	-2.501	-2.179	-1.889	-1.530	3.429	5.065	6.951	9.940	12.67	15.89
2.00	-3.028	-2.835	-2.623	-2.296	-1.998	-1.623	3.857	5.710	7.853	11.26	14.37	18.05
2.50	-3.318	-3.123	-2.904	-2.562	-2.241	-1.830	4.730	7.021	9.681	13.92	17.80	22.39
3.00	-3.654	-3.452	-3.223	-2.858	-2.510	-2.057	5.617	8.350	11.53	16.60	21.25	26.75
3.50	-4.020	-3.809	-3.566	-3.174	-2.795	-2.296	6.511	9.688	13.39	19.30	24.71	31.13
4.00	-4.408	-4.185	-3.926	-3.505	-3.093	-2.545	7.411	11.03	15.26	22.00	28.19	35.52
4.50	-4.811	-4.575	-4.299	-3.846	-3.399	-2.801	8.314	12.38	17.13	24.71	31.67	39.91
5.00	-5.227	-4.976	-4.681	-4.194	-3.712	-3.061	9.219	13.73	19.00	27.42	35.15	44.31
6.00	-6.081	-5.799	-5.465	-4.908	-4.351	-3.593	11.03	16.44	22.76	32.86	42.14	53.13
7.00	-6.958	-6.643	-6.267	-5.637	-5.002	-4.135	12.85	19.16	26.52	38.30	49.11	61.92
8.00	-7.850	-7.499	-7.081	-6.375	-5.661	-4.683	14.67	21.87	30.28	43.74	56.11	70.74
9.00	-8.751	-8.365	-7.902	-7.120	-6.326	-5.234	16.50	24.59	34.05	49.19	63.09	79.57
10.00	-9.659	-9.237	-8.730	-7.869	-6.994	-5.789	18.32	27.31	37.82	54.64	70.08	88.39

9 DEGREES OF FREEDOM.

ONE-SIDED (UPPER) CONFIDENCE LEVELS

S	.0025	.005	.01	.025	.05	.10	.90	.95	.975	.99	.995	.9975
.10	-3.298	-2.926	-2.558	-2.070	-1.690	-1.285	1.349	1.802	2.242	2.825	3.280	3.755
.20	-3.138	-2.801	-2.465	-2.012	-1.653	-1.266	1.396	1.881	2.359	3.006	3.522	4.069
.30	-3.013	-2.704	-2.393	-1.968	-1.627	-1.254	1.453	1.977	2.501	3.225	3.813	4.449
.40	-2.917	-2.632	-2.340	-1.938	-1.611	-1.249	1.523	2.089	2.667	3.482	4.157	4.900
.50	-2.845	-2.578	-2.302	-1.918	-1.603	-1.250	1.604	2.220	2.859	3.778	4.552	5.416
.60	-2.793	-2.540	-2.278	-1.908	-1.602	-1.256	1.696	2.368	3.076	4.109	4.992	5.988
.70	-2.758	-2.517	-2.265	-1.908	-1.608	-1.266	1.800	2.532	3.314	4.471	5.470	6.605
.80	-2.737	-2.505	-2.262	-1.914	-1.620	-1.280	1.914	2.710	3.572	4.858	5.978	7.256
.90	-2.727	-2.503	-2.268	-1.927	-1.637	-1.298	2.036	2.902	3.844	5.264	6.507	7.931
1.00	-2.728	-2.511	-2.280	-1.946	-1.658	-1.320	2.167	3.103	4.130	5.686	7.055	8.626
1.25	-2.767	-2.561	-2.339	-2.013	-1.727	-1.384	2.518	3.639	4.884	6.789	8.476	10.42
1.50	-2.844	-2.645	-2.428	-2.104	-1.814	-1.462	2.896	4.207	5.676	7.936	9.944	12.26
1.75	-2.952	-2.755	-2.540	-2.212	-1.916	-1.551	3.289	4.795	6.490	9.109	11.44	14.14
2.00	-3.080	-2.885	-2.668	-2.335	-2.029	-1.647	3.693	5.396	7.320	10.30	12.96	16.03
2.50	-3.389	-3.189	-2.964	-2.612	-2.283	-1.862	4.518	6.621	9.006	12.71	16.02	19.86
3.00	-3.741	-3.533	-3.296	-2.919	-2.560	-2.095	5.359	7.864	10.71	15.14	19.11	23.70
3.50	-4.125	-3.905	-3.652	-3.246	-2.855	-2.341	6.208	9.118	12.43	17.59	22.21	27.57
4.00	-4.529	-4.296	-4.026	-3.588	-3.161	-2.596	7.062	10.38	14.16	20.05	25.32	31.44
4.50	-4.949	-4.701	-4.412	-3.940	-3.476	-2.858	7.919	11.64	15.89	22.51	28.44	35.33
5.00	-5.380	-5.116	-4.808	-4.300	-3.798	-3.126	8.779	12.91	17.63	24.98	31.56	39.21
6.00	-6.266	-5.969	-5.618	-5.035	-4.455	-3.671	10.50	15.45	21.10	29.92	37.82	47.00
7.00	-7.175	-6.842	-6.446	-5.785	-5.123	-4.226	12.23	18.00	24.59	34.87	44.08	54.78
8.00	-8.099	-7.728	-7.286	-6.545	-5.800	-4.787	13.96	20.55	28.08	39.82	50.35	62.58
9.00	-9.031	-8.622	-8.133	-7.311	-6.482	-5.352	15.70	23.10	31.57	44.77	56.62	70.38
10.00	-9.972	-9.523	-8.987	-8.082	-7.168	-5.920	17.43	25.66	35.06	49.73	62.89	78.18

CONFIDENCE LIMITS FOR $\mu + \lambda\sigma^2$

10 DEGREES OF FREEDOM.

ONE-SIDED (UPPER) CONFIDENCE LEVELS

S	.0025	.005	.01	.025	.05	.10	.90	.95	.975	.99	.995	.9975
.10	-3.233	-2.880	-2.527	-2.055	-1.683	-1.283	1.343	1.787	2.212	2.770	3.199	3.641
.20	-3.090	-2.767	-2.442	-2.001	-1.649	-1.266	1.387	1.860	2.321	2.935	3.416	3.919
.30	-2.978	-2.680	-2.378	-1.962	-1.626	-1.255	1.441	1.949	2.451	3.132	3.676	4.254
.40	-2.892	-2.615	-2.330	-1.935	-1.612	-1.252	1.507	2.054	2.604	3.364	3.982	4.649
.50	-2.829	-2.568	-2.298	-1.919	-1.606	-1.254	1.583	2.176	2.780	3.631	4.332	5.100
.60	-2.784	-2.536	-2.278	-1.913	-1.608	-1.261	1.671	2.314	2.979	3.929	4.723	5.601
.70	-2.755	-2.518	-2.269	-1.914	-1.615	-1.273	1.768	2.466	3.198	4.255	5.148	6.144
.80	-2.739	-2.511	-2.270	-1.923	-1.629	-1.288	1.876	2.632	3.434	4.604	5.601	6.718
.90	-2.734	-2.513	-2.279	-1.939	-1.647	-1.307	1.992	2.810	3.685	4.973	6.076	7.317
1.00	-2.740	-2.524	-2.295	-1.959	-1.670	-1.329	2.115	2.998	3.949	5.357	6.568	7.935
1.25	-2.788	-2.582	-2.361	-2.032	-1.743	-1.396	2.448	3.500	4.647	6.363	7.851	9.537
1.50	-2.875	-2.675	-2.456	-2.128	-1.834	-1.477	2.806	4.033	5.383	7.414	9.183	11.19
1.75	-2.991	-2.792	-2.574	-2.242	-1.940	-1.569	3.180	4.587	6.142	8.492	10.54	12.88
2.00	-3.128	-2.929	-2.709	-2.369	-2.058	-1.669	3.564	5.154	6.916	9.587	11.92	14.58
2.50	-3.452	-3.247	-3.017	-2.656	-2.319	-1.889	4.353	6.312	8.493	11.81	14.72	18.03
3.00	-3.819	-3.605	-3.361	-2.973	-2.604	-2.128	5.157	7.489	10.09	14.06	17.54	21.51
3.50	-4.217	-3.990	-3.729	-3.310	-2.907	-2.380	5.970	8.677	11.70	16.32	20.37	25.00
4.00	-4.636	-4.394	-4.115	-3.661	-3.221	-2.641	6.788	9.872	13.32	18.59	23.22	28.51
4.50	-5.070	-4.813	-4.513	-4.023	-3.544	-2.910	7.610	11.07	14.95	20.87	26.08	32.02
5.00	-5.515	-5.241	-4.920	-4.392	-3.873	-3.183	8.434	12.27	16.58	23.15	28.93	35.53
6.00	-6.432	-6.120	-5.754	-5.147	-4.546	-3.740	10.09	14.69	19.85	27.73	34.66	42.57
7.00	-7.369	-7.019	-6.605	-5.916	-5.230	-4.306	11.75	17.10	23.12	32.31	40.39	49.62
8.00	-8.321	-7.931	-7.468	-6.695	-5.922	-4.879	13.41	19.53	26.39	36.89	46.13	56.68
9.00	-9.283	-8.852	-8.339	-7.480	-6.620	-5.455	15.07	21.95	29.67	41.48	51.87	63.74
10.00	-10.25	-9.778	-9.215	-8.270	-7.321	-6.035	16.73	24.38	32.95	46.07	57.61	70.80

11 DEGREES OF FREEDOM.

ONE-SIDED (UPPER) CONFIDENCE LEVELS

S	.0025	.005	.01	.025	.05	.10	.90	.95	.975	.99	.995	.9975
.10	-3.182	-2.844	-2.503	-2.042	-1.677	-1.281	1.338	1.775	2.190	2.727	3.136	3.553
.20	-3.052	-2.741	-2.425	-1.994	-1.646	-1.266	1.380	1.843	2.291	2.878	3.333	3.804
.30	-2.951	-2.662	-2.366	-1.958	-1.625	-1.257	1.432	1.927	2.411	3.060	3.570	4.106
.40	-2.873	-2.603	-2.324	-1.934	-1.613	-1.254	1.494	2.026	2.554	3.273	3.847	4.459
.50	-2.817	-2.561	-2.295	-1.920	-1.609	-1.257	1.567	2.141	2.718	3.517	4.164	4.863
.60	-2.778	-2.534	-2.279	-1.917	-1.612	-1.266	1.650	2.271	2.903	3.790	4.519	5.312
.70	-2.754	-2.520	-2.274	-1.921	-1.622	-1.278	1.743	2.414	3.106	4.089	4.905	5.799
.80	-2.742	-2.517	-2.277	-1.932	-1.636	-1.294	1.845	2.570	3.327	4.410	5.316	6.316
.90	-2.742	-2.523	-2.289	-1.949	-1.656	-1.314	1.955	2.738	3.561	4.750	5.750	6.857
1.00	-2.752	-2.537	-2.308	-1.972	-1.681	-1.337	2.073	2.915	3.807	5.103	6.200	7.417
1.25	-2.809	-2.603	-2.380	-2.049	-1.758	-1.407	2.391	3.389	4.461	6.036	7.376	8.875
1.50	-2.903	-2.702	-2.481	-2.150	-1.853	-1.491	2.733	3.896	5.153	7.012	8.603	10.39
1.75	-3.027	-2.826	-2.605	-2.268	-1.962	-1.585	3.092	4.422	5.869	8.016	9.860	11.93
2.00	-3.172	-2.970	-2.746	-2.400	-2.083	-1.688	3.461	4.962	6.599	9.039	11.14	13.49
2.50	-3.509	-3.300	-3.064	-2.696	-2.351	-1.913	4.220	6.067	8.091	11.12	13.72	16.66
3.00	-3.890	-3.670	-3.419	-3.022	-2.644	-2.157	4.994	7.191	9.605	13.22	16.34	19.85
3.50	-4.301	-4.068	-3.799	-3.367	-2.953	-2.415	5.778	8.326	11.13	15.34	18.97	23.07
4.00	-4.734	-4.484	-4.195	-3.727	-3.275	-2.681	6.566	9.469	12.67	17.47	21.62	26.29
4.50	-5.181	-4.914	-4.603	-4.097	-3.605	-2.955	7.360	10.62	14.21	19.60	24.27	29.52
5.00	-5.640	-5.354	-5.021	-4.475	-3.941	-3.233	8.155	11.77	15.75	21.74	26.92	32.76
6.00	-6.581	-6.256	-5.875	-5.247	-4.627	-3.800	9.751	14.08	18.85	26.03	32.24	39.24
7.00	-7.544	-7.179	-6.748	-6.033	-5.325	-4.377	11.35	16.39	21.96	30.33	37.57	45.73
8.00	-8.522	-8.114	-7.632	-6.829	-6.031	-4.960	12.96	18.71	25.07	34.63	42.90	52.23
9.00	-9.509	-9.058	-8.523	-7.631	-6.742	-5.547	14.56	21.03	28.18	38.93	48.24	58.73
10.00	-10.50	-10.01	-9.420	-8.438	-7.458	-6.137	16.17	23.35	31.29	43.24	53.58	65.23

12 DEGREES OF FREEDOM.

ONE-SIDED (UPPER) CONFIDENCE LEVELS

S	.0025	.005	.01	.025	.05	.10	.90	.95	.975	.99	.995	.9975
.10	-3.143	-2.814	-2.484	-2.032	-1.673	-1.281	1.334	1.763	2.169	2.691	3.084	3.482
.20	-3.021	-2.719	-2.411	-1.987	-1.644	-1.266	1.374	1.830	2.265	2.833	3.267	3.713
.30	-2.928	-2.647	-2.357	-1.954	-1.625	-1.258	1.424	1.909	2.380	3.002	3.486	3.988
.40	-2.858	-2.593	-2.319	-1.933	-1.614	-1.257	1.483	2.003	2.514	3.200	3.741	4.310
.50	-2.807	-2.556	-2.294	-1.922	-1.612	-1.261	1.553	2.112	2.668	3.426	4.033	4.678
.60	-2.773	-2.533	-2.281	-1.920	-1.617	-1.270	1.633	2.235	2.842	3.680	4.358	5.087
.70	-2.754	-2.522	-2.278	-1.926	-1.628	-1.283	1.722	2.371	3.033	3.958	4.713	5.531
.80	-2.747	-2.522	-2.284	-1.939	-1.644	-1.301	1.820	2.520	3.240	4.256	5.093	6.004
.90	-2.750	-2.532	-2.298	-1.958	-1.665	-1.321	1.926	2.679	3.461	4.572	5.493	6.501
1.00	-2.763	-2.549	-2.320	-1.983	-1.690	-1.345	2.038	2.848	3.693	4.903	5.910	7.015
1.25	-2.827	-2.621	-2.398	-2.064	-1.770	-1.417	2.344	3.300	4.312	5.775	7.004	8.360
1.50	-2.929	-2.726	-2.504	-2.169	-1.869	-1.503	2.674	3.784	4.968	6.693	8.148	9.757
1.75	-3.059	-2.857	-2.633	-2.291	-1.981	-1.599	3.019	4.288	5.648	7.638	9.322	11.19
2.00	-3.211	-3.006	-2.778	-2.428	-2.106	-1.704	3.376	4.805	6.344	8.602	10.52	12.64
2.50	-3.560	-3.347	-3.107	-2.731	-2.380	-1.934	4.110	5.866	7.765	10.56	12.94	15.59
3.00	-3.954	-3.729	-3.472	-3.065	-2.679	-2.183	4.860	6.947	9.210	12.54	15.39	18.56
3.50	-4.377	-4.137	-3.861	-3.418	-2.995	-2.446	5.619	8.039	10.67	14.56	17.87	21.55
4.00	-4.822	-4.564	-4.267	-3.785	-3.323	-2.717	6.384	9.140	12.14	16.57	20.35	24.56
4.50	-5.281	-5.005	-4.685	-4.164	-3.659	-2.995	7.154	10.24	13.61	18.59	22.84	27.57
5.00	-5.752	-5.456	-5.112	-4.550	-4.001	-3.278	7.924	11.35	15.09	20.62	25.33	30.59
6.00	-6.717	-6.380	-5.986	-5.337	-4.700	-3.855	9.473	13.58	18.05	24.68	30.33	36.63
7.00	-7.704	-7.324	-6.877	-6.139	-5.411	-4.441	11.03	15.81	21.02	28.75	35.34	42.69
8.00	-8.705	-8.281	-7.780	-6.950	-6.129	-5.033	12.58	18.04	23.99	32.82	40.35	48.75
9.00	-9.715	-9.246	-8.690	-7.768	-6.853	-5.629	14.14	20.28	26.97	36.90	45.37	54.81
10.00	-10.73	-10.22	-9.607	-8.590	-7.581	-6.228	15.70	22.51	29.95	40.98	50.39	60.88

13 DEGREES OF FREEDOM.

ONE-SIDED (UPPER) CONFIDENCE LEVELS

S	.0025	.005	.01	.025	.05	.10	.90	.95	.975	.99	.995	.9975
.10	-3.108	-2.790	-2.467	-2.025	-1.669	-1.280	1.330	1.756	2.155	2.663	3.043	3.426
.20	-2.996	-2.702	-2.400	-1.982	-1.642	-1.266	1.369	1.818	2.245	2.796	3.214	3.639
.30	-2.910	-2.634	-2.350	-1.952	-1.624	-1.259	1.417	1.894	2.353	2.955	3.417	3.893
.40	-2.846	-2.586	-2.315	-1.933	-1.615	-1.258	1.474	1.984	2.480	3.140	3.654	4.191
.50	-2.800	-2.553	-2.293	-1.924	-1.615	-1.264	1.542	2.088	2.626	3.353	3.926	4.530
.60	-2.771	-2.533	-2.283	-1.924	-1.621	-1.274	1.619	2.206	2.791	3.590	4.229	4.907
.70	-2.755	-2.526	-2.283	-1.932	-1.633	-1.288	1.705	2.336	2.973	3.851	4.559	5.318
.80	-2.752	-2.529	-2.291	-1.946	-1.651	-1.306	1.799	2.479	3.169	4.131	4.914	5.755
.90	-2.758	-2.541	-2.308	-1.967	-1.673	-1.327	1.901	2.631	3.379	4.428	5.287	6.216
1.00	-2.774	-2.560	-2.331	-1.993	-1.699	-1.353	2.010	2.792	3.599	4.740	5.677	6.695
1.25	-2.845	-2.639	-2.414	-2.079	-1.782	-1.426	2.305	3.226	4.189	5.564	6.704	7.948
1.50	-2.954	-2.749	-2.525	-2.187	-1.883	-1.514	2.623	3.691	4.815	6.432	7.780	9.265
1.75	-3.090	-2.885	-2.659	-2.313	-1.998	-1.612	2.959	4.176	5.466	7.330	8.888	10.60
2.00	-3.247	-3.040	-2.809	-2.452	-2.126	-1.719	3.305	4.675	6.133	8.245	10.01	11.96
2.50	-3.608	-3.391	-3.147	-2.764	-2.406	-1.953	4.017	5.698	7.497	10.11	12.31	14.73
3.00	-4.013	-3.782	-3.521	-3.105	-2.711	-2.207	4.746	6.743	8.884	12.01	14.63	17.52
3.50	-4.448	-4.201	-3.918	-3.465	-3.033	-2.473	5.486	7.799	10.29	13.91	16.97	20.34
4.00	-4.903	-4.638	-4.333	-3.840	-3.366	-2.749	6.229	8.864	11.70	15.84	19.32	23.17
4.50	-5.373	-5.039	-4.760	-4.226	-3.708	-3.031	6.978	9.933	13.11	17.76	21.68	26.00
5.00	-5.855	-5.550	-5.195	-4.618	-4.056	-3.319	7.729	11.01	14.54	19.70	24.05	28.85
6.00	-6.841	-6.494	-6.087	-5.419	-4.766	-3.904	9.238	13.16	17.39	23.57	28.79	34.54
7.00	-7.850	-7.457	-6.995	-6.235	-5.488	-4.498	10.75	15.32	20.25	27.45	33.53	40.24
8.00	-8.872	-8.433	-7.916	-7.060	-6.218	-5.099	12.27	17.48	23.11	31.34	38.29	45.95
9.00	-9.904	-9.417	-8.843	-7.892	-6.954	-5.703	13.79	19.65	25.97	35.23	43.05	51.67
10.00	-10.94	-10.41	-9.776	-8.728	-7.692	-6.311	15.31	21.82	28.84	39.13	47.81	57.38

CONFIDENCE LIMITS FOR $\mu + \lambda\sigma^2$

14 DEGREES OF FREEDOM.

ONE-SIDED (UPPER) CONFIDENCE LEVELS

S	.0025	.005	.01	.025	.05	.10	.90	.95	.975	.99	.995	.9975
.10	-3.081	-2.770	-2.454	-2.018	-1.666	-1.279	1.328	1.749	2.141	2.638	3.008	3.377
.20	-2.976	-2.687	-2.390	-1.978	-1.640	-1.266	1.365	1.809	2.227	2.764	3.168	3.577
.30	-2.896	-2.625	-2.344	-1.950	-1.625	-1.260	1.411	1.882	2.331	2.914	3.360	3.815
.40	-2.836	-2.580	-2.312	-1.933	-1.617	-1.261	1.467	1.968	2.452	3.090	3.583	4.092
.50	-2.795	-2.550	-2.293	-1.926	-1.618	-1.266	1.532	2.068	2.592	3.291	3.838	4.408
.60	-2.769	-2.534	-2.285	-1.928	-1.625	-1.277	1.606	2.181	2.749	3.515	4.122	4.760
.70	-2.757	-2.529	-2.287	-1.937	-1.638	-1.292	1.690	2.306	2.922	3.762	4.432	5.143
.80	-2.756	-2.534	-2.298	-1.953	-1.656	-1.311	1.781	2.443	3.109	4.027	4.766	5.553
.90	-2.766	-2.549	-2.316	-1.975	-1.680	-1.333	1.880	2.589	3.310	4.309	5.118	5.984
1.00	-2.784	-2.571	-2.341	-2.003	-1.707	-1.358	1.985	2.744	3.521	4.605	5.486	6.433
1.25	-2.862	-2.654	-2.429	-2.091	-1.793	-1.434	2.271	3.163	4.086	5.388	6.457	7.612
1.50	-2.976	-2.770	-2.545	-2.203	-1.896	-1.523	2.581	3.612	4.688	6.217	7.477	8.845
1.75	-3.118	-2.911	-2.682	-2.332	-2.015	-1.624	2.907	4.081	5.314	7.074	8.530	10.11
2.00	-3.280	-3.070	-2.836	-2.476	-2.144	-1.733	3.244	4.564	5.956	7.949	9.601	11.40
2.50	-3.652	-3.431	-3.183	-2.793	-2.430	-1.971	3.938	5.557	7.271	9.735	11.79	14.02
3.00	-4.067	-3.832	-3.564	-3.141	-2.740	-2.229	4.650	6.570	8.610	11.55	14.00	16.67
3.50	-4.512	-4.259	-3.970	-3.508	-3.067	-2.499	5.370	7.596	9.964	13.38	16.23	19.34
4.00	-4.977	-4.706	-4.393	-3.889	-3.406	-2.778	6.097	8.630	11.33	15.23	18.47	22.03
4.50	-5.458	-5.166	-4.828	-4.281	-3.753	-3.064	6.829	9.669	12.70	17.07	20.73	24.72
5.00	-5.949	-5.636	-5.272	-4.680	-4.107	-3.356	7.563	10.71	14.07	18.93	22.98	27.42
6.00	-6.956	-6.598	-6.179	-5.494	-4.827	-3.949	9.037	12.81	16.83	22.65	27.51	32.82
7.00	-7.984	-7.579	-7.104	-6.324	-5.559	-4.549	10.52	14.90	19.59	26.38	32.04	38.24
8.00	-9.027	-8.573	-8.040	-7.161	-6.300	-5.159	12.00	17.01	22.36	30.11	36.58	43.66
9.00	-10.08	-9.575	-8.983	-8.006	-7.045	-5.771	13.48	19.11	25.13	33.84	41.12	49.09
10.00	-11.14	-10.58	-9.932	-8.855	-7.794	-6.386	14.97	21.22	27.90	37.58	45.67	54.52

15 DEGREES OF FREEDOM.

ONE-SIDED (UPPER) CONFIDENCE LEVELS

S	.0025	.005	.01	.025	.05	.10	.90	.95	.975	.99	.995	.9975
.10	-3.057	-2.753	-2.442	-2.012	-1.663	-1.278	1.325	1.743	2.130	2.618	2.978	3.337
.20	-2.959	-2.675	-2.383	-1.974	-1.639	-1.267	1.361	1.800	2.212	2.737	3.130	3.525
.30	-2.883	-2.616	-2.339	-1.949	-1.625	-1.261	1.406	1.871	2.311	2.880	3.312	3.749
.40	-2.828	-2.575	-2.310	-1.934	-1.618	-1.262	1.460	1.954	2.428	3.047	3.523	4.010
.50	-2.791	-2.548	-2.293	-1.928	-1.620	-1.269	1.524	2.050	2.562	3.239	3.763	4.307
.60	-2.769	-2.535	-2.288	-1.931	-1.629	-1.280	1.596	2.160	2.712	3.453	4.032	4.638
.70	-2.759	-2.533	-2.292	-1.942	-1.643	-1.296	1.677	2.280	2.879	3.687	4.326	4.998
.80	-2.761	-2.540	-2.304	-1.959	-1.662	-1.315	1.765	2.412	3.059	3.940	4.642	5.384
.90	-2.774	-2.557	-2.324	-1.983	-1.686	-1.338	1.861	2.554	3.251	4.209	4.976	5.791
1.00	-2.794	-2.581	-2.351	-2.012	-1.715	-1.364	1.963	2.704	3.454	4.491	5.325	6.215
1.25	-2.878	-2.670	-2.443	-2.104	-1.803	-1.441	2.242	3.109	3.998	5.240	6.249	7.332
1.50	-2.997	-2.790	-2.563	-2.218	-1.909	-1.533	2.544	3.544	4.579	6.034	7.223	8.502
1.75	-3.144	-2.935	-2.704	-2.351	-2.029	-1.634	2.862	4.000	5.183	6.857	8.228	9.707
2.00	-3.311	-3.099	-2.862	-2.496	-2.162	-1.746	3.191	4.470	5.804	7.699	9.254	10.93
2.50	-3.693	-3.468	-3.216	-2.821	-2.452	-1.987	3.870	5.435	7.078	9.415	11.34	13.43
3.00	-4.118	-3.878	-3.605	-3.174	-2.767	-2.248	4.565	6.422	8.376	11.17	13.47	15.96
3.50	-4.572	-4.314	-4.019	-3.547	-3.099	-2.522	5.271	7.422	9.689	12.93	15.61	18.51
4.00	-5.047	-4.769	-4.449	-3.935	-3.443	-2.805	5.983	8.429	11.01	14.71	17.76	21.07
4.50	-5.536	-5.237	-4.891	-4.332	-3.794	-3.095	6.699	9.442	12.34	16.49	19.92	23.64
5.00	-6.037	-5.716	-5.343	-4.738	-4.153	-3.390	7.418	10.46	13.67	18.28	22.09	26.22
6.00	-7.062	-6.694	-6.264	-5.564	-4.882	-3.989	8.862	12.50	16.35	21.87	26.43	31.39
7.00	-8.109	-7.692	-7.204	-6.404	-5.624	-4.599	10.31	14.55	19.03	25.46	30.78	36.56
8.00	-9.170	-8.702	-8.154	-7.254	-6.374	-5.213	11.77	16.60	21.72	29.06	35.14	41.74
9.00	-10.24	-9.721	-9.113	-8.111	-7.129	-5.833	13.22	18.65	24.41	32.67	39.51	46.93
10.00	-11.32	-10.75	-10.08	-8.972	-7.888	-6.455	14.68	20.71	27.10	36.28	43.87	52.12

16 DEGREES OF FREEDOM.

ONE-SIDED (UPPER) CONFIDENCE LEVELS

S	.0025	.005	.01	.025	.05	.10	.90	.95	.975	.99	.995	.9975
.10	-3.036	-2.738	-2.432	-2.008	-1.661	-1.278	1.323	1.738	2.120	2.600	2.953	3.302
.20	-2.944	-2.665	-2.376	-1.972	-1.638	-1.267	1.358	1.793	2.199	2.714	3.097	3.481
.30	-2.873	-2.609	-2.335	-1.947	-1.625	-1.262	1.402	1.861	2.295	2.851	3.270	3.693
.40	-2.822	-2.571	-2.308	-1.934	-1.620	-1.264	1.455	1.942	2.407	3.011	3.471	3.940
.50	-2.788	-2.547	-2.294	-1.930	-1.622	-1.271	1.516	2.035	2.536	3.194	3.700	4.221
.60	-2.769	-2.536	-2.290	-1.934	-1.632	-1.283	1.586	2.141	2.681	3.398	3.956	4.534
.70	-2.762	-2.536	-2.296	-1.946	-1.647	-1.299	1.666	2.258	2.841	3.623	4.236	4.875
.80	-2.766	-2.546	-2.310	-1.965	-1.667	-1.319	1.752	2.386	3.015	3.865	4.537	5.241
.90	-2.781	-2.565	-2.332	-1.990	-1.692	-1.342	1.845	2.523	3.200	4.123	4.855	5.628
1.00	-2.804	-2.590	-2.360	-2.019	-1.722	-1.369	1.945	2.669	3.397	4.394	5.189	6.031
1.25	-2.892	-2.684	-2.456	-2.114	-1.812	-1.448	2.217	3.062	3.922	5.114	6.073	7.095
1.50	-3.017	-2.808	-2.579	-2.232	-1.920	-1.541	2.512	3.485	4.485	5.878	7.007	8.213
1.75	-3.168	-2.957	-2.724	-2.367	-2.043	-1.645	2.823	3.929	5.070	6.671	7.971	9.364
2.00	-3.340	-3.125	-2.886	-2.516	-2.177	-1.757	3.145	4.387	5.674	7.483	8.958	10.54
2.50	-3.730	-3.503	-3.247	-2.845	-2.472	-2.002	3.810	5.328	6.911	9.145	10.97	12.93
3.00	-4.164	-3.920	-3.643	-3.205	-2.792	-2.266	4.492	6.293	8.174	10.84	13.01	15.36
3.50	-4.627	-4.364	-4.063	-3.583	-3.128	-2.544	5.184	7.269	9.451	12.54	15.08	17.81
4.00	-5.110	-4.827	-4.500	-3.976	-3.476	-2.830	5.883	8.254	10.74	14.26	17.15	20.26
4.50	-5.609	-5.303	-4.950	-4.380	-3.833	-3.123	6.586	9.244	12.03	15.99	19.23	22.73
5.00	-6.118	-5.790	-5.408	-4.790	-4.195	-3.421	7.292	10.24	13.33	17.72	21.32	25.21
6.00	-7.161	-6.784	-6.343	-5.628	-4.934	-4.027	8.710	12.23	15.93	21.19	25.51	30.17
7.00	-8.225	-7.797	-7.297	-6.480	-5.685	-4.642	10.13	14.24	18.55	24.68	29.71	35.14
8.00	-9.303	-8.823	-8.261	-7.340	-6.443	-5.264	11.56	16.24	21.17	28.17	33.91	40.12
9.00	-10.39	-9.857	-9.232	-8.208	-7.207	-5.890	12.99	18.25	23.79	31.66	38.12	45.10
10.00	-11.48	-10.90	-10.21	-9.079	-7.974	-6.518	14.42	20.26	26.41	35.15	42.34	50.08

17 DEGREES OF FREEDOM.

ONE-SIDED (UPPER) CONFIDENCE LEVELS

S	.0025	.005	.01	.025	.05	.10	.90	.95	.975	.99	.995	.9975
.10	-3.019	-2.726	-2.424	-2.003	-1.659	-1.278	1.322	1.733	2.112	2.584	2.930	3.272
.20	-2.931	-2.656	-2.370	-1.969	-1.638	-1.267	1.355	1.787	2.188	2.694	3.069	3.442
.30	-2.864	-2.604	-2.332	-1.946	-1.626	-1.263	1.398	1.853	2.280	2.826	3.234	3.644
.40	-2.817	-2.568	-2.307	-1.935	-1.622	-1.266	1.449	1.931	2.388	2.979	3.426	3.880
.50	-2.786	-2.547	-2.294	-1.932	-1.625	-1.273	1.509	2.021	2.513	3.155	3.646	4.147
.60	-2.769	-2.538	-2.292	-1.938	-1.635	-1.286	1.578	2.124	2.653	3.351	3.890	4.445
.70	-2.765	-2.540	-2.300	-1.951	-1.651	-1.302	1.655	2.238	2.808	3.567	4.157	4.770
.80	-2.771	-2.552	-2.315	-1.971	-1.672	-1.323	1.739	2.362	2.976	3.800	4.446	5.119
.90	-2.788	-2.572	-2.339	-1.996	-1.698	-1.346	1.831	2.496	3.157	4.049	4.751	5.488
1.00	-2.813	-2.600	-2.369	-2.027	-1.728	-1.374	1.929	2.638	3.347	4.309	5.072	5.873
1.25	-2.907	-2.697	-2.468	-2.125	-1.820	-1.455	2.195	3.021	3.856	5.004	5.921	6.892
1.50	-3.035	-2.825	-2.595	-2.245	-1.930	-1.548	2.483	3.434	4.402	5.743	6.819	7.964
1.75	-3.191	-2.978	-2.743	-2.383	-2.055	-1.654	2.788	3.867	4.972	6.510	7.750	9.071
2.00	-3.368	-3.150	-2.908	-2.534	-2.192	-1.767	3.104	4.314	5.559	7.297	8.702	10.20
2.50	-3.766	-3.535	-3.275	-2.869	-2.491	-2.016	3.757	5.236	6.765	8.907	10.65	12.50
3.00	-4.208	-3.960	-3.679	-3.233	-2.815	-2.283	4.427	6.179	7.996	10.55	12.62	14.84
3.50	-4.680	-4.412	-4.105	-3.617	-3.155	-2.563	5.107	7.136	9.242	12.21	14.62	17.20
4.00	-5.171	-4.881	-4.549	-4.015	-3.507	-2.853	5.794	8.100	10.50	13.88	16.62	19.57
4.50	-5.677	-5.365	-5.005	-4.424	-3.868	-3.149	6.485	9.070	11.76	15.55	18.64	21.95
5.00	-6.195	-5.858	-5.469	-4.840	-4.235	-3.450	7.179	10.04	13.03	17.24	20.66	24.34
6.00	-7.254	-6.867	-6.418	-5.687	-4.981	-4.062	8.575	12.00	15.57	20.61	24.72	29.12
7.00	-8.333	-7.895	-7.383	-6.549	-5.741	-4.683	9.975	13.96	18.13	24.00	28.78	33.91
8.00	-9.427	-8.935	-8.360	-7.420	-6.507	-5.311	11.38	15.93	20.68	27.39	32.85	38.71
9.00	-10.53	-9.984	-9.344	-8.298	-7.278	-5.942	12.78	17.90	23.24	30.78	36.93	43.52
10.00	-11.64	-11.04	-10.33	-9.179	-8.054	-6.578	14.19	19.87	25.80	34.18	41.01	48.33

CONFIDENCE LIMITS FOR $\mu + \lambda\sigma^2$

18 DEGREES OF FREEDOM.

ONE-SIDED (UPPER) CONFIDENCE LEVELS

S	.0025	.005	.01	.025	.05	.10	.90	.95	.975	.99	.995	.9975
.10	-3.004	-2.715	-2.416	-2.000	-1.658	-1.278	1.320	1.729	2.104	2.571	2.911	C8
.20	-2.920	-2.648	-2.365	-1.967	-1.637	-1.268	1.353	1.781	2.178	2.676	3.044	3.408
.30	-2.857	-2.599	-2.329	-1.946	-1.626	-1.265	1.394	1.845	2.267	2.803	3.202	3.602
.40	-2.812	-2.566	-2.306	-1.935	-1.622	-1.267	1.444	1.921	2.372	2.951	3.387	3.827
.50	-2.784	-2.546	-2.295	-1.933	-1.627	-1.275	1.503	2.009	2.493	3.121	3.598	4.083
.60	-2.769	-2.539	-2.295	-1.940	-1.638	-1.288	1.570	2.110	2.630	3.311	3.833	4.368
.70	-2.768	-2.543	-2.304	-1.955	-1.654	-1.305	1.646	2.221	2.780	3.519	4.090	4.679
.80	-2.777	-2.557	-2.321	-1.976	-1.677	-1.326	1.728	2.342	2.943	3.744	4.367	5.014
.90	-2.795	-2.579	-2.346	-2.003	-1.703	-1.351	1.819	2.472	3.117	3.983	4.661	5.367
1.00	-2.822	-2.608	-2.377	-2.035	-1.734	-1.378	1.914	2.611	3.302	4.235	4.970	5.737
1.25	-2.920	-2.709	-2.479	-2.134	-1.828	-1.460	2.174	2.984	3.798	4.908	5.788	6.715
1.50	-3.052	-2.841	-2.609	-2.257	-1.940	-1.555	2.458	3.388	4.330	5.625	6.660	7.749
1.75	-3.211	-2.998	-2.760	-2.396	-2.067	-1.662	2.757	3.812	4.887	6.369	7.557	8.815
2.00	-3.392	-3.174	-2.929	-2.551	-2.205	-1.777	3.069	4.251	5.461	7.134	8.479	9.905
2.50	-3.799	-3.565	-3.302	-2.890	-2.508	-2.029	3.710	5.153	6.636	8.700	10.36	12.13
3.00	-4.249	-3.997	-3.711	-3.260	-2.836	-2.298	4.369	6.078	7.840	10.30	12.28	14.39
3.50	-4.728	-4.456	-4.144	-3.649	-3.180	-2.581	5.039	7.016	9.058	11.91	14.22	16.67
4.00	-5.227	-4.932	-4.593	-4.052	-3.536	-2.874	5.715	7.963	10.29	13.54	16.16	18.96
4.50	-5.742	-5.423	-5.055	-4.465	-3.901	-3.173	6.396	8.916	11.52	15.17	18.12	21.27
5.00	-6.267	-5.923	-5.526	-4.886	-4.272	-3.477	7.080	9.872	12.76	16.81	20.08	23.58
6.00	-7.340	-6.946	-6.486	-5.743	-5.026	-4.094	8.454	11.79	15.25	20.10	24.02	28.21
7.00	-8.435	-7.987	-7.465	-6.614	-5.793	-4.721	9.833	13.72	17.75	23.40	27.97	32.85
8.00	-9.543	-9.040	-8.453	-7.495	-6.566	-5.354	11.22	15.65	20.25	26.70	31.92	37.50
9.00	-10.66	-10.10	-9.449	-8.382	-7.346	-5.992	12.60	17.59	22.76	30.01	35.88	42.15
10.00	-11.79	-11.17	-10.45	-9.273	-8.129	-6.632	13.99	19.52	25.27	33.32	39.85	46.81

20 DEGREES OF FREEDOM.

ONE-SIDED (UPPER) CONFIDENCE LEVELS

S	.0025	.005	.01	.025	.05	.10	.90	.95	.975	.99	.995	.9975
.10	-2.979	-2.696	-2.404	-1.993	-1.655	-1.277	1.317	1.722	2.091	2.548	2.878	3.201
.20	-2.902	-2.635	-2.357	-1.964	-1.636	-1.268	1.348	1.771	2.161	2.647	3.002	3.352
.30	-2.845	-2.591	-2.325	-1.945	-1.627	-1.266	1.388	1.833	2.246	2.767	3.150	3.532
.40	-2.805	-2.563	-2.306	-1.936	-1.625	-1.270	1.437	1.905	2.345	2.904	3.322	3.740
.50	-2.782	-2.547	-2.298	-1.937	-1.631	-1.279	1.494	1.989	2.460	3.064	3.518	3.976
.60	-2.772	-2.543	-2.300	-1.946	-1.643	-1.292	1.558	2.085	2.588	3.242	3.737	4.240
.70	-2.774	-2.551	-2.312	-1.962	-1.661	-1.310	1.631	2.191	2.731	3.438	3.977	4.529
.80	-2.786	-2.567	-2.331	-1.985	-1.685	-1.332	1.710	2.307	2.886	3.649	4.236	4.839
.90	-2.808	-2.592	-2.358	-2.014	-1.713	-1.358	1.797	2.432	3.052	3.875	4.510	5.168
1.00	-2.838	-2.625	-2.392	-2.047	-1.745	-1.387	1.889	2.564	3.227	4.112	4.800	5.511
1.25	-2.944	-2.732	-2.500	-2.151	-1.842	-1.470	2.141	2.923	3.700	4.749	5.571	6.424
1.50	-3.084	-2.870	-2.635	-2.278	-1.958	-1.568	2.415	3.311	4.209	5.426	6.387	7.392
1.75	-3.251	-3.034	-2.792	-2.423	-2.088	-1.677	2.705	3.719	4.740	6.134	7.237	8.394
2.00	-3.439	-3.215	-2.966	-2.581	-2.230	-1.795	3.005	4.141	5.289	6.861	8.108	9.419
2.50	-3.860	-3.621	-3.351	-2.930	-2.540	-2.051	3.629	5.013	6.419	8.353	9.893	11.51
3.00	-4.324	-4.065	-3.771	-3.308	-2.874	-2.326	4.270	5.907	7.576	9.875	11.71	13.65
3.50	-4.817	-4.536	-4.215	-3.706	-3.226	-2.615	4.921	6.815	8.748	11.42	13.55	15.80
4.00	-5.330	-5.025	-4.676	-4.118	-3.589	-2.913	5.580	7.731	9.930	12.97	15.40	17.96
4.50	-5.858	-5.528	-5.148	-4.539	-3.960	-3.217	6.243	8.652	11.12	14.53	17.26	20.14
5.00	-6.397	-6.041	-5.630	-4.969	-4.338	-3.525	6.909	9.579	12.31	16.10	19.12	22.32
6.00	-7.498	-7.088	-6.612	-5.844	-5.106	-4.153	8.248	11.44	14.71	19.24	22.87	26.70
7.00	-8.621	-8.154	-7.611	-6.732	-5.886	-4.790	9.592	13.31	17.12	22.39	26.62	31.08
8.00	-9.756	-9.232	-8.621	-7.630	-6.674	-5.433	10.94	15.18	19.53	25.55	30.38	35.48
9.00	-10.90	-10.32	-9.640	-8.535	-7.468	-6.080	12.29	17.05	21.94	28.72	34.14	39.88
10.00	-12.05	-11.41	-10.66	-9.443	-8.264	-6.730	13.64	18.93	24.36	31.88	37.91	44.28

22 DEGREES OF FREEDOM.

ONE-SIDED (UPPER) CONFIDENCE LEVELS

S	.0025	.005	.01	.025	.05	.10	.90	.95	.975	.99	.995	.9975
.10	-2.958	-2.682	-2.395	-1.989	-1.653	-1.277	1.315	1.716	2.081	2.529	2.852	3.166
.20	-2.887	-2.625	-2.351	-1.961	-1.636	-1.270	1.345	1.763	2.147	2.623	2.969	3.307
.30	-2.835	-2.585	-2.322	-1.945	-1.628	-1.268	1.383	1.822	2.228	2.735	3.108	3.475
.40	-2.800	-2.560	-2.305	-1.938	-1.627	-1.272	1.430	1.892	2.323	2.867	3.270	3.670
.50	-2.781	-2.548	-2.300	-1.941	-1.634	-1.281	1.485	1.973	2.432	3.017	3.454	3.892
.60	-2.774	-2.547	-2.305	-1.951	-1.648	-1.296	1.548	2.065	2.555	3.186	3.661	4.139
.70	-2.780	-2.557	-2.319	-1.969	-1.667	-1.315	1.618	2.167	2.692	3.372	3.887	4.409
.80	-2.795	-2.577	-2.341	-1.993	-1.691	-1.338	1.695	2.279	2.840	3.573	4.131	4.700
.90	-2.820	-2.604	-2.370	-2.023	-1.721	-1.364	1.779	2.399	2.999	3.787	4.391	5.010
1.00	-2.853	-2.639	-2.406	-2.059	-1.755	-1.393	1.868	2.526	3.167	4.013	4.665	5.334
1.25	-2.966	-2.752	-2.519	-2.167	-1.854	-1.479	2.113	2.873	3.621	4.620	5.394	6.196
1.50	-3.114	-2.897	-2.659	-2.298	-1.973	-1.579	2.379	3.248	4.109	5.267	6.172	7.110
1.75	-3.286	-3.066	-2.821	-2.446	-2.107	-1.690	2.662	3.643	4.622	5.944	6.981	8.060
2.00	-3.481	-3.254	-3.000	-2.608	-2.251	-1.810	2.954	4.052	5.151	6.641	7.812	9.033
2.50	-3.914	-3.670	-3.394	-2.965	-2.568	-2.072	3.562	4.898	6.243	8.073	9.516	11.02
3.00	-4.391	-4.126	-3.825	-3.351	-2.908	-2.351	4.188	5.766	7.361	9.536	11.26	13.05
3.50	-4.897	-4.608	-4.279	-3.757	-3.266	-2.644	4.825	6.649	8.495	11.02	13.01	15.10
4.00	-5.422	-5.109	-4.749	-4.176	-3.635	-2.946	5.468	7.540	9.639	12.51	14.79	17.17
4.50	-5.963	-5.622	-5.231	-4.606	-4.013	-3.255	6.116	8.437	10.79	14.01	16.57	19.24
5.00	-6.514	-6.146	-5.723	-5.043	-4.397	-3.567	6.767	9.338	11.95	15.52	18.35	21.32
6.00	-7.640	-7.215	-6.724	-5.933	-5.177	-4.204	8.076	11.15	14.27	18.55	21.94	25.50
7.00	-8.787	-8.303	-7.742	-6.837	-5.970	-4.850	9.391	12.97	16.60	21.58	25.54	29.68
8.00	-9.947	-9.403	-8.772	-7.750	-6.770	-5.002	10.71	14.79	18.94	24.63	29.14	33.87
9.00	-11.12	-10.51	-9.809	-8.670	-7.575	-6.158	12.03	16.62	21.28	27.67	32.75	38.07
10.00	-12.29	-11.63	-10.85	-9.594	-8.385	-6.817	13.35	18.44	23.62	30.72	36.36	42.27

24 DEGREES OF FREEDOM.

ONE-SIDED (UPPER) CONFIDENCE LEVELS

S	.0025	.005	.01	.025	.05	.10	.90	.95	.975	.99	.995	.9975
.10	-2.942	-2.670	-2.386	-1.985	-1.651	-1.277	1.313	1.711	2.072	2.514	2.830	3.137
.20	-2.876	-2.617	-2.346	-1.959	-1.635	-1.270	1.342	1.756	2.135	2.602	2.941	3.271
.30	-2.828	-2.581	-2.320	-1.945	-1.629	-1.269	1.379	1.813	2.213	2.710	3.072	3.429
.40	-2.797	-2.558	-2.305	-1.940	-1.629	-1.274	1.425	1.881	2.305	2.836	3.227	3.614
.50	-2.781	-2.549	-2.302	-1.944	-1.638	-1.284	1.478	1.959	2.409	2.979	3.402	3.823
.60	-2.777	-2.552	-2.309	-1.956	-1.652	-1.299	1.539	2.048	2.528	3.141	3.598	4.057
.70	-2.786	-2.564	-2.325	-1.975	-1.672	-1.319	1.607	2.147	2.659	3.318	3.813	4.312
.80	-2.804	-2.585	-2.349	-2.001	-1.698	-1.342	1.682	2.255	2.802	3.510	4.046	4.588
.90	-2.832	-2.615	-2.380	-2.033	-1.728	-1.369	1.764	2.371	2.955	3.716	4.294	4.881
1.00	-2.867	-2.652	-2.418	-2.069	-1.763	-1.399	1.851	2.495	3.116	3.931	4.554	5.189
1.25	-2.986	-2.771	-2.535	-2.181	-1.866	-1.487	2.089	2.830	3.555	4.513	5.251	6.009
1.50	-3.139	-2.921	-2.680	-2.315	-1.987	-1.589	2.349	3.195	4.027	5.136	5.996	6.881
1.75	-3.318	-3.095	-2.847	-2.467	-2.123	-1.703	2.625	3.579	4.524	5.788	6.772	7.788
2.00	-3.518	-3.287	-3.030	-2.633	-2.271	-1.825	2.911	3.977	5.037	6.460	7.570	8.718
2.50	-3.964	-3.715	-3.434	-2.997	-2.593	-2.090	3.506	4.802	6.096	7.842	9.208	10.62
3.00	-4.452	-4.180	-3.873	-3.389	-2.939	-2.373	4.119	5.649	7.182	9.256	10.88	12.57
3.50	-4.968	-4.672	-4.335	-3.802	-3.302	-2.670	4.743	6.510	8.284	10.69	12.57	14.54
4.00	-5.505	-5.183	-4.814	-4.229	-3.677	-2.976	5.374	7.380	9.397	12.13	14.28	16.52
4.50	-6.057	-5.707	-5.305	-4.665	-4.060	-3.288	6.009	8.257	10.52	13.59	16.00	18.51
5.00	-6.619	-6.241	-5.805	-5.110	-4.449	-3.605	6.648	9.137	11.64	15.05	17.72	20.51
6.00	-7.768	-7.330	-6.824	-6.013	-5.241	-4.250	7.933	10.91	13.90	17.98	21.18	24.52
7.00	-8.936	-8.438	-7.860	-6.931	-6.045	-4.904	9.222	12.68	16.17	20.92	24.65	28.54
8.00	-10.12	-9.557	-8.906	-7.858	-6.855	-5.564	10.52	14.47	18.45	23.86	28.12	32.56
9.00	-11.31	-10.68	-9.961	-8.791	-7.672	-6.228	11.81	16.25	20.72	26.81	31.60	36.60
10.00	-12.51	-11.82	-11.02	-9.729	-8.491	-6.894	13.11	18.04	23.00	29.77	35.09	40.63

CONFIDENCE LIMITS FOR $\mu + \lambda\sigma^2$

27 DEGREES OF FREEDOM.

ONE-SIDED (UPPER) CONFIDENCE LEVELS

S	.0025	.005	.01	.025	.05	.10	.90	.95	.975	.99	.995	.9975
.10	-2.292	-2.656	-2.377	-1.980	-1.649	-1.277	1.310	1.706	2.062	2.495	2.804	3.102
.20	-2.862	-2.608	-2.340	-1.957	-1.636	-1.271	1.338	1.749	2.121	2.579	2.907	3.226
.30	-2.820	-2.576	-2.317	-1.945	-1.630	-1.271	1.374	1.802	2.194	2.679	3.030	3.373
.40	-2.794	-2.558	-2.306	-1.942	-1.632	-1.277	1.417	1.867	2.281	2.798	3.174	3.545
.50	-2.782	-2.552	-2.306	-1.948	-1.642	-1.288	1.469	1.942	2.381	2.933	3.339	3.740
.60	-2.783	-2.557	-2.316	-1.962	-1.658	-1.304	1.528	2.027	2.494	3.085	3.523	3.958
.70	-2.795	-2.573	-2.334	-1.983	-1.679	-1.324	1.594	2.122	2.619	3.253	3.725	4.197
.80	-2.817	-2.598	-2.361	-2.011	-1.706	-1.349	1.667	2.225	2.755	3.434	3.943	4.454
.90	-2.848	-2.630	-2.394	-2.044	-1.738	-1.377	1.745	2.337	2.901	3.628	4.176	4.728
1.00	-2.887	-2.670	-2.434	-2.083	-1.774	-1.408	1.830	2.456	3.056	3.833	4.421	5.016
1.25	-3.014	-2.796	-2.558	-2.199	-1.880	-1.498	2.060	2.779	3.474	4.385	5.079	5.786
1.50	-3.174	-2.953	-2.709	-2.338	-2.005	-1.602	2.312	3.130	3.927	4.978	5.784	6.606
1.75	-3.361	-3.134	-2.881	-2.495	-2.145	-1.718	2.579	3.501	4.404	5.599	6.520	7.462
2.00	-3.569	-3.333	-3.070	-2.665	-2.296	-1.843	2.858	3.886	4.897	6.241	7.278	8.342
2.50	-4.029	-3.773	-3.486	-3.038	-2.625	-2.113	3.436	4.683	5.916	7.562	8.836	10.15
3.00	-4.532	-4.253	-3.936	-3.440	-2.979	-2.402	4.033	5.504	6.963	8.916	10.43	11.99
3.50	-5.064	-4.758	-4.410	-3.862	-3.349	-2.704	4.641	6.340	8.027	10.29	12.05	13.86
4.00	-5.616	-5.282	-4.901	-4.298	-3.731	-3.015	5.257	7.184	9.101	11.67	13.67	15.74
4.50	-6.183	-5.820	-5.404	-4.744	-4.122	-3.333	5.876	8.034	10.18	13.07	15.31	17.63
5.00	-6.760	-6.367	-5.916	-5.197	-4.518	-3.655	6.500	8.889	11.27	14.47	16.96	19.53
6.00	-7.938	-7.482	-6.958	-6.119	-5.325	-4.311	7.753	10.61	13.45	17.28	20.26	23.34
7.00	-9.136	-8.616	-8.017	-7.056	-6.142	-4.975	9.013	12.33	15.65	20.10	23.58	27.16
8.00	-10.35	-9.762	-9.086	-8.001	-6.968	-5.645	10.28	14.06	17.84	22.93	26.90	30.99
9.00	-11.57	-10.92	-10.16	-8.952	-7.798	-6.319	11.54	15.80	20.05	25.76	30.22	34.82
10.00	-12.80	-12.08	-11.25	-9.908	-8.632	-6.996	12.81	17.53	22.25	28.60	33.55	38.66

30 DEGREES OF FREEDOM.

ONE-SIDED (UPPER) CONFIDENCE LEVELS

S	.0025	.005	.01	.025	.05	.10	.90	.95	.975	.99	.995	.9975
.10	-2.907	-2.645	-2.369	-1.977	-1.648	-1.277	1.308	1.701	2.053	2.480	2.784	3.075
.20	-2.852	-2.601	-2.336	-1.956	-1.636	-1.272	1.335	1.742	2.110	2.559	2.881	3.191
.30	-2.814	-2.572	-2.316	-1.945	-1.632	-1.272	1.370	1.793	2.180	2.655	2.997	3.330
.40	-2.792	-2.557	-2.308	-1.944	-1.635	-1.279	1.412	1.856	2.263	2.767	3.133	3.491
.50	-2.783	-2.555	-2.310	-1.952	-1.646	-1.291	1.462	1.928	2.359	2.896	3.289	3.675
.60	-2.787	-2.563	-2.322	-1.968	-1.662	-1.307	1.519	2.010	2.467	3.041	3.462	3.880
.70	-2.803	-2.581	-2.342	-1.991	-1.686	-1.329	1.583	2.102	2.587	3.200	3.655	4.105
.80	-2.828	-2.608	-2.371	-2.020	-1.714	-1.354	1.654	2.202	2.717	3.373	3.862	4.349
.90	-2.862	-2.643	-2.406	-2.055	-1.747	-1.383	1.731	2.310	2.858	3.559	4.083	4.608
1.00	-2.903	-2.686	-2.449	-2.095	-1.784	-1.414	1.812	2.423	3.007	3.755	4.317	4.880
1.25	-3.037	-2.818	-2.578	-2.215	-1.893	-1.507	2.036	2.737	3.410	4.283	4.943	5.610
1.50	-3.205	-2.981	-2.734	-2.358	-2.020	-1.613	2.282	3.077	3.847	4.852	5.616	6.391
1.75	-3.399	-3.168	-2.911	-2.518	-2.164	-1.732	2.543	3.437	4.307	5.449	6.320	7.206
2.00	-3.613	-3.373	-3.105	-2.693	-2.318	-1.859	2.814	3.812	4.784	6.066	7.046	8.046
2.50	-4.086	-3.825	-3.531	-3.074	-2.654	-2.133	3.380	4.588	5.772	7.339	8.542	9.771
3.00	-4.603	-4.316	-3.992	-3.484	-3.014	-2.427	3.964	5.388	6.787	8.645	10.07	11.54
3.50	-5.149	-4.834	-4.476	-3.914	-3.391	-2.733	4.559	6.201	7.820	9.970	11.63	13.32
4.00	-5.714	-5.369	-4.977	-4.358	-3.779	-3.050	5.161	7.024	8.863	11.31	13.19	15.13
4.50	-6.293	-5.919	-5.491	-4.812	-4.176	-3.372	5.769	7.854	9.913	12.66	14.77	16.94
5.00	-6.884	-6.477	-6.012	-5.273	-4.579	-3.698	6.379	8.688	10.97	14.01	16.35	18.76
6.00	-8.088	-7.616	-7.075	-6.212	-5.397	-4.363	7.607	10.36	13.09	16.73	19.53	22.41
7.00	-9.312	-8.773	-8.154	-7.164	-6.227	-5.037	8.842	12.05	15.22	19.45	22.73	26.08
8.00	-10.55	-9.943	-9.244	-8.125	-7.066	-5.715	10.08	13.74	17.36	22.19	25.92	29.75
9.00	-11.80	-11.12	-10.34	-9.092	-7.909	-6.399	11.32	15.43	19.50	24.93	29.12	33.43
10.00	-13.05	-12.30	-11.44	-10.06	-8.755	-7.085	12.56	17.13	21.64	27.67	32.33	37.11

35 DEGREES OF FREEDOM.

ONE-SIDED (UPPER) CONFIDENCE LEVELS

S	.0025	.005	.01	.025	.05	.10	.90	.95	.975	.99	.995	.9975
.10	-2.888	-2.631	-2.361	-1.972	-1.647	-1.271	1.306	1.695	2.043	2.462	2.757	3.040
.20	-2.840	-2.593	-2.331	-1.954	-1.636	-1.272	1.332	1.734	2.096	2.534	2.846	3.146
.30	-2.808	-2.569	-2.315	-1.946	-1.633	-1.275	1.364	1.783	2.161	2.623	2.954	3.274
.40	-2.790	-2.558	-2.310	-1.948	-1.639	-1.282	1.404	1.841	2.239	2.729	3.080	3.422
.50	-2.787	-2.560	-2.316	-1.958	-1.651	-1.295	1.452	1.910	2.329	2.849	3.225	3.592
.60	-2.796	-2.572	-2.330	-1.976	-1.669	-1.313	1.507	1.988	2.432	2.984	3.387	3.782
.70	-2.815	-2.594	-2.354	-2.001	-1.694	-1.336	1.568	2.075	2.545	3.134	3.565	3.990
.80	-2.845	-2.625	-2.386	-2.032	-1.724	-1.361	1.636	2.171	2.668	3.296	3.758	4.215
.90	-2.883	-2.663	-2.425	-2.069	-1.759	-1.391	1.710	2.273	2.801	3.471	3.965	4.455
1.00	-2.929	-2.709	-2.470	-2.112	-1.798	-1.424	1.789	2.383	2.943	3.655	4.183	4.708
1.25	-3.072	-2.850	-2.606	-2.237	-1.911	-1.519	2.005	2.682	3.327	4.153	4.770	5.389
1.50	-3.250	-3.021	-2.769	-2.386	-2.043	-1.629	2.242	3.008	3.743	4.691	5.403	6.119
1.75	-3.453	-3.216	-2.954	-2.552	-2.190	-1.750	2.494	3.355	4.183	5.256	6.066	6.882
2.00	-3.676	-3.430	-3.155	-2.733	-2.349	-1.881	2.758	3.715	4.639	5.842	6.752	7.670
2.50	-4.169	-3.899	-3.595	-3.125	-2.694	-2.161	3.305	4.463	5.585	7.052	8.167	9.294
3.00	-4.705	-4.407	-4.071	-3.547	-3.063	-2.461	3.872	5.234	6.559	8.296	9.617	10.96
3.50	-5.269	-4.941	-4.570	-3.988	-3.448	-2.775	4.450	6.020	7.551	9.560	11.09	12.64
4.00	-5.853	-5.494	-5.086	-4.444	-3.846	-3.097	5.036	6.816	8.554	10.84	12.58	14.35
4.50	-6.452	-6.060	-5.614	-4.910	-4.252	-3.426	5.626	7.618	9.564	12.12	14.08	16.06
5.00	-7.061	-6.635	-6.150	-5.382	-4.664	-3.759	6.219	8.424	10.58	13.42	15.58	17.78
6.00	-8.302	-7.807	-7.241	-6.343	-5.500	-4.436	7.415	10.05	12.62	16.01	18.60	21.23
7.00	-9.563	-8.997	-8.348	-7.318	-6.348	-5.122	8.616	11.68	14.67	18.62	21.63	24.70
8.00	-10.84	-10.20	-9.467	-8.301	-7.204	-5.815	9.821	13.31	16.73	21.23	24.68	28.17
9.00	-12.12	-11.41	-10.59	-9.292	-8.064	-6.510	11.03	14.95	18.79	23.85	27.72	31.65
10.00	-13.41	-12.63	-11.72	-10.29	-8.928	-7.208	12.24	16.59	20.85	26.47	30.77	35.14

40 DEGREES OF FREEDOM.

ONE-SIDED (UPPER) CONFIDENCE LEVELS

S	.0025	.005	.01	.025	.05	.10	.90	.95	.975	.99	.995	.9975
.10	-2.874	-2.622	-2.354	-1.969	-1.645	-1.271	1.304	1.690	2.034	2.447	2.738	3.014
.20	-2.831	-2.587	-2.328	-1.954	-1.636	-1.274	1.328	1.727	2.085	2.516	2.821	3.113
.30	-2.803	-2.567	-2.315	-1.948	-1.635	-1.277	1.360	1.773	2.146	2.599	2.922	3.232
.40	-2.790	-2.559	-2.312	-1.951	-1.642	-1.285	1.399	1.830	2.221	2.699	3.041	3.371
.50	-2.791	-2.564	-2.320	-1.964	-1.656	-1.299	1.445	1.896	2.307	2.813	3.177	3.530
.60	-2.804	-2.580	-2.338	-1.983	-1.676	-1.318	1.498	1.971	2.404	2.941	3.330	3.708
.70	-2.827	-2.605	-2.365	-2.010	-1.701	-1.341	1.558	2.055	2.513	3.083	3.498	3.904
.80	-2.860	-2.638	-2.399	-2.043	-1.733	-1.368	1.624	2.146	2.631	3.238	3.681	4.116
.90	-2.901	-2.680	-2.440	-2.082	-1.769	-1.399	1.695	2.246	2.759	3.404	3.876	4.342
1.00	-2.950	-2.729	-2.487	-2.126	-1.809	-1.432	1.771	2.352	2.894	3.579	4.083	4.581
1.25	-3.102	-2.877	-2.629	-2.256	-1.925	-1.530	1.981	2.641	3.263	4.054	4.641	5.224
1.50	-3.287	-3.055	-2.798	-2.409	-2.061	-1.642	2.211	2.956	3.664	4.569	5.243	5.916
1.75	-3.499	-3.257	-2.989	-2.581	-2.213	-1.766	2.457	3.292	4.087	5.111	5.876	6.642
2.00	-3.731	-3.478	-3.197	-2.766	-2.375	-1.899	2.713	3.640	4.528	5.673	6.531	7.391
2.50	-4.239	-3.961	-3.649	-3.168	-2.727	-2.185	3.248	4.367	5.443	6.836	7.884	8.938
3.00	-4.791	-4.484	-4.138	-3.600	-3.104	-2.491	3.801	5.117	6.386	8.033	9.275	10.52
3.50	-5.371	-5.032	-4.649	-4.051	-3.497	-2.809	4.366	5.881	7.346	9.250	10.69	12.14
4.00	-5.971	-5.599	-5.177	-4.516	-3.902	-3.137	4.938	6.656	8.317	10.48	12.12	13.76
4.50	-6.585	-6.178	-5.717	-4.991	-4.316	-3.471	5.515	7.437	9.297	11.72	13.55	15.40
5.00	-7.210	-6.768	-6.265	-5.473	-4.734	-3.810	6.096	8.222	10.28	12.97	15.00	17.05
6.00	-8.483	-7.968	-7.380	-6.453	-5.585	-4.497	7.266	9.803	12.26	15.47	17.90	20.35
7.00	-9.776	-9.186	-8.512	-7.446	-6.448	-5.194	8.442	11.39	14.25	17.99	20.82	23.67
8.00	-11.08	-10.42	-9.655	-8.449	-7.319	-5.897	9.622	12.99	16.25	20.51	23.74	27.00
9.00	-12.40	-11.65	-10.80	-9.458	-8.194	-6.603	10.81	14.58	18.25	23.04	26.67	30.33
10.00	-13.72	-12.90	-11.96	-10.47	-9.073	-7.312	11.99	16.18	20.25	25.57	29.60	33.67

CONFIDENCE LIMITS FOR $\mu + \lambda\sigma^2$

45 DEGREES OF FREEDOM.

ONE-SIDED (UPPER) CONFIDENCE LEVELS

S	.0025	.005	.01	.025	.05	.10	.90	.95	.975	.99	.995	.9975
.10	-2.864	-2.614	-2.349	-1.967	-1.644	-1.277	1.303	1.687	2.028	2.436	2.722	2.994
.20	-2.825	-2.583	-2.326	-1.953	-1.636	-1.275	1.326	1.722	2.076	2.501	2.801	3.087
.30	-2.801	-2.566	-2.315	-1.949	-1.637	-1.278	1.356	1.766	2.135	2.581	2.897	3.199
.40	-2.792	-2.561	-2.315	-1.954	-1.645	-1.288	1.394	1.821	2.206	2.675	3.010	3.331
.50	-2.795	-2.569	-2.325	-1.968	-1.659	-1.302	1.439	1.884	2.290	2.785	3.139	3.482
.60	-2.811	-2.587	-2.345	-1.989	-1.680	-1.321	1.490	1.957	2.383	2.908	3.285	3.651
.70	-2.837	-2.615	-2.374	-2.018	-1.708	-1.345	1.549	2.038	2.488	3.044	3.446	3.837
.80	-2.873	-2.651	-2.410	-2.052	-1.740	-1.373	1.613	2.127	2.602	3.192	3.621	4.039
.90	-2.917	-2.695	-2.453	-2.093	-1.777	-1.405	1.682	2.224	2.725	3.351	3.808	4.255
1.00	-2.969	-2.745	-2.502	-2.139	-1.818	-1.440	1.757	2.327	2.857	3.520	4.006	4.483
1.25	-3.127	-2.899	-2.650	-2.272	-1.938	-1.539	1.962	2.607	3.213	3.977	4.540	5.097
1.50	-3.320	-3.084	-2.824	-2.430	-2.077	-1.653	2.187	2.915	3.601	4.473	5.118	5.758
1.75	-3.538	-3.292	-3.020	-2.605	-2.231	-1.779	2.427	3.241	4.013	4.997	5.727	6.454
2.00	-3.777	-3.519	-3.233	-2.794	-2.397	-1.914	2.677	3.582	4.441	5.540	6.359	7.174
2.50	-4.299	-4.015	-3.696	-3.204	-2.755	-2.205	3.201	4.290	5.330	6.666	7.664	8.662
3.00	-4.864	-4.549	-4.194	-3.643	-3.138	-2.515	3.744	5.023	6.248	7.826	9.008	10.19
3.50	-5.458	-5.110	-4.717	-4.103	-3.538	-2.838	4.298	5.771	7.184	9.007	10.37	11.74
4.00	-6.072	-5.689	-5.255	-4.576	-3.949	-3.171	4.861	6.528	8.131	10.20	11.75	13.31
4.50	-6.700	-6.280	-5.805	-5.060	-4.369	-3.510	5.427	7.293	9.085	11.40	13.15	14.89
5.00	-7.338	-6.882	-6.364	-5.550	-4.795	-3.852	5.998	8.061	10.05	12.61	14.54	16.48
6.00	-8.637	-8.106	-7.500	-6.546	-5.658	-4.549	7.147	9.608	11.98	15.05	17.35	19.66
7.00	-9.958	-9.347	-8.652	-7.556	-6.534	-5.255	8.302	11.16	13.92	17.49	20.18	22.87
8.00	-11.29	-10.60	-9.815	-8.574	-7.416	-5.966	9.461	12.73	15.87	19.94	23.01	26.08
9.00	-12.63	-11.86	-10.98	-9.599	-8.305	-6.681	10.62	14.29	17.82	22.40	25.84	29.30
10.00	-13.98	-13.13	-12.16	-10.63	-9.196	-7.399	11.79	15.85	19.78	24.86	28.68	32.52

50 DEGREES OF FREEDOM.

ONE-SIDED (UPPER) CONFIDENCE LEVELS

S	.0025	.005	.01	.025	.05	.10	.90	.95	.975	.99	.995	.9975
.10	-2.856	-2.609	-2.346	-1.966	-1.644	-1.278	1.301	1.684	2.023	2.428	2.710	2.978
.20	-2.820	-2.580	-2.325	-1.953	-1.637	-1.275	1.324	1.718	2.068	2.489	2.785	3.066
.30	-2.799	-2.566	-2.315	-1.950	-1.638	-1.280	1.354	1.761	2.126	2.566	2.877	3.174
.40	-2.793	-2.564	-2.317	-1.957	-1.647	-1.289	1.390	1.813	2.194	2.657	2.984	3.299
.50	-2.800	-2.573	-2.330	-1.972	-1.663	-1.304	1.434	1.876	2.275	2.762	3.109	3.444
.60	-2.818	-2.593	-2.352	-1.995	-1.685	-1.324	1.485	1.946	2.366	2.880	3.249	3.606
.70	-2.846	-2.623	-2.382	-2.024	-1.713	-1.349	1.541	2.025	2.467	3.012	3.404	3.784
.80	-2.884	-2.661	-2.420	-2.060	-1.747	-1.377	1.604	2.112	2.578	3.155	3.572	3.977
.90	-2.930	-2.707	-2.465	-2.102	-1.785	-1.409	1.672	2.206	2.698	3.309	3.752	4.184
1.00	-2.985	-2.761	-2.516	-2.149	-1.827	-1.445	1.745	2.306	2.825	3.472	3.943	4.403
1.25	-3.150	-2.919	-2.667	-2.287	-1.949	-1.547	1.946	2.580	3.172	3.915	4.460	4.994
1.50	-3.348	-3.109	-2.846	-2.447	-2.091	-1.663	2.166	2.881	3.551	4.396	5.018	5.633
1.75	-3.572	-3.323	-3.047	-2.626	-2.247	-1.790	2.402	3.200	3.952	4.904	5.608	6.304
2.00	-3.817	-3.555	-3.264	-2.818	-2.416	-1.928	2.648	3.533	4.369	5.432	6.220	7.000
2.50	-4.352	-4.061	-3.737	-3.236	-2.780	-2.223	3.163	4.228	5.238	6.528	7.487	8.440
3.00	-4.929	-4.606	-4.244	-3.683	-3.169	-2.536	3.697	4.947	6.136	7.658	8.792	9.920
3.50	-5.535	-5.178	-4.775	-4.149	-3.574	-2.864	4.242	5.681	7.051	8.810	10.12	11.43
4.00	-6.161	-5.767	-5.322	-4.629	-3.990	-3.200	4.796	6.424	7.979	9.974	11.46	12.95
4.50	-6.800	-6.370	-5.881	-5.119	-4.416	-3.542	5.354	7.174	8.913	11.15	12.82	14.48
5.00	-7.451	-6.981	-6.450	-5.617	-4.847	-3.889	5.916	7.929	9.854	12.33	14.18	16.02
6.00	-8.774	-8.226	-7.604	-6.627	-5.721	-4.594	7.048	9.449	11.75	14.70	16.91	19.11
7.00	-10.12	-9.488	-8.774	-7.651	-6.608	-5.307	8.186	10.98	13.65	17.09	19.66	22.23
8.00	-11.47	-10.76	-9.955	-8.684	-7.502	-6.026	9.329	12.51	15.56	19.48	22.42	25.34
9.00	-12.84	-12.04	-11.14	-9.722	-8.401	-6.748	10.48	14.05	17.47	21.88	25.17	28.47
10.00	-14.21	-13.33	-12.34	-10.77	-9.302	-7.474	11.62	15.59	19.39	24.28	27.94	31.59

60 DEGREES OF FREEDOM.

ONE-SIDED (UPPER) CONFIDENCE LEVELS

S	.0025	.005	.01	.025	.05	.10	.90	.95	.975	.99	.995	.9975
.10	-2.844	-2.600	-2.340	-1.963	-1.643	-1.278	1.299	1.679	2.015	2.414	2.692	2.954
.20	-2.814	-2.576	-2.322	-1.953	-1.638	-1.277	1.321	1.711	2.058	2.472	2.761	3.035
.30	-2.798	-2.566	-2.317	-1.953	-1.641	-1.282	1.349	1.752	2.112	2.543	2.846	3.134
.40	-2.796	-2.568	-2.322	-1.962	-1.651	-1.293	1.384	1.802	2.177	2.628	2.947	3.251
.50	-2.807	-2.581	-2.337	-1.979	-1.669	-1.309	1.426	1.861	2.253	2.727	3.063	3.385
.60	-2.829	-2.605	-2.362	-2.003	-1.692	-1.330	1.475	1.929	2.339	2.839	3.195	3.536
.70	-2.862	-2.638	-2.395	-2.035	-1.722	-1.355	1.530	2.005	2.436	2.963	3.340	3.703
.80	-2.904	-2.680	-2.436	-2.073	-1.757	-1.385	1.590	2.088	2.542	3.099	3.498	3.884
.90	-2.955	-2.729	-2.484	-2.117	-1.796	-1.418	1.656	2.178	2.656	3.244	3.667	4.078
6.00	-9.001	-8.426	-7.777	-6.762	-5.826	-4.667	6.894	9.202	11.39	14.17	16.24	18.28
1.00	-3.013	-2.786	-2.538	-2.167	-1.840	-1.454	1.727	2.275	2.777	3.399	3.848	4.284
1.25	-3.188	-2.954	-2.697	-2.310	-1.967	-1.559	1.921	2.538	3.109	3.820	4.336	4.840
1.50	-3.396	-3.152	-2.883	-2.476	-2.113	-1.678	2.135	2.828	3.472	4.278	4.866	5.442
1.75	-3.630	-3.374	-3.091	-2.660	-2.274	-1.809	2.364	3.136	3.857	4.763	5.426	6.077
2.00	-3.885	-3.615	-3.316	-2.859	-2.447	-1.949	2.603	3.458	4.259	5.268	6.008	6.737
2.50	-4.440	-4.139	-3.804	-3.288	-2.820	-2.251	3.104	4.131	5.097	6.318	7.217	8.104
3.00	-5.037	-4.702	-4.326	-3.747	-3.218	-2.571	3.624	4.828	5.963	7.402	8.463	9.512
3.50	-5.663	-5.291	-4.873	-4.225	-3.633	-2.905	4.156	5.540	6.847	8.507	9.733	10.95
4.00	-6.308	-5.898	-5.435	-4.717	-4.059	-3.247	4.696	6.262	7.743	9.626	11.02	12.40
4.50	-6.968	-6.518	-6.010	-5.219	-4.493	-3.596	5.241	6.991	8.647	10.75	12.31	13.86
5.00	-7.638	-7.147	-6.593	-5.728	-4.933	-3.950	5.789	7.725	9.557	11.89	13.62	15.32
7.00	-10.38	-9.724	-8.977	-7.809	-6.730	-5.393	8.006	10.69	13.23	16.47	18.87	21.25
8.00	-11.78	-11.03	-10.19	-8.864	-7.642	-6.125	9.122	12.18	15.08	18.77	21.51	24.22
9.00	-13.18	-12.35	-11.41	-9.926	-8.558	-6.860	10.24	13.67	16.93	21.08	24.16	27.21
10.00	-14.59	-13.67	-12.63	-10.99	-9.478	-7.598	11.36	15.17	18.78	23.39	26.81	30.19

70 DEGREES OF FREEDOM.

ONE-SIDED (UPPER) CONFIDENCE LEVELS

S	.0025	.005	.01	.025	.05	.10	.90	.95	.975	.99	.995	.9975
.10	-2.836	-2.595	-2.337	-1.962	-1.643	-1.278	1.298	1.676	2.010	2.405	2.679	2.937
.20	-2.810	-2.574	-2.322	-1.954	-1.639	-1.278	1.318	1.706	2.050	2.458	2.743	3.013
.30	-2.798	-2.567	-2.318	-1.955	-1.643	-1.284	1.346	1.745	2.101	2.526	2.823	3.106
.40	-2.800	-2.572	-2.326	-1.965	-1.655	-1.295	1.380	1.794	2.163	2.607	2.919	3.216
.50	-2.814	-2.588	-2.344	-1.984	-1.673	-1.312	1.421	1.851	2.236	2.701	3.030	3.343
.60	-2.840	-2.614	-2.371	-2.011	-1.698	-1.334	1.468	1.916	2.320	2.808	3.155	3.486
.70	-2.876	-2.650	-2.406	-2.044	-1.729	-1.360	1.521	1.989	2.413	2.927	3.293	3.644
.80	-2.921	-2.695	-2.449	-2.084	-1.765	-1.390	1.580	2.070	2.515	3.057	3.444	3.816
.90	-2.975	-2.747	-2.499	-2.130	-1.806	-1.425	1.644	2.157	2.625	3.197	3.606	4.001
1.00	-3.036	-2.807	-2.556	-2.181	-1.852	-1.462	1.713	2.251	2.742	3.345	3.778	4.197
1.25	-3.219	-2.981	-2.720	-2.328	-1.981	-1.569	1.903	2.507	3.063	3.750	4.246	4.727
1.50	-3.435	-3.187	-2.913	-2.499	-2.131	-1.690	2.112	2.789	3.414	4.191	4.755	5.304
1.75	-3.677	-3.416	-3.127	-2.688	-2.296	-1.824	2.335	3.089	3.788	4.660	5.293	5.913
2.00	-3.940	-3.664	-3.358	-2.892	-2.472	-1.967	2.569	3.403	4.178	5.147	5.854	6.545
2.50	-4.511	-4.202	-3.858	-3.330	-2.853	-2.273	3.060	4.059	4.992	6.163	7.019	7.859
3.00	-5.125	-4.779	-4.393	-3.798	-3.258	-2.599	3.570	4.740	5.835	7.213	8.223	9.215
3.50	-5.767	-5.382	-4.952	-4.286	-3.680	-2.938	4.091	5.435	6.696	8.285	9.450	10.60
4.00	-6.428	-6.004	-5.526	-4.788	-4.113	-3.285	4.621	6.141	7.569	9.370	10.69	11.99
4.50	-7.104	-6.638	-6.113	-5.299	-4.554	-3.639	5.155	6.854	8.450	10.47	11.95	13.40
5.00	-7.790	-7.281	-6.708	-5.818	-5.002	-3.998	5.694	7.572	9.337	11.57	13.21	14.82
6.00	-9.185	-8.589	-7.916	-6.870	-5.909	-4.726	6.779	9.017	11.12	13.78	15.74	17.67
7.00	-10.60	-9.914	-9.141	-7.935	-6.828	-5.462	7.871	10.47	12.92	16.01	18.29	20.53
8.00	-12.02	-11.25	-10.38	-9.010	-7.754	-6.203	8.967	11.93	14.72	18.25	20.85	23.41
9.00	-13.46	-12.60	-11.62	-10.09	-8.685	-6.949	10.07	13.39	16.53	20.49	23.41	26.29
10.00	-14.90	-13.95	-12.86	-11.17	-9.620	-7.697	11.17	14.86	18.34	22.74	25.98	29.17

CONFIDENCE LIMITS FOR $\mu + \lambda\sigma^2$

80 DEGREES OF FREEDOM.

ONE-SIDED (UPPER) CONFIDENCE LEVELS

S	.0025	.005	.01	.025	.05	.10	.90	.95	.975	.99	.995	.9975
.10	-2.831	-2.591	-2.334	-1.961	-1.643	-1.278	1.297	1.674	2.005	2.397	2.669	2.924
.20	-2.807	-2.573	-2.321	-1.954	-1.640	-1.279	1.316	1.703	2.044	2.449	2.730	2.995
.30	-2.799	-2.568	-2.320	-1.957	-1.645	-1.285	1.343	1.740	2.093	2.513	2.806	3.084
.40	-2.803	-2.575	-2.330	-1.969	-1.658	-1.297	1.376	1.787	2.153	2.591	2.898	3.189
.50	-2.820	-2.594	-2.349	-1.989	-1.677	-1.315	1.416	1.842	2.224	2.682	3.004	3.310
.60	-2.848	-2.623	-2.378	-2.017	-1.703	-1.337	1.462	1.906	2.304	2.785	3.124	3.447
.70	-2.887	-2.661	-2.415	-2.052	-1.735	-1.364	1.514	1.977	2.394	2.900	3.257	3.599
.80	-2.935	-2.708	-2.460	-2.093	-1.772	-1.395	1.572	2.056	2.493	3.025	3.402	3.764
.90	-2.991	-2.762	-2.512	-2.140	-1.814	-1.430	1.635	2.141	2.600	3.160	3.559	3.942
1.00	-3.056	-2.824	-2.571	-2.193	-1.860	-1.468	1.702	2.232	2.715	3.304	3.725	4.130
1.25	-3.245	-3.004	-2.740	-2.344	-1.993	-1.577	1.888	2.483	3.027	3.696	4.177	4.642
1.50	-3.467	-3.215	-2.938	-2.518	-2.145	-1.700	2.093	2.758	3.369	4.125	4.669	5.198
1.75	-3.716	-3.451	-3.157	-2.711	-2.313	-1.836	2.313	3.052	3.734	4.580	5.192	5.787
2.00	-3.986	-3.705	-3.393	-2.918	-2.493	-1.981	2.543	3.359	4.115	5.054	5.735	6.399
2.50	-4.571	-4.255	-3.903	-3.365	-2.880	-2.292	3.025	4.003	4.911	6.045	6.868	7.672
3.00	-5.198	-4.844	-4.448	-3.841	-3.291	-2.622	3.527	4.671	5.736	7.068	8.038	8.987
3.50	-5.853	-5.459	-5.017	-4.337	-3.719	-2.965	4.040	5.354	6.579	8.113	9.233	10.33
4.00	-6.528	-6.092	-5.602	-4.846	-4.158	-3.317	4.562	6.047	7.434	9.173	10.44	11.69
4.50	-7.218	-6.738	-6.199	-5.365	-4.605	-3.675	5.089	6.747	8.297	10.24	11.66	13.05
5.00	-7.918	-7.393	-6.804	-5.892	-5.059	-4.038	5.619	7.453	9.166	11.32	12.89	14.43
6.00	-9.339	-8.724	-8.032	-6.959	-5.978	-4.774	6.689	8.873	10.92	13.48	15.36	17.20
7.00	-10.78	-10.07	-9.276	-8.040	-6.909	-5.518	7.765	10.30	12.68	15.66	17.85	19.99
8.00	-12.23	-11.43	-10.53	-9.130	-7.846	-6.268	8.845	11.74	14.45	17.85	20.34	22.78
9.00	-13.69	-12.80	-11.79	-10.23	-8.789	-7.022	9.929	13.18	16.22	20.04	22.84	25.58
10.00	-15.16	-14.17	-13.06	-11.33	-9.735	-7.779	11.01	14.62	17.99	22.24	25.34	28.39

100 DEGREES OF FREEDOM.

ONE-SIDED (UPPER) CONFIDENCE LEVELS

S	.0025	.005	.01	.025	.05	.10	.90	.95	.975	.99	.995	.9975
.10	-2.823	-2.586	-2.331	-1.960	-1.642	-1.279	1.295	1.670	1.999	2.387	2.655	2.906
.20	-2.805	-2.572	-2.321	-1.955	-1.641	-1.280	1.314	1.697	2.035	2.434	2.711	2.971
.30	-2.800	-2.571	-2.323	-1.960	-1.648	-1.287	1.339	1.733	2.081	2.494	2.782	3.053
.40	-2.809	-2.582	-2.336	-1.974	-1.662	-1.301	1.371	1.777	2.138	2.567	2.867	3.150
.50	-2.831	-2.604	-2.358	-1.996	-1.683	-1.319	1.409	1.830	2.205	2.653	2.967	3.264
.60	-2.863	-2.636	-2.390	-2.026	-1.711	-1.342	1.454	1.891	2.282	2.750	3.079	3.392
.70	-2.906	-2.678	-2.430	-2.063	-1.744	-1.370	1.504	1.960	2.368	2.859	3.205	3.534
.80	-2.958	-2.728	-2.478	-2.107	-1.783	-1.403	1.560	2.035	2.462	2.978	3.342	3.690
.90	-3.018	-2.786	-2.533	-2.156	-1.826	-1.438	1.621	2.117	2.565	3.107	3.490	3.857
1.00	-3.087	-2.851	-2.595	-2.211	-1.874	-1.478	1.686	2.205	2.674	3.244	3.648	4.035
1.25	-3.286	-3.041	-2.772	-2.368	-2.012	-1.589	1.866	2.447	2.974	3.618	4.077	4.518
1.50	-3.519	-3.261	-2.977	-2.548	-2.169	-1.716	2.066	2.713	3.303	4.027	4.546	5.045
1.75	-3.779	-3.506	-3.204	-2.747	-2.341	-1.855	2.279	2.997	3.655	4.463	5.044	5.605
2.00	-4.059	-3.769	-3.448	-2.961	-2.526	-2.003	2.503	3.295	4.022	4.919	5.564	6.188
2.50	-4.665	-4.338	-3.974	-3.420	-2.921	-2.321	2.974	3.920	4.791	5.870	6.648	7.402
3.00	-5.314	-4.946	-4.536	-3.908	-3.342	-2.657	3.463	4.569	5.590	6.856	7.770	8.659
3.50	-5.991	-5.580	-5.121	-4.416	-3.780	-3.007	3.965	5.233	6.406	7.863	8.917	9.941
4.00	-6.688	-6.232	-5.722	-4.938	-4.228	-3.366	4.474	5.908	7.235	8.885	10.08	11.24
4.50	-7.399	-6.896	-6.334	-5.470	-4.685	-3.731	4.989	6.590	8.072	9.916	11.25	12.55
5.00	-8.120	-7.570	-6.956	-6.008	-5.148	-4.100	5.508	7.277	8.915	10.95	12.43	13.87
6.00	-9.583	-8.938	-8.216	-7.100	-6.086	-4.849	6.555	8.661	10.61	13.05	14.81	16.53
7.00	-11.07	-10.32	-9.492	-8.206	-7.036	-5.607	7.607	10.05	12.32	15.15	17.20	19.20
8.00	-12.56	-11.72	-10.78	-9.320	-7.992	-6.370	8.665	11.45	14.04	17.26	19.60	21.88
9.00	-14.07	-13.13	-12.07	-10.44	-8.953	-7.136	9.725	12.85	15.76	19.38	22.01	24.56
10.00	-15.58	-14.54	-13.37	-11.56	-9.918	-7.906	10.79	14.26	17.48	21.50	24.42	27.26

120 DEGREES OF FREEDOM.

ONE-SIDED (UPPER) CONFIDENCE LEVELS

S	.0025	.005	.01	.025	.05	.10	.90	.95	.975	.99	.995	.9975
.10	-2.819	-2.582	-2.329	-1.959	-1.643	-1.279	1.294	1.668	1.995	2.380	2.645	2.893
.20	-2.804	-2.571	-2.322	-1.956	-1.642	-1.281	1.312	1.693	2.028	2.424	2.698	2.954
.30	-2.803	-2.573	-2.326	-1.963	-1.650	-1.289	1.336	1.727	2.073	2.481	2.765	3.031
.40	-2.815	-2.587	-2.341	-1.978	-1.666	-1.303	1.367	1.770	2.127	2.551	2.846	3.123
.50	-2.839	-2.612	-2.365	-2.002	-1.688	-1.322	1.404	1.822	2.192	2.633	2.940	3.231
.60	-2.875	-2.647	-2.399	-2.034	-1.716	-1.346	1.448	1.881	2.266	2.726	3.048	3.353
.70	-2.920	-2.691	-2.442	-2.072	-1.751	-1.375	1.497	1.947	2.349	2.831	3.169	3.489
.80	-2.976	-2.744	-2.492	-2.118	-1.791	-1.408	1.552	2.020	2.441	2.945	3.300	3.638
.90	-3.039	-2.805	-2.549	-2.169	-1.836	-1.445	1.611	2.100	2.540	3.069	3.442	3.798
1.00	-3.111	-2.873	-2.613	-2.225	-1.885	-1.485	1.675	2.186	2.646	3.201	3.594	3.968
1.25	-3.318	-3.069	-2.796	-2.386	-2.026	-1.599	1.851	2.421	2.937	3.563	4.007	4.432
1.50	-3.559	-3.296	-3.007	-2.571	-2.186	-1.728	2.046	2.681	3.257	3.959	4.459	4.940
1.75	-3.827	-3.548	-3.240	-2.775	-2.362	-1.869	2.255	2.958	3.599	4.382	4.941	5.479
2.00	-4.116	-3.819	-3.490	-2.993	-2.550	-2.020	2.475	3.250	3.957	4.824	5.444	6.041
2.50	-4.738	-4.402	-4.029	-3.461	-2.953	-2.343	2.937	3.861	4.707	5.748	6.494	7.214
3.00	-5.404	-5.024	-4.603	-3.959	-3.381	-2.684	3.418	4.496	5.487	6.706	7.583	8.430
3.50	-6.097	-5.673	-5.200	-4.477	-3.826	-3.039	3.911	5.148	6.284	7.687	8.696	9.671
4.00	-6.811	-6.339	-5.813	-5.008	-4.282	-3.403	4.412	5.809	7.095	8.681	9.824	10.93
4.50	-7.538	-7.018	-6.438	-5.549	-4.746	-3.773	4.918	6.478	7.913	9.687	10.96	12.20
5.00	-8.275	-7.707	-7.072	-6.097	-5.216	-4.147	5.429	7.152	8.738	10.70	12.11	13.48
6.00	-9.771	-9.103	-8.356	-7.208	-6.169	-4.906	6.458	8.509	10.40	12.74	14.42	16.06
7.00	-11.29	-10.52	-9.656	-8.332	-7.132	-5.673	7.495	9.876	12.07	14.79	16.75	18.65
8.00	-12.82	-11.94	-10.97	-9.464	-8.103	-6.446	8.536	11.25	13.75	16.85	19.09	21.25
9.00	-14.35	-13.37	-12.28	-10.60	-9.078	-7.223	9.579	12.63	15.44	18.92	21.42	23.85
10.00	-15.89	-14.81	-13.61	-11.74	-10.06	-8.002	10.63	14.01	17.12	20.98	23.77	26.47

160 DEGREES OF FREEDOM.

ONE-SIDED (UPPER) CONFIDENCE LEVELS

S	.0025	.005	.01	.025	.05	.10	.90	.95	.975	.99	.995	.9975
.10	-2.813	-2.579	-2.327	-1.958	-1.643	-1.280	1.293	1.664	1.989	2.371	2.633	2.877
.20	-2.803	-2.572	-2.323	-1.958	-1.644	-1.283	1.309	1.688	2.020	2.411	2.680	2.932
.30	-2.807	-2.578	-2.330	-1.967	-1.654	-1.292	1.332	1.720	2.061	2.464	2.742	3.003
.40	-2.824	-2.595	-2.348	-1.985	-1.671	-1.307	1.362	1.761	2.113	2.529	2.817	3.088
.50	-2.852	-2.624	-2.376	-2.011	-1.694	-1.327	1.398	1.810	2.174	2.606	2.906	3.188
.60	-2.892	-2.663	-2.413	-2.045	-1.724	-1.352	1.440	1.866	2.244	2.694	3.007	3.303
.70	-2.943	-2.711	-2.459	-2.086	-1.761	-1.382	1.487	1.930	2.324	2.793	3.121	3.430
.80	-3.002	-2.768	-2.512	-2.133	-1.803	-1.416	1.540	2.001	2.411	2.902	3.245	3.569
.90	-3.070	-2.832	-2.573	-2.187	-1.849	-1.454	1.597	2.077	2.506	3.019	3.379	3.720
1.00	-3.146	-2.904	-2.640	-2.246	-1.901	-1.495	1.659	2.160	2.608	3.145	3.522	3.881
1.25	-3.365	-3.110	-2.831	-2.413	-2.046	-1.612	1.830	2.387	2.887	3.490	3.914	4.319
1.50	-3.618	-3.348	-3.051	-2.605	-2.211	-1.745	2.019	2.637	3.194	3.869	4.345	4.800
1.75	-3.898	-3.610	-3.293	-2.815	-2.392	-1.890	2.223	2.906	3.524	4.273	4.804	5.312
2.00	-4.199	-3.891	-3.552	-3.040	-2.586	-2.044	2.437	3.188	3.869	4.697	5.284	5.847
2.50	-4.846	-4.496	-4.109	-3.522	-2.999	-2.374	2.887	3.781	4.594	5.585	6.290	6.966
3.00	-5.535	-5.139	-4.701	-4.034	-3.438	-2.723	3.356	4.399	5.348	6.507	7.334	8.127
3.50	-6.253	-5.809	-5.316	-4.565	-3.893	-3.085	3.837	5.032	6.121	7.452	8.402	9.315
4.00	-6.991	-6.496	-5.947	-5.110	-4.359	-3.456	4.327	5.675	6.906	8.411	9.486	10.52
4.50	-7.742	-7.196	-6.590	-5.665	-4.834	-3.833	4.822	6.326	7.699	9.381	10.58	11.74
5.00	-8.503	-7.906	-7.241	-6.226	-5.314	-4.215	5.321	6.982	8.499	10.36	11.69	12.96
6.00	-10.05	-9.344	-8.561	-7.364	-6.287	-4.988	6.328	8.305	10.11	12.33	13.91	15.43
7.00	-11.61	-10.80	-9.896	-8.515	-7.271	-5.770	7.341	9.637	11.74	14.31	16.15	17.92
8.00	-13.18	-12.26	-11.24	-9.674	-8.262	-6.557	8.360	10.97	13.37	16.30	18.40	20.42
9.00	-14.77	-13.74	-12.59	-10.84	-9.258	-7.348	9.381	12.32	15.00	18.30	20.65	22.92
10.00	-16.36	-15.22	-13.95	-12.01	-10.26	-8.141	10.41	13.66	16.64	20.29	22.90	25.42

CONFIDENCE LIMITS FOR $\mu + \lambda\sigma^2$

200 DEGREES OF FREEDOM.

ONE-SIDED (UPPER) CONFIDENCE LEVELS

S	.0025	.005	.01	.025	.05	.10	.90	.95	.975	.99	.995	.9975
.10	-2.811	-2.577	-2.326	-1.958	-1.643	-1.280	1.292	1.662	1.986	2.365	2.625	2.868
.20	-2.804	-2.573	-2.324	-1.959	-1.646	-1.284	1.307	1.685	2.015	2.403	2.669	2.919
.30	-2.811	-2.581	-2.334	-1.970	-1.656	-1.294	1.330	1.716	2.054	2.453	2.728	2.985
.40	-2.830	-2.602	-2.354	-1.989	-1.674	-1.309	1.358	1.755	2.103	2.515	2.799	3.066
.50	-2.862	-2.633	-2.384	-2.017	-1.699	-1.330	1.393	1.802	2.162	2.589	2.884	3.161
.60	-2.905	-2.674	-2.423	-2.052	-1.731	-1.356	1.434	1.857	2.230	2.674	2.981	3.270
.70	-2.959	-2.725	-2.471	-2.095	-1.768	-1.387	1.481	1.919	2.307	2.769	3.090	3.392
.80	-3.022	-2.785	-2.527	-2.144	-1.811	-1.422	1.532	1.988	2.392	2.873	3.209	3.526
.90	-3.093	-2.852	-2.590	-2.199	-1.859	-1.460	1.588	2.062	2.484	2.987	3.338	3.670
1.00	-3.172	-2.926	-2.659	-2.260	-1.912	-1.503	1.649	2.143	2.583	3.109	3.474	3.824
1.25	-3.399	-3.140	-2.856	-2.432	-2.060	-1.622	1.816	2.364	2.854	3.442	3.855	4.246
1.50	-3.661	-3.384	-3.082	-2.628	-2.229	-1.757	2.002	2.609	3.154	3.810	4.271	4.710
1.75	-3.949	-3.654	-3.330	-2.844	-2.414	-1.904	2.201	2.872	3.475	4.203	4.715	5.204
2.00	-4.258	-3.943	-3.596	-3.073	-2.611	-2.061	2.411	3.148	3.812	4.615	5.181	5.722
2.50	-4.922	-4.562	-4.165	-3.565	-3.032	-2.396	2.853	3.729	4.520	5.479	6.157	6.806
3.00	-5.629	-5.221	-4.770	-4.086	-3.478	-2.750	3.315	4.334	5.257	6.378	7.172	7.932
3.50	-6.364	-5.905	-5.398	-4.627	-3.940	-3.118	3.789	4.956	6.013	7.299	8.212	9.085
4.00	-7.119	-6.608	-6.042	-5.182	-4.414	-3.494	4.270	5.588	6.782	8.235	9.267	10.26
4.50	-7.887	-7.323	-6.697	-5.746	-4.896	-3.876	4.758	6.227	7.559	9.182	10.33	11.44
5.00	-8.666	-8.047	-7.361	-6.317	-5.383	-4.263	5.250	6.871	8.343	10.14	11.41	12.63
6.00	-10.24	-9.515	-8.706	-7.474	-6.371	-5.045	6.241	8.170	9.922	12.06	13.58	15.03
7.00	-11.84	-11.00	-10.06	-8.644	-7.369	-5.837	7.240	9.479	11.51	13.99	15.76	17.45
8.00	-13.45	-12.50	-11.44	-9.822	-8.375	-6.634	8.243	10.79	13.11	15.94	17.95	19.88
9.00	-15.07	-14.00	-12.81	-11.01	-9.385	-7.435	9.250	12.11	14.71	17.89	20.15	22.31
10.00	-16.69	-15.51	-14.19	-12.19	-10.39	-8.238	10.26	13.43	16.32	19.84	22.35	24.74

250 DEGREES OF FREEDOM.

ONE-SIDED (UPPER) CONFIDENCE LEVELS

S	.0025	.005	.01	.025	.05	.10	.90	.95	.975	.99	.995	.9975
.10	-2.809	-2.576	-2.325	-1.958	-1.643	-1.280	1.291	1.661	1.983	2.360	2.619	2.860
.20	-2.805	-2.574	-2.326	-1.961	-1.647	-1.285	1.306	1.682	2.010	2.396	2.660	2.907
.30	-2.815	-2.585	-2.337	-1.973	-1.658	-1.295	1.327	1.712	2.048	2.443	2.715	2.970
.40	-2.837	-2.608	-2.359	-1.993	-1.677	-1.311	1.355	1.749	2.095	2.503	2.784	3.047
.50	-2.872	-2.641	-2.391	-2.023	-1.703	-1.333	1.389	1.795	2.152	2.574	2.865	3.138
.60	-2.918	-2.685	-2.433	-2.060	-1.736	-1.360	1.429	1.849	2.218	2.656	2.958	3.242
.70	-2.974	-2.738	-2.483	-2.104	-1.775	-1.391	1.475	1.909	2.293	2.748	3.063	3.359
.80	-3.040	-2.800	-2.540	-2.154	-1.819	-1.427	1.525	1.976	2.375	2.849	3.178	3.488
.90	-3.114	-2.870	-2.605	-2.211	-1.868	-1.466	1.580	2.049	2.465	2.959	3.303	3.627
1.00	-3.196	-2.947	-2.676	-2.273	-1.921	-1.509	1.640	2.128	2.561	3.077	3.437	3.776
1.25	-3.430	-3.167	-2.879	-2.450	-2.073	-1.631	1.804	2.344	2.826	3.401	3.803	4.184
1.50	-3.700	-3.418	-3.111	-2.650	-2.245	-1.768	1.986	2.584	3.118	3.759	4.208	4.633
1.75	-3.996	-3.695	-3.365	-2.870	-2.433	-1.917	2.183	2.842	3.432	4.142	4.640	5.113
2.00	-4.313	-3.990	-3.636	-3.104	-2.634	-2.077	2.389	3.113	3.762	4.544	5.093	5.615
2.50	-4.993	-4.624	-4.217	-3.604	-3.061	-2.416	2.825	3.683	4.455	5.387	6.044	6.669
3.00	-5.716	-5.296	-4.834	-4.135	-3.514	-2.775	3.279	4.278	5.179	6.266	7.034	7.765
3.50	-6.467	-5.995	-5.473	-4.685	-3.983	-3.147	3.746	4.889	5.920	7.168	8.048	8.888
4.00	-7.238	-6.711	-6.129	-5.248	-4.464	-3.528	4.221	5.512	6.675	8.084	9.079	10.03
4.50	-8.022	-7.440	-6.796	-5.821	-4.952	-3.915	4.702	6.140	7.438	9.010	10.12	11.18
5.00	-8.816	-8.178	-7.472	-6.401	-5.447	-4.306	5.187	6.774	8.207	9.944	11.17	12.34
6.00	-10.43	-9.673	-8.839	-7.576	-6.448	-5.098	6.166	8.053	9.759	11.83	13.29	14.69
7.00	-12.05	-11.19	-10.22	-8.763	-7.459	-5.899	7.151	9.342	11.32	13.72	15.42	17.04
8.00	-13.69	-12.71	-11.62	-9.958	-8.478	-6.705	8.142	10.64	12.89	15.63	17.57	19.41
9.00	-15.34	-14.24	-13.02	-11.16	-9.501	-7.515	9.135	11.94	14.47	17.54	19.71	21.79
10.00	-17.00	-15.78	-14.42	-12.37	-10.53	-8.327	10.13	13.24	16.05	19.45	21.86	24.16

300 DEGREES OF FREEDOM.

ONE-SIDED (UPPER) CONFIDENCE LEVELS

S	.0025	.005	.01	.025	.05	.10	.90	.95	.975	.99	.995	.9975
.10	-2.808	-2.575	-2.325	-1.958	-1.644	-1.281	1.290	1.659	1.981	2.357	2.614	2.854
.20	-2.806	-2.575	-2.327	-1.962	-1.648	-1.285	1.305	1.680	2.007	2.391	2.654	2.899
.30	-2.818	-2.588	-2.340	-1.975	-1.660	-1.296	1.326	1.709	2.043	2.437	2.707	2.959
.40	-2.843	-2.612	-2.363	-1.997	-1.680	-1.313	1.353	1.746	2.090	2.494	2.773	3.033
.50	-2.879	-2.648	-2.397	-2.027	-1.707	-1.335	1.387	1.790	2.145	2.563	2.851	3.121
.60	-2.927	-2.693	-2.440	-2.065	-1.740	-1.362	1.426	1.843	2.210	2.643	2.942	3.222
.70	-2.986	-2.748	-2.491	-2.110	-1.779	-1.394	1.471	1.902	2.283	2.733	3.044	3.336
.80	-3.053	-2.812	-2.550	-2.162	-1.824	-1.430	1.520	1.968	2.363	2.832	3.156	3.461
.90	-3.130	-2.884	-2.617	-2.220	-1.874	-1.470	1.575	2.040	2.451	2.939	3.278	3.597
1.00	-3.214	-2.963	-2.690	-2.283	-1.929	-1.514	1.633	2.117	2.545	3.054	3.408	3.742
1.25	-3.454	-3.188	-2.897	-2.463	-2.083	-1.637	1.795	2.330	2.805	3.372	3.767	4.140
1.50	-3.729	-3.444	-3.132	-2.666	-2.257	-1.776	1.976	2.566	3.093	3.722	4.162	4.578
1.75	-4.031	-3.726	-3.391	-2.889	-2.448	-1.927	2.169	2.820	3.402	4.098	4.586	5.047
2.00	-4.354	-4.026	-3.667	-3.127	-2.651	-2.088	2.373	3.088	3.726	4.493	5.030	5.539
2.50	-5.047	-4.670	-4.257	-3.634	-3.084	-2.431	2.804	3.650	4.409	5.322	5.965	6.573
3.00	-5.782	-5.354	-4.882	-4.171	-3.541	-2.794	3.253	4.238	5.122	6.186	6.935	7.646
3.50	-6.545	-6.062	-5.531	-4.728	-4.016	-3.169	3.715	4.842	5.853	7.073	7.931	8.747
4.00	-7.328	-6.789	-6.195	-5.298	-4.501	-3.553	4.186	5.456	6.598	7.975	8.944	9.867
4.50	-8.124	-7.528	-6.871	-5.877	-4.995	-3.944	4.662	6.077	7.350	8.887	9.969	11.00
5.00	-8.930	-8.277	-7.555	-6.464	-5.494	-4.339	5.142	6.704	8.110	9.806	11.00	12.14
6.00	-10.56	-9.793	-8.940	-7.652	-6.505	-5.137	6.111	7.968	9.641	11.66	13.09	14.44
7.00	-12.22	-11.33	-10.34	-8.852	-7.527	-5.945	7.087	9.242	11.18	13.53	15.18	16.76
8.00	-13.88	-12.87	-11.75	-10.06	-8.555	-6.758	8.068	10.52	12.74	15.40	17.29	19.08
9.00	-15.55	-14.42	-13.17	-11.28	-9.588	-7.574	9.052	11.81	14.29	17.29	19.40	21.42
10.00	-17.23	-15.97	-14.59	-12.49	-10.62	-8.394	10.04	13.10	15.85	19.17	21.52	23.75

400 DEGREES OF FREEDOM.

ONE-SIDED (UPPER) CONFIDENCE LEVELS

S	.0025	.005	.01	.025	.05	.10	.90	.95	.975	.99	.995	.9975
.10	-2.807	-2.575	-2.325	-1.959	-1.644	-1.281	1.289	1.658	1.978	2.352	2.608	2.847
.20	-2.808	-2.578	-2.329	-1.964	-1.649	-1.287	1.303	1.677	2.003	2.384	2.645	2.888
.30	-2.823	-2.593	-2.344	-1.978	-1.663	-1.298	1.324	1.705	2.037	2.427	2.695	2.945
.40	-2.850	-2.619	-2.370	-2.001	-1.684	-1.315	1.350	1.740	2.082	2.482	2.758	3.015
.50	-2.890	-2.657	-2.405	-2.033	-1.711	-1.338	1.383	1.784	2.135	2.549	2.833	3.099
.60	-2.941	-2.706	-2.450	-2.073	-1.746	-1.366	1.421	1.835	2.198	2.625	2.920	3.196
.70	-3.002	-2.763	-2.504	-2.120	-1.786	-1.399	1.465	1.892	2.268	2.712	3.018	3.305
.80	-3.073	-2.830	-2.565	-2.173	-1.832	-1.436	1.514	1.957	2.347	2.808	3.126	3.425
.90	-3.153	-2.904	-2.634	-2.233	-1.884	-1.477	1.567	2.027	2.432	2.912	3.244	3.555
1.00	-3.240	-2.986	-2.709	-2.298	-1.940	-1.521	1.624	2.102	2.524	3.024	3.370	3.695
1.25	-3.489	-3.218	-2.922	-2.481	-2.097	-1.646	1.783	2.310	2.777	3.332	3.717	4.080
1.50	-3.772	-3.481	-3.164	-2.690	-2.275	-1.788	1.960	2.542	3.058	3.673	4.101	4.504
1.75	-4.083	-3.770	-3.428	-2.917	-2.469	-1.941	2.150	2.791	3.360	4.039	4.512	4.959
2.00	-4.415	-4.079	-3.710	-3.159	-2.675	-2.105	2.351	3.053	3.678	4.424	4.944	5.436
2.50	-5.125	-4.738	-4.313	-3.676	-3.115	-2.453	2.775	3.605	4.346	5.233	5.853	6.439
3.00	-5.877	-5.436	-4.951	-4.223	-3.581	-2.820	3.218	4.183	5.045	6.077	6.800	7.484
3.50	-6.658	-6.160	-5.612	-4.790	-4.062	-3.200	3.673	4.776	5.762	6.944	7.772	8.557
4.00	-7.458	-6.902	-6.290	-5.369	-4.555	-3.590	4.137	5.380	6.492	7.826	8.761	9.647
4.50	-8.272	-7.656	-6.989	-5.958	-5.056	-3.985	4.606	5.991	7.231	8.719	9.762	10.75
5.00	-9.095	-8.420	-7.676	-6.555	-5.562	-4.385	5.080	6.608	7.976	9.619	10.77	11.86
6.00	-10.76	-9.965	-9.086	-7.761	-6.588	-5.194	6.035	7.852	9.480	11.44	12.81	14.11
7.00	-12.45	-11.53	-10.51	-8.981	-7.623	-6.011	6.999	9.106	10.99	13.26	14.86	16.37
8.00	-14.15	-13.10	-11.95	-10.21	-8.666	-6.834	7.967	10.37	12.52	15.10	16.91	18.63
9.00	-15.85	-14.68	-13.39	-11.44	-9.713	-7.660	8.938	11.63	14.05	16.94	18.98	20.91
10.00	-17.57	-16.27	-14.84	-12.68	-10.76	-8.489	9.911	12.90	15.57	18.79	21.05	23.19

CONFIDENCE LIMITS FOR $\mu + \lambda\sigma^2$

600 DEGREES OF FREEDOM.

ONE-SIDED (UPPER) CONFIDENCE LEVELS

S	.0025	.005	.01	.025	.05	.10	.90	.95	.975	.99	.995	.9975
.10	-2.806	-2.575	-2.325	-1.959	-1.645	-1.282	1.288	1.656	1.975	2.348	2.602	2.839
.20	-2.811	-2.581	-2.332	-1.966	-1.651	-1.288	1.302	1.674	1.998	2.377	2.636	2.876
.30	-2.829	-2.599	-2.349	-1.982	-1.666	-1.300	1.321	1.700	2.031	2.417	2.682	2.928
.40	-2.861	-2.628	-2.377	-2.007	-1.688	-1.318	1.347	1.734	2.072	2.469	2.741	2.994
.50	-2.904	-2.769	-2.415	-2.041	-1.717	-1.342	1.378	1.776	2.124	2.532	2.812	3.074
.60	-2.959	-2.721	-2.463	-2.082	-1.753	-1.371	1.416	1.825	2.184	2.606	2.895	3.166
.70	-3.024	-2.781	-2.519	-2.131	-1.795	-1.404	1.458	1.881	2.252	2.689	2.989	3.269
.80	-3.098	-2.851	-2.583	-2.186	-1.842	-1.442	1.506	1.944	2.328	2.781	3.092	3.384
.90	-3.182	-2.929	-2.654	-2.248	-1.895	-1.484	1.558	2.012	2.411	2.881	3.205	3.509
1.00	-3.273	-3.014	-2.732	-2.315	-1.953	-1.530	1.614	2.085	2.500	2.989	3.326	3.643
1.25	-3.512	-3.254	-2.953	-2.504	-2.114	-1.658	1.769	2.288	2.745	3.286	3.661	4.012
1.50	-3.825	-3.527	-3.202	-2.718	-2.296	-1.802	1.942	2.514	3.018	3.616	4.031	4.420
1.75	-4.147	-3.825	-3.474	-2.952	-2.494	-1.958	2.129	2.757	3.312	3.971	4.428	4.858
2.00	-4.489	-4.143	-3.764	-3.200	-2.705	-2.125	2.326	3.013	3.622	4.345	4.847	5.319
2.50	-5.221	-4.821	-4.383	-3.728	-3.154	-2.479	2.741	3.553	4.274	5.131	5.727	6.289
3.00	-5.995	-5.537	-5.037	-4.287	-3.628	-2.853	3.176	4.119	4.956	5.953	6.647	7.301
3.50	-6.797	-6.280	-5.714	-4.865	-4.119	-3.239	3.624	4.700	5.657	6.797	7.592	8.341
4.00	-7.619	-7.040	-6.406	-5.456	-4.620	-3.634	4.080	5.293	6.371	7.657	8.553	9.399
4.50	-8.454	-7.813	-7.110	-6.057	-5.130	-4.035	4.542	5.892	7.094	8.527	9.526	10.47
5.00	-9.299	-8.595	-7.823	-6.665	-5.645	-4.441	5.008	6.497	7.823	9.405	10.51	11.55
6.00	-11.01	-10.18	-9.264	-7.895	-6.688	-5.262	5.948	7.718	9.294	11.18	12.49	13.73
7.00	-12.74	-11.78	-10.72	-9.137	-7.741	-6.091	6.896	8.949	10.78	12.96	14.48	15.92
8.00	-14.48	-13.39	-12.19	-10.39	-8.801	-6.925	7.849	10.19	12.27	14.75	16.49	18.13
9.00	-16.23	-15.00	-13.66	-11.64	-8.965	-7.763	8.806	11.43	13.77	16.56	18.50	20.34
10.00	-17.98	-16.63	-15.14	-12.90	-10.93	-8.604	9.764	12.67	15.26	18.36	20.51	22.55

1000 DEGREES OF FREEDOM.

ONE-SIDED (UPPER) CONFIDENCE LEVELS

S	.0025	.005	.01	.025	.05	.10	.90	.95	.975	.99	.995	.9975
.10	-2.807	-2.576	-2.326	-1.960	-1.645	-1.282	1.288	1.654	1.972	2.343	2.597	2.832
.20	-2.815	-2.584	-2.335	-1.969	-1.653	-1.289	1.300	1.671	1.993	2.370	2.627	2.866
.30	-2.837	-2.605	-2.355	-1.987	-1.669	-1.302	1.318	1.696	2.024	2.407	2.670	2.914
.40	-2.872	-2.638	-2.385	-2.014	-1.693	-1.321	1.343	1.728	2.064	2.457	2.725	2.975
.50	-2.919	-2.682	-2.426	-2.049	-1.723	-1.346	1.374	1.769	2.113	2.516	2.793	3.050
.60	-2.977	-2.737	-2.476	-2.092	-1.760	-1.375	1.410	1.816	2.171	2.586	2.871	3.137
.70	-3.046	-2.801	-2.535	-2.143	-1.804	-1.410	1.452	1.870	2.237	2.666	2.961	3.236
.80	-3.124	-2.874	-2.602	-2.200	-1.853	-1.449	1.498	1.931	2.310	2.755	3.060	3.345
.90	-3.212	-2.955	-2.676	-2.264	-1.907	-1.492	1.549	1.997	2.390	2.851	3.168	3.464
1.00	-3.307	-3.043	-2.757	-2.333	-1.966	-1.538	1.603	2.068	2.476	2.955	3.285	3.593
1.25	-3.576	-3.293	-2.985	-2.528	-2.131	-1.669	1.755	2.266	2.714	3.243	3.606	3.947
1.50	-3.881	-3.575	-3.242	-2.748	-2.318	-1.816	1.925	2.486	2.980	3.562	3.964	4.340
1.75	-4.213	-3.882	-3.522	-2.987	-2.514	-1.976	2.108	2.723	3.266	3.906	4.348	4.763
2.00	-4.567	-4.210	-3.820	-3.241	-2.736	-2.145	2.301	2.974	3.567	4.269	4.753	5.208
2.50	-5.321	-4.907	-4.455	-3.782	-3.194	-2.505	2.709	3.503	4.204	5.033	5.607	6.146
3.00	-6.118	-5.643	-5.125	-4.353	-3.677	-2.885	3.136	4.057	4.870	5.833	6.500	7.126
3.50	-6.943	-6.405	-5.818	-4.943	-4.177	-3.278	3.576	4.627	5.555	6.656	7.418	8.134
4.00	-7.787	-7.185	-6.527	-5.547	-4.688	-3.680	4.025	5.208	6.254	7.494	8.353	9.160
4.50	-8.644	-7.977	-7.247	-6.160	-5.206	-4.087	4.478	5.796	6.961	8.342	9.300	10.20
5.00	-9.511	-8.778	-7.976	-6.779	-5.731	-4.499	4.937	6.390	7.674	9.198	10.26	11.25
6.00	-11.27	-10.40	-9.449	-8.033	-6.791	-5.333	5.863	7.588	9.115	10.93	12.19	13.37
7.00	-13.04	-12.03	-10.94	-9.299	-7.863	-6.173	6.796	8.797	10.57	12.67	14.13	15.50
8.00	-14.82	-13.68	-12.43	-10.57	-8.940	-7.020	7.735	10.01	12.03	14.42	16.08	17.64
9.00	-16.62	-15.34	-13.94	-11.85	-10.02	-7.870	8.676	11.23	13.49	16.18	18.04	19.80
10.00	-18.41	-17.00	-15.45	-13.14	-11.11	-8.723	9.620	12.45	14.96	17.94	20.00	21.94

Ref
QA
276.25
H372
v.3
1975